概率论与数理统计教程

主编　乔克林

副主编　任芳玲　董庆来　孙明娟

科学出版社

北　京

内 容 简 介

本书内容包括随机事件及其概率、一维随机变量及其分布、多维随机变量及其分布、随机变量的特征数与特征函数、大数定律与中心极限定理、样本及分布、参数估计、假设检验、方差分析、回归分析以及概率统计实验与 SPSS 统计软件两个附录.

本书可作为高等院校数学类专业的教材，也可作为理工科各专业的教材，还可作为相关人员的学习及参考用书.

图书在版编目(CIP)数据

概率论与数理统计教程/乔克林主编. —北京: 科学出版社, 2021. 8

ISBN 978-7-03-069542-0

Ⅰ. ①概… Ⅱ. ①乔… Ⅲ. ①概率论-高等学校-教材 ②数理统计-高等学校-教材 Ⅳ. ①O21

中国版本图书馆 CIP 数据核字 (2021) 第 158563 号

责任编辑: 王 静 范培培 / 责任校对: 杨聪敏
责任印制: 赵 博 / 封面设计: 陈 敬

科学出版社 出版
北京东黄城根北街 16 号
邮政编码: 100717
http://www.sciencep.com

天津市新科印刷有限公司印刷

科学出版社发行 各地新华书店经销

*

2021 年 8 月第 一 版 开本: 787 × 1092 1/16
2025 年12月第七次印刷 印张: 26 3/4
字数: 634 000

定价: 75.00 元

(如有印装质量问题, 我社负责调换)

前　言

进入 21 世纪, 随着科学技术的发展和社会的进步, 概率统计得到了新的生命力. 理论与实际相结合, 便立即呈现出“忽如一夜春风来, 千树万树梨花开”的繁荣景象. 目前, 概率统计已被广泛地应用到许多实际生产领域中, 为了实现“应用服务型人才”的培养目标, 作者总结了自己多年的教学经验, 编写了《概率论与数理统计教程》一书, 这是我们已出版《概率统计及应用》一书的改版. 本书可作为高等院校数学类专业教材. 按教学大纲要求, 通过适当删减部分章节内容, 本书也可作为理工科的教材, 还可作为相关人员进行相关知识学习和参考的用书.

本书以培养新世纪高素质人才为宗旨, 以提高人才培养质量为主线, 以全面推进素质教育和改革人才培养模式为重点, 努力培养素质高、应用能力与实践能力强、富有创新精神和特色的应用型的复合型人才.

本书在内容的编写上, 着眼于三个相结合: 概率统计的基本概念、方法与理论推导相结合; 理论与实验、应用相结合; 传统内容与现代统计软件相结合. 突出概率统计的基本思想和应用背景, 注重基本运算能力、分析问题和解决问题能力的培养. 根据作者多年从教的经验, 概念或理论的引入大多从具体问题入手, 力求深入浅出, 循序渐进, 清晰易读.

全书在内容编排上, 既不失传统, 又与现代教育科技紧密结合起来, 分为基本内容部分和附加内容部分. 基本内容部分分为 10 章, 主要内容包括随机事件及其概率、一维随机变量及其分布、多维随机变量及其分布、随机变量的特征数与特征函数、大数定律与中心极限定理、样本及分布、参数估计、假设检验、方差分析、回归分析. 附加内容为有关概率统计实验与统计软件的内容, 学生应当专门或穿插在前面基本内容中加以学习. 书后有二维码, 可扫码查看习题答案与提示. 在使用本书的过程中, 教师可以根据学时的不同及专业的差异适当删减部分内容. 本书十分重视例题的选择, 力求由浅入深, 贴近实际, 可以说直观而又不失严密性. 同时, 通过自然科学领域、工程技术领域、经济管理领域和日常生活领域等进行应用举例, 来培养应用概率统计的知识解决实际问题的能力.

本书对全书内容的编排风格进行了创新性的构思和设计——每节都编排为四个相互联系又相互区别的问题, 非常便于教与学; 每章配备一个应用案例, 以激发学生的学习潜能与兴趣; 书后附加了概率统计实验, 以期达到理论与实验相互印证, 还附加了统计教学软件, 以增强学生现代统计工具的使用能力.

本书在编写过程中, 参考了大量有价值的文献与资料, 吸取了许多人的宝贵经验, 在此向这些文献的作者表示敬意. 同时本书也得到我校 (延安大学)、我院 (数学与计算机科学学院) 组织和领导的大力支持, 在此一并表示感谢.

乔克林主持完成了全书的编撰工作，任芳玲、董庆来、孙明娟参与完成了部分内容的撰写工作．作者希望向读者展现一本具有新思想、新体系、新面孔的教材，但由于这是一种新的探索，加之水平有限，书中难免存在不足，敬请广大读者不吝赐教．

作　者

2021 年 1 月

目　录

第 1 章　随机事件及其概率

概率论是研究随机现象规律性的数学分支学科. 也就是说, 首先, 其研究对象是随机现象, 对非随机现象, 概率论没有用武之地. 其次, 其研究方法是数学的方法, 用数学语言描述随机现象, 用数学方法推导随机现象具有的规律性. 以后我们会看到, 随机变量 (随机现象的数量化形式) 及其概率分布是它最中心的概念, 几乎所有的理论与推导都围绕它展开. 但本章内容——随机事件及其概率, 一方面是古典概率论的精华; 另一方面也是现代概率论的基础. 通过本章的学习, 可为我们后续的学习打下坚实的基础.

1.1　随 机 事 件

1.1.1　随机现象　随机试验　样本空间　随机事件

什么是随机现象呢? 这要从自然界存在的现象来分辨. 自然界和人类社会中有一类现象, 我们可以预言它在一定条件下是否会出现. 例如, 让重物自由下落必然是垂直下落; 纯水在一个标准大气压下加热到 100°C 必然会沸腾. 这种在一定条件下必然会发生的现象称为必然现象. 反之, 在一定条件下必然不会发生的现象称为不可能现象. 例如, “同性电荷互相吸引” 这种现象是不可能发生的. 必然现象和不可能现象虽然形式相反, 但两者的实质是相同的, 即在一定条件下可以预言是否会发生. 所有这类现象称为确定性现象.

但是, 自然界中还存在着与确定性现象有着本质区别的现象. 例如, 抛一枚硬币, 假定其不能直立, 则可能正面朝上, 也可能反面朝上; 某地区在将来某一时刻可能下雨, 也可能不下雨; 向一目标进行射击可能击中目标, 也可能击不中目标; 等等. 这些在一定条件下可能发生也可能不发生的现象称为**随机现象**.

下面, 我们将随机现象的概念过渡到随机试验. 在这里, 我们把试验作为一个含义广泛的术语, 它包括各种各样的科学实验, 甚至对某一事物的某一特征的观察也认为是一种试验. 下面举出一些随机试验的例子.

(1) 抛一枚硬币, 观察正面 M、反面 N 出现的情况.

(2) 将一枚硬币抛掷三次, 观察正面 M、反面 N 出现的情况.

(3) 将一枚硬币抛掷三次, 观察出现正面的次数.

(4) 抛一颗骰子, 观察出现的点数.

(5) 记录某城市 120 急救电话台一昼夜接到的呼叫次数.

(6) 在一批灯泡中任意抽取一只, 测试它的寿命.

(7) 记录某地一昼夜的最高温度和最低温度.

上面举出了七个试验的例子, 它们有着共同的特点. 例如, 试验 (1) 有两种可能结果, 出现 M 或者出现 N, 但在抛掷之前不能确定出现 M 还是出现 N, 这个试验可以在相同的条件下重复地进行. 又如试验 (6) , 我们知道灯泡的寿命 (以小时计) $t \geqslant 0$, 但在测试之前

不能确定它的寿命有多长. 这一试验也可以在相同的条件下重复地进行. 概括起来, 这些试验具有以下的特点:

(1) 可以在相同的条件下重复地进行;

(2) 每次试验的可能结果不止一个, 并且能事先明确试验的所有可能结果;

(3) 进行一次试验之前不能确定哪一个结果会出现.

但是, 在现实世界中的某些随机现象, 是不可以在相同的条件下重复地进行试验的, 例如, 某孕妇生产的时间, 某只股票明天的价格等. 不可以在相同的条件下重复地进行试验的随机现象的研究不包括在本书之列.

综上, 我们可以给出随机试验的定义.

定义 1.1.1　一个试验如果满足:

(1) 可重复性, 可以在相同的条件下重复进行;

(2) 可观察性, 其结果具有多种可能性, 并且所有的可能结果是事先可以明确的;

(3) 不确定性, 在每次试验前, 不能准确预知将出现哪一个结果,

则称这样的试验为**随机试验**, 记为 E.

例 1.1.1　判断下面的试验哪些是随机试验?

(1) 抛掷一枚硬币观察出现的是正面还是反面;

(2) 观察汽油遇到火时的情况;

(3) 记录某电话传呼台在某段时间内接到的呼叫次数;

(4) 测试灯泡厂生产的灯泡的寿命;

(5) 一门大炮向目标射击一次, 观察弹着点的位置;

(6) 连续抛掷两次硬币观察出现正面的情况.

解　根据随机试验的定义我们可以判断, 试验 (1), (3), (4), (5), (6) 均是随机试验. 但是 (2) 中汽油遇到火时, 必然会着火, 不符合随机试验的概念.

随机试验的一个特点是试验结果不止一个, 且可以预知所有可能结果. 由此我们给出如下样本空间的定义.

定义 1.1.2　把随机试验中每一种可能出现的、最简单的、不能再分的结果称为随机试验的样本点, 用 ω 表示. 而由全体样本点构成的集合称为**样本空间**, 记为 Ω.

样本空间是一个集合, 根据样本点离散和连续, 有如下典型分类.

(1) (离散型样本空间)　其特点是样本点至多可列个, 包括有限个或无限可列个, 表示为

$$\Omega=\{\omega_1,\omega_2,\cdots,\omega_n\} \quad 或 \quad \Omega=\{\omega_1,\omega_2,\omega_3,\cdots\};$$

(2) (连续型样本空间)　其特点是样本点无限不可列个, 可表示为

$$\Omega=\big\{\omega_x,\ x\in I,\ I\ 为连续指标集\big\};$$

(3) (混合型样本空间)　具有前述两种特点的样本空间.

本书中只讨论前两类典型的样本空间. 样本点也可直接用数字表示, 只要明确其代表的样本点即可.

例 1.1.2 几个典型的样本空间例子:

(1) 抛掷一枚硬币观察出现的是正面还是反面, $\Omega=\{\omega_{正},\omega_{反}\}$;

(2) 抛掷一颗骰子, 观察出现的点数, $\Omega=\{1,2,3,4,5,6\}$, 都是有限集;

(3) 某电话传呼台在某段时间内接到的呼叫次数, $\Omega=\{0,1,2,3,\cdots\}$ 是无限可列集;

(4) 某地一昼夜的最高温度和最低温度, $\Omega=\{(x,y)|T_0\leqslant x\leqslant y\leqslant T_1\}$($x$: 最低温度; y: 最高温度) 是连续集.

在实际问题中, 我们关心的常常不是某一个试验结果, 而是满足某些条件的样本点所组成的样本空间子集. 比如玩掷骰子游戏, 规定大点是 4, 5, 6 点, 小点是 1, 2, 3 点, 那么对于玩家来讲更关心的是出现大点或小点, 而不是某个具体的点数. 所以, 我们就有必要有如下定义.

定义 1.1.3 把满足某些条件的样本点所构成的集合称为**随机事件**, 简称**事件**, 用英文大写字母 $A,B,C,\cdots$ 来表示. 如果在一次试验当中, 出现结果 $\omega\in A$, 则称随机事件 A 发生, 否则称它不发生.

通过引入集合概念, 把随机事件当作样本空间的子集. 凡是样本空间的子集都称为随机事件. 样本空间 Ω 也是它本身的子集, 称为**必然事件**, 记号为 Ω; 在一次试验当中, 不管出现什么结果, 它必属于样本空间 Ω, 所以必然事件必定会发生. 空集是任何集合的子集, 不包含样本空间的任何样本点, 它必然不会发生, 称为**不可能事件**, 记为 $\varnothing$. 必然事件和不可能事件事实上都是确定性的, 但在这里把它们当作随机事件的特殊情况. 另外, 称只有一个样本点所组成的集合为**基本事件**, 记为 $\{\omega\}$, 相应地, 由若干个基本事件组合而成的事件称为**复合事件**.

读者可继续通过例 1.1.1、例 1.1.2 理解上述这些概念.

1.1.2 随机事件的关系与运算

事件是样本点的集合, 与集合的关系和运算相对应, 接下来讨论事件之间的关系与运算. 事件之间的关系与运算主要有如下几大类.

1. 包含关系

如果事件A 发生必然导致事件B 发生, 则称事件A 包含于事件B, 或者事件B 包含事件A, 记作$A\subset B$ 或$B\supset A$. 包含关系如图 1-1-1 所示.

例如, 抛掷一颗质地均匀的骰子, 观察出现的点数, “出现 1 点”“出现 2 点”“出现 3 点”“出现 4 点”“出现 5 点”“出现 6 点”分别用 1, 2, 3, 4, 5, 6 表示, 即有 6 个样本点, 因此该试验的样本空间为 $\Omega=\{1,2,3,4,5,6\}$. 若令 $A=\{1,3,5\}$, 即“出现奇数点”; 令 $B=\{1,2,3,4,5\}$, 即“出现不超过 5 的点”. 显然有 $A\subset B$, 即若事件“出现奇数点”发生必然有事件“出现不超过 5 的点”发生.

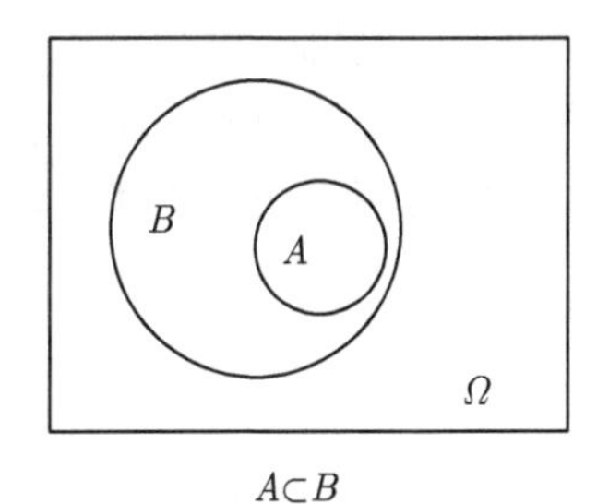

$A\subset B$

图 1-1-1

2. 相等关系

如果事件A,B 满足关系$A\subset B$ 且$B\subset A$, 则称事件A,B 相等, 这意味着事件A,B 本质上是同一事件, 记作$A=B$.

3. 事件的和

两个事件 A, B 至少有一个发生, 即 “或者 A 发生或者 B 发生”, 这样的事件称作事件 A, B 的和事件, 记作 $A \cup B$, 如图 1-1-2 所示.

仍然以抛掷一颗质地均匀的骰子为例, 若将事件 “出现奇数点” 记作 $A = \{1, 3, 5\}$, 将事件 “出现大点” 记作 $B = \{4, 5, 6\}$, 则 $A \cup B = \{1, 3, 4, 5, 6\}$.

类似地, 称 “n 个事件 $A_1, A_2, \cdots, A_n$ 至少有一个发生” 为事件 $A_1, A_2, \cdots, A_n$ 的和事件, 记作

$$A_1 \cup A_2 \cup \cdots \cup A_n \quad \text{或} \quad \bigcup_{i=1}^{n} A_i.$$

如果并列的事件 A_i 有无穷多个, 则称 “无穷多个事件 $A_1, A_2, \cdots, A_n, \cdots$ 中至少有一个发生” 为无穷多个事件 $A_1, A_2, \cdots, A_n, \cdots$ 的和事件, 记作

$$A_1 \cup A_2 \cup \cdots \cup A_n \cup \cdots \quad \text{或} \quad \bigcup_{i=1}^{\infty} A_i.$$

4. 事件的积

两个事件 A, B 同时发生, 这样的事件称作事件 A, B 的积, 记作 $A \cap B$ 或 AB, 如图 1-1-3 所示.

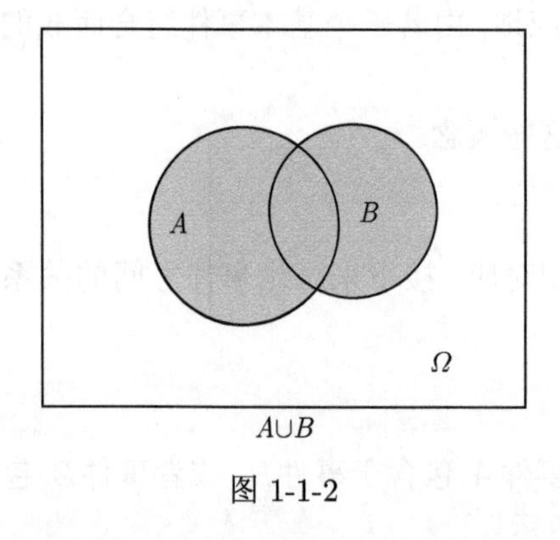

图 1-1-2

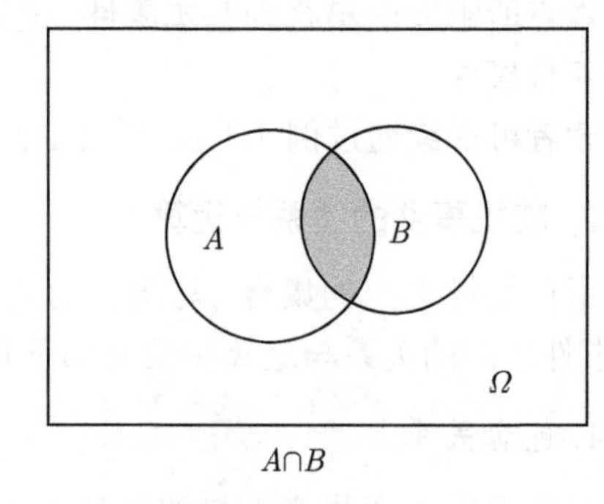

图 1-1-3

仍然以抛掷一颗质地均匀的骰子为例, 若将事件 “出现奇数点” 记作 $A = \{1, 3, 5\}$, 将事件 “出现大点” 记作 $B = \{4, 5, 6\}$, 则 $A \cap B = \{5\}$.

类似地, 称 “n 个事件 $A_1, A_2, \cdots, A_n$ 全部发生” 为事件 $A_1, A_2, \cdots, A_n$ 的积, 记作

$$A_1 \cap A_2 \cap \cdots \cap A_n \quad \text{或} \quad \bigcap_{i=1}^{n} A_i.$$

如果并列的事件 A_i 有无穷多个, 则称 “无穷多个事件 $A_1, A_2, \cdots, A_n, \cdots$ 全部发生” 为无穷多个事件 $A_1, A_2, \cdots, A_n, \cdots$ 的积, 记作

$$A_1 \cap A_2 \cap \cdots \cap A_n \cap \cdots \quad \text{或} \quad \bigcap_{i=1}^{\infty} A_i.$$

5. 互不相容事件

两个事件A,B 不可能同时发生, 即$A\cap B=\varnothing$, 则称作事件A,B 为互不相容的事件或互斥事件, 如图 1-1-4 所示.

仍然以抛掷一颗质地均匀的骰子为例, 若将事件“出现奇数点”记作 $A=\{1,3,5\}$, 将事件“出现 2, 4 点”记作 $B=\{2,4\}$, 则 $A\cap B=\varnothing$. 即事件“出现奇数点”与事件“出现 2, 4 点”为互斥事件.

6. 对立事件

两个事件A,B 有且仅有一个发生, 也就是说如果事件A 发生则事件B 必然不发生或者如果事件A 不发生则事件B 必然发生, 即$A\cap B=\varnothing$ 且$A\cup B=\Omega$, 则称事件A,B 互为对立事件或互逆事件, 记作$B=\overline{A}$ 或$A=\overline{B}$, 如图 1-1-5 所示.

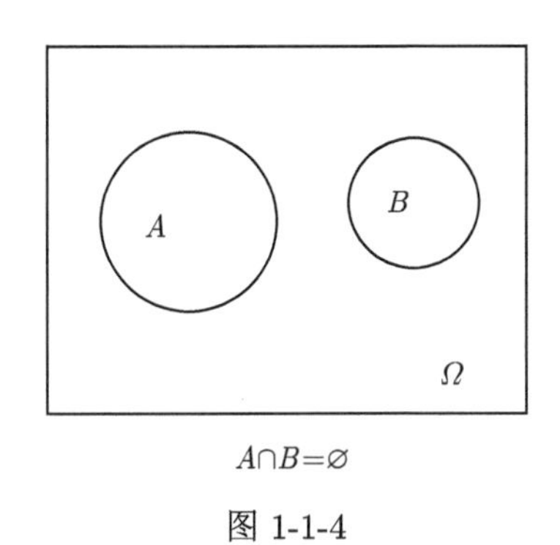

$A\cap B=\varnothing$

图 1-1-4

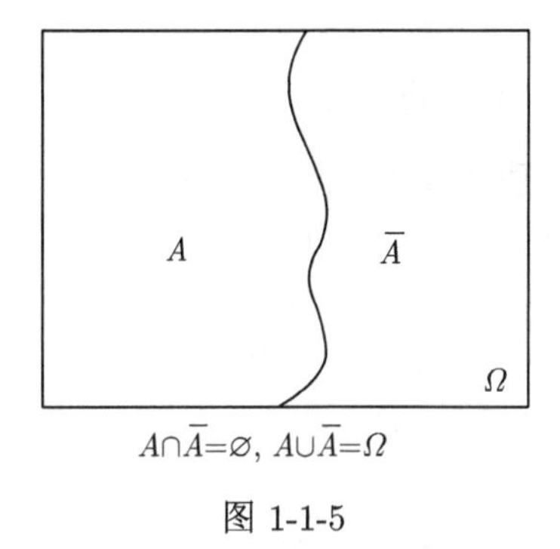

$A\cap\overline{A}=\varnothing,\ A\cup\overline{A}=\Omega$

图 1-1-5

仍然以抛掷一颗质地均匀的骰子为例, 若将事件“出现奇数点”记作 $A=\{1,3,5\}$, 将事件“出现偶数点”记作 $B=\{2,4,6\}$, 则 $A\cap B=\varnothing$ 且 $A\cup B=\Omega$. 即事件“出现奇数点”与事件“出现偶数点”为互逆事件.

7. 差事件

在两个事件A,B 中, 如果事件A 发生且事件B 不发生, 将这样的事件称作事件A,B 的差, 记作$A-B$, 如图 1-1-6 所示.

仍然以抛掷一颗质地均匀的骰子为例, 若将事件“出现奇数点”记作 $A=\{1,3,5\}$, 将事件“出现不超过 4 的点”记作 $B=\{1,2,3,4\}$, 则 $A-B=A\cap\overline{B}=\{5\}$. 即事件 $A-B$ 表示事件“出现点 5”.

8. 完备事件组

n 个事件 $A_1,A_2,\cdots,A_n$, 如果这 n 个事件两两互不相容且 $\bigcup\limits_{i=1}^{n}A_i=\Omega$, 则事件组 $A_1,A_2,\cdots,A_n$ 称为 Ω 的一个完备事件组, 或称 $A_1,A_2,\cdots,A_n$ 为样本空间 Ω 的一个有限划分; 若无穷多个事件构成的事件组 $A_1,A_2,\cdots,A_n,\cdots$ 中所有事件两两互不相容且 $\bigcup\limits_{i=1}^{\infty}A_i=\Omega$, 则也称无穷多个事件构成的事件组 $A_1,A_2,\cdots,A_n,\cdots$ 是样本空间 Ω 的一

个完备事件组, 或称事件组 $A_1, A_2, \cdots, A_n, \cdots$ 是样本空间 Ω 的无限划分. 如图 1-1-7 所示.

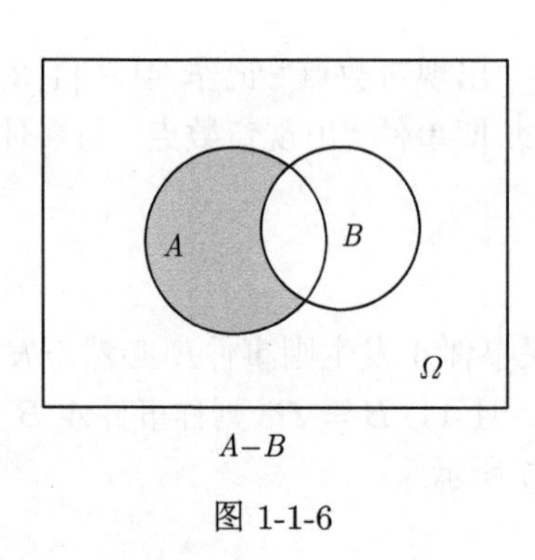

$A-B$

图 1-1-6

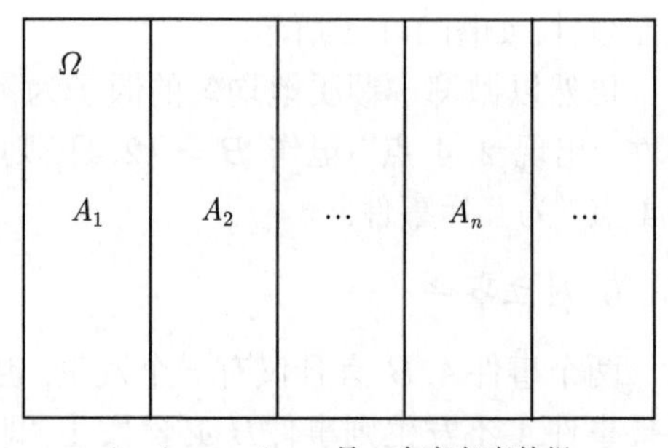

$A_1, A_2, \cdots, A_n, \cdots$是一个完备事件组

图 1-1-7

1.1.3 事件的运算性质

性质 1.1.1 容易证明:

(1) $\varnothing \subset A \subset \Omega$;

(2) 若 $A \subset B, B \subset C$, 则 $A \subset C$;

(3) $A - B = A \cap \overline{B} = A - (A \cap B)$;

(4) $\overline{A} = \Omega - A$;

(5) $\overline{\overline{A}} = A$.

性质 1.1.2 既然事件的关系与运算和集合的关系与运算相对应, 那么同集合运算相一致, 事件之间的运算满足如下性质:

(1) (幂等律) $A \cup A = A, A \cap A = A$; (1-1-1)

(2) (交换律) $A \cup B = B \cup A, A \cap B = B \cap A$; (1-1-2)

(3) (结合律) $A \cup (B \cup C) = (A \cup B) \cup C$, (1-1-3)

$A \cap (B \cap C) = (A \cap B) \cap C$; (1-1-4)

(4) (分配律) $A \cup (B \cap C) = (A \cup B) \cap (A \cup C)$, (1-1-5)

$A \cap (B \cup C) = (A \cap B) \cup (A \cap C)$; (1-1-6)

(5) (德摩根定律) $\overline{A \cap B} = \overline{A} \cup \overline{B}, \overline{A \cup B} = \overline{A} \cap \overline{B}$, (1-1-7)

$$\overline{\bigcup_{i=1}^{n} A_i} = \bigcap_{i=1}^{n} \overline{A_i}, \quad \overline{\bigcap_{i=1}^{n} A_i} = \bigcup_{i=1}^{n} \overline{A_i}, \tag{1-1-8}$$

$$\overline{\bigcup_{i=1}^{\infty} A_i} = \bigcap_{i=1}^{\infty} \overline{A_i}, \quad \overline{\bigcap_{i=1}^{\infty} A_i} = \bigcup_{i=1}^{\infty} \overline{A_i}; \tag{1-1-9}$$

(6) (吸收律) 若 $A \subset B$, 则 $A \cup B = B, A \cap B = A$. (1-1-10)

事件运算性质的证明, 完全与集合运算性质的证明类似, 只不过我们在这儿要熟悉用概率的语言来描述, 我们以德摩根定律 $\overline{A \cap B} = \overline{A} \cup \overline{B}$ 为例来说明.

证明 若 $\omega \in \overline{A \cap B}$ (事件 $\overline{A \cap B}$ 发生)

$\Rightarrow$ $\omega \notin A \cap B$ (对立事件 $A \cap B$ 一定不发生)

$\Rightarrow$ $\omega \notin A$ 或 $\omega \notin B$ (事件 A 与 B 至少有一个不发生)

$\Rightarrow$ $\omega \in \overline{A}$ 或 $\omega \in \overline{B}$ (事件 $\overline{A}$ 与 $\overline{B}$ 至少有一个发生)

$\Rightarrow$ $\omega \in \overline{A} \cup \overline{B}$ (事件 $\overline{A} \cup \overline{B}$ 发生)

$\Rightarrow$ $\overline{A \cap B} \subset \overline{A} \cup \overline{B}$ (事件 $\overline{A \cap B}$ 发生必然导致事件 $\overline{A} \cup \overline{B}$ 发生).

类似地可以证明 $\overline{A \cap B} \supset \overline{A} \cup \overline{B}$ (事件 $\overline{A} \cup \overline{B}$ 发生必然导致事件 $\overline{A \cap B}$ 发生), 即有 $\overline{A \cap B} = \overline{A} \cup \overline{B}$ (事件 $\overline{A} \cup \overline{B}$ 与事件 $\overline{A \cap B}$ 相等).

多个事件的情形可用归纳法证明, 并没有多大难度.

例 1.1.3 设 A, B, C 为三个随机事件, 试以 A, B, C 的运算表示下列事件:

(1) A 发生;

(2) 仅有 A 发生;

(3) A, B, C 仅有一个发生;

(4) A, B, C 至少有一个发生;

(5) A, B, C 至多有一个发生;

(6) A, B, C 三个事件同时不发生;

(7) A, B, C 三个事件不同时发生.

解 (1) A 或 $A\overline{B}\,\overline{C} \cup AB\overline{C} \cup A\overline{B}C \cup ABC$;

(2) $A\overline{B}\,\overline{C}$;

(3) $A\overline{B}\,\overline{C} \cup \overline{A}B\overline{C} \cup \overline{A}\,\overline{B}C$;

(4) $A \cup B \cup C$ 或 $A\overline{B}\,\overline{C} \cup \overline{A}B\overline{C} \cup \overline{A}\,\overline{B}C \cup AB\overline{C} \cup A\overline{B}C \cup \overline{A}BC \cup ABC$;

(5) $\overline{A}\,\overline{B}\,\overline{C} \cup A\overline{B}\,\overline{C} \cup \overline{A}B\overline{C} \cup \overline{A}\,\overline{B}C$;

(6) $\overline{A}\,\overline{B}\,\overline{C}$;

(7) $\overline{ABC}$.

1.1.4 事件域

所谓事件域, 直观上讲, 就是一个样本空间中某些事件组成的集合类, 常用 $\mathscr{F}$ 表示.

定义 1.1.4 设 Ω 为一样本空间, $\mathscr{F}$ 为 Ω 的某些子集组成的集合类, 如果 $\mathscr{F}$ 满足:

(1) $\Omega \in \mathscr{F}$;

(2) 若 $A \in \mathscr{F}$, 则对立事件 $\overline{A} \in \mathscr{F}$;

(3) 若 $A_n \in \mathscr{F}$, $n = 1, 2, \cdots$, 则可列并 $\displaystyle\bigcup_{n=1}^{\infty} A_n \in \mathscr{F}$,

则称 $\mathscr{F}$ 为一个**事件域**, 又称 σ-代数.

由于交的运算可通过并与对立来实现 (德摩根定律), 差的运算可通过对立与交来实现, 可知事件域对事件的运算具有封闭性.

理论上讲, 一个样本空间可以构造出不止一个事件域, 但 $\mathscr{F}$ 包括的事件太少, 我们所关心的事件可能就不在其中, 而 $\mathscr{F}$ 包括的事件太多, 又可能包括了一些 "稀奇古怪" 的事件, 以至于它们的概率无法度量, 关于这一点, 我们在下节还会进一步说明.

如果是离散型样本空间, 事件域可以包括样本空间的全部事件; 如果是连续型样本空间, 事件域包括样本空间的部分事件. 下面举例说明事件域的一种常见的构造.

例 1.1.4　常见的事件域:

(1) 若 $\Omega=\{\omega_1,\omega_2\}$, 记 $A=\{\omega_1\}$, $\overline{A}=\{\omega_2\}$, 则其事件域为 $\mathscr{F}=\{\varnothing,A,\overline{A},\Omega\}$.

(2) 若 $\Omega=\{\omega_1,\omega_2,\cdots,\omega_n\}$, 则其事件域 $\mathscr{F}$ 包括 $\varnothing$, n 个单元素事件, C_n^2 个双元素事件, C_n^3 个三元素事件, $\cdots$, Ω 组成的集合类. 这时 $\mathscr{F}$ 共有 $\mathrm{C}_n^0+\mathrm{C}_n^1+\mathrm{C}_n^2+\cdots+\mathrm{C}_n^n=2^n$ 个事件.

(3) 若 $\Omega=\{\omega_1,\omega_2,\cdots,\omega_n,\cdots\}$, 则其事件域 $\mathscr{F}$ 包括 $\varnothing$, 可列个单元素事件, 可列个双元素事件, 可列个三元素事件, $\cdots$, 可列个 n 元素事件, $\cdots$, 可列个可列元素事件和 Ω 组成的集合类. 这时 $\mathscr{F}$ 共有可列个事件.

它们的共同特点是 $\mathscr{F}$ 包括了 Ω 的所有事件 (子集).

(4) 若 $\Omega=(-\infty,\infty)=\mathbf{R}$, 这时事件域 $\mathscr{F}$ 中的事件无法一一列出, 而是由一基本事件类逐步扩展而成的, 具体操作如下:

第一步, 取基本事件类 $\mathscr{A}\triangleq\{(-\infty,x);-\infty<x<\infty\}$;

第二步, 将有限的左闭右开区间扩展进来,

$$[a,b)=(-\infty,b)-(-\infty,a)\,,\quad \text{其中 } a,b \text{ 为任意实数};$$

第三步, 再把闭区间、单点集、左开右闭区间、开区间扩展进来,

$$[a,b]=\bigcap_{n=1}^{\infty}\left[a,b+\frac{1}{n}\right),\ \{b\}=[a,b]-[a,b)\,,\ (a,b]=[a,b]-\{a\}\,,\ (a,b)=[a,b)-\{a\}\,;$$

第四步, 用有限个或可列个并运算和交运算把实数集中一切有限集、可列集、开集、闭集都扩展进来.

经过上述几步扩展所得之集的全体 $\mathscr{F}$ 就是人们希望得到的事件域, 其中的事件都是有概率可言的.

习　题　1.1

1. 试写出下列随机试验的样本空间:

(1) 同时投掷 3 颗骰子, 记录 3 颗骰子的点数之和;

(2) 一个小组有 A,B,C,D,E 5 个人, 现要选正、副小组长各一人, 并且一人不得兼两个职务, 记录选举的结果;

(3) 有 A,B,C 3 个盒子, a,b,c 3 个球, 将 3 个球放入 3 个盒子中, 使得每个盒子放一个球, 记录放球的结果;

(4) 在 $(0,1)$ 上任取 3 点, 记录 3 点的坐标;

(5) 有一口袋中装有红色、白色、黄色 3 种颜色的球, 每种颜色的球至少有 4 个, 在其中任取 4 个, 记录它们的颜色.

2. 用 A,B,C 分别表示某个城市中居民订阅日报、晚报和体育报. 试用 A,B,C 表示以下事件:

(1) 只订阅日报;　(2) 只订阅日报和晚报;　(3) 只订阅一种报;　(4) 正好订阅两种报;

(5) 至少订阅一种报.

3. 检验某种圆柱形产品时, 要求其长度和直径均符合要求时才能算合格, 设事件 $A=\{$产品合格$\}$, $B=\{$长度合格$\}$, $C=\{$直径合格$\}$, 试求:

(1) A 与 B,C 之间的关系; (2) $\overline{A}$ 与 $\overline{B},\overline{C}$ 之间的关系.

4. 袋中有 10 个球, 其编号分别为 1—10. 从中任取一球,

$$A=\{\text{取到球的号码为偶数}\},$$
$$B=\{\text{取到球的号码为奇数}\},$$
$$C=\{\text{取到球的号码小于 5}\}.$$

试问下列运算分别代表什么事件?

(1) $A\cup B$; (2) AB; (3) AC.

5. 设 $\Omega=\{x|0\leqslant x\leqslant 2\}, A=\left\{x\left|\frac{1}{2}<x\leqslant 1\right.\right\}, B=\left\{x\left|\frac{1}{4}\leqslant x<\frac{3}{2}\right.\right\}$, 试写出下列各事件:

(1) $\overline{A}B$; (2) $\overline{A}\cup B$; (3) AB.

6. 设 A,B,C 为三事件, 试表示下列事件:

(1) A,B,C 都发生或都不发生; (2) A,B,C 中不多于一个发生;

(3) A,B,C 中不多于两个发生; (4) A,B,C 中至少有两个发生.

7. 指出下列事件等式成立的条件:

(1) $A\cup B=A$; (2) $AB=A$.

8. 试问下列命题是否成立:

(1) $A-(B-C)=(A-B)\cup C$; (2) $AB=\varnothing$, 且 $C\subset A$, 则 $BC=\varnothing$;

(3) $(A\cup B)-B=A$; (4) $(A-B)\cup B=A$.

9. 若事件 $ABC=\varnothing$, 是否一定有 $AB=\varnothing$.

10. 证明下列事件的运算公式:

(1) $A=AB\cup A\overline{B}$; (2) $A\cup B=A\cup\overline{A}B$.

11. 设 $\mathscr{F}$ 为一事件域, 若 $A_n\in\mathscr{F}, n=1,2,\cdots$, 试证:

(1) $\varnothing\in\mathscr{F}$; (2) 有限并 $\bigcup\limits_{i=1}^{n}A_n\in\mathscr{F}, n\geqslant 1$; (3) 有限交 $\bigcap\limits_{i=1}^{n}A_n\in\mathscr{F}, n\geqslant 1$;

(4) 可列交 $\bigcap\limits_{i=1}^{\infty}A_n\in\mathscr{F}$; (5) 差运算 $(A_1-A_2)\in\mathscr{F}$.

1.2 事件的概率

1.2.1 概率的公理化定义

随机试验中的随机事件, 在一次试验中它们有可能发生, 也有可能不发生, 在试验前是无法预知的, 但是它们发生的可能性大小却是存在的, 而且是客观的量. 例如, 抛掷一枚质地不均匀的硬币, 显然必有一面朝上的可能性超过另一面; 多次重复抛掷一枚均匀骰子, 出现奇数点的可能性与出现偶数点的可能性相当; 购买体育彩票获得特等奖的可能性远远低于没有中奖的可能性. 那么如何定量描述这种可能性大小呢?

我们先用概率这个名词来表示随机事件发生的可能性大小, 即这种标志着随机事件发生可能性大小的数量指标就称为随机事件发生的几率或概率. 那么如何定义概率以及如何计算概率呢? 在概率论的发展过程中, 主要经历了古典概型定义、几何概型定义、概率的统计定义等方法, 但它们都具有其局限性, 统计概率要求试验次数很大, 古典概率要求有限性

和等可能性, 几何概率要求样本空间有界. 科尔莫戈罗夫在测度论的基础上提出的概率的公理化定义具有一般性, 它要求对可数个事件的情形也满足可加性.

定义 1.2.1 (公理化定义)　设 Ω 为样本空间, $\mathscr{F}$ 为 Ω 的某些子集构成的事件域, 如果对任一事件 $A \in \mathscr{F}$, 定义在 $\mathscr{F}$ 上的单值实函数 $P(A)$ 满足如下条件:

(1) (非负性)　对任一事件 $A \in \mathscr{F}$, $P(A) \geqslant 0$;

(2) (正则性)　$P(\Omega) = 1$;

(3) (可列可加性)　如果可列个事件 $A_1, A_2, \cdots, A_n, \cdots$ 两两互斥, 有

$$P\left(\bigcup_{i=1}^{\infty} A_i\right) = \sum_{i=1}^{\infty} P(A_i),$$

则称 $P(A)$ 为事件 A 的**概率**, 称三元组 $(\Omega, \mathscr{F}, P)$ 为**概率空间**.

概率的公理化定义刻画了概率的本质属性, 这正是该定义的重要性所在. 它并没有给出确定一个事件概率的方法, 事实上, 不同的随机试验, 可能具有不同的概率形态, 以后我们慢慢会发现, 确定一个事件的概率, 通常来说要么利用其概率分布, 要么利用其统计 (频率) 方法. 本节首先讨论两种最简单的概率形态: 古典概型和几何概型.

1.2.2　古典概型

古典概率是历史上最早出现的概率, 它源于赌博. 早在 16 世纪, 概率这个概念就已经形成了, 它与抛掷骰子进行赌博这类活动有密切联系. 现在已很难明确指出这个概念最早是由何人在何时提出的了. 1654 年, 一个名叫德梅尔的人提出的问题曾引起法国数学家帕斯卡 (Pascal, 1623—1662) 和费马 (Fermat, 1601—1665) 的通信讨论. 问题之一是将两颗骰子抛掷 24 次, 至少掷出一个 “双 6” 的概率是否小于 $\frac{1}{2}$? 这个值实际上为 $1 - \left(\frac{35}{36}\right)^{24} \approx 0.4914$, 这是一个简单的古典概率问题.

定义 1.2.2　设一个随机试验 E 满足:

(1) 样本空间 Ω 包含有限个样本点, 即

$$\Omega = \{\omega_1, \omega_2, \cdots, \omega_n\};$$

(2) 每个样本点构成的基本事件发生是等可能的, 即

$$P(\{\omega_1\}) = P(\{\omega_2\}) = \cdots = P(\{\omega_n\}),$$

则称此试验为**古典概型试验**. 简称为**古典概型**或**等可能概型**.

下面讨论古典概型中事件概率的计算公式.

设试验的样本空间为 $\Omega = \{\omega_1, \omega_2, \cdots, \omega_n\}$. 由于样本点构成的基本事件发生是等可能的, 即有 $P(\{\omega_1\}) = P(\{\omega_2\}) = \cdots = P(\{\omega_n\})$, 注意到

$$P(\{\omega_1\} \cup \{\omega_2\} \cup \cdots \cup \{\omega_n\}) = P(\{\omega_1\}) + P(\{\omega_2\}) + \cdots + P(\{\omega_n\}) = nP(\{\omega_i\}),$$

于是 $P(\{\omega_i\}) = \frac{1}{n}\ (i = 1, 2, \cdots, n)$.

若随机事件 A 包含 m 个样本点, 即 $A=\{\omega_{i_1},\omega_{i_2},\cdots,\omega_{i_m}\}$, 则

$$P(A)=P\left(\bigcup_{j=1}^{m}\{\omega_{i_j}\}\right)=\sum_{j=1}^{m}P\left(\{\omega_{i_j}\}\right)=\underbrace{\frac{1}{n}+\frac{1}{n}+\cdots+\frac{1}{n}}_{m}=\frac{m}{n},$$

所以有公式

$$P(A)=\frac{m}{n}, \tag{1-2-1}$$

其中, m 表示 A 所包含的样本点个数, n 表示 Ω 所包含的样本点个数. 古典概型主要研究的是这类概型, 难度在于如何确定 m, 在日常生活中, 我们常常会遇到这类问题.

例 1.2.1 设有 m 件产品, 其中有 k 件次品, 从中抽取 n 件, 求其中恰有 j 件次品的概率 $(j\leqslant k)$.

解 我们可以从 m 件产品中抽取 n 件 (此处指不放回抽样), 所有可能的取法共有 C_m^n 种, 每一种取法为一个样本点. 从 k 件次品中取 j 件, 所有可能的取法有 C_k^j 种; 从 $m-k$ 件正品中取 $n-j$ 件正品的所有可能取法有 C_{m-k}^{n-j} 种. 因此在 m 件产品中取 n 件, 其中恰有 j 件次品的取法共有 $\mathrm{C}_k^j\mathrm{C}_{m-k}^{n-j}$ 种, 所以, 所求概率为 $P=\dfrac{\mathrm{C}_k^j\mathrm{C}_{m-k}^{n-j}}{\mathrm{C}_m^n}$. 该公式称为超几何概率分布公式.

例 1.2.2 某袋中装有 $a+b$ 个球, 其中 a 个白球, b 个黑球. 今有 $a+b$ 个人依次从袋中取出一球, 按下面两种取球方式, 分别求第 $k\,(1\leqslant k\leqslant a+b)$ 个人取得白球的概率.

(1) 每人取球并观察所取球的颜色后仍将球放回袋中 (有放回抽样);

(2) 每个人取出的球不放回 (不放回抽样).

解 当球的大小、形状、重量等都相同时, 这显然是古典概型问题. 设 A 表示 "第 $k\,(1\leqslant k\leqslant a+b)$ 个人取得白球", 考虑 $a+b$ 个人全都取了球的情况.

(1) 在放回抽样的情况下, 样本空间中包含的基本事件数为 $(a+b)^{a+b}$, 事件 A 中包含的基本事件数为 $a\cdot(a+b)^{a+b-1}$. 故而 $P(A)=\dfrac{a\cdot(a+b)^{a+b-1}}{(a+b)^{a+b}}=\dfrac{a}{a+b}$.

(2) 在不放回抽样的情况下, 样本空间中包含的基本事件数为 $(a+b)!$, 事件 A 中包含的基本事件数为 $a\cdot(a+b-1)!$. 故而 $P(A)=\dfrac{a\cdot(a+b-1)!}{(a+b)!}=\dfrac{a}{a+b}$.

例 1.2.3 将 m 个球随意地放入 n 个箱子中, 其中 $n\geqslant m$, 假设每个球均等可能地放入任意一个箱子, 求下列各事件的概率:

(1) 每个箱子最多放入一个球; (2) 指定的 m 个箱子各放入一个球;

(3) 某指定的箱子里恰好放入 k $(k\leqslant m)$ 个球.

解 将 m 个球随意地放入 n 个箱子中, 总共有 n^m 种放法.

(1) 设事件 $A=\{$每个箱子最多放入一个球$\}$, 每个箱子最多放入一个球等价于先从 n 个箱子中任意选出 m 个, 然后每个箱子中放入一个球, 那么放法有 $\mathrm{C}_n^m m!$ 种, 所以

$$P(A)=\frac{\mathrm{C}_n^m m!}{n^m}.$$

(2) 设事件 $B=\{$指定的 m 个箱子各放入一个球$\}$, 将 m 个球放入指定的 m 个箱子, 每个箱子各有一个球, 那么放法有 $m!$ 种, 所以有 $P(B)=\dfrac{m!}{n^m}$.

(3) 设事件 $C=\{$某指定的箱子里恰好放入 k 个球$\}(k\leqslant m)$, 首先任取 k 个球放入指定的箱子中, 然后将剩余的 $m-k$ 个球随意地放入其余 $n-1$ 个箱子, 总共有 $(n-1)^{m-k}$ 种放法, 因此 $P(C)=\dfrac{\mathrm{C}_m^k(n-1)^{m-k}}{n^m}$.

1.2.3 几何概型

古典概型需以有限性和等可能性为前提, 它不适合具有无限多个基本事件的随机试验, 所以历史上曾试图将古典概型推广到试验具有无限多个可能结果, 又有某种等可能性的场合. 研究结果表明, 此类问题通常可借助几何方法来解决.

例如, 在 400 毫升的水中有一随机游动的大肠杆菌, 今从中任取 2 毫升水, 试求在这 2 毫升水中发现该大肠杆菌的概率.

我们将随机试验设想为对该大肠杆菌进行观察, 研究它游至这 400 毫升水中的哪一个位置 (三维空间的哪一个点上). 设事件 A 为 "在所取的 2 毫升水中发现大肠杆菌", 则当大肠杆菌落入该特定的 2 毫升水中时, 称事件 A 发生. 显然, 试验的可能结果, 即基本事件有无穷多, 并且每一基本事件出现具有相同的可能性, 即该大肠杆菌处在这 400 毫升水中的任何一点上是等可能性的, 并且它落入某特定的一部分水中的可能性大小与这一部分水的体积成正比, 而与这一部分水在 400 毫升水中所处的位置无关. 于是, 很自然地有

$$P(A)=\frac{2}{400}=\frac{1}{200}.$$

与该实例具有类似数学模型的问题在实际中十分常见.

又如, 某人午觉醒来, 发现表停了. 他打开收音机, 想听电台整点报时, 求他等待的时间不超过 10 分钟的概率.

再如, 在线段 AD 上任意取两个点 B,C, 在 B,C 处折断此线段而得三条折线, 求此三条折线能构成三角形的概率.

以上例子有着共同的特点, 启发我们有如下定义.

定义 1.2.3 我们可以把随机试验 E 设想为向一个可度量 (长度、面积或体积) 的区域 $\varOmega$ 任掷一质点, 若它满足条件:

(1) 质点只能落在 $\varOmega$ 中的任意一点上, 并且 $\varOmega$ 是一无限连续点集;

(2) 质点落入 $\varOmega$ 中任意子域的可能性大小与该子域的度量成正比, 与该子域的形状、位置无关, 或说质点落在 $\varOmega$ 中任意一点上的可能性相同,

则称此随机试验 E 为**几何概率模型试验** (或**几何概型**). 定义试验 E 的随机事件 A $(A\in\mathscr{F})$ 为 "任掷的一点落入 $\varOmega$ 中的某子域 A"(这里 A 既表示子域又表示事件), 则事件 A 的概率为

$$P(A)=\frac{m(A)}{m(\varOmega)}, \tag{1-2-2}$$

其中, $m(A)$ 表示 A 的度量, $m(\Omega)$ 表示 Ω 的度量. 在欧氏空间中, 一维度量是指线段的长度, 二维度量是指平面区域的面积, 三维度量是指空间区域的体积.

例 1.2.4 用计算机在区间 $[0,1]$ 上随机产生一个随机数 x, 求

(1) x 小于 $\dfrac{1}{3}$ 的概率; (2) x 是有理数的概率.

解 (1) 设计算机在区间 $[0,1]$ 上随机产生一个随机数是等可能的, A 为 "x 小于 $\dfrac{1}{3}$" 这一事件, 则 $P(A)=\dfrac{A\text{ 的度量}}{\Omega\text{ 的度量}}=\dfrac{m(A)}{m(\Omega)}=\dfrac{1}{3}$.

(2) 设 A 为 "产生的随机数是有理数" 这一事件, 则在黎曼测度下 A 是无法度量的, 因此 A 的概率也是无法度量的, 而在勒贝格测度下 A 的测度为 0, 则 $P(A)=0$. 但在勒贝格测度下仍然存在 "稀奇古怪" 点集不可测, 这也是为什么我们在给出概率公理化定义时强调事件来自某个事件域. 为方便, 今后提到任一事件 A 时, 指 A 来自某个事件域.

例 1.2.5 甲、乙两人约定在 18 时到 19 时之间, 到预定地点见面, 先到的人等候另一人 15 分钟, 过时离开. 假设每个人在 18 时到 19 时之间各个时刻到达的可能性相等, 并且两个人到达的时刻相互独立, 试问两个人能见面的概率为多少?

解 以 18 时为起点计算时间, 令甲、乙两人分别在第 x 分钟、第 y 分钟到达见面地点, 因此样本空间为 $\Omega=\{(x,y)|0\leqslant x\leqslant 60, 0\leqslant y\leqslant 60\}$.

根据题意可得, 两个人能够见面的充要条件为 $|x-y|\leqslant 15$, 即有

$$G=\{(x,y)||x-y|\leqslant 15,(x,y)\in\Omega\}.$$

建立平面直角坐标系如图 1-2-1 所示, 则 Ω 对应图中的正方形区域, G 对应于阴影部分区域. 因此两人能够见面的概率 $P=\dfrac{G\text{的面积}}{\Omega\text{的面积}}=\dfrac{60^2-45^2}{60^2}=\dfrac{7}{16}$.

例 1.2.6 在半径为 R 的圆的一条直径 MN 上随机地取一点 P, 试求经过 P 点并且与 MN 垂直的弦的长度大于 R 的概率.

解 以圆心为原点过 MN 作数轴 x, 那么弦所在位置可以由点 P 的坐标表示, 如图 1-2-2 所示.

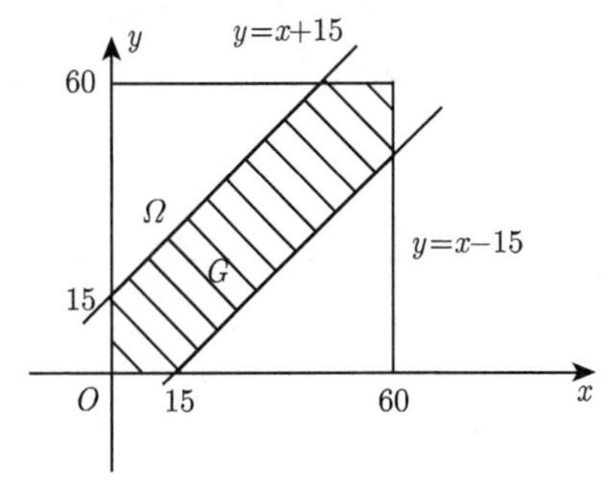

图 1-2-1

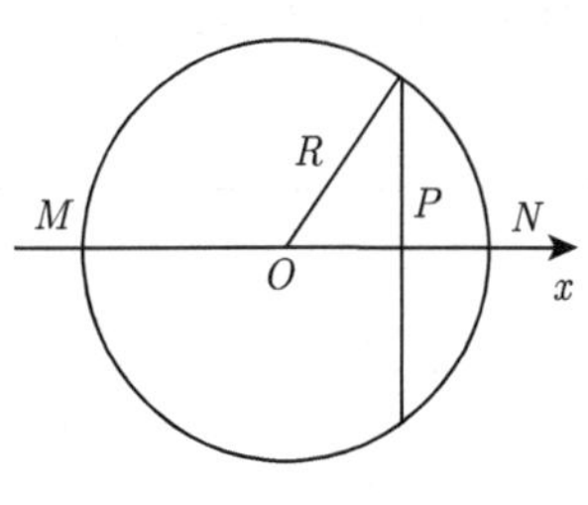

图 1-2-2

样本空间 Ω 为直径 MN 上的所有点. 设 $OP = X$, 那么弦长为 $2\sqrt{R^2 - X^2}$. 如果事件 A 表示 "过 P 点且与 MN 垂直的弦的长度大于 R", 那么事件 A 等价于

$$2\sqrt{R^2 - X^2} > R, \quad 即 \quad |X| < \frac{\sqrt{3}}{2}R.$$

因为 P 点在 MN 上具有等可能性, 所以

$$P(A) = \frac{m(A)}{m(MN)} = \frac{2 \cdot \dfrac{\sqrt{3}}{2}R}{2R} = \frac{\sqrt{3}}{2}.$$

古典概型与几何概型是两类最基本的概率模型, 其不同点在于基本事件是有限个还是无限连续个, 相同点则是基本事件的发生都具有等可能性, 称具有这种性质的概率模型为等可能概型, 两者概率求法公式类似, 可大致地记为部分量除以总量. 这两种概型中都有等可能性这一条件, 其要求是相当严格的, 在实际情况中往往由于试验条件受主、客观因素限制而难以达到 (譬如抛掷骰子时, 骰子不能做到绝对均匀). 不过, 概率论所说的试验都假设所有可能的结果 (即基本事件) 发生的可能性相同.

1.2.4 事件的频率

我们引入频率的概念, 进而引出表征事件的频率与概率的关系.

定义 1.2.4 设 E 为一随机试验, A 是一随机事件, 在相同条件下重复进行 n 次试验, 若事件 A 发生了 k 次, 则称 k 为事件 A 发生的频数, 称 $\frac{k}{n}$ 为事件 A 发生的频率, 记作

$$f_n(A) = \frac{k}{n}.$$

频率的大小反映了一个随机事件发生的频繁程度. 如果频率越大, 直观感觉事件发生的可能性越大. 譬如一个人买双色球获得一等奖的频率远远低于没有中奖的频率, 所以有理由相信获得一等奖的可能性远远低于没有中奖的可能性. 但是, 反映不是表示, 直觉不能当作数据来用. 我们通过以下一个实例来说明这一问题.

考虑 "抛硬币" 这个试验, 将一枚硬币抛掷 5 次、50 次、500 次各做 10 遍, 用 n 表示抛掷次数, H 表示事件 "正面向上" 发生, n_H 表示 H 发生的次数, $f_n(H)$ 表示 H 发生的频率. 得到的数据如表 1-2-1 所示.

表 1-2-1

试验序号	$n=5$		$n=50$		$n=500$	
	n_H	$f_n(H)$	n_H	$f_n(H)$	n_H	$f_n(H)$
1	2	0.4	22	0.44	251	0.502
2	3	0.6	25	0.50	249	0.498
3	1	0.2	21	0.42	256	0.512
4	5	1.0	25	0.50	253	0.506

续表

试验序号	$n=5$		$n=50$		$n=500$	
	n_H	$f_n(H)$	n_H	$f_n(H)$	n_H	$f_n(H)$
5	1	0.2	24	0.48	251	0.502
6	2	0.4	21	0.42	246	0.492
7	4	0.8	18	0.36	244	0.488
8	2	0.4	24	0.48	258	0.516
9	3	0.6	27	0.54	262	0.524
10	3	0.6	31	0.62	247	0.494

从上述数据可以看出, 抛硬币次数 n 较小时, 频率 $f_n(H)$ 在 0 与 1 之间随机波动, 其幅度较大, 但随着 n 增大, 频率 $f_n(H)$ 呈现出稳定性. 即当 n 逐渐增大时 $f_n(H)$ 总是在 0.5 附近波动, 而逐渐稳定于 0.5. 历史上有人做过这种试验, 得到了如表 1-2-2 所示的数据, 从数据中, 我们可以看出, 当抛硬币次数 n 很大时, 频率 $f_n(H)$ 稳定于 0.5.

表 1-2-2

试验者	n	n_H	$f_n(H)$
蒲丰 (Buffon)	4040	2048	0.5069
德摩根 (De Morgan)	4092	2048	0.5005
弗莱尔 (Feller)	10000	4979	0.4979
皮尔逊 (Pearson)	12000	6019	0.5016
皮尔逊 (Pearson)	24000	12012	0.5005
罗曼诺夫斯基 (Romanowsky)	80640	39699	0.4923

频率的稳定性是很有用的. 例如, 在英语中某些字母出现的频率远远高于另外一些字母, 而且各个字母被使用的频率相当稳定, 如表 1-2-3 所示. 可以看出, 元音字母 A, E, I, O, U 被使用次数占总字母数的 37.8%. 计算机键盘就是根据字母使用频率设定的. 其他各种文字也都有着类似的规律. 这也是战争中用来破译密码的最简单的常用方法.

表 1-2-3

字母	使用频率/%	字母	使用频率/%	字母	使用频率/%
E	13.0	H	3.5	W	1.6
T	9.3	L	3.5	V	1.3
N	7.8	C	3.0	B	0.9
R	7.7	F	2.8	X	0.5
O	7.4	P	2.7	K	0.3
I	7.4	U	2.7	Q	0.3
A	7.3	M	2.5	J	0.2
S	6.3	Y	1.9	Z	0.1
D	4.4	G	1.6		

大量试验证实, 当重复试验的次数 n 逐渐增大时, 频率 $f_n(A)$ 呈现出稳定性, 逐渐稳

定于某个常数. 这种"频率稳定性"即通常所说的统计规律性. 我们让试验重复大量次数, 计算频率 $f_n(A)$, 以它来表征事件 A 发生可能性的大小是合适的.

因此, 在历史上也曾经给出概率的统计定义: 设 E 为一随机试验, 对于其中的任一随机事件 A, 随着试验次数的增大, 事件 A 的频率 $f_n(A)$ 所趋于的稳定数 p 称作事件 A 发生的概率. 记作 $P(A)=p$.

容易看出, 当试验次数 n 很大时, 事件 A 的频率 $f_n(A)$ 可以视作事件 A 的发生概率的近似值, 即

$$P(A)\approx f_n(A)=\frac{k}{n}. \tag{1-2-3}$$

这也是寻找事件概率的方法之一. 更加严密的表达式在本书第 5 章给出, 可以证明频率与概率具有下述关系: $\lim\limits_{n\to\infty}P(|f_n(A)-p|\leqslant\varepsilon)=1$, 其中 ε 是任意小的正数.

习 题 1.2

1. 任取两个正整数, 求它们的和为偶数的概率.

2. 抛两颗骰子, 求下列事件的概率:

(1) 点数之和等于 6; (2) 点数之和不超过 6; (3) 至少有一个 6 点.

3. 设 9 件产品中有 2 件不合格品, 从中不返回地任取 2 件, 求取出的 2 件中全是合格品、仅有 1 件合格品和没有合格品的概率各为多少?

4. 把 n 个 "0" 与 n 个 "1" 随机地排列, 求没有两个 "1" 连在一起的概率.

5. 随机取一个非负整数, 求:

(1) 这个整数的平方的个位数字为 1 的概率;

(2) 这个整数的立方的个位数字及其十位数字均为 1 的概率.

6. 从 1—10 十个数字中任取一个, 每个数字均以 1/10 的概率被选中, 然后还原. 先后选择 7 个数字, 求下列事件的概率.

(1) $A=\{7$ 个数字全不相同$\}$; (2) $B=\{$不含 10 与 1$\}$;

(3) $C=\{10$ 刚好出现 2 次$\}$; (4) $D=\{$至少出现两次 10$\}$.

7. 一个口袋装有 10 个相同外形的球, 其中 6 个白球, 4 个红球, 不放回地从袋中取出 3 个球, 试求下列事件的概率:

(1) $A_1=\{$没有红球$\}$; (2) $A_2=\{$恰好有两个红球$\}$;

(3) $A_3=\{$至少有一个白球$\}$; (4) $A_4=\{$球的颜色相同$\}$.

8. 将 12 个球随意地放入 3 个箱子中, 求第一个箱子中放入 3 个球的概率.

9. 有三个人, 每个人都以同样的概率 1/5 被分配到 5 个房间的任何一间中, 试求:

(1) 三个人都分配到同一房间的概率; (2) 三个人分配到不同房间的概率.

10. 把 n 个不同的质点随机地投入 N 个格子中, 其中 $N\geqslant n$, 求下列事件的概率:

(1) 设事件 A 表示指定的 n 个格子中各有 1 个质点;

(2) 设事件 B 表示任意的 n 个格子中各有 1 个质点;

(3) 事件 C 表示指定的某个格子中恰有 m $(m\leqslant n)$ 个质点.

11. 在区间 (0,1) 中随机地取两个数, 求事件"两数之和小于 1.4"的概率.

12. 设 $a>0$, 有任意两数 x,y, 且 $0<x<a, 0<y<a$, 试求 $xy<a^2/4$ 的概率.

13. 两艘轮船均要停靠在同一个泊位, 它们可能在一昼夜的任意时刻到达. 设两艘轮船停靠泊位的时间分别为 1h 和 2h, 试求一艘轮船停靠泊位时需要等待一段时间的概率.

14. 平面上有很多条平行直线, 每两条相邻直线之间的距离均为 α. 向该平面上随机地投掷一根长度为 l $(l<\alpha)$ 的针, 试求这根针能与平面上任一条直线相交的概率.

1.3 概率的性质

从概率的公理化定义出发, 我们可以推出概率具有如下一些常用性质.

性质 1.3.1 $P(\varnothing)=0$, 即不可能事件的概率为 0.

证明 令 $A_i=\varnothing\,(i=1,2,\cdots)$, 则 $\bigcup\limits_{i=1}^{\infty}A_i=\varnothing$, 且 $A_iA_j=\varnothing, i\neq j$, 由概率的公理化定义可得 $P(\varnothing)=P\left(\bigcup\limits_{i=1}^{\infty}A_i\right)=\sum\limits_{i=1}^{\infty}P(A_i)=\sum\limits_{i=1}^{\infty}P(\varnothing)$, 而实数 $P(\varnothing)\geqslant 0$, 故由上式知 $P(\varnothing)=0$.

1.3.1 概率的可加性

性质 1.3.2 (有限可加性) 若事件 $A_1,A_2,\cdots,A_m$ 两两互不相容, 则有

$$P(A_1\cup A_2\cup\cdots\cup A_m)=P(A_1)+P(A_2)+\cdots+P(A_m),$$

即

$$P\left(\bigcup_{i=1}^{m}A_i\right)=\sum_{i=1}^{m}P(A_i). \tag{1-3-1}$$

也就是说, 互斥事件之和的概率等于它们各自概率的和.

证明 令 $A_{m+1}=A_{m+2}=\cdots=\varnothing$, 则 $A_1,A_2,\cdots,A_m,\cdots$ 两两互不相容, 且

$$A_1\cup A_2\cup\cdots\cup A_m=A_1\cup A_2\cup\cdots\cup A_m\cup\cdots.$$

于是 $P(A_1\cup A_2\cup\cdots\cup A_m)=P(A_1\cup A_2\cup\cdots\cup A_m\cup\cdots)$. 再由概率定义的可列可加性, 以及性质 1.3.1 可得

$$\begin{aligned}P(A_1\cup A_2\cup\cdots\cup A_m)&=P(A_1\cup A_2\cup\cdots\cup A_m\cup\cdots)\\&=P(A_1)+P(A_2)+\cdots+P(A_m)+P(A_{m+1})+P(A_{m+2})+\cdots\\&=P(A_1)+P(A_2)+\cdots+P(A_m)+P(\varnothing)+P(\varnothing)+\cdots\\&=P(A_1)+P(A_2)+\cdots+P(A_m)+0+0+\cdots\\&=P(A_1)+P(A_2)+\cdots+P(A_m).\end{aligned}$$

性质 1.3.3 设 A 为任意事件, 则

$$P(A)=1-P(\overline{A}). \tag{1-3-2}$$

证明 因为 $A\cup\overline{A}=\Omega, A\cap\overline{A}=\varnothing$, 所以

$$P(A\cup\overline{A})=P(\Omega)=1,\quad P(A\cup\overline{A})=P(A)+P(\overline{A}),$$

故而, 有 $P(A)=1-P(\overline{A})$ 或 $P(\overline{A})=1-P(A)$.

例 1.3.1　抛一枚硬币 5 次, 求既出现正面又出现反面的概率.

解　记事件 A 为 "抛硬币 5 次中既出现正面又出现反面", 事件 B 为 "抛硬币 5 次中出现的全是正面", 事件 C 为 "抛硬币 5 次中出现的全是反面", 则 $\overline{A}=B\cup C$.

由对立事件公式及概率的可加性得

$$P(A)=1-P(\overline{A})=1-P(B\cup C)=1-P(B)-P(C)=1-\left(\frac{1}{2}\right)^5-\left(\frac{1}{2}\right)^5=\frac{15}{16}.$$

1.3.2　概率的单调性

性质 1.3.4 (概率的单调性)　如图 1-3-1 所示, 设有 A,B 两事件, 若 $B\subset A$, 则

$$P(A-B)=P(A)-P(B)\quad 且\quad P(A)\geqslant P(B).$$

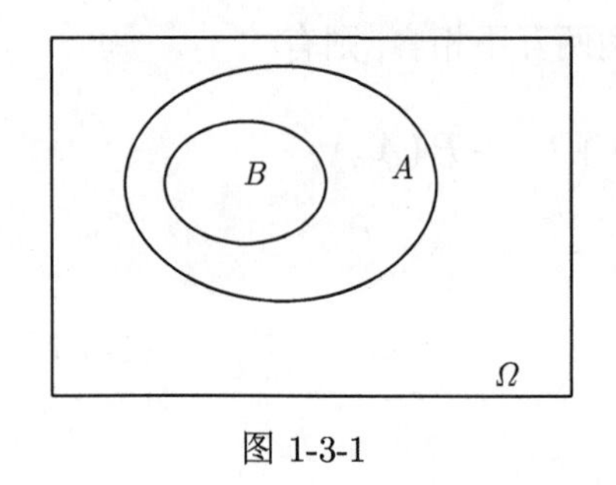

图 1-3-1

证明　由于 $B\subset A$, 则 $A=B\cup(A-B)=B\cup(A\overline{B})$, 又由于

$$B(A\overline{B})=\varnothing,$$

则

$$P(A)=P(B)+P(A\overline{B})=P(B)+P(A-B),$$

即有

$$P(A-B)=P(A)-P(B).$$

由概率的定义可知

$$P(A-B)=P(A)-P(B)\geqslant 0,$$

故而

$$P(A)\geqslant P(B).$$

性质 1.3.5　设有 A,B 两任意事件, 则

$$P(A-B)=P(A)-P(AB).\tag{1-3-3}$$

证明略.

例 1.3.2　口袋中有编号为 $1,2,\cdots,n$ 的 n 个球, 从中有放回地任取 m 次, 求取出的 m 个球的最大号码为 k 的概率.

解　记事件 A_k 为 "取出的 m 个球的最大号码为 k", 事件 B_i 为 "取出的 m 个球的最大号码小于等于 i", 则由古典概型知 $P(B_i)=\dfrac{i^m}{n^m}$.

又因为 $B_{k-1}\subset B_k, A_k=B_k-B_{k-1}$, 由单调性知

$$P(A_k)=P(B_k-B_{k-1})=P(B_k)-P(B_{k-1})=\frac{k^m-(k-1)^m}{n^m},\quad k=1,2,\cdots,n.$$

如 $n=6, m=3$, 可算得 $P(A_4)=\dfrac{4^3-3^3}{6^3}=\dfrac{37}{216}=0.1713$. 其他的 $P(A_k)$ 如下:

k	1	2	3	4	5	6	和
$P(A_k)$	0.0046	0.0324	0.0880	0.1713	0.2824	0.4213	1.0000

这个问题可设想为掷骰子试验.

1.3.3 概率的加法公式

性质 1.3.6 (加法公式) 设 A, B 为样本空间 Ω 内的任意两事件, 则有

$$P(A\cup B)=P(A)+P(B)-P(AB);\tag{1-3-4}$$

设 $A_1, A_2, \cdots, A_m$ 是样本空间 Ω 内的任意 m 个事件, 则有

$$\begin{aligned}P(A_1\cup A_2\cup\cdots\cup A_m)=&\sum_{i=1}^{m}P(A_i)-\sum_{1\leqslant i<j\leqslant m}P(A_iA_j)+\sum_{1\leqslant i<j<k\leqslant m}P(A_iA_jA_k)\\&-\cdots+(-1)^{m-1}P(A_1A_2\cdots A_m).\end{aligned}\tag{1-3-5}$$

证明 先证式 (1-3-4), 如图 1-3-2 所示, A, B 为任意两事件, 有

$$A\cup B=A\cup(B-AB)\quad 且\quad A\cap(B-AB)=\varnothing,$$

故而 $P(A\cup B)=P(A)+P(B-AB)$, 而 $AB\subset B$, 所以有 $P(B-AB)=P(B)-P(AB)$, 因此 $P(A\cup B)=P(A)+P(B)-P(AB)$.

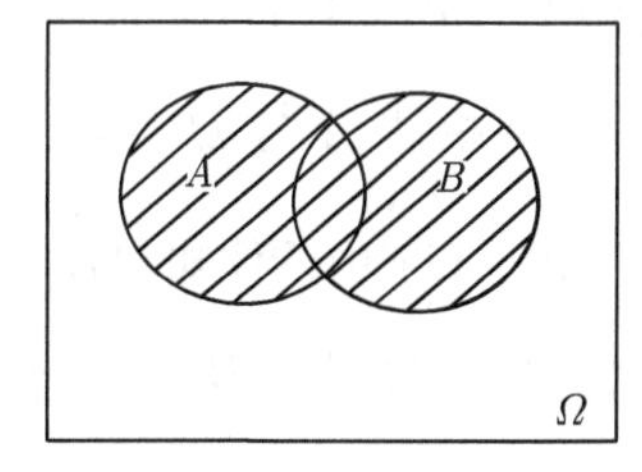

图 1-3-2

再证式 (1-3-5), 用归纳法, 当 $m=2$ 时就是式 (1-3-4), 显然成立. 假设式 (1-3-5) 对 $m-1$ 成立, 即有

$$\begin{aligned}P(A_1\cup A_2\cup\cdots\cup A_{m-1})=&\sum_{i=1}^{m-1}P(A_i)-\sum_{1\leqslant i<j\leqslant m-1}P(A_iA_j)\\&+\sum_{1\leqslant i<j<k\leqslant m-1}P(A_iA_jA_k)\\&-\cdots+(-1)^{m-2}P(A_1A_2\cdots A_{m-1}),\end{aligned}$$

则对 m, 先对两个事件 $(A_1\cup A_2\cup\cdots\cup A_{m-1})$ 与 A_m 使用式 (1-3-4), 有

$$\begin{aligned}P(A_1\cup A_2\cup\cdots\cup A_m)=&P(A_1\cup A_2\cup\cdots\cup A_{m-1})+P(A_m)\\&-P((A_1\cup A_2\cup\cdots\cup A_{m-1})\cap A_m)\\=&P(A_1\cup A_2\cup\cdots\cup A_{m-1})+P(A_m)\\&-P((A_1A_m)\cup(A_2A_m)\cup\cdots\cup(A_{m-1}A_m)).\end{aligned}$$

然后由归纳法假设, 对 $P(A_1\cup A_2\cup\cdots\cup A_{m-1})$ 以及 $P((A_1A_m)\cup(A_2A_m)\cup\cdots\cup(A_{m-1}A_m))$ 进行展开, 整理后可知式 (1-3-5) 成立, 结论得证.

推论 1.3.1 (半可加性) 设 A,B 为样本空间 Ω 内的任意两事件, 则有

$$P(A\cup B)\leqslant P(A)+P(B); \tag{1-3-6}$$

设 $A_1,A_2,\cdots,A_m$ 是样本空间 Ω 内的任意 m 个事件, 则有

$$P(A_1\cup A_2\cup\cdots\cup A_m)=P\left(\bigcup_{i=1}^{m}A_i\right)\leqslant\sum_{i=1}^{m}P(A_i). \tag{1-3-7}$$

证明 (利用数学归纳法证明) 当 $m=2$ 时, 由式 (1-3-4) 可知

$$P(A_1\cup A_2)=P(A_1)+P(A_2)-P(A_1A_2)\leqslant P(A_1)+P(A_2),$$

结论成立. 假设当 $m=k$ 时, 公式 $P\left(\bigcup\limits_{i=1}^{k}A_i\right)\leqslant\sum\limits_{i=1}^{k}P(A_i)$ 成立, 当 $m=k+1$ 时, 有 $P\left(\bigcup\limits_{i=1}^{k+1}A_i\right)=P\left(\bigcup\limits_{i=1}^{k}A_i\right)+P(A_{k+1})-P\left(\left(\bigcup\limits_{i=1}^{k}A_i\right)\cap A_{k+1}\right)$, 由归纳假设法可得 $P\left(\bigcup\limits_{i=1}^{k+1}A_i\right)\leqslant\sum\limits_{i=1}^{k+1}P(A_i)$ 成立, 所以有 $P(A_1\cup A_2\cup\cdots\cup A_m)=P\left(\bigcup\limits_{i=1}^{m}A_i\right)\leqslant\sum\limits_{i=1}^{m}P(A_i)$.

例 1.3.3 设事件 A 与事件 B 发生的概率分别为 $P(A)=\dfrac{1}{3},P(B)=\dfrac{1}{2}$, 试在下列三种情况下分别求 $P\left(B\overline{A}\right)$.

(1) 事件 A 与 B 互斥; (2) $A\subset B$; (3) $P(AB)=\dfrac{1}{8}$.

解 (1) 由条件知 $AB=\varnothing$, 故而 $B\overline{A}=B$, 所以 $P\left(B\overline{A}\right)=P(B)=\dfrac{1}{2}$.

(2) 因为 $A\subset B$, 所以 $B\overline{A}=B-A$, 由单调性得

$$P\left(B\overline{A}\right)=P(B-A)=P(B)-P(A)=\frac{1}{2}-\frac{1}{3}=\frac{1}{6}.$$

(3) 由 $B\overline{A}=B-AB$, 可得 $P\left(B\overline{A}\right)=P(B)-P(AB)=\dfrac{1}{2}-\dfrac{1}{8}=\dfrac{3}{8}$.

例 1.3.4 设 A,B 为两个事件, 并且 $P(A)=0.6,P(B)=0.7$, 试问:

(1) 在什么条件下 $P(AB)$ 取到最大值, 最大值为多少?

(2) 在什么条件下 $P(AB)$ 取到最小值, 最小值为多少?

解 根据加法公式可得

$$P(AB)=P(A)+P(B)-P(A\cup B)=1.3-P(A\cup B).$$

(1) 因为 $A\cup B\supset B$, 如果 $P(A\cup B)=P(B)=0.7$, 则 $P(AB)$ 取到最大值, 且最大值为 0.6.

(2) 当 $P(A\cup B)=1$ 时, $P(AB)$ 取到最小值, 且最小值为 0.3.

例 1.3.5 已知 $P(\overline{A})=0.5, P(\overline{A}B)=0.2, P(B)=0.4$, 试求:

(1) $P(AB)$; (2) $P(A-B)$; (3) $P(A\cup B)$; (4) $P(\overline{A}\,\overline{B})$.

解 (1) 由于 $AB\cup\overline{A}B=B$, 并且 AB 与 $\overline{A}B$ 为互不相容的, 因此有 $P(AB)+P(\overline{A}B)=P(B)$, 所以

$$P(AB)=P(B)-P(\overline{A}B)=0.4-0.2=0.2.$$

(2) 因为 $P(A)=1-P(\overline{A})=1-0.5=0.5$, 所以有

$$P(A-B)=P(A)-P(AB)=0.5-0.2=0.3.$$

(3) $P(A\cup B)=P(A)+P(B)-P(AB)=0.5+0.4-0.2=0.7$.

(4) $P(\overline{A}\,\overline{B})=P(\overline{A\cup B})=1-P(A\cup B)=1-0.7=0.3$.

例 1.3.6 将一枚硬币连抛三次, 求事件 $A=$ "至少出现一次正面" 的概率.

解法 1 样本点总数为 $2^3=8$, 假设 $A_i=$ "第 i $(i=1,2,3)$ 次出现正面", 则由公式 (1-3-5) 知, 所求概率为

$$\begin{aligned}P(A)&=P(A_1\cup A_2\cup A_3)\\&=P(A_1)+P(A_2)+P(A_3)-P(A_1A_2)-P(A_1A_3)-P(A_2A_3)+P(A_1A_2A_3)\\&=\frac{1}{2}+\frac{1}{2}+\frac{1}{2}-\frac{1}{4}-\frac{1}{4}-\frac{1}{4}+\frac{1}{8}=\frac{7}{8}.\end{aligned}$$

解法 2 假设 $B_i=$ "恰好出现 i $(i=1,2,3)$ 次正面", 注意到 B_1,B_2,B_3 两两互斥, 由式 (1-3-1) 知, 所求概率为

$$P(A)=P(B_1\cup B_2\cup B_3)=P(B_1)+P(B_2)+P(B_3)=\frac{\mathrm{C}_3^1}{8}+\frac{\mathrm{C}_3^2}{8}+\frac{\mathrm{C}_3^3}{8}=\frac{7}{8}\,.$$

解法 3 考虑事件 A 的逆事件 $\overline{A}=$ "三次均出现反面" 的概率, 由逆事件公式 (1-3-2) 知, 所求概率为

$$P(A)=1-P(\overline{A})=1-\frac{1}{8}=\frac{7}{8}.$$

例 1.3.7 (配对问题) 在一个有 n 个人参加的宴会上, 每个人带了一件礼物, 且假定各人带的礼物都不相同, 宴会期间各人从放着的礼物中随机抽取一件, 问至少有一个人自己抽到自己带的礼物的概率是多少?

解 以 A_k 表示 "第 k 个人自己抽到自己带的礼物", $k=1,2,\cdots,n$, 所求概率为 $P\left(\bigcup\limits_{k=1}^{n}A_k\right)$, 因为

$$P\left(A_1\right)=P\left(A_2\right)=\cdots=P\left(A_n\right)=\frac{1}{n},$$

$$P(A_iA_j) = \frac{1}{n(n-1)}, \quad 1 \leqslant i < j \leqslant n,$$

$$P(A_iA_jA_k) = \frac{1}{n(n-1)(n-2)}, \quad 1 \leqslant i < j < k \leqslant n,$$

$$\cdots\cdots$$

$$P(A_1A_2\cdots A_n) = \frac{1}{n!},$$

所以由概率的加法公式得

$$\begin{aligned} P\left(\bigcup_{k=1}^{n} A_k\right) &= P(A_1) + P(A_2) + \cdots + P(A_n) \\ &\quad - \mathrm{C}_n^2 P(A_iA_j) + \mathrm{C}_n^3 P(A_iA_jA_k) - \cdots + (-1)^{n-1}\mathrm{C}_n^n P(A_1A_2\cdots A_n) \\ &= 1 - \frac{1}{2!} + \frac{1}{3!} - \cdots + (-1)^{n-1}\frac{1}{n!}. \end{aligned}$$

譬如, 当 $n=5$ 时, 此概率为 0.6333, 当 n 很大时, 读者思考此概率是否有极限.

1.3.4　极限事件的概率——概率的连续性

为了讨论极限事件的概率, 我们先对事件序列的极限给出如下的定义.

定义 1.3.1　(1) 对 $\mathscr{F}$ 中任一单调不减的事件序列 $A_1 \subset A_2 \subset \cdots \subset A_n \subset \cdots$, 称可列并 $\bigcup_{n=1}^{\infty} A_n$ 为 $\{A_n\}$ 的极限事件, 记为

$$\lim_{n\to\infty} A_n = \bigcup_{n=1}^{\infty} A_n. \tag{1-3-8}$$

(2) 对 $\mathscr{F}$ 中任一单调不增的事件序列 $B_1 \supset B_2 \supset \cdots \supset B_n \supset \cdots$, 称可列交 $\bigcap_{n=1}^{\infty} B_n$ 为 $\{B_n\}$ 的极限事件, 记为

$$\lim_{n\to\infty} B_n = \bigcap_{n=1}^{\infty} B_n. \tag{1-3-9}$$

有了以上极限事件的定义, 我们就可如下给出一个概率函数的连续性定义.

性质 1.3.7　极限事件的概率等于概率的极限.

证明　设 $\{A_n\}$ 是 $\mathscr{F}$ 中一个单调不减的事件序列, 即

$$\bigcup_{i=1}^{\infty} A_i = \lim_{n\to\infty} A_n.$$

若定义 $A_0 = \varnothing$, 则 $\bigcup_{i=1}^{\infty} A_i = \bigcup_{i=1}^{\infty}(A_i - A_{i-1})$, 由于 $A_{i-1} \subset A_i$, 显然诸 $(A_i - A_{i-1})$ 两两不相容, 再由可列可加性得

$$P\left(\bigcup_{i=1}^{\infty} A_i\right) = \sum_{i=1}^{\infty} P(A_i - A_{i-1}) = \lim_{n\to\infty}\sum_{i=1}^{n} P(A_i - A_{i-1}).$$

又由有限可加性得 $\sum\limits_{i=1}^{n} P(A_i - A_{i-1}) = P\left(\bigcup\limits_{i=1}^{n}(A_i - A_{i-1})\right) = P(A_n)$. 所以

$$P\left(\lim_{n\to\infty} A_n\right) = \lim_{n\to\infty} P(A_n).$$

再设 $\{B_n\}$ 是单调不增的事件序列, 则 $\left\{\overline{B_n}\right\}$ 为单调不减的事件序列, 由刚得到的结论

$$\begin{aligned}1 - \lim_{n\to\infty} P(B_n) &= \lim_{n\to\infty} [1 - P(B_n)] = \lim_{n\to\infty} P(\overline{B_n}) \\ &= P\left(\bigcup_{n=1}^{\infty} \overline{B_n}\right) = P\left(\overline{\bigcap_{n=1}^{\infty} B_n}\right) = 1 - P\left(\bigcap_{n=1}^{\infty} B_n\right).\end{aligned}$$

注意最后第二个等式用了德摩根公式. 至此得 $\lim\limits_{n\to\infty} P(B_n) = P\left(\bigcap\limits_{n=1}^{\infty} B_n\right)$. 证毕.

定义 1.3.2 对 $\mathscr{F}$ 上的概率 P,

(1) 若它对 $\mathscr{F}$ 中任一单调不减的事件序列 $\{A_n\}$ 均成立

$$\lim_{n\to\infty} P(A_n) = P\left(\lim_{n\to\infty} A_n\right),$$

则称概率 P 是下连续的;

(2) 若它对 $\mathscr{F}$ 中任一单调不增的事件序列 $\{B_n\}$ 均成立

$$\lim_{n\to\infty} P(B_n) = P\left(\lim_{n\to\infty} B_n\right),$$

则称概率 P 是上连续的.

有了以上的定义, 我们就有如下推论.

推论 1.3.2 (概率的连续性) 若 P 为事件域 $\mathscr{F}$ 上的概率, 则 P 既是下连续的, 又是上连续的.

下面对可列可加性作进一步讨论. 从上面的讨论可知, 由可列可加性可推出有限可加性和下连续性, 但由有限可加性不能推出可列可加性, 这意味着要由有限可加性去推可列可加性, 还缺少条件. 下面性质说明: 所缺少的条件就是下连续性.

性质 1.3.8 若 P 是 $\mathscr{F}$ 上满足 $P(\Omega) = 1$ 的非负集合函数, 则它具有可列可加性的充要条件是: (1) 它是有限可加的; (2) 它是下连续的.

证明 必要性可从性质 1.3.2 和性质 1.3.6 获得. 下证充分性.

设 $A_i \in \mathscr{F}, i = 1, 2, \cdots$ 是两两互不相容的事件序列, 由有限可加性可知: 对任意有限的 n 都有

$$P\left(\bigcup_{i=1}^{n} A_i\right) = \sum_{i=1}^{n} P(A_i).$$

这个等式的左边不超过 1. 因此正项级数 $\sum\limits_{i=1}^{\infty} P(A_i)$ 收敛, 即

$$\lim_{n\to\infty} P\left(\bigcup_{i=1}^{n} A_i\right) = \lim_{n\to\infty}\sum_{i=1}^{n} P(A_i) = \sum_{i=1}^{\infty} P(A_i). \tag{1-3-10}$$

记 $F_n = \bigcup\limits_{i=1}^{n} A_i$, 则 $\{F_n\}$ 为单调不减的事件序列, 所有由下连续性得

$$\lim_{n\to\infty} P\left(\bigcup_{i=1}^{n} A_i\right) = \lim_{n\to\infty} P(F_n) = P\left(\bigcup_{n=1}^{\infty} F_n\right) = P\left(\bigcup_{n=1}^{\infty} A_n\right). \tag{1-3-11}$$

综合 (1-3-10) 和 (1-3-11) 式, 即得可列可加性.

从性质 1.3.8 可以看出: 在概率的公理化定义中, 可以将可列可加性换成有限可加性和下连续性.

习 题 1.3

1. 已知 $A \subset B, P(A) = 0.2, P(B) = 0.3$, 试求:
(1) $P(\overline{A}), P(\overline{B})$; (2) $P(A \cup B)$; (3) $P(A - B)$.

2. 20 名运动员中有两名种子选手, 现将运动员平均分为两组, 试问两名种子选手:
(1) 分在不同组的概率为多少? (2) 分在同一组的概率为多少?

3. 某城市的电话号码由 8 位数字组成, 第一位为 5 或者 6, 试求:
(1) 随机抽取的一个电话号码为不重复的 8 位数的概率;
(2) 随机抽取的一个电话号码末位为 8 的概率.

4. 设有一个均匀的陀螺, 在其圆周的一半上均匀地刻上区间 $[0,1]$ 上的诸数字, 另一半上均匀地刻上区间 $[1,3]$ 上的诸数字. 旋转此陀螺, 求其停下时, 圆周上触及桌面的点的刻度位于区间 $\left[\frac{1}{2},\frac{3}{2}\right]$ 上的概率.

5. 如果 W 表示昆虫出现残翅, E 表示有退化性眼睛, 并且

$$P(W) = 0.125, \quad P(E) = 0.075, \quad P(WE) = 0.025,$$

求下列事件的概率:
(1) 昆虫出现残翅或者退化性眼睛; (2) 昆虫出现残翅, 但是并没有退化性眼睛;
(3) 昆虫未出现残翅, 也无退化性眼睛.

6. 计算下列各题:
(1) 设 $P(A) = 0.5, P(B) = 0.3, P(A \cup B) = 0.6$, 求 $P(A\overline{B})$;
(2) 设 $P(A) = 0.8, P(A - B) = 0.4$, 求 $P(\overline{AB})$;
(3) 设 $P(AB) = P(\overline{A}\,\overline{B}), P(A) = 0.3$, 求 $P(B)$.

7. 一口袋中装有标号为 1—10 的乒乓球, 从中任取三只, 求下列事件的概率:
(1) $A =$ “最小号码为 5”; (2) $B =$ “最大号码为 5”; (3) $C =$ “最小号码小于 3”.

8. 某城市中共发行 3 种报纸 A, B, C. 在此城市的居民中有 45% 订阅 A 报, 35% 订阅 B 报, 30% 订阅 C 报, 10% 同时订阅 A 报 B 报, 8% 同时订阅 A 报 C 报, 5% 同时订阅 B 报 C 报, 3% 同时订阅 A, B, C 报. 求以下事件的概率:
(1) 只订阅 A 报的; (2) 只订阅一种报纸的;
(3) 至少订阅一种报纸的; (4) 不订阅任何一种报纸的.

9. 一赌徒认为掷一颗骰子 4 次至少出现一次 6 点与掷两颗骰子 24 次至少出现一次双 6 点的机会是相等的, 你认为如何?

10. 口袋中有 $n-1$ 个黑球和 1 个白球, 每次从口袋中随机地摸出一球, 并换入一个黑球. 问第 k 次摸球时, 摸到黑球的概率是多少?

11. 一间宿舍内住有 5 位同学, 求他们之中至少有 2 个人的生日在同一个月份的概率.

12. 若 $P(A)=1$, 证明: 对任一事件 B, 有 $P(AB)=P(B)$.

13. 设 A, B 是两事件, 且 $P(A)=0.6, P(B)=0.8$, 问:

(1) 在什么条件下 $P(A\cup B)$ 取到最大值, 最大值是多少?

(2) 在什么条件下 $P(A\cup B)$ 取到最小值, 最小值是多少?

14. 对任意的事件 A, B, C, 证明:

(1) $P(AB)+P(AC)-P(BC)\leqslant P(A)$;

(2) $P(AB)+P(AC)+P(BC)\geqslant P(A)+P(B)+P(C)-1$.

15. 证明: $|P(AB)-P(A)P(B)|\leqslant \dfrac{1}{4}$.

1.4 条件概率

1.4.1 条件概率的定义及性质

在许多实际问题中, 除了要考虑事件 A 的概率 $P(A)$ 外, 还需考虑在事件 B 已发生的条件下, 事件 A 发生的概率. 我们用记号 $P(A|B)$ 表示. 先来看一个简单的例子.

例如, 一盒子中混有新、旧两种球共 100 只. 新球中有白球 40 只, 红球 30 只; 旧球中有白球 20 只, 红球 10 只. 现从盒子中任取一球, 设事件 A 表示 "取得白球", 事件 B 表示 "取得新球", 根据古典概型的计算公式, 容易得 $P(A)=\dfrac{60}{100}$.

若已知从盒子中取出的是新球, 问取得白球的概率有多大? 这个问题可以看作在已知事件 B 发生的条件下, 求事件 A 的概率, 即 $P(A|B)$. 此时由于样本空间不再是盒子中全部的球, 而是缩小到盒子中的全部新球, 于是 $P(A|B)=\dfrac{40}{70}$.

可以看到, $P(A|B)\neq P(A)$. 这是因为在求 $P(A|B)$ 时, 我们是限制在 B 已经发生的条件下考虑 A 发生的概率. 另外, 通过简单的运算可知

$$P(B)=\frac{70}{100},\quad P(AB)=\frac{40}{100},\quad \text{且有}\quad P(A|B)=\frac{40}{70}=\frac{\dfrac{40}{100}}{\dfrac{70}{100}}=\frac{P(AB)}{P(B)},$$

故有关系 $P(A|B)=\dfrac{P(AB)}{P(B)}$.

上述关系虽然是在特殊情形下得到的, 但它对一般的古典概型都满足, 事实上, 对于古典概型, 设试验的样本点总数为 n 个, 事件 B 所包含的样本点数为 m 个, 事件 AB 所包含的样本点数为 k 个, 在 B 已经发生的条件下, 相当于样本空间从 Ω 缩小到 B, 于是, 事件 A 的概率为 $P(A|B)=\dfrac{k}{m}=\dfrac{\dfrac{k}{n}}{\dfrac{m}{n}}=\dfrac{k}{m}=\dfrac{P(AB)}{P(B)}$.

实际上, 上述关系对所有概率形态都适用, 符合概率客观事实, 由此, 我们给出条件概率的定义.

定义 1.4.1 设在随机试验 E 中有两事件 A 和 B, 且 $P(B)>0$, 则称 $\dfrac{P(AB)}{P(B)}$ 为在事件 B 发生的条件下, 事件 A 发生的条件概率, 记作 $P(A|B)$, 即

$$P(A|B)=\frac{P(AB)}{P(B)}. \tag{1-4-1}$$

根据条件概率的定义, 我们很容易发现, 条件概率 $P(A|B)$ 是样本空间 Ω 的子集构成的事件集合到实数集的一个映射, 且是满足非负性、规范性、可列可加性的集合函数, 故而条件概率 $P(A|B)$ 也是一种概率. 于是条件概率也具有与事件概率相类似的性质.

性质 1.4.1 设在随机试验 E 中, Ω 是它的样本空间, A,B 是该试验的事件, 且 $P(B)>0$, 则有

(1) $0\leqslant P(A|B)\leqslant 1$;

(2) $P(\Omega|B)=1$;

(3) 设在随机试验 E 中有可列个事件 $A_1,A_2,\cdots,A_n,\cdots$, 且有

$$A_iA_j=\varnothing \quad (i\neq j), \quad i,j=1,2,\cdots,$$

则有 $P\left(\bigcup\limits_{i=1}^{\infty}A_i\Big|B\right)=\sum\limits_{i=1}^{\infty}P(A_i|B)$;

(4) $P(\varnothing|B)=0$;

(5) $P(A|B)=1-P(\overline{A}|B)$;

(6) 设在随机试验 E 中还有事件 A_1,A_2, 则

$$P(A_1\cup A_2|B)=P(A_1|B)+P(A_2|B)-P(A_1A_2|B);$$

(7) 设在随机试验 E 中还有事件 A_1,A_2, 且有 $A_1\subset A_2$, 则

$$P(A_2-A_1|B)=P(A_2|B)-P(A_1|B).$$

证明 仅对 (3) 进行证明.

如果 $A_1,A_2,\cdots$ 两两互不相容, 那么对于每个 $i\neq j,i,j=1,2,\cdots$, 则有 $A_iA_j=\varnothing$. 再根据事件积的运算性质, 可得

$$(A_iB)(A_jB)=(A_iA_j)B=\varnothing B=\varnothing,$$

所以 $A_1B,A_2B,\cdots$ 也两两互不相容, 因此

$$\begin{aligned}P((A_1\cup A_2\cup\cdots)|B)&=\frac{P((A_1\cup A_2\cup\cdots)\cap B)}{P(B)}=\frac{P((A_1B)\cup(A_2B)\cup\cdots)}{P(B)}\\&=\frac{P(A_1B)+P(A_2B)+\cdots}{P(B)}=\frac{P(A_1B)}{P(B)}+\frac{P(A_2B)}{P(B)}+\cdots\\&=P(A_1|B)+P(A_2|B)+\cdots.\end{aligned}$$

证毕.

由于事件 A, B 的对等性, 若 $P(A)>0$, 则在事件 A 发生的前提下事件 B 发生的条件概率可以定义为: $P(B|A)=\dfrac{P(AB)}{P(A)}$.

计算条件概率有如下两种基本方法$\left(\text{为体现条件概率定义的对等性, 我们以 } P(B|A)=\dfrac{P(AB)}{P(A)} \text{ 来说明}\right)$.

(1) 按定义计算: $P(B|A)=\dfrac{P(AB)}{P(A)}$.

例如, 如果在全部产品中有 4%是废品, 有 72%是一级品. 现从其中任取一件合格品, 求它是一级品的概率.

可以令 A 表示 "任取一件为合格品", B 表示 "任取一件为一级品", 则 $B \subset A$, 且 $P(A)=0.96, P(B)=0.72$, 则有

$$P(B|A)=\frac{P(AB)}{P(A)}=\frac{P(B)}{P(A)}=\frac{0.72}{0.96}=0.75.$$

在这里, 需要特别指出的是, 求条件概率很容易与求交事件的概率混淆. 希望在解决这类问题时引起读者的注意.

(2) 在等可能试验中, 当一事件 A 发生, 在变化了的样本空间中利用等可能性直接计算另一事件 B 的条件概率.

例如, 盒中有黑球 5 个、白球 3 个, 连续不放回地在其中任取两个球. 若已知第一次取出的是白球, 求第二次取出的仍是白球的概率. 可以令 A 表示 "第一次取到白球", B 表示 "第二次取到白球", 则 $P(B|A)=\dfrac{2}{7}$.

例 1.4.1 在 $3,4,5,\cdots,12$ 这 10 个数中任取一个数, 设事件 A 表示: 抽得的数为 3 的倍数; 事件 B_1 表示: 抽得的数为偶数; 事件 B_2 表示: 抽得的数大于 11; 事件 B_3 表示: 抽得的数大于 9. 试计算 $P(A|B_1), P(A|B_2), P(A|B_3)$ 的值.

解 由题意可知

$$P(A|B_1)=\frac{P(AB_1)}{P(B_1)}=\frac{\frac{1}{5}}{\frac{1}{2}}=\frac{2}{5}=0.4,$$

$$P(A|B_2)=\frac{P(AB_2)}{P(B_2)}=\frac{\frac{1}{10}}{\frac{1}{10}}=1,$$

$$P(A|B_3)=\frac{P(AB_3)}{P(B_3)}=\frac{\frac{1}{10}}{\frac{3}{10}}=\frac{1}{3}\approx 0.333.$$

关于条件概率, 有三个重要的公式, 分别是乘法公式、全概率公式和贝叶斯 (Bayes) 公式. 这三个公式在概率理论和应用概率论解决实际问题的过程中都具有十分重要的意义. 接下来, 我们就对这三个公式分别进行讨论.

1.4.2 概率的乘法公式

根据条件概率的定义, 我们不难得出如下性质.

性质 1.4.2 设有随机试验 E, A, B 是该试验中的事件, 则有

(1) 若 $P(B)>0$, 则

$$P(AB)=P(A|B)P(B);\tag{1-4-2}$$

(2) 若 $A_1, A_2, \cdots, A_n$ 为随机试验 E 中的有限个事件, $P(A_1A_2\cdots A_{n-1})>0$, 则有

$$P(A_1A_2\cdots A_n)=P(A_1)P(A_2|A_1)P(A_3|A_1A_2)\cdots P(A_n|A_1A_2\cdots A_{n-1}).\tag{1-4-3}$$

证明 因为 $P(A_1)\geqslant P(A_1A_2)\geqslant\cdots\geqslant P(A_1A_2\cdots A_{n-1})>0$, 所以

$$\begin{aligned}&P(A_1)P(A_2|A_1)\cdots P(A_n|A_1A_2\cdots A_{n-1})\\=&P(A_1)\frac{P(A_1A_2)}{P(A_1)}\frac{P(A_1A_2A_3)}{P(A_1A_2)}\cdots\frac{P(A_1A_2\cdots A_n)}{P(A_1A_2\cdots A_{n-1})}=P(A_1A_2\cdots A_n).\end{aligned}$$

在性质 1.4.2 中所给出的两个公式就是概率的**乘法公式**.

例 1.4.2 一口袋中装有 a 只白球, b 只红球. 每次随机取出一只, 然后把原球放回, 并加进与抽出的那只球同色的球 c 只. 连续摸球三次, 试求第一、第二次取白球, 第三次取到红球的概率.

解 设事件 A_i 表示 “第 i 次取到白球”$(i=1,2,3)$, 则 $\overline{A_3}$ 表示第三次取到红球, 有

$$P(A_1)=\frac{a}{a+b},\quad P(A_2|A_1)=\frac{a+c}{a+b+c},\quad P\left(\overline{A_3}\middle|A_1A_2\right)=\frac{b}{a+b+2c}.$$

故而, 所求概率为

$$P\left(A_1A_2\overline{A_3}\right)=P(A_1)P(A_2|A_1)P\left(\overline{A_3}\middle|A_1A_2\right)=\frac{a}{a+b}\cdot\frac{a+c}{a+b+c}\cdot\frac{b}{a+b+2c}.$$

例 1.4.3 包装了玻璃的器皿第一次扔下被打破的概率为 0.4, 如果未打破, 第二次扔下被打破的概率为 0.6, 如果又未打破, 第三次扔下被打破的概率为 0.9. 现将这种包装了玻璃的器皿连续扔三次, 求打破的概率.

解 设器皿被打破的事件为 A, 第 i 次扔下器皿被打破的事件为 $A_i(i=1,2,3)$, 则有

$$P(A)=1-P(\overline{A_1}\,\overline{A_2}\,\overline{A_3})=1-P(\overline{A_1})P(\overline{A_2}|\overline{A_1})P(\overline{A_3}|\overline{A_1}\,\overline{A_2}).$$

由题可知 $P(A_1)=0.4, P(A_2|\overline{A_1})=0.6, P(A_3|\overline{A_1}\,\overline{A_2})=0.9$, 从而可得

$$P(A)=1-P(\overline{A_1})P(\overline{A_2}|\overline{A_1})P(\overline{A_3}|\overline{A_1}\,\overline{A_2})=1-0.6\times0.4\times0.1=0.976.$$

例 1.4.4 盒子中有 b 只黑球及 r 只红球, 随机取出一只球, 把原球放回, 并且加入与抽出球同色的球 c 只, 再摸第二次, 这样下去共摸了 n 次, 试问前面的 n_1 次出现黑球, 后面的 $n_2=n-n_1$ 次出现红球的概率为多少?

解 设 A_1 表示第一次摸出黑球这一事件, $\cdots$, A_{n_1} 表示第 n_1 次摸出黑球, A_{n_1+1} 表示第 n_1+1 次摸出红球, $\cdots$, A_n 表示第 n 次摸出红球. 从而有

$$P(A_1)=\frac{b}{b+r},\quad P(A_2|A_1)=\frac{b+c}{b+r+c},\quad P(A_3|A_1A_2)=\frac{b+2c}{b+r+2c},$$

$$P(A_{n_1}|A_1A_2\cdots A_{n_1-1})=\frac{b+(n_1-1)c}{b+r+(n_1-1)c},\quad P(A_{n_1+1}|A_1A_2\cdots A_{n_1})=\frac{r}{b+r+n_1c},$$

$$P(A_{n_1+2}|A_1A_2\cdots A_{n_1+1})=\frac{r+c}{b+r+(n_1+1)c},\quad \cdots,\quad P(A_n|A_1A_2\cdots A_{n-1})=\frac{r+(n_2-1)c}{b+r+(n-1)c}.$$

所以

$$\begin{aligned}P(A_1A_2\cdots A_n)=&\frac{b}{b+r}\cdot\frac{b+c}{b+r+c}\cdot\frac{b+2c}{b+r+2c}\cdot\cdots\cdot\frac{b+(n_1-1)c}{b+r+(n_1-1)c}\\&\cdot\frac{r}{b+r+n_1c}\cdot\frac{r+c}{b+r+(n_1+1)c}\cdot\cdots\cdot\frac{r+(n_2-1)c}{b+r+(n-1)c}.\end{aligned}$$

1.4.3 全概率公式

在前面, 我们已经讨论了完备事件组的概念. 如图 1-4-1 所示, 如果事件组 $A_1,A_2,\cdots,A_n$ 是一个由 n 个事件组成的事件组, 则有

(1) $A_iA_j=\varnothing\,(i\neq j),i,j=1,2,\cdots,n$;

(2) $A_1\cup A_2\cup\cdots\cup A_n=\Omega$.

对于完备事件组, 我们有如下定理.

定理 1.4.1 设 Ω 是随机试验 E 的样本空间, $B_1,B_2,\cdots,B_n$ 为 E 的事件, 若 $B_1,B_2,\cdots,B_n$ 构成完备事件组, 即 $B_iB_j=\varnothing\,(i\neq j),i,j=1,2,\cdots,n$ 且 $\bigcup\limits_{i=1}^{n}B_i=\Omega$; 如果有事件组 $B_1,B_2,\cdots,B_n$ 中各事件的概率都满足 $P(B_i)>0\,(i=1,2,\cdots,n)$, 则对于随机试验 E 的任意事件 A 有

$$P(A)=\sum_{i=1}^{n}P(B_i)P(A|B_i).\tag{1-4-4}$$

证明 如图 1-4-2 所示, 因为 $B_1,B_2,\cdots,B_n$ 是一个完备事件组, 所以

$$A=A\Omega=A(B_1\cup B_2\cup\cdots\cup B_n)=AB_1\cup AB_2\cup\cdots\cup AB_n,$$

由 $B_iB_j=\varnothing\,(i\neq j),i,j=1,2,\cdots,n$, 可知

$$(AB_i)(AB_j)=\varnothing\ (i\neq j),\quad i,j=1,2,\cdots,n,$$

又因为 $P(B_i)>0\,(i=1,2,\cdots,n)$, 故而, 根据概率的可加性和乘法公式 (1-4-2) 式可得

$$\begin{aligned}P(A)&=P(AB_1)+P(AB_2)+\cdots+P(AB_n)\\&=P(B_1)P(A|B_1)+P(B_2)P(A|B_2)+\cdots+P(B_n)P(A|B_n)\\&=\sum_{i=1}^{n}P(B_i)P(A|B_i).\end{aligned}$$

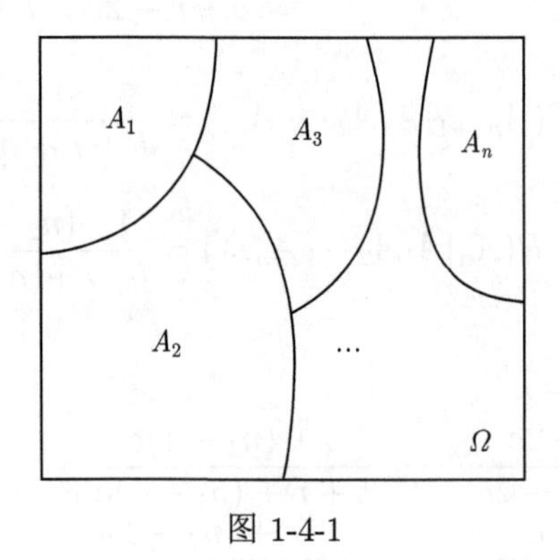

图 1-4-1

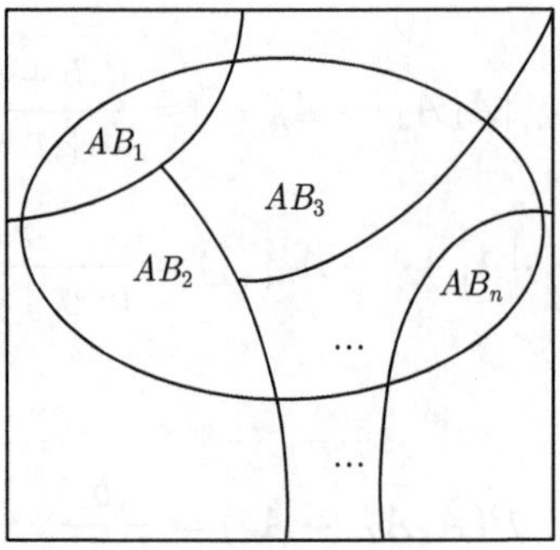

图 1-4-2

在定理 1.4.1 中给出的公式叫作全概率公式, 利用全概率公式可以把复杂事件的概率问题划分为若干个互不相容的简单情形来求解.

例 1.4.5　一个工厂有甲、乙、丙三个车间生产同一种产品, 每个车间的产量分别占总产量的 25%, 35%, 40%, 而产品中次品率分别为 5%, 4%, 2%. 现将这些产品混在一起并随机抽取一个产品, 试问其为次品的概率为多少?

解　设事件 A_1,A_2,A_3 分别表示抽到的产品为甲、乙、丙车间的产品; 事件 B 表示抽到的一个产品为次品. 因为 $B\subset A_1\cup A_2\cup A_3$, 且 A_1,A_2,A_3 互不相容, 所以

$$P(B)=\sum_{i=1}^{3}P(A_i)P(B|A_i).$$

又由于 $P(A_1)=\dfrac{25}{100},P(A_2)=\dfrac{35}{100},P(A_3)=\dfrac{40}{100}$,

$$P(B|A_1)=\frac{5}{100},\quad P(B|A_2)=\frac{4}{100},\quad P(B|A_3)=\frac{2}{100},$$

所以 $P(B)=\dfrac{25}{100}\cdot\dfrac{5}{100}+\dfrac{35}{100}\cdot\dfrac{4}{100}+\dfrac{4}{100}\cdot\dfrac{2}{100}=0.0345.$

例 1.4.6　12 个乒乓球中有 9 个新的、3 个旧的, 第一次比赛取出了 3 个, 用完后放回去, 第二次比赛又取出 3 个, 求第二次取到的 3 个球中有 2 个新球的概率.

解　设 $A_i=\{$在第一次比赛中取出 i 个新球$\}(i=0,1,2,3)$, A_0,A_1,A_2,A_3 构成样本空间 Ω 的完备事件组. 设 B 表示“第二次取到的 3 个球中有 2 个新球”, 则有

$$P(A_0)=\frac{C_3^3}{C_{12}^3}=\frac{1}{220},\qquad P(B|A_0)=\frac{C_9^2C_3^1}{C_{12}^3}=\frac{27}{55};$$

$$P(A_1)=\frac{C_9^1C_3^2}{C_{12}^3}=\frac{27}{220},\quad P(B|A_1)=\frac{C_8^2C_4^1}{C_{12}^3}=\frac{28}{55};$$

$$P(A_2)=\frac{C_9^2C_3^1}{C_{12}^3}=\frac{27}{55},\qquad P(B|A_2)=\frac{C_7^2C_5^1}{C_{12}^3}=\frac{21}{44};$$

$$P(A_3)=\frac{C_9^3}{C_{12}^3}=\frac{21}{55},\qquad P(B|A_3)=\frac{C_6^2C_6^1}{C_{12}^3}=\frac{9}{22}.$$

根据全概率公式有

$$P(B)=\sum_{i=0}^{3}P(A_i)P(B|A_i)=\frac{1}{220}\cdot\frac{27}{55}+\frac{27}{220}\cdot\frac{28}{55}+\frac{27}{55}\cdot\frac{21}{44}+\frac{21}{55}\cdot\frac{9}{22}=0.455.$$

1.4.4 贝叶斯公式

全概率公式给出了计算由多种原因造成的某种事件发生的可能性大小的方法. 如果要确定事件 B 发生的概率, 只要根据历史资料, 知道各种原因发生的可能性大小 $P(A_i)\,(i=1,2,\cdots,n)$ 以及每一种原因对结果所产生的影响程度 $P(B|A_i)\,(i=1,2,\cdots,n)$, 然后运用全概率公式就可以算出 $P(B)$.

现实当中存在某种问题, 它是上述问题的逆问题, 简述如下.

根据历史资料, 各种原因发生的可能性大小 $P(A_i)\,(i=1,2,\cdots,n)$ 是已知的, 设在进行随机试验中事件 B 已发生, 问在此条件下, 各原因发生的概率是多少? 类似这样的问题, 在理论和实际中经常碰到, 解决这类问题的公式就是贝叶斯公式.

定理 1.4.2 设 Ω 是随机试验 E 的样本空间, $B_1,B_2,\cdots,B_n$ 为 E 的事件, 若 $B_1,B_2,\cdots,B_n$ 构成完备事件组, 即 $B_iB_j=\varnothing\,(i\neq j),i,j=1,2,\cdots,n$ 且 $\bigcup_{i=1}^{n}B_i=\Omega$; 如果有事件组 $B_1,B_2,\cdots,B_n$ 中各事件的概率都满足 $P(B_i)>0\,(i=1,2,\cdots,n)$, 则对于随机试验 E 的任意事件 A 有

$$P(B_i|A)=\frac{P(B_i)P(A|B_i)}{\sum_{j=1}^{n}P(B_j)P(A|B_j)}\quad(i=1,2,\cdots,n).\tag{1-4-5}$$

证明 由全概率公式和乘法公式可得

$$P(B_i|A)=\frac{P(AB_i)}{P(A)}=\frac{P(B_i)P(A|B_i)}{\sum_{j=1}^{n}P(B_j)P(A|B_j)}\quad(i=1,2,\cdots,n).$$

在定理 1.4.2 中给出的公式叫作贝叶斯公式. 在事件概率的计算中, 如果在知道了各"原因" 事件发生的概率以及在各 "原因" 事件发生的条件下, 求 "结果" 事件发生的条件概率, 则该 "结果" 事件发生的概率可以由全概率公式求得. 反之, 若 "结果" 事件已经发生时, 要求各 "原因" 事件发生的条件概率, 就需要利用贝叶斯公式来解决问题.

例 1.4.7 (课程思政)　伊索寓言 "孩子与狼" 讲的是一个小孩每天到山上放羊, 山里有狼出没. 第一天他在山上喊: "狼来了! 狼来了!" 山下的村民闻声便去打狼, 可到山上, 发现狼没有来; 第二天仍是如此; 第三天, 狼真的来了, 可无论小孩怎么喊叫, 也没有人来救他, 因为前两次他说了谎, 人们不再相信他了.

故事说明: 做人要有诚信, 如果总是欺骗别人, 那可信度就降低了. 我们用经典的贝叶斯公式来看看这个小孩的可信度是如何降低的.

解　设 A 表示 "小孩说谎" 事件, B 表示 "小孩可信", 先做一些假设:

村民起初对这个小孩的印象 (可信度) 为 $P(B) = 0.8$, 我们认为可信的小孩说谎的可能性为 0.1, 即 $P(A|B) = 0.1$, 不可信的小孩说谎的可能性为 0.5, 即 $P\left(A|\overline{B}\right) = 0.5$, 第一次村民上山, 小孩说了谎, 这时村民对小孩的可信度为

$$P(B|A) = \frac{0.8 \times 0.1}{0.8 \times 0.1 + 0.2 \times 0.5} \approx 0.44.$$

由此可见, 小孩第一天说谎后, 其可信度由 0.8 下降到 0.44. 那么小孩第二次说谎后村民对他的信任度为

$$P(B|A) = \frac{0.44 \times 0.1}{0.44 \times 0.1 + 0.56 \times 0.5} \approx 0.14.$$

这表明村民们经过两次上当, 对这个小孩的可信程度已经从 0.8 下降到了 0.14, 如此低的可信度, 村民们听到第三次呼叫时怎么再会上山打狼呢?

这个例子启发我们: 做人要诚信, 若某人向银行贷款, 连续两次未还, 银行还会第三次贷款给他吗?

习　题　1.4

1. 已知 $P(A) = 1/3, P(B|\,A) = 1/4, P(A|\,B) = 1/6$, 求 $P(A \cup B)$.

2. 已知 $P(\overline{A}) = 0.3, P(B) = 0.4, P(A\overline{B}) = 0.5$, 求 $P(B|\,A \cup \overline{B})$.

3. 已知 $P(A) = P(B) = 1/3, P(A|\,B) = 1/6$, 求 $P(\overline{A}|\,\overline{B})$.

4. 掷两颗骰子, 其结果用 (x_1, x_2) 表示, 其中 x_1 和 x_2 分别表示第一颗和第二颗骰子出现的点数. 设 $A = \{(x_1, x_2)|x_1 \geqslant x_2\}, B = \{(x_1, x_2)|x_1 > x_2\}$. 求 $P(B|A)$ 和 $P(A|B)$.

5. 已知 10 件产品中有 2 件为次品, 在其中取两次, 每次随机地取 1 件, 做不放回抽取, 试求:

(1) 第一件为合格品, 第二件为次品的概率;

(2) 第一件为次品, 第二件为合格品的概率;

(3) 一件次品, 一件合格品的概率.

6. 有两箱同类型的零件, 第一箱装有 50 件, 其中 10 件为一等品; 第二箱装有 30 件, 其中 18 件为一等品. 先从两箱中任取一箱, 然后从该箱中取两次, 每次只取 1 件, 取后不放回, 试求:

(1) 第一次取得的零件为一等品的概率;

(2) 第一次取得的零件为一等品的条件下, 第二次取得的零件也是一等品的概率.

7. 一盒子中装有 7 只晶体管, 其中 5 只为正品, 2 只为次品, 从中抽取两次, 每次任取一只不放回, 试求:

(1) 两次都取得正品的概率; (2) 第一次取得正品, 第二次取得次品的概率;

(3) 第二次取得正品的概率; (4) 一次取得正品, 另一次取得次品的概率.

8. 设考生的报名表来自三个地区, 各有 10 份、15 份和 25 份报名表, 其中女生表分别为 3 份、7 份和 5 份. 现随机抽取一个地区的报名表, 从中先后任取两份.

(1) 求先抽到的一份为女生表的概率;

(2) 已知后抽到的一份为男生表, 则求先抽到的一份为女生表的概率.

9. 袋中有 50 个乒乓球, 其中 20 个黄球, 30 个白球, 现有两人依次随机从袋中各取一球, 取后不放回, 试求:

(1) 已知第一人取到黄球, 则第二人取到黄球的概率; (2) 第二人取到黄球的概率.

10. 某餐馆有甲、乙、丙三位厨师烤某一种饼, 烤坏的概率分别为 4%, 2%, 5%. 已知他们所烤饼的数量中, 厨师甲占 45%, 乙占 35%, 丙占 20%. 试问:

(1) 任取一个饼, 其为烤坏的饼的概率;

(2) 现已知所取饼为烤坏的, 求它是由厨师甲烤出的概率.

11. 试卷中有一道选择题, 共有四个答案可供选择, 其中只有一个答案为正确的. 任一考生若会解该题, 则一定能选出正确答案; 若考生不会解这道题, 那么不妨设任选一个答案, 设考生会解此题的概率为 0.8, 试求:

(1) 考生选出正确答案的概率;

(2) 已知某考生所选答案为正确的, 那么该考生确实会解此题的概率.

12. 有朋友自远方来访, 他乘坐火车、汽车和飞机的概率分别为 0.4, 0.2, 0.4. 如果他乘坐火车、汽车来的话, 迟到的概率分别为 $\frac{1}{4}, \frac{1}{3}$, 而乘坐飞机不会迟到.

(1) 试求他迟到的概率;

(2) 结果他迟到了, 试问他乘坐火车的概率为多少?

13. 设有甲、乙两个口袋, 甲袋中装有 n 只白球、m 只红球, 乙袋装有 N 只白球、M 只红球. 现从甲袋任取一球放入乙袋中, 再从乙袋中任意取一球, 试问:

(1) 取到白球的概率为多少?

(2) 如果已知取到的是白球, 那么原先是从甲袋中取得白球放入乙袋的概率为多少?

14. 设 $P(A) > 0$, 试证: $P(B|A) \geqslant 1 - \dfrac{P(\overline{B})}{P(A)}$.

15. 若事件 A 与 B 互不相容, 且 $P(\overline{B}) \neq 0$, 证明: $P(A|\overline{B}) = \dfrac{P(A)}{1-P(B)}$.

16. 若 A 与 B 为任意两个事件, 且 $A \subset B$, $P(B) > 0$, 则 $P(A) \leqslant P(A|B)$ 成立.

17. 若 $P(A|B) > P(A|\overline{B})$, 试证 $P(B|A) > P(B|\overline{A})$.

18. 若 $P(A|B) = 1$, 证明 $P(\overline{B}|\overline{A}) = 1$.

1.5 事件的独立性

1.5.1 两个事件的独立性

设 A, B 是两个事件, 如果 $P(B) > 0$, 可以定义 $P(A|B)$. 从 1.4 节的讨论中我们看到, 一般情况下, $P(A|B) \neq P(A)$, 但是也不排除两者相等.

例如, 一盒中装有 a 个黑球, b 个白球, 从中有放回地抽取 2 个球, 求: (1) 在已知第 1 次取出黑球的条件下, 第 2 次取出黑球的概率; (2) 第 2 次取出黑球的概率.

我们以事件 B 表示 "第 1 次取出黑球", 事件 A 表示 "第 2 次取出黑球", 则

$$P(B)=\frac{a}{a+b},\quad P(AB)=\frac{a^2}{(a+b)^2}.$$

故 (1) 所求的概率为 $P(A|B)=\dfrac{P(AB)}{P(B)}=\dfrac{\dfrac{a^2}{(a+b)^2}}{\dfrac{a}{a+b}}=\dfrac{a}{a+b}$.

(2) 所求的概率为 $P(A)=P(AB)+P(A\overline{B})=\left(\dfrac{a}{a+b}\right)^2+\dfrac{ab}{(a+b)^2}=\dfrac{a}{a+b}$.

从此例中看到 $P(A|B)=P(A)$, 即事件 B 发生对事件 A 发生的概率没有任何影响. 事实上, 这应该是很自然的, 因为这里采用的是有放回抽取, 第 2 次取球时, 盒中球的成分没有改变, 当然就有第 1 次抽取的结果对第 2 次抽取结果的概率不会有影响. 在这种情况下, 就说事件 A,B 彼此独立. 又因为, 如果 $P(A|B)=P(A)$, 就有 $P(AB)=P(A)P(B)$, 对此我们引进如下定义.

定义 1.5.1 设 A,B 是两个事件, 若满足

$$P(AB)=P(A)P(B), \tag{1-5-1}$$

则称 A,B 是相互独立的事件.

按照这个定义, 很容易验证: 必然事件 Ω 与任何事件 A 独立; 不可能事件 $\varnothing$ 与任何事件 A 独立; 如果事件 A,B 相互独立, $P(B)>0$, 则 $P(A|B)=P(A)$.

由式 $P(A|B)=P(A)$ 知, 若 A,B 相互独立, 由 A 关于 B 的条件概率等于无条件概率. 即两事件 A,B 独立的实际意义应是事件 B 发生对事件 A 发生的概率没有任何影响. 更准确地讲, 两事件 A,B 相互独立的实际意义为: 其中任一事件发生与否对另一事件发生与否的概率没有任何影响. 这就是下述的所谓独立扩张定理.

性质 1.5.1 若事件 A,B 相互独立, 则 $\{\overline{A},B\},\{A,\overline{B}\},\{\overline{A},\overline{B}\}$ 各对事件也相互独立.

证明 由于

$$\begin{aligned}P(\overline{A}B)&=P(B-AB)=P(B)-P(AB)\\&=P(B)-P(A)P(B)=P(B)[1-P(A)]=P(\overline{A})P(B),\end{aligned}$$

所以, $\overline{A}$ 与 B 相互独立, 读者可自行证明其余两事件的独立性.

在实际应用中, 对于事件的独立性, 往往不是根据定义来判断, 而是根据实际意义来判断.

例 1.5.1 甲、乙两人独立地去破译一份密码, 已知各人能译出的概率分别为 $\dfrac{1}{5}$ 与 $\dfrac{1}{3}$, 求密码被译出的概率.

解 设事件 A 表示"甲译出密码", 事件 B 表示"乙译出密码", 事件 C 表示"密码被译", 则密码被译出的概率等价于甲、乙两人至少有一个人译出密码, 即

$$C = A \cup B.$$

所以有 $P(C) = P(A \cup B) = P(A) + P(B) - P(AB)$.

由题意知 $P(AB) = P(A)P(B)$. 所以

$$P(C) = P(A) + P(B) - P(A)P(B) = \frac{1}{5} + \frac{1}{3} - \frac{1}{5} \times \frac{1}{3} = \frac{7}{15}.$$

1.5.2 多个事件的独立性

定义 1.5.2 设 A, B, C 为三个事件, 如果它们满足以下恒等式, 即

$$\begin{aligned} P(AB) &= P(A)P(B), \\ P(BC) &= P(B)P(C), \\ P(AC) &= P(A)P(C), \\ P(ABC) &= P(A)P(B)P(C), \end{aligned} \tag{1-5-2}$$

则称 A, B, C 为相互独立事件.

设 A, B, C 为三事件, 若有以下等式:

$$\begin{cases} P(AB) = P(A)P(B), \\ P(BC) = P(B)P(C), \\ P(AC) = P(A)P(C) \end{cases}$$

成立, 那么称事件 A, B, C 两两独立.

需要注意, 一般情况下, 当事件 A, B, C 两两独立时, 等式

$$P(ABC) = P(A)P(B)P(C)$$

不一定成立.

例 1.5.2 一口袋中有 4 只球, 一只涂白色, 一只涂红色, 一只涂蓝色, 另一只涂红、白、蓝色. 从袋中随机地抽取一只球, 设事件 A 表示"取出的球涂有红色", 事件 B 表示"取出的球涂有白色", 事件 C 表示"取出的球涂有蓝色", 那么证明:

$$P(AB) = P(A)P(B), \quad P(AC) = P(A)P(C), \quad P(BC) = P(B)P(C),$$

但是 $P(ABC) \neq P(A)P(B)P(C)$.

证明 易知

$$P(A) = P(B) = P(C) = \frac{1}{2},$$
$$P(AB) = P(AC) = P(BC) = P(ABC) = \frac{1}{4},$$

从而可知 $P(AB)=P(A)P(B), P(AC)=P(A)P(C), P(BC)=P(B)P(C)$, $P(ABC)\neq P(A)P(B)P(C)$.

定义 1.5.3 对 n 个事件 $A_1,A_2,\cdots,A_n$, 如果对所有可能的组合 $(1\leqslant i<j<k<\cdots\leqslant n)$ 有

$$\begin{aligned} &P\left(A_iA_j\right)=P\left(A_i\right)P\left(A_j\right),\\ &P\left(A_iA_jA_k\right)=P\left(A_i\right)P\left(A_j\right)P\left(A_k\right),\\ &\qquad\cdots\cdots\\ &P\left(A_1A_2\cdots A_n\right)=P\left(A_1\right)P\left(A_2\right)\cdots P\left(A_n\right),\end{aligned} \tag{1-5-3}$$

则称事件 $A_1,A_2,\cdots,A_n$ 相互独立, 或称事件组 $A_1,A_2,\cdots,A_n$ 为独立事件组.

这里第 1 行有 C_n^2 个式子, 第 2 行有 C_n^3 个式子, 等等, 因此, n 个事件 $A_1,A_2,\cdots,A_n$ 相互独立, 其应满足 $\mathrm{C}_n^2+\mathrm{C}_n^3+\cdots+\mathrm{C}_n^n=2^n-n-1$ 个式子.

显然, 如果 n 个事件相互独立, 则它们中的任意 $m\,(2\leqslant m<n)$ 个事件也相互独立.

此外, 对于 n 个事件相互独立, 也有如下结论:

(1) 事件 $A_1,A_2,\cdots,A_n$ 相互独立, 则其中 $m\,(2\leqslant m\leqslant n-1)$ 个事件同时发生的条件下, 另一个事件发生的条件概率等于无条件概率.

(2) 事件 $A_1,A_2,\cdots,A_n$ 相互独立, 则把其中的 1 个、2 个, 甚至全部换成其对立事件后组成的 n 个事件 $\overline{A_{i_1}},\overline{A_{i_2}},\cdots,\overline{A_{i_m}},A_{i_{m+1}},\cdots,A_{i_n}$ 仍相互独立, 其中 $\{i_1,i_2,\cdots,i_n\}$ 是 $\{1,2,\cdots,n\}$ 的任一排列 $(1\leqslant m\leqslant n)$.

1.5.3 独立性下概率公式的简化

如果事件是相互独立的, 许多概率的计算就可以大大简化.

例如, 若 $A_1,A_2,\cdots,A_n$ 相互独立, 则由

$$P\left(A_iA_j\cdots A_n\right)=P\left(A_i\right)P\left(A_j\right)\cdots P\left(A_n\right)$$

知, 它们同时发生的概率就等于各自发生概率的乘积, 即乘法公式

$$P\left(\bigcap_{i=1}^{n}A_i\right)=P\left(A_1\right)P\left(A_2|\,A_1\right)P\left(A_3|\,A_2A_1\right)\cdots P\left(A_n|\,A_1A_2\cdots A_{n-1}\right)$$

可以简化为 $P\left(\bigcap\limits_{i=1}^{n}A_i\right)=\prod\limits_{i=1}^{n}P\left(A_i\right)$.

又因若 n 个事件 $A_1,A_2,\cdots,A_n$ 相互独立, 把它们全部换成对立事件 $\overline{A_1},\overline{A_2},\cdots,\overline{A_n}$ 后组成的 n 个事件仍独立, 则概率的加法公式也可以简化为

$$P\left(\bigcup_{i=1}^{n}A_i\right)=1-\prod_{i=1}^{n}P\left(\overline{A_i}\right). \tag{1-5-4}$$

事实上有 $P\left(\bigcup\limits_{i=1}^{n}A_i\right)=1-P\left(\overline{\bigcup\limits_{i=1}^{n}A_i}\right)=1-P\left(\bigcap\limits_{i=1}^{n}\overline{A_i}\right)=1-\prod\limits_{i=1}^{n}P\left(\overline{A_i}\right)$.

例 1.5.3　加工某一零件共需要经过三道程序. 设第一、第二、第三道程序的次品率分别为 2% , 3% , 5% . 假设各道程序为互不影响的, 试问加工出来的零件的次品率为多少?

解　设事件 A_i $(i=1,2,3)$ 为“第 i 道程序出现次品”. 事件 A 为“加工出来的零件为次品”, 由于加工出来的零件为次品, 即至少有一道程序出现次品, 则有

$$A=A_1\cup A_2\cup A_3,$$

从而可得

$$\begin{aligned}P(A)&=P(A_1\cup A_2\cup A_3)\\&=P(A_1)+P(A_2)+P(A_3)-P(A_1A_2)-P(A_1A_3)-P(A_2A_3)+P(A_1A_2A_3),\end{aligned}$$

根据题意, 可得

$$P(A_1)=0.02,\quad P(A_2)=0.03,\quad P(A_3)=0.05,$$

因为各道程序互不影响, 所以事件 A_1,A_2,A_3 为相互独立的, 则有

$$P(A_1A_2)=0.02\times0.03=0.0006,\quad P(A_1A_3)=0.02\times0.05=0.0010,$$

$$P(A_2A_3)=0.03\times0.05=0.0015,\quad P(A_1A_2A_3)=0.02\times0.03\times0.05=0.00003,$$

所以, 所求概率为

$$P(A)=0.02+0.03+0.05-0.0006-0.0010-0.0015+0.00003=0.09693.$$

1.5.4　独立试验序列模型——伯努利试验概型

在概率论中, 假定试验在相同条件下可以重复进行, 且任何一次试验发生的结果都不受其他各次试验结果的影响, 称这样的试验为独立试验序列模型.

在 n 次独立试验序列模型中, 如果对于每一次试验只有两个可能的结果发生, 即 A 发生或 A 不发生, $P(A)>0$, 称这样的独立试验序列模型为 n 重伯努利 (Bernoulli) 试验.

例如, 一口袋中有 $a+b$ 个球, 其中 a 个白球、b 个黑球, 从中任取一球, 取到任一球的可能性相等. 现采取有放回地摸球, 问摸到的 n 个球中有 k 个白球的概率等于多少?

我们可以将 $a+b$ 个球进行编号, 有放回抽取 n 次, 把可能的重复排列全体作为样本点, 总数为 $(a+b)^n$, 其中所求事件所包含的样本点数为 $\mathrm{C}_n^k a^k b^{n-k}$, 故所求事件的概率为

$$P=\frac{\mathrm{C}_n^k a^k b^{n-k}}{(a+b)^n}=\mathrm{C}_n^k\left(\frac{a}{a+b}\right)^k\left(\frac{b}{a+b}\right)^{n-k}.$$

上述实例可以看出, 这是一个 n 重伯努利试验, 每一次试验中有两种可能的结果发生, 即事件 A: “摸到的一个球为白球” 或事件 $\overline{A}$: “摸到的一个球为黑球” 发生, 且

$$P(A)=\frac{a}{a+b}.$$

由此引出以下伯努利定理.

定理 1.5.1 在 n 重伯努利试验中, 设事件 A 发生的概率为 $P(A)\,(0<P(A)<1)$, 则 A 恰好发生 k 次的概率为

$$P_n(k)=\mathrm{C}_n^k\,[P(A)]^k\,[1-P(A)]^{n-k}, \tag{1-5-5}$$

这里的 k 可以取 $0,1,2,\cdots,n$, 且 $\sum\limits_{k=0}^{n}P_n(k)=1$.

证明 设事件 A_i 表示 "第 i 次试验事件 A 发生", 由条件知

$$P(A_i)=P(A),\quad P(\overline{A_i})=1-P(A)\quad(i=1,2,\cdots,n).$$

又设事件 B_k 表示 "n 次试验中事件 A 发生 k 次", 即 "n 次试验中有 k 次发生事件 A, $n-k$ 次不发生事件 A", 即

$$B_k=A_1A_2\cdots A_k\overline{A}_{k+1}\cdots\overline{A}_n\cup\cdots\cup\overline{A}_1\overline{A}_2\cdots\overline{A}_{n-k}A_{n-k+1}\cdots A_n.$$

由组合计算知, B_k 中共有 C_n^k 项, 且两两不相容, 由试验的独立性知 $A_i\,(i=1,2,\cdots,n)$ 是相互独立的, 从而

$$\begin{aligned}P(B_k)&=P(A_1)P(A_2)\cdots P(A_k)P(\overline{A}_{k+1})\cdots P(\overline{A}_n)\\&\quad+\cdots+P(\overline{A}_1)P(\overline{A}_2)\cdots P(\overline{A}_{n-k})P(A_{n-k+1})\cdots P(A_n)\\&=\underbrace{[P(A)]^k\,[1-P(A)]^{n-k}+\cdots+[P(A)]^k\,[1-P(A)]^{n-k}}_{\mathrm{C}_n^k}\\&=\mathrm{C}_n^k\,[P(A)]^k\,[1-P(A)]^{n-k},\quad k=0,1,2,\cdots,n.\end{aligned}$$

即 $P_n(k)=P(B_k)=\mathrm{C}_n^k\,[P(A)]^k\,[1-P(A)]^{n-k}$, 其中, $k=0,1,2,\cdots,n$, 有

$$\begin{aligned}\sum_{k=0}^{n}P_n(k)=\sum_{k=0}^{n}P(B_k)&=\sum_{k=0}^{n}\mathrm{C}_n^k\,[P(A)]^k\,[1-P(A)]^{n-k}\\&=\{[P(A)]+[1-P(A)]\}^n=1.\end{aligned}$$

由于 $P_n(k)=\mathrm{C}_n^k\,[P(A)]^k\,[1-P(A)]^{n-k}$ 正好是二项公式 $\{[P(A)]+[1-P(A)]\}^k$ 的展开式的第 $k+1$ 项, 故而, $P_n(k)=\mathrm{C}_n^k\,[P(A)]^k\,[1-P(A)]^{n-k}$ 也叫作**二项概率公式**.

例 1.5.4 转炉炼高级钢, 炼一炉的合格率为 0.7, 现有 5 个转炉同时冶炼, 求:

(1) 恰有两炉炼出合格钢的概率; (2) 至少有两炉炼出合格钢的概率;

(3) 至多有两炉炼出合格钢的概率; (4) 至少有一炉炼出合格钢的概率.

如果要求至少能够炼出一炉合格钢的概率不低于 99%, 试问同时至少要有多少个转炉炼钢?

解 同时观察 5 个独立的转炉炼钢, 相当于观察 5 次重复独立的试验, 设事件 A 表示 "一炉炼出合格的钢", 事件 D_5^k 表示 5 个转炉恰有 $k\,(k=0,1,\cdots,5)$ 炉炼出合格钢. 那么 $P(A)=0.7$.

(1) 设事件 B 表示 "恰有两炉炼出合格钢", 那么

$$P(B)=\mathrm{C}_5^2\cdot 0.7^2\cdot 0.3^3=0.1323;$$

(2) 设事件 C 表示 "至少有两炉炼出合格钢", 那么

$$P(C)=1-P(D_5^0)-P(D_5^1)=1-0.3^5-\mathrm{C}_5^1\cdot 0.7\cdot 0.3^4=0.9692;$$

(3) 设事件 D 表示 "至多有两炉炼出合格钢", 那么

$$P(D)=P(D_5^0)+P(D_5^1)+P(D_5^2)=0.3^5+\mathrm{C}_5^1\cdot 0.7\cdot 0.3^4+\mathrm{C}_5^2\cdot 0.7^2\cdot 0.3^3=0.1631;$$

(4) 设事件 E 表示 "至少有一炉炼出合格钢", 那么

$$P(E)=1-P(D_5^0)=1-0.3^5=0.9976.$$

设有 n 个转炉同时冶炼, 设该事件为 F, 则有 $P(F)=1-P(D_n^0)=1-0.3^n\geqslant 0.99$, 从而求得 $n\geqslant\dfrac{\ln 0.01}{\ln 0.3}\approx 3.8$. 因此应有 4 个转炉同时冶炼.

例 1.5.5 三人向同一敌机射击, 设三人击中的概率分别为 0.4, 0.5, 0.7, 而敌机中一弹坠毁的概率为 0.2, 中两弹坠毁的概率为 0.6, 若敌机中三弹则必然坠毁, 求敌机坠毁的概率.

解 设有事件 A,B_i,C_i. 事件 A 表示: "敌机坠毁"; 事件 B_i 表示: "敌机中 i 弹"($i=0,1,2,3$); 事件 C_i 表示: "第 i 人击中敌机"($i=1,2,3$).

由题意知, C_1,C_2,C_3 相互独立, B_0,B_1,B_2,B_3 构成完备事件组.

$$\begin{aligned}
P(B_0)&=P\left(\overline{C_1}\,\overline{C_2}\,\overline{C_3}\right)=P\left(\overline{C_1}\right)P\left(\overline{C_2}\right)P\left(\overline{C_3}\right)=0.6\times 0.5\times 0.3=0.09,\\
P(B_1)&=P\left(C_1\overline{C_2}\,\overline{C_3}\cup\overline{C_1}C_2\overline{C_3}\cup\overline{C_1}\,\overline{C_2}C_3\right)\\
&=P\left(C_1\overline{C_2}\overline{C_3}\right)+P\left(\overline{C_1}C_2\overline{C_3}\right)+P\left(\overline{C_1}\,\overline{C_2}C_3\right)\\
&=0.4\times 0.5\times 0.3+0.6\times 0.5\times 0.3+0.6\times 0.5\times 0.7=0.36,\\
P(B_2)&=P\left(C_1C_2\overline{C_3}\right)+P\left(\overline{C_1}C_2C_3\right)+P\left(C_1\overline{C_2}C_3\right)\\
&=0.4\times 0.5\times 0.3+0.6\times 0.5\times 0.7+0.4\times 0.5\times 0.7=0.41,\\
P(B_3)&=P\left(C_1C_2C_3\right)=0.4\times 0.5\times 0.7=0.14.
\end{aligned}$$

由全概率公式可得

$$P(A)=\sum_{i=0}^{3}P(B_i)P(A|B_i)=0.09\times 0+0.36\times 0.2+0.41\times 0.6+0.14\times 1=0.458.$$

例 1.5.6 观察一个电子系统的某个元件是否正常工作, 相当于做一次试验. 一个元件能正常工作的概率称为这个元件的可靠性, 由元件组成的一个系统能正常工作的概率称为系统的可靠性. 现有三个元件按照两种不同连接方式构成两个系统. 如图 1-5-1 所示, 表示三个元件串联; 如图 1-5-2 所示, 表示三个元件并联. 若构成系统的每个元件的可靠性均为 $r\,(0<r<1)$, 且各元件能否正常工作是相互独立的. 求每个系统的可靠性.

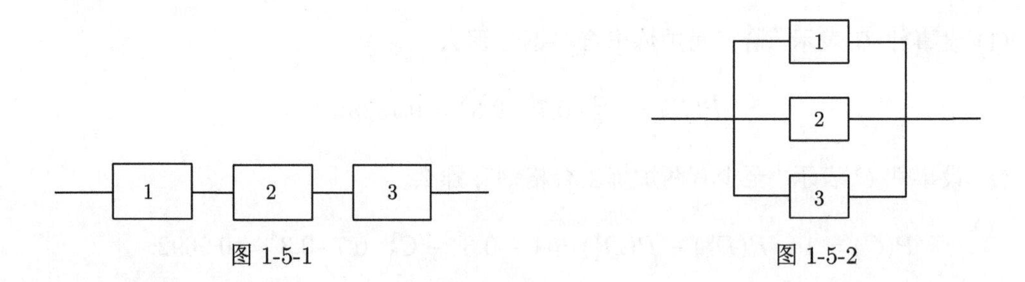

图 1-5-1　　图 1-5-2

解　设事件 A_i 表示 "第 i 个元件正常工作"$(i=1,2,3)$, 事件 A 表示 "整个系统正常工作".

对于串联系统, 整个系统能正常工作等价于三个元件都能正常工作, 即

$$A=A_1A_2A_3,$$

由元件工作的相互独立性, 所求概率为

$$P(A)=P(A_1A_2A_3)=P(A_1)P(A_2)P(A_3)=r\cdot r\cdot r=r^3.$$

对于并联系统, 整个系统能正常工作等价于三个元件中至少有一个能正常工作, 即

$$A=A_1\cup A_2\cup A_3.$$

故

$$\begin{aligned}P(A)&=P(A_1\cup A_2\cup A_3)=1-P\left(\overline{A_1\cup A_2\cup A_3}\right)=1-P\left(\overline{A}_1\ \overline{A}_2\ \overline{A}_3\right)\\&=1-P\left(\overline{A}_1\right)P\left(\overline{A}_2\right)P\left(\overline{A}_3\right)=1-(1-r)^3.\end{aligned}$$

习　题　1.5

1. 甲、乙、丙 3 人同时各用 1 发子弹对目标进行射击, 3 人各自击中目标的概率分别为 0.4, 0.5, 0.7. 目标被击中 1 发而冒烟的概率为 0.2, 被击中 2 发而冒烟的概率为 0.6, 被击中 3 发则必定冒烟, 求目标冒烟的概率.

2. 一栋大楼装有 5 个同类型的供水设备. 调查表明在任一时刻 t 每个设备被使用的概率为 0.2, 求在同一时刻:

(1) 恰有 2 个设备被使用的概率为多少?　　(2) 至少有 3 个设备被使用的概率为多少?

(3) 至多有 3 个设备被使用的概率为多少?　　(4) 至少有 1 个设备被使用的概率为多少?

3. 袋中有 5 个乒乓球, 其中 3 个旧球、2 个新球. 每次取一个, 有放回地取两次. 求下列事件的概率:

(1) 两次都取到新球; (2) 第一次取到新球, 第二次取到旧球; (3) 至少有一次取到新球.

4. 已知 $P(A)=\alpha, P(B)=0.3, P(\overline{A}\cup B)=0.7$.

(1) 如果事件 A 与 B 互不相容, 求 α; (2) 如果事件 A 与 B 相互独立, 求 α.

5. 某一宾馆大楼内有 4 部电梯, 经过检查, 已知在某时刻 T 各电梯正在运行的概率为 0.75, 试求:

(1) 在此时刻至少有一台电梯正在运行的概率; (2) 在此时刻恰好有一半电梯正在运行的概率;

(3) 在此时刻所有电梯正在运行的概率.

6. 如图 X1-5-1 所示, 三个元件分别记作 A, B, C, 且三个元件能否正常工作为相互独立的. 设 A, B, C 三个元件正常工作的概率分别为 0.7, 0.8 和 0.8, 试求该电路发生故障的概率为多少?

7. 对飞机进行 3 次独立射击, 第一次射击的命中率为 0.4, 第二次为 0.5, 第三次为 0.7. 飞机被击中一次而坠落的概率为 0.2, 被击中两次而坠落的概率为 0.6, 如果被击中三次飞机必定坠落. 试求射击三次使得飞机坠落的概率.

8. 设有一系统由 6 个元件 $A_1, A_2, A_3, B_1, B_2, B_3$ 构成串并联电路, 如图 X1-5-2 所示, 设 A_1, A_2, A_3 的可靠性均为 p_1. B_1, B_2, B_3 的可靠性均为 p_2, 试求系统的可靠性.

图 X1-5-1　　图 X1-5-2

9. 为了防止意外, 在矿内同时装有两种报警系统 I 和 II, 如图 X1-5-3 所示. 两种报警系统单独使用时, 系统 I 和 II 有效的概率分别为 0.92 和 0.93, 在系统 I 失灵的情况下, 系统 II 仍为有效的概率为 0.85, 试求:

(1) 两种报警系统 I 和 II 均有效的概率;　　(2) 系统 II 失灵而系统 I 有效的概率;

(3) 在系统 II 失灵的条件下, 系统 I 仍有效的概率.

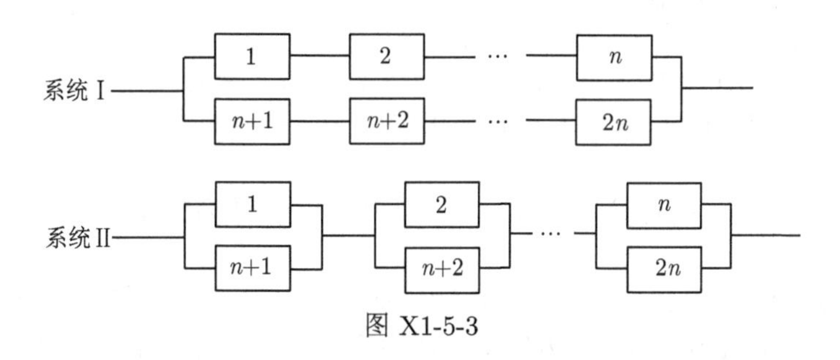

图 X1-5-3

10. 现进行一系列独立试验, 每次试验成功的概率为 p, 试求以下事件的概率:

(1) 直到第 r 次才成功的概率;　　(2) 第 r 次成功之前恰失败 k 次的概率;

(3) 在 n 次中取得 r $(1 \leqslant r \leqslant n)$ 次成功的概率;　　(4) 直到第 n 次才取得 r 次成功的概率.

11. 设有 4 个独立工作的元件 1, 2, 3, 4, 其可靠性分别为 p_1, p_2, p_3, p_4, 将其分别按图 X1-5-4、图 X1-5-5 方式联结, 试求两个系统的可靠性.

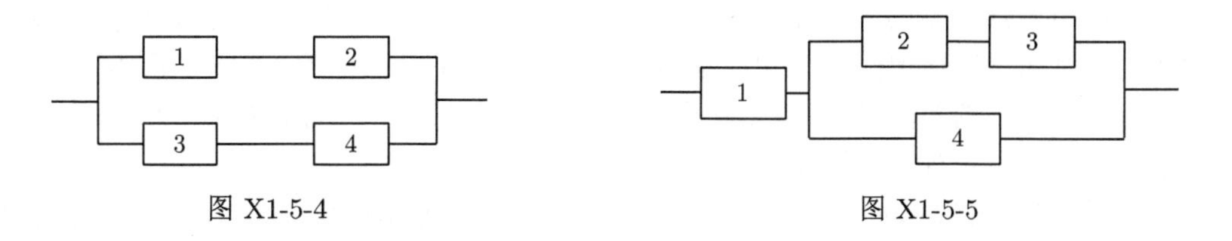

图 X1-5-4　　图 X1-5-5

12. 从 $1, 2, \cdots, N$ 这 N 个数中任取一数, 取后放回, 设每个数均以 $1/N$ 的概率被取到, 先后取了 k $(1 \leqslant k \leqslant N)$ 个数, 试问下列事件的概率:

(1) k 个数全不相同;　　(2) 不含 $1, 2, \cdots, N$ 中指定的 r 个数;

(3) k 个数中的最大数恰好为 $M(1 \leqslant M \leqslant N)$.

13. 某两个学校举行乒乓球对抗赛, 甲校的实力较强, 当甲校一个队员与乙校一个队员比赛时, 甲校队员获得胜利的概率为 0.6. 经过商议, 提出三种对抗方案:

(1) 双方各出 3 名队员; (2) 双方各出 5 名队员; (3) 双方各出 7 名队员.

每一种方案均以比赛中得胜次数多的一方为胜利, 三种方案中乙校获胜的概率分别为多少? 对于乙校, 采取哪种方案更有利?

14. 设事件 A, B, C 相互独立, 且有 $P(A)=1/4, P(B)=1/3, P(C)=1/2$, 试求:

(1) 三个事件都不发生的概率; (2) 三个事件中至少有一个事件发生的概率;

(3) 三个事件中恰有一个事件发生的概率; (4) 不多于两个事件发生的概率.

15. 设有 80 台同类型设备, 各台工作为相互独立的, 发生故障的概率均为 0.01, 并且一台设备的故障能由一个人处理. 下面考虑两种配备维修工人的方法, 其一为由 4 人维护, 每人负责 20 台; 其二为由 3 人共同维护 80 台, 试比较此两种方法在设备发生故障时不能及时维修的概率.

16. 在规划一条河流的洪水控制系统时, 需要研究出现特大洪水的可能性. 假设此处每年出现特大洪水的概率均为 0.1, 且特大洪水的出现为相互独立的, 试问今后 10 年内至少出现两次特大洪水的概率.

17. 某篮球运动员进行投篮练习, 设每次投篮的命中率为 0.8, 独立投篮次数 5 次, 试求:

(1) 恰好 4 次命中的概率; (2) 至少有 4 次命中的概率; (3) 至多有 4 次命中的概率.

18. 一批产品共 100 件, 假设其中有 5 件次品. 抽样检查, 每次从该批产品中随机抽取 1 件来检测, 若发现次品, 那么拒绝接受该批产品; 若未发现次品, 那么再次检测一次; 如此继续进行, 若抽查 5 件产品均未发现次品, 那么停止检测并接受该批产品. 对于以下两种不同的抽样方式, 分别求出该批产品被接受的概率:

(1) 不放回抽样; (2) 放回抽样.

19. 设 $0<P(B)<1$, 试证 A 与 B 独立的充要条件是 $P(A|B)=P(A|\overline{B})$.

20. 设 $0<P(A)<1, 0<P(B)<1, P(A|B)+P(\overline{A}|\overline{B})=1$, 试证 A 与 B 独立.

21. 设 $P(A)>0, P(B)>0$, 如果 A 与 B 相互独立, 试证 A, B 相容.

应用举例 1　常染色体遗传模型

问题与问题分析　某植物园中一种植物的基因型为 AA, AB 和 BB. 现计划采用 AA 型植物与每种基因型植物相结合的方案培育植物后代, 试预测, 若干年后这种植物的任一代的三种基因型分布情况.

所谓常染色体遗传, 是指后代从每个亲体的基因中各继承一个基因从而形成自己的基因型.

如果所考虑的遗传特征是由两个基因 A 和 B 控制的, 那么就有三种可能的基因型: AA, AB 和 BB. 例如, 金鱼草由两个遗传基因决定它开花的颜色, AA 型的开红花, AB 型的开粉花, 而 BB 型的开白花. 这里的 AA 型和 AB 型表示同一外部特征 (红色), 则人们认为基因 A 支配基因 B, 也说成基因 B 对于基因 A 是隐性的. 当一个亲体的基因型为 AB, 另一个亲体的基因型为 BB, 那么后代便可从 BB 型中得到基因 B, 从 AB 型中得到基因 A 或 B, 且是等可能性地得到.

模型假设　(1) 按问题分析, 后代从上一代亲体中继承基因 A 或 B 是等可能的, 即有双亲体基因型的所有可能结合使其后代形成每种基因型的概率分布情况如表 Y1-1 所示.

表 Y1-1　两代基因分布表

	$AA-AA$	$AA-AB$	$AA-BB$	$AB-AB$	$AB-BB$	$BB-BB$
AA	1	1/2	0	1/4	0	0
AB	0	1/2	1	1/2	1/2	0
BB	0	0	0	1/4	1/4	1

(2) 以 a_n, b_n, c_n 分别表示第 n 代植物中基因型为 AA, AB, BB 的植物总数的百分率, y_n 表示第 n 代植物的基因型分布, 即有

$$\boldsymbol{y}_n = \begin{bmatrix} a_n \\ b_n \\ c_n \end{bmatrix}, \tag{Y1-1}$$

特别当 $\boldsymbol{y}_0 = (a_0, b_0, c_0)^{\mathrm{T}}$ 表示植物基因型的初始分布 (培育开始时所选取各种基因型分布) 时, 显然有 $a_0 + b_0 + c_0 = 1$.

模型建立　注意到原问题是采用 AA 型与每种基因型相结合的, 因此这里只考虑遗传分布表的前三列.

首先考虑第 n 代中的 AA 型, 按表 Y1-1 所给数据, 第 n 代 AA 型所占百分率为 a_n, 即第 $n-1$ 代的 AA 与 AA 型结合全部进入第 n 代的 AA 型, 第 $n-1$ 代的 AB 型与 AA 型结合只有一半进入第 n 代 AA 型, 第 $n-1$ 代的 BB 型与 AA 型结合没有一个成为 AA 型而进入第 n 代 AA 型, 由全概率公式, 故有

$$a_n = 1 \times a_{n-1} + \frac{1}{2} \times b_{n-1} + 0 \times c_{n-1}, \tag{Y1-2}$$

即 $a_n = a_{n-1} + \frac{1}{2} b_{n-1}$. 同理, 第 n 代的 AB 型和 BB 型所占比率分别为

$$b_n = \frac{1}{2} b_{n-1} + c_{n-1}, \tag{Y1-3}$$

$$c_n = 0. \tag{Y1-4}$$

将式 (Y1-2)—式 (Y1-4) 联立, 并用矩阵形式表示, 得到

$$\boldsymbol{y}_n = \begin{bmatrix} a_n \\ b_n \\ c_n \end{bmatrix} = \begin{bmatrix} 1 & \frac{1}{2} & 0 \\ 0 & \frac{1}{2} & 1 \\ 0 & 0 & 0 \end{bmatrix} \begin{bmatrix} a_{n-1} \\ b_{n-1} \\ c_{n-1} \end{bmatrix} = \boldsymbol{M} \boldsymbol{y}_{n-1}, \tag{Y1-5}$$

其中 $\boldsymbol{M} = \begin{bmatrix} 1 & \frac{1}{2} & 0 \\ 0 & \frac{1}{2} & 1 \\ 0 & 0 & 0 \end{bmatrix}$, $\boldsymbol{y}_{n-1} = \begin{bmatrix} a_{n-1} \\ b_{n-1} \\ c_{n-1} \end{bmatrix}$.

利用式 (Y1-5) 进行递推, 便可获得第 n 代基因型分布的数学模型

$$\boldsymbol{y}_n = \boldsymbol{M}\boldsymbol{y}_{n-1} = \boldsymbol{M}^2\boldsymbol{y}_{n-2} = \cdots = \boldsymbol{M}^n\boldsymbol{y}_0, \tag{Y1-6}$$

式 (Y1-6) 明确表示了历代基因型分布均可由初始分布与矩阵 $\boldsymbol{M}$ 确定.

模型求解　这里的关键是计算 $\boldsymbol{M}^n$. 为计算简便, 将 $\boldsymbol{M}$ 对角化, 即求出可逆阵 $\boldsymbol{P}$, 使 $\boldsymbol{M} = \boldsymbol{P}\boldsymbol{D}\boldsymbol{P}^{-1}$, 从而 $\boldsymbol{M}^n = \boldsymbol{P}\boldsymbol{D}^n\boldsymbol{P}^{-1}$.

由线性代数的知识, 求出 $\boldsymbol{M}$ 的特征值和特征向量, 可将 $\boldsymbol{M}$ 对角化

$$\boldsymbol{M} = \begin{bmatrix} 1 & \frac{1}{2} & 0 \\ 0 & \frac{1}{2} & 1 \\ 0 & 0 & 0 \end{bmatrix} = \boldsymbol{P}\boldsymbol{D}\boldsymbol{P}^{-1} = \begin{bmatrix} 1 & 1 & 1 \\ 0 & -1 & -2 \\ 0 & 0 & 1 \end{bmatrix} \begin{bmatrix} 1 & 0 & 0 \\ 0 & \frac{1}{2} & 0 \\ 0 & 0 & 0 \end{bmatrix} \begin{bmatrix} 1 & 1 & 1 \\ 0 & -1 & -2 \\ 0 & 0 & 1 \end{bmatrix}^{-1},$$

其中 $\boldsymbol{D}$ 为对角矩阵, 其对角元素为 $\boldsymbol{M}$ 的特征值, $\boldsymbol{P}$ 的列向量为 $\boldsymbol{M}$ 的特征值所对应的特征向量. 从而可计算

$$\boldsymbol{y}_n = \boldsymbol{M}^n\boldsymbol{y}_0 = \boldsymbol{P}\boldsymbol{D}^n\boldsymbol{P}^{-1}\boldsymbol{y}_0 = \begin{bmatrix} 1 & 1-\left(\frac{1}{2}\right)^n & 1-\left(\frac{1}{2}\right)^{n-1} \\ 0 & \left(\frac{1}{2}\right)^n & \left(\frac{1}{2}\right)^{n-1} \\ 0 & 0 & 0 \end{bmatrix} \begin{bmatrix} a_0 \\ b_0 \\ c_0 \end{bmatrix},$$

a_n, b_n, c_n 分别为

$$\begin{aligned} a_n &= a_0 + \left[1-\left(\frac{1}{2}\right)^n\right] b_0 + \left[1-\left(\frac{1}{2}\right)^{n-1}\right] c_0 \\ &= a_0 + b_0 + c_0 - \left(\frac{1}{2}\right)^n b_0 - \left(\frac{1}{2}\right)^{n-1} c_0 = 1 - \left(\frac{1}{2}\right)^n b_0 - \left(\frac{1}{2}\right)^{n-1} c_0, \\ b_n &= \left(\frac{1}{2}\right)^n b_0 + \left(\frac{1}{2}\right)^{n-1} c_0, \quad c_n = 0. \end{aligned}$$

由上式可见, 当 $n \to \infty$ 时, 有 $a_n \to 1$, $b_n \to 0$, $c_n = 0$, 即当繁殖代数 n 很大时, 所培育出的植物基本上呈现的是 AA 型, AB 型的极少, BB 型不存在.

模型分析及推广　(1) 完全类似地, 可以选用 AB 型和 BB 型植物与每一个其他基因型植物相结合从而给出类似的结果. 特别是将具有相同基因型植物相结合, 并利用表 Y1-1 中 4, 6 列数据, 使用类似模型及解法而得到以下结果:

如果用基因型相同的植物培育后代, 在极限情形下, 后代仅具有基因型 AA 与 BB, 而 AB 消失了. 选用这种植物培养方式, 可以起到纯化品种的作用.

(2) 本案例利用了全概率公式求出第 n 代与第 $n-1$ 代基因之间的关系, 并利用递推关系得到第 n 代与初始基因分布之间的关系, 在此基础上运用矩阵来表示概率分布, 从而充

分利用特征值与特征向量, 通过对角化方法解决了矩阵 n 次幂的计算问题, 可算得上概率论与线性代数方法应用于解决实际问题的一个范例.

(3) 本案例没有考虑基因的变异问题, 对于基因变异引起的基因结果可以运用相同思路进行分析和探讨.

第 2 章　一维随机变量及其分布

随机变量的概念是概率论中最基本的概念之一, 随机变量是研究随机试验的有效工具, 它为人们用数量化方法描述各种随机现象 (试验)、研究它们的性质和规律带来了极大的方便. 引入随机变量描述事件, 可以避免孤立地研究一个或几个事件, 通过随机变量把各个事件联系起来, 进而去研究随机变量的全貌. 随机变量是取数值的, 因此可以对它进行数学运算, 研究起来就很方便. 随机变量的研究是概率论的核心内容. 本章主要介绍一维随机变量及其分布理论.

2.1　随机变量及其分布函数

2.1.1　随机变量的概念

本章将就随机变量的相关理论展开讨论. 在引入随机变量之前, 先来看如下两个实例.

掷一颗骰子, 观察出现的点数, 则样本空间含有六个样本点: $\omega_1, \omega_2, \omega_3, \omega_4, \omega_5, \omega_6$, 分别表示 "掷得 1 点""掷得 2 点"…… "掷得 6 点", 每次掷得的点数是一个数量. 如果以 X 表示 "掷得的点数", 这样就引入了一个变量 X, 变量 X 取不同的值就表示不同的事件. 对于该试验的样本空间 Ω 中的每一个样本点, 都有唯一确定的数与之对应, 因此变量 X 实际上是定义在样本空间上的函数 $X(\omega)$. 具体地说就是

$$X(\omega) = \begin{cases} 1, & \omega = \omega_1, \\ 2, & \omega = \omega_2, \\ \quad \cdots\cdots \\ 6, & \omega = \omega_6. \end{cases}$$

由于样本点是否出现是随机的, 故而函数 $X(\omega)$ 的取值也是随机的, 因此我们称 $X(\omega)$ 为随机变量.

再如, 在测试灯泡使用寿命的试验中, $\Omega = \{\omega_x \,|x \geqslant 0\}$, 其中 x 表示实数, ω_x 表示测得的寿命为 x 小时. 如果以 X 表示灯泡的寿命, 即

$$X(\omega) = x, \quad \omega = \omega_x,$$

这就引入了一个变量 X. 变量的取值由试验的结果而确定, 试验的每一个结果也即样本点 ω 对应于一个实数 $X(\omega)$, 因此变量 X 是定义在样本空间上的函数 $X(\omega)$. 由于试验结果的出现是随机的, 故而函数 $X(\omega)$ 的取值也是随机的. 这里的 $X(\omega)$ 也是一个随机变量, 与上一实例中的 $X(\omega)$ 不同, 这里的 $X(\omega)$ 的可能取值有不可列的无穷多个.

需要指出的是, $X(\omega)$ 是定义在样本空间 Ω 上的实值函数, 对于我们所关心的一个事件 $\{X(\omega) \in A\}$, A 为某个实数集, 因为 $\{X(\omega) \in A\} = \{\omega \,|X(\omega) \in A\}$, 所以应该满足

$\{\omega | X(\omega) \in A\} \in \mathscr{F}$, 即 $\{X(\omega) \in A\}$ 要具有可度量的概率, 也即函数 $X(\omega)$ 不能太"稀奇古怪". 实变函数理论表明, $X(\omega)$ 为可测函数即可, 我们今后遇到的函数都满足这一点, 包括下面给出的定义, 今后我们不再强调这一点.

定义 2.1.1 设 E 为一随机试验, Ω 为其样本空间, 如果对每一个样本点 ω 都有一个实数 $X = X(\omega)$ 与之对应, 这就得到一个定义在 Ω 上的单值实值函数 $X = X(\omega)$, 称此函数为**随机变量**.

随机变量通常用大写英文字母 X, Y, Z 等表示, 也可用希腊字母 ξ, η, ζ 等表示. 而表示随机变量所取的确定值时, 一般采用小写字母 x, y, z 等.

随机变量 X 是一个随机函数, 与微积分学中学过的函数有所不同. 主要表现在如下两点:

(1) X 的定义域是样本空间, 自变量为样本点, 而普通函数的定义域为实数域;

(2) X 的取值具有随机性, 它随试验结果的不同而取不同的值, 因而在试验之前只知道它可能的取值范围, 而不能预先确定它将要取哪些值.

随机变量的本质是将样本空间实数化, 于是, 对于任意的实数 $x_1, x_2\,(x_1 < x_2)$, $\{X = x_1\}$, $\{X \leqslant x_1\}, \{X < x_2\}, \{x_1 < X \leqslant x_2\}$ 等均可以用来表示随机事件.

例 2.1.1 从 2 个黑球 a_1, a_2 和 3 个白球 b_1, b_2, b_3 中任取 3 个球. 其样本空间为

$$\begin{aligned}\Omega =&\{(a_1,a_2,b_1),(a_1,a_2,b_2),(a_1,a_2,b_3),(a_1,b_1,b_2),\\&(a_1,b_1,b_3),(a_1,b_2,b_3),(a_2,b_1,b_2),(a_2,b_1,b_3),(a_2,b_2,b_3),(b_1,b_2,b_3)\}.\end{aligned}$$

设 X 表示取出的 3 个球中黑球的个数, 那么 X 则为定义在 Ω 上的一个映射, 从而把试验的每一个结果与唯一的实数对应起来. 如表 2-1-1 所示.

表 2-1-1

ω	$X(\omega)$	ω	$X(\omega)$
$\omega_1 = (a_1, a_2, b_1)$	2	$\omega_6 = (a_1, b_2, b_3)$	1
$\omega_2 = (a_1, a_2, b_2)$	2	$\omega_7 = (a_2, b_1, b_2)$	1
$\omega_3 = (a_1, a_2, b_3)$	2	$\omega_8 = (a_2, b_1, b_3)$	1
$\omega_4 = (a_1, b_1, b_2)$	1	$\omega_9 = (a_2, b_2, b_3)$	1
$\omega_5 = (a_1, b_1, b_3)$	1	$\omega_{10} = (b_1, b_2, b_3)$	0

从表 2-1-1 中我们可以看出, "2" 这一实数通过 $X(\omega)$ 就对应了 3 个试验结果 ω_1, ω_2, ω_3. $\{X \leqslant 1\}$ 对应了 7 个试验结果 $\omega_4 \sim \omega_{10}$.

2.1.2 分布函数及其性质

正如对随机事件一样, 我们所关心的不仅是试验会出现什么结果, 更重要的是知道这些结果将以多大的概率出现; 对随机变量, 不仅要知道它可能取哪些值, 还要知道它在任意指定的范围内取值的概率. 这两点结合起来构成随机变量的概率分布, 简称分布.

定义 2.1.2 设 X 为随机变量, x 为任意实数, 则函数

$$F(x) = P(X \leqslant x)$$

称为随机变量 X 的分布函数. 且称 X 服从 $F(x)$, 记为 $X \sim F(x)$, 有时也写为 $F_X(x)$.

对确定的随机变量 X, 其分布函数是唯一确定的, 其为实变量 x 的函数, 所以我们可利用实变函数论这个有力工具来研究随机变量.

对于任意实数 $x_1, x_2(x_1 < x_2)$, 存在

$$P(x_1 < X \leqslant x_2) = P(X \leqslant x_2) - P(X \leqslant x_1) = F(x_2) - F(x_1),$$

所以, 如果已知 X 的分布函数, 则可知 X 落在任一区间 $(x_1, x_2]$ 上的概率, 从这个意义上说, 分布函数完整地描述了随机变量的统计规律性.

性质 2.1.1　分布函数 $F(x)$ 具有以下三条基本性质:

(1) (单调性)　$F(x)$ 为单调不减函数, 即当 $x_1 < x_2$ 时, 有 $F(x_1) \leqslant F(x_2)$;

(2) (有界性)　$0 \leqslant F(x) \leqslant 1$, 且 $F(-\infty) = \lim\limits_{x \to -\infty} F(x) = 0, F(+\infty) = \lim\limits_{x \to +\infty} F(x) = 1$;

(3) (右连续性)　$F(x+0) = F(x), \forall x \in \mathbf{R}$.

如果函数 $F(x)$ 满足上述三条基本性质, 则 $F(x)$ 必定为某一随机变量的分布函数.

证明　(1) 容易证明, 略.

(2) 由于 $F(x)$ 是事件 $\{X \leqslant x\}$ 的概率, 所以有 $0 \leqslant F(x) \leqslant 1$. 由 $F(x)$ 的单调有界性知, 对任意的整数 m 和 n, 有

$$\lim_{x \to -\infty} F(x) = \lim_{m \to -\infty} F(m), \quad \lim_{x \to \infty} F(x) = \lim_{n \to \infty} F(n)$$

都存在, 且由概率的可列可加性有

$$\begin{aligned} 1 = P(-\infty < X < \infty) &= P\left(\bigcup_{i=-\infty}^{\infty} \{i-1 < X \leqslant i\}\right) = \sum_{i=-\infty}^{\infty} P(i-1 < X \leqslant i) \\ &= \lim_{\substack{n \to \infty \\ m \to -\infty}} \sum_{i=m}^{n} P(i-1 < X \leqslant i) = \lim_{n \to \infty} F(n) - \lim_{m \to -\infty} F(m). \end{aligned}$$

由此可得 $\lim\limits_{x \to -\infty} F(x) = 0, \quad \lim\limits_{x \to \infty} F(x) = 1$.

(3) 因为 $F(x)$ 是单调有界非降函数, 所以其任一点 x_0 的右极限 $F(x_0+0)$ 必存在. 为证右连续, 只要对单调下降数列 $x_1 > x_2 > \cdots > x_n > \cdots > x_0$, 当 $x_n \to x_0 \, (n \to \infty)$ 时, 证明 $\lim\limits_{n \to \infty} F(x_n) = F(x_0)$ 成立即可. 因为

$$\begin{aligned} F(x_1) - F(x_0) = P(x_0 < X \leqslant x_1) &= P\left(\bigcup_{i=1}^{\infty} \{x_{i+1} < X \leqslant x_i\}\right) \\ &= \sum_{i=1}^{\infty} P(x_{i+1} < X \leqslant x_i) = \sum_{i=1}^{\infty} [F(x_i) - F(x_{i+1})] \\ &= \lim_{n \to \infty} [F(x_1) - F(x_n)] = F(x_1) - \lim_{n \to \infty} F(x_n). \end{aligned}$$

由此得 $F(x_0) = \lim\limits_{n \to \infty} F(x_n) = F(x_0+0)$, 三条基本性质证毕.

以上三条基本性质是分布函数必须具有的性质, 还可以证明, 满足这三条基本性质的函数一定是某个随机变量的分布函数.

2.1.3 利用分布函数求事件的概率

分布函数全面刻画了随机变量的概率分布特征, 理论上讲, 通过分布函数可以求得任一随机事件 A 的概率 $\left(\text{在实变函数理论中, 简洁的表达式为} P(A)=\int_A \mathrm{d}F(x)\right)$, 这个事实我们以后会逐步看到.

实际上通过样本空间数值化, 事件用随机变量来表达, 我们在第 1 章的概率公理化定义中所提到的概率函数与分布函数之间有非常密切的关系, 两者之间有同等地位. 我们所关心的一般事件 $\{X=x_1\},\{X\leqslant x_1\},\{X<x_2\},\{x_1<X\leqslant x_2\}$ 等都可以通过分布函数来表达. 如 $P(X=x_1)=F(x_1)-F(x_1-0), P(X\leqslant x_1)=F(x_1), P(X<x_1)=F(x_1-0), P(x_1<X\leqslant x_2)=F(x_2)-F(x_1)$, 等等.

现在证明 $P(X<x_0)=F(x_0-0)$ 这个事实.

证明 因为 $F(x)$ 是单调有界非降函数, 所以其任一点 x_0 的左极限 $F(x_0-0)$ 必存在. 取单调上升数列 $x_1<x_2<\cdots<x_n<\cdots<x_0$, 当 $x_n\to x_0\,(n\to\infty)$ 时, 事件列 $(x_n<X<x_0, n=1,2,\cdots)$ 单调递减, 由下连续性, 有

$$
\begin{aligned}
0&=\lim_{n\to\infty}P(x_n<X<x_0)=P(X<x_0)-\lim_{n\to\infty}P(X\leqslant x_n)\\
&=P(X<x_0)-\lim_{n\to\infty}F(x_n)=P(X<x_0)-F(x_0-0).
\end{aligned}
$$

由此得证.

例 2.1.2 设随机变量 X 的取值及概率如表 2-1-2 所示.

表 2-1-2 X 的取值及概率

X	-1	2	3
P	1/4	1/2	1/4

求 X 的分布函数, 并且求 $P\left(X\leqslant\frac{1}{2}\right), P\left(\frac{3}{2}<X\leqslant\frac{5}{2}\right), P(2\leqslant X\leqslant 3)$.

解 根据概率的有限可加性, 可得所求分布函数为

$$
F(x)=\begin{cases}0, & x<-1,\\ \frac{1}{4}, & -1\leqslant x<2,\\ \frac{1}{4}+\frac{1}{2}, & 2\leqslant x<3,\\ \frac{1}{4}+\frac{1}{2}+\frac{1}{4}, & x\geqslant 3,\end{cases}\quad \text{即}\quad F(x)=\begin{cases}0, & x<-1,\\ \frac{1}{4}, & -1\leqslant x<2,\\ \frac{3}{4}, & 2\leqslant x<3,\\ 1, & x\geqslant 3.\end{cases}
$$

分布函数 $F(x)$ 的图形, 如图 2-1-1 所示, 其为一条阶梯形的曲线, 在 $x=-1,2,3$ 处有跳跃点, 其跳跃值为 $\frac{1}{4},\frac{1}{2},\frac{1}{4}$.

$$
P\left(X\leqslant\frac{1}{2}\right)=F\left(\frac{1}{2}\right)=\frac{1}{4},
$$

$$P\left(\frac{3}{2}<X\leqslant\frac{5}{2}\right)=F\left(\frac{5}{2}\right)-F\left(\frac{3}{2}\right)=\frac{3}{4}-\frac{1}{4}=\frac{1}{2},$$

$$P(2\leqslant X\leqslant 3)=F(3)-F(2)+P(X=2)=1-\frac{3}{4}+\frac{1}{2}=\frac{3}{4}.$$

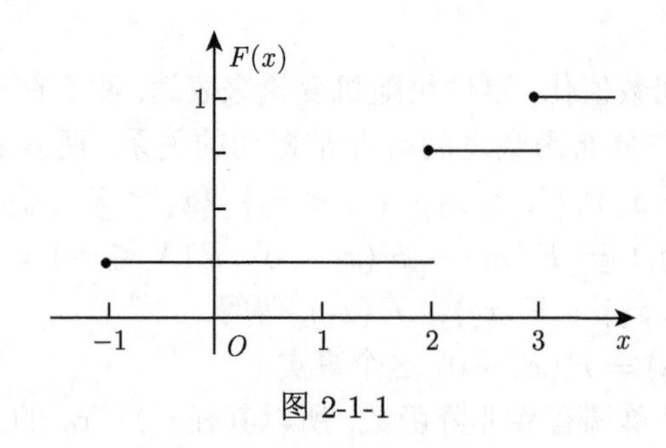

图 2-1-1

例 2.1.3 设随机变量 X 的分布函数为

$$F(x)=\begin{cases}0, & x<0,\\ Ax^2, & 0\leqslant x\leqslant 1,\\ 1, & x>1.\end{cases}$$

试求: (1) 常数 A; (2) $P(-1<X\leqslant 0.5)$.

解 (1) 因为分布函数在任意一点右连续, 所以 $F(1+0)=F(1)$. 因为

$$F(1+0)=1,\quad F(1)=A,$$

所以可得

$$A=1.$$

(2) 因为 $A=1$, 所以

$$F(x)=\begin{cases}0, & x<0,\\ x^2, & 0\leqslant x\leqslant 1,\\ 1, & x>1.\end{cases}$$

从而可得 $P(-1<X\leqslant 0.5)=F(0.5)-F(-1)=0.25$.

2.1.4 随机变量的典型分类

根据随机变量的取值空间及分布函数的特征, 我们对随机变量进行以下分类:

(1) 取值空间为至多可列点集, 此时分布函数一定不连续;

(2) 取值空间为一连续点集 (连续区域), 且分布函数为一连续函数;

(3) 取值空间为一连续点集 (连续区域), 且分布函数为一非连续函数;

(4) 取值空间为一混合型点集, 此时分布函数一定为非连续函数.

我们把满足 (1) 的随机变量称为离散型随机变量, 其相应的分布称为离散型分布; 满足 (2) 的随机变量称为连续型随机变量, 其相应的分布称为连续型分布; 满足 (3), (4) 的随机

变量称为混合型随机变量, 其相应的分布称为混合型分布. 本书只讨论离散型及连续型两类典型的随机变量.

设随机变量 $X \sim F(x)$, 若 x 是其一个间断点, 则

$$P(X=x)=F(x)-F(x-0)\neq 0,$$

这说明在间断点处有一概率集中值. 若 x 是其一个连续点, 则

$$P(X=x)=F(x)-F(x-0)=0,$$

这说明在连续点处取该点的概率为 0.

上面的例 2.1.2、例 2.1.3 分别为一个离散型和一个连续型随机变量的例子. 虽然混合型随机变量不在本书的讨论范围, 在此我们举一个例子, 目的是进一步认识随机变量及其分布的特征, 也能拓展知识面.

例 2.1.4 某保险公司某财产保险产品资料如下: 损失在 1 千元以下免赔, 损失超过 1 千元按实际损失赔付. 根据多年资料统计, 赔付量 X 的分布函数为

$$F_X(x)=\begin{cases}0, & x<0,\\ a, & 0\leqslant x<1,\\ 1-\mathrm{e}^{-2x}, & x\geqslant 1,\end{cases}\quad \text{求常数 } a.$$

解 根据已知条件, 事件 $\{X=1\}$ 并没有概率集中值, 所以分布函数在 $x=1$ 处连续, 如图 2-1-2(a) 所示. 则有

$$P(X=1)=F(1)-P(X<1)=\left(1-\mathrm{e}^{-2}\right)-a=0,$$

得 $a=1-\mathrm{e}^{-2}$.

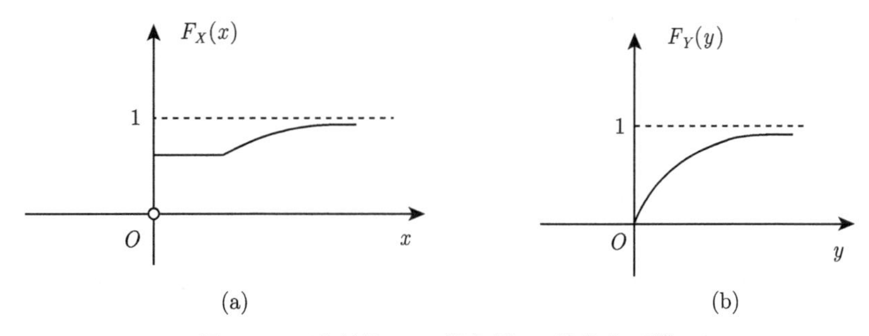

图 2-1-2 赔付量 X、损失量 Y 的分布函数

本例题的进一步讨论. 某保险公司某财产保险产品资料如下: 根据多年资料统计, 损失量 Y 的分布函数为 $F_Y(y)=\begin{cases}0, & y<0,\\ 1-\mathrm{e}^{-2y}, & y\geqslant 0,\end{cases}$ 如图 2-1-2(b) 所示. 则免赔的概率为

$$P(0<Y\leqslant 1)=F_Y(1)-F_Y(0)=1-\mathrm{e}^{-2}=P(X=0)=a.$$

Y 为连续型随机变量, 而 X 为混合型随机变量.

习　题　2.1

1. 一箱产品共 10 件, 其中 9 件正品、1 件次品, 一件一件无放回抽取, 直到取得次品为止, 设取得次品时已取出正品的件数为 X, 试用 X 的取值表示下列事件.

(1) 第一次就取得次品;　　(2) 最后一次才取得次品;

(3) 前五次都未取得次品;　　(4) 最迟在第三次取得次品.

2. 设 100 件同型号产品中有 5 件不合格产品, 今从中任取 2 件, 观察不合格品的数量, 试定义一个随机变量表述上述随机试验的结果.

3. 口袋中有 5 个球, 编号为 1, 2, 3, 4, 5. 从中任取 3 个球, 以 X 表示取出的 3 个球中的最大号码. 写出 X 的分布函数并作图.

4. 设随机变量 X 的分布函数为

$$F(x)=\begin{cases}0, & x<0,\\ 1/4, & 0\leqslant x<1,\\ 1/3, & 1\leqslant x<3,\\ 1/2, & 3\leqslant x<6,\\ 1, & x\geqslant 6,\end{cases}$$

试求: $P(X<3), P(X\leqslant 3), P(X>1), P(X\geqslant 1)$.

5. 设随机变量 X 的分布函数为

$$F(x)=\begin{cases}0, & x<1,\\ \ln x, & 1\leqslant x<\mathrm{e},\\ 1, & x\geqslant \mathrm{e},\end{cases}$$

试求: $P(X<2), P(0<X\leqslant 3), P(2<X\leqslant 2.5)$.

6. 若 $P(X\geqslant x_1)=1-\alpha, P(X\leqslant x_2)=1-\beta$, 其中 $x_1<x_2$, 试求: $P(x_1<X<x_2)$.

7. 从 1, 2, 3, 4, 5 五个数中任取三个, 按大小排列记为 $x_1<x_2<x_3$, 令 $X=x_2$, 试求:

(1) X 的分布函数;　(2) $P(X<2)$ 及 $P(X>4)$.

8. 设连续型随机变量 X 的分布函数为

$$F(x)=\begin{cases}1-\mathrm{e}^{-3x}, & x>0,\\ 0, & x\leqslant 0,\end{cases}$$

试求: (1) $P\left(-\dfrac{1}{2}\leqslant X\leqslant \dfrac{1}{2}\right)$;　(2) a, 使 $P(X>a)=0.1$.

9. (1) 如何取常数 A, B 才能使函数 $F(x)=\begin{cases}A+B\mathrm{e}^{-x}, & x\geqslant 0,\\ 0, & x<0\end{cases}$ 成为某个随机变量的分布函数;

(2) 指出对应随机变量可能的类型.

10. 试举出取值空间为一混合型点集的随机变量例子, 并写出其分布函数.

2.2　离散型随机变量及其概率分布

2.2.1　离散型随机变量及其分布列

定义 2.2.1　如果随机变量 X 只取有限个值 $x_1, x_2, \cdots, x_n$ 或可列多个值 $x_1, x_2, \cdots, x_n, \cdots$, 则称随机变量 X 是离散型随机变量.

例如, 抛掷一枚骰子, 用 X 表示"骰子出现的点数", 则 X 只可能取六个值, 即 1, 2, $\cdots$, 6, 它是一个离散型随机变量. 某办公室一天收到的电话数 X, 它的可能取值是非负整数, 即 0, 1, 2, $\cdots$, 它也是一个离散型随机变量. 检验灯泡的寿命 X, 它的可能取值是非负实数, 是无法按一定秩序一一列举出来的, 无法与自然数建立一一对应关系, 它就不是一个离散型随机变量.

定义 2.2.2 若离散型随机变量 X 的所有可能取值为 $x_k\,(k=1,2,\cdots)$, 事件 $\{X=x_k\}$ 的概率为 p_k, 则称

$$P(X=x_k)=p(x_k)=p_k, \quad k=1,2,\cdots$$

为离散型随机变量 X 的概率分布或分布列 (律). 离散型随机变量 X 的分布列常常表示成表 2-2-1 的形式.

表 2-2-1 离散型随机变量 X 的分布列

X	x_1	x_2	$\cdots$	x_k	$\cdots$
P	p_1	p_2	$\cdots$	p_k	$\cdots$

性质 2.2.1 离散型随机变量的分布列 $P(X=x_k)=p_k\ (k=1,2,\cdots)$ 满足如下关系式:

(1) (非负性) $p_k \geqslant 0, k=1,2,\cdots;$

(2) (规范性) $\sum\limits_{k=1}^{n} p_k=1$ 或 $\sum\limits_{k=1}^{\infty} p_k=1.$

在这里, 需要特别指出的是, 当且仅当 $p_k\,(k=1,2,\cdots)$ 满足上述两条性质时, 才能成为离散型随机变量的分布列. 定义中若 X 只能取有限个值 $x_k\,(k=1,2,\cdots,n)$, 则下标相应地只取 $k=1,2,\cdots,n$.

例 2.2.1 在由 3 件正品和 2 件次品组成的一组产品中, 任取 2 件. 求取到次品件数 X 的概率分布.

解 随机变量 X 的可能取值为 0, 1, 2. 因为事件 $\{X=0\}$ 表示"所取 2 件全是正品", 所以 $P(X=0)=\dfrac{\mathrm{C}_3^2}{\mathrm{C}_5^2}=0.3$, 又因为事件 $\{X=1\}$ 表示"所取 2 件中 1 件是正品 1 件是次品", 所以 $P(X=1)=\dfrac{\mathrm{C}_3^1\mathrm{C}_2^1}{\mathrm{C}_5^2}=0.6$, 而事件 $\{X=2\}$ 表示"所取 2 件都是次品", 所以 $P(X=2)=\dfrac{\mathrm{C}_2^2}{\mathrm{C}_5^2}=0.1$, 故随机变量 X 的分布列如表 2-2-2 所示.

表 2-2-2 X 的分布列

X	0	1	2
P	0.3	0.6	0.1

例 2.2.2 设随机变量 X 的分布列如表 2-2-3 所示. 求参数 a.

表 2-2-3 X 的分布列

X	1	2	3
P	a	$a+a^2$	$7a^2$

解 由概率分布的规范性可知 $a+a+a^2+7a^2=1$, 解得 $a=\dfrac{1}{4}$ 或者 $a=-\dfrac{1}{2}$. 当 $a=-\dfrac{1}{2}$ 时, $P(X=1)$ 取值为负, 无意义, 所以舍去, 因此 $a=\dfrac{1}{4}$.

离散型随机变量分布列计算的一般步骤如下:

(1) 根据随机试验确定随机变量的所有可能取值 $x_1,x_2,\cdots,x_n$;

(2) 针对每一个取值 x_i, 计算出其概率 $P(X=x_i)=p_i$;

(3) 将分布列表示出来.

如果随机变量 X 的分布列, 如表 2-2-1 所示, 则其分布函数为

$$F(x)=P(X\leqslant x)=\sum_{x_k\leqslant x}p_k,$$

其分布列及分布函数图象如图 2-2-1 所示.

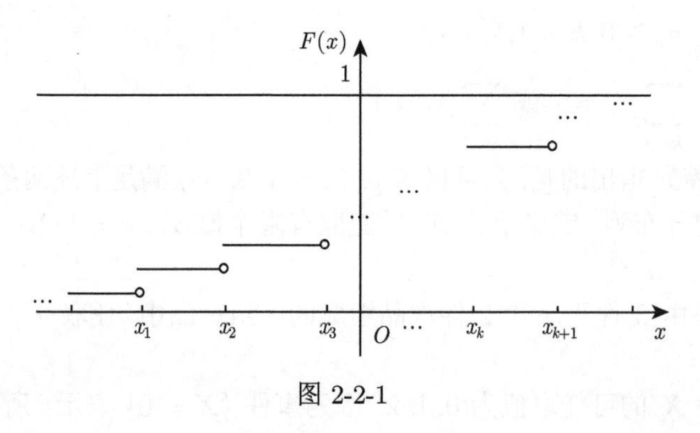

图 2-2-1

离散型随机变量的分布函数图形呈阶梯形状. 分布列与分布函数互相决定, 具有同等地位.

2.2.2 最常见的离散型随机变量及其分布

1. 0-1 分布

设随机变量 X 只可能取 0 与 1 两个值, 它的分布列是

$$P(X=1)=p,\quad P(X=0)=q,\quad p+q=1,\quad p,q>0,$$

则称随机变量 X 服从参数为 p 的 0-1 分布, 有时也称两点分布.

随机变量 X 服从参数为 p 的 0-1 分布也可写成

$$P(X=k)=p^kq^{1-k},\quad k=0,1,\tag{2-2-1}$$

或列表 2-2-4 所示.

表 2-2-4 随机变量 X 的分布列

X	0	1
P	$1-p$	p

凡是只有两个试验结果的随机试验, 即它的样本空间可描述为 $\Omega=\{\omega_1,\omega_2\}$, 我们总能定义一个服从 0-1 分布的随机变量

$$X=X(\omega)=\begin{cases}0, & \omega=\omega_1,\\ 1, & \omega=\omega_2.\end{cases}$$

用这个随机变量描述随机试验的结果.

0-1 分布是现实中经常遇到的一种分布, 例如, 抛硬币试验就是一个典型的两点分布; 一辆汽车经过一盏信号灯, 它要么以概率 p 被允许通过, 要么以概率 $1-p$ 被禁止通行等.

2. 二项分布

在 n 重伯努利试验中, 若事件 A 在每次试验中发生的概率为 p, 即

$$P(A)=p,\quad P(\overline{A})=1-p=q,$$

则事件 A 恰好发生 k 次的概率为

$$P_n(k)=\mathrm{C}_n^k p^k q^{n-k},\quad k=0,1,2,\cdots,n.$$

若以 X 表示 n 重伯努利试验中事件 A 发生的次数, 则 X 是一个随机变量, X 可能取到的值为 $0,1,2,\cdots,n$, X 的分布列为

$$P(X=k)=P_n(k)=\mathrm{C}_n^k p^k q^{n-k},\quad k=0,1,2,\cdots,n. \tag{2-2-2}$$

显然 $P(X=k)\geqslant 0, k=0,1,2,\cdots,n, \sum\limits_{k=0}^{n}P(X=k)=\sum\limits_{k=0}^{n}\mathrm{C}_n^k p^k q^{n-k}=(p+q)^n=1$, 即 $P(X=k)$ 满足条件非负性和规范性. 注意到 $\mathrm{C}_n^k p^k q^{n-k}\,(k=0,1,2,\cdots,n)$ 刚好是二项式 $(p+q)^n$ 展开式中的各项. 于是, 我们可以有如下定义.

设随机变量 X 服从如下的分布规律:

$$P(X=k)=P_n(k)=\mathrm{C}_n^k p^k q^{n-k},\quad k=0,1,2,\cdots,n,$$

其中, $p+q=1$, $p,q>0$, 则称随机变量 X 服从参数为 n,p 的二项分布, 记作 $X\sim B(n,p)$(或 $b(n,p)$), 如图 2-2-2 所示. 对于随机变量 $X\sim B(n,p)$, 其分布列也可以列表 2-2-5 所示.

表 2-2-5 随机变量 $X\sim B(n,p)$ 的分布列

X	0	1	$\cdots$	k	$\cdots$	n
P	$\mathrm{C}_n^0p^0q^n$	$\mathrm{C}_n^1p^1q^{n-1}$	$\cdots$	$\mathrm{C}_n^kp^kq^{n-k}$	$\cdots$	$\mathrm{C}_n^np^nq^0$

特别地, 当 $n=1$ 时, 二项分布变为 $P(X=k)=p^k q^{1-k}, k=0,1$, 这就是 0-1 分布.

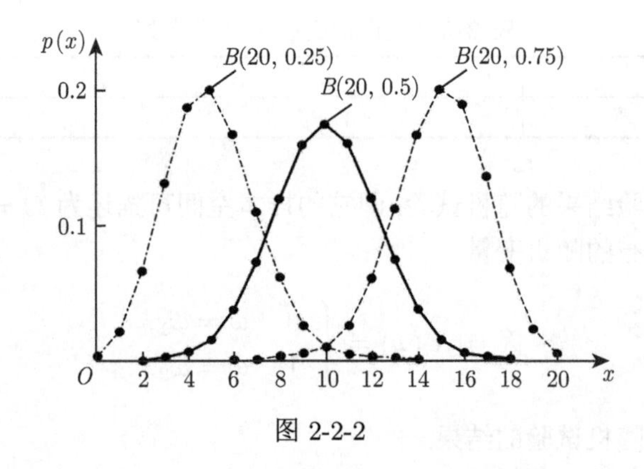

图 2-2-2

例 2.2.3 已知某流水线生产中一级品率为 90%, 现从一大批产品中任取 10 件, 求: (1) 恰有 8 件一级品的概率; (2) 一级品不超过 8 件的概率.

解 由于产品数量很大, 且抽取的产品数量相对于产品总数来说又很小, 因而可以当作放回抽样处理. 我们将检查一件产品作为一次试验, 检查 10 件产品相当于做 10 重伯努利试验, 记 X 为 10 件产品中一级品的件数, 则 X 是一个随机变量, 且 $X\sim B(10,0.9)$, 即

$$P(X=k)=\mathrm{C}_{10}^{k}(0.9)^{k}(0.1)^{10-k},\quad k=0,1,\cdots,10.$$

(1) 所求概率为

$$P(X=8)=\mathrm{C}_{10}^{8}(0.9)^{8}(0.1)^{10-8}=0.194.$$

(2) 所求概率为

$$\begin{aligned}P(X\leqslant 8)&=1-P(X>8)=1-P(X=9)-P(X=10)\\&=1-\mathrm{C}_{10}^{9}(0.9)^{9}(0.1)^{10-9}-\mathrm{C}_{10}^{10}(0.9)^{10}(0.1)^{0}=0.264.\end{aligned}$$

3. 泊松分布

设随机变量 X 的所有的可能取值为 $0,1,2,\cdots$, 而取各个值的概率为

$$P(X=k)=\frac{\lambda^k}{k!}\mathrm{e}^{-\lambda},\quad k=0,1,2,\cdots,\tag{2-2-3}$$

其中 $\lambda>0$ 为常数, 则称 X 服从参数为 λ 的泊松分布, 记作 $X\sim P(\lambda)$, 如图 2-2-3 所示.

易知 $P(X=k)=\dfrac{\lambda^k}{k!}\mathrm{e}^{-\lambda}\geqslant 0,\ k=0,1,2,\cdots$, 且

$$\sum_{k=0}^{\infty}P(X=k)=\sum_{k=0}^{\infty}\frac{\lambda^k}{k!}\mathrm{e}^{-\lambda}=\mathrm{e}^{-\lambda}\sum_{k=0}^{\infty}\frac{\lambda^k}{k!}=1.$$

服从或近似服从泊松分布的随机变量在实际应用中是很多的. 例如, 一电话交换台在单位时间内收到的电话呼唤次数, 织布车间大批布匹上的疵点个数, 一医院在一天内的急诊病人数, 一本书一页中的印刷错误数等都服从泊松分布. 泊松分布也是概率论中的一种重要分布.

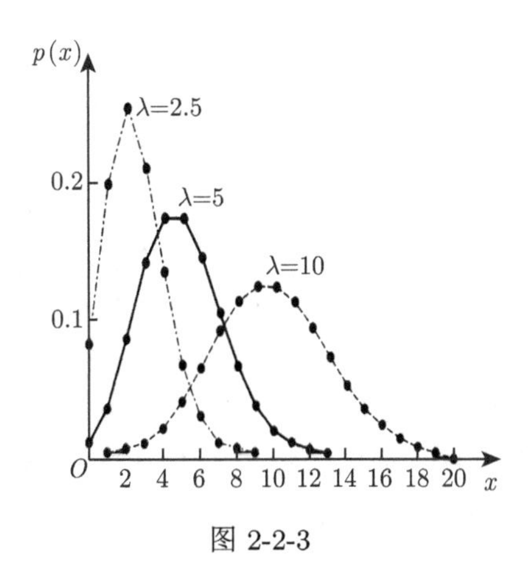

图 2-2-3

2.2.3 二项分布的泊松近似

定理 2.2.1 (泊松定理) 设随机变量 X 服从二项分布, 其分布列为

$$P(X=k)=P_n(k)=\mathrm{C}_n^k p_n^k(1-p_n)^{n-k}, \quad k=0,1,2,\cdots,n,$$

其中, p_n 是与 n 有关的数, 又设 $np_n=\lambda>0$ 是常数 $(n=1,2,\cdots)$, 则有

$$\lim_{n\to\infty} P(X=k)=\frac{\lambda^k}{k!}\mathrm{e}^{-\lambda}.$$

证明 由 $np_n=\lambda>0$ 得 $p_n=\dfrac{\lambda}{n}$, 从而

$$\begin{aligned}
P(X=k)&=\mathrm{C}_n^k p_n^k(1-p_n)^{n-k}=\frac{n(n-1)\cdots(n-k+1)}{k!}\left(\frac{\lambda}{n}\right)^k\left(1-\frac{\lambda}{n}\right)^{n-k}\\
&=\frac{\lambda^k}{k!}\left[1\cdot\left(1-\frac{1}{n}\right)\cdot\cdots\cdot\left(1-\frac{k-1}{n}\right)\right]\left(1-\frac{\lambda}{n}\right)^n\left(1-\frac{\lambda}{n}\right)^{-k},
\end{aligned}$$

对于固定的 k, 当 $n\to\infty$ 时, 有

$$\left(1-\frac{1}{n}\right)\cdot\cdots\cdot\left(1-\frac{k-1}{n}\right)\to 1, \quad \left(1-\frac{\lambda}{n}\right)^n\to\mathrm{e}^{-\lambda}, \quad \left(1-\frac{\lambda}{n}\right)^{-k}\to 1.$$

故而有 $\lim\limits_{n\to\infty} P(X=k)=\dfrac{\lambda^k}{k!}\mathrm{e}^{-\lambda}$.

显然, 定理的条件 $np_n = \lambda > 0$ 是常数意味着当 n 很大时, p_n 一定很小. 因此, 泊松定理表明, 当 n 很大 p 很小时, 有近似公式

$$P(X=k) = \mathrm{C}_n^k p^k (1-p)^{n-k} \approx \frac{\lambda^k}{k!}\mathrm{e}^{-\lambda}, \quad k \ll n, \quad \lambda = np.$$

在实际计算中, 一般当 $n \gg k, n \geqslant 10$, 且 $p \leqslant 0.1$ 时, 可用 $\dfrac{\lambda^k}{k!}\mathrm{e}^{-\lambda}$ 作为 $\mathrm{C}_n^k p^k \left(1-p^k\right)^{n-k}$ 的近似值.

泊松定理表明了以 $n, p\,(np=\lambda)$ 为参数的二项分布, 当 $n \to \infty$ 时的极限分布, 是以 λ 为参数的泊松分布, 这一事实也显示了泊松分布在理论上的重要性.

例 2.2.4 某地有 2500 人参加某种物品保险, 每人在年初向保险公司交付保险费 12 元, 如果在这一年里该物品损坏, 则可从保险公司领取 2000 元. 设该物品的损坏率为 2‰, 求保险公司获利不少于 20000 元的概率.

解 设 X 表示 "投保人中物品损坏件数", 则有 $X \sim B(2500, 0.002)$. 因为事件 "保险公司获利不少于 20000 元" 可表示为 $\{30000 - 2000X \geqslant 20000\}$, 即有 $\{X \leqslant 5\}$, 因此所求概率为

$$P(X \leqslant 5) = \sum_{k=0}^{5} \mathrm{C}_{2500}^k \times (0.002)^k \times (0.998)^{2500-k} \approx \sum_{k=0}^{5} \frac{5^k}{k!}\mathrm{e}^{-5} = 0.616.$$

例 2.2.5 为了保证设备正常工作, 需要配备适量的维修工人 (配备多了闲置劳动力, 配备少了机器得不到及时维护影响生产). 现有同类型设备 300 台, 各台工作是相互独立的, 发生故障的概率都是 0.01, 在通常情况下一台设备的故障可由一人来处理, 问至少配备多少工人, 才能保证设备发生故障后不能及时处理的概率小于 0.01?

解 设需配备 N 个维修工人, 记同一时刻发生故障的设备数为 X, 则 $X \sim B(300, 0.01)$, 所需解决的问题是确定最小的 N, 使得 $P(X > N) < 0.01$, 因为

$$P(X > N) = \sum_{k=N+1}^{300} \mathrm{C}_{300}^k (0.01)^k (0.99)^{300-k},$$

所以有

$$P(X > N) = 1 - P(X \leqslant N) \approx 1 - \sum_{k=0}^{N} \frac{3^k}{k!}\mathrm{e}^{-3},$$

于是, 当 N 最小时, 有

$$\sum_{k=0}^{N} \frac{3^k}{k!}\mathrm{e}^{-3} > 0.99.$$

通过查表计算可得, 最小的 N 的取值为 8. 故而, 为了保证机器正常运行, 至少需要配备 8 个维修工人.

2.2.4 其他一些重要的离散型随机变量及其分布

1. 超几何分布

若 X 的分布列为

$$P(X=k)=\frac{\mathrm{C}_M^k\mathrm{C}_{N-M}^{n-k}}{\mathrm{C}_N^n}, \quad k=0,1,2,\cdots,\min\{n,M\}, \tag{2-2-4}$$

则称 X 服从超几何分布, 记为 $X\sim H(n,M,N)$.

例如, 从 2 个黑球 a_1,a_2 和 3 个白球 b_1,b_2,b_3 中任取 3 个球. 其样本空间为

$$\begin{aligned}\Omega=\{&(a_1,a_2,b_1),(a_1,a_2,b_2),(a_1,a_2,b_3),(a_1,b_1,b_2),(a_1,b_1,b_3),\\&(a_1,b_2,b_3),(a_2,b_1,b_2),(a_2,b_1,b_3),(a_2,b_2,b_3),(b_1,b_2,b_3)\}.\end{aligned}$$

若令 X 表示取出的三个球中所含黑球的个数, 则 X 就是定义在样本空间 Ω 上的一个映射, 它把试验的每一个结果与唯一的实数对应起来, 如表 2-2-6 所示.

表 2-2-6 X 在样本空间 Ω 上的映射

ω	$X(\omega)$	ω	$X(\omega)$
$\omega_1=(a_1,a_2,b_1)$	2	$\omega_6=(a_1,b_2,b_3)$	1
$\omega_2=(a_1,a_2,b_2)$	2	$\omega_7=(a_2,b_1,b_2)$	1
$\omega_3=(a_1,a_2,b_3)$	2	$\omega_8=(a_2,b_1,b_3)$	1
$\omega_4=(a_1,b_1,b_2)$	1	$\omega_9=(a_2,b_2,b_3)$	1
$\omega_5=(a_1,b_1,b_3)$	1	$\omega_{10}=(b_1,b_2,b_3)$	0

从上表可以看出 X 可能取 $0,1,2$ 这三个值, 基本事件的个数为 C_5^3, 事件 $\{X=k\}$ 表示取出的三个球中有 k 个黑球, 其含有 $\mathrm{C}_2^k\mathrm{C}_3^{3-k}$ 个基本事件, 所以 X 的分布列为

$$P(X=k)=\frac{\mathrm{C}_2^k\mathrm{C}_3^{3-k}}{\mathrm{C}_5^3}, \quad k=0,1,2,$$

或列表 2-2-7 所示.

表 2-2-7 X 的分布列

X	0	1	2
P	1/10	6/10	3/10

一般地, 若盒中含有 N 个球, 其中有 M 个黑球, 从中不放回抽取 n 个球, 令 X 表示取出的 n 个球中所含黑球的个数, 则 X 的分布列为

$$P(X=k)=\frac{\mathrm{C}_M^k\mathrm{C}_{N-M}^{n-k}}{\mathrm{C}_N^n}, \quad k=0,1,2,\cdots,\min\{n,M\}.$$

超几何分布的二项近似 当 $N \gg n$ 时, 有

$$
\begin{aligned}
P(X=k) &= \frac{\mathrm{C}_M^k \mathrm{C}_{N-M}^{n-k}}{\mathrm{C}_N^n} = \frac{n!\,(N-n)!}{N!} \frac{M!}{k!\,(M-k)!} \frac{(N-M)!}{(n-k)!\,(N-M-(n-k))!} \\
&= \frac{n!}{k!\,(n-k)!} \frac{M!}{N!\,(M-k)!} \frac{(N-n)!\,(N-M)!}{(N-M-(n-k))!} \\
&= \mathrm{C}_n^k \frac{M(M-1)\cdots(M-k+1)}{N(N-1)\cdots(N-k+1)} \\
&\quad \times \frac{(N-M)(N-M-1)\cdots(N-M-n+k+1)}{(N-k)\cdots(N-n+1)} \\
&= \mathrm{C}_n^k \frac{M(M-1)\cdots(M-k+1)}{N(N-1)\cdots(N-k+1)} \\
&\quad \times \frac{(N-M)(N-M-1)\cdots(N-M-n+k+1)}{(N-k)(N-k-1)\cdots(N-k-n+k+1)} \\
&\cong \mathrm{C}_n^k \left(\frac{M}{N}\right)^k \left(\frac{N-M}{N}\right)^{n-k} = \mathrm{C}_n^k p^k (1-p)^{n-k}, \quad p = \frac{M}{N}.
\end{aligned}
$$

2. 几何分布

若 X 的分布列为

$$
P(X=k) = pq^{k-1}, \quad k = 1, 2, \cdots, \tag{2-2-5}
$$

其中, $0<p<1, q=1-p$, 则称 X 服从几何分布, 记为 $X \sim G(p)$.

若令 X 表示伯努利试验序列中事件 A 首次出现所需要的试验次数, 则 X 服从几何分布. 例如, 向一目标进行独立射击, 首次击中目标所需要的射击次数; 从含有正品和次品的产品中有放回地抽取产品, 首次取到次品时取出的产品个数; $\cdots$ 都服从几何分布.

几何分布的无记忆性 设 $X \sim G(p)$, 则对任意的整数 m, n, 有

$$
P(X>m+n \,|\, X>m) = P(X>n).
$$

我们证明一下: $P(X>m) = \displaystyle\sum_{k=m+1}^{\infty} pq^{k-1} = \frac{pq^m}{1-q} = q^m$, 而 $\{X>m+n\} \subset \{X>m\}$, 因此,

$$
\begin{aligned}
P(X>m+n \,|\, X>m) &= \frac{P(X>m+n, X>m)}{P(X>m)} \\
&= \frac{P(X>m+n)}{P(X>m)} = \frac{q^{m+n}}{q^m} = q^n = P(X>n).
\end{aligned}
$$

这表明伯努利试验中, 在前 m 次 A 没有出现的条件下, 则在接下来的 n 次试验中 A 仍未出现的概率只与 n 有关, 而与以前的 m 次试验无关, 似乎忘记了前 m 次试验结果, 这就是无记忆性.

3. 负二项分布

若随机变量 X 的分布列为

$$P(X=k)=\mathrm{C}_{k-1}^{r-1}p^r(1-p)^{k-r},\quad k=r,r+1,\cdots,\tag{2-2-6}$$

其中, $0<p<1$, 则称 X 服从负二项分布, 记为 $X\sim NB(r,p)$.

若令 X 为伯努利试验序列中事件 A 第 r 次出现时所需要的试验次数, 则 X 服从负二项分布. 例如, 向一目标进行独立射击, 第 r 次击中目标所需的射击次数; 路过共享充电宝站的人是否租赁充电宝相互独立, 租出 r 个充电宝时路过共享充电宝站的人数; $\cdots$ 都服从负二项分布. 显然, 当 $r=1$ 时, 负二项分布就是几何分布.

在伯努利试验序列中, 如果将第一个 A 出现时的试验次数记为 X_1, 将第二个 A 出现时的试验次数 (从第一个 A 出现之后算起) 记为 $X_2,\cdots$, 将第 r 个 A 出现时的试验次数 (从第 $r-1$ 个 A 出现之后算起) 记为 X_r, 如下形式表示:

$$\underbrace{\overline{A}\,\overline{A}\cdots\overline{A}A}_{X_1}\quad\underbrace{\overline{A}\,\overline{A}\cdots\overline{A}A}_{X_2}\quad\cdots\quad\underbrace{\overline{A}\,\overline{A}\cdots\overline{A}A}_{X_r},$$

则 X_i 独立同分布, 且 $X_i\sim G(p)$, 而且有 $X_1+X_2+\cdots+X_r=X\sim NB(r,p)$. 即**负二项分布随机变量可表示成 r 个独立同分布的几何分布随机变量之和.**

习 题 2.2

1. 口袋中有 5 个球, 编号为 1, 2, 3, 4, 5. 从中任取 3 个球, 以 X 表示取出的 3 个球中的最大号码. 写出 X 的分布列.

2. 一颗骰子抛两次, 求以下随机变量的分布列:

(1) X 表示两次所得最小点数; (2) Y 表示两次所得的点数之差的绝对值.

3. 口袋中有 7 个白球、3 个黑球.

(1) 每次从中任取一个不放回, 求首次取出白球的取球次数 X 的分布列;

(2) 如果取出的是黑球则不放回, 而另外放入一个白球, 求此时 X 的分布列.

4. 抛一颗骰子 4 次, 求点数 6 出现次数的概率分布.

5. 一批产品共有 100 件, 其中有 10 件不合格产品, 根据验收规则, 从中任取 5 件进行质量检验, 假如 5 件中无不合格品, 则这批产品被接受, 否则就要重新对这批产品逐个检验.

(1) 试求 5 件中不合格品数 X 的分布列; (2) 需要对这批产品逐个检验的概率是多少?

6. 经验表明: 预订餐厅座位而不来就餐的顾客比例为 20% , 如今餐厅有 50 个座位, 但预订给了 52 位顾客, 问到时顾客来到餐厅而没有座位的概率是多少?

7. 设随机变量 X 服从二项分布 $B(2,p)$, 随机变量 Y 服从二项分布 $B(4,p)$, 若 $P(X\geqslant 1)=8/9$, 试求 $P(Y\geqslant 1)$.

8. 设随机变量 X 服从泊松分布, 且已知 $P(X=1)=P(X=2)$, 求 $P(X=4)$.

9. 一台电话交换机每分钟的呼叫次数 $X\sim P(4)$. 试求:

(1) 每分钟恰有 5 次呼叫的概率 $P(X=5)$;

(2) 每分钟不超过 10 次的概率 $P(X\leqslant 10)$.

10. 设随机变量 X 的概率分布为 $P(X=k)=\dfrac{ak}{18}$, $k=1,2,\cdots,9$. 求:

(1) 常数 a; (2) 概率 $P(X=1 \text{ 或 } X=4)$; (3) 概率 $P\left(-1\leqslant X<\dfrac{7}{2}\right)$.

11. 某处有 10 辆共享单车, 调查表明在任一时刻 t, 每辆车被使用的概率为 0.85, 求在同一时刻:

(1) 被使用的共享单车数 X 的分布列; (2) 至少有 8 辆共享单车被使用的概率;

(3) 至少有一辆共享单车未被使用的概率; (4) 为了保证至少有一辆共享单车未被使用的概率不小于 90%, 应再安排多少辆共享单车.

12. 某车间有 9 台独立工作的车床, 在任意时刻用电的概率均为 0.3, 试求:

(1) 同一时刻用电的车床数量 X 的概率分布; (2) 同一时刻至少一台车床用电的概率;

(3) 同一时刻最多一台车床用电的概率.

13. 设事件 A 在某次试验中发生的概率为 0.3, 当 A 发生不少于 3 次时指示灯发出信号, 试分别求进行 5 次和 7 次试验指示灯发出信号的概率.

14. 设离散型随机变量 X 分布函数为

$$F(x)=\begin{cases}0, & x<0,\\ \dfrac{1}{2}, & 0\leqslant x<1,\\ \dfrac{2}{3}, & 1\leqslant x<2,\\ 1, & x\geqslant 2.\end{cases}$$

试求: (1) X 的分布列; (2) $P\left(X\leqslant\dfrac{3}{2}\right)$; (3) $P(1<X\leqslant 4)$; (4) $P(1\leqslant X\leqslant 4)$.

15. 一批产品的不合格品率为 0.02, 现从中任取 40 件进行检验, 若发现两件及两件以上不合格品就拒收这批产品. 分别用以下方法求拒收的概率:

(1) 用二项分布作精确计算; (2) 用泊松分布作近似计算.

16. 设一个人一年内患感冒的次数服从参数 $\lambda=5$ 的泊松分布, 现有某种预防感冒的药物对 75% 的人有效 (能将泊松分布的参数减少 $\lambda=3$), 对另外 25% 的人无效. 如果某人服用了此药, 一年内患了两次感冒, 那么该药对他 (她) 有效的可能性是多少?

2.3 连续型随机变量及其概率分布

2.3.1 连续型随机变量的固有特征

离散型随机变量的值只集中在有限多个或可列无穷多个点上. 但是, 还有一类随机变量其值可能充满实数轴上的某个区间, 甚至于整个实数轴. 2.1 节从分布函数出发, 设定分布函数为一连续函数时, 知其对应的随机变量取任一单点的概率等于零. 本节从一个具体问题出发, 得出其分布函数为一连续函数.

例如向区间 $[a,b]$ 上等可能投点, 意味着落在内部任一子区间上的概率与区间的长度有关, 与落点的位置无关, 这是一个几何概型, 它的坐标 X 的分布函数为

$$F(x)=\begin{cases}0, & x<a,\\ \dfrac{x-a}{b-a}, & a\leqslant x<b,\\ 1, & x\geqslant b.\end{cases}$$

由于单点的长度为零, 因此, 落在任一单点的概率等于零, 分布函数是连续函数. 这是连续型随机变量的固有特征. 像离散型随机变量用分布列表达其分布特征是不可能的, 要考虑别

的办法, 使用密度的概念来解决. 我们看如下分析:

$$\frac{P(x < X \leqslant x+\Delta x)}{\Delta x}=\frac{P(X \leqslant x+\Delta x)-P(X \leqslant x)}{\Delta x}=\frac{F(x+\Delta x)-F(x)}{\Delta x},$$

在上式中, 当 $\Delta x \to 0$ 时, 左边是 $X=x$ 处的概率密度, 右边是分布函数 $F(x)$ 的导函数, 即分布函数的导数类似于概率密度函数, 反过来类似于概率密度函数的积分是分布函数. 在上例中,

$$p(x)=F'(x)=\begin{cases}0, & x<a,\\ \dfrac{1}{b-a}, & a<x<b,\\ 0, & x>b\end{cases}$$

说明在 $[a,b]$ 上具有均匀的概率密度. 同时也有 $F(x)$ 可表示为下列形式:

$$F(x)=\int_{-\infty}^{x} p(t)\,\mathrm{d}t.$$

总之, 连续型随机变量取值充满一区间, 分布函数是连续函数, 取任一单点的概率等于零.

2.3.2 连续型随机变量及其概率密度函数

与上述实例中的随机变量具有相同特征的随机变量是常见的一类随机变量. 下面给出这类随机变量的一般定义.

定义 2.3.1 设随机变量 X 的分布函数为 $F(x)$. 如果存在非负函数 $p(x)$, 对任意实数 x 有

$$F(x)=\int_{-\infty}^{x} p(t)\mathrm{d}t,$$

则称 X 为连续型随机变量, 其中 $p(x)$ 称为 X 的概率密度函数, 简称密度函数或分布密度. 有时为强调密度函数 $p(x)$ 对随机变量 X 的依赖性, 也可记为 $p_X(x)$.

下面从数学角度来分析函数 $F(x)$ 和 $p(x)$ 的一些性质.

分布函数 $F(x)$ 作为函数 $p(x)$ 的积分, 根据微积分知识可知, $F(x)$ 为连续函数. 即连续型随机变量 X 的分布函数 $F(x)$ 为连续函数.

由定义可知, 密度函数 $p(x)$ 有下列性质:

(1) (非负性) $p(x) \geqslant 0$;

(2) (规范性) $\displaystyle\int_{-\infty}^{+\infty} p(x)\mathrm{d}x=1$;

(3) 对任意实数 x_1, x_2 $(x_1 \leqslant x_2)$,

$$P(x_1<X \leqslant x_2)=F(x_2)-F(x_1)=\int_{x_1}^{x_2} p(x)\mathrm{d}x;$$

(4) 当 x 为 $p(x)$ 的连续点时, 有 $F'(x)=p(x)$.

由性质 (2) 可知, 介于曲线 $y=p(x)$ 与 Ox 轴之间的面积等于 1 (图 2-3-1).

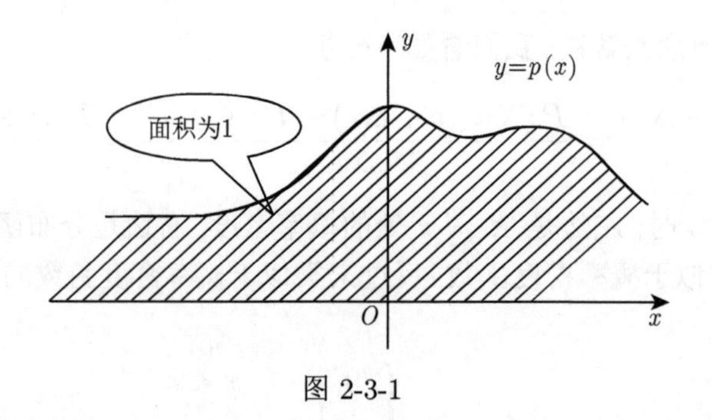

图 2-3-1

由性质 (3) 可知, X 落在区间 $(x_1, x_2]$ 的概率 $P(x_1 < X \leqslant x_2)$ 等于区间 $(x_1, x_2]$ 上曲线 $y = p(x)$ 之下的曲边梯形的面积 (图 2-3-2).

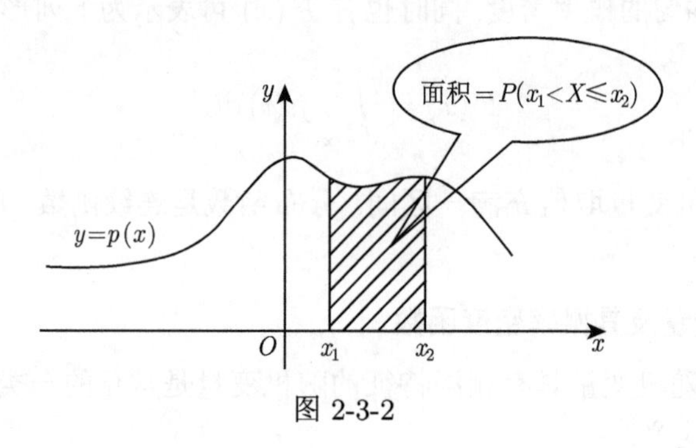

图 2-3-2

由性质 (4) 可知, 在 $p(x)$ 的连续点 x 处有

$$p(x) = \lim_{\Delta x \to 0^+} \frac{F(x+\Delta x) - F(x)}{\Delta x} = \lim_{\Delta x \to 0^+} \frac{P(x < X \leqslant x + \Delta x)}{\Delta x}.$$

例 2.3.1　设连续型随机变量 X 的分布函数为

$$F(x) = \begin{cases} 0, & x \leqslant -a, \\ A + B \arcsin \dfrac{x}{a}, & -a < x \leqslant a, \\ 1, & x > a. \end{cases}$$

试求: (1) 系数 A, B 的值; (2) $P\left(-a < X < \dfrac{a}{2}\right)$; (3) 随机变量 X 的概率密度函数.

解　(1) 由于 X 为连续型随机变量, 则 $F(x)$ 连续, 所以有

$$F(-a) = \lim_{x \to -a} F(x), \quad F(a) = \lim_{x \to a} F(x),$$

即有

$$A + B \arcsin\left(\frac{-a}{a}\right) = A - \frac{\pi}{2} B = 0, \quad A + B \arcsin\left(\frac{a}{a}\right) = A + \frac{\pi}{2} B = 1,$$

从而解得 $A=\dfrac{1}{2}, B=\dfrac{1}{\pi}$, 所以连续型随机变量 X 的分布函数为

$$F(x)=\begin{cases}0, & x\leqslant -a,\\ \dfrac{1}{2}+\dfrac{1}{\pi}\arcsin\dfrac{x}{a}, & -a<x\leqslant a,\\ 1, & x>a.\end{cases}$$

(2) $P\left(-a<X<\dfrac{a}{2}\right)=F\left(\dfrac{a}{2}\right)-F(-a)=\dfrac{1}{2}+\dfrac{1}{\pi}\arcsin\left(\dfrac{a}{2a}\right)-0=\dfrac{1}{2}+\dfrac{1}{\pi}\times\dfrac{\pi}{6}=\dfrac{2}{3}$.

(3) 随机变量 X 的概率密度函数为 $p(x)=F'(x)=\begin{cases}\dfrac{1}{\pi\sqrt{a^2-x^2}}, & -a<x\leqslant a,\\ 0, & \text{其他}.\end{cases}$

例 2.3.2 设随机变量 X 的概率密度函数为

$$p(x)=\frac{1}{2}\mathrm{e}^{-|x|}\quad(-\infty<x<+\infty),$$

(1) 求随机变量 X 的分布函数 $F(x)$; (2) 计算概率 $P(X>1), P(0<X<\ln 2)$.

解 (1) 当 $x\leqslant 0$ 时, 有 $F(x)=\displaystyle\int_{-\infty}^{x}p(x)\,\mathrm{d}x=\int_{-\infty}^{x}\frac{1}{2}\mathrm{e}^{x}\mathrm{d}x=\frac{1}{2}\mathrm{e}^{x}$.

当 $x>0$ 时, 有 $F(x)=\displaystyle\int_{-\infty}^{x}p(x)\,\mathrm{d}x=\int_{-\infty}^{0}\frac{1}{2}\mathrm{e}^{x}\mathrm{d}x+\int_{0}^{x}\frac{1}{2}\mathrm{e}^{-x}\mathrm{d}x=1-\frac{1}{2}\mathrm{e}^{-x}$. 从而

$$F(x)=\begin{cases}\dfrac{1}{2}\mathrm{e}^{x}, & x\leqslant 0,\\ 1-\dfrac{1}{2}\mathrm{e}^{-x}, & x>0.\end{cases}$$

(2) 根据概率密度函数的性质可得

$$P(X>1)=\int_{1}^{+\infty}\frac{1}{2}\mathrm{e}^{-x}\mathrm{d}x=\frac{1}{2}\mathrm{e}^{-1},$$
$$P(0<X<\ln 2)=\int_{0}^{\ln 2}\frac{1}{2}\mathrm{e}^{-x}\mathrm{d}x=\frac{1}{4}.$$

2.3.3 常见的连续型随机变量

1. 均匀分布

对于 $a<b$, 称随机变量 X 服从 (a,b) 上的均匀分布, 若其密度函数为

$$p(x)=\begin{cases}\dfrac{1}{b-a}, & a<x<b,\\ 0, & \text{其他}.\end{cases}\tag{2-3-1}$$

简记为 $X\sim U(a,b)$. 其分布函数为

$$F(x)=\begin{cases}0, & x<a,\\ \dfrac{x-a}{b-a}, & a\leqslant x<b,\\ 1, & x\geqslant b.\end{cases}$$

$p(x)$ 及 $F(x)$ 的图形分别如图 2-3-3 和图 2-3-4 所示.

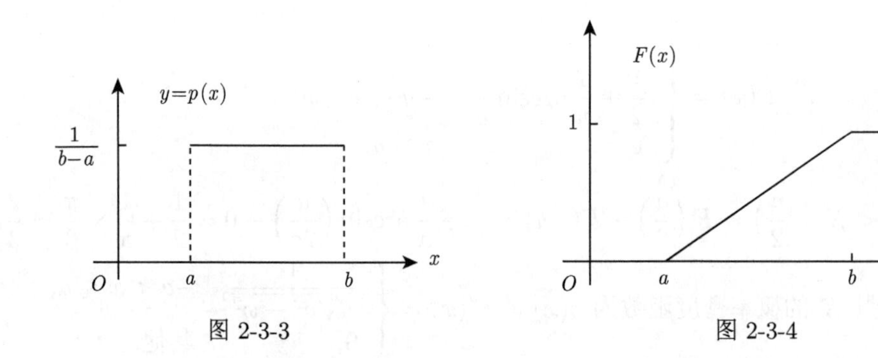

图 2-3-3　　图 2-3-4

根据上述定义可知, 对于服从均匀分布 $U(a,b)$ 的随机变量 X, 其取值落在区间 (a,b) 的子区间 $(c,c+l)$ 内的概率为

$$P(c<X<c+l)=\int_c^{c+l}p(x)\mathrm{d}x=\int_c^{c+l}\frac{1}{b-a}\mathrm{d}x=\frac{l}{b-a}.$$

即随机变量 X 取值落在区间 $(c,c+l)$ 内的概率恰好为此区间长度 l 与区间 (a,b) 长度 $b-a$ 的比值. 由此可知, 服从均匀分布 $U(a,b)$ 的随机变量 X, 取值落在区间 (a,b) 中任意等长度的子区间之内的可能性是相同的.

例 2.3.3　设随机变量 X 在区间 $[0,1]$ 上服从均匀分布, 现对其进行 3 次独立观察, 求至少有 2 次观察值大于 $\frac{1}{2}$ 的概率.

解　因每次观察, 要么观察值大于 $\frac{1}{2}$ (事件 A), 要么观察值不大于 $\frac{1}{2}$ (事件 $\overline{A}$), 令 Y 表示 3 次独立观察中观察值大于 $\frac{1}{2}$ 的次数, 则 $Y\sim B(3,p)$, 其中 $p=P\left(X>\frac{1}{2}\right)$. 由于 X 服从均匀分布, 即 $X\sim U(0,1)$, 故

$$p=P\left(X>\frac{1}{2}\right)=\int_{\frac{1}{2}}^{\infty}p(x)\,\mathrm{d}x=\int_{\frac{1}{2}}^{1}1\cdot\mathrm{d}x+\int_1^{\infty}0\cdot\mathrm{d}x=\frac{1}{2}.$$

则所求概率为 $P(Y\geqslant 2)=P(Y=2)+P(Y=3)=\mathrm{C}_3^2\left(\frac{1}{2}\right)^3+\mathrm{C}_3^3\left(\frac{1}{2}\right)^3=\frac{1}{2}.$

2. 指数分布

有一种连续型概率分布被称作指数分布, 它有着重要的应用, 常用它来作为各种“寿命”分布的近似. 指数分布在排队论和可靠性理论等领域有着广泛的应用. 例如, 电子元件的使用寿命, 电话的通话时间, 各种随机服务系统的服务时间、等待时间等都可用指数分布来描述.

若连续型随机变量的概率密度函数为

$$p(x)=\begin{cases}\lambda \mathrm{e}^{-\lambda x}, & x>0,\\ 0, & x\leqslant 0,\end{cases}\tag{2-3-2}$$

其中 $\lambda>0$ 为常数, 则称 X 服从参数为 λ 的指数分布, 记为 $X\sim \mathrm{Exp}(\lambda)$ 或 $E(\lambda)$.

根据指数分布的定义, 易知 $p(x)\geqslant 0$, 且 $\int_{-\infty}^{+\infty}p(x)\,\mathrm{d}x=1$. X 的分布函数为

$$F(x)=\begin{cases}1-\mathrm{e}^{-\lambda x}, & x>0,\\ 0, & x\leqslant 0,\end{cases}$$

$p(x)$ 及 $F(x)$ 的图形分别如图 2-3-5 及图 2-3-6 所示.

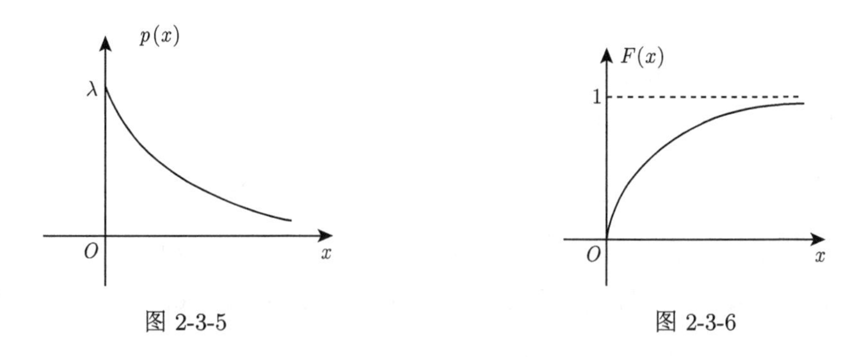

图 2-3-5 图 2-3-6

指数分布的重要性还表现在它具有“无记忆性”. 设 $X\sim \mathrm{Exp}(\lambda)$, 则对任意的 $s,t>0$, 有

$$P(X>s+t|X>s)=\frac{P(X>s+t)}{P(X>s)}=\frac{\mathrm{e}^{-\lambda(s+t)}}{\mathrm{e}^{-\lambda s}}=\mathrm{e}^{-\lambda t}=P(X>t).$$

假如把 X 解释为寿命, 则上式表明: 如果已知寿命 X 达到 s 年, 则再活 t 年的概率与年龄 s 无关, 所以有时又风趣地称指数分布是“永远年轻”的.

另外, 若 $X\sim \mathrm{Exp}(\lambda)$, 则

$$\begin{aligned}\lambda&=\frac{p(x)}{1-F(x)}=\frac{F'(x)}{1-F(x)}=\lim_{\Delta x\to 0}\frac{F(x+\Delta x)-F(x)}{\Delta x[1-F(x)]}\\&=\lim_{\Delta x\to 0}\frac{P(x<X\leqslant x+\Delta x)}{\Delta xP(X>x)}=\lim_{\Delta x\to 0}\frac{P(x<X\leqslant x+\Delta x|X>x)}{\Delta x}.\end{aligned}$$

从上式可以看到, 若 $X\sim \mathrm{Exp}(\lambda)$, 将 X 解释为寿命, 则 λ 表示“年龄为 x 的生命在时刻 x 瞬时死亡的速率”. 故在保险精算中 λ 称为瞬时死亡率, 而在研究系统的可靠性理论中, λ 称为失效率或故障率.

在这里, 需要强调的是解决很多实际问题时, 需要综合应用离散型与连续型分布.

例 2.3.4　设一类电子元件的寿命 $X \sim \mathrm{Exp}\left(\dfrac{1}{600}\right)$ (单位: 小时).

(1) 求任一电子元件寿命超过 200 小时的概率;

(2) 某仪器装有三只独立工作的同型号此类电子元件, 求在仪器使用的最初 200 小时内, 至少有一只电子元件损坏的概率.

解　由于 $X \sim \mathrm{Exp}\left(\dfrac{1}{600}\right)$, 则 X 的概率密度函数为 $p(x) = \begin{cases} \dfrac{1}{600}\mathrm{e}^{-\frac{x}{600}}, & x \geqslant 0. \\ 0, & x < 0. \end{cases}$

(1) 所求概率为 $P(X > 200) = \displaystyle\int_{200}^{+\infty} p(x)\,\mathrm{d}x = \int_{200}^{+\infty} \frac{1}{600}\mathrm{e}^{-\frac{x}{600}}\mathrm{d}x = \mathrm{e}^{-\frac{1}{3}}$.

(2) 设 Y 表示“三只电子元件中事件 $\{X < 200\}$ 发生的个数”, 则 $Y \sim B\left(3, 1-\mathrm{e}^{-\frac{1}{3}}\right)$. 所以所求概率为 $P(Y \geqslant 1) = 1 - P(Y=0) = 1 - \mathrm{C}_3^0\left(1-\mathrm{e}^{-\frac{1}{3}}\right)^0\left(\mathrm{e}^{-\frac{1}{3}}\right)^3 = 1 - \mathrm{e}^{-1}$.

3. 正态分布

1) 正态分布的密度函数和分布函数

若连续型随机变量 X 的密度函数为

$$p(x) = \frac{1}{\sqrt{2\pi}\sigma}\mathrm{e}^{-\frac{(x-\mu)^2}{2\sigma^2}}, \quad -\infty < x < +\infty, \tag{2-3-3}$$

其中 μ, σ 为常数, 且 $\sigma > 0$, 则称 X 服从参数为 μ, σ 的正态分布, 或者称 X 为正态变量, 记作 $X \sim N(\mu, \sigma^2)$. 接下来证明 $p(x)$ 确实为密度函数. 显然 $p(x) > 0$, 又因为

$$\left[\frac{1}{\sqrt{2\pi}\sigma}\int_{-\infty}^{+\infty}\mathrm{e}^{-\frac{(t-\mu)^2}{2\sigma^2}}\mathrm{d}t\right]^2 = \frac{1}{2\pi}\int_{-\infty}^{+\infty}\int_{-\infty}^{+\infty}\mathrm{e}^{-\frac{t^2+s^2}{2}}\mathrm{d}t\mathrm{d}s.$$

上述二重积分可用极坐标表示成为

$$\frac{1}{2\pi}\int_0^{2\pi}\mathrm{d}\theta\int_0^{\infty}\mathrm{e}^{-\frac{1}{2}r^2}r\mathrm{d}r = \int_0^{\infty}\mathrm{e}^{-\frac{1}{2}r^2}r\mathrm{d}r = 1$$

也就是 $\displaystyle\int_{-\infty}^{+\infty} p(x)\mathrm{d}x = 1$.

下面给出 $p(x)$ 的图形, 如图 2-3-7 所示.

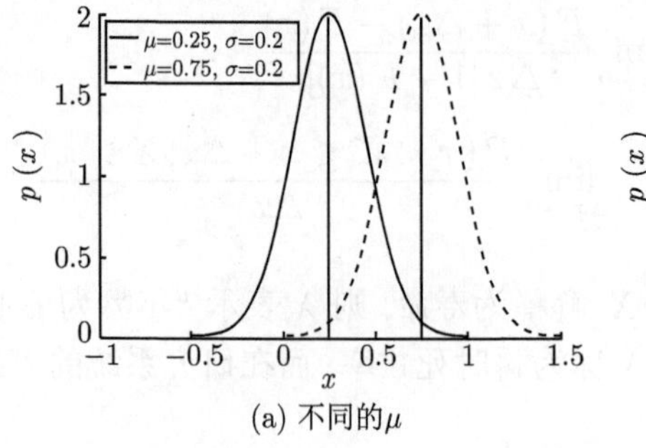

(a) 不同的μ

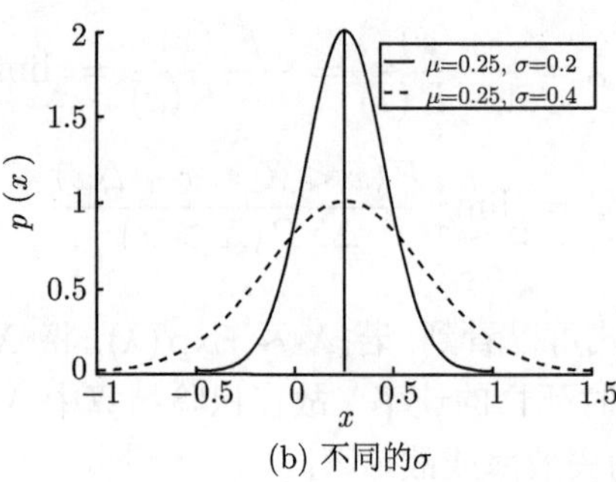

(b) 不同的σ

图 2-3-7

通过观察其图像可知概率密度函数具有如下几何特征:

(1) 密度曲线关于 $x=\mu$ 对称;

(2) 当 $x=\mu$ 时, 密度曲线 $p(x)$ 取得最大值 $\dfrac{1}{\sqrt{2\pi}\sigma}$;

(3) 密度曲线在 $x=\mu\pm\sigma$ 处有拐点;

(4) 当 $|x|\to\infty$ 时, 曲线以 Ox 轴为渐近线.

2) 标准正态分布

若正态分布 $N(\mu,\sigma^2)$ 中参数 μ,σ 分别为 0 和 1 时, 则得到 $N(0,1)$, 称为标准正态分布. 对应的概率密度函数和分布函数用 $\varphi(x)$ 和 $\varPhi(x)$ 来表示.

$$\varphi(x)=\frac{1}{\sqrt{2\pi}}\mathrm{e}^{-\frac{x^2}{2}},\quad -\infty<x<+\infty,$$

$$\varPhi(x)=\frac{1}{\sqrt{2\pi}}\int_{-\infty}^{x}\mathrm{e}^{-\frac{t^2}{2}}\mathrm{d}t,\quad -\infty<x<+\infty.$$

易知 $\varPhi(-x)=1-\varPhi(x)$. 本书附表 2 给出了标准正态分布表.

3) 正态分布标准化

一般情况下, 若 $X\sim N(\mu,\sigma^2)$, 我们只需通过一个线性变换就能将其转化成标准正态分布.

定理 2.3.1 若 $X\sim N(\mu,\sigma^2)$, 则 $Z=\dfrac{X-\mu}{\sigma}\sim N(0,1)$.

证明 $Z=\dfrac{X-\mu}{\sigma}$ 的分布函数为

$$P(Z\leqslant x)=P\left(\frac{X-\mu}{\sigma}\leqslant x\right)=P(X\leqslant\mu+\sigma x)=\frac{1}{\sqrt{2\pi}\sigma}\int_{-\infty}^{\mu+\sigma x}\mathrm{e}^{-\frac{(t-\mu)^2}{2\sigma^2}}\mathrm{d}t,$$

令 $\dfrac{t-\mu}{\sigma}=u$, 可得 $P(Z\leqslant x)=\dfrac{1}{\sqrt{2\pi}}\displaystyle\int_{-\infty}^{x}\mathrm{e}^{\frac{-u^2}{2}}\mathrm{d}u=\varPhi(x)$, 从而可知 $Z=\dfrac{X-\mu}{\sigma}\sim N(0,1)$.

通过线性变换 $Z=\dfrac{X-\mu}{\sigma}$, 建立了一般正态分布和标准正态分布之间的关系, 则可将 X 转化为标准正态分布, 即为正态分布的标准化.

定理 2.3.2 分布函数 $F(x)$ 与标准正态分布的分布函数 $\varPhi(x)$, 存在下列关系

$$F(x)=\varPhi\left(\frac{x-\mu}{\sigma}\right).$$

证明 因为

$$F(x)=\frac{1}{\sigma\sqrt{2\pi}}\int_{-\infty}^{x}\mathrm{e}^{-\frac{(t-\mu)^2}{2\sigma^2}}\mathrm{d}t,$$

令 $u=\dfrac{t-\mu}{\sigma}$, 可得

$$F(x)=\frac{1}{\sqrt{2\pi}}\int_{-\infty}^{\frac{x-\mu}{\sigma}}\mathrm{e}^{-\frac{u^2}{2}}\mathrm{d}u,$$

且有

$$\Phi(x)=\frac{1}{\sqrt{2\pi}}\int_{-\infty}^{x}\mathrm{e}^{-\frac{t^2}{2}}\mathrm{d}t,\quad -\infty<x<+\infty,$$

从而可得 $F(x)=\Phi\left(\dfrac{x-\mu}{\sigma}\right)$.

对于任意区间 $(x_1,x_2]$, 存在

$$P(x_1<X\leqslant x_2)=F(x_2)-F(x_1)=\Phi\left(\frac{x_2-\mu}{\sigma}\right)-\Phi\left(\frac{x_1-\mu}{\sigma}\right).$$

例 2.3.5　将一温度调节器放置在贮存着某种液体的容器内. 调节器调整为 d(°C), 液体的温度 X (以 °C 来计) 是一个随机变量, 且 $X\sim N(d,0.5^2)$.

(1) 若 $d=90$°C, 求 X 小于 89°C 的概率;

(2) 若要求保持液体的温度至少 80°C 的概率不低于 0.99, 问 d 至少是多少.

解　(1) X 小于 89°C 的概率为

$$\begin{aligned}P(X<89)&=P\left(\frac{X-90}{0.5}<\frac{89-90}{0.5}\right)\\&=\Phi\left(\frac{89-90}{0.5}\right)=\Phi(-2)=1-\Phi(2)=1-0.9772=0.0228.\end{aligned}$$

(2) 保持液体的温度至少 80°C 的概率不低于 0.99, d 的取值为

$$\begin{aligned}0.99\leqslant P(X\geqslant 80)&=P\left(\frac{X-d}{0.5}\geqslant\frac{80-d}{0.5}\right)\\&=1-P\left(\frac{X-d}{0.5}<\frac{80-d}{0.5}\right)=1-\Phi\left(\frac{80-d}{0.5}\right),\end{aligned}$$

从而可得 $\Phi\left(\dfrac{d-80}{0.5}\right)\geqslant 0.99=\Phi(2.327)$, 即 $\dfrac{d-80}{0.5}\geqslant 2.327$, 所以 $d>81.1635$.

4) 正态分布的 3σ 原则

设 $X\sim N\left(\mu,\sigma^2\right)$, 则

$$P\left(|X-\mu|\leqslant k\sigma\right)=\Phi\left(k\right)-\Phi\left(-k\right)=2\Phi\left(k\right)-1=\begin{cases}0.6826, & k=1,\\0.9545, & k=2,\\0.9973, & k=3.\end{cases}$$

从上式可以看出: 尽管正态变量的取值范围是 $(-\infty,\infty)$, 但它的值落在 $(\mu-3\sigma,\mu+3\sigma)$ 内的概率是 99.73%, 这个性质被实际工作者称作是正态分布的 “3σ 原则”, 它在实际工作中很有用, 如工业生产中的控制图、产品质量指数等都是根据 3σ 原则制定的.

2.3.4 其他一些重要的连续型随机变量及其分布

1. 伽马分布

称以下函数

$$\Gamma(\alpha)=\int_0^{\infty}x^{\alpha-1}\mathrm{e}^{-x}\mathrm{d}x$$

为伽马函数, 其中参数 $\alpha>0$, 伽马函数具有以下性质:

(1) $\Gamma(1)=1,\Gamma\left(\dfrac{1}{2}\right)=\sqrt{\pi}$;

(2) $\Gamma(\alpha+1)=\alpha\Gamma(\alpha)$(可用分部积分法证得), 当 α 为自然数时, 有

$$\Gamma(n+1)=n\Gamma(n)=n!.$$

若随机变量 X 的概率密度函数为

$$p_{\Gamma}(x)=\begin{cases}\dfrac{\lambda^{\alpha}}{\Gamma(\alpha)}x^{\alpha-1}\mathrm{e}^{-\lambda x}, & x\geqslant 0,\\ 0, & x<0,\end{cases}$$

则称 X 服从伽马分布, 记作 $X\sim \mathrm{Ga}(\alpha,\lambda)$, 其中 $\alpha>0$ 为形状参数, $\lambda>0$ 为尺度参数. 大致有如图 2-3-8 所示图形特点.

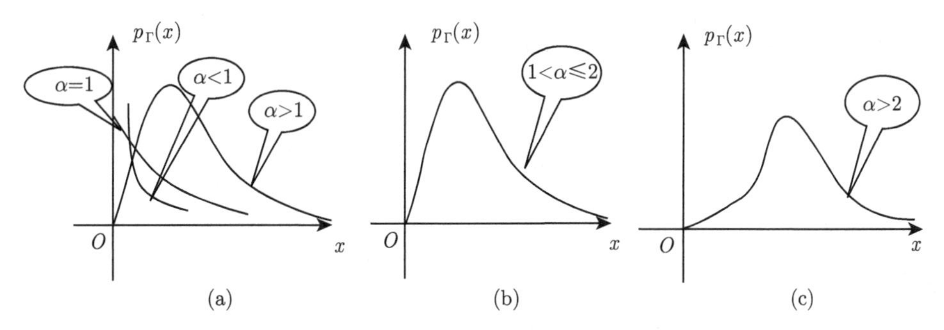

图 2-3-8 伽马分布密度函数图

伽马分布的两个特例:

(1) $\alpha=1$ 时的伽马分布是指数分布, 即 $\mathrm{Exp}(1/\theta)=\mathrm{Ga}(1,1/\theta)$;

(2) $\alpha=n/2,\lambda=1/2$ 时的伽马分布是自由度为 n 的卡方分布, 即 $\chi^2(n)=\mathrm{Ga}\left(\dfrac{n}{2},\dfrac{1}{2}\right)$.

例 2.3.6 电子产品的失效常常由于外界的"冲击引起". 若在 $(0,t)$ 内发生的冲击次数 $N(t)$ 服从参数为 λt 的泊松分布, 试证明第 n 次冲击来到的时间 S_n 服从伽马分布 $\mathrm{Ga}(n,\lambda)$.

证明 因为事件"第 n 次冲击来到的时间 S_n 小于等于 t"等价于事件"$(0,t)$ 内发生的冲击次数 $N(t)$ 大于等于 n", 于是 S_n 的分布函数

$$F_{S_n}(t)=P(S_n\leqslant t)=P(N(t)\geqslant n)=\sum_{k=n}^{\infty}\frac{(\lambda t)^k}{k!}\mathrm{e}^{-\lambda t}=1-\sum_{k=0}^{n-1}\frac{(\lambda t)^k}{k!}\mathrm{e}^{-\lambda t},$$

用分部积分法可验证下列等式

$$
\begin{aligned}
&\frac{\lambda^n}{\Gamma(n)}\int_t^{\infty} x^{n-1}\mathrm{e}^{-\lambda x}\mathrm{d}x=-\frac{\lambda^{n-1}}{\Gamma(n)}\int_t^{\infty} x^{n-1}\mathrm{d}\mathrm{e}^{-\lambda x}\\
=&\frac{\lambda^{n-1}}{\Gamma(n)}\left[t^{n-1}\mathrm{e}^{-\lambda t}+(n-1)\int_t^{\infty} x^{n-2}\mathrm{e}^{-\lambda x}\mathrm{d}x\right]\\
=&\frac{1}{\Gamma(n)}\left[(\lambda t)^{n-1}\mathrm{e}^{-\lambda t}+(n-1)\lambda^{n-1}\int_t^{\infty} x^{n-2}\mathrm{e}^{-\lambda x}\mathrm{d}x\right]\\
=&\left[\frac{(\lambda t)^{n-1}\mathrm{e}^{-\lambda t}}{(n-1)!}+\frac{\lambda^{n-1}}{\Gamma(n-1)}\int_t^{\infty} x^{n-2}\mathrm{e}^{-\lambda x}\mathrm{d}x\right]\\
=&\left[\frac{(\lambda t)^{n-1}\mathrm{e}^{-\lambda t}}{(n-1)!}+\frac{(\lambda t)^{n-2}\mathrm{e}^{-\lambda t}}{(n-2)!}+\frac{\lambda^{n-2}}{\Gamma(n-2)}\int_t^{\infty} x^{n-3}\mathrm{e}^{-\lambda x}\mathrm{d}x\right]\\
=&\left[\frac{(\lambda t)^{n-1}\mathrm{e}^{-\lambda t}}{(n-1)!}+\frac{(\lambda t)^{n-2}\mathrm{e}^{-\lambda t}}{(n-2)!}+\cdots+\frac{(\lambda t)^{1}\mathrm{e}^{-\lambda t}}{1!}+\frac{(\lambda t)^{0}}{0!}\mathrm{e}^{-\lambda t}\right]\\
=&\sum_{k=0}^{n-1}\frac{(\lambda t)^k}{k!}\mathrm{e}^{-\lambda t},
\end{aligned}
$$

所以 $F_{S_n}(t)=1-\dfrac{\lambda^n}{\Gamma(n)}\displaystyle\int_t^{\infty} x^{n-1}\mathrm{e}^{-\lambda x}\mathrm{d}x$, 即有 S_n 的概率密度函数

$$
p_{S_n}(t)=\frac{\lambda^n}{\Gamma(n)}t^{n-1}\mathrm{e}^{-\lambda t}\sim \mathrm{Ga}(n,\lambda).
$$

2. 贝塔分布

称以下函数

$$
\beta(a,b)=\int_0^1 x^{a-1}(1-x)^{b-1}\mathrm{d}x
$$

为贝塔函数, 其中参数 $a>0, b>0$, 贝塔函数具有以下性质:

(1) $\beta(a,b)=\beta(b,a)$;

(2) 贝塔函数与伽马函数之间有关系

$$
\beta(a,b)=\frac{\Gamma(a)\Gamma(b)}{\Gamma(a+b)}.
$$

证明　(1) $\beta(a,b)=\displaystyle\int_0^1 x^{a-1}(1-x)^{b-1}\mathrm{d}x \xlongequal{\text{令 } y=1-x} -\int_1^0 (1-y)^{a-1}y^{b-1}\mathrm{d}y=\beta(b,a)$.

(2) 由伽马函数定义有

$$
\Gamma(a)\Gamma(b)=\int_0^{\infty}\int_0^{\infty} x^{a-1}y^{b-1}\mathrm{e}^{-(x+y)}\mathrm{d}x\mathrm{d}y,
$$

作变量变换 $x=uv, y=u(1-v)$, 其雅可比行列式 $J=-u$. 则

$$\Gamma(a)\Gamma(b)=\int_0^{\infty}\int_0^1 (uv)^{a-1}[u(1-v)]^{b-1}\mathrm{e}^{-u}u\mathrm{d}v\mathrm{d}u$$
$$=\int_0^{\infty}u^{a+b-1}\mathrm{e}^{-u}\mathrm{d}u\int_0^1 v^{a-1}(1-v)^{b-1}\mathrm{d}v=\Gamma(a+b)\beta(a,b).$$

命题得证.

若随机变量 X 的概率密度函数为

$$p_\beta(x)=\begin{cases}\dfrac{\Gamma(a+b)}{\Gamma(a)\Gamma(b)}x^{a-1}(1-x)^{b-1}, & 0<x<1,\\ 0, & \text{其他},\end{cases}$$

则称 X 服从**贝塔分布**, 记作 $X\sim \mathrm{Be}(a,b)$, 其中 $a>0, b>0$ 都是形状参数. 大致有如图 2-3-9 所示图形特点.

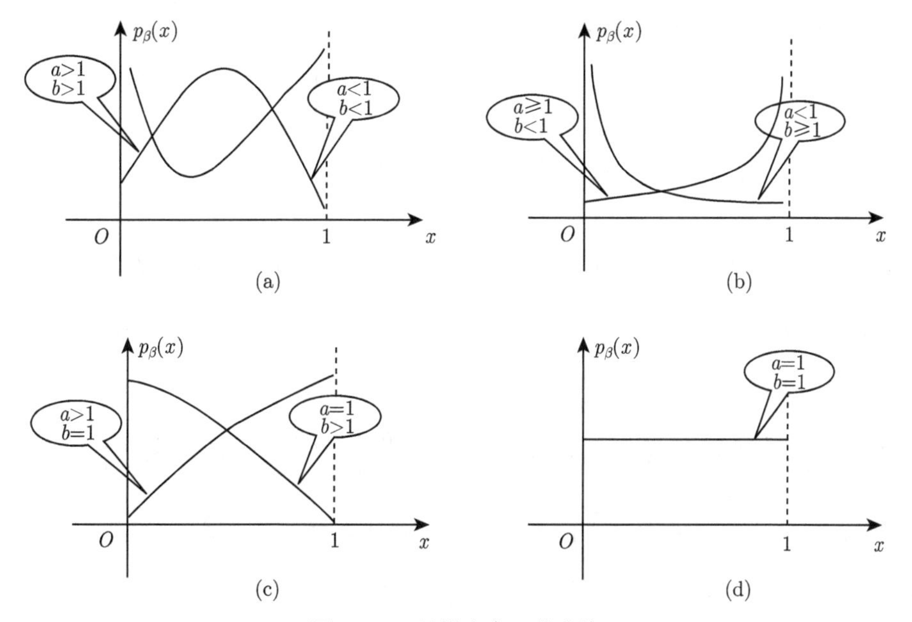

图 2-3-9 贝塔密度函数曲线

因为服从贝塔分布的随机变量仅在区间 $(0,1)$ 取值, 所以各种比率选用贝塔分布作为它们的概率分布是恰当的, 只要选用合适的参数 a 与 b 即可.

习 题 2.3

1. 随机变量 X 的概率密度函数为 $p(x)=\begin{cases}1-|x|, & |x|<1,\\ 0, & \text{其他},\end{cases}$ 试求 X 的分布函数.

2. 随机变量 X 的概率密度函数为 $p(x)=\begin{cases}x, & 0\leqslant x<1,\\ 2-x, & 1\leqslant x<2,\\ 0, & \text{其他},\end{cases}$ 试求 $P(X\leqslant 1.5)$.

3. 设随机变量 X 服从区间 (2,5) 的均匀分布, 求对 X 的 3 次独立观测中, 至少有 2 次观测值大于 3 的概率.

4. 在 (0,1) 上任取一点记为 X, 试求 $P\left(X^2-\dfrac{3}{4}X+\dfrac{1}{8}\geqslant 0\right)$ 的概率.

5. 随机变量 X 的分布函数为 $F(x)=\begin{cases}0, & x<0,\\ Ax, & 0\leqslant x\leqslant 1,\\ 1, & x>1,\end{cases}$ 试求:

(1) 常数 A; (2) 概率 $P\left(X>\dfrac{1}{2}\right)$; (3) $P(-1<X\leqslant 2)$.

6. 设连续型随机变量 X 的分布函数为 $F(x)=\begin{cases}\dfrac{1}{2}\mathrm{e}^x, & x\leqslant 0,\\ \dfrac{1}{2}+\dfrac{1}{4}x, & 0<x<2,\\ 1, & x\geqslant 2,\end{cases}$ 试求:

(1) $P(X\leqslant 1), P(-1\leqslant X<2)$; (2) 概率密度函数 $p(x)$.

7. 设连续型随机变量 X 的概率密度函数分别为

$$p(x)=A\mathrm{e}^{-|x|};\quad p(x)=\begin{cases}\dfrac{A}{\sqrt{1-x^2}}, & |x|<1,\\ 0, & |x|\geqslant 1;\end{cases}\quad p(x)=\begin{cases}Ax, & 0\leqslant x\leqslant 1,\\ 2-x, & 1<x\leqslant 2,\\ 0, & \text{其他},\end{cases}$$

试求:

(1) 系数 A 及分布函数 $F(x)$; (2) $P\left(-\dfrac{1}{2}\leqslant X<\dfrac{1}{2}\right)$.

8. 设 $X\sim N(3,2^2)$,

(1) 确定 c, 使得 $P(X>c)=P(X\leqslant c)$; (2) 设 d 满足 $P(X>d)\geqslant 0.9$, 求 d 值.

9. 设 $X\sim N(0,1)$,

(1) 求 $P(X=0), P(X\leqslant -1.25), P(|X|>0.68)$; (2) 求 λ, 使其满足 $P(X>\lambda)=0.05$;

(3) 求 λ, 使其满足 $P(2X\leqslant \lambda)=\dfrac{1}{3}$.

10. 设随机变量 X 的密度函数为 $p(x)=\begin{cases}ax+b, & 0<x<1,\\ 0, & \text{其他},\end{cases}$ 且 $P\left(X>\dfrac{1}{2}\right)=\dfrac{5}{8}$. 试求:

(1) 常数 a,b; (2) $P\left(\dfrac{1}{4}\leqslant X<\dfrac{1}{2}\right)$; (3) 常数 c, 使得 $P(X\leqslant c)=\dfrac{5}{32}$.

11. 某种型号的电子元件的寿命 X(单位: h) 的概率密度函数为

$$p(x)=\begin{cases}\dfrac{1000}{x^2}, & x>1000,\\ 0, & \text{其他},\end{cases}$$

现有一大批该种元件, 各元件损坏与否相互独立, 任取 5 件, 求其中至少有 2 件寿命大于 1500h 的概率.

12. 某地抽样调查结果表明, 考生的外语成绩 (百分制) 近似地服从正态分布, 平均成绩 (即参数 μ 值) 为 72 分, 96 分以上的占考生总数的 2.3%, 试求考生的外语成绩在 60 分至 84 分之间的概率.

13. 某人从家到工厂去上班, 路上所用时间 X(单位: min) 的概率密度函数为

$$p(x)=\begin{cases}\dfrac{1}{2\sqrt{2\pi}}\mathrm{e}^{-\frac{(x-50)^2}{32}}, & x>50,\\ 0, & x\leqslant 50,\end{cases}$$

他每天早上 8:00 上班, 7:00 离家, 求此人每天迟到的概率.

14. 设顾客在某银行窗口等待服务的时间 X(单位: min) 具有密度函数

$$p(x)=\begin{cases}\dfrac{1}{5}\mathrm{e}^{-\frac{x}{5}}, & x>0,\\ 0, & \text{其他},\end{cases}$$

某顾客在窗口等待服务, 如果超过 10min, 则其离开.

(1) 求该顾客未等到服务而离开窗口的概率;

(2) 如果该顾客一个月内要去银行 5 次, 以 Y 表示其未等到服务而离开的次数, 求 $P(Y\geqslant 1)$.

15. 某加油站每周补给一次油. 如果这个加油站每周的销售量 (单位: kL) 为一随机变量, 其密度函数为

$$p(x)=\begin{cases}0.05\left(1-\dfrac{x}{100}\right)^4, & 0<x<100,\\ 0, & \text{其他},\end{cases}$$

试问加油站的储油罐需要多大, 才能把一周内断油的概率控制在 5% 以下?

16. 设随机变量 X 与 Y 同分布, X 的密度函数为

$$p(x)=\begin{cases}\dfrac{3}{8}x^2, & 0<x<2,\\ 0, & \text{其他},\end{cases}$$

已知事件 $A=\{X>a\}$ 与 $B=\{Y>a\}$ 独立, 且 $P(A\cup B)=3/4$, 求常数 a.

17. 设连续型随机变量 X 的密度函数 $p(x)$ 是一个偶函数, $F(x)$ 为 X 的分布函数, 求证对任意实数 $a>0$, 有

(1) $F(-a)=1-F(a)=0.5-\int_0^a p(x)\mathrm{d}x$;　(2) $P(|X|<a)=2F(a)-1$;

(3) $P(|X|>a)=2(1-F(a))$.

2.4 随机变量函数的分布

在实际问题中, 常常需要考虑随机变量函数的问题. 例如, 在统计物理中, 已知气体分子运动速度 X 的分布, 要求分子运动动能 $Y=\dfrac{1}{2}mX^2$ 的分布 (其中, m 是分子的质量); 在数字图像处理中, 已知原始图像灰度值 R 的分布, 要求增强图像灰度值 $S=T(R)$ 的分布 ($T(x)$ 是区间 $[0,1]$ 上的单调函数); 在无线电通信中, 已知随机相位 $\varTheta$ 的分布, 要求随机相位正弦波 $Y=A\sin(\omega t+\varTheta)$ 的分布等. 这类问题的一般提法是: 已知随机变量 X 的分布, $g(x)$ 是一连续函数, 要求 $Y=g(X)$ 的分布. 由于随机变量分为离散型随机变量和连续型随机变量两种类型, 所以我们也分离散型和连续型两种情况来分析随机变量函数的分布问题.

2.4.1 离散型随机变量函数的分布

一般来说, 对于离散型随机变量, 求它的函数的分布并不困难.

例如, 设离散型随机变量 X 的分布列如表 2-4-1 所示.

表 2-4-1 X 的分布列

X	x_1	x_2	$\cdots$	x_k	$\cdots$
P	p_1	p_2	$\cdots$	p_k	$\cdots$

则 $Y=g(X)$ 的分布列可由下列方法得到, 如表 2-4-2 所示.

表 2-4-2 $Y=g(X)$ 的分布列

$Y=g(X)$	$g(x_1)$	$g(x_2)$	$\cdots$	$g(x_k)$	$\cdots$
P	p_1	p_2	$\cdots$	p_k	$\cdots$

当然, 这里可能有某些 $g(x_i)$ 相等, 把它们作简单的并项即可.

离散型随机变量的函数一定还是离散型随机变量, 其分布的一般表达式是

$$P(Y=y_j)=P\left(\bigcup_{g(x_i)=y_j}(X=x_i)\right)=\sum_{g(x_i)=y_j}P(X=x_i). \tag{2-4-1}$$

例 2.4.1 设随机变量 X 的分布列如表 2-4-3 所示.

表 2-4-3 X 的分布列

X	0	1	2	3	4	5
P	$\frac{1}{12}$	$\frac{1}{6}$	$\frac{1}{3}$	$\frac{1}{12}$	$\frac{2}{9}$	$\frac{1}{9}$

试分别求出如下两随机变量函数的分布列.

(1) $Y=2X+1$; (2) $Z=(X-2)^2$.

解 由 X 的分布列首先列出表 2-4-4.

表 2-4-4 X,Y,Z 的分布列

X	0	1	2	3	4	5
P	$\frac{1}{12}$	$\frac{1}{6}$	$\frac{1}{3}$	$\frac{1}{12}$	$\frac{2}{9}$	$\frac{1}{9}$
$Y=2X+1$	1	3	5	7	9	11
$Z=(X-2)^2$	4	1	0	1	4	9

通过表 2-4-4 中数据可以发现, 随机变量函数 Y 的取值不重复, 而随机变量函数 Z 的取值有重复, 需要并项. 由于

$$P(Y=1)=P(2X+1=1)=P(X=0)=\frac{1}{12},$$

$$P(Y=7)=P(2X+1=7)=P(X=3)=\frac{1}{12},$$

$$P(Z=4)=P\left((X-2)^2=4\right)=P(X=0)+P(X=4)=\frac{1}{12}+\frac{2}{9}=\frac{11}{36},$$

$$P(Z=0)=P\left((X-2)^2=0\right)=P(X=2)=\frac{1}{3},$$

等等, 可以得出下列结果.

(1) 随机变量函数 $Y=2X+1$ 的分布列, 如表 2-4-5 所示.

表 2-4-5 $Y=2X+1$ 的分布列

Y	1	3	5	7	9	11
P_k	$\frac{1}{12}$	$\frac{1}{6}$	$\frac{1}{3}$	$\frac{1}{12}$	$\frac{2}{9}$	$\frac{1}{9}$

(2) 随机变量函数 $Z=(X-2)^2$ 的分布列, 如表 2-4-6 所示.

表 2-4-6 $Z=(X-2)^2$ 的分布列

Z	0	1	4	9
P_k	$\frac{1}{3}$	$\frac{1}{6}+\frac{1}{12}=\frac{1}{4}$	$\frac{1}{12}+\frac{2}{9}=\frac{11}{36}$	$\frac{1}{9}$

2.4.2 连续型随机变量函数的分布

对于连续型随机变量的函数, 当函数 $Y=g(X)$ 是连续函数时, 一定还是连续型随机变量. 设 Y 的分布函数为 $F_Y(y)$, 其概率密度函数为 $p_Y(y)$, 又设 $F_X(x)$ 是 X 的分布函数, 其概率密度函数为 $p_X(x)$. 我们首先给出求 $Y=g(X)$ 的概率密度函数 $p_Y(y)$ 的一般方法, 称为分布函数法. 分布函数法的具体步骤如下:

(1) 先确定 Y 的值域 $R(Y)$;

(2) 对任意 $y\in R(Y)$, 求出 Y 的分布函数

$$F_Y(y)=P(Y\leqslant y)=P(g(X)\leqslant y)=P(X\in G(y))=\int_{G(y)}p_X(x)\,\mathrm{d}x,$$

此处的 $G(y)$ 是由不等式 $g(X)\leqslant y$ 解出的;

(3) 对 $F_Y(y)$ 求导, 可得 $p_Y(y),y\in R(Y)$;

(4) 当 $y\notin R(Y)$ 时, 取 $p_Y(y)=0$, 最后对 $p_Y(y)$ 加以总结.

例 2.4.2 设 $X\sim U(0,\pi)$, 求 $Y=\sin X$ 的概率密度函数 $p_Y(y)$.

解 由题设知, X 的概率密度函数为

$$p_X(x)=\begin{cases}\dfrac{1}{\pi}, & 0\leqslant x\leqslant\pi,\\ 0, & \text{其他}.\end{cases}$$

$Y=\sin X$ 的图像如图 2-4-1 所示, 其值域范围为 $[0,1]$, 设 $Y=\sin X$ 的分布函数为 $F_Y(y)$.

当 $y<0$ 时, 事件 $\{\sin X\leqslant y\}$ 是不可能事件, 因此

$$F_Y(y)=P(Y\leqslant y)=P(\sin X\leqslant y)=P(\varnothing)=0;$$

当 $0 \leqslant y < 1$ 时, 有

$$\begin{aligned} F_Y(y) &= P(Y \leqslant y) = P(\sin X \leqslant y) \\ &= P((0 < X \leqslant \arcsin y) \cup (\pi - \arcsin y < X \leqslant \pi)) \\ &= P(0 < X \leqslant \arcsin y) + P(\pi - \arcsin y < X \leqslant \pi). \\ &= \int_0^{\arcsin y} \frac{1}{\pi}\mathrm{d}x + \int_{\pi-\arcsin y}^{\pi} \frac{1}{\pi}\mathrm{d}x; \end{aligned}$$

当 $y \geqslant 1$ 时, $\{\sin X \leqslant y\}$ 是必然事件, 有

$$F_Y(y) = P(Y \leqslant y) = P(\sin X \leqslant y) = 1.$$

对上式两边求导数, 得 $Y = \sin X$ 的概率密度函数为

$$p_Y(y) = \begin{cases} 0, & \text{其他}, \\ \dfrac{2}{\pi\sqrt{1-y^2}}, & 0 \leqslant y < 1. \end{cases}$$

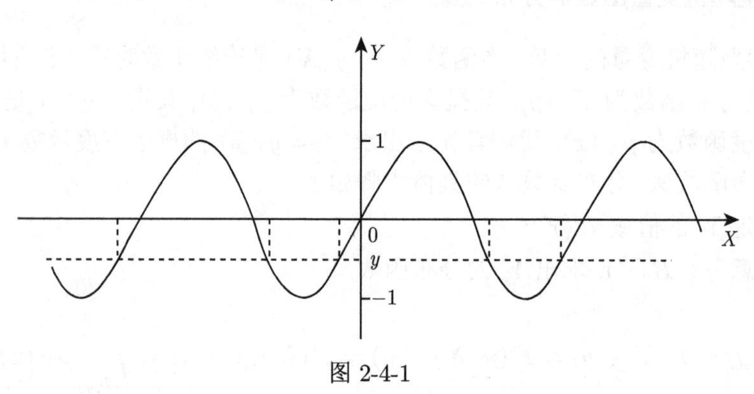

图 2-4-1

当 $g(x)$ 单调可导的情况下, 还可以给出下面随机变量函数分布的公式:

定理 2.4.1 设连续型随机变量 X 的概率密度函数为 $p_X(x)\,(-\infty < x < +\infty)$, 又设函数 $g(x)$ 处处可导, 且对任意 x 有 $g'(x) > 0$ (或恒有 $g'(x) < 0$), 则 $Y = g(X)$ 是一个连续型随机变量, 其概率密度函数为

$$p_Y(y) = \begin{cases} p_X[h(y)]\,|h'(y)|, & \alpha < y < \beta, \\ 0, & \text{其他}, \end{cases} \tag{2-4-2}$$

其中 $h(y)$ 是 $g(x)$ 的反函数, 且

$$\alpha = \min\{g(-\infty), g(+\infty)\}, \quad \beta = \max\{g(-\infty), g(+\infty)\}.$$

证明 就 $g'(x) > 0$ 的情况给出证明.

设对任意 x 有 $g'(x) > 0$, 因而 $g(x)$ 在 $(-\infty, +\infty)$ 内严格单调增加, 它的反函数 $h(y)$ 存在, 并且 $h(y)$ 在 (α, β) 内严格单调增加且可导.

设 $Y=g(X)$ 的分布函数为 $F_Y(y)$, 因为 $Y=g(X)$ 在 (α,β) 内取值, 从而当 $y\leqslant\alpha$ 时, 有

$$F_Y(y)=P(Y\leqslant y)=0;$$

当 $y\geqslant\beta$ 时, 有

$$F_Y(y)=P(Y\leqslant y)=1;$$

当 $\alpha<y<\beta$ 时, 有

$$\begin{aligned}F_Y(y)&=P(Y\leqslant y)=P(g(X)\leqslant y)=P(X\leqslant h(y))\\&=\int_{-\infty}^{h(y)}p_X(x)\mathrm{d}x.\end{aligned}$$

于是 Y 的概率密度函数为 $p_Y(y)=\begin{cases}p_X[h(y)]\cdot h'(y), & \alpha<y<\beta,\\ 0, & \text{其他}.\end{cases}$

对于 $g'(x)<0$ 的情况, 可得当 $\alpha<y<\beta$ 时, 有

$$F_Y(y)=P(Y\leqslant y)=P(g(X)\leqslant y)=P(X\geqslant h(y))=\int_{h(y)}^{+\infty}p_X(x)\mathrm{d}x.$$

于是 Y 的概率密度函数为 $p_Y(y)=\begin{cases}p_X[h(y)](-h'(y)), & \alpha<y<\beta,\\ 0, & \text{其他}.\end{cases}$

综合以上两种情况, 即得 $p_Y(y)=\begin{cases}p_X[h(y)]\left|h'(y)\right|, & \alpha<y<\beta,\\ 0, & \text{其他}.\end{cases}$

若 $p_X(x)$ 在区间 (a,b) 以外等于零, 则只需假设在 (a,b) 上恒有 $g'(x)>0$ (或恒有 $g'(x)<0$), 此时 $\alpha=\min\{g(a),g(b)\},\beta=\max\{g(a),g(b)\}$.

例 2.4.3 设随机变量 X 具有概率密度函数 $p_X(x)=\begin{cases}\dfrac{x}{8}, & 0<x<4,\\ 0, & \text{其他},\end{cases}$ 求随机变量 $Y=2X+8$ 的密度函数.

解 将 X,Y 的分布函数分别记作 $F_X(x),F_Y(y)$, 则

$$F_Y(y)=P(Y\leqslant y)=P(2X+8\leqslant y)=P\left(X\leqslant\frac{y-8}{2}\right)=F_X\left(\frac{y-8}{2}\right),$$

因此当 $8<y<16$ 时有 $p_Y(y)=p_X\left(\dfrac{y-8}{2}\right)\times\dfrac{1}{2}=\dfrac{y-8}{32}$. 从而可得 $Y=2X+8$ 的概率密度函数为 $p_Y(y)=\begin{cases}\dfrac{y-8}{32}, & 8<y<16,\\ 0, & \text{其他}.\end{cases}$

2.4.3　正态变量几个重要函数的分布

1. 正态变量线性函数的分布

理解正态变量线性函数的分布非常必要, 通过以下分析我们会得出一个重要结论:

定理 2.4.2　正态变量线性函数仍然是正态变量. 设随机变量 $X \sim N\left(\mu,\sigma^2\right)$, $Y = aX+b\,(a\neq 0)$, 则 $Y \sim N\left(a\mu+b, a^2\sigma^2\right)$.

证明　显然, 函数 $y=ax+b\,(a\neq 0)$ 是严格的单调函数, 值域为 $\mathbf{R}$, 其反函数为

$$x=g^{-1}(y)=\frac{y-b}{a},$$

利用定理 2.4.1 可得

$$\begin{aligned}p_Y(y)&=p_X\left(g^{-1}(y)\right)\left|\left(g^{-1}(y)\right)'\right|=\frac{1}{\sqrt{2\pi}\sigma}\mathrm{e}^{-\frac{\left(\frac{y-b}{a}-\mu\right)^2}{2\sigma^2}}\left|\left(\frac{y-b}{a}\right)_y'\right|\\&=\frac{1}{\sqrt{2\pi}\,|a|\,\sigma}\mathrm{e}^{-\frac{(y-(a\mu+b))^2}{2a^2\sigma^2}},\end{aligned}$$

即 $Y\sim N\left(a\mu+b,a^2\sigma^2\right)$.

由此可以说明, 当 $X\sim N\left(\mu,\sigma^2\right)$ 时, 随机变量 $Y=\dfrac{X-\mu}{\sigma}$ 服从标准正态分布.

例 2.4.4　设随机变量 $X\sim N\left(0,\sigma^2\right)$, 试求 $Y=-X$ 分布.

解　由定理 2.4.2 知 Y 仍服从正态分布 $Y\sim N\left(0,\sigma^2\right)$. 从而可得 X 与 Y 分布相同, 但随机变量 X 与 Y 不相等.

2. 标准正态变量平方的分布

定理 2.4.3　设 $X\sim N(0,1), Y=X^2$, 则有 $p_Y(y)=\begin{cases}\dfrac{1}{\sqrt{2\pi y}}\mathrm{e}^{-\frac{y}{2}}, & y>0,\\ 0, & y\leqslant 0.\end{cases}$

证明　因为 $p_X(x)=\dfrac{1}{\sqrt{2\pi}}\mathrm{e}^{-\frac{x^2}{2}}, -\infty<x<+\infty$.

利用分布函数法, 当 $y\leqslant 0$ 时, 由于 $Y=X^2\geqslant 0$, 故而

$$F_Y(y)=P(Y\leqslant y)=P\left(X^2\leqslant y\right)=P(\varnothing)=0,$$

即 $p_Y(y)=F_Y'(y)=0$.

当 $y>0$ 时, 有

$$\begin{aligned}F_Y(y)&=P(Y\leqslant y)=P\left(X^2\leqslant y\right)=P(-\sqrt{y}\leqslant X\leqslant\sqrt{y})\\&=\int_{-\sqrt{y}}^{\sqrt{y}}\frac{1}{\sqrt{2\pi}}\mathrm{e}^{-\frac{x^2}{2}}\mathrm{d}x=2\int_0^{\sqrt{y}}\frac{1}{\sqrt{2\pi}}\mathrm{e}^{-\frac{x^2}{2}}\mathrm{d}x,\end{aligned}$$

$F_Y(y)$ 是连续函数, 它关于 y 连续可导, 对 y 求导数得到概率密度函数

$$p_Y(y)=F_Y'(y)=\frac{1}{\sqrt{2\pi y}}\mathrm{e}^{-\frac{y}{2}},\quad y>0.$$

即得 $Y=X^2$ 的概率密度函数为 $p_Y(y)=\begin{cases}\dfrac{1}{\sqrt{2\pi y}}\mathrm{e}^{-\frac{y}{2}}, & y>0,\\ 0, & y\leqslant 0.\end{cases}$ 命题得证.

以上方法是在 Y 的值域内先求出 Y 的分布函数 $F_Y(y)$, 再经求导得 Y 的概率密度函数 $p_Y(y)$. 其解题要点在于把随机事件 $\{Y\leqslant y\}$ 转化为等价的与已知随机变量 X 相关的随机事件 $\{-\sqrt{y}\leqslant X\leqslant\sqrt{y}\}$, 从而可以利用 X 的概率密度函数 $p_X(x)$. 至于不属于 Y 的值域的区域, 可令 $p_Y(y)=0$.

对于上述结论, 我们还必须指出, 由于 $\sqrt{\pi}=\Gamma\left(\dfrac{1}{2}\right)$, 上式可用 Γ 函数表示为

$$p_Y(y)=\begin{cases}\dfrac{1}{2^{\frac{1}{2}}\Gamma\left(\frac{1}{2}\right)}y^{\frac{1}{2}-1}\mathrm{e}^{-\frac{y}{2}}, & y>0,\\ 0, & y\leqslant 0,\end{cases}$$

称作自由度为 n 的 χ^2 分布概率密度函数

$$p(x)=\begin{cases}\dfrac{1}{2^{n/2}\Gamma\left(\frac{n}{2}\right)}x^{\frac{n}{2}-1}\mathrm{e}^{-\frac{x}{2}}, & x>0,\\ 0, & x\leqslant 0.\end{cases}$$

当 $n=1$ 时的特例, χ^2 分布是数理统计中的一个重要分布. $N(0,1)$ 变量的平方是自由度为 1 的 χ^2 变量.

3. 对数正态分布

定理 2.4.4 (对数正态分布) 设 $X\sim N\left(\mu,\sigma^2\right), Y=\mathrm{e}^X$, 则有

$$p_Y(y)=\begin{cases}\dfrac{1}{\sqrt{2\pi}y\sigma}\exp\left\{-\dfrac{(\ln y-\mu)^2}{2\sigma^2}\right\}, & y>0,\\ 0, & y\leqslant 0.\end{cases}$$

证明 因为 $y=\mathrm{e}^x$ 是严格单调函数, 值域为 $(0,\infty)$, 其反函数为 $x=\ln y$, 由定理 2.4.1, 当 $y\leqslant 0$ 时, 由于 $Y=X^2\geqslant 0$, 故而

$$F_Y(y)=P(Y\leqslant y)=P\left(\mathrm{e}^X\leqslant y\right)=P(\varnothing)=0,$$

即 $p_Y(y)=F_Y'(y)=0$.

当 $y>0$ 时, 有

$$p_Y(y)=\frac{1}{\sqrt{2\pi}\sigma}\exp\left\{-\frac{(\ln y-\mu)^2}{2\sigma^2}\right\}(\ln y)'=\frac{1}{\sqrt{2\pi}y\sigma}\exp\left\{-\frac{(\ln y-\mu)^2}{2\sigma^2}\right\}.$$

定理得证.

这个分布被称为对数正态分布, 记为 $\mathrm{LN}\left(\mu,\sigma^2\right)$, 是一个偏态分布, 也是一个常用分布, 实际中不少随机变量如绝缘材料的寿命、设备故障的维修时间、衍生证券的价格等都服从对数正态分布.

2.4.4 函数分布的其他重要结论

定理 2.4.5 设 $X \sim \mathrm{Ga}(\alpha,\lambda), k>0$, 则 $Y=kX \sim \mathrm{Ga}(\alpha,\lambda/k)$.

证明 因为 $y=kx$ 是严格单调函数, 值域为 $(0,\infty)$, 其反函数为 $x=y/k$, 由定理 2.4.1, 当 $y \leqslant 0$ 时, $p_Y(y)=F_Y'(y)=0$. 当 $y>0$ 时, 有

$$p_Y(y)=p_X(y/k)\frac{1}{k}=\frac{\lambda^\alpha}{k\Gamma(\alpha)}(y/k)^{\alpha-1}\exp\left\{-\lambda\frac{y}{k}\right\}=\frac{(\lambda/k)^\alpha}{\Gamma(\alpha)}y^{\alpha-1}\exp\left\{-\frac{\lambda}{k}y\right\}.$$

定理得证.

定理 2.4.6 设 X 的分布函数 $F_X(x)$ 为严格单调的连续函数, 其反函数 $F_x^{-1}(y)$ 存在, 则 $Y=F_X(X)$ 服从 $(0,1)$ 的均匀分布 $U(0,1)$.

证明 因为 $Y=F_X(X)$ 仅在 $(0,1)$ 上取值, 由定理 2.4.1

当 $y \leqslant 0$ 时, $F_Y(y)=P(Y \leqslant y)=P(F_X(X) \leqslant y)=0$.

当 $y \geqslant 1$ 时, $F_Y(y)=P(Y \leqslant y)=P(F_X(X) \leqslant y)=1$.

当 $0<y<1$ 时, 有

$$\begin{aligned} F_Y(y)&=P(Y \leqslant y)=P(F_X(X) \leqslant y)\\ &=P\left(X \leqslant F_x^{-1}(y)\right)=F_X\left(F_x^{-1}(y)\right)=y. \end{aligned}$$

求导得 $Y=F_X(X)$ 的密度函数 $p_Y(y)=\begin{cases}1, & 0<y<1,\\ 0, & \text{其他}.\end{cases}$ 定理得证.

这个定理表明: 均匀分布在连续型分布类中占有特殊地位, 任一连续型随机变量 X 都可通过其分布函数 $F(x)$ 与均匀分布 U 发生关系. 譬如 X 服从指数分布 $\mathrm{Exp}(\lambda)$, 其分布函数 $F(x)=1-\mathrm{e}^{-\lambda x}$, 当 x 换为 X 后有 $U=1-\mathrm{e}^{-\lambda X}$ 或者 $X=\dfrac{1}{\lambda}\ln\dfrac{1}{1-U}$, 即表明由均匀分布随机数可得指数分布 (继而其他分布) 随机数, 而均匀分布随机数在一般统计软件中都可产生, 从而指数分布随机数也可获得. 而获得各种分布的随机数是进行随机模拟法 (又称蒙特卡罗法) 的基础.

习 题 2.4

1. 设随机变量 X 的分布列为

X	-1	0	1	2	3
P	0.25	0.15	a	0.35	b

试问: (1) a,b 应满足什么条件?

(2) 当 $a=0.2$ 时, 求 b, 并求 $P(X^2>1), P(X \leqslant 0), P(X=1.2)$, X 的分布函数 $F(x)$.

2. 设随机变量 X 的分布列如表 X2-4-1 所示. 试求 $Y=2X+3$ 和 $Z=X^2$ 的概率分布.

表 X2-4-1 随机变量 X 的分布列

X	-2	-1	0	1	2
P	0.1	0.3	0.3	0.2	0.1

3. 已知随机变量 X 的概率密度函数为 $p_X(x)=\dfrac{2}{\pi}\cdot\dfrac{1}{e^x+e^{-x}}$, $-\infty<x<\infty$. 试求随机变量 $Y=g(X)$ 的分布列, 其中 $g(x)=\begin{cases}1, & x<0,\\ -1, & x\geqslant 0.\end{cases}$

4. 设随机变量 X 的概率密度函数为 $p_X(x)=\begin{cases}\dfrac{1}{3}x^2, & -1\leqslant x\leqslant 2,\\ 0, & \text{其他}.\end{cases}$ 求 $Y=X^2$ 的密度函数.

5. 设随机变量 X 的概率密度函数为 $p_X(x)=\begin{cases}\dfrac{3}{2}x^2, & -1\leqslant x\leqslant 1,\\ 0, & \text{其他}.\end{cases}$ 求以下随机变量的分布:

(1)$Y=3X$; (2)$Y=3-X$; (3)$Y=X^2$.

6. 测量一圆的半径 R, 其分布列如表 X2-4-2 所示, 求圆的周长 X 和圆的面积 Y 的分布.

表 X2-4-2　半径 R 分布列

R	10	11	12	13
P	0.1	0.4	0.3	0.2

7. 设随机变量 X 服从 (0,2) 上的均匀分布. 求: (1) $Y=X^2$ 的密度函数; (2) $P(Y<2)$.

8. 设随机变量 X 服从 $(-\pi/2,\pi/2)$ 上的均匀分布. 求随机变量 $Y=\cos X$ 的密度函数.

9. 设随机变量 X 服从 (0,1) 上的均匀分布, 试求以下 Y 的概率密度函数:

(1) $Y=-2\ln X$; (2) $Y=3X+1$; (3) $Y=e^X$; (4) $Y=|\ln X|$.

10. 设随机变量 X 的概率密度函数为 $p_X(x)=\begin{cases}e^{-x}, & x>0,\\ 0, & x\leqslant 0,\end{cases}$ 试求以下 Y 的概率密度函数:

(1) $Y=2X+1$; (2) $Y=e^X$; (3) $Y=X^2$.

11. 设随机变量 X 服从标准正态分布 $N(0,1)$, 试求以下 Y 的密度函数:

(1) $Y=|X|$; (2) $Y=2X^2+1$.

12. 设随机变量 X 服从参数为 2 的指数分布, 试证 $Y_1=e^{-2X}$ 和 $Y_2=1-e^{-2X}$ 都服从区间 (0,1) 上的均匀分布.

13. 设随机变量 X 服从对数正态分布 $\mathrm{LN}(\mu,\sigma^2)$, 试证: $Y=\ln X\sim N(\mu,\sigma^2)$.

14. 设随机变量 $X\sim\mathrm{LN}(5,0.12^2)$, 试求 $P(Y\leqslant 188.7)$.

应用举例 2　大学生身高问题

问题　在某一人群中, 具有某种身高的人数会有多少呢? 回答该问题的方法之一是利用正态概率密度函数模型. 现考虑我国大学生中男生的身高, 有关统计资料表明, 该群体的平均身高约为 170cm, 且该群体中约有 99.7%的人身高为 150~190cm. 试问该群体身高的分布情况怎样? 比如将 [150, 190] 等分成 20 个区间, 在每一高度区间, 给出人数的分布情况. 特别地, 身高中等 (165~175cm) 的人占该群体的百分比超过 60%吗?

问题分析与建立模型　由于该群体身高的分布可近似看作正态分布, 所以, 根据已知数据不难确定该分布的均值与标准差分别为 $\mu=170,\sigma=\dfrac{20}{3}$, 故其密度函数为

$$p(x)=\frac{3}{20\sqrt{2\pi}}e^{-0.01125(x-170)^2}.$$

从而身高在任一区间 $[a,b]$ 的人数的百分比可利用积分 $\int_a^b p(x)\mathrm{d}x$ 来计算.

虽然通过变换再查标准正态分布的数值表, 可算得上面积分, 但是要得到各个身高区间上人数的分布情况, 都用这种方法, 显然是很繁杂的, 而采用计算机却是轻而易举的事. 我们通过数值积分的基本方法 (矩形法、梯形法) 来解决这个问题.

为了后面编程方便, 我们只考虑区间 $[a, a+2]$, 将其 m 等分, 则积分的近似计算公式如下:

(1) (矩形法) $$\int_a^{a+2} p(x)\mathrm{d}x \approx \sum_{i=1}^{m} p\left(a+\frac{2i-2}{m}\right)\frac{2}{m}(\text{左端点}),$$

$$\int_a^{a+2} p(x)\mathrm{d}x \approx \sum_{i=1}^{m} p\left(a+\frac{2i}{m}\right)\frac{2}{m}(\text{右端点}),$$

$$\int_a^{a+2} p(x)\mathrm{d}x \approx \sum_{i=1}^{m} p\left(a+\frac{2i-1}{m}\right)\frac{2}{m}(\text{中点}).$$

(2) (梯形法) $$\int_a^{a+2} p(x)\mathrm{d}x \approx \sum_{i=1}^{m} \left(p\left(a+\frac{2i-1}{m}\right)+p\left(a+\frac{2i}{m}\right)\right)\frac{1}{m}.$$

计算过程及结果　这里用的是 MATLAB, 定义函数时用 0.0598413 代替 $\frac{3}{20\sqrt{2\pi}}$, 目的是提高运行速度. 下面一段程序是计算积分 $\int_{150}^{152} p(x)\mathrm{d}x$.

利用矩形法 (左端点) 计算 10 个区间数据:

```
a=[150;152;154;156;158;160;162;164;166;168];
syms i
ans=symsum((normpdf((a+((2*i-2)/20)),170,20/3))*(2/20),1,20);
double(ans)
```

利用梯形法计算 10 个区间数据:

```
a=[150;152;154;156;158;160;162;164;166;168];
syms i
ans=symsum(((normpdf((a+((2*i-1)/20)),170,20/3))+(normpdf((a+((2*i)/20))
    ,170,20/3)))*(1/20),1,20);
double(ans)
```

数值积分命令, 其他区间的类似:

```
syms x
int(normpdf(x,170,20/3),150,152);
double(ans)
```

注意下面输出的后五个数据, 它们已很接近, 还可修改 m 的值 (增大), 再次观测运行的结果. 下面是打印 20 个高度区间上人数分布的百分比表. 为了节约篇幅, 表 Y2-1 只列出了前 10 个区间, 而后 10 个区间由正态分布的对称性即可得.

表 Y2-1

身高	矩形法 (右端点)	矩形法 (中点)	矩形法 (左端点)	梯形法	数值积分命令
[150,152)	0.004821	0.003200	0.002072	0.002140	0.002117
[152,154)	0.009830	0.006838	0.004641	0.004776	0.004731
[154,156)	0.018329	0.013363	0.009506	0.009748	0.009667
[156,158)	0.031257	0.023883	0.017805	0.018197	0.018066
[158,160)	0.048748	0.039036	0.030499	0.031067	0.030877
[160,162)	0.069530	0.058351	0.047778	0.048505	0.048262
[162,164)	0.090696	0.079768	0.068451	0.069260	0.068990
[164,166)	0.108195	0.099728	0.089689	0.090445	0.090193
[166,168)	0.118041	0.114028	0.107473	0.108016	0.107835
[168,170)	0.117778	0.119236	0.117778	0.117977	0.117911
⋮	⋮	⋮	⋮	⋮	⋮

最后, 直接用数值积分命令可得身高中等 (165—175cm) 的人不足 60%, 约为 54.7%, 如果放宽些 (164—176cm), 则约有 63.2%.

第 3 章　多维随机变量及其分布

前面讨论的都是一维随机变量及其分布, 可是在实际问题中有些随机试验的结果需要同时用两个或两个以上的随机变量来描述. 例如, 电子放大器的干扰电流由其振幅和相位这两个随机变量来给定; 雷达跟踪飞机飞行轨迹, 飞机的重心在空中的位置由三个随机变量即三个空间坐标 X, Y, Z 来确定. 这些事例都是一个问题中包含多个随机变量, 这就要求我们建立关于多维随机变量的理论框架, 由于多维随机变量与二维随机变量没有本质的区别, 故而, 我们在这里主要对二维随机变量展开讨论.

3.1　二维随机变量及其联合分布

3.1.1　二维随机变量及其联合分布函数

定义 3.1.1　设 $\Omega=\{\omega\}$ 是随机试验 E 的样本空间, $X(\omega)$ 与 $Y(\omega)$ 是定义在 Ω 上的两个随机变量, 由它们构成的一个二维向量 (X, Y) 称为随机试验 E 的一个二维随机向量, 或二维随机变量.

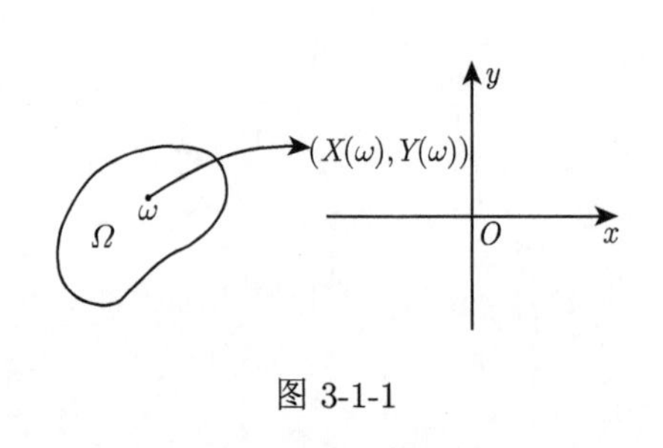

图 3-1-1

通过定义我们可以知道, 二维随机变量 (X, Y) 把随机试验 E 的每一个结果 ω 与平面上的唯一的点 $(X(\omega), Y(\omega))$ 对应起来, 如图 3-1-1 所示. 因此, 研究随机事件的概率就转化为研究二维随机变量 (X, Y) 在平面上的某一区域上取值的概率. 一般来说, 只要知道随机变量 (X, Y) 在任一左开右闭的长方形 $\{x_1<X \leqslant x_2, y_1<Y \leqslant y_2\}$ 上取值的概率, 那么就能知道随机变量 (X, Y) 在平面上取值的概率规律. 这样就引出了二维随机变量的概率分布的概念.

定义 3.1.2　设 (X, Y) 是二维随机变量, 对于任意实数 x, y, 二元函数

$$F(x, y)=P((X \leqslant x) \cap(Y \leqslant y))$$

称为二维随机变量 (X, Y) 的分布函数, 或称为随机变量 X 和 Y 的联合分布函数. 记作

$$F(x, y)=P(X \leqslant x, Y \leqslant y).$$

如图 3-1-2 所示, 二维随机变量 (X, Y) 可看作平面 xOy 上的随机点的坐标, 则分布函数 $F(x, y)$ 在 (x, y) 处的函数值就表示随机点 (X, Y) 落在以点 (x, y) 为顶点且位于该点左下方的无穷矩形区域内的概率.

如图 3-1-3 所示, 根据定义可以得出结论, 随机变量 (X,Y) 在左开右闭的矩形中取值的概率为

$$\begin{aligned}&P\left(x_1<X\leqslant x_2,y_1<Y\leqslant y_2\right)\\=&F\left(x_2,y_2\right)-F\left(x_1,y_2\right)-F\left(x_2,y_1\right)+F\left(x_1,y_1\right).\end{aligned}$$

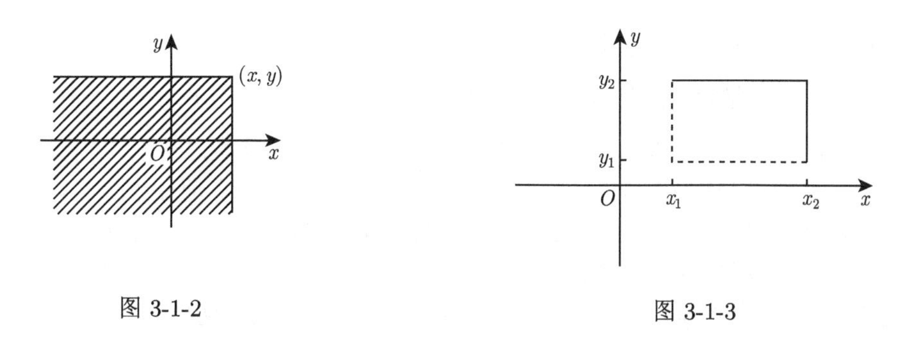

图 3-1-2　　　　图 3-1-3

性质 3.1.1　分布函数 $F(x,y)$ 具有以下一些基本性质:

(1)(有界性)　对任意实数 x,y, 有 $0\leqslant F(x,y)\leqslant 1$, 且对任意固定的 y, 有 $F(-\infty,y)=\lim\limits_{x\to-\infty}F(x,y)=0$; 且对于任意固定的 x, 有 $F\left(x,-\infty\right)=\lim\limits_{y\to-\infty}F(x,y)=0$, 及

$$F\left(-\infty,-\infty\right)=\lim_{\substack{x\to-\infty\\y\to-\infty}}F(x,y)=0,$$

$$F\left(+\infty,+\infty\right)=\lim_{\substack{x\to+\infty\\y\to+\infty}}F(x,y)=1.$$

(2)(单调性)　分布函数 $F(x,y)$ 是变量 x 或 y 的单调不减函数, 即对于任意固定的 y, 当 $x_1<x_2$ 时, 有 $F\left(x_1,y\right)\leqslant F\left(x_2,y\right)$; 对于任意固定的 x, 当 $y_1<y_2$ 时, 有 $F\left(x,y_1\right)\leqslant F\left(x,y_2\right)$.

(3)(右连续性)　分布函数 $F(x,y)$ 关于 x 或 y 都是右连续的, 即

$$F\left(x+0,y\right)=F(x,y),\quad F\left(x,y+0\right)=F(x,y).$$

(4)(非负性)　对于任意的 $\left(x_1,y_1\right),\left(x_2,y_2\right)$, $x_1<x_2$, $y_1<y_2$ 有

$$F\left(x_2,y_2\right)-F\left(x_1,y_2\right)-F\left(x_2,y_1\right)+F\left(x_1,y_1\right)\geqslant 0.$$

还可证明, 具有上述四条性质的二元函数 $F(X,Y)$ 一定是某个二维随机变量的分布函数. 任一二维分布函数必具有上述四条性质, 其中性质 (1)—(3) 的证明与一维情形完全类似, 而性质 (4) 是二维场合特有的, 且不能由前三条性质推出, 必须单独列出. 下面举一个满足 (1), (2), (3) 但不满足 (4) 的例子.

例 3.1.1　二元函数

$$G(x,y)=\begin{cases}0, & x+y<0,\\ 1, & x+y\geqslant 0\end{cases}$$

满足二维分布函数性质 (1), (2), (3), 但不满足 (4).

从 $G(x,y)$ 的定义易看出前三条性质都满足, 但有

$$G(1,1)-G(1,-1)-G(-1,1)+G(-1,-1)=1-1-1+0=-1,$$

所以 $G(x,y)$ 不满足性质 (4), 因此, 它不是二维分布函数.

3.1.2 二维离散型随机变量及联合分布列

与一维随机变量相类似, 二维随机变量也有离散型和连续型之分.

对于二维随机变量 (X,Y), 设 X 的所有可能取值为可列多项 $x_1,x_2,\cdots$, Y 的所有可能取值为可列多项 $y_1,y_2,\cdots$, 则 (X,Y) 的可能取值为 $(x_i,y_j)\,(i,j=1,2,\cdots)$, 这样我们就可以给出二维离散型随机变量的定义.

定义 3.1.3 若二维随机变量 (X,Y) 中, X,Y 可能取的一切值为有限多项或可列无穷多项, 则称 (X,Y) 为二维离散型随机变量.

定义 3.1.4 设二维离散型随机变量 (X,Y) 所有可能取的值为 $(x_i,y_j)\,(i,j=1,2,\cdots)$, 且事件 $\{X=x_i,Y=y_j\}$ 的概率为 $p_{ij}\,(i,j=1,2,\cdots)$, 那么称

$$P\left(X=x_i,Y=y_j\right)=p\left(x_i,y_j\right)=p_{ij}\quad(i,j=1,2,\cdots)$$

为二维离散型随机变量 (X,Y) 的分布列 (律), 或随机变量 X,Y 的联合分布列 (律).

二维离散型随机变量 (X,Y) 的分布列可以如表 3-1-1 所示.

表 3-1-1 变量 (X,Y) 的分布列

X \ Y	y_1	y_2	$\cdots$	y_j	$\cdots$
x_1	p_{11}	p_{12}	$\cdots$	p_{1j}	$\cdots$
x_2	p_{21}	p_{22}	$\cdots$	p_{2j}	$\cdots$
$\vdots$	$\vdots$	$\vdots$		$\vdots$	
x_i	p_{i1}	p_{i2}	$\cdots$	p_{ij}	$\cdots$
$\vdots$	$\vdots$	$\vdots$		$\vdots$	

性质 3.1.2 二维离散型随机变量 (X,Y) 的分布列 $P\left(X=x_i,Y=y_j\right)=p_{ij}(i,j=1,2,\cdots)$ 满足

(1)(非负性) $p_{ij}\geqslant 0,\ i,j=1,2,\cdots$;

(2)(规范性) $\displaystyle\sum_{i=1}^{\infty}\sum_{j=1}^{\infty}p_{ij}=1$.

由二维离散型随机变量 (X,Y) 的分布列的定义可知, 二维随机变量 X,Y 的联合分布函数为$F(x,y)=\displaystyle\sum_{x_i\leqslant x}\sum_{y_j\leqslant y}p_{ij}$, 其中, 和式是对一切满足 $x_i\leqslant x,y_j\leqslant y$ 的 i,j 求和.

例 3.1.2 一口袋中有三只球, 标号为 1, 2, 2, 从中任取一只不放回, 再取一只球, 取到袋中各球的可能性相等, 以 X, Y 表示第一、二次取得球的标号, 求 (X, Y) 的分布列.

解 容易知道

$$P(X=1, Y=1)=0, \qquad P(X=1, Y=2)=\frac{1}{3},$$

$$P(X=2, Y=1)=\frac{2}{3}\times\frac{1}{2}=\frac{1}{3}, \quad P(X=2, Y=2)=\frac{2}{3}\times\frac{1}{2}=\frac{1}{3}.$$

所以 (X, Y) 的分布列如表 3-1-2 所示.

表 3-1-2 (X, Y) 的分布列

X \ Y	1	2
1	0	1/3
2	1/3	1/3

3.1.3 二维连续型随机变量及联合概率密度函数

定义 3.1.5 设二维随机变量 (X, Y) 的分布函数为 $F(x, y)$, 若存在非负函数 $p(x, y)$, 使对任意实数 x, y, 有

$$F(x, y)=\int_{-\infty}^{x}\int_{-\infty}^{y} p(u, v)\mathrm{d}u\mathrm{d}v,$$

则称 (X, Y) 为二维连续型随机变量, $p(x, y)$ 为 (X, Y) 的概率密度函数或 X, Y 的联合概率密度函数.

性质 3.1.3 二维连续型随机变量 (X, Y) 的概率密度函数 $p(x, y)$ 有如下性质:

(1) (非负性) $p(x, y) \geqslant 0$;

(2) (规范性) $\int_{-\infty}^{+\infty}\int_{-\infty}^{+\infty} p(x, y)\mathrm{d}x\mathrm{d}y=F(+\infty,+\infty)=1$;

(3) 若 G 是 xOy 平面上的区域, 则 (X, Y) 的取值落在 G 内的概率为

$$P((X, Y)\in G)=\iint_{G} p(x, y)\mathrm{d}x\mathrm{d}y;$$

(4) 若 (x, y) 是 $p(x, y)$ 的连续点, 则

$$\frac{\partial^{2} F(x, y)}{\partial x \partial y}=p(x, y).$$

性质 3.1.3 的 (1) 的几何意义是曲面 $z=p(x, y)$ 在 xOy 平面的上方; 性质 3.1.3 的 (2) 的几何意义是曲面 $z=p(x, y)$ 与 xOy 平面之间所夹的空间区域的体积为 1; 性质 3.1.3 的 (3) 的几何意义是以 G 为底、以 $z=p(x, y)$ 为顶的曲顶柱体的体积等于 (X, Y) 的取值落在 G 内的概率; 由

$$\lim_{\substack{\Delta x\to 0^+\\ \Delta y\to 0^+}}\frac{P\left(x<X\leqslant x+\Delta x,y<Y\leqslant y+\Delta y\right)}{\Delta x\Delta y}$$

$$=\lim_{\substack{\Delta x\to 0^+\\ \Delta y\to 0^+}}\frac{F\left(x+\Delta x,y+\Delta y\right)-F\left(x,y+\Delta y\right)-F\left(x+\Delta x,y\right)+F(x,y)}{\Delta x\Delta y}$$

$$=\frac{\partial^2 F(x,y)}{\partial x\partial y}=p(x,y),$$

可见性质 3.1.3 的 (4) 的概率意义为 $p(x,y)$ 表示 (X,Y) 的取值落在 (x,y) 附近单位面积上的概率——概率密度, 因此

$$P\left(x<X\leqslant x+\Delta x,y<Y\leqslant y+\Delta y\right)\approx p(x,y)\Delta x\Delta y.$$

例 3.1.3 已知二维随机变量 (X,Y) 的概率密度函数为

$$p(x,y)=\begin{cases}K\mathrm{e}^{-(2x+y)}, & x>0,y>0,\\ 0, & \text{其他}.\end{cases}$$

试求：(1) 常数 K; (2) 概率 $P\left(Y\leqslant X\right)$; (3) 二维随机变量 (X,Y) 的分布函数 $F(x,y)$.

解 (1) 由题意及相关理论可得

$$\begin{aligned}\int_{-\infty}^{+\infty}\int_{-\infty}^{+\infty}p(x,y)\mathrm{d}x\mathrm{d}y&=\int_{0}^{+\infty}\int_{0}^{+\infty}K\mathrm{e}^{-(2x+y)}\mathrm{d}x\mathrm{d}y\\&=K\left(\int_0^{+\infty}\mathrm{e}^{-2x}\mathrm{d}x\right)\left(\int_0^{+\infty}\mathrm{e}^{-y}\mathrm{d}y\right)\\&=K\times\frac{1}{2}\times 1=\frac{K}{2}=1,\end{aligned}$$

故而, $K=2$.

(2) 令 $D=\{(x,y)|\,y\leqslant x\}$, 则

$$\begin{aligned}P\left(Y\leqslant X\right)=P\left((X,Y)\in D\right)&=\iint\limits_{D}p(x,y)\mathrm{d}x\mathrm{d}y\\&=\int_0^{+\infty}\int_y^{+\infty}2\mathrm{e}^{-(2x+y)}\mathrm{d}x\mathrm{d}y=\frac{1}{3}.\end{aligned}$$

(3) 因为 $F(x,y)=\int_{-\infty}^{x}\int_{-\infty}^{y}p\left(u,v\right)\mathrm{d}u\mathrm{d}v$, 为了计算这个积分, 需按题中概率密度函数 $p(x,y)$ 的表达式对点 (x,y) 所在的位置分情况讨论. 如图 3-1-4 所示.

当 $x\leqslant 0$ 或 $y\leqslant 0$ 时, 有 $p(x,y)=\int_{-\infty}^{y}\int_{-\infty}^{x}0\mathrm{d}u\mathrm{d}v=0$, 如图 3-1-4 的 (b), (c), (d) 所示.

当 $x>0,y>0$ 时, 有

$$F(x,y)=\int_0^x\mathrm{d}u\int_0^y 2\mathrm{e}^{-(2u+v)}\mathrm{d}v=-\int_0^x 2\left[\mathrm{e}^{-(2u+y)}-\mathrm{e}^{-2u}\right]\mathrm{d}u$$
$$=\left(1-\mathrm{e}^{-2x}\right)\left(1-\mathrm{e}^{-y}\right).$$

如图 3-1-4(a) 所示. 故而

$$F(x,y)=\begin{cases}\left(1-\mathrm{e}^{-2x}\right)\left(1-\mathrm{e}^{-y}\right), & x>0,y>0,\\ 0, & \text{其他}.\end{cases}$$

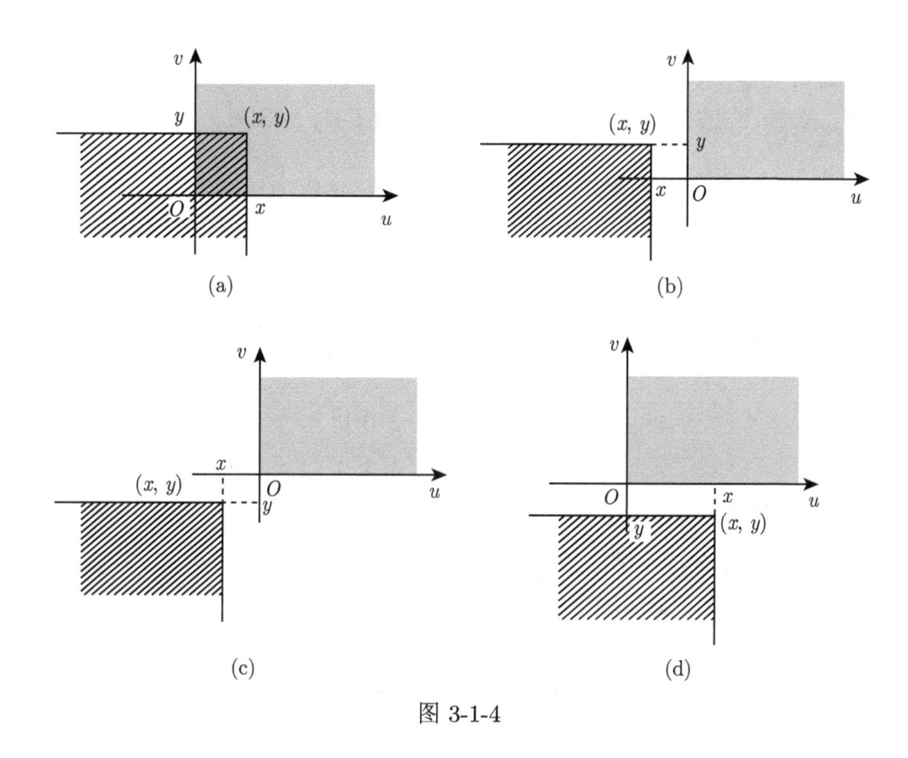

图 3-1-4

3.1.4 常见多维分布

以上关于二维随机变量的讨论, 不难推广到 $n>2$ 维随机变量的情形.

设 E 为一个随机试验, 其样本空间为 $\Omega=\{\omega\}$, 设

$$X_1=X_1(\omega),\ X_2=X_2(\omega),\ \cdots,\ X_n=X_n(\omega)$$

为定义在 Ω 上的随机变量, 它们构成一个 n 维向量 $(X_1,X_2,\cdots,X_n)$, 称其为 n 维随机向量或者 n 维随机变量.

对于任意 n 个实数 $x_1,x_2,\cdots,x_n$ 的 n 元函数

$$F(x_1,x_2,\cdots,x_n)=P(X_1\leqslant x_1,X_2\leqslant x_2,\cdots,X_n\leqslant x_n),$$

称为 n 维随机变量 $(X_1, X_2, \cdots, X_n)$ 的分布函数或者随机变量 $X_1, X_2, \cdots, X_n$ 的联合分布函数. 类似可定义离散型联合分布列及连续型联合概率密度函数.

1. 多项分布

若在 n 重伯努利试验中, 每次试验有 r 种结果: $A_1, \cdots, A_r$, 记 $P(A_i) = p_i, i = 1, \cdots, r$, 记 X_i 为 n 次独立重复试验中 A_i 出现的次数. 则 $(X_1, \cdots, X_r)$ 的分布列为

$$P(X_1 = n_1, \cdots, X_r = n_r) = \frac{n!}{n_1! \cdots n_r!} p_1^{n_1} \cdots p_r^{n_r}, \quad n_1 + \cdots + n_r = n.$$

例 3.1.4 一批产品共有 100 件, 其中一等品 60 件、二等品 30 件、三等品 10 件, 从这批产品中有放回地任取 3 件, 以 X 和 Y 分别表示取出的 3 件产品中一等品、二等品的件数, 求二维随机变量 (X, Y) 的分布列.

解 因为 X 和 Y 的取值都是 0, 1, 2, 3, 所以当 $i + j > 3$ 时,

$$P(X = i, Y = j) = p_{ij} = 0,$$

而当 $i + j \leqslant 3$ 时,

$$\begin{aligned} P(X = i, Y = j) = p_{ij} &= \frac{3!}{i! j! (3 - i - j)!} \left(\frac{60}{100}\right)^i \left(\frac{30}{100}\right)^j \left(\frac{10}{100}\right)^{3-i-j} \\ &= \frac{6}{i! j! (3 - i - j)!} 0.6^i 0.3^j 0.1^{3-i-j}. \end{aligned}$$

2. 多维超几何分布

口袋中有 N 个球, 分成 r 类, 第 i 类球有 N_i 个, 则 $N_1 + \cdots + N_r = N$. 从中任取 n 个, 记 X_i 为 n 个球中第 i 类球的个数. 则 $(X_1, \cdots, X_r)$ 的分布列为

$$P(X_1 = n_1, \cdots, X_r = n_r) = \frac{C_{N_1}^{n_1} \cdots C_{N_r}^{n_r}}{C_N^n}, \quad X_1 + \cdots + X_r = n.$$

例 3.1.5 (接例 3.1.4) 改为无放回抽样, 从这批产品中任取 3 件, 以 X 和 Y 分别表示取出的 3 件产品中一等品、二等品的件数, 求二维随机变量 (X, Y) 的分布列.

解 因为 X 和 Y 的取值都是 0, 1, 2, 3, 所以当 $i + j > 3$ 时,

$$P(x = i, Y = j) = p_{ij} = 0;$$

而当 $i + j \leqslant 3$ 时,

$$P(X = i, Y = j) = p_{ij} = \frac{C_{60}^i C_{30}^j C_{10}^{3-i-j}}{C_{100}^3}.$$

3. 二维均匀分布

最简单的二维连续型分布是二维均匀分布. 设 G 是 xOy 平面上的有界区域, 其面积为 A, 若二维随机变量 (X, Y) 的概率密度函数为

$$p(x,y)=\begin{cases}\dfrac{1}{A}, & (x,y)\in G,\\ 0, & \text{其他},\end{cases}$$

则称该二维随机变量 (X,Y) 在区域 G 上服从二维均匀分布.

对于在面积为 A 的区域 G 上服从二维均匀分布的二维随机变量 (X,Y), 若设其概率密度函数为 $p(x,y)$, 若 G_1 是 G 内面积为 A_1 的子区域, 则

$$P\left((X,Y)\in G_1\right)=\iint\limits_{G_1}p(x,y)\mathrm{d}x\mathrm{d}y=\iint\limits_{G_1}\frac{1}{A}\mathrm{d}x\mathrm{d}y=\frac{A_1}{A}.$$

上述结论说明, 对于区域 G 上的均匀分布, 随机点落在区域 G 上的某一子区域的概率与该子区域的面积成正比而与该子区域的位置无关, 这正是二维均匀分布中 “均匀” 一词的含义所在.

4. 二维正态分布

若二维随机变量 (X,Y) 的概率密度函数为

$$\begin{aligned}p(x,y)=&\frac{1}{2\pi\sigma_1\sigma_2\sqrt{1-\rho^2}}\\&\cdot\exp\left\{-\frac{1}{2\left(1-\rho^2\right)}\left[\left(\frac{x-\mu_1}{\sigma_1}\right)^2-2\rho\frac{\left(x-\mu_1\right)\left(y-\mu_2\right)}{\sigma_1\sigma_2}+\left(\frac{y-\mu_2}{\sigma_2}\right)^2\right]\right\},\end{aligned}$$

其中 $-\infty<x<+\infty,-\infty<y<+\infty,\sigma_1>0,\sigma_2>0,|\rho|<1$. 则称二维随机变量 (X,Y) 服从参数为 $\mu_1,\mu_2,\sigma_1,\sigma_2,\rho$ 的二维正态分布. 记作

$$(X,Y)\sim N\left(\mu_1,\mu_2,\sigma_1^2,\sigma_2^2,\rho\right).$$

二维正态分布的概率密度函数的图像如图 3-1-5 所示. 容易看出, $p(x,y)\geqslant 0$. 下面证明 $\displaystyle\int_{-\infty}^{+\infty}\int_{-\infty}^{+\infty}p(x,y)\mathrm{d}x\mathrm{d}y=1$.

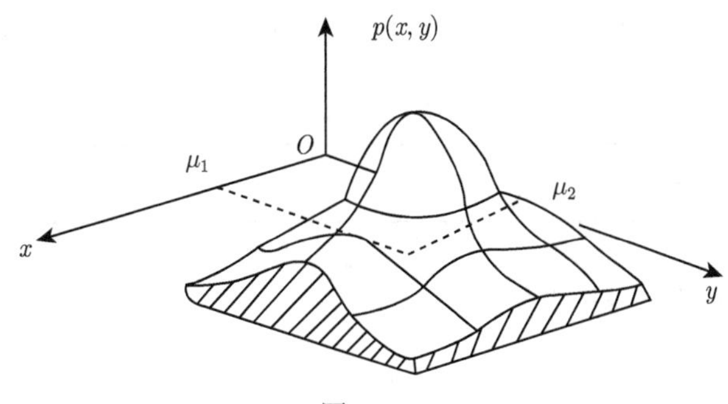

图 3-1-5

首先作积分变量代换 $u=\dfrac{x-\mu_1}{\sigma_1}, v=\dfrac{y-\mu_2}{\sigma_2}$, 从而有

$$
\begin{aligned}
p_1(x) &= \int_{-\infty}^{+\infty} p(x,y)\mathrm{d}y \\
&= \frac{1}{2\pi\sigma_1\sqrt{1-\rho^2}}\int_{-\infty}^{+\infty}\exp\left\{\frac{-1}{2(1-\rho^2)}\left[u^2-2\rho uv+v^2\right]\right\}\mathrm{d}v \\
&= \frac{1}{\sqrt{2\pi}\sigma_1}\int_{-\infty}^{+\infty}\frac{1}{\sqrt{2\pi(1-\rho^2)}}\exp\left\{\frac{-1}{2(1-\rho^2)}\left[(v-\rho u)^2+(1-\rho^2)u^2\right]\right\}\mathrm{d}v \\
&= \frac{1}{\sqrt{2\pi}\sigma_1}\mathrm{e}^{-\frac{u^2}{2}}\int_{-\infty}^{+\infty}\frac{1}{\sqrt{2\pi(1-\rho^2)}}\exp\left\{\frac{-(v-\rho u)^2}{2(1-\rho^2)}\right\}\mathrm{d}v \\
&= \frac{1}{\sqrt{2\pi}\sigma_1}\mathrm{e}^{-\frac{u^2}{2}} = \frac{1}{\sqrt{2\pi}\sigma_1}\mathrm{e}^{-\frac{(x-\mu_1)^2}{2\sigma_1^2}},
\end{aligned}
$$

所以有 $\displaystyle\int_{-\infty}^{+\infty}\int_{-\infty}^{+\infty}p(x,y)\mathrm{d}x\mathrm{d}y=1.$

习　题　3.1

1. 某同学求得一个二维离散型随机变量 (X,Y) 的分布列如表 X3-1-1 所示.

表 X3-1-1

$X \backslash Y$	$-1/2$	0	1
-1	0	2/12	1/12
1	2/12	2/12	2/12
3	1/12	2/12	1/12

说明其计算结果是否正确.

2. 100 件产品有 50 件一等品、30 件二等品、20 件三等品, 从中任取 5 件, 以 X,Y 表示取出的 5 件中一等品、二等品的件数, 试在以下情况下求 (X,Y) 的分布列.

(1) 不放回抽取; (2) 有放回抽取.

3. 盒子里装有 3 个黑球、2 个红球、2 个白球, 从中任取 4 个, 以 X,Y 分别表示取出的黑球、红球的个数, 试求 $P(X=Y)$.

4. 设随机变量 $X_i, i=1,2$ 的分布列如表 X3-1-2 所示, 且满足 $P(X_1X_2=0)=1$, 试求 $P(X_1=X_2)$.

表 X3-1-2

X_i	-1	0	1
P	0.25	0.5	0.25

5. 设随机变量 (X,Y) 的密度函数为

$$
p(x,y)=\begin{cases} k(6-x-y), & 0<x<2, 2<y<4, \\ 0, & \text{其他}, \end{cases}
$$

试求：(1) 确定常数 k;　(2) $P(X<1,Y<3)$;　(3) $P(X<1.5)$.

6. 设随机变量 (X,Y) 的密度函数为

$$p(x,y)=\begin{cases} k\mathrm{e}^{-(3x+4y)}, & x>0,y>0,\\ 0, & \text{其他}, \end{cases}$$

试求：(1) 确定常数 k;　(2) (X,Y) 的分布函数 $F(X,Y)$;　(3) $P(0<X\leqslant 1,0<Y\leqslant 2)$.

7. 设二维随机变量 (X,Y) 的分布函数为

$$F(x,y)=A\left(B+\arctan\frac{x}{2}\right)\left(C+\arctan\frac{y}{3}\right),$$

试求：(1) 常数 A,B,C;　(2) (X,Y) 的概率密度函数.

8. 设随机变量 (X,Y) 的密度函数为

$$p(x,y)=\begin{cases} 4xy, & 0<x<1,0<y<1,\\ 0, & \text{其他}, \end{cases}$$

试求：(1) $P(0<X\leqslant 0.5,0.25<Y\leqslant 1)$;　(2) $P(X=Y)$;
(3) $P(X<Y)$;　(4) (X,Y)的分布函数$F(x,y)$.

9. 设二维随机变量 (X,Y) 在边长为 2, 中心为 (0,0) 的正方形区域内服从均匀分布, 试求:

$$P(X^2+Y^2\leqslant 1).$$

10. 设随机变量 (X,Y) 的密度函数为

$$p(x,y)=\begin{cases} c, & 0<x^2<y<x<1,\\ 0, & \text{其他}, \end{cases}$$

试求：(1) 常数 c;　(2) $P(X>0.5)$ 和 $P(Y<0.5)$.

11. 设随机变量 (X,Y) 的密度函数为

$$p(x,y)=\begin{cases} 6(1-y), & 0<x<y<1,\\ 0, & \text{其他}, \end{cases}$$

试求：(1) $P(X>0.5,Y>0.5)$;　(2)$P(X<0.5)$ 和 $P(Y<0.5)$;　(3) $P(X+Y<1)$.

12. 设随机变量 Y 服从参数为 $\lambda=1$ 的指数分布, 定义随机变量 X_k 如下:

$$X_k=\begin{cases} 0, & Y\leqslant k,\\ 1, & Y>k, \end{cases}\quad k=1,2.$$

试求 (X_1,X_2) 的分布列.

13. 设随机变量 (X,Y) 的密度函数为

$$p(x,y)=\begin{cases} x^2+\dfrac{xy}{3}, & 0<x<1,0<y<2,\\ 0, & \text{其他}, \end{cases}$$

试求 $P(X+Y \geqslant 1)$.

14. 设随机变量 (X, Y) 的密度函数为

$$p(x, y)=\begin{cases}\mathrm{e}^{-y}, & 0<x<y, \\ 0, & \text{其他},\end{cases}$$

试求 $P(X+Y \leqslant 1)$.

15. 设随机变量 (X, Y) 的密度函数为

$$p(x, y)=\begin{cases}1/2, & 0<x<1,0<y<2, \\ 0, & \text{其他},\end{cases}$$

试求 X 与 Y 中至少有一个小于 0.5 的概率.

16. 从 $(0,1)$ 中随机地取两个数, 求其积不小于 $3/16$, 且其和不大于 1 的概率.

17. 甲、乙两艘船要停靠在同一码头, 它们均可能在一昼夜的任何时间到达, 设 X, Y 分别表示甲船、乙船在一天内到达码头的时间.

(1) 求 X, Y 的密度函数; (2) 求二维随机变量 (X, Y) 的密度函数;

(3) 设甲、乙两船停靠码头的时间分别为 1 小时和 2 小时, 求有一艘船要停靠码头必须等待一段时间的概率.

3.2 随机变量的边际分布与独立性

二维联合分布中含有丰富的信息, 主要有以下三方面的信息:

(1) 每个分量的分布 (每个分量的所有信息), 即边际分布;

(2) 两个分量之间的关联程度, 用协方差和相关系数来描述;

(3) 给定一个分量时, 另一个分量的分布, 即条件分布.

我们的目的是将这些信息从联合分布中挖掘出来, 下面将陆续介绍这些内容.

3.2.1 二维随机变量的边际分布函数

二维随机变量 (X, Y) 作为一个整体, 其具有分布函数 $F(x, y)$, 分量 X 和 Y 均为随机变量, 也有自己的分布函数, 将之分别记作 $F_X(x), F_Y(y)$, 依次称之为 X 和 Y 的边际分布函数. 事实上, 由概率的连续性, 有

$$\lim_{y \rightarrow \infty} F(x, y)=P(X \leqslant x, Y<\infty)=P(X \leqslant x)=F_X(x).$$

类似地, $\lim\limits_{x \rightarrow \infty} F(x, y)=F_Y(y)$. 也可分别记为

$$F_X(x)=F(x, \infty), \quad F_Y(y)=F(\infty, y).$$

综上所述, 我们给出如下定义.

定义 3.2.1 设二维随机变量 (X, Y) 具有分布函数 $F(x, y)$, 称

$$F_X(x)=F(x, \infty), \quad F_Y(y)=F(\infty, y) \tag{3-2-1}$$

分别为 X 与 Y 的边际 (缘) 分布函数.

在更高维的场合, 也可以类似地从联合分布函数获得低维的边际分布函数.

例 3.2.1 设二维随机变量 (X,Y) 的分布函数为

$$F(x,y)=\begin{cases}1-\mathrm{e}^{-x}-\mathrm{e}^{-y}+\mathrm{e}^{-x-y-\lambda xy}, & x>0,y>0,\\ 0, & \text{其他},\end{cases}$$

这个分布被称为二维指数分布, 其中参数 $\lambda>0$.

由联合分布函数容易获得边际分布函数分别为

$$F_X(x)=\begin{cases}1-\mathrm{e}^{-x}, & x>0,\\ 0, & \text{其他},\end{cases}\qquad F_Y(y)=\begin{cases}1-\mathrm{e}^{-y}, & y>0,\\ 0, & \text{其他}.\end{cases}$$

它们都是一维指数分布, 且与参数 λ 无关, 不同的 λ 对应着不同的二维指数分布, 但它们的边际分布不变. 这表明：二维联合分布不仅含有每个分量的概率分布, 而且还含有两个分量 X 与 Y 关系的信息, 这正是人们要研究多维随机变量的原因.

3.2.2 二维离散型随机变量的边际分布列

对于二维离散型随机变量, 我们可以从联合分布列获得其相应的边际分布列 (律).

设 (X,Y) 为二维离散型随机变量, 其分布列为

$$P(X=x_i,Y=y_j)=p_{ij},\quad i,j=1,2,\cdots,$$

因为

$$\{X=x_i\}=\{X=x_i,Y<+\infty\}=\bigcup_{j=1}^{\infty}\{X=x_i,Y=y_j\},$$

而事件组 $\{X=x_i,Y=y_j\}(j=1,2,\cdots)$ 两两互不相容, 根据概率的可列可加性可得

$$P(X=x_i)=\sum_{j=1}^{\infty}P(X=x_i,Y=y_j)=\sum_{j=1}^{\infty}p_{ij}\quad(i=1,2,\cdots).$$

同理可得 $P(Y=y_j)=\sum\limits_{i=1}^{\infty}p_{ij}(j=1,2,\cdots)$. 记

$$p_{i\cdot}=\sum_{j=1}^{\infty}p_{ij}\ (i=1,2,\cdots),\quad p_{\cdot j}=\sum_{i=1}^{\infty}p_{ij}\ (j=1,2,\cdots),$$

从而有 $P(X=x_i)=p_{i\cdot}$, $i=1,2,\cdots$, $P(Y=y_j)=p_{\cdot j}$, $j=1,2,\cdots$.

因此, 我们给出如下定义.

定义 3.2.2 设二维离散型随机变量 (X,Y) 具有分布列

$$P(X=x_i,Y=y_j)=p_{ij},\quad i,j=1,2,\cdots,$$

则称

$$P(X=x_i)=\sum_{j=1}^{\infty}p_{ij}\ (i=1,2,\cdots),\quad P(Y=y_j)=\sum_{i=1}^{\infty}p_{ij}\ (j=1,2,\cdots) \tag{3-2-2}$$

分别为 X 与 Y 的边际 (缘) 概率分布列 (律), 简称边际 (缘) 分布列 (律).

例 3.2.2 设随机变量 X 等可能地在整数 1, 2, 3, 4 中取值, 随机变量 Y 等可能地在 $1\sim X$ 中取一整数值. 试求:

(1) X 和 Y 的联合分布列; (2) X 和 Y 的边缘分布列.

解 (1) X 和 Y 的取值均为 1,2,3,4, 因为事件 $\{X=i,Y=j\}$ 表示 X 从 $1\sim 4$ 中任取整数 i, Y 从 $1\sim i$ 中任取整数 j, 因此当 $j>i$ 时

$$P(X=i,Y=j)=0,\quad i=1,2,3,4,\quad i<j\leqslant 4,$$

当 $j\leqslant i$ 时, $P(X=i,Y=j)=P(X=i)\cdot P(Y=j|X=i)=\dfrac{1}{4}\cdot\dfrac{1}{i}$, 其中 $i=1,2,3,4,1\leqslant j\leqslant i$.

因此 X 和 Y 的联合分布列如表 3-2-1 所示.

表 3-2-1　X 和 Y 的联合分布列

X \ Y	1	2	3	4
1	1/4	0	0	0
2	1/8	1/8	0	0
3	1/12	1/12	1/12	0
4	1/16	1/16	1/16	1/16

(2)X 和 Y 的边际分布列分别如表 3-2-2 和表 3-2-3 所示.

表 3-2-2　X 的边际分布列

X	1	2	3	4
$p_{i\cdot}$	1/4	1/4	1/4	1/4

表 3-2-3　Y 的边际分布列

Y	1	2	3	4
$p_{\cdot j}$	25/48	13/48	7/48	1/16

例 3.2.3 把一枚硬币连抛三次, 以 X 表示三次中出现正面的次数, Y 表示三次中出现正面的次数与出现反面的次数的差的绝对值, 试求: (X,Y) 的分布列以及 X 和 Y 边际分布列.

解 X 的所有可能性取值为 0, 1, 2, 3, Y 的所有可能性取值为 1, 3, 并且

$$P(X=0,Y=3)=\left(\frac{1}{2}\right)^3=\frac{1}{8},$$

$$P(X=1,Y=1)=\mathrm{C}_3^1\left(\frac{1}{2}\right)\left(\frac{1}{2}\right)^2=\frac{3}{8},$$

$$P(X=2,Y=1)=\mathrm{C}_3^2\left(\frac{1}{2}\right)^2\left(\frac{1}{2}\right)=\frac{3}{8},$$

$$P(X=3,Y=3)=\left(\frac{1}{2}\right)^3=\frac{1}{8},$$

X,Y 的联合分布列以及 X 和 Y 的边际分布列如表 3-2-4 所示.

表 3-2-4 X 和 Y 的联合分布列与边际分布列

Y \ X	0	1	2	3	$p_{\cdot j}$
1	0	3/8	3/8	0	6/8
3	1/8	0	0	1/8	2/8
$p_{i\cdot}$	1/8	3/8	3/8	1/8	1

感兴趣的学习者也可根据二项式定理证明三项分布的边际分布为二项分布, 根据组合性质可以证明三维超几何分布的边际分布为超几何分布.

3.2.3 二维连续型随机变量边际密度函数

对于连续型随机变量 (X,Y), 设其联合概率密度函数为 $p(x,y)$, 因为

$$\begin{aligned}F_X(x)=F(x,+\infty)=P(X\leqslant x,-\infty<Y<+\infty)&=\int_{-\infty}^{x}\mathrm{d}u\int_{-\infty}^{+\infty}p(u,v)\mathrm{d}v\\&=\int_{-\infty}^{x}\left[\int_{-\infty}^{+\infty}p(u,v)\mathrm{d}v\right]\mathrm{d}u.\end{aligned}$$

记 $p_X(u)=\int_{-\infty}^{+\infty}p(u,v)\mathrm{d}v$, 因此有 $F_X(x)=\int_{-\infty}^{x}p_X(u)\mathrm{d}u$.

易知, X 为一个连续型随机变量, 其密度函数为 $p_X(x)=\int_{-\infty}^{+\infty}p(x,y)\mathrm{d}y$. 同理, Y 为一个连续型随机变量, 其密度函数为 $p_Y(y)=\int_{-\infty}^{+\infty}p(x,y)\mathrm{d}x$.

综上所述, 我们给出如下定义.

定义 3.2.3 设二维连续型随机变量 (X,Y) 的概率密度函数为 $p(x,y)$, 则分别称

$$p_X(x)=\int_{-\infty}^{+\infty}p(x,y)\mathrm{d}y,\quad p_Y(y)=\int_{-\infty}^{+\infty}p(x,y)\mathrm{d}x \tag{3-2-3}$$

为 X 和 Y 的边际 (缘) 概率密度函数, 简称为边际 (缘) 密度函数.

例 3.2.4 在区间 $[0,1]$ 上任意地取两点, 设 X 和 Y 分别表示该两点的坐标, 不妨设 $X\leqslant Y$, 试求:

(1) (X,Y) 的密度函数; (2) (X,Y) 关于 X 和关于 Y 的边际密度函数.

解 (1) 设 $G=\{(x,y)|0\leqslant x\leqslant y\leqslant 1\}$, G 为图 3-2-1 中阴影部分.

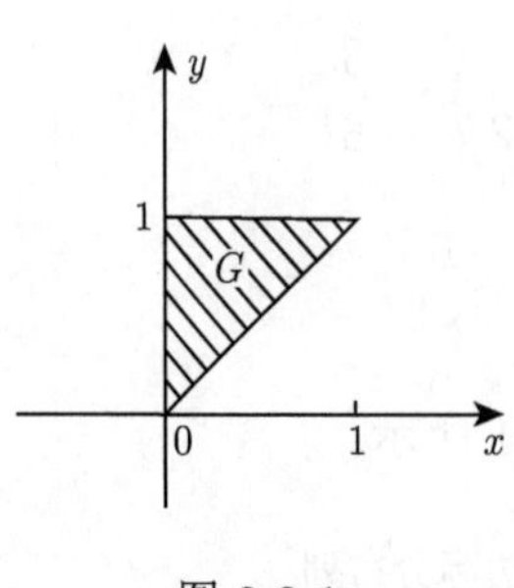

图 3-2-1

阴影部分的面积为$S=\dfrac{1}{2}$, 因为 X 和 Y 为区间 $[0,1]$ 上任取两点, 且 $X\leqslant Y$, 所以 (X,Y) 在 G 上服从二维均匀分布, 因此 (X,Y) 的概率密度函数为

$$p(x,y)=\begin{cases}2, & 0\leqslant x\leqslant y\leqslant 1,\\ 0, & \text{其他}.\end{cases}$$

(2) $$p_X(x)=\int_{-\infty}^{+\infty}p(x,y)\mathrm{d}y$$

$$=\begin{cases}\displaystyle\int_{-\infty}^{+\infty}0\mathrm{d}y=0, & x<0,\\ \displaystyle\int_{-\infty}^{x}0\mathrm{d}y+\int_{x}^{1}2\mathrm{d}y+\int_{1}^{+\infty}0\mathrm{d}y=2(1-x), & 0\leqslant x<1,\\ \displaystyle\int_{-\infty}^{+\infty}0\mathrm{d}y=0, & x\geqslant 1,\end{cases}$$

$$p_Y(y)=\int_{-\infty}^{+\infty}p(x,y)\mathrm{d}x$$

$$=\begin{cases}\displaystyle\int_{-\infty}^{+\infty}0\mathrm{d}x=0, & y<0,\\ \displaystyle\int_{-\infty}^{0}0\mathrm{d}x+\int_{0}^{y}2\mathrm{d}x+\int_{y}^{+\infty}0\mathrm{d}x=2y, & 0\leqslant y<1,\\ \displaystyle\int_{-\infty}^{+\infty}0\mathrm{d}x=0, & y\geqslant 1.\end{cases}$$

例 3.2.5 设 (X,Y) 的概率密度函数为 $p(x,y)=\begin{cases}4xy, & 0<x,y<1,\\ 0, & \text{其他},\end{cases}$ 试求:

(1) X 和 Y 的边际密度函数; (2) $P(0<X<0.5, 0.25<Y<1)$;

(3) $P(X=Y)$; (4) $P(X\leqslant Y)$.

解 (1) $$p_X(x)=\int_{-\infty}^{+\infty}p(x,y)\mathrm{d}y=\begin{cases}\displaystyle\int_0^1 4xy\mathrm{d}y, & 0<x<1,\\ 0, & \text{其他}\end{cases}=\begin{cases}2x, & 0<x<1,\\ 0, & \text{其他},\end{cases}$$

$$p_Y(y)=\int_{-\infty}^{+\infty}p(x,y)\mathrm{d}x=\begin{cases}\displaystyle\int_0^1 4xy\mathrm{d}x, & 0<y<1,\\ 0, & \text{其他}\end{cases}=\begin{cases}2y, & 0<y<1,\\ 0, & \text{其他}.\end{cases}$$

(2) $P\left(0<X<\frac{1}{2},\frac{1}{4}<Y<1\right)=\int_0^{\frac{1}{2}}\mathrm{d}x\int_{\frac{1}{4}}^1 4xy\mathrm{d}y=4\int_0^{\frac{1}{2}}x\mathrm{d}x\int_{\frac{1}{4}}^1 y\mathrm{d}y=\frac{15}{64}.$

(3) $P(X=Y)=\iint\limits_{x=y}p(x,y)\mathrm{d}x\mathrm{d}y=0.$

(4) $P(X\leqslant Y)=P(X<Y)+P(X=Y)=\frac{1}{2}.$

3.2.4 二维随机变量的独立性

在某些随机试验中会遇见一些随机变量的取值与其余随机变量的取值互不产生影响的现象, 譬如, 甲乙两人向同一目标射击, 则甲命中的环数 X 与乙命中的环数 Y 互不影响. 随机变量的这种现象反映了随机变量的独立性. 由于随机变量是随机事件的数量化, 故由随机事件的独立性概念可引入随机变量的独立性概念.

定义 3.2.4 设 $F(x,y)$ 及 $F_X(x),F_Y(y)$ 分别为随机变量 X 和 Y 的联合分布函数及边际分布函数, 如果对于所有 x,y 有

$$P(X\leqslant x,Y\leqslant y)=P(X\leqslant x)P(Y\leqslant y),$$

即

$$F(x,y)=F_X(x)F_Y(y), \tag{3-2-4}$$

那么称随机变量 X 和 Y 为相互独立的. 我们分别就离散型、连续型进行讨论.

1. 二维离散型随机变量的独立性

定理 3.2.1 设 (X,Y) 为二维离散型随机变量, (X,Y) 的分布列为

$$P(X=x_i,Y=y_j)=p_{ij},\quad i,j=1,2,\cdots.$$

则随机变量 X 和 Y 相互独立的充要条件是对于任意的 i,j 有

$$P(X=x_i,Y=y_j)=P(X=x_i)P(Y=y_j),$$

即

$$p_{ij}=p_{i\cdot}p_{\cdot j},\quad i,j=1,2,\cdots, \tag{3-2-5}$$

其中 $p_{i\cdot}$, $p_{\cdot j}$ 分别为 (X,Y) 关于 X 和 Y 的边际分布列.

例 3.2.6 设已知 (X,Y) 的分布列, 如表 3-2-5 所示.

(1) 求 α 和 β 满足的条件.

(2) 如果 X 和 Y 相互独立, 求 α 和 β 的值.

表 3-2-5 (X,Y) 的分布列

(X,Y)	$(1,1)$	$(1,2)$	$(1,3)$	$(2,1)$	$(2,2)$	$(2,3)$
p_{ij}	1/6	1/9	1/18	1/3	α	β

解 (X,Y) 的分布列可写为表 3-2-6 形式.

表 3-2-6　X 和 Y 的联合分布列与边际分布列

X \ Y	1	2	3	$p_{i\cdot}=P(X=x_i)$
1	1/6	1/9	1/18	1/3
2	1/3	α	β	$\alpha+\beta+1/3$
$p_{\cdot j}=P(Y=y_j)$	1/2	$1/9+\alpha$	$1/18+\beta$	$\alpha+\beta+2/3$

(1) 根据分布列的性质可知 $\alpha\geqslant 0,\beta\geqslant 0,\dfrac{2}{3}+\alpha+\beta=1$, 所以 α 和 β 满足的条件为

$$\alpha\geqslant 0,\quad \beta\geqslant 0,\quad \alpha+\beta=\frac{1}{3}.$$

(2) 由于 X 和 Y 相互独立, 则有 $p_{ij}=p_{i\cdot}\cdot p_{\cdot j}$, 其中 $i=1,2;j=1,2,3$, 特别有 $\dfrac{1}{9}=\dfrac{1}{3}\left(\dfrac{1}{9}+\alpha\right)$, 可得 $\alpha=\dfrac{2}{9}$, 又根据 $\alpha+\beta=\dfrac{1}{3}$, 可得 $\beta=\dfrac{1}{9}$.

例 3.2.7　袋中有 2 个白球、3 个黑球, 现从袋中任取两次球, 每次取一个, 设

$$X=\begin{cases}1, & \text{第一次取得白球},\\ 0, & \text{第一次取得黑球},\end{cases}\qquad Y=\begin{cases}1, & \text{第二次取得白球},\\ 0, & \text{第二次取得黑球}.\end{cases}$$

试在下面两种情况下判断随机变量 X 和 Y 是否相互独立.

(1) 有放回地取球;　(2) 不放回地取球.

解　(1) 有放回地取球时, X 和 Y 的联合分布列如下:

$$P(X=0,Y=0)=\frac{\mathrm{C}_3^1\,\mathrm{C}_3^1}{\mathrm{C}_5^1\,\mathrm{C}_5^1}=\frac{9}{25},\quad P(X=1,Y=0)=\frac{\mathrm{C}_2^1\,\mathrm{C}_3^1}{\mathrm{C}_5^1\,\mathrm{C}_5^1}=\frac{6}{25},$$

$$P(X=0,Y=1)=\frac{\mathrm{C}_3^1\,\mathrm{C}_2^1}{\mathrm{C}_5^1\,\mathrm{C}_5^1}=\frac{6}{25},\quad P(X=1,Y=1)=\frac{\mathrm{C}_2^1\,\mathrm{C}_2^1}{\mathrm{C}_5^1\,\mathrm{C}_5^1}=\frac{4}{25}.$$

分布列表如表 3-2-7 所示.

表 3-2-7　X 和 Y 的联合分布列与边际分布列

X \ Y	0	1	$p_{i\cdot}$
0	9/25	6/25	3/5
1	6/25	4/25	2/5
$p_{\cdot j}$	3/5	2/5	1

易知, 对于一切 $i,j=0,1$, 都有 $p_{ij}=p_{i\cdot}\cdot p_{\cdot j}$, 因此 X 和 Y 相互独立.

(2) 不放回地取球时, X 和 Y 的联合分布列如下:

$$P(X=0,Y=0)=\frac{\mathrm{P}_3^2}{\mathrm{P}_5^2}=\frac{3}{10},\quad P(X=1,Y=0)=\frac{\mathrm{P}_2^1\mathrm{P}_3^1}{\mathrm{P}_5^2}=\frac{3}{10},$$

$$P(X=0,Y=1)=\frac{\mathrm{P}_3^1\mathrm{P}_2^1}{\mathrm{P}_5^2}=\frac{3}{10},\quad P(X=1,Y=1)=\frac{\mathrm{P}_2^2}{\mathrm{P}_5^2}=\frac{1}{10}.$$

分布列表如表 3-2-8 所示.

表 3-2-8 X 和 Y 的联合分布列与边际分布列

X \ Y	0	1	$p_{i\cdot}$
0	3/10	3/10	3/5
1	3/10	1/10	2/5
$p_{\cdot j}$	3/5	2/5	1

易知, $p_{11} \neq p_{1\cdot}p_{\cdot 1}$, 因此 X 和 Y 不相互独立.

2. 二维连续型随机变量的独立性

定理 3.2.2 设 (X,Y) 为连续型随机变量, $p(x,y), p_X(x), p_Y(y)$ 分别为 X,Y 的联合密度函数和关于 X 和 Y 的边际密度函数, 则 X 和 Y 相互独立的充要条件为

$$p(x,y) = p_X(x)p_Y(y), \tag{3-2-6}$$

在全平面上成立 (严格地讲, 在其任意连续点上成立即可).

证明 假定 $p(x,y) = p_X(x)p_Y(y)$, 则

$$\begin{aligned}F(x,y) &= \int_{-\infty}^{x}\int_{-\infty}^{y} p(u,v)\,\mathrm{d}u\mathrm{d}v = \int_{-\infty}^{x}\int_{-\infty}^{y} p_X(u)\,p_Y(v)\,\mathrm{d}u\mathrm{d}v \\ &= \int_{-\infty}^{x} p_X(u)\,\mathrm{d}u \int_{-\infty}^{y} p_Y(v)\,\mathrm{d}v = F_X(x)F_Y(y),\end{aligned}$$

故而, X 与 Y 相互独立.

反之, 若 X 与 Y 相互独立, 则有

$$\begin{aligned}F(x,y) &= F_X(x)F_Y(y) = \int_{-\infty}^{x} p_X(u)\,\mathrm{d}u \int_{-\infty}^{y} p_Y(v)\,\mathrm{d}v \\ &= \int_{-\infty}^{x}\int_{-\infty}^{y} p_X(u)\,p_Y(v)\,\mathrm{d}u\mathrm{d}v = \int_{-\infty}^{x}\int_{-\infty}^{y} p(u,v)\,\mathrm{d}u\mathrm{d}v,\end{aligned}$$

由二维连续型随机变量 (X,Y) 的概率密度函数的定义知 $p_X(x)p_Y(y)$ 是 (X,Y) 的概率密度函数, 即 $p(x,y) = p_X(x)p_Y(y)$.

推论 3.2.1 设 (X,Y) 为二维连续型随机变量, $p(x,y)$ 为 (X,Y) 的概率密度函数, 则随机变量 X 和 Y 独立的充分必要条件为

$$p(x,y) = h(x)g(y),$$

其中 $h(x), g(y)$ 分别为 x, y 的函数.

例 3.2.8 设 X 和 Y 相互独立, 并且都服从均匀分布 $U(0,1)$, 试求:

(1) $P\left(X < \dfrac{1}{2}, Y < \dfrac{1}{2}\right)$; (2) $P(X + Y < 1)$.

解　(1) 根据题意已知 X 和 Y 的概率密度函数如下：

$$p_X(x)=\begin{cases}1, & 0\leqslant x\leqslant 1,\\ 0, & 其他,\end{cases}\qquad p_Y(y)=\begin{cases}1, & 0\leqslant y\leqslant 1,\\ 0, & 其他.\end{cases}$$

由于 X 和 Y 相互独立, 则 (X,Y) 的密度函数为

$$p(x,y)=p_X(x)p_Y(y)=\begin{cases}1, & 0<x<1, 0<y<1,\\ 0, & 其他.\end{cases}$$

设区域 $G=\left\{(x,y)\middle| x<\dfrac{1}{2}, y<\dfrac{1}{2}\right\}$, 从而有

$$P\left(X<\frac{1}{2}, Y<\frac{1}{2}\right)=P((X,Y)\in G)=\iint\limits_{(x,y)\in G}p(x,y)\mathrm{d}x\mathrm{d}y=\int_0^{\frac{1}{2}}\mathrm{d}y\int_0^{\frac{1}{2}}1\mathrm{d}x=\frac{1}{4}.$$

(2) 同理, 设区域 $G'=\{(x,y)|x+y<1\}$, 从而有

$$P(X+Y<1)=P((X,Y)\in G')=\iint\limits_{(x,y)\in G'}p(x,y)\mathrm{d}x\mathrm{d}y=\int_0^1\mathrm{d}y\int_0^{1-y}1\mathrm{d}x=\frac{1}{2}.$$

例 3.2.9　设 (X,Y) 的概率密度函数为

$$p(x,y)=\begin{cases}\dfrac{1}{\pi}, & x^2+y^2\leqslant 1\\ 0, & 其他.\end{cases}$$

试问 X 和 Y 是否相互独立?

解　$p_X(x)=\displaystyle\int_{-\infty}^{+\infty}p(x,y)\mathrm{d}y=\begin{cases}\displaystyle\int_{-\sqrt{1-x^2}}^{\sqrt{1-x^2}}\frac{1}{\pi}\mathrm{d}y, & -1\leqslant x\leqslant 1,\\ 0, & 其他,\end{cases}$ 即

$$p_X(x)=\begin{cases}\dfrac{2}{\pi}\sqrt{1-x^2}, & -1\leqslant x\leqslant 1,\\ 0, & 其他.\end{cases}$$

同理可得

$$p_Y(y)=\begin{cases}\dfrac{2}{\pi}\sqrt{1-y^2}, & -1\leqslant y\leqslant 1,\\ 0, & 其他.\end{cases}$$

显然, $p(x,y)\neq p_X(x)\cdot p_Y(y)$, 因此 X 和 Y 不相互独立.

类似地, 可以定义 n 维随机变量的独立性.

设 $(X_1, X_2, \cdots, X_n)$ 是 n 维随机变量, 如果对任意实数 $x_1, x_2, \cdots, x_n$, 有

$$P(X_1 \leqslant x_1, X_2 \leqslant x_2, \cdots, X_n \leqslant x_n) = P(X_1 \leqslant x_1) P(X_2 \leqslant x_2) \cdots P(X_n \leqslant x_n),$$

则称随机变量 $X_1, X_2, \cdots, X_n$ 是相互独立的.

设 $(X_1, X_2, \cdots, X_n)$ 的分布函数为 $F(x_1, x_2, \cdots, x_n)$, 关于 X_k 的边际分布函数为

$$F_{X_k}(x_k), \quad k = 1, 2, \cdots, n,$$

则有 $F(x_1, x_2, \cdots, x_n) = F_{X_1}(x_1) F_{X_2}(x_2) \cdots F_{X_n}(x_n)$.

若 $(X_1, X_2, \cdots, X_n)$ 是离散型随机变量, 则 $X_1, X_2, \cdots, X_n$ 相互独立的充要条件是对任意一组数 $(x_1, x_2, \cdots, x_n)$ 都有

$$P(X_1 = x_1, X_2 = x_2, \cdots, X_n = x_n) = P(X_1 = x_1) P(X_2 = x_2) \cdots P(X_n = x_n) \text{成立}.$$

如果 $(X_1, X_2, \cdots, X_n)$ 是连续型随机变量, 设 $(X_1, X_2, \cdots, X_n)$ 的概率密度函数为 $p(x_1, x_2, \cdots, x_n)$, 关于 X_k 的边际密度函数为 $p_{X_k}(x_k), k = 1, 2, \cdots, n$, 则 $X_1, X_2, \cdots, X_n$ 相互独立的充分必要条件是在任意连续点处有

$$p(x_1, x_2, \cdots, x_n) = p_{X_1}(x_1) p_{X_2}(x_2) \cdots p_{X_n}(x_n).$$

习 题 3.2

1. 设二维随机变量的取值点为

$$(0,0),\ (1,1),\ (1,4),\ (2,2),\ (2,3),\ (3,2),\ (3,3),$$

其概率分别为

$$\frac{1}{12},\ \frac{5}{24},\ \frac{7}{24},\ \frac{1}{8},\ \frac{1}{24},\ \frac{1}{6},\ \frac{1}{12},$$

试求：(1) (X, Y) 的分布列; (2) 关于 X 和 Y 的边际分布列; (3) $P(X \leqslant 1), P(X = Y), P(X \leqslant Y)$.

2. 一袋子中装有 1 个红球、2 个白球、3 个黑球, 从中任取 4 个球, X 和 Y 分别表示其中红球和白球的数量. 试求：

(1) (X, Y) 的分布列与 X 和 Y 的边际分布列; (2) (X, Y) 的分布函数;

(3) $P(|X - Y| = 1), F(-1, 0), F(0.2, 1.5)$.

3. 已知二维离散型随机变量的概率分布如表 X3-2-1 所示.

表 X3-2-1 X 和 Y 的联合概率分布

$X \backslash Y$	0	1
0	3/30	2/30
1	6/30	12/30
2	1/30	6/30

判断 X 和 Y 是否独立.

4. 设随机变量 X 与 Y 独立同分布, 且

$$P(X=-1)=P(Y=-1)=P(X=1)=P(Y=1)=1/2.$$

试求 $P(X=Y)$.

5. 甲乙两人独立地各进行两次射击, 假设甲的命中率为 0.2, 乙的命中率为 0.5, 以 X 与 Y 分别表示甲与乙的命中次数, 试求 $P(X \leqslant Y)$.

6. 设离散型随机变量 X 与 Y 相互独立, 其联合概率分布如表 X3-2-2 所示.

表 X3-2-2 X 和 Y 的联合概率分布

X \ Y	y_1	y_2	y_3
x_1	a	$1/9$	c
x_2	$1/9$	b	$1/3$

试求联合分布中的 a, b, c.

7. 设平面区域 D 由曲线 $y=1/x$ 及直线 $y=0, x=1, x=\mathrm{e}^2$ 所围成, 二维随机变量 (X,Y) 在区域 D 上服从均匀分布，试求 X 的边际密度函数.

8. 试验证: 下面两个不同联合密度函数具有相同的边际密度函数.

$$f(x,y)=\begin{cases} x+y, & 0 \leqslant x \leqslant 1, 0 \leqslant y \leqslant 1, \\ 0, & \text{其他}; \end{cases}$$

$$g(x,y)=\begin{cases} (0.5+x)(0.5+y), & 0 \leqslant x \leqslant 1, 0 \leqslant y \leqslant 1, \\ 0, & \text{其他}. \end{cases}$$

9. 设 X, Y 的联合密度函数为

(1) $p(x,y)=\begin{cases} \dfrac{3}{2}y^2, & 0 \leqslant x < 2, 0 \leqslant y \leqslant 1, \\ 0, & \text{其他}; \end{cases}$ (2) $p(x,y)=\begin{cases} 8xy, & 0 \leqslant y \leqslant 1, 0 \leqslant x \leqslant y, \\ 0, & \text{其他}. \end{cases}$

试求 (X,Y) 关于 X,Y 的边际密度函数，判别 X 与 Y 的相互独立性.

10. 设随机变量 (X,Y) 的密度函数为

$$p(x,y)=\begin{cases} x^2+\dfrac{xy}{3}, & 0 \leqslant x \leqslant 1, 0 \leqslant y \leqslant 2, \\ 0, & \text{其他}. \end{cases}$$

求关于 X 与 Y 的边际密度函数.

11. 设随机变量 (X,Y) 具有密度函数为

$$p(x,y)=\begin{cases} \mathrm{e}^{-y}, & 0 < x < y, \\ 0, & \text{其他}. \end{cases}$$

求边际密度函数 $p_X(x), p_Y(y)$.

12. 设随机变量 (X,Y) 的密度函数为

$$p(x,y)=\begin{cases} 6x\mathrm{e}^{-3y}, & 0 \leqslant x \leqslant 1, y > 0, \\ 0, & \text{其他}. \end{cases}$$

试求: (1) 边际密度函数 $p_X(x)$ 和 $p_Y(y)$; (2) $P(X>0.5,Y>1)$.

13. 一电子仪器由两个部件构成，X,Y 分别表示两个部件的寿命 (单位: kh). 已知 (X,Y) 的分布函数为

$$F(x,y)=\begin{cases}1-\mathrm{e}^{-0.5x}-\mathrm{e}^{-0.5y}+\mathrm{e}^{-0.5(x+y)}, & x\geqslant 0,y\geqslant 0,\\ 0, & \text{其他}.\end{cases}$$

试求: (1) X 和 Y 是否独立; (2) 两个部件的寿命均超过 100 h 的概率 α.

14. 随机变量 (X,Y) 的密度函数为

$$p(x,y)=\begin{cases}\dfrac{A}{4}xy, & 0\leqslant x\leqslant 4,0\leqslant y\leqslant \sqrt{x},\\ 0, & \text{其他}.\end{cases}$$

试求: (1) 常数 A; (2) 边际密度函数 $p_X(x),p_Y(y)$; (3) X 和 Y 是否相互独立;

(4) $P(X\leqslant 1)$ 及 $P(Y\leqslant 1)$.

15. 设 X 与 Y 是相互独立的随机变量，$X\sim U(0,1)$, $Y\sim \mathrm{Exp}(1)$. 试求:

(1) X 与 Y 的联合密度函数; (2) $P(Y\leqslant X)$; (3) $P(X+Y\leqslant 1)$.

3.3 条 件 分 布

3.3.1 二维离散型随机变量的条件分布列

对于含有多个变量的随机变量, 我们可以仿照条件概率, 给出其条件分布的概念. 这里就以二维随机变量为例, 来分析其条件分布. 一般情形下, 二维随机变量 (X,Y) 的两个分量 X,Y 是有一定联系的, 讨论其条件分布和讨论其条件概率一样.

对于二维离散型随机变量 (X,Y), 其分布列为

$$P(X=x_i,Y=y_j)=p_{ij},\quad i,j=1,2,\cdots,$$

其关于 X,Y 的边际分布列为

$$P(X=x_i)=p_{i\cdot}=\sum_{j=1}^{\infty}p_{ij},\ i=1,2,\cdots,\quad P(Y=y_j)=p_{\cdot j}=\sum_{i=1}^{\infty}p_{ij},\ j=1,2,\cdots.$$

对于某一固定的 j, $p_{\cdot j}>0$, 由条件概率公式得

$$P(X=x_i|Y=y_j)=\frac{P(X=x_i,Y=y_j)}{P(Y=y_j)}=\frac{p_{ij}}{p_{\cdot j}}.$$

现在在 $Y=y_j$ 的条件下, 让 X 取遍所有可能的值, 得

$$P(X=x_1|Y=y_j)=\frac{p_{1j}}{p_{\cdot j}},P(X=x_2|Y=y_j)=\frac{p_{2j}}{p_{\cdot j}},\cdots,P(X=x_i|Y=y_j)=\frac{p_{ij}}{p_{\cdot j}},\cdots,$$

记为

$$P(X=x_i|Y=y_j)=\frac{p_{ij}}{p_{\cdot j}},\quad i=1,2,\cdots.$$

注意到

$$P(X=x_i|Y=y_j)=\frac{p_{ij}}{p_{\cdot j}}\geqslant 0,\quad i=1,2,\cdots,$$

且有

$$\sum_{i=1}^{\infty}P(X=x_i|Y=y_j)=\sum_{i=1}^{\infty}\frac{p_{ij}}{p_{\cdot j}}=\frac{1}{p_{\cdot j}}\sum_{i=1}^{\infty}p_{ij}=\frac{p_{\cdot j}}{p_{\cdot j}}=1.$$

这就说明 $P(X=x_i|Y=y_j)=\dfrac{p_{ij}}{p_{\cdot j}}\ (i=1,2,\cdots)$ 具有分布列的性质. 于是我们有如下定义.

定义 3.3.1　设 (X,Y) 为二维离散型随机变量, 其分布列为

$$P(X=x_i,Y=y_j)=p_{ij},\quad i,j=1,2,\cdots,$$

如果对于某一固定的 j, $p_{\cdot j}>0$, 则称

$$P(X=x_i|Y=y_j)=\frac{p_{ij}}{p_{\cdot j}}\quad (i=1,2,\cdots)$$

为在 $Y=y_j$ 的条件下随机变量 X 的条件分布列 (律), 通常也记为 $p_{X|Y}(x_i|y_j)$.

同理有, 如果对于某一固定的 i, $p_{i\cdot}>0$, 则称

$$p_{Y|X}(y_j|x_i)=P(Y=y_j|X=x_i)=\frac{p_{ij}}{p_{i\cdot}}\quad (j=1,2,\cdots)$$

为在 $X=x_i$ 的条件下随机变量 Y 的条件分布列 (律).

二维随机变量 (X,Y) 的条件分布列可用表 3-3-1 表示.

表 3-3-1　二维随机变量 (X,Y) 的条件分布列

X	$X=x_i$	x_1	x_2	$\cdots$	x_i	$\cdots$
	$P(X=x_i\|Y=y_j)$	$\frac{p_{1j}}{p_{\cdot j}}$	$\frac{p_{2j}}{p_{\cdot j}}$	$\cdots$	$\frac{p_{ij}}{p_{\cdot j}}$	$\cdots$
Y	$Y=y_j$	y_1	y_2	$\cdots$	y_j	$\cdots$
	$P(Y=y_j\|X=x_i)$	$\frac{p_{i1}}{p_{i\cdot}}$	$\frac{p_{i2}}{p_{i\cdot}}$	$\cdots$	$\frac{p_{ij}}{p_{i\cdot}}$	$\cdots$

例 3.3.1　设二维随机变量 (X,Y) 的分布列如表 3-3-2 所示.

表 3-3-2　二维随机变量 (X,Y) 的分布列

X \ Y	0	1	2	$p_{i\cdot}$
0	1/12	0	1/4	1/3
1	1/6	1/12	1/12	1/3
2	1/4	1/12	0	1/3
$p_{\cdot j}$	1/2	1/6	1/3	1

试求：(1) 在 $Y=0$ 的条件下 X 的条件分布列; (2) 在 $X=1$ 的条件下 Y 的条件分布列.

解 (1) 在 $Y=0$ 的条件下 X 的条件分布列为

$$P(X=0|Y=0)=\frac{P(X=0,Y=0)}{P(Y=0)}=\frac{\frac{1}{12}}{\frac{1}{2}}=\frac{1}{6},$$

$$P(X=1|Y=0)=\frac{P(X=1,Y=0)}{P(Y=0)}=\frac{\frac{1}{6}}{\frac{1}{2}}=\frac{1}{3},$$

$$P(X=2|Y=0)=\frac{P(X=2,Y=0)}{P(Y=0)}=\frac{\frac{1}{4}}{\frac{1}{2}}=\frac{1}{2}.$$

亦可写成表 3-3-3 形式.

表 3-3-3 $Y=0$ 的条件下 X 的条件分布列

$X=k$	0	1	2
$P(X=k\|Y=0)$	1/6	1/3	1/2

(2) 同样可得在 $X=1$ 的条件下 Y 的条件分布列, 如表 3-3-4 所示.

表 3-3-4 $X=1$ 的条件下 Y 的条件分布列

$Y=k$	0	1	2
$P(Y=k\|X=1)$	1/2	1/4	1/4

例 3.3.2 在一汽车工厂中, 一辆汽车有两道工序是由机器人完成的, 其一为紧固 3 只螺栓, 其二为焊接 2 处焊点, 以 X 表示机器人紧固的不良螺栓的数目, 以 Y 表示由机器人焊接的不良焊点的数目. 根据相关资料可知 (X,Y) 具有分布列如表 3-3-5 所示. 试求:

(1) 在 $X=1$ 的条件下, Y 的条件分布列; (2) 在 $Y=0$ 的条件下, X 的条件分布列.

表 3-3-5 X,Y 的联合分布列和边际分布列

Y \ X	0	1	2	3	$P(Y=j)$
0	0.840	0.030	0.020	0.010	0.900
1	0.060	0.010	0.008	0.002	0.080
2	0.010	0.005	0.004	0.001	0.020
$P(X=i)$	0.910	0.045	0.032	0.013	1.000

解 (1) 根据条件分布列的定义可得

$$p_{j|1}=P(Y=y_j|X=1)=\frac{p_{1j}}{p_{1\cdot}},\quad j=0,1,2,$$

$$p_{i|0}=P(X=x_i|Y=0)=\frac{p_{i0}}{p_{\cdot 0}},\quad i=0,1,2,3.$$

在 $X=1$ 的条件下, Y 的条件分布列如表 3-3-6 所示.

表 3-3-6 $X=1$ 的条件下, Y 的条件分布列

$Y\|X=1$	0	1	2
P	2/3	2/9	1/9

(2) 在 $Y=0$ 的条件下, X 的条件分布列如表 3-3-7 所示.

表 3-3-7 在 $Y=0$ 的条件下, X 的条件分布列

$X\|Y=0$	0	1	2	3
P	42/45	1/30	1/45	1/90

例 3.3.3 设在一段时间内进入某一商店的顾客人数 X 服从泊松分布 $P(\lambda)$, 每个顾客购买某种物品的概率为 p, 并且各个顾客是否购买某种物品相互独立, 求进入商店的顾客购买这种物品的人数 Y 的分布列.

解 由题意知

$$P(X=m)=\frac{\lambda^m}{m!}\mathrm{e}^{-\lambda},\ m=0,1,\cdots,$$

$$P(Y=k|X=m)=\mathrm{C}_m^k p^k q^{m-k},\ k=0,1,\cdots,m,$$

由全概率公式

$$\begin{aligned}P(Y=k)&=\sum_{m=k}^{\infty}P(X=m)P(Y=k|X=m)\\&=\sum_{m=k}^{\infty}\frac{\lambda^m}{m!}\mathrm{e}^{-\lambda}\mathrm{C}_m^k p^k q^{m-k}\\&=\frac{(\lambda p)^k\mathrm{e}^{-\lambda}}{k!}\sum_{m=k}^{\infty}\frac{(\lambda q)^{m-k}}{(m-k)!}=\frac{(\lambda p)^k}{k!}\mathrm{e}^{-p\lambda},\quad k=0,1,\cdots.\end{aligned}$$

即 Y 服从参数为 λp 的泊松分布.

3.3.2 二维连续型随机变量的条件概率密度函数

设 (X,Y) 是二维连续型随机变量, 因为对任意实数 x,y 有

$$P(X=x)=P(Y=y)=0,$$

所以不能像离散型随机变量那样来考虑连续型随机变量的条件分布. 下面用极限的方法来寻找条件分布函数.

设 (X,Y) 的分布函数为 $F(x,y)$, 概率密度函数为 $p(x,y)$, (X,Y) 关于 Y 的边际密度函数为 $p_Y(y)$, 且 $p(x,y)$ 和 $p_Y(y)$ 连续, $p_Y(y)>0$, 则有

$$\lim_{\varepsilon\to 0^+}P(X\leqslant x|\,y-\varepsilon<Y\leqslant y+\varepsilon)$$

$$=\lim_{\varepsilon\to0^+}\frac{P(X\leqslant x,y-\varepsilon<Y\leqslant y+\varepsilon)}{P(y-\varepsilon<Y\leqslant y+\varepsilon)}$$

$$=\lim_{\varepsilon\to0^+}\frac{F(x,y+\varepsilon)-F(x,y-\varepsilon)}{F_Y(y+\varepsilon)-F_Y(y-\varepsilon)}=\lim_{\varepsilon\to0^+}\frac{\dfrac{F(x,y+\varepsilon)-F(x,y-\varepsilon)}{2\varepsilon}}{\dfrac{F_Y(y+\varepsilon)-F_Y(y-\varepsilon)}{2\varepsilon}}$$

$$=\frac{\partial F(x,y)}{\partial y}\Big/\frac{\mathrm{d}F_Y(y)}{\mathrm{d}y}=\int_{-\infty}^{x}p(u,y)\,\mathrm{d}u/p_Y(y)=\int_{-\infty}^{x}\frac{p(u,y)}{p_Y(y)}\mathrm{d}u.$$

可以记 $Y=y$ 条件下 X 的条件分布函数为

$$F_{X|Y}(x|y)=\int_{-\infty}^{x}\frac{p(u,y)}{p_Y(y)}\mathrm{d}u.$$

可以记 $Y=y$ 条件下 X 的条件概率密度函数为 $p_{X|Y}(x|y)$, 上式两边关于 x 求导, 有

$$p_{X|Y}(x|y)=\frac{p(x,y)}{p_Y(y)},$$

所以, 我们可以有如下定义.

定义 3.3.2 设 (X,Y) 的概率密度函数为 $p(x,y)$, (X,Y) 关于 Y 的边际密度函数为 $p_Y(y)$, 且 $p_Y(y)>0$, 则称 $\displaystyle\int_{-\infty}^{x}\frac{p(u,y)}{p_Y(y)}\mathrm{d}u$ 为在条件 $Y=y$ 下 X 的条件分布函数, 记为 $F_{X|Y}(x|y)$; 称 $\dfrac{p(x,y)}{p_Y(y)}$ 为在条件 $Y=y$ 下 X 的条件概率密度函数, 记为 $p_{X|Y}(x|y)$.

类似地有, 在 $X=x$ 下 Y 的条件概率密度函数为 $p_{Y|X}(y|x)=\dfrac{p(x,y)}{p_X(x)}$, 其中 $p_X(x)$ 是 (X,Y) 关于 X 的边际密度函数.

例 3.3.4 设随机变量 X 在区间 $(0,1)$ 上服从均匀分布, 当 $X=x$ $(0<x<1)$ 时, 随机变量 Y 在区间 $(0,x)$ 上也服从均匀分布. 试求:

(1)X 和 Y 的联合密度函数; (2) 关于 Y 的边际密度函数.

解 (1) 根据题意可得, X 的密度函数为

$$p_X(x)=\begin{cases}1, & 0<x<1,\\ 0, & 其他,\end{cases}$$

则对于任意给定的 x $(0<x<1)$, 在 $X=x$ 的条件下, Y 的条件密度函数为

$$p_{Y|X}(y|x)=\begin{cases}\dfrac{1}{x}, & 0<y<x,\\ 0, & 其他.\end{cases}$$

从而易知 X 和 Y 的联合密度函数为

$$p(x,y)=p_{Y|X}(y|x)\cdot p_X(x)=\begin{cases}\dfrac{1}{x}, & 0<y<x<1,\\ 0, & 其他.\end{cases}$$

(2) 关于 Y 的边际密度函数为

$$p_Y(y)=\int_{-\infty}^{+\infty}p(x,y)\mathrm{d}x=\begin{cases}\displaystyle\int_y^1\frac{1}{x}\mathrm{d}x=-\ln y, & 0<y<1,\\ 0, & \text{其他}.\end{cases}$$

例 3.3.5　已知 (X,Y) 的密度函数为

$$p(x,y)=\begin{cases}\dfrac{21}{4}x^2y, & x^2<y<1,\\ 0, & \text{其他}.\end{cases}$$

求条件密度函数 $p_{Y|X}(y|x)$.

解　根据边际及条件密度函数的定义, 可得

$$p_X(x)=\int_{-\infty}^{+\infty}p(x,y)\mathrm{d}y=\begin{cases}\displaystyle\int_{x^2}^1\frac{21}{4}x^2y\mathrm{d}y, & -1<x<1,\\ 0, & \text{其他}\end{cases}$$

$$=\begin{cases}\dfrac{21}{8}x^2(1-x^4), & -1<x<1,\\ 0, & \text{其他}.\end{cases}$$

因此, 当 $-1<x<1$ 时, 有

$$p_{Y|X}(y|x)=\frac{p(x,y)}{p_X(x)}=\begin{cases}\dfrac{2y}{1-x^4}, & x^2<y<1,\\ 0, & \text{其他}.\end{cases}$$

3.3.3　二维正态随机变量的边际分布与条件分布

首先推导其边际分布. 在 3.1.4 节有关二维正态分布性质的证明中, 已暗含了边际分布的推导, 实际上, 作变量代换 $u=\dfrac{x-\mu_1}{\sigma_1},v=\dfrac{y-\mu_2}{\sigma_2}$, 从而有

$$\begin{aligned}p_X(x)&=\int_{-\infty}^{+\infty}p(x,y)\mathrm{d}y\\&=\frac{1}{2\pi\sigma_1\sqrt{1-\rho^2}}\int_{-\infty}^{+\infty}\exp\left\{\frac{-1}{2(1-\rho^2)}\left[u^2-2\rho uv+v^2\right]\right\}\mathrm{d}v\\&=\frac{1}{\sqrt{2\pi}\sigma_1}\int_{-\infty}^{+\infty}\frac{1}{\sqrt{2\pi(1-\rho^2)}}\exp\left\{\frac{-1}{2(1-\rho^2)}\left[(v-\rho u)^2+(1-\rho^2)u^2\right]\right\}\mathrm{d}v\\&=\frac{1}{\sqrt{2\pi}\sigma_1}\mathrm{e}^{-\frac{u^2}{2}}\int_{-\infty}^{+\infty}\frac{1}{\sqrt{2\pi(1-\rho^2)}}\exp\left\{\frac{-(v-\rho u)^2}{2(1-\rho^2)}\right\}\mathrm{d}v=\frac{1}{\sqrt{2\pi}\sigma_1}\mathrm{e}^{-\frac{u^2}{2}},\end{aligned}$$

所以有 $X\sim N\left(\mu_1,\sigma_1^2\right)$, 同理可得 $Y\sim N\left(\mu_2,\sigma_2^2\right)$, 即二维正态分布的边际分布为一维正态分布. 下面推导正态分布的条件分布.

$$
\begin{aligned}
&p_{X|Y}\left(x\,|y\right)\\
=&\frac{\dfrac{1}{2\pi\sigma_1\sigma_2\sqrt{1-\rho^2}}\exp\left\{-\dfrac{1}{2\left(1-\rho^2\right)}\left[\left(\dfrac{x-\mu_1}{\sigma_1}\right)^2-2\rho\dfrac{\left(x-\mu_1\right)\left(y-\mu_2\right)}{\sigma_1\sigma_2}+\left(\dfrac{y-\mu_2}{\sigma_2}\right)^2\right]\right\}}{\dfrac{1}{\sqrt{2\pi}\sigma_2}\mathrm{e}^{-\frac{(y-\mu_2)^2}{2\sigma_2^2}}}\\
=&\frac{1}{\sqrt{2\pi}\sigma_1\sqrt{1-\rho^2}}\exp\left\{-\frac{1}{2\left(1-\rho^2\right)}\left[\left(\frac{x-\mu_1}{\sigma_1}\right)^2-2\rho\frac{\left(x-\mu_1\right)\left(y-\mu_2\right)}{\sigma_1\sigma_2}+\rho^2\left(\frac{y-\mu_2}{\sigma_2}\right)^2\right]\right\}\\
=&\frac{1}{\sqrt{2\pi}\sigma_1\sqrt{1-\rho^2}}\exp\left\{-\frac{1}{2\left(1-\rho^2\right)}\left[\left(\frac{x-\mu_1}{\sigma_1}\right)-\rho\left(\frac{y-\mu_2}{\sigma_2}\right)\right]^2\right\}\\
=&\frac{1}{\sqrt{2\pi}\sigma_1\sqrt{1-\rho^2}}\exp\left\{-\frac{1}{2\sigma_1^2\left(1-\rho^2\right)}\left[x-\left(\mu_1+\rho\frac{\sigma_1}{\sigma_2}\left(y-\mu_2\right)\right)\right]^2\right\},
\end{aligned}
$$

即 $X\,|Y=y\sim N\left(\mu_1+\rho\dfrac{\sigma_1}{\sigma_2}\left(y-\mu_2\right),\sigma_1^2\left(1-\rho^2\right)\right)$.

3.3.4 连续场合的全概率公式和贝叶斯公式

我们容易给出连续场合的全概率公式和贝叶斯公式

$$
\begin{aligned}
p_Y(y)&=\int_{-\infty}^{\infty}p(x,y)\mathrm{d}x=\int_{-\infty}^{\infty}p_X(x)p_{Y|X}(y|x)\mathrm{d}x,\\
p_X(x)&=\int_{-\infty}^{\infty}p(x,y)\mathrm{d}y=\int_{-\infty}^{\infty}p_Y(y)p_{X|Y}(x|y)\mathrm{d}y,\\
p_{X|Y}(x|y)&=\frac{p(x,y)}{p_Y(y)}=\frac{p_X(x)p_{Y|X}(y|x)}{\displaystyle\int_{-\infty}^{\infty}p_X(x)p_{Y|X}(y|x)\mathrm{d}x},\\
p_{Y|X}(y|x)&=\frac{p(x,y)}{p_X(x)}=\frac{p_Y(y)p_{X|Y}(x|y)}{\displaystyle\int_{-\infty}^{\infty}p_Y(y)p_{X|Y}(x|y)\mathrm{d}y}.
\end{aligned}
$$

这些公式在后续内容中还会用到, 这里举一个例子说明其用处.

例 3.3.6 设随机变量 $X\sim N\left(\mu,\sigma_1^2\right)$, 在 $X=x$ 下 Y 的条件分布为 $N\left(x,\sigma_2^2\right)$, 试求 Y 的 (无条件) 概率密度函数 $p_Y(y)$.

解 由题意知

$$
p_X(x)=\frac{1}{\sqrt{2\pi}\sigma_1}\exp\left\{-\frac{\left(x-\mu\right)^2}{2\sigma_1^2}\right\},\quad p_{Y|X}(y|x)=\frac{1}{\sqrt{2\pi}\sigma_2}\exp\left\{-\frac{\left(y-x\right)^2}{2\sigma_2^2}\right\},
$$

则由前述公式

$$
\begin{aligned}
p_Y(y) &= \int_{-\infty}^{\infty} p_X(x) p_{Y|X}(y|x) \mathrm{d}x \\
&= \int_{-\infty}^{\infty} \frac{1}{\sqrt{2\pi}\sigma_1} \exp\left\{-\frac{(x-\mu)^2}{2\sigma_1^2}\right\} \frac{1}{\sqrt{2\pi}\sigma_2} \exp\left\{-\frac{(y-x)^2}{2\sigma_2^2}\right\} \mathrm{d}x \\
&= \frac{1}{2\pi\sigma_1\sigma_2} \int_{-\infty}^{\infty} \exp\left\{-\left[\frac{(x-\mu)^2}{2\sigma_1^2} + \frac{(y-x)^2}{2\sigma_2^2}\right]\right\} \mathrm{d}x \\
&= \frac{1}{2\pi\sigma_1\sigma_2} \int_{-\infty}^{\infty} \exp\left\{-\frac{1}{2}\left[\left(\frac{1}{\sigma_1^2}+\frac{1}{\sigma_2^2}\right)x^2 - 2\left(\frac{y}{\sigma_2^2}+\frac{\mu}{\sigma_1^2}\right)x + \left(\frac{y^2}{\sigma_2^2}+\frac{\mu^2}{\sigma_1^2}\right)\right]\right\} \mathrm{d}x,
\end{aligned}
$$

记 $c = \dfrac{\sigma_1^2\sigma_2^2}{\sigma_1^2+\sigma_2^2}$, 则上式化成

$$
\begin{aligned}
p_Y(y) &= \frac{1}{2\pi\sigma_1\sigma_2} \int_{-\infty}^{\infty} \exp\left\{-\frac{1}{2c}\left[x - c\left(\frac{y}{\sigma_2^2}+\frac{\mu}{\sigma_1^2}\right)\right]^2 - \frac{1}{2}\frac{(y-\mu)^2}{\sigma_1^2+\sigma_2^2}\right\} \mathrm{d}x \\
&= \frac{1}{2\pi\sigma_1\sigma_2}\sqrt{2\pi c} \exp\left\{-\frac{1}{2}\frac{(y-\mu)^2}{\sigma_1^2+\sigma_2^2}\right\} = \frac{1}{\sqrt{2\pi\left(\sigma_1^2+\sigma_2^2\right)}} \exp\left\{-\frac{1}{2}\frac{(y-\mu)^2}{\sigma_1^2+\sigma_2^2}\right\}.
\end{aligned}
$$

这表明 Y 仍服从正态分布 $N\left(\mu, \sigma_1^2+\sigma_2^2\right)$.

本节最后关于条件做点说明：我们已经知道, 对于二维离散型随机变量, 其联合分布列等于条件分布列乘以边际分布列, 即

$$p_{ij} = p_{Y|X}\left(y_j | x_i\right) p_{i\cdot},$$

而对于二维连续型随机变量, 其联合密度函数等于条件密度函数乘以边际密度函数, 即

$$p(x,y) = p_{Y|X}\left(y | x\right) p_X(x).$$

以二维离散型随机变量为例, 我们看一下联合分布函数有什么样的结果. 事实上,

$$F(x,y) = P(X \leqslant x, Y \leqslant y) = P(X \leqslant x | Y \leqslant y) P(Y \leqslant y),$$

可以看出, 虽然联合分布函数等于条件分布函数乘以边际分布函数, 但条件由 $Y=y$ 变成了 $Y \leqslant y$, 这两种条件下的条件分布有什么关系呢？看一看下面的分析：

$$
\begin{aligned}
P(X \leqslant x | Y \leqslant y) &= \frac{P(X \leqslant x, Y \leqslant y)}{P(Y \leqslant y)} = \frac{\sum\limits_{y_j \leqslant y} P(X \leqslant x, Y = y_j)}{P(Y \leqslant y)} \\
&= \frac{\sum\limits_{y_j \leqslant y} P(X \leqslant x | Y = y_j) \cdot P(Y = y_j)}{P(Y \leqslant y)}
\end{aligned}
$$

$$=\sum_{y_j\leqslant y}P\left(X\leqslant x\left|Y=y_j\right.\right)\cdot\frac{P\left(Y=y_j\right)}{P(Y\leqslant y)}.$$

即 $Y\leqslant y$ 条件下的条件分布函数等于 $Y=y$ 条件下的条件分布函数的加权平均. 同样, 我们也可以给出在 $y_1\leqslant Y\leqslant y_2$ 条件下条件分布的表达式. 所以, 在条件分布中, 一定要注意条件的变化引起条件分布的变化情况.

习 题 3.3

1. 以 X 表示某医院一天内诞生婴儿的个数, 以 Y 表示其中男婴的个数, 设 X 与 Y 的联合分布列为

$$P(X=n,Y=m)=\frac{\mathrm{e}^{-14}(7.14)^m(6.86)^{n-m}}{m!(n-m)!},\quad m=0,1,\cdots,n;\ n=0,1,2,\cdots.$$

试求条件分布列 $P(Y=m\mid X=n)$.

2. 一射手单发命中的概率为 $p\ (0<p<1)$, 射击进行到命中目标两次为止. 设 X 为第一次命中目标所需的射击次数, Y 为总共进行的射击次数, 求 (X,Y) 的联合分布和条件分布.

3. 已知 (X,Y) 的分布列如下:

$$P(X=1,Y=1)=P(X=2,Y=1)=\frac{1}{8},\quad P(X=1,Y=2)=\frac{1}{4},\quad P(X=2,Y=2)=\frac{1}{2}.$$

试求: (1) 已知 $Y=i$ 的条件下，X 的条件分布列, $i=1,2$;　(2) X 与 Y 是否独立.

4. 设随机变量 X 与 Y 独立同分布，试在以下情况下求 $P(X=k\mid X+Y=m)$.

(1) X 与 Y 都服从参数为 p 的几何分布;　(2) X 与 Y 都服从参数为 n,p 的二项分布.

5. 设二维随机变量 (X,Y) 的密度函数为

$$p(x,y)=\begin{cases}3x, & 0<x<1,0<y<x,\\ 0, & \text{其他}.\end{cases}$$

试求条件密度函数 $p_{Y|X}(y\mid x)$.

6. 设二维随机变量 (X,Y) 的密度函数为

$$p(x,y)=\begin{cases}1, & |y|<x,0<x<1,\\ 0, & \text{其他}.\end{cases}$$

试求条件密度函数 $p_{X|Y}(x\mid y)$.

7. 设二维随机变量 (X,Y) 的密度函数为

$$p(x,y)=\begin{cases}\dfrac{21}{4}x^2y, & x^2\leqslant y\leqslant 1,\\ 0, & \text{其他}.\end{cases}$$

试求条件概率 $P(Y\geqslant 0.75\mid X=0.5)$.

8. 已知随机变量 Y 的密度函数为

$$p_Y(y)=\begin{cases}5y^4, & 0\leqslant y\leqslant 1,\\ 0, & \text{其他}.\end{cases}$$

在给定 $Y=y$ 条件下，随机变量 X 的条件密度函数为

$$p_{X|Y}(x\mid y)=\begin{cases}\dfrac{3x^2}{y^3}, & 0<x\leqslant y\leqslant 1,\\ 0, & \text{其他}.\end{cases}$$

求概率 $P(X>0.5)$.

9. 设随机变量 (X,Y) 的密度函数为

$$p(x,y)=\begin{cases}2xy, & 0<y<\dfrac{x}{2}, 0<x<2,\\ 0, & \text{其他}.\end{cases}$$

试求: (1) $p_{X|Y}(x\mid y)$, 并写出 $p_{X|Y}\left(x\middle|\dfrac{1}{2}\right)$; (2) $p_{Y|X}(y\mid x)$, 并写出 $p_{Y|X}(y\mid 1)$.

10. 设随机变量 X 服从 $(1,2)$ 上的均匀分布，在 $X=x$ 的条件下，随机变量 Y 的条件分布是参数为 x 的指数分布. 证明: XY 服从参数为 1 的指数分布.

3.4 随机变量函数的分布

以连续型随机变量为例, 多维随机变量函数的分布是如下问题.

已知 $(X_1,X_2,\cdots,X_n)$ 的分布, 并且$\begin{cases}Y_1=g_1(X_1,X_2,\cdots,X_n),\\ Y_2=g_2(X_1,X_2,\cdots,X_n),\\ \cdots\cdots\\ Y_m=g_m(X_1,X_2,\cdots,X_n),\end{cases}$ 求 $(Y_1,Y_2,\cdots,Y_m)$ 的分布. 理论上讲, 应用分布函数法:

$$\begin{aligned}&F_{Y_1,Y_2,\cdots,Y_m}(y_1,y_2,\cdots,y_m)\\ =&P\left(Y_1\leqslant y_1,Y_2\leqslant y_2,\cdots,Y_m\leqslant y_m\right)\\ =&P(g_1(X_1,X_2,\cdots,X_n)_1\leqslant y_1,g_2(X_1,X_2,\cdots,X_n)\leqslant y_2,\cdots,g_m(X_1,X_2,\cdots,X_n)\leqslant y_m)\\ =&P\left((X_1,X_2,\cdots,X_n)\in D\right)\left(\text{其中}, D=\left\{(x_1,x_2,\cdots,x_n):\begin{Bmatrix}g_1(x_1,x_2,\cdots,x_n)_1\leqslant y_1\\ g_2(x_1,x_2,\cdots,x_n)\leqslant y_2\\ \cdots\cdots\\ g_m(x_1,x_2,\cdots,x_n)\leqslant y_m\end{Bmatrix}\right\}\right)\\ =&\int\cdots\int_D p_{X_1,X_2,\cdots,X_n}(x_1,x_2,\cdots,x_n)\mathrm{d}x_1\mathrm{d}x_2\cdots\mathrm{d}x_n,\end{aligned}$$

然后求关于 $y_1,y_2,\cdots,y_m$ 的 m 阶混合偏导即得联合概率密度函数 $p_{Y_1,Y_2,\cdots,Y_m}(y_1,y_2,\cdots,y_m)$. 其难度在于 D 的确定. 根据本科知识系统, 我们主要给出两类函数: $Z=g(X,Y)$, $\begin{cases}U=g_1(X,Y),\\ V=g_2(X,Y)\end{cases}$ 在一些特殊情形下其分布的求法.

3.4.1 二维离散型随机变量函数的分布

定义 3.4.1 设 (X,Y) 为二维离散型随机变量, 其分布列为

$$P(X=x_i,Y=y_i)=p_{ij},\quad i,j=1,2,\cdots,$$

$g(x,y)$ 为二元函数, 则称 $Z=g(X,Y)$ 为离散型随机变量 (X,Y) 的函数.

记 $z_k\ (k=1,2,\cdots)$ 为 Z 的所有可能取值, 因此 Z 的分布列为

$$\begin{aligned}P(Z=z_k)=P(g(X,Y)=z_k)&=\sum_{g(x_i,y_j)=z_k}P(X=x_i,Y=y_j)\\&=\sum_{g(x_i,y_j)=z_k}p_{ij},\quad k=1,2,\cdots.\end{aligned}$$

具体做法如下, 首先应确定 $Z=g(X,Y)$ 的可能取值 $\{z_1,z_2,\cdots\}$; 其次, 如果二元函数 $z=g(x,y)$ 对于不同的 (x_i,y_j) 有不同的函数值, 则随机变量 $Z=g(X,Y)$ 的分布列为

$$P\left(Z=g\left(x_i,y_j\right)\right)=p_{ij},\quad i,j=1,2,\cdots.$$

如果对于某些不同的 (x_i,y_j), $z=g\left(x_i,y_j\right)$ 有相同的值, 则 z 的这些相同值的概率应该合并.

例 3.4.1 设 (X,Y) 的分布列如表 3-4-1 所示.

表 3-4-1 (X,Y) 的分布列

X \ Y	0	1	2
-1	0.2	0.1	0.2
1	0.1	0.3	0.1

试求: (1) $Z_1=X+Y$ 的分布列; (2) $Z_2=XY$ 的分布列.

解 根据 (X,Y) 的分布列可得表 3-4-2.

表 3-4-2

p_{ij}	0.2	0.1	0.2	0.1	0.3	0.1
(X,Y)	$(-1,0)$	$(-1,1)$	$(-1,2)$	$(1,0)$	$(1,1)$	$(1,2)$
$Z_1=X+Y$	-1	0	1	1	2	3
$Z_2=XY$	0	-1	-2	0	1	2

(1) $Z_1=X+Y$ 的分布列如表 3-4-3 所示.

表 3-4-3 $Z_1=X+Y$ 的分布列

Z_1	-1	0	1	2	3
P	0.2	0.1	0.3	0.3	0.1

(2) $Z_2=XY$ 的分布列如表 3-4-4 所示.

表 3-4-4　$Z_2 = XY$ 的分布列

Z_2	-2	-1	0	1	2
P	0.2	0.1	0.3	0.3	0.1

例 3.4.2　设随机变量 X 和 Y 相互独立, 且都服从参数为 p 的 0-1 分布, 求:

(1) $W = X + Y$ 的分布列; (2) $V = \max\{X, Y\}$ 的分布列; (3) $U = \min\{X, Y\}$ 的分布列.

解　根据题意可得 X 和 Y 的分布列分别如表 3-4-5 和表 3-4-6 所示.

表 3-4-5　X 的分布列

X	0	1
P	$1-p$	p

表 3-4-6　Y 的分布列

Y	0	1
P	$1-p$	p

因为 X 和 Y 相互独立, 所以有

$$
\begin{aligned}
P(X=0, Y=0) &= P(X=0)P(Y=0) = (1-p)^2, \\
P(X=1, Y=0) &= P(X=1)P(Y=0) = p(1-p), \\
P(X=0, Y=1) &= P(X=0)P(Y=1) = (1-p)p, \\
P(X=1, Y=1) &= P(X=1)P(Y=1) = p^2,
\end{aligned}
$$

则随机变量 (X, Y) 的分布列如表 3-4-7 所示.

表 3-4-7　(X, Y) 的分布列

$X \backslash Y$	0	1
0	$(1-p)^2$	$(1-p)p$
1	$(1-p)p$	p^2

(1) 随机变量 $W = X + Y$ 的所有可能的取值为 0,1,2, 且

$$
\begin{aligned}
P(W=0) &= P(X=0, Y=0) = (1-p)^2, \\
P(W=1) &= P(X=1, Y=0) + P(X=0, Y=1) = 2p(1-p), \\
P(W=2) &= P(X=1, Y=1) = p^2.
\end{aligned}
$$

所以, W 的分布列如表 3-4-8 所示.

表 3-4-8　W 的分布列

W	0	1	2
P	$(1-p)^2$	$2(1-p)p$	p^2

(2) 随机变量 $V=\max\{X,Y\}$ 的所有可能的取值为 0,1, 且

$$P(V=0)=P(\max\{X,Y\}=0)=P(X=0,Y=0)=(1-p)^2,$$

$$\begin{aligned}P(V=1)&=P(\max\{X,Y\}=1)\\&=P(X=1,Y=0)+P(X=0,Y=1)+P(X=1,Y=1)=2p-p^2,\end{aligned}$$

所以, V 的分布列如表 3-4-9 所示.

表 3-4-9 V 的分布列

V	0	1
P	$(1-p)^2$	$2p-p^2$

(3) 随机变量 $U=\min\{X,Y\}$ 的所有可能的取值为 0,1, 且

$$\begin{aligned}P(U=0)&=P(\min\{X,Y\}=0)\\&=P(X=0,Y=0)+P(X=0,Y=1)+P(X=1,Y=0)=1-p^2,\end{aligned}$$

$$P(U=1)=P(\min\{X,Y\}=1)=P(X=1,Y=1)=p^2,$$

所以, U 的分布列如表 3-4-10 所示.

表 3-4-10 U 的分布列

U	0	1
P	$1-p^2$	p^2

3.4.2 二维连续型随机变量函数的分布

1. $Z=g(X,Y)$ 的情形

求二维连续型随机变量函数的分布与一维连续型随机变量函数的分布相似, 一般地, 若随机变量 $Z=g(X,Y)$ 是二维连续型随机变量 (X,Y) 的实函数, 要用 (X,Y) 的概率密度函数表达随机变量 Z 的概率密度函数, 可分如下两步考虑, 也称之为分布函数法.

设 (X,Y) 的概率密度函数为 $p(x,y)$, $Z=g(X,Y)$ 的分布函数为 $F_Z(z)$, 对 $\forall z\in\mathbf{R}$.

(1) 先求 Z 的分布函数

$$F_Z(z)=P(Z\leqslant z)=P(g(X,Y)\leqslant z)=\iint\limits_D p(x,y)\,\mathrm{d}x\mathrm{d}y,$$

其中 D 为 xOy 平面上由 $g(x,y)\leqslant z$ 所确定的区域, 即 $D=\{(x,y)|\,g(x,y)\leqslant z\}$.

(2) 求 Z 的概率密度函数 $p_Z(z)=\dfrac{\mathrm{d}F_Z(z)}{\mathrm{d}z}$.

为不失一般性, 我们先看下面一个例子.

例 3.4.3 设二维随机变量 (X,Y) 服从圆心在原点的单位圆内的均匀分布, 求 $Z=X^2+Y^2$ 的概率密度函数.

解 由已知

$$p_{X,Y}(x,y)=\begin{cases}\dfrac{1}{\pi}, & x^2+y^2\leqslant 1,\\ 0, & 其他,\end{cases}$$

所以

$$F_Z(z)=P(Z\leqslant z)=P\left(X^2+Y^2\leqslant z\right)=\begin{cases}0, & z\leqslant 0,\\ z, & 0<z<1,\\ 1, & z\geqslant 1,\end{cases}$$

即

$$p_Z(z)=\begin{cases}1, & 0<z<1,\\ 0, & 其他,\end{cases}\quad 也即 Z\sim U(0,1).$$

下面给出几个特殊函数的分布公式.

定理 3.4.1 设 (X,Y) 的密度函数为 $p(x,y)$, 则有

(1)(连续场合卷积公式) $Z=X+Y$ 的密度函数

$$p_Z(z)=\int_{-\infty}^{+\infty}p(z-y,y)\mathrm{d}y \quad 或 \quad p_Z(z)=\int_{-\infty}^{+\infty}p(x,z-x)\mathrm{d}x.$$

特别地，当 X 与 Y 相互独立时，

$$p_Z(z)=\int_{-\infty}^{+\infty}p_X(z-y)p_Y(y)\mathrm{d}y \tag{3-4-1}$$

或者

$$p_Z(z)=\int_{-\infty}^{+\infty}p_X(x)p_Y(z-x)\mathrm{d}x. \tag{3-4-2}$$

类似地有: $Z=X-Y$ 的密度函数及 $Z=Y-X$ 的密度函数分别为

$$p_Z(z)=\int_{-\infty}^{+\infty}p(z+y,y)\mathrm{d}y, 当 X 与 Y 相互独立时, p_Z(z)=\int_{-\infty}^{+\infty}p_X(z+y)p_Y(y)\mathrm{d}y;$$

$$p_Z(z)=\int_{-\infty}^{+\infty}p(x,x+z)\mathrm{d}x, 当 X 与 Y 相互独立时, p_Z(z)=\int_{-\infty}^{+\infty}p_X(x)p_Y(z+x)\mathrm{d}x.$$

(2)(商的公式) $Z=\dfrac{X}{Y}$ 的密度函数

$$p_Z(z)=\int_{-\infty}^{+\infty}|y|p(yz,y)\mathrm{d}y.$$

特别地，当 X 和 Y 相互独立时，

$$p_Z(z)=\int_{-\infty}^{+\infty}|y|p_X(yz)p_Y(y)\mathrm{d}y. \tag{3-4-3}$$

证明 (1) $Z=X+Y$ 的分布函数为

$$F_Z(z)=P(X+Y\leqslant z)=\iint\limits_{x+y\leqslant z}p(x,y)\mathrm{d}x\mathrm{d}y=\int_{-\infty}^{+\infty}\mathrm{d}y\int_{-\infty}^{z-y}p(x,y)\mathrm{d}x,$$

令 $x=u-y$, 可得

$$\begin{aligned}F_Z(z)&=\int_{-\infty}^{+\infty}\mathrm{d}y\int_{-\infty}^{z}p(u-y,y)\mathrm{d}u,\\&\xlongequal{\text{交换积分顺序}}\int_{-\infty}^{z}\mathrm{d}u\int_{-\infty}^{+\infty}p(u-y,y)\mathrm{d}y,\end{aligned}$$

求导可得

$$p_Z(z)=\int_{-\infty}^{+\infty}p(z-y,y)\mathrm{d}y,$$

根据对称性，还有

$$p_Z(z)=\int_{-\infty}^{+\infty}p(x,z-x)\mathrm{d}x.$$

特别地，当 X 与 Y 相互独立时，因为对于一切 x,y 均有 $p(x,y)=p_X(x)p_Y(y)$, 则此时 $Z=X+Y$ 的概率密度函数的公式为

$$p_Z(z)=\int_{-\infty}^{+\infty}p_X(z-y)p_Y(y)\mathrm{d}y,$$

或者

$$p_Z(z)=\int_{-\infty}^{+\infty}p_X(x)p_Y(z-x)\mathrm{d}x.$$

将上述两式称为 $p_X(x)$ 和 $p_Y(y)$ 的卷积公式. 差的密度函数公式的证明略，有兴趣的读者自己去证明.

(2) $Z=\dfrac{X}{Y}$ 的分布函数为

$$\begin{aligned}F_Z(z)&=P(Z\leqslant z)=P\left(\frac{X}{Y}\leqslant z\right)=\iint\limits_{\frac{x}{y}\leqslant z}p(x,y)\mathrm{d}x\mathrm{d}y\\&=\int_{-\infty}^{0}\mathrm{d}y\int_{yz}^{+\infty}p(x,y)\mathrm{d}x+\int_{0}^{+\infty}\mathrm{d}y\int_{-\infty}^{yz}p(x,y)\mathrm{d}x,\end{aligned}$$

设 $x=uy$, 从而可得

$$\xlongequal{\text{上式继续}}\int_{-\infty}^{0}\mathrm{d}y\int_{z}^{-\infty}yp(uy,y)\mathrm{d}u+\int_{0}^{+\infty}\mathrm{d}y\int_{-\infty}^{z}yp(uy,y)\mathrm{d}u$$

$$= \int_z^{-\infty} \mathrm{d}u \int_{-\infty}^0 yp(uy,y)\mathrm{d}y + \int_{-\infty}^z \mathrm{d}u \int_0^{+\infty} yp(uy,y)\mathrm{d}y$$
$$= \int_{-\infty}^z \mathrm{d}u \left[\int_0^{+\infty} yp(uy,y)\mathrm{d}y - \int_{-\infty}^0 yp(uy,y)\mathrm{d}y\right],$$

因此 $Z = \dfrac{X}{Y}$ 的密度函数为

$$p_Z(z) = \int_0^{+\infty} yp(yz,y)\mathrm{d}y - \int_{-\infty}^0 yp(yz,y)\mathrm{d}y = \int_{-\infty}^{+\infty} |y|p(yz,y)\mathrm{d}y.$$

特别地，当 X 和 Y 相互独立时，则有

$$p_Z(z) = \int_{-\infty}^{+\infty} |y|p_X(yz)p_Y(y)\mathrm{d}y.$$

2. $\begin{cases} U = g_1(X,Y) \\ V = g_2(X,Y) \end{cases}$，求 (U,V) 的联合分布情形

定理 3.4.2 设 (X,Y) 的密度函数为 $p_{X,Y}(x,y)$，若 $\begin{cases} U = g_1(X,Y), \\ V = g_2(X,Y), \end{cases}$ 如果函数 $\begin{cases} u = g_1(x,y), \\ v = g_2(x,y) \end{cases}$ 有连续偏导数, 且存在唯一的反函数: $\begin{cases} x = x(u,v), \\ y = y(u,v), \end{cases}$ 其变换的雅可比行列式

$$J = \frac{\partial(x,y)}{\partial(u,v)} = \begin{vmatrix} \dfrac{\partial x}{\partial u} & \dfrac{\partial x}{\partial v} \\ \dfrac{\partial y}{\partial u} & \dfrac{\partial y}{\partial v} \end{vmatrix} = \left(\frac{\partial(u,v)}{\partial(x,y)}\right)^{-1} = \left(\begin{vmatrix} \dfrac{\partial u}{\partial x} & \dfrac{\partial u}{\partial y} \\ \dfrac{\partial v}{\partial x} & \dfrac{\partial v}{\partial y} \end{vmatrix}\right)^{-1} \neq 0,$$

则 (U,V) 的密度函数为

$$p_{U,V}(u,v) = p_{X,Y}(x(u,v), y(u,v))|J|. \tag{3-4-4}$$

这个方法实际上就是二重积分的变量交换法, 其证明可参阅数学分析教科书.

例 3.4.4 设 X 与 Y 独立同分布, 都服从正态分布 $N(\mu,\sigma^2)$. 记

$$\begin{cases} U = X+Y, \\ V = X-Y, \end{cases}$$

求 (U,V) 的密度函数, 问 U 与 V 是否独立?

解 因为 $\begin{cases} u = x + y, \\ v = x - y \end{cases}$ 的反函数为 $\begin{cases} x = (u+v)/2, \\ y = (u-v)/2, \end{cases}$ 则

$$J = \begin{vmatrix} \dfrac{\partial x}{\partial u} & \dfrac{\partial x}{\partial v} \\ \dfrac{\partial y}{\partial u} & \dfrac{\partial y}{\partial v} \end{vmatrix} = \begin{vmatrix} 1/2 & 1/2 \\ 1/2 & -1/2 \end{vmatrix} = -\frac{1}{2},$$

所以得 (U, V) 的密度函数为

$$\begin{aligned} p_{U,V}(u,v) &= p_{X,Y}(x(u,v), y(u,v))|J| = p_X((u+v)/2)\, p_Y((u-v)/2) \left|-\frac{1}{2}\right| \\ &= \frac{1}{2\sqrt{2\pi}\sigma} \exp\left\{-\frac{[(u+v)/2-\mu]^2}{2\sigma^2}\right\} \frac{1}{\sqrt{2\pi}\sigma} \exp\left\{-\frac{[(u-v)/2-\mu]^2}{2\sigma^2}\right\} \\ &= \frac{1}{4\pi\sigma^2} \exp\left\{-\frac{(u-2\mu)^2+v^2}{4\sigma^2}\right\}. \end{aligned}$$

这正是二维正态分布 $N(2\mu, 0, 2\sigma^2, 2\sigma^2, 0)$ 的密度函数, 其边际分布为 $U \sim N(2\mu, 2\sigma^2)$, $V \sim N(0, 2\sigma^2)$, 所以由 $p_{U,V}(u,v) = p_U(u)p_V(v)$ 知 U 与 V 相互独立.

利用式 (3-4-4), 可通过增补变量的方法, 求随机变量 $U = g(X, Y)$ 的分布, 看下面的例子.

例 3.4.5 (积的公式) 设 X 与 Y 独立同分布, 其密度函数分别为 $p_X(x)$, $p_Y(Y)$, 则 $U = XY$ 的密度函数为

$$p_U(u) = \int_{-\infty}^{\infty} p_X\left(\frac{u}{v}\right) p_Y(v) \frac{1}{|v|} \mathrm{d}v. \tag{3-4-5}$$

解 记 $V = Y$, 则 $\begin{cases} u = xy, \\ v = y \end{cases}$ 的反函数为 $\begin{cases} x = \dfrac{u}{v}, \\ y = v, \end{cases}$ 雅可比行列式为 $J = \begin{vmatrix} \dfrac{1}{v} & -\dfrac{u}{v^2} \\ 0 & 1 \end{vmatrix} = \dfrac{1}{v}$, 所以 (U, V) 的密度函数为

$$p_{U,V}(u,v) = p_X\left(\frac{u}{v}\right) p_Y(v)|J| = p_X\left(\frac{u}{v}\right) p_Y(v) \frac{1}{|v|}.$$

对 $p_{U,V}(u,v)$ 关于 v 积分, 即可得到 $U = XY$ 的密度函数表达式.

3.4.3 随机变量最大与最小值的分布

求 $M = \max\{X, Y\}$ 及 $N = \min\{X, Y\}$ 的分布.

设随机变量 X, Y 相互独立, 分布函数分别为 $F_X(x)$ 和 $F_Y(y)$, 因为 $M = \max\{X, Y\}$ 不大于 z 等价于 X, Y 都不大于 z, 因此有

$$F_M(z) = P(M \leqslant z) = P(X \leqslant z, Y \leqslant z) = P(X \leqslant z)P(Y \leqslant z) = F_X(z)F_Y(z).$$

从而类似地, 可得 $N=\min\{X,Y\}$ 的分布函数

$$\begin{aligned}F_N(z)&=P(N\leqslant z)=1-P(N>z)=1-P(X>z,Y>z)\\&=1-P(X>z)P(Y>z)=1-[1-F_X(z)][1-F_Y(z)].\end{aligned}$$

注意：上面的结论可推广到 n 个随机变量的情形; 如果是连续型的, 求导后就是密度函数; 如果是同分布的, 上述公式还可以简化.

例 3.4.6 设随机变量 X,Y 相互独立, 其密度函数分别为

$$p_X(x)=\begin{cases}1, & 0\leqslant x\leqslant 1,\\ 0, & \text{其他},\end{cases}\qquad p_Y(y)=\begin{cases}\mathrm{e}^{-y}, & y>0,\\ 0, & y\leqslant 0.\end{cases}$$

试求：(1) $M=\max\{X,Y\}$ 的密度函数; (2) $N=\min\{X,Y\}$ 的密度函数.

解 随机变量 X,Y 的分布函数分别为

$$F_X(x)=\begin{cases}0, & x<0,\\ x, & 0\leqslant x\leqslant 1,\\ 1, & x>1,\end{cases}\qquad F_Y(y)=\begin{cases}1-\mathrm{e}^{-y}, & y>0,\\ 0, & y\leqslant 0.\end{cases}$$

(1) $M=\max\{X,Y\}$ 的分布函数为

$$F_M(z)=P(M\leqslant z)=F_X(z)F_Y(z),$$

因此 $M=\max\{X,Y\}$ 的密度函数为

$$\begin{aligned}p_M(z)&=(F_M(z))'=p_X(z)F_Y(z)+F_X(z)p_Y(z)\\&=\begin{cases}0, & z<0,\\ z\mathrm{e}^{-z}-\mathrm{e}^{-z}+1, & 0\leqslant z\leqslant 1,\\ \mathrm{e}^{-z}, & z>1.\end{cases}\end{aligned}$$

(2) $N=\min\{X,Y\}$ 的密度函数为

$$\begin{aligned}p_N(z)&=(F_N(z))'=p_X(z)[1-F_Y(z)]+[1-F_X(z)]p_Y(z)\\&=\begin{cases}(2-z)\mathrm{e}^{-z}, & 0\leqslant z\leqslant 1,\\ 0, & \text{其他}.\end{cases}\end{aligned}$$

例 3.4.7 设系统 L 由两个相互独立的子系统 L_1 和 L_2 连接而成, 连接方式分别为 (1) 并联; (2) 串联; (3) 备用, 即当 L_1 损坏时, 连接 L_2. 设 L_1 的寿命 X 和 L_2 的寿命 Y 的概率密度函数分别为

$$p_X(x)=\begin{cases}\alpha\mathrm{e}^{-\alpha x}, & x>0,\\ 0, & x\leqslant 0,\end{cases}\qquad p_Y(y)=\begin{cases}\beta\mathrm{e}^{-\beta y}, & y>0,\\ 0, & y\leqslant 0,\end{cases}$$

其中 $\alpha>0,\beta>0$ 均为常数, 并且 $\alpha\neq\beta$. 分别就以上 3 种不同的连接方式求系统 L 的寿命 Z 的概率密度函数.

解 易知, X,Y 的分布函数分别为

$$F_X(x)=\begin{cases}0, & x\leqslant 0,\\ 1-\mathrm{e}^{-\alpha x}, & x>0,\end{cases}\quad F_Y(y)=\begin{cases}0, & y\leqslant 0,\\ 1-\mathrm{e}^{-\beta y}, & y>0.\end{cases}$$

(1) 并联时, 系统 L 的寿命 $Z=\max\{X,Y\}$, 其分布函数为

$$F_Z(z)=F_X(z)F_Y(z)=\begin{cases}0, & z\leqslant 0,\\ (1-\mathrm{e}^{-\alpha z})(1-\mathrm{e}^{-\beta z}), & z>0,\end{cases}$$

求导可得 $p_Z(z)=\begin{cases}\alpha\mathrm{e}^{-\alpha z}+\beta\mathrm{e}^{-\beta z}-(\alpha+\beta)\mathrm{e}^{-(\alpha+\beta)z}, & z>0,\\ 0, & z\leqslant 0.\end{cases}$

(2) 串联时, 系统 L 的寿命 $Z=\min\{X,Y\}$, 其分布函数为

$$F_Z(z)=1-[1-F_X(z)][1-F_Y(z)]=\begin{cases}0, & z\leqslant 0,\\ 1-\mathrm{e}^{-(\alpha+\beta)z}, & z>0,\end{cases}$$

求导可得 $p_Z(z)=\begin{cases}(\alpha+\beta)\mathrm{e}^{-(\alpha+\beta)z}, & z>0,\\ 0, & z\leqslant 0.\end{cases}$

(3) 备用时, 系统 L 的寿命 $Z=X+Y$, 其概率密度函数为

$$p_Z(z)=\int_{-\infty}^{+\infty}p_X(x)p_Y(z-x)\mathrm{d}x=\alpha\int_0^{+\infty}\mathrm{e}^{-\alpha x}p_Y(z-x)\mathrm{d}x,$$

$$\xlongequal{z-x=y}\alpha\int_{-\infty}^{z}\mathrm{e}^{-\alpha(z-y)}p_Y(y)\mathrm{d}y=\begin{cases}0, & z<0,\\ \alpha\beta\mathrm{e}^{-\alpha z}\displaystyle\int_0^z\mathrm{e}^{(\alpha-\beta)y}\mathrm{d}y, & z\geqslant 0,\end{cases}$$

整理可得 $p_Z(z)=\begin{cases}\dfrac{\alpha\beta}{\alpha-\beta}(\mathrm{e}^{-\beta z}-\mathrm{e}^{-\alpha z}), & z\geqslant 0,\\ 0, & z<0.\end{cases}$

3.4.4 几个重要分布的可加性

定理 3.4.3 几个重要分布的可加性:

(1)(泊松分布的可加性) 设 $X_i\sim P(\lambda_i)$, 其中 $i=1,2,\cdots,n$, 且它们相互独立, 那么它们之和服从泊松分布: $Z=X_1+X_2+\cdots+X_n\sim P(\lambda_1+\lambda_2+\cdots+\lambda_n)$.

(2)(二项分布的可加性) 设 $X_i\sim B(m_i,p)$, 其中 $i=1,2,\cdots,n$, 且它们相互独立, 那么它们之和服从二项分布: $Z=X_1+X_2+\cdots+X_n\sim B(m_1+m_2+\cdots+m_n,p)$.

(3)(正态分布的可加性) 设 $X_i\sim N(\mu_i,\sigma_i^2)$, 其中 $i=1,2,\cdots,n$, 且它们相互独立, 那么它们之和服从正态分布:

$$Z=X_1+X_2+\cdots+X_n\sim N(\mu_1+\mu_2+\cdots+\mu_n,\sigma_1^2+\sigma_2^2+\cdots+\sigma_n^2).$$

(4)(伽马分布的可加性)　设 $X_i \sim \mathrm{Ga}(\alpha_i, \lambda)$, 其中 $i=1,2,\cdots,n$, 且它们相互独立, 那么它们之和服从伽马分布：$Z=X_1+X_2+\cdots+X_n \sim \mathrm{Ga}(\alpha_1+\alpha_2+\cdots+\alpha_n, \lambda)$.

证明　(1) 当 $n=2$ 时, $Z=X_1+X_2$ 可取 $0,1,2,\cdots$ 所有非负整数, 而事件 $\{Z=k\}$ 是诸互不相容事件 $\{X_1=i, X_2=k-i\}, i=0,1,\cdots,k$ 的并, 再考虑到独立性, 则对任意非负整数 k, 有

$$
\begin{aligned}
P(Z=k) &= \sum_{i=0}^{k} \frac{\lambda_1^i}{i!}\mathrm{e}^{-\lambda_1}\frac{\lambda_2^{k-i}}{(k-i)!}\mathrm{e}^{-\lambda_2} \\
&= \frac{(\lambda_1+\lambda_2)^k}{k!}\mathrm{e}^{-(\lambda_1+\lambda_2)}\sum_{i=0}^{k}\frac{k!}{i!(k-i)!}\left(\frac{\lambda_1}{\lambda_1+\lambda_2}\right)^i\left(\frac{\lambda_2}{\lambda_1+\lambda_2}\right)^{k-i} \\
&= \frac{(\lambda_1+\lambda_2)^k}{k!}\mathrm{e}^{-(\lambda_1+\lambda_2)}\left(\frac{\lambda_1}{\lambda_1+\lambda_2}+\frac{\lambda_2}{\lambda_1+\lambda_2}\right)^k \\
&= \frac{(\lambda_1+\lambda_2)^k}{k!}\mathrm{e}^{-(\lambda_1+\lambda_2)}, \quad k=0,1,\cdots.
\end{aligned}
$$

表明 $Z=X_1+X_2 \sim P(\lambda_1+\lambda_2)$, 用归纳法可得结论成立.

(3) 当 $n=2$ 时, X_1 与 X_2 的概率密度函数分别为

$$
p_{X_1}(x)=\frac{1}{\sqrt{2\pi}\sigma_1}\mathrm{e}^{-\frac{(x-\mu_1)^2}{2\sigma_1^2}}, \quad -\infty<x<+\infty,
$$

$$
p_{X_2}(x)=\frac{1}{\sqrt{2\pi}\sigma_2}\mathrm{e}^{-\frac{(x-\mu_2)^2}{2\sigma_2^2}}, \quad -\infty<y<+\infty,
$$

根据卷积公式可得 $Z=X_1+X_2$ 的概率密度函数为

$$
\begin{aligned}
p_Z(z) &= \int_{-\infty}^{+\infty} p_X(x)\cdot p_Y(z-x)\mathrm{d}x \\
&= \int_{-\infty}^{+\infty}\frac{1}{\sqrt{2\pi}\sigma_1}\mathrm{e}^{-\frac{(x-\mu_1)^2}{2\sigma_1^2}}\frac{1}{\sqrt{2\pi}\sigma_2}\mathrm{e}^{-\frac{(z-x-\mu_2)^2}{2\sigma_2^2}}\mathrm{d}x \\
&= \frac{1}{2\pi\sigma_1\sigma_2}\int_{-\infty}^{+\infty}\mathrm{e}^{-\frac{1}{2}\left[\frac{(x-\mu_1)^2}{\sigma_1^2}+\frac{(z-x-\mu_2)^2}{\sigma_2^2}\right]}\mathrm{d}x,
\end{aligned}
$$

对上式被积函数中的指数部分按 x 的幂次展开, 再合并同类项, 不难得到

$$
\frac{(x-\mu_1)^2}{\sigma_1^2}+\frac{(z-x-\mu_2)^2}{\sigma_2^2}=A\left(x-\frac{B}{A}\right)^2+\frac{(z-\mu_1-\mu_2)^2}{\sigma_1^2+\sigma_2^2},
$$

其中 $A=\dfrac{1}{\sigma_1^2}+\dfrac{1}{\sigma_2^2}, B=\dfrac{z-\mu_2}{\sigma_2^2}+\dfrac{\mu_1}{\sigma_1^2}$, 代回原式, 可得

$$
p_Z(z)=\frac{1}{2\pi\sigma_1\sigma_2}\mathrm{e}^{-\frac{1}{2}\left[\frac{(z-\mu_1-\mu_2)^2}{\sigma_1^2+\sigma_2^2}\right]}\int_{-\infty}^{+\infty}\mathrm{e}^{-\frac{A}{2}\left(x-\frac{B}{A}\right)^2}\mathrm{d}x,
$$

利用正态密度函数的性质, 上式中的积分应为 $\sqrt{\frac{2\pi}{A}}$, 于是可得

$$p_Z(z)=\frac{1}{\sqrt{2\pi\left(\sigma_1^2+\sigma_2^2\right)}}\mathrm{e}^{-\frac{1}{2}\left[\frac{(z-\mu_1-\mu_2)^2}{\sigma_1^2+\sigma_2^2}\right]},$$

即 $Z=X_1+X_2\sim N(\mu_1+\mu_2,\sigma_1^2+\sigma_2^2)$, 用归纳法可得结论成立.

(2) 和 (4) 在这里不做证明, 有兴趣的读者作为习题自己去完成.

习 题 3.4

1. 设随机变量 (X,Y) 的分布列如表 X3-4-1 所示.

表 X3-4-1 (X,Y) 的分布列

$X \backslash Y$	-1	0	1	2
-1	0	2/16	0	1/16
-2	2/16	2/16	2/16	1/16
0	1/16	2/16	0	1/16
1	0	1/16	0	1/16

试求：(1) $Z_1=X+Y$ 的分布列; (2) $Z_2=\max\{X,Y\}$ 的分布列; (3) $Z_3=\min\{X,Y\}$ 的分布列.

2. 设 X 与 Y 是相互独立的随机变量, 且 $X\sim \mathrm{Exp}\,(\lambda)\,,Y\sim \mathrm{Exp}\,(\mu)$, 如果定义随机变量

$$Z=\begin{cases}1, & X\leqslant Y,\\ 0, & X>Y.\end{cases}$$

求 Z 的分布列.

3. 设随机变量 X 与 Y 独立同分布, 对以下情况求随机变量 $Z=\max\{X,Y\}$ 的分布列:

(1) X 服从 $p=0.5$ 的 0-1 分布;

(2) X 服从几何分布, 即 $P\left(X=k\right)=\left(1-p\right)^{k-1}p,k=1,2,\cdots$.

4. 设 X 与 Y 的联合密度函数为

$$p(x,y)=\begin{cases}\mathrm{e}^{-(x+y)}, & x>0,y>0,\\ 0, & \text{其他}.\end{cases}$$

试求以下随机变量的密度函数：(1) $Z=(X+Y)/2$; (2) $Z=Y-X$.

5. 设 X 和 Y 相互独立, 其密度函数分别为

$$p_X(x)=\begin{cases}\mathrm{e}^{-x}, & x\geqslant 0,\\ 0, & \text{其他};\end{cases}\quad p_Y(y)=\begin{cases}\dfrac{1}{2}\mathrm{e}^{-\frac{y}{2}}, & y\geqslant 0,\\ 0, & \text{其他}.\end{cases}$$

求 $Z=X+Y$ 的密度函数.

6. 设随机变量 X 和 Y 相互独立, 其概率密度函数分别为

$$p_X(x)=\begin{cases}\lambda\mathrm{e}^{-\lambda x}, & x>0,\\ 0, & x\leqslant 0;\end{cases}\quad p_Y(y)=\begin{cases}\lambda\mathrm{e}^{-\lambda y}, & y>0,\\ 0, & y\leqslant 0.\end{cases}$$

试求：(1) $Z = X + Y$ 的密度函数； (2) $M = \max\{X, Y\}$ 的密度函数；

(3) $N = \min\{X, Y\}$ 的密度函数.

7. 设 X 和 Y 的联合密度函数为 $p(x,y) = \begin{cases} 3x, & 0 < x < 1, 0 < y < x, \\ 0, & 其他, \end{cases}$ 试求 $Z = X - Y$ 的密度函数.

8. 设二维随机变量 (X, Y) 服从圆心在原点的单位圆内的均匀分布, 求极坐标

$$R = \sqrt{X^2 + Y^2}, \quad \theta = \arctan(Y/X)$$

的联合密度函数.

9. 设随机变量 X 与 Y 独立同分布, 且都服从标准正态分布 $N(0,1)$, 试求 $U = X^2 + Y^2$ 的概率密度函数.

10. 设随机变量 X 与 Y 独立同分布, 且都服从标准正态分布 $N(0,1)$, 试求 $\dfrac{X}{|Y|}$ 的概率密度函数.

11. 设随机变量 X 和 Y 独立同分布, 且都服从标准正态分布 $N(0,1)$, 试证 $U = X^2 + Y^2$ 与 $V = X/Y$ 相互独立.

12. 如果 (X, Y) 服从 $N(\mu_1, \mu_2, \sigma_1^2, \sigma_2^2, \rho)$, 而且

$$U = aX + bY, \quad V = cX + dY,$$

试求：(1) (U, V) 的分布; (2) 何种情况下, (U, V) 退化为一维分布; (3) 何种情况下, U 与 V 相互独立.

13. 设随机变量 U 与 V 相互独立, 且均服从 (0,1) 上的均匀分布, 试证明：

(1) $Z_1 = -2\ln U \sim \operatorname{Exp}(1/2), Z_2 = 2\pi V \sim U(0, 2\pi)$;

(2) $X = \sqrt{Z_1}\cos Z_2$ 与 $Y = \sqrt{Z_1}\sin Z_2$ 是相互独立的标准正态变量.

14. 设随机变量 $X_1, X_2, \cdots, X_n$ 独立同分布, 试证：

$$P(X_n > \max\{X_1, X_2, \cdots, X_{n-1}\}) = \frac{1}{n}.$$

15. 证明二项分布的可加性：$X \sim B(n,p), Y \sim B(m,p)$, 且 X 与 Y 相互独立, 则

$$X + Y \sim B(n + m, p).$$

$\left(提示：记\ a = \max\{0, k - m\}, b = \min\{n, k\}, 利用超几何分布\ \sum_{i=a}^{b} \mathrm{C}_n^i \mathrm{C}_m^{k-i} = \mathrm{C}_{n+m}^k\right)$

16. 证明伽马分布的可加性：$X \sim \operatorname{Ga}(\alpha_1, \lambda), Y \sim \operatorname{Ga}(\alpha_2, \lambda)$, 且 X 与 Y 相互独立, 则

$$X + Y \sim \operatorname{Ga}(\alpha_1 + \alpha_2, \lambda).$$

$\left(提示：贝塔函数\ \int_0^1 (1-t)^{\alpha_1 - 1} t^{\alpha_2 - 1} \mathrm{d}t = \dfrac{\Gamma(\alpha_1)\Gamma(\alpha_2)}{\Gamma(\alpha_1 + \alpha_2)}\right)$

应用举例 3 路程估计问题

问题 外出旅行或行军作战等, 都可能涉及两地路程的估计问题. 当身边带有地图时, 这似乎是很容易的事. 然而, 从地图上量出的距离却是两地的直线距离 d, 你能由此估计出这两地的实际路程 S 吗? 试建立这个模型 $S = f(d)$.

要确定 S 与 d 的近似函数关系, 必须收集若干 S 及与之相应的 d 的具体数据, 通过分析找出其规律. 下面给出参考数据, 见表 Y3-1.

表 Y3-1　彭州市与各地距离数据表

	成都市	郫都区	都江堰市	什邡市	德阳市	新繁街道	广汉市	温江区	崇州市
量距 / cm	1.8	1.08	1.55	1.32	2.3	0.75	1.64	1.7	2.38
d / km	36	21.6	31	26.4	46	15	32.8	34	47.6
S / km	42	30	58	43	68	16	43	50	65

注: 新繁街道隶属于四川省成都市新都区.

问题分析与建立模型　问题的关键在于收集数据, 然后描出数据散布图, 通过观测, 决定用什么函数去拟合. 由所给数据, 发现它们大致在一条直线附近, 故用直线拟合, 又因 $d=0$ 时, S 必为 0, 从而设模型为 $S=ad$.

模型求解　应用 MATLAB 编程作数据散布点和拟合直线图 (图 Y3-1), 在同一图上观测拟合效果.

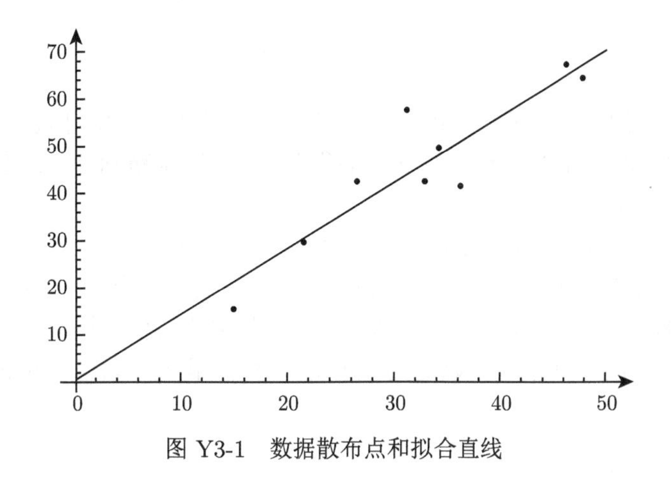

图 Y3-1　数据散布点和拟合直线

由此, 得到经验模型 $S=1.43431d$, 其中系数 a 的计算由公式 (10-1-7) 给出

$$a=\frac{\sum_{i=1}^{n} d_iS_i-n\overline{d}\ \overline{S}}{\sum_{i=1}^{n} d_i^2-n\left(\overline{d}\right)^2}.$$

将经验模型修改为简单模型 $S=1.5d-2.1$, 其中常数项 $b=(1.5-1.43431)\bar{d}$(图 Y3-2), 其目的很清楚, 是为了便于计算. 在只作粗略估计的情况下, 我们更愿意这样做. 作为实践中的一条经验, 它比前者更具有优势. 式中的 b 显然应因短程与远程而有所不同, 这实际上给我们提出了这样一个问题：对 50km 以内的较短路程用一个公式, 对较长的路程再用一个公式是否会更好些呢?

结果分析　比较上下两图, 可知它们差不多, 通过由经验模型算估计值与由简单模型算估计值比较, 计算残差值. 运行结果如下：

$\{51.6, 31.0, 44.5, 37.7, 66.0, 21.5, 47.0, 48.8, 68.2\}$,

$\{51.9, 30.3, 44.4, 37.5, 66.9, 20.4, 47.1, 48.9, 69.3\}$,

$\{-9.6, -1.0, 13.5, 5.3, 2.0, -5.5, -4.0, 1.2, -3.2\}$,

$\{-9.9, -0.3, 13.6, 5.5, 1.1, -3.6, -3.1, 1.1, -4.3\}$.

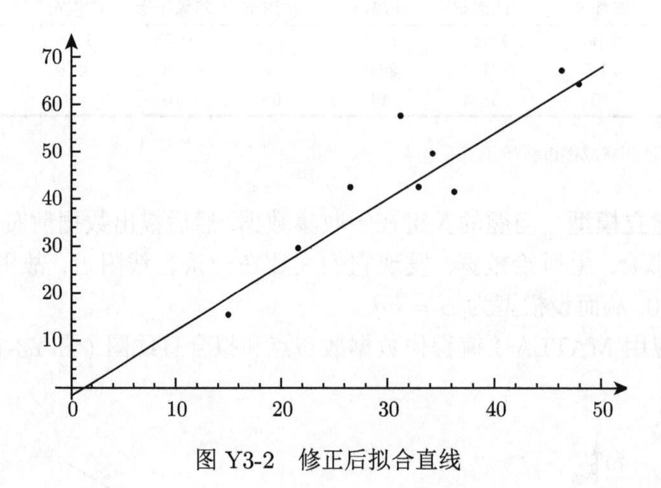

图 Y3-2 修正后拟合直线

可见, 两个模型的差异并不大, 且它们对多数点都吻合得较好, 但也有误差较大的, 分析其原因, 一是我们的模型本身根据小样本而得到, 不可能是精确的; 二是有两种极端情形 (它们的误差都较大) 应该注意:

① 路线较直, 如彭州市 → 成都市 (误差为 $-9.6, -9.9$);

② 路线起伏大, 如彭州市 → 都江堰市, 实际路线是彭州市 → 唐昌镇 → 都江堰市, 相当于走三角形的两边 (误差为 13.5, 13.6). 这是不是提醒我们, 应该把与两地垂直的最大偏离 h 测量出来, 并结合到模型中以提高精度呢? 对此, 我们不再继续讨论, 留给有兴趣的读者.

第 4 章 随机变量的特征数与特征函数

随机变量的分布函数完整地描述了随机变量的统计特征, 但是对于有些随机变量, 要确定其分布函数并不容易, 而对于某些随机变量, 我们不一定要求知道其分布函数, 而只需知道它的一些数字特征就可以了. 随机变量的数字特征包括：数学期望、方差、协方差、相关系数和矩等, 本章将逐一介绍它们. 反映随机变量特征的函数包括：特征函数、矩母函数等, 本章将介绍特征函数的概念及其一些性质.

4.1 数学期望

4.1.1 随机变量的数学期望

在描述随机变量的数学期望的定义之前, 先看一个简单的实例.

某射手进行实弹射击, 设每次射击命中环数是随机变量 X, 现让他射击 100 次, 射击结果如表 4-1-1 所示. 试求出他射击的平均环数.

表 4-1-1 射击结果统计

命中环数 x_i	5	6	7	8	9	10
射击次数 n_i	10	15	10	15	30	20

依条件, 计算各次射击结果的算术平均值为

$$\begin{aligned}&\frac{5\times10+6\times15+7\times10+8\times15+9\times30+10\times20}{100}\\&=5\times\frac{10}{100}+6\times\frac{15}{100}+7\times\frac{10}{100}+8\times\frac{15}{100}+9\times\frac{30}{100}+10\times\frac{20}{100}\\&=\sum_{i=1}^{6}x_i\frac{n_i}{100}=8\,(\text{环}).\end{aligned}$$

式中 $\frac{n_i}{100}$ 是事件 $\{X=x_i\}$ 发生的频率, 我们已经知道事件的频率具有稳定性, 当 n 很大时, 频率 $\frac{n_i}{100}$ 接近于事件 $\{X=x_i\}$ 发生的概率 p_i, 因此上式可以写成 $\sum_{i=1}^{6}x_ip_i$.

一般地, 设在 n 次重复独立试验中, 随机变量 X 共取 l 个数, 取数 x_k 的频数为 n_k, 频率为 $f_n(x_k)=\frac{n_k}{n}\,(k=1,2,\cdots,l)$, 则可以计算出 X 的观测值的算术平均值为

$$\overline{x}=\frac{1}{n}\sum_{k=1}^{l}n_kx_k=\sum_{k=1}^{l}x_k\frac{n_k}{n}=\sum_{k=1}^{l}x_kf_n(x_k).$$

随着试验次数 n 的增大, 频率 $f_n(x_k)$ 会越来越接近概率 p_k, 故而, 上式可以写成 $\overline{x} = \sum_{k=1}^{l} x_k p_k$, 所以, 我们可以有如下定义.

定义 4.1.1　设离散型随机变量 X 的分布列为

$$P(X = x_k) = p_k, \quad k = 1, 2, \cdots,$$

如果级数 $\sum_{k=1}^{\infty} |x_k| p_k$ 收敛, 则称级数 $\sum_{k=1}^{\infty} x_k p_k$ 为随机变量 X 的数学期望或均值, 它反映了随机变量取值的平均程度或集中趋势. 记为 $E(X)$ 或 EX, 即有

$$E(X) = \sum_{k=1}^{\infty} x_k p_k; \tag{4-1-1}$$

如果级数 $\sum_{k=1}^{\infty} |x_k| p_k$ 发散, 则称 $E(X)$ 不存在.

例 4.1.1　有甲、乙两个射手, 他们的射击技术用表 4-1-2 数据来表示. 试问哪一个射手本领较高?

表 4-1-2　射击结果统计

	甲射手 X_1			乙射手 X_2		
击中环数 X	8	9	10	8	9	10
$P(X = x_k)$	0.3	0.1	0.6	0.2	0.5	0.3

解　虽然用分布列描述了随机变量 X_1, X_2 的概率分布, 但是却不能明显地分出两射手本领的高低, 所以有必要找出一个量, 更集中、更概括地反映随机变量的变化情况.

由分布表得甲射手平均命中环数 $E(X_1) = 10 \times 0.6 + 9 \times 0.1 + 8 \times 0.3 = 9.3$(环), 乙射手平均命中环数为 $E(X_2) = 10 \times 0.3 + 9 \times 0.5 + 8 \times 0.2 = 9.1$(环). 从平均命中环数看, 甲射手的射击水平比乙射手高.

例 4.1.2　在一个人数很多的团体中普查某种疾病, 为此要抽验 N 个人的血液, 可以用两种方法进行. ① 把每个人的血液分别进行检验, 这就需检验 N 次; ② 按 k 个人一组进行分组, 把从 k 个人抽取来的血液混合在一起进行检验, 如果这混合血液呈阴性, 那么, 这 k 个人的血液就只需检验一次, 若呈阳性, 则再对这 k 个人的血液分别进行检验. 这样, k 个人的血液总共要检验 $k+1$ 次. 假设每个人的血液检验呈阳性的概率为 p, 且这些人的血液的检验结果是相互独立的. 试说明当 p 较小时, 选取适当的 k, 按第二种方法可以减少检验的次数, 并说明 k 取什么值时最适宜.

解　各人的血液呈阴性的概率为 $q = 1 - p$, 所以 k 个人的混合血液呈阴性的概率为 q^k, k 个人的混合血液呈阳性的概率为 $1 - q^k$.

设以 k 个人为一组时, 组内每人检验的次数为 X, 则 X 是一个随机变量, 其分布列如表 4-1-3 所示.

表 4-1-3 X 的分布列

X	$\frac{1}{k}$	$1+\frac{1}{k}$
P	q^k	$1-q^k$

X 的数学期望为 $E(X)=\frac{1}{k}\times q^k+\left(1+\frac{1}{k}\right)(1-q^k)=1-q^k+\frac{1}{k}$, N 个人平均需检验的次数为 $\left(1-q^k+\frac{1}{k}\right)N$.

由此可知, 只要选择 k 使 $1-q^k+\frac{1}{k}<1$, 则 N 个人平均需检验的次数小于 N. 当 p 固定时, 我们选取 k 使得 $L=1-q^k+\frac{1}{k}$ 小于 1 且取到最小值, 这时就能得到最好的分组方法.

例如, $p=0.1$, 当 $k=4$ 时, $L=1-q^k+\frac{1}{k}$ 取到最小值, 此时得到最好的分组方法. 如果 $N=1000$, 此时以 $k=4$ 分组, 则按第二方案平均只需检验 $1000\times\left(1-0.9^4+\frac{1}{4}\right)=594$(次), 这样平均下来可以减少 40%的工作量.

例 4.1.3 从一个装有 m 个白球和 n 个黑球的器皿中取球, 直到出现白球为止, 如果每次取出的球仍放回器皿中, 求出现黑球数的数学期望.

解 设 X 表示取出的黑球数, 则 X 的分布列为

$$P(X=k)=\left(\frac{n}{m+n}\right)^k\left(\frac{m}{m+n}\right),\quad k=0,1,2,\cdots,$$

令 $q=\frac{n}{m+n},p=\frac{m}{m+n}$, 由数学期望的定义可得

$$E(X)=\sum_{k=0}^{\infty}kq^kp=qp\sum_{k=0}^{\infty}kq^{k-1}=qp\left(\sum_{k=0}^{\infty}q^k\right)'=qp\left(\frac{1}{1-q}\right)'=\frac{qp}{(1-q)^2}=\frac{q}{p}=\frac{n}{m}.$$

对于连续型随机变量, 设连续型随机变量 X 的概率密度函数为 $p(x)$, 取值范围为 (a,b), 在区间 (a,b) 之外 $p(x)$ 取值为零, 在区间 (a,b) 内插入分点 $a=x_0<x_1<x_2<\cdots<x_n=b$, 把区间 (a,b) 分成 n 个互不相交的子区间, 则 X 落在第 i 个子区间 (x_{i-1},x_i) 的概率为

$$P(x_{i-1}<X\leqslant x_i)\approx p(x_i)\Delta x_i\quad(\Delta x_i=x_i-x_{i-1}),$$

于是 X 的平均值近似地等于 $\sum_{i=1}^{n}x_ip(x_i)\Delta x_i$.

记 $\lambda=\max_{1\leqslant i\leqslant n}\{\Delta x_i\}$, 当 $\lambda\to0$ 时, 若 $\lim_{k\to0}\sum_{i=1}^{n}x_ip(x_i)\Delta x_i$ 存在, 则这个极限值为

$$I=\int_a^b xp(x)\mathrm{d}x=\int_{-\infty}^{a}0\mathrm{d}x+\int_a^b xp(x)\mathrm{d}x+\int_b^{+\infty}0\mathrm{d}x=\int_{-\infty}^{+\infty}xp(x)\mathrm{d}x.$$

所以, 上式右端的反常积分 $\int_{-\infty}^{+\infty} xp(x)\mathrm{d}x$ 表示连续型随机变量 X 取值的平均水平, 于是可以有如下定义.

定义 4.1.2　设连续型随机变量 X 的概率密度函数为 $p(x)$, 如果积分 $\int_{-\infty}^{+\infty} |x|p(x)\mathrm{d}x$ 收敛, 则称积分 $\int_{-\infty}^{+\infty} xp(x)\mathrm{d}x$ 为 X 的数学期望或均值, 记为 $E(X)$, 即

$$E(X) = \int_{-\infty}^{+\infty} xp(x)\mathrm{d}x; \tag{4-1-2}$$

如果积分 $\int_{-\infty}^{+\infty} |x|p(x)\mathrm{d}x$ 发散, 则 $E(X)$ 不存在.

例 4.1.4　设随机变量 X 服从柯西分布, 其概率密度函数为

$$p(x) = \frac{1}{\pi(1+x^2)}, \quad -\infty < x < +\infty,$$

试证明 X 的数学期望不存在.

证明　由 $\int_{-\infty}^{+\infty} |x|p(x)\mathrm{d}x = \int_{-\infty}^{+\infty} \frac{|x|}{\pi(1+x^2)}\mathrm{d}x = 2\int_{0}^{+\infty} \frac{x}{\pi(1+x^2)}\mathrm{d}x = \frac{1}{\pi}\ln(1+x^2)\Big|_{0}^{+\infty} = +\infty$ 可知, 即 $\int_{-\infty}^{+\infty} |x|p(x)\mathrm{d}x$ 不收敛, 所以随机变量 X 的数学期望 $E(X)$ 不存在.

对应地, 随机变量的函数也有数学期望一说. 一般地, 如果设有随机变量 X, $y = g(x)$ 是连续实函数, 欲求随机变量 X 的函数 $Y = g(X)$ 的数学期望可以有两种途径. 其一是先求出随机变量 Y 的分布, 然后按数学期望的定义来求出随机变量 Y 的数学期望, 这种方法比较麻烦; 其二是根据一些定理来进行计算. 我们先来讨论如下定理.

定理 4.1.1　设随机变量 X 的函数为 $Y = g(X)$, $y = g(x)$ 是连续实函数, 则有

(1) 设随机变量 X 是离散型随机变量, 它的分布列为

$$P(X = x_i) = p_i, \quad i = 1, 2, \cdots,$$

当 $\sum_{i=1}^{\infty} |g(x_i)|\, p_i$ 收敛时, 随机变量函数 $Y = g(X)$ 的期望为

$$E(Y) = E[g(X)] = \sum_{i} g(x_i)p_i. \tag{4-1-3}$$

(2) 设随机变量 X 是连续型随机变量, 它的密度函数为 $p(x)$, 当 $\int_{-\infty}^{+\infty} |g(x)|\, p(x)\mathrm{d}x$ 收敛时, 随机变量函数 $Y = g(X)$ 的期望为

$$E(Y) = E[g(X)] = \int_{-\infty}^{+\infty} g(x)p(x)\mathrm{d}x. \tag{4-1-4}$$

证明 仅对 (1) 进行证明. (2) 的证明暂时不考虑.

设离散型随机变量 X 的分布列为 $P(X=x_i)=p_i, i=1,2,\cdots$, 则随机变量 X 的函数 $Y=g(X)$ 的分布列如表 4-1-4 所示.

表 4-1-4 Y 的分布列

Y	$g(x_1)$	$g(x_2)$	$\cdots$
P	p_1	p_2	$\cdots$

按照离散型数学期望的定义有 $E(Y)=\sum\limits_i g(x_i)p_i=E[g(X)]$.

对于连续型随机变量, 可以这么理解, 对于任意小的 Δx_i, 随机变量 X 落在区间 $(x_i, x_i+\Delta x_i)$ 上的概率为 $p(x_i)\Delta x_i$, 即随机变量 $Y=g(X)$ 落在区间 $(g(x_i), g(x_i+\Delta x_i))$ 上的概率为 $p(x_i)\Delta x_i$, 故而 $Y=g(X)$ 的数学期望为

$$E(Y)=E[g(X)]=\lim_{\lambda\to 0}\sum_{i=1}^{n}g(x_i)p(x_i)\Delta x_i=\int_{-\infty}^{+\infty}g(x)p(x)\mathrm{d}x.$$

例 4.1.5 设 $X\sim B(n,p)$, 求 $E[X(X-1)]$.

解 因为 $X\sim B(n,p)$, 则 X 的分布列为

$$P(X=k)=\mathrm{C}_n^k p^k q^{n-k},\quad k=0,1,2,\cdots,n,$$

其中, $0<p<1, q=1-p$. 令 $Y=g(X)=X(X-1)$, 则有

$$\begin{aligned}E[X(X-1)]&=\sum_{k=0}^{n}k(k-1)\mathrm{C}_n^k p^k q^{n-k}=n(n-1)p^2\sum_{k=2}^{n}\frac{(n-2)!}{(k-2)!(n-k)!}p^{k-2}q^{n-k}\\&\xlongequal{i=k-2}n(n-1)p^2\sum_{i=0}^{n-2}\frac{(n-2)!}{i!(n-2-i)!}p^i q^{n-2-i}=n(n-1)p^2(p+q)^{n-2}\\&=n(n-1)p^2.\end{aligned}$$

定理 4.1.2 设有二维随机变量 (X,Y), 其函数为 $g(X,Y)$, 且 $g(x,y)$ 是连续实函数. 则

(1) 若二维随机变量 (X,Y) 是离散型二维随机变量, 它的分布列为

$$P(X=x_i, Y=y_j)=p_{ij},\quad i,j=1,2,\cdots,$$

当 $\sum\limits_{i=1}^{\infty}\sum\limits_{j=1}^{\infty}|g(x_i,y_j)|p_{ij}$ 收敛时, 随机变量函数 $g(X,Y)$ 的期望为

$$E[g(X,Y)]=\sum_i\sum_j g(x_i,y_j)p_{ij}.$$

(2) 若二维随机变量 (X,Y) 是连续型二维随机变量, 它的概率密度函数为 $p(x,y)$, 当 $\int_{-\infty}^{+\infty}\int_{-\infty}^{+\infty}|g(x,y)|\,p(x,y)\mathrm{d}x\mathrm{d}y$ 收敛时, 随机变量函数 $g(X,Y)$ 的期望为

$$E[g(X,Y)]=\int_{-\infty}^{+\infty}\int_{-\infty}^{+\infty}g(x,y)p(x,y)\mathrm{d}x\mathrm{d}y. \tag{4-1-5}$$

显然, 当 $g(X,Y)=X$ 时, $E[g(X,Y)]$ 是二维随机变量 (X,Y) 的分量 X 的数学期望; 当 $g(X,Y)=Y$ 时, $E[g(X,Y)]$ 是二维随机变量 (X,Y) 的分量 Y 的数学期望.

例 4.1.6 设二维随机变量 (X,Y) 的概率密度函数为

$$p(x,y)=\begin{cases}2xy, & 0<x<2,0<y<\dfrac{x}{2},\\ 0, & \text{其他}.\end{cases}$$

求 $E(Y)$ 和 $E(XY)$.

解 $E(Y)=\int_{-\infty}^{+\infty}\int_{-\infty}^{+\infty}yp(x,y)\mathrm{d}x\mathrm{d}y=\int_0^2\mathrm{d}x\int_0^{\frac{x}{2}}y\cdot 2xy\mathrm{d}y=\int_0^2\frac{x^4}{12}\mathrm{d}x=\frac{8}{15}.$

$$E(XY)=\int_{-\infty}^{+\infty}\int_{-\infty}^{+\infty}xyp(x,y)\mathrm{d}x\mathrm{d}y=\int_0^2\mathrm{d}x\int_0^{\frac{x}{2}}xy\cdot 2xy\mathrm{d}y=\int_0^2\frac{x^5}{12}\mathrm{d}x=\frac{8}{9}.$$

4.1.2 数学期望的性质

随机变量的数学期望具有如下性质, 在这里, 我们假设以下所提到的数学期望都存在.

性质 4.1.1 随机变量的期望 $E(X)$ 具有如下性质:

(1) $E(C)=C$(C 为常数).

(2) 设 X 是随机变量, 则 $E(CX)=CE(X)$(C 为常数).

(3) 设 X,Y 是随机变量, 则 $E(C_1X+C_2Y)=C_1E(X)+C_2E(Y)$($C_1$, C_2 为常数).

可推广, 若 $X_1,X_2,\cdots,X_n$ 为随机变量, 则 $E\left(\sum_{i=1}^{n}C_iX_i\right)=\sum_{i=1}^{n}C_iE(X_i)$($C_i$ 为常数, $i=1,2,\cdots,n$).

(4) 设 X 和 Y 是两个相互独立的随机变量, 则 $E(XY)=E(X)E(Y)$.

可推广, 若 $X_1,X_2,\cdots,X_n$ 为随机变量, 且 $X_1,X_2,\cdots,X_n$ 相互独立, 则有

$$E(X_1X_2\cdots X_n)=E(X_1)E(X_2)\cdots E(X_n).$$

证明 (1) 将常数 C 看成离散型随机变量, 其分布列为 $P(X=C)=1$, 故而 $E(C)=C\times 1=C$.

(2) 设随机变量 X 为连续型随机变量 (离散型情况相类似), 它的概率密度函数为 $p(x)$, 则 $E(CX)=\int_{-\infty}^{+\infty}Cxp(x)\mathrm{d}x=C\int_{-\infty}^{+\infty}xp(x)\mathrm{d}x=CE(X)$.

(3) 我们只证 (X,Y) 是连续型随机变量的情况, 离散型情况类似.

设 (X,Y) 的密度函数为 $p(x,y)$, 边际密度函数为 $p_X(x),p_Y(y)$, 由上式可得

$$\begin{aligned}E(C_1X+C_2Y)&=\int_{-\infty}^{+\infty}\int_{-\infty}^{+\infty}(C_1x+C_2y)p(x,y)\mathrm{d}x\mathrm{d}y\\&=C_1\int_{-\infty}^{+\infty}\int_{-\infty}^{+\infty}xp(x,y)\mathrm{d}x\mathrm{d}y+C_2\int_{-\infty}^{+\infty}\int_{-\infty}^{+\infty}yp(x,y)\mathrm{d}x\mathrm{d}y\\&=C_1\int_{-\infty}^{+\infty}xp_X(x)\mathrm{d}x+C_2\int_{-\infty}^{+\infty}yp_Y(y)\mathrm{d}y=C_1E(X)+C_2E(Y).\end{aligned}$$

(4) 根据 X 和 Y 相互独立的假设, X,Y 的联合密度函数和边际密度函数之间存在关系式 $p(x,y)=p_X(x)p_Y(y)$, 则

$$\begin{aligned}E(XY)&=\int_{-\infty}^{+\infty}\int_{-\infty}^{+\infty}xyp(x,y)\mathrm{d}x\mathrm{d}y=\int_{-\infty}^{+\infty}\int_{-\infty}^{+\infty}xyp_X(x)p_Y(y)\mathrm{d}x\mathrm{d}y\\&=\left[\int_{-\infty}^{+\infty}xp_X(x)\mathrm{d}x\right]\left[\int_{-\infty}^{+\infty}yp_Y(y)\mathrm{d}y\right]=E(X)E(Y).\end{aligned}$$

例 4.1.7 一民航送客车载有 20 名旅客从机场开出, 旅客有 10 个车站可以下车, 如到达一个车站没有旅客下车就不停车, 设每位旅客在各个车站下车是等可能的, 并设各旅客是否下车相互独立. 以 X 表示停车次数, 求 $E(X)$.

解 引入随机变量 $X_i=\begin{cases}0, & \text{在第 } i \text{ 车站无人下车},\\ 1, & \text{在第 } i \text{ 车站有人下车},\end{cases}$ $i=1,2,\cdots,10$, 于是停车次数为 $X=X_1+X_2+\cdots+X_{10}$.

由题意知, 任一旅客在第 i 车站下车的概率为 $\dfrac{1}{10}$, 不下车的概率为 $\dfrac{9}{10}$, 由于各旅客是否下车相互独立, 因此, 20 位旅客都不在第 i 车站下车的概率为 $\left(\dfrac{9}{10}\right)^{20}$, 在第 i 车站有旅客下车的概率为 $1-\left(\dfrac{9}{10}\right)^{20}$, 也就是

$$P(X_i=0)=\left(\frac{9}{10}\right)^{20},\quad P(X_i=1)=1-\left(\frac{9}{10}\right)^{20}\quad(i=1,2,\cdots,10).$$

故而有 $E(X_i)=0\times\left(\dfrac{9}{10}\right)^{20}+1\times\left[1-\left(\dfrac{9}{10}\right)^{20}\right]=1-\left(\dfrac{9}{10}\right)^{20}(i=1,2,\cdots,10)$. 进而

$$\begin{aligned}E(X)&=E(X_1+X_2+\cdots+X_{10})=E(X_1)+E(X_2)+\cdots+E(X_{10})\\&=10\left[1-\left(\frac{9}{10}\right)^{20}\right]=8.784\ (\text{次}).\end{aligned}$$

4.1.3 常见随机变量的数学期望

在这里, 我们还是将一些重要的随机变量的数学期望计算如下.

(1) 0-1 分布即 $B(1,p)$ 的数学期望. 如果随机变量 $X\sim B(1,p)$, 则其分布列如表 4-1-5 所示. 则 $E(X)=0\times(1-p)+1\times p=p$.

表 4-1-5 0-1 分布的分布列

X	0	1
P	$1-p$	p

(2) 二项分布 $B(n,p)$ 的数学期望.

如果随机变量 $X\sim B(n,p)$, 则其分布列为

$$P(X=k)=\mathrm{C}_n^k p^k q^{n-k},\quad k=0,1,\cdots,n,\quad q=1-p.$$

数学期望为

$$\begin{aligned}E(X)&=\sum_{k=0}^{n}kp_k=\sum_{k=1}^{n}k\frac{n!}{k!(n-k)!}p^kq^{n-k}=np\sum_{k=1}^{n}\mathrm{C}_{n-1}^{k-1}p^{k-1}q^{n-k}\\&=np[\mathrm{C}_{n-1}^{0}p^0q^{n-1}+\mathrm{C}_{n-1}^{1}p^1q^{n-2}+\cdots+\mathrm{C}_{n-1}^{n-1}p^{n-1}q^0]\\&=np(p+q)^{n-1}=np.\end{aligned}$$

注意 二项分布随机变量 X 可表示为 n 个独立 0-1 分布随机变量 X_i 之和, 因此根据期望性质有 $E(X)=E(X_1)+E(X_2)+\cdots+E(X_n)=np$.

(3) 超几何分布的数学期望.

设随机变量 X 的分布列为 $P(X=k)=\dfrac{\mathrm{C}_M^k\mathrm{C}_{N-M}^{n-k}}{\mathrm{C}_N^n}, k=0,1,2,\cdots,l=\min\{n,M\}$, 其中 $0\leqslant n\leqslant N, 0\leqslant M\leqslant N$, 则随机变量 X 的数学期望为

$$\begin{aligned}E(X)&=\sum_{k=0}^{l}kP(X=k)=\sum_{k=0}^{l}k\cdot\frac{\mathrm{C}_M^k\mathrm{C}_{N-M}^{n-k}}{\mathrm{C}_N^n}\\&=\sum_{k=1}^{l}\frac{M!}{(k-1)!\,(M-k)!}\frac{\mathrm{C}_{N-M}^{n-k}}{\mathrm{C}_N^n}=M\sum_{k=1}^{l}\frac{\mathrm{C}_{M-1}^{k-1}\mathrm{C}_{N-1-(M-1)}^{n-1-(k-1)}}{\frac{N}{n}\mathrm{C}_{N-1}^{n-1}}=\frac{nM}{N}.\end{aligned}$$

(4) 泊松分布 $P(\lambda)$ 的数学期望.

如果随机变量 $X\sim P(\lambda)$, 则其分布列为 $P(X=k)=\dfrac{\lambda^k}{k!}\mathrm{e}^{-\lambda}, k=0,1,\cdots$, 数学期望为

$$E(X)=\sum_{k=0}^{\infty}kp_k=\sum_{k=1}^{\infty}k\frac{\lambda^k}{k!}\mathrm{e}^{-\lambda}=\lambda\sum_{k=1}^{\infty}\frac{\lambda^{k-1}}{(k-1)!}\mathrm{e}^{-\lambda}=\lambda\sum_{m=0}^{\infty}\frac{\lambda^m}{m!}\mathrm{e}^{-\lambda}=\lambda.$$

(5) 几何分布 $G(p)$ 的数学期望.

如果随机变量 $X\sim G(p)$, 则其分布列为 $P(X=k)=pq^{k-1}, k=1,2,\cdots$, 数学期望为

$$E(X)=\sum_{k=1}^{\infty}kp_k=\sum_{k=1}^{\infty}kpq^{k-1}=p\sum_{k=1}^{\infty}(q^k)'=p\left(\sum_{k=1}^{\infty}q^k\right)'=\frac{1}{p}.$$

(6) 负二项分布 $NB(r,p)$ 的数学期望.

我们已经知道：X_i 独立同分布, 且 $X_i \sim G(p)$, 则 $X_1+X_2+\cdots+X_r=X\sim NB(r,p)$, 数学期望为 $E(X)=E(X_1)+E(X_2)+\cdots+E(X_r)=\dfrac{r}{p}$.

(7) 均匀分布 $U(a,b)$ 的数学期望.

如果随机变量 $X\sim U(a,b)$, 则其概率密度函数为 $p(x)=\begin{cases}\dfrac{1}{b-a}, & a<x<b,\\ 0, & \text{其他},\end{cases}$ 数学期望为

$$E(X)=\int_{-\infty}^{+\infty}xp(x)\mathrm{d}x=\int_a^b\frac{x}{b-a}\mathrm{d}x=\frac{a+b}{2}.$$

(8) 正态分布 $N(\mu,\sigma^2)$ 的数学期望.

如果随机变量 $X\sim N(\mu,\sigma^2)$, 则其概率密度函数为

$$p(x)=\frac{1}{\sqrt{2\pi}\sigma}\mathrm{e}^{-\frac{(x-\mu)^2}{2\sigma^2}},\quad -\infty<x<+\infty,\quad \sigma>0,$$

数学期望为

$$\begin{aligned}E(X)&=\int_{-\infty}^{+\infty}xp(x)\mathrm{d}x=\int_{-\infty}^{+\infty}(x-\mu)p(x)\mathrm{d}x+\mu\int_{-\infty}^{+\infty}p(x)\mathrm{d}x\\&=\int_{-\infty}^{+\infty}(x-\mu)\frac{1}{\sqrt{2\pi}\sigma}\mathrm{e}^{-\frac{(x-\mu)^2}{2\sigma^2}}\mathrm{d}x+\mu,\end{aligned}$$

若令 $x-\mu=t$, 则 $E(X)=\displaystyle\int_{-\infty}^{+\infty}t\cdot\frac{1}{\sqrt{2\pi}\sigma}\,\mathrm{e}^{-\frac{1}{2\sigma^2}t^2}\mathrm{d}t+\mu=\mu$.

(9) 指数分布 $\mathrm{Exp}(\lambda)$ 的数学期望.

如果随机变量 $X\sim \mathrm{Exp}(\lambda)$, 则其概率密度函数为 $p(x)=\begin{cases}\lambda\mathrm{e}^{-\lambda x}, & x>0,\\ 0, & x\leqslant 0\end{cases}$ $(\lambda>0)$, 数学期望为

$$E(X)=\int_{-\infty}^{+\infty}xp(x)\mathrm{d}x=\int_0^{+\infty}x\lambda\mathrm{e}^{-\lambda x}\mathrm{d}x=\frac{1}{\lambda}.$$

(10) 伽马分布 $\mathrm{Ga}\,(\alpha,\lambda)$ 的数学期望.

如果随机变量 X 的概率密度函数为

$$p_\Gamma(x)=\begin{cases}\dfrac{\lambda^\alpha}{\Gamma\,(\alpha)}x^{\alpha-1}\mathrm{e}^{-\lambda x}, & x\geqslant 0,\\ 0, & x<0,\end{cases}$$

数学期望为 $E(X)=\displaystyle\int_{-\infty}^{+\infty}xp_\Gamma(x)\mathrm{d}x=\frac{\lambda^\alpha}{\Gamma\,(\alpha)}\int_0^{+\infty}xx^{\alpha-1}\mathrm{e}^{-\lambda x}\mathrm{d}x=\frac{\Gamma\,(\alpha+1)}{\Gamma\,(\alpha)}\frac{1}{\lambda}=\frac{\alpha}{\lambda}$.

(11) 贝塔分布 $\mathrm{Be}(a,b)$ 的数学期望.

如果随机变量 X 的概率密度函数为

$$p_\beta(x)=\begin{cases}\dfrac{\Gamma(a+b)}{\Gamma(a)\Gamma(b)}x^{a-1}(1-x)^{b-1}, & 0<x<1,\\ 0, & 其他,\end{cases}$$

数学期望为

$$\begin{aligned}E(X)&=\int_{-\infty}^{+\infty}xp_\beta(x)\mathrm{d}x=\frac{\Gamma(a+b)}{\Gamma(a)\Gamma(b)}\int_0^1 x^{a+1-1}(1-x)^{b-1}\mathrm{d}x\\&=\frac{\Gamma(a+b)}{\Gamma(a)\Gamma(b)}\frac{\Gamma(a+1)\Gamma(b)}{\Gamma(a+b+1)}=\frac{a}{a+b}.\end{aligned}$$

4.1.4　条件期望及性质

定义 4.1.3　条件分布的数学期望 (若存在) 称为条件期望, 其定义如下：

$$E(X\mid Y=y_j)=\sum_i x_iP(X=x_i\,|y=y_j),\quad (X,Y)为二维离散型,$$

$$E(X\mid Y=y)=\int_{-\infty}^{\infty}xp_{X|Y}(x\,|y)\,\mathrm{d}x,\quad (X,Y)为二维连续型,$$

类似地可定义 $E(Y\mid X=x_i)$, $E(Y\mid X=x)$.

我们已经知道当 $(X,Y)\sim N(\mu_1,\mu_2,\sigma_1^2,\sigma_2^2,\rho)$ 时, 有条件分布

$$X\mid Y=y\sim N\left(\mu_1+\rho\frac{\sigma_1}{\sigma_2}(y-\mu_2),\sigma_1^2\left(1-\rho^2\right)\right),$$

因此, $E(X\mid Y=y)=\mu_1+\rho\dfrac{\sigma_1}{\sigma_2}(y-\mu_2)$, 是 y 的线性函数.

条件期望具有数学期望的一切性质, 读者可以自己写出来.

$E(X\mid Y)\underset{记}{=}g(Y)$ 作为随机变量 Y 的函数, 下面我们看一下它的期望有什么特点.

定理 4.1.3 (重期望公式)　设 (X,Y) 是二维随机变量, 且 $E(X)$ 存在, 则

$$E(X)=E(E(X\mid Y)).\tag{4-1-6}$$

证明　仅对连续场合证明, 离散场合类似. 设 (X,Y) 的概率密度函数为 $p(x,y)$, 记 $E(X\mid Y=y)=g(y)$, 则 $E(X\mid Y)=g(Y)$, 由此

$$E(X)=\int_{-\infty}^{\infty}\int_{-\infty}^{\infty}xp(x,y)\mathrm{d}x\mathrm{d}y=\int_{-\infty}^{\infty}\int_{-\infty}^{\infty}xp_{X|Y}(x\,|y)p_Y(y)\mathrm{d}x\mathrm{d}y$$

$$= \int_{-\infty}^{\infty} p_Y(Y) \left[\int_{-\infty}^{\infty} x p_{X|Y}(x\,|y)\,\mathrm{d}x\right]\mathrm{d}y = \int_{-\infty}^{\infty} E(X \mid Y = y) p_Y(y)\mathrm{d}y$$

$$= E(g(Y)) = E(E(X|Y)).$$

命题得证.

例 4.1.8 一矿工困在有三个门的矿井里, 第一个门通一坑道, 沿此坑道走 3 小时可到达安全区; 第二个门通一坑道, 沿此坑道走 5 小时回到原处; 第三个门通一坑道, 沿此坑道走 7 小时回到原处. 假设该矿工总是等可能地在三个门中选择一个, 试求他回到安全区的平均时间.

解 设该矿工需 X 小时到达安全区, Y 表示第一次所选择的门, $\{Y = i\}$ 就是选择第 i 个门. 由题设知

$$P(Y = 1) = P(Y = 2) = P(Y = 3) = \frac{1}{3},$$

$$E(X\,|\,Y = 1) = 3, \quad E(X\,|\,Y = 2) = E(X) + 5, \quad E(X\,|\,Y = 3) = E(X) + 7,$$

综上可得

$$E(X) = E(E(X\,|\,Y)) = E(X\,|\,Y = 1)\frac{1}{3} + E(X\,|\,Y = 2)\frac{1}{3} + E(X\,|\,Y = 3)\frac{1}{3}$$

$$= \frac{1}{3}[3 + 5 + E(X) + 7 + E(X)] = 5 + \frac{2}{3}E(X),$$

解得 $E(X) = 15$, 即该矿工平均需 15 小时到达安全区.

例 4.1.9 (随机个随机变量和的数学期望) 设 $X_1, X_2, \cdots$ 为一列独立同分布随机变量序列, 随机变量 N 只取正整数值, 且 N 与 $\{X_n\}$ 独立, 证明 $E\left(\sum\limits_{i=1}^{N} X_i\right) = E(X_i)E(N)$.

证明 由重期望公式知

$$E\left(\sum_{i=1}^{N} X_i\right) = E\left(E\left(\sum_{i=1}^{N} X_i\,|N\right)\right) = \sum_{n=1}^{\infty} E\left(\sum_{i=1}^{N} X_i\,|N = n\right) P(N = n)$$

$$= \sum_{n=1}^{\infty} E\left(\sum_{i=1}^{n} X_i\right) P(N = n) = \sum_{n=1}^{\infty} nE(X_i)P(N = n) = E(X_i)E(N).$$

如可用 N 表示一天内来到某商场的人数, X_i 表示第 i 个顾客的消费量, $E\left(\sum\limits_{i=1}^{N} X_i\right)$ 就是该商场一天的平均营业额, 通过 $E(X_i)E(N)$ 计算就是了.

习 题 4.1

1. 设随机变量 X 的分布列如表 X4-1-1 所示. 求 $E(X), E(X^2), E(3X^2 + 5)$.

表 X4-1-1　随机变量 X 的分布列

X	-2	0	2
P	0.4	0.3	0.3

2. 从一个装有 m 个白球、n 个黑球的袋中有返回地摸球, 直到摸到白球为止. 试求取出黑球数的期望.

3. 对一批产品进行检验, 如查到第 a 件全为合格品, 就认为这批产品合格, 若在前 a 件中发现不合格品即停止检查, 且认为这批产品不合格. 设产品的数量很大, 可以认为每次查到不合格品的概率都是 p, 问每批产品平均要查多少件?

4. 保险公司的某险种规定: 如果某个事件 A 在一年内发生了, 则保险公司应付给投保户金额 a 元, 而事件 A 在一年内发生的概率为 p. 如果保险公司向投保户收取的保费为 ka, 则问 k 为多少, 才能使保险公司期望的收益达到 a 的 10%.

5. 某新产品在未来市场上的占有率 X 具有密度函数 $p(x)=\begin{cases}4(1-x)^3, & 0<x<1,\\ 0, & \text{其他},\end{cases}$ 试求平均市场占有率.

6. 设随机变量 X 概率密度函数为 $p(x)=\begin{cases}x+\dfrac{1}{2}, & 0<x<1,\\ 0, & \text{其他},\end{cases}$ $Y=\sin X$, 求 X 和 Y 的数学期望.

7. 设随机变量 X 的概率密度函数为 $p(x)=\begin{cases}\mathrm{e}^{-x}, & x>0,\\ 0, & x\leqslant 0,\end{cases}$ 求 $E(X), E(2X), E(\mathrm{e}^{-2X})$.

8. 设随机变量 X 的概率密度函数为 $p(x)=\begin{cases}a+bx^2, & 0<x<1,\\ 0, & \text{其他},\end{cases}$ 如果 $E(X)=\dfrac{2}{3}$, 求 a 和 b.

9. 设随机变量 X 的概率密度函数为 $p(x)=\begin{cases}\dfrac{3}{8}x^2, & 0<x<2,\\ 0, & \text{其他},\end{cases}$ 试求 $\dfrac{1}{X^2}$ 的数学期望.

10. 设随机变量 X 服从参数为 p 的几何分布, 试证: $E\left(\dfrac{1}{X}\right)=\dfrac{-p\ln p}{1-p}$.

11. 如果随机变量 X 的分布函数为 $F(x)$, 试证: $E(X)=\displaystyle\int_0^{\infty}[1-F(x)]\mathrm{d}x-\int_{-\infty}^{0}F(x)\mathrm{d}x$. 特别地, 如果 X 为非负值, 则有 $E(X)=\displaystyle\int_0^{\infty}[1-F(x)]\mathrm{d}x$.

12. 设 X 为仅取非负整数的离散型随机变量, 若其数学期望存在, 证明:

(1) $E(X)=\displaystyle\sum_{k=1}^{\infty}P(X\geqslant k)$;　(2) $\displaystyle\sum_{k=0}^{\infty}kP(X>k)=\frac{1}{2}\left[E(X^2)-E(X)\right]$.

13. 设 X 为非负连续型随机变量, 若 $E(X^n)$ 存在, 证明:

(1) $E(X)=\displaystyle\int_0^{\infty}P(X>x)\mathrm{d}x$;　(2)$E(X^n)=\displaystyle\int_0^{\infty}nx^{n-1}P(X>x)\mathrm{d}x$.

14. 设 $X_1,X_2,\cdots,X_n$ 是独立同分布的正值随机变量. 证明: $E\left(\dfrac{X_1+\cdots+X_k}{X_1+\cdots+X_n}\right)=\dfrac{k}{n}, k\leqslant n$.

15. 设随机变量 X 与 Y 独立同分布, 都服从参数为 λ 的指数分布. 令 $Z=\begin{cases}3X+1, & Y<X,\\ 6Y, & Y\geqslant X.\end{cases}$ 试求 $E(Z)$.

16. 设二维随机变量 (X,Y) 的概率密度函数为 $p(x,y)=\begin{cases}24(1-x)y, & 0<y<x<1,\\ 0, & \text{其他}.\end{cases}$ 试在 $0<y<1$ 时, 求 $E(X|Y=y)$.

17. 设 $E(Y), E[h(Y)]$ 存在, 试证 $E[h(Y)|Y]=h(Y)$.

4.2 方　差

4.2.1 方差的概念

随机变量的数学期望虽然反映了随机变量的平均取值, 但在许多情况下, 仅知道平均值是不够的. 例如, 有甲、乙两种品牌不同的手表, 它们的日走时误差为 X,Y, 其分布列分别如表 4-2-1 所示.

表 4-2-1　X 的分布列和 Y 的分布列

甲	X	-2	-1	0	1	2
	P	0.04	0.06	0.8	0.06	0.04
乙	Y	-2	-1	0	1	2
	P	0.1	0.1	0.6	0.1	0.1

容易验证, $E(X)=E(Y)=0$, 仅从数学期望无法比较这两种手表质量的好坏, 但我们在仔细观察后发现, 甲种品牌的手表大部分走时准确, 而且甲种品牌的手表的日走时误差与其平均值 $E(X)$ 的偏离程度比乙的要小得多, 偏离程度较小说明质量比较稳定, 因此我们认定甲种品牌的手表质量较好.

从上述例子可以看出, 研究随机变量与其平均值的偏离程度是十分必要的, 为了研究随机变量与其平均值的偏离程度, 我们引入了随机变量的又一个数字特征——方差.

定义 4.2.1　如果随机变量 X 的数学期望 $E(X)$ 存在, 则称 $X-E(X)$ 为随机变量 X 的离差或偏差.

显然, 离差取值有正有负, 可以互相抵消. 为了消除离差的符号, 用 $[X-E(X)]^2$ 来衡量随机变量 X 与其均值 $E(X)$ 的偏离程度.

定义 4.2.2　如果随机变量 X 的离差平方 $[X-E(X)]^2$ 的数学期望存在, 则称其为随机变量 X 的方差, 记为 $D(X)$ 或 DX, 其算术平方根为 X 的标准差或均方差, 记为 $\sigma(X)$, 即

$$D(X)=E[X-E(X)]^2,\quad \sigma(X)=\sqrt{D(X)}=\sqrt{E[X-E(X)]^2}. \tag{4-2-1}$$

从方差的定义可知, 随机变量的方差 $D(X)$ 是衡量 X 的取值的分散程度的一个尺度. 如果 X 的取值比较集中, 则方差 $D(X)$ 较小; 如果 X 的取值比较分散, 则方差 $D(X)$ 较大; 如果方差 $D(X)=0$, 则随机变量 X 以概率 1 取常数值, 此时, X 也就不是随机变量了.

根据方差的定义, 我们可以计算出, 本节开头的引例中, 甲种品牌的手表的日走时误差的方差为

$$0.04\times(-2-0)^2+0.06\times(-1-0)^2+0.8\times(0-0)^2+0.06\times(1-0)^2+0.04\times(2-0)^2=0.44,$$

乙种品牌的手表的日走时误差的方差为

$$0.1\times(-2-0)^2+0.1\times(-1-0)^2+0.6\times(0-0)^2+0.1\times(1-0)^2+0.1\times(2-0)^2=1,$$

又因为, 甲、乙两种品牌的手表的日走时误差的数学期望都是零, 这就说明, 甲、乙两种品牌的手表相比较, 甲种品牌的手表误差更集中于零的附近, 质量较好.

给出了方差的定义之后, 如何来计算方差呢? 具体方法有:

(1) 根据方差的定义直接计算方差, 如果 X 为离散型随机变量, 其分布列为 $P(X=x_k)=p_k, k=1,2,\cdots$, 则 $D(X)=\sum\limits_k [x_k-E(X)]^2p_k$; 如果 X 为连续型随机变量, 其密度函数为 $p(x)$, 则 $D(X)=\int_{-\infty}^{+\infty}[x-E(X)]^2p(x)\mathrm{d}x$;

(2) 利用公式

$$D(X)=E(X^2)-[E(X)]^2 \tag{4-2-2}$$

来计算方差.

在很多情况下, 利用方差的定义直接计算方差是十分麻烦的, 通常更多采用下面的公式来计算方差. 根据数学期望的性质可得

$$\begin{aligned}D(X)&=E\{[X-E(X)]^2\}=E[X^2-2XE(X)+E^2(X)]\\&=E(X^2)-2E(X)E(X)+E^2(X)=E(X^2)-[E(X)]^2.\end{aligned}$$

例 4.2.1　设随机变量 $X\sim B(1,p)$, 求 $D(X)$.

解　由于 $X\sim B(1,p)$, 故而随机变量 X 的分布列如表 4-2-2 所示.

表 4-2-2　X 的分布列

X	0	1
P	$1-p$	p

于是有 $E(X)=p, E(X^2)=0^2\times(1-p)+1^2\times p=p$.

从而 $D(X)=E(X^2)-[E(X)]^2=p-p^2=p(1-p)$.

例 4.2.2　设连续型随机变量 X 的概率密度函数为 $p(x)=\begin{cases}ax^2+bx+c, & 0<x\leqslant 1,\\ 0, & \text{其他},\end{cases}$ 且已知 $E(X)=0.5, D(X)=0.15$, 求 a, b, c 的值.

解　根据概率密度函数的性质, $E(X)=0.5, D(X)=0.15$, 可得

$$1=\int_{-\infty}^{+\infty}p(x)\mathrm{d}x=\int_0^1(ax^2+bx+c)\mathrm{d}x=\frac{a}{3}+\frac{b}{2}+c,$$

$$0.5=E(X)=\int_{-\infty}^{+\infty}xp(x)\mathrm{d}x=\int_0^1(ax^3+bx^2+cx)\mathrm{d}x=\frac{a}{4}+\frac{b}{3}+\frac{c}{2},$$

$$0.4=D(X)+[E(X)]^2=E(X^2)$$

$$= \int_{-\infty}^{+\infty} x^2 p(x) \mathrm{d}x = \int_0^1 (ax^4 + bx^3 + cx^2) \mathrm{d}x = \frac{a}{5} + \frac{b}{4} + \frac{c}{3},$$

解方程组 $\begin{cases} \dfrac{a}{3} + \dfrac{b}{2} + c = 1, \\ \dfrac{a}{4} + \dfrac{b}{3} + \dfrac{c}{2} = 0.5, \\ \dfrac{a}{5} + \dfrac{b}{4} + \dfrac{c}{3} = 0.4, \end{cases}$ 可得 $\begin{cases} a = 12, \\ b = -12, \\ c = 3. \end{cases}$

例 4.2.3 某人有一笔资金, 可投入房产和商业两个项目, 其效益都和市场状态有关, 若把未来市场划分为好、中、差三个状态, 其发生的概率分别为 0.2, 0.7, 0.1. 通过调查, 发现投资于房产的收益 X(单位: 万元) 与投资于商业的收益 Y(单位: 万元) 的分布列如表 4-2-3 所示. 试问该如何投资?

表 4-2-3　X 的分布列和 Y 的分布列

房产	X	11	3	-3
	P	0.2	0.7	0.1
商业	Y	6	4	-1
	P	0.2	0.7	0.1

解　我们先来考虑平均收益, 即收益的数学期望, 有

$$E(X) = 11 \times 0.2 + 3 \times 0.7 + (-3) \times 0.1 = 4.0\ (\text{万元}),$$
$$E(Y) = 6 \times 0.2 + 4 \times 0.7 + (-1) \times 0.1 = 3.9\ (\text{万元}).$$

从平均收益来看, 投资房产的收益大, 下面再来计算两种投资方案的方差, 有

$$D(X) = (11-4)^2 \times 0.2 + (3-4)^2 \times 0.7 + (-3-4)^2 \times 0.1 = 15.4,$$
$$D(Y) = (6-3.9)^2 \times 0.2 + (4-3.9)^2 \times 0.7 + (-1-3.9)^2 \times 0.1 = 3.29.$$

同时得出, 两种投资方案的标准差为

$$\sigma(X) = \sqrt{15.4} = 3.92, \quad \sigma(Y) = \sqrt{3.29} = 1.81.$$

所以, 投资房产虽然预计收益可以多出 0.1 万元, 但是风险将倍增.

4.2.2 方差的性质

下面给出一些方差常用的重要性质, 假设下面讨论的随机变量均存在方差.

性质 4.2.1 随机变量的方差 $D(X)$ 具有如下性质:

(1) 设 C 为常数, 则 $D(C) = 0$;

(2) 设 X 是随机变量, C 为常数, 则 $D(CX) = C^2 D(X)$, 特别地, $D(-X) = D(X)$;

(3) 设 X 是随机变量, C 为常数, 则 $D(X+C) = D(X)$;

(4) 设 X 是随机变量, A 和 C 为常数, 则 $D(AX+C) = A^2 D(X)$.

证明 这里仅对 (4) 进行证明, 根据数学期望的性质可得

$$\begin{aligned}D(AX+C)&=E[(AX+C)^2]-[E(AX+C)]^2\\&=E(A^2X^2+2ACX+C^2)-[AE(X)+C]^2\\&=[A^2E(X^2)+2ACE(X)+C^2]-[A^2(EX)^2+2ACE(X)+C^2]\\&=A^2\left\{E(X^2)-[E(X)]^2\right\}=A^2D(X).\end{aligned}$$

性质 4.2.2 设 X 和 Y 是两个随机变量, 则

$$D(X\pm Y)=D(X)+D(Y)\pm 2E\{[X-E(X)][Y-E(Y)]\}. \tag{4-2-3}$$

特别地, 如果 X 和 Y 相互独立, 则

$$D(X\pm Y)=D(X)+D(Y). \tag{4-2-4}$$

证明 根据数学期望的性质可得

$$\begin{aligned}E\{[X-E(X)][Y-E(Y)]\}&=E[XY-XE(Y)-YE(X)+E(X)E(Y)]\\&=E(XY)-E(X)E(Y).\end{aligned}$$

所以

$$\begin{aligned}D(X\pm Y)&=E[(X\pm Y)^2]-[E(X\pm Y)^2]\\&=E(X^2+Y^2\pm 2XY)-[E(X)\pm E(Y)]^2\\&=[E(X^2)+E(Y^2)\pm 2E(XY)]-[[E(X)]^2+[E(Y)]^2\pm 2E(X)E(Y)]\\&=[E(X^2)-[E(X)]^2]+[E(Y^2)-[E(Y)]^2]\pm 2[E(XY)-E(X)E(Y)]\\&=D(X)+D(Y)\pm 2E\{[X-E(X)][Y-E(Y)]\}.\end{aligned}$$

特别地, 如果 X 和 Y 相互独立, 则

$$E\{[X-E(X)][Y-E(Y)]\}=E(XY)-E(X)E(Y)=0,$$

所以 $D(X\pm Y)=D(X)+D(Y)$.

如果需要同时考虑的随机变量有多个, 性质 4.2.2 可以推广到 n 个随机变量相互独立的情形下, 设随机变量 $X_1,X_2,\cdots,X_n$ 相互独立, 则有

$$D(X_1+X_2+\cdots+X_n)=D(X_1)+D(X_2)+\cdots+D(X_n).$$

4.2.3 常见随机变量的方差

接下来列举一些常用的重要方差, 也就是前面所列举的几种常见分布的方差.

(1) 0-1 分布的方差.

若随机变量 $X \sim B(1,p)$, 则 $E(X)=p, D(X)=p(1-p)$. 求解过程略.

(2) 二项分布的方差.

若随机变量 $X \sim B(n,p)$, 则 $E(X)=np$,

$$\begin{aligned}
E[X(X-1)] &= \sum_{k=0}^{n} k(k-1)\mathrm{C}_n^k p^k q^{n-k} = \sum_{k=0}^{n} k(k-1)\frac{n!p^k q^{n-k}}{k!(n-k)!} \\
&= n(n-1)p^2 \sum_{k=2}^{n} k(k-1)\frac{(n-2)!p^{k-2}q^{n-k}}{(k-2)!(n-k)!} \\
&\xlongequal{m=k-2} n(n-1)p^2 \sum_{m=0}^{n-2} \mathrm{C}_{n-2}^m p^m q^{n-2-m} = n(n-1)p^2,
\end{aligned}$$

$$\begin{aligned}
E(X^2) &= E[X(X-1)+X] = E[X(X-1)] + E(X) \\
&= n(n-1)p^2 + np = n^2p^2 - np^2 + np.
\end{aligned}$$

所以 $D(X) = E(X^2) - [E(X)]^2 = n^2p^2 - np^2 + np - (np)^2 = np - np^2 = npq$, 其中, $q = 1-p$.

注　二项分布随机变量 X 可表示为 n 个独立 0-1 分布随机变量 X_i 之和, 因此根据方差性质有 $D(X) = D(X_1) + D(X_2) + \cdots + D(X_n) = npq$.

(3) 超几何分布 $H(n,M,N)$ 的方差.

设随机变量 $X \sim H(n,M,N)$, 则 $E(X) = n\dfrac{M}{N}$, 记 $l = \min\{M,n\}$, 因为

$$\begin{aligned}
E(X^2) &= \sum_{k=0}^{l} k^2 P(X=k) = \sum_{k=1}^{l} k(k-1)\cdot\frac{\mathrm{C}_M^k \mathrm{C}_{N-M}^{n-k}}{\mathrm{C}_N^n} + n\frac{M}{N} \\
&= \frac{M(M-1)}{\mathrm{C}_N^n}\sum_{k=2}^{l}\frac{(M-2)!}{(k-2)!(M-k)!}\mathrm{C}_{N-M}^{n-k} \\
&= \frac{M(M-1)}{\mathrm{C}_N^n}\sum_{k=2}^{l}\mathrm{C}_{M-2}^{k-2}\mathrm{C}_{N-M}^{n-k} + n\frac{M}{N} \\
&= \frac{M(M-1)}{\mathrm{C}_N^n}\mathrm{C}_{N-2}^{n-2} + n\frac{M}{N} = \frac{M(M-1)n(n-1)}{N(N-1)} + n\frac{M}{N},
\end{aligned}$$

由此得 X 的方差为 $D(X) = E(X^2) - [E(X)]^2 = \dfrac{nM(N-M)(N-n)}{N^2(N-1)}$.

(4) 泊松分布的方差.

若随机变量 $X \sim P(\lambda)$, 则 $E(X) = \lambda$, 由于

$$E(X^2) = \sum_{k=0}^{+\infty} k^2\frac{\lambda^k}{k!}\mathrm{e}^{-\lambda} = \sum_{k=1}^{+\infty}(k-1+1)\frac{\lambda^k}{(k-1)!}\mathrm{e}^{-\lambda}$$

$$
\begin{aligned}
&= \sum_{k=2}^{+\infty} \frac{\lambda^{k-2}\lambda^2}{(k-2)!}\mathrm{e}^{-\lambda} + \sum_{k=1}^{+\infty} \frac{\lambda^k}{(k-1)!}\mathrm{e}^{-\lambda} \\
&= \lambda^2 + \lambda,
\end{aligned}
$$

于是 $D(X) = E(X^2) - [E(X)]^2 = \lambda^2 + \lambda - \lambda^2 = \lambda$.

(5) 几何分布 $G(p)$ 的方差.

如果随机变量 $X \sim G(p)$, 则数学期望为 $E(X) = \dfrac{1}{p}$. 又因为

$$
\begin{aligned}
E(X^2) &= \sum_{k=0}^{\infty} k^2 p_k = \sum_{k=1}^{\infty} k^2 p q^{k-1} = p\left[\sum_{k=1}^{\infty} k(k-1) q^{k-1} + \sum_{k=1}^{\infty} k q^{k-1}\right] \\
&= pq\sum_{k=2}^{\infty} k(k-1) q^{k-2} + \frac{1}{p} = pq\left(\sum_{k=2}^{\infty} q^k\right)'' + \frac{1}{p} = pq\left(\sum_{k=0}^{\infty} q^k\right)'' + \frac{1}{p} \\
&= pq\left(\frac{1}{1-q}\right)'' + \frac{1}{p} = pq\frac{2}{(1-q)^3} + \frac{1}{p} = \frac{2q}{p^2} + \frac{1}{p}.
\end{aligned}
$$

由此得 $D(X) = EX^2 - [E(X)]^2 = \dfrac{2q}{p^2} + \dfrac{1}{p} - \dfrac{1}{p^2} = \dfrac{q}{p^2}$.

(6) 负二项分布 $NB(r,p)$ 的方差.

我们已经知道：X_i 独立同分布, 且 $X_i \sim G(p)$, 则 $X_1 + X_2 + \cdots + X_r = X \sim NB(r,p)$. 则方差为 $D(X) = D(X_1) + D(X_2) + \cdots + D(X_r) = \dfrac{rq}{p^2}$.

(7) 均匀分布的方差.

若随机变量 $X \sim U(a,b)$, 则 $E(X) = \dfrac{a+b}{2}$, 又

$$
E(X^2) = \int_{-\infty}^{+\infty} x^2 p(x)\mathrm{d}x = \int_a^b x^2 \frac{1}{b-a}\mathrm{d}x = \frac{b^3 - a^3}{3(b-a)} = \frac{1}{3}\left(a^2 + ab + b^2\right),
$$

于是 $D(X) = E(X^2) - [E(X)]^2 = \dfrac{1}{3}\left(a^2 + ab + b^2\right) - \left(\dfrac{a+b}{2}\right)^2 = \dfrac{1}{12}(b-a)^2$.

(8) 指数分布的方差.

若随机变量 $X \sim \mathrm{Exp}(\lambda)$, 则 $E(X) = \dfrac{1}{\lambda}$, 又

$$
\begin{aligned}
E(X^2) &= \int_{-\infty}^{+\infty} x^2 p(x)\mathrm{d}x = \lambda\int_{-\infty}^{+\infty} x^2 \mathrm{e}^{-\lambda x}\mathrm{d}x \\
&= -\int_0^{+\infty} x^2 \mathrm{d}\mathrm{e}^{-\lambda x} = \left(-x^2\mathrm{e}^{-\lambda x}\right)\Big|_0^{+\infty} + 2\int_0^{+\infty} x\mathrm{e}^{-\lambda x}\mathrm{d}x \\
&= 2\int_0^{+\infty} x\mathrm{e}^{-\lambda x}\mathrm{d}x = \frac{2}{\lambda^2},
\end{aligned}
$$

于是 $D(X)=E(X^2)-[E(X)]^2=\dfrac{2}{\lambda^2}-\left(\dfrac{1}{\lambda}\right)^2=\dfrac{1}{\lambda^2}$.

(9) 正态分布的方差.

若随机变量 $X\sim N(\mu,\sigma^2)$, 则

$$\begin{aligned}D(X)&=\int_{-\infty}^{+\infty}[x-E(X)]^2p(x)\mathrm{d}x=\frac{1}{\sqrt{2\pi}\sigma}\int_{-\infty}^{+\infty}(x-\mu)^2\mathrm{e}^{-\frac{(x-\mu)^2}{2\sigma^2}}\mathrm{d}x\\&\xlongequal{\frac{x-\mu}{\sigma}=t}\frac{\sigma^2}{\sqrt{2\pi}}\int_{-\infty}^{+\infty}t^2\mathrm{e}^{-\frac{t^2}{2}}\mathrm{d}t=\frac{\sigma^2}{\sqrt{2\pi}}\left(-t\mathrm{e}^{-\frac{t^2}{2}}\Big|_{-\infty}^{+\infty}+\int_{-\infty}^{+\infty}\mathrm{e}^{-\frac{t^2}{2}}\mathrm{d}t\right)\\&=0+\frac{\sigma^2}{\sqrt{2\pi}}\int_{-\infty}^{+\infty}\mathrm{e}^{-\frac{t^2}{2}}\mathrm{d}t=\sigma^2.\end{aligned}$$

(10) 伽马分布 $\mathrm{Ga}(\alpha,\lambda)$ 的方差.

如果随机变量 $X\sim\mathrm{Ga}(\alpha,\lambda)$, 则 $E(X)=\dfrac{\alpha}{\lambda}$, 又因为

$$E(X^2)=\int_{-\infty}^{+\infty}x^2p(x)\mathrm{d}x=\frac{\lambda^\alpha}{\Gamma(\alpha)}\int_0^{+\infty}x^{\alpha+1}\mathrm{e}^{-\lambda x}\mathrm{d}x=\frac{\Gamma(\alpha+2)}{\lambda^2\Gamma(\alpha)}=\frac{\alpha(\alpha+1)}{\lambda^2},$$

由此得 $D(X)=E(X^2)-[E(X)]^2=\dfrac{\alpha(\alpha+1)}{\lambda^2}-\left(\dfrac{\alpha}{\lambda}\right)^2=\dfrac{\alpha}{\lambda^2}$.

(11) 贝塔分布 $\mathrm{Be}(a,b)$ 的方差.

如果随机变量 $X\sim\mathrm{Be}(a,b)$, 则数学期望为 $E(X)=\dfrac{a}{a+b}$. 又因为

$$\begin{aligned}E(X^2)&=\int_{-\infty}^{+\infty}x^2p(x)\mathrm{d}x=\frac{\Gamma(a+b)}{\Gamma(a)\Gamma(b)}\int_0^1x^{a+2-1}(1-x)^{b-1}\mathrm{d}x\\&=\frac{\Gamma(a+b)}{\Gamma(a)\Gamma(b)}\frac{\Gamma(a+2)\Gamma(b)}{\Gamma(a+b+2)}=\frac{a(a+1)}{(a+b)(a+b+1)},\end{aligned}$$

由此得 $D(X)=\dfrac{a(a+1)}{(a+b)(a+b+1)}-\left(\dfrac{a}{a+b}\right)^2=\dfrac{ab}{(a+b)^2(a+b+1)}$.

4.2.4 切比雪夫不等式

定理 4.2.1 对任意随机变量 X, 如果它的方差 $D(X)$ 存在, 那么对任意 $\varepsilon>0$, 则有

$$P(|X-E(X)|\geqslant\varepsilon)\leqslant\frac{D(X)}{\varepsilon^2}\tag{4-2-5}$$

成立. 通常称此不等式为切比雪夫不等式.

证明 令 X 是一连续型随机变量, 其密度函数为 $p(x)$, 那么则有

$$P(|X-E(X)|\geqslant\varepsilon)=\int\limits_{|x-E(X)|\geqslant\varepsilon}p(x)\mathrm{d}x\leqslant\int\limits_{|x-E(X)|\geqslant\varepsilon}\frac{[x-E(X)]^2}{\varepsilon^2}p(x)\mathrm{d}x$$

$$\leqslant \frac{1}{\varepsilon^2}\int_{-\infty}^{+\infty}[x-E(X)]^2p(x)\mathrm{d}x=\frac{D(X)}{\varepsilon^2}.$$

若随机变量 X 为离散型随机变量时, 则只需要将上述证明中的密度函数换成分布列, 把积分号换成求和号即可. 又因为 $P(|X-E(X)|<\varepsilon)=1-P(|X-E(X)|\geqslant\varepsilon)$, 所以, 不等式 $P(|X-E(X)|\geqslant\varepsilon)\leqslant\dfrac{D(X)}{\varepsilon^2}$ 与 $P(|X-E(X)|<\varepsilon)\geqslant 1-\dfrac{D(X)}{\varepsilon^2}$ 等价, 那么 $P(|X-E(X)|\geqslant\varepsilon)\leqslant\dfrac{D(X)}{\varepsilon^2}$ 和 $P(|X-E(X)|<\varepsilon)\geqslant 1-\dfrac{D(X)}{\varepsilon^2}$都称为切比雪夫不等式.

在切比雪夫不等式中, 任意随机变量 X 落在 $E(X)$ 的 ε 邻域内的概率和其方差 $D(X)$ 有关, 如果方差 $D(X)$ 越小, 则 X 落在 $D(X)$ 的 ε 邻域外的概率 $P(|X-E(X)|\geqslant\varepsilon)$ 也越小, 因而可知, 方差的确为一个描述随机变量和其期望值离散程度的量.

定理 4.2.2　对于随机变量 X, 其方差 $D(X)=0$ 的充要条件是, 随机变量 X 以概率 1 取常数 C, 即 $P(X=C)=1$, 而这里的 C 即为 $E(X)$.

证明　充分性是显然的, 下面来证明必要性.

注意到事件 $\{|X-E(X)|>0\}=\bigcup\limits_{n=1}^{+\infty}\left\{|X-E(X)|\geqslant\dfrac{1}{n}\right\}$, 于是

$$P(|X-E(X)|>0)\leqslant\sum_{n=1}^{+\infty}P\left(|X-E(X)|\geqslant\frac{1}{n}\right).$$

由于 $D(X)=0$, 由切比雪夫不等式可得, 对于每个 n 有

$$0\leqslant P\left(|X-E(X)|\geqslant\frac{1}{n}\right)\leqslant\frac{D(X)}{\dfrac{1}{n^2}}=0,$$

即 $P\left(|X-E(X)|\geqslant\dfrac{1}{n}\right)=0$. 从而有 $P(|X-E(X)|>0)=0$, 即有 $P(X=E(X))=1$.

切比雪夫不等式给出了在随机变量 X 的分布未知的情况下, 利用 $E(X),D(X)$ 对 X 的概率分布进行估计的一种方法.

例如, 根据 $P(|X-E(X)|<\varepsilon)\geqslant 1-\dfrac{D(X)}{\varepsilon^2}$ 可知, 不论 X 的分布如何, 对于任意的正常数 k 都有 $P(|X-E(X)|<k\sqrt{D(X)})\geqslant 1-\dfrac{1}{k^2}$. 那么当 $k=4$ 时, 则有

$$P(|X-E(X)|<4\sqrt{D(X)})\geqslant 1-\frac{1}{4^2}=0.9375.$$

例 4.2.4　已知正常男性成人血液中, 每毫升含白细胞数的平均值为 7300, 标准差为 700, 根据切比雪夫不等式估计每毫升血液含白细胞数为 $5200\sim 9400$ 的概率.

解　设 X 表示每毫升血液中含白细胞的个数, 则有

$$E(X)=7300,\quad \sigma(X)=\sqrt{D(X)}=700,$$

然而 $P(5200 \leqslant X \leqslant 9400) = P(|X-7300| \leqslant 2100) = 1 - P(|X-7300| \geqslant 2100)$, 又因为 $P(|X-7300| \geqslant 2100) \leqslant \dfrac{700^2}{2100^2} = \dfrac{1}{9}$, 所以 $P(5200 \leqslant X \leqslant 9400) \geqslant \dfrac{8}{9}$.

习　题　4.2

1. 设随机变量 (X,Y) 的分布列如表 X4-2-1 所示.

表 X4-2-1　随机变量 (X,Y) 的分布列

X \ Y	0	1
0	1/6	1/3
1	1/8	1/4
2	1/24	1/12

求 $E(X), D(X), E(Y), D(Y)$.

2. 设随机变量 X 满足 $E(X) = D(X) = \lambda$, 已知 $E[(X-1)(X-2)] = 1$, 试求 λ.

3. 已知 $E(X) = -2, E(X^2) = 5$, 求 $D(1-3X)$.

4. 设 $P(X=0) = 1 - P(X=1)$, 如果 $E(X) = 3D(X)$, 求 $P(X=0)$.

5. 设 X 为一个随机变量, 其概率密度函数为 $p(x) = \begin{cases} 1+x, & -1 \leqslant x \leqslant 0, \\ 1-x, & 0 < x < 1, \\ 0, & \text{其他}, \end{cases}$ 求 $D(X)$.

6. 设随机变量 X 的概率密度函数为 $p(x) = \begin{cases} \dfrac{x}{\sigma^2} \mathrm{e}^{-\frac{x^2}{2\sigma^2}}, & x > 0, \\ 0, & x \leqslant 0, \end{cases}$ 求 $E(X), D(X)$.

7. 设随机变量 X 的概率密度函数为 $p(x) = \begin{cases} \dfrac{1}{2}\mathrm{e}^x, & x < 0, \\ \dfrac{1}{4}, & 0 \leqslant x \leqslant 2, \\ 0, & x > 2, \end{cases}$ 求 $E(X), D(X)$.

8. 设随机变量 X 的概率密度函数为 $p(x) = \begin{cases} ax + bx^2, & 0 < x < 1, \\ 0, & \text{其他}, \end{cases}$ 如果已知 $E(X) = 0.5$, 试计算 $D(X)$.

9. 设随机变量 X 的分布函数为 $F(x) = 1 - \mathrm{e}^{-x^2}, x > 0$, 试计算 $E(X)$ 和 $D(X)$.

10. 随机变量 (X,Y) 服从以点 $(0,1), (1,0), (1,1)$ 为顶点的三角形区域上的均匀分布, 试求

$$E(X+Y), \quad D(X+Y).$$

11. 设 $X_1, X_2, \cdots, X_5$ 是独立同分布的随机变量, 其共同的密度函数 $p(x) = \begin{cases} 2x, & 0 < x < 1, \\ 0, & \text{其他}, \end{cases}$ 试求 $Y = \max\{X_1, X_2, \cdots, X_5\}$ 的密度函数、期望、方差.

12. 设随机变量 X 与 Y 独立同分布, 且 $E(X) = \mu, D(X) = \sigma^2$, 试求 $E(X-Y)^2$.

13.(1) 证明对任意的常数 $c \neq E(X)$, 有 $D(X) < E(X-c)^2$;

(2) 设随机变量 X 的取值 $x_i\,(i=1,2,\cdots,n)$ 满足 $x_1\leqslant x_2\leqslant\cdots\leqslant x_n,\sum\limits_{i=1}^{n}P\,(X=x_i)=1$. 证明: $D(X)\leqslant\left(\dfrac{x_n-x_1}{2}\right)^2$.

14. 设 $g(x)$ 为随机变量 X 取值的集合上的非负不减函数, 且 $E\,[g(X)]$ 存在, 证明: 对任意的 $\varepsilon>0$, 有 $\displaystyle\int_0^{\infty}P(X>\varepsilon)\mathrm{d}x\leqslant\frac{E\,[g(X)]}{g\,[\varepsilon]}$.

15. 设 X 为非负随机变量, $a>0$, 若 $E(\mathrm{e}^{aX})$ 存在, 证明: 对任意的 $x>0$, 有

$$P\,(X\geqslant x)\leqslant\frac{E(\mathrm{e}^{aX})}{\mathrm{e}^{ax}}.$$

16. 为了确定事件 A 的概率, 进行 10000 次重复独立试验. 利用切比雪夫不等式估计: 用事件 A 发生的频率 $f_n(A)$ 作为事件 A 的概率的近似值时, 误差小于 0.01 的概率.

17. 证明当 X 为离散型随机变量时切比雪夫不等式仍成立.

18. 设随机变量 X 服从幂指分布, 概率密度函数为 $p(x)=\begin{cases}\dfrac{x^m\mathrm{e}^{-x}}{m!}, & x>0,\\ 0, & x\leqslant 0,\end{cases}$ 其中 m 为正整数, 则利用切比雪夫不等式证明 $P(0<X\leqslant 2(m+1))\geqslant\dfrac{m}{m+1}$.

19. 设随机变量 X 服从参数为 λ 的泊松分布, 利用切比雪夫不等式证明

$$P(0<X<2\lambda)\geqslant\frac{\lambda-1}{\lambda}.$$

20. 设随机变量 $X\sim U(-2,2)$, 试求: (1) $P(|X|<1.8)$; (2) 利用切比雪夫不等式估计 $P(|X|<1.8)$ 的下界.

21. 设随机变量 $X_1,X_2,\cdots,X_9$ 相互独立, $E(X_i)=1,D(X_i)=1(i=1,2,\cdots,9)$. 利用切比雪夫不等式估计概率: (1)$P\left(\left|\sum\limits_{i=1}^{9}X_i-9\right|<\varepsilon\right)$; (2)$P\left(\left|\dfrac{1}{9}\sum\limits_{i=1}^{9}X_i-1\right|<\varepsilon\right)$.

4.3 协方差、相关系数与矩

4.3.1 协方差与相关系数

对于二维随机变量 (X,Y), 数字特征 $E(X),E(Y),D(X),D(Y)$ 只是反映了 X,Y 各自的平均取值及各自的取值相对于平均值的偏离程度, 但是上述数字特征不能反映 X 和 Y 之间的相互关系. 若要分析 X 和 Y 之间的相互关系, 就需要引入协方差的概念.

通过前面的讨论, 我们知道对于二维随机变量 (X,Y), 如果其分量 X 和 Y 独立, 则

$$E\{[X-E(X)][Y-E(Y)]\}=E(XY)-E(X)E(Y)=0.$$

这意味着 $E\{[X-E(X)][Y-E(Y)]\}=E(XY)-E(X)E(Y)\neq 0$ 时, X 和 Y 不独立, 所以 $E\{[X-E(X)][Y-E(Y)]\}$ 可以用来刻画 X 和 Y 之间的关系.

定义 4.3.1 如果 (X,Y) 为二维随机变量, $E\{[X-E(X)][Y-E(Y)]\}$ 存在, 则称它为协方差, 记为 $\mathrm{Cov}(X,Y)$, 即

$$\mathrm{Cov}(X,Y)=E\{[X-E(X)][Y-E(Y)]\}. \tag{4-3-1}$$

结合方差的有关性质, 我们不难证明

$$D(X \pm Y) = D(X) + D(Y) \pm 2\mathrm{Cov}(X, Y),$$

且当 X 和 Y 独立时, 有 $\mathrm{Cov}(X,Y) = 0$.

一般通过如下两种途径来计算协方差:

(1) 通过协方差的定义直接计算, 这是作为随机变量 X 和 Y 的函数的数学期望计算出的;

(2) 采用公式 $\mathrm{Cov}(X,Y) = E(XY) - E(X)E(Y)$ 来计算协方差, 该公式可以用数学期望的性质进行证明.

性质 4.3.1 协方差具有下列性质.

(1) $\mathrm{Cov}(X,Y) = \mathrm{Cov}(Y,X)$;

(2) $\mathrm{Cov}(aX,bY) = ab\mathrm{Cov}(Y,X)$, 其中 a, b 是常数;

(3) $\mathrm{Cov}(X_1 + X_2, Y) = \mathrm{Cov}(X_1,Y) + \mathrm{Cov}(X_2,Y)$;

(4) $\mathrm{Cov}(X,X) = D(X)$;

(5) $\mathrm{Cov}(X,C) = 0$, 其中 C 是常数;

(6) $\mathrm{Cov}\left(\sum_{i=1}^{m} X_i, \sum_{j=1}^{n} Y_j\right) = \sum_{i=1}^{m}\sum_{j=1}^{n}\mathrm{Cov}(X_i, Y_j)$.

定义 4.3.2 对于方差非零的两个随机变量 X 和 Y 满足 $\mathrm{Cov}(X,Y) = 0$, 则称随机变量 X 和随机变量 Y 不相关.

显然, 如果 X 和 Y 相互独立, 则 X 和 Y 不相关; 反之未必成立.

定义 4.3.3 如果 (X,Y) 是二维随机变量, 协方差 $\mathrm{Cov}(X,Y)$ 存在且 $D(X) > 0$, $D(Y) > 0$, 则

$$\rho_{XY} = \frac{\mathrm{Cov}(X,Y)}{\sqrt{D(X)}\sqrt{D(Y)}} \tag{4-3-2}$$

称为随机变量 X 和 Y 的相关系数或标准协方差.

显然相关系数为一个无量纲的量. 它反映了随机变量 X 和 Y 之间的相关程度. 为讨论相关系数的性质, 首先给出下列引理 4.3.1.

引理 4.3.1 (柯西–施瓦茨 (Cauchy-Schwarz) 不等式) 对任意方差不全为零的随机变量 U 与 V, 如果 $E(U^2)$, $E(V^2)$ 都存在, 则

$$[E(UV)]^2 \leqslant E(U^2)E(V^2).$$

上式等号成立当且仅当 $P(U = t_0V) = 1$, 这里 t_0 是某个常数.

证明 假设随机变量 V 的方差不为零, 对任意实数 t, 定义

$$g(t) = E[(tV - U)^2] = t^2E(V^2) - 2tE(UV) + E(U^2),$$

显然对一切 t, 有 $g(t) \geqslant 0$, 所以二次方程 $g(t) = 0$ 或者没有实根或者有一个重根, 所以

$$\Delta = 4[E(UV)]^2 - 4E(U^2)E(V^2) \leqslant 0,$$

此式就是所证不等式. 此外, 方程 $g(t)=0$ 有一个重根 t_0 存在的充要条件是

$$[E(UV)]^2-E(U^2)E(V^2)=0.$$

这时 $E[(t_0V-U)^2]=0$, 所以 $P(t_0V-U=0)=1$, 即 $P(U=t_0V)=1$.

如果取 $U=\dfrac{X-E(X)}{\sqrt{D(X)}}, V=\dfrac{Y-E(Y)}{\sqrt{D(Y)}}$, 利用上面的定理可以得到相关系数 ρ_{XY} 的如下重要性质.

性质 4.3.2　设 X,Y 两个随机变量的相关系数 ρ_{XY} 存在, 则有

(1) $\rho_{XY}=\rho_{YX}$;

(2) $|\rho_{XY}|\leqslant 1$;

(3) $|\rho_{XY}|=1$ 的充要条件是 X 和 Y 以概率 1 线性相关, 即 $P(Y=aX+b)=1, a, b$ 是常数.

证明　(1) 与 (2) 易证, 略.

(3) 充分性. 若 $P(Y=aX+b)=1$, 则由性质 4.3.1, 有

$$D(Y)=a^2D(X),\quad \mathrm{Cov}(X,Y)=a\mathrm{Cov}\,(X,X)=aD(X),$$

进而有 $\rho_{XY}=\dfrac{\mathrm{Cov}(X,Y)}{\sqrt{D(X)}\sqrt{D(Y)}}=\dfrac{aD(X)}{\sqrt{D(X)}\sqrt{a^2D(X)}}=\begin{cases}1, & a>0,\\ -1, & a<0.\end{cases}$

必要性. 因为 $D\left(\dfrac{X}{\sqrt{D(X)}}\pm\dfrac{Y}{\sqrt{D(Y)}}\right)=2\left(1\pm\dfrac{\mathrm{Cov}(X,Y)}{\sqrt{D(X)}\sqrt{D(Y)}}\right)$, 所以当 $\rho_{XY}=1$ 时, 有 $D\left(\dfrac{X}{\sqrt{D(X)}}-\dfrac{Y}{\sqrt{D(Y)}}\right)=0$, 由定理 4.2.2 得

$$P\left(\frac{X}{\sqrt{D(X)}}-\frac{Y}{\sqrt{D(Y)}}=c\right)=1\quad 或\quad P\left(Y=\frac{\sqrt{D(Y)}}{\sqrt{D(X)}}X-c\sqrt{D(Y)}\right)=1,$$

即 Y 与 X 几乎处处线性正相关.

类似地, 当 $\rho_{XY}=-1$ 时, 有 $D\left(\dfrac{X}{\sqrt{D(X)}}+\dfrac{Y}{\sqrt{D(Y)}}\right)=0$, 可得

$$P\left(Y=-\frac{\sqrt{D(Y)}}{\sqrt{D(X)}}X+c\sqrt{D(Y)}\right)=1,$$

即 Y 与 X 几乎处处线性负相关.

相关系数 ρ_{XY} 反映了随机变量 X,Y 的线性相依程度. 如果 $\rho_{XY}\neq 0$, 则 X 和 Y 相关; 如果 $\rho_{XY}=0$, 则 X 和 Y 不相关; 如果 $\rho_{XY}=\pm 1$, 则 X 和 Y 有线性关系; 如果 $0<|\rho_{XY}|<1$, 则 X 和 Y 有一定程度的线性关系.

定理 4.3.1　对于随机变量 X 和 Y, 以下事实等价:

(1) $\mathrm{Cov}(X,Y)=0$;

(2) $\rho_{XY}=0$;

(3) X 和 Y 不相关;

(4) $E(XY)=E(X)E(Y)$;

(5) $D(X+Y)=D(X)+D(Y)$.

读者可自行证明.

例 4.3.1 设二维随机变量 (X,Y) 的分布列如表 4-3-1 所示.

表 4-3-1 (X,Y) 的分布列

X \ Y	1	4	$p_{i\cdot}$
−2	0	1/4	1/4
−1	1/4	0	1/4
1	1/4	0	1/4
2	0	1/4	1/4
$p_{j\cdot}$	1/2	1/2	1

试求 $\mathrm{Cov}(X,Y)$, 并说明随机变量 X 和 Y 是否独立.

解 由条件知, X 和 Y 的分布列分别如表 4-3-2 所示.

表 4-3-2 X 的分布列和 Y 的分布列

X	−2	−1	1	2
P	1/4	1/4	1/4	1/4

Y	1	4
P	1/2	1/2

因此可以计算得

$$E(X)=(-2)\cdot\frac{1}{4}+(-1)\cdot\frac{1}{4}+1\cdot\frac{1}{4}+2\cdot\frac{1}{4}=0,$$

$$E(Y)=1\cdot\frac{1}{2}+4\cdot\frac{1}{2}=\frac{5}{2},$$

且有 $E(XY)=(-2)\cdot 4\cdot\frac{1}{4}+(-1)\cdot 1\cdot\frac{1}{4}+1\cdot 1\cdot\frac{1}{4}+2\cdot 4\cdot\frac{1}{4}=0$, 故而

$$\mathrm{Cov}(X,Y)=E(XY)-E(X)E(Y)=0.$$

由 $P(X=-2,Y=1)=0\neq P(X=-2)P(Y=1)=\frac{1}{4}\cdot\frac{1}{2}=\frac{1}{8}$, X,Y 不相互独立.

例 4.3.2 已知 $X\sim N(1,3^2), Y\sim N(0,4^2)$, 且 X 和 Y 的相关系数 $\rho_{XY}=-\frac{1}{2}$, 设 $Z=X-\frac{Y}{2}$, 求 $D(Z)$ 和 ρ_{XZ}.

解 因为 $X\sim N(1,3^2), Y\sim N(0,4^2)$, 所以 $D(X)=3^2, D(Y)=4^2$, 而 $\rho_{XY}=-\frac{1}{2}$, 所以

$$\mathrm{Cov}(X,Y)=\sqrt{D(X)}\sqrt{D(Y)}\rho_{XY}=3\times 4\times\left(-\frac{1}{2}\right)=-6,$$

$$D(Z)=D\left(X-\frac{Y}{2}\right)=D(X)+D\left(\frac{Y}{2}\right)-2\mathrm{Cov}\left(X,\frac{Y}{2}\right)$$
$$=D(X)+\frac{1}{4}D(Y)-2\times\frac{1}{2}\mathrm{Cov}(X,Y)$$
$$=9+\frac{1}{4}\times 16-2\times\frac{1}{2}\times(-6)=19,$$

$$\mathrm{Cov}(X,Z)=\mathrm{Cov}\left(X,X-\frac{Y}{2}\right)=\mathrm{Cov}(X,X)-\frac{1}{2}\mathrm{Cov}(X,Y)=D(X)-\frac{1}{2}\mathrm{Cov}(X,Y)$$
$$=9-\frac{1}{2}\times(-6)=12.$$

故而 $\rho_{XZ}=\dfrac{\mathrm{Cov}(X,Z)}{\sqrt{D(X)}\sqrt{D(Z)}}=\dfrac{12}{3\times\sqrt{19}}=\dfrac{4}{\sqrt{19}}$.

例 4.3.3 设二维随机变量 (X,Y) 的概率密度函数是 $p(x,y)=\begin{cases}\dfrac{1}{\pi}, & x^2+y^2\leqslant 1,\\ 0, & \text{其他},\end{cases}$ X 和 Y 是否相互独立？是否不相关？

解 边缘密度函数 $p_X(x)=\begin{cases}\dfrac{2}{\pi}\sqrt{1-x^2}, & |x|\leqslant 1,\\ 0, & \text{其他},\end{cases}$ $p_Y(y)=\begin{cases}\dfrac{2}{\pi}\sqrt{1-y^2}, & |y|\leqslant 1,\\ 0, & \text{其他},\end{cases}$

$$p_X(x)p_Y(y)=\begin{cases}\dfrac{4}{\pi^2}\sqrt{1-x^2}\sqrt{1-y^2}, & |x|\leqslant 1,|y|\leqslant 1,\\ 0, & \text{其他}.\end{cases}$$

因为 $p_X(x)p_Y(y)\neq p(x,y)$, 所以 X 和 Y 不独立.

因为 $E(X)=\displaystyle\int_{-1}^{1}x\frac{2}{\pi}\sqrt{1-x^2}\mathrm{d}x=0$, 同理 $E(Y)=0$, 则

$$\mathrm{Cov}(X,Y)=E(XY)-E(X)E(Y)=E(XY)=\iint\limits_{x^2+y^2\leqslant 1}xy\frac{1}{\pi}\mathrm{d}x\mathrm{d}y=0,$$

即 X 和 Y 不相关.

4.3.2 二维正态变量不相关与独立之间的关系

性质 4.3.3 设 $(X,Y)\sim N(\mu_1,\mu_2,\sigma_1^2,\sigma_2^2,\rho)$, 则 X,Y 不相关与相互独立等价.

证明 因为 $(X,Y)\sim N(\mu_1,\mu_2,\sigma_1^2,\sigma_2^2,\rho)$, 所以 $X\sim N(\mu_1,\sigma_1^2)$, $Y\sim N(\mu_2,\sigma_2^2)$, 从而有 $E(X)=\mu_1,D(X)=\sigma_1^2,E(Y)=\mu_2,D(Y)=\sigma_2^2$. 令 $u=\dfrac{x-\mu_1}{\sigma_1},v=\dfrac{y-\mu_2}{\sigma_2}$, 则

$$\mathrm{Cov}(X,Y)=\int_{-\infty}^{+\infty}\int_{-\infty}^{+\infty}(x-\mu_1)(y-\mu_2)p(x,y)\mathrm{d}x\mathrm{d}y$$
$$=\frac{\sigma_1\sigma_2}{2\pi\sqrt{1-\rho^2}}\int_{-\infty}^{+\infty}\int_{-\infty}^{+\infty}uv\mathrm{e}^{-\frac{1}{2(1-\rho^2)}\left[u^2-2\rho uv+v^2\right]}\mathrm{d}u\mathrm{d}v$$

$$
\begin{aligned}
&= \frac{\sigma_1\sigma_2}{2\pi\sqrt{1-\rho^2}}\int_{-\infty}^{+\infty}\int_{-\infty}^{+\infty} uv\mathrm{e}^{-\frac{1}{2(1-\rho^2)}\left[(u-\rho v)^2+\left(1-\rho^2\right)v^2\right]}\mathrm{d}u\mathrm{d}v \\
&= \frac{\sigma_1\sigma_2}{\sqrt{2\pi}}\int_{-\infty}^{+\infty}\left[v\mathrm{e}^{-\frac{v^2}{2}}\left(\frac{\sigma_1\sigma_2}{\sqrt{2\pi}\sqrt{1-\rho^2}}\int_{-\infty}^{+\infty} u\mathrm{e}^{-\frac{(u-\rho v)^2}{2(1-\rho^2)}}\mathrm{d}u\right)\right]\mathrm{d}v.
\end{aligned}
$$

设 $Z_1\sim N\left(\rho v, 1-\rho^2\right)$, 则 $\dfrac{1}{\sqrt{2\pi}\sqrt{1-\rho^2}}\displaystyle\int_{-\infty}^{+\infty} u\mathrm{e}^{-\frac{1}{2(1-\rho^2)}(u-\rho v)^2}\mathrm{d}u = E\left(Z_1\right) = \rho v$, 所以

$$
\operatorname{Cov}(X,Y) = \frac{\sigma_1\sigma_2}{\sqrt{2\pi}}\int_{-\infty}^{+\infty} v\mathrm{e}^{-\frac{v^2}{2}}\rho v\mathrm{d}v = \rho\sigma_1\sigma_2\frac{1}{\sqrt{2\pi}}\int_{-\infty}^{+\infty} v^2\mathrm{e}^{-\frac{v^2}{2}}\mathrm{d}v.
$$

再设 $Z_2 \sim N(0,1)$, 则 $\dfrac{1}{\sqrt{2\pi}}\displaystyle\int_{-\infty}^{+\infty} v^2\mathrm{e}^{-\frac{v^2}{2}}\mathrm{d}v = E(Z_2^2) = D(Z_2) = 1$, 从而 $\operatorname{Cov}(X,Y) = \rho\sigma_1\sigma_2$.

根据相关系数的定义可得 $\rho_{XY} = \dfrac{\operatorname{Cov}(X,Y)}{\sqrt{D(X)}\sqrt{D(Y)}} = \rho$. 对于二维正态变量, 当相关系数为零时, 概率密度函数变为

$$
\begin{aligned}
p(x,y) &= \frac{1}{2\pi\sigma_1\sigma_2}\mathrm{e}^{-\frac{1}{2}\left[\left(\frac{x-\mu_1}{\sigma_1}\right)^2+\left(\frac{y-\mu_2}{\sigma_2}\right)^2\right]} \\
&= \frac{1}{\sqrt{2\pi}\sigma_1}\mathrm{e}^{-\frac{1}{2}\left(\frac{x-\mu_1}{\sigma_1}\right)^2}\cdot\frac{1}{\sqrt{2\pi}\sigma_2}\mathrm{e}^{-\frac{1}{2}\left(\frac{y-\mu_2}{\sigma_2}\right)^2} = p_X(x)p_Y(y),
\end{aligned}
$$

即对于二维正态变量来说, 不相关与独立是等价的.

4.3.3 矩

数学期望、方差、协方差和相关系数是随机变量常用的数字特征, 它们都是某种矩, 矩是最广泛的一种数字特征, 在概率论和数理统计中占有重要地位.

定义 4.3.4 设 X 为随机变量, k 为正整数, 若 $E(X^k)$ 存在, 则将其称为 X 的 k 阶原点矩, 简称 k 阶矩, 记为 μ_k, 即 $\mu_k = E(X^k), k = 1,2,\cdots$; 若 $E\left\{[X-E(X)]^k\right\}$ 存在, 则将其称为 X 的 k 阶中心矩, 记为 v_k, 即 $v_k = E\left\{[X-E(X)]^k\right\}, k = 1,2,\cdots$. 对于两个随机变量的情形, 设 X, Y 是两个随机变量, 若 $E\left(X^kY^l\right)$ 存在, 则将其称为 X 与 Y 的 $k+l$ 阶混合原点矩; 若 $E\left\{[X-E(X)]^k[Y-E(Y)]^l\right\}, k,l = 1,2,\cdots$ 存在, 则将其称为 X 与 Y 的 $k+l$ 阶混合中心矩.

显然, 数学期望 $E(X)$ 是随机变量 X 的一阶原点矩, 方差 $D(X)$ 是随机变量 X 的二阶中心矩, 协方差 $\operatorname{Cov}(X,Y)$ 是随机变量 X 与 Y 的二阶混合中心矩. 我们不难证明如下结论:

(1) 一阶中心矩恒等于零, 即 $v_1 \equiv 0$;

(2) 若随机变量 X 的高阶矩存在, 那么其低阶矩一定存在.

例 4.3.4 设 X 为服从 $N(0,\sigma^2)$ 的随机变量, 其概率密度函数为 $p(x) = \dfrac{1}{\sqrt{2\pi}\sigma}\mathrm{e}^{-\frac{x^2}{2\sigma^2}}$, 求 X 的 k 阶原点矩和 k 阶中心矩.

解　因为 $E(X)=0$, 所以 k 阶原点矩就是 k 阶中心矩.

如果 k 是奇数, 则根据奇函数在对称区间上积分为 0 的性质可得

$$E(X^k)=\int_{-\infty}^{+\infty}x^k\frac{1}{\sqrt{2\pi}\sigma}\mathrm{e}^{-\frac{x^2}{2\sigma^2}}\mathrm{d}x=0.$$

如果 k 是偶数, 则 $E(X^k)=2\int_0^{+\infty}x^k\frac{1}{\sqrt{2\pi}\sigma}\mathrm{e}^{-\frac{x^2}{2\sigma^2}}\mathrm{d}x$, 令 $\frac{1}{2\sigma^2}x^2=t$, 则

$$E(X^k)=2\int_0^{\infty}\left(\sqrt{2\sigma^2}t^{\frac{1}{2}}\right)^k\cdot\frac{1}{\sqrt{2\pi}\sigma}\mathrm{e}^{-t}d\left(\sqrt{2\sigma^2}t^{\frac{1}{2}}\right)=\frac{(\sqrt{2})^k}{\sqrt{\pi}}\Gamma\left(\frac{k+1}{2}\right)\sigma^k.$$

根据 Γ 函数的性质有 $E(X^k)=\begin{cases}\sigma^k(k-1)(k-3)\times\cdots\times3\times1, & k\text{是偶数},\\ 0, & k\text{是奇数}.\end{cases}$

此外, 我们还应当简要了解下面一些分布的其他特征数, 在实际应用中有时需要它们.

(1) 变异系数：若随机变量 X 的二阶矩存在, 则称 $\beta=\dfrac{\sqrt{D(X)}}{E(X)}$ 为 X 的变异系数, 是一个无量纲的量, 在比较两个随机变量取值波动程度时非常有用.

例 4.3.5 (接例 4.2.3)　两种投资方案的变异系数分别为

$$\beta_X=\frac{\sigma(X)}{E(X)}=\frac{3.92}{4.0}=0.98,\quad \beta_Y=\frac{\sigma(Y)}{E(Y)}=\frac{1.81}{3.9}=0.46.$$

所以, 投资房产虽然预计收益可以多出 0.1 万元, 但单位收益承担的风险确实是倍增的.

(2) 分位数：若随机变量 X 的分布函数及密度函数分别为 $F(x),p(x),0<p<1$, 称满足 $F(x_p)=\int_{-\infty}^{x_p}p(x)\mathrm{d}x=p$ 的 x_p 为此分布的下侧 p 分位数. 特别 $x_{0.5}$ 称为分布的中位数, $x_{0.25},x_{0.75}$ 分别称为分布的 1/4, 3/4 位数. 类似地也可以定义上侧 p 分位数, 用来判断分布的一些特征. 本书所附的连续性随机变量分布表都是按上侧分位数给出的, 我们以后经常会用到.

(3) 偏度系数：若随机变量 X 的三阶矩存在, 则称 $\beta_s=\dfrac{E\left[X-E(X)\right]^3}{\left[D(X)\right]^{3/2}}$ 为 X(或分布) 的偏度系数, 偏度 β_s 是描述分布偏离对称性程度的一个特征数. 当 $\beta_s\neq0$ 时, 称分布为偏态分布; 当 $\beta_s>0$ 时, 称分布正偏或称分布右偏; 当 $\beta_s<0$ 时, 称分布负偏或称分布左偏; 如图 4-3-1 所示.

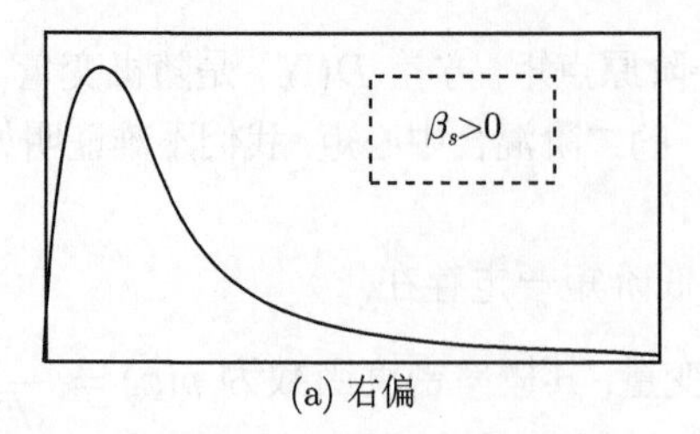

(a) 右偏

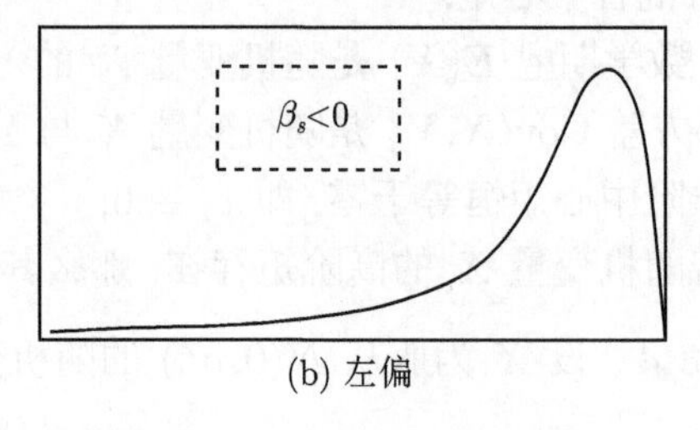

(b) 左偏

图 4-3-1　两个密度函数

例 4.3.6 讨论三个贝塔分布 Be(2,8), Be(8,2) 和 Be(5,5) 的偏度.

解 设随机变量 X 服从贝塔分布 $\mathrm{Be}(a,b)$, 则可得前三阶原点矩:

$$E(X)=\frac{a}{a+b},\quad E(X^2)=\frac{a\,(a+1)}{(a+b)\,(a+b+1)},\quad E(X^3)=\frac{a\,(a+1)\,(a+2)}{(a+b)\,(a+b+1)\,(a+b+2)}.$$

以下为简化 β_s 的计算, 特用 $a+b=10, b=10-a$ 代入可得

$$E(X)=\frac{a}{10},\quad D(X)=\frac{a\,(10-a)}{10^2\times 11},\quad E\,[X-E(X)]^3=\frac{a\,(10-a)\,(5-a)}{10^3\times 11\times 3}.$$

可得贝塔分布的偏度为 $\beta_s=\dfrac{E\,[X-E(X)]^3}{[D(X)]^{3/2}}=\dfrac{\sqrt{11}\,(5-a)}{3\sqrt{a\,(10-a)}}$, 把 $a=2,5,8$ 分别代入可得

$\mathrm{Be}(2,8)$ 的 $\beta_s=\sqrt{11}/4=0.8292$, 右偏 (正偏),

$\mathrm{Be}(5,5)$ 的 $\beta_s=0$, 对称,

$\mathrm{Be}(8,2)$ 的 $\beta_s=-\sqrt{11}/4=-0.8292$, 左偏 (负偏)

(4) 峰度系数: 若随机变量 X 的四阶矩存在, 则称

$$\beta_k=\frac{E\,[X-E(X)]^4}{[D(X)]^2}-3=E\left[\frac{X-E(X)}{\sqrt{D(X)}}\right]^4-E\big(U^4\big)=E(X^*)^4-E\big(U^4\big)$$

为 X(或分布) 的峰度系数, 其中, $X^*=\dfrac{X-E(X)}{\sqrt{D(X)}}, U\sim N(0,1), E(U^4)=3$, 峰度 β_k 是描述分布尖峭程度或尾部粗细程度的一个特征数, 相当于正态分布的超出量. 当 $\beta_k=0$ 时, 表示标准化后的分布尖峭程度或尾部粗细程度与标准正态分布相当; 当 $\beta_k>0$ 时, 表示标准化后的分布比标准正态分布更尖峭或尾部更粗; 当 $\beta_k<0$ 时, 表示标准化后的分布比标准正态分布更平坦或尾部更细. 如图 4-3-2 所示.

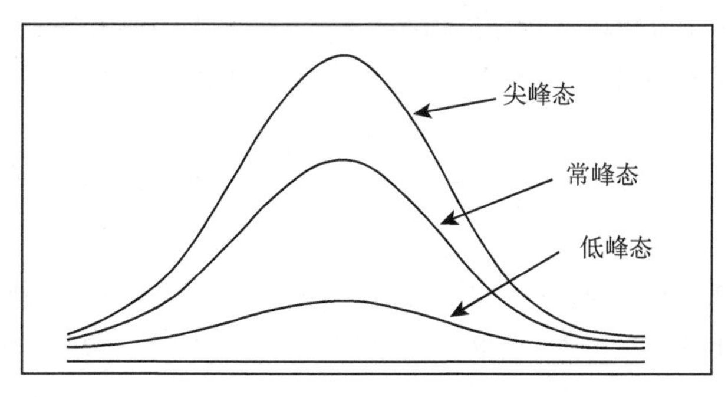

图 4-3-2 峰度示意图, 一个尖峰 ($\beta_k>0$), 一个常峰 ($\beta_k=0$), 一个低峰 ($\beta_k<0$)

例 4.3.7 计算伽马分布 $\mathrm{Ga}(\alpha,\lambda)$ 的偏度与峰度.

解 首先计算伽马分布 $\mathrm{Ga}(\alpha,\lambda)$ 的前四阶原点矩: $\mu_1=\alpha/\lambda$, $\mu_2=\alpha\,(\alpha+1)/\lambda^2$, $\mu_3=\alpha\,(\alpha+1)\,(\alpha+2)/\lambda^3$, $\mu_4=\alpha\,(\alpha+1)\,(\alpha+2)\,(\alpha+3)/\lambda^4$.

由此可得 2,3,4 阶中心矩 $\nu_2=\mu_2-\mu_1^2=\alpha/\lambda^2$, $\nu_3=\mu_3-3\mu_2\mu_1+2\mu_1^2=2\alpha/\lambda^3$, $\nu_4=\mu_4-4\mu_3\mu_1+6\mu_2\mu_1^2-3\mu_1^4=3\alpha(\alpha+2)/\lambda^4$.

最后可得伽马分布 $\mathrm{Ga}(\alpha,\lambda)$ 的偏度与峰度 $\beta_s=\dfrac{\nu_3}{\nu_2^{3/2}}=\dfrac{2}{\sqrt{\alpha}}$, $\beta_k=\dfrac{\nu_4}{\nu_2^2}-3=\dfrac{6}{\alpha}$.

可见, 伽马分布 $\mathrm{Ga}(\alpha,\lambda)$ 的偏度与 $\sqrt{\alpha}$ 成反比, 峰度与 α 成反比. 只要 α 较大, 可使 β_s 与 β_k 接近于 0, 从而伽马分布越来越近似正态分布.

下面是几种常见分布的偏度与峰度, 如表 4-3-3 所示.

表 4-3-3　几种常见分布的偏度与峰度

分布	均值	方差	偏度	峰度
均匀分布 $U(a,b)$	$(a+b)/2$	$(b-a)^2/12$	0	−1.2
正态分布 $N(\mu,\sigma^2)$	μ	σ^2	0	0
指数分布 $\mathrm{Exp}(\lambda)$	$1/\lambda$	$1/\lambda^2$	2	6
伽马分布 $\mathrm{Ga}(\alpha,\lambda)$	α/λ	α/λ^2	$2/\sqrt{\alpha}$	$6/\alpha$

4.3.4　协方差矩阵与 n 维正态分布

定义 4.3.5　设 $(X_1,X_2,\cdots,X_n)$ 为 n 维随机变量, 记 $C_{ij}=\mathrm{Cov}(X_i,X_j)$ 为 X_i 和 X_j 的协方差, $\rho_{ij}=\dfrac{\mathrm{Cov}(X_i,X_j)}{\sqrt{D(X_i)}\sqrt{(DY_i)}}$ 为 X_i 和 X_j 的相关系数, 令

$$\boldsymbol{C}=\begin{pmatrix} C_{11} & C_{12} & \cdots & C_{1n}\\ C_{21} & C_{22} & \cdots & C_{2n}\\ \vdots & \vdots & & \vdots\\ C_{n1} & C_{n2} & \cdots & C_{nn}\end{pmatrix},\quad \boldsymbol{R}=\begin{pmatrix} \rho_{11} & \rho_{12} & \cdots & \rho_{1n}\\ \rho_{21} & \rho_{22} & \cdots & \rho_{2n}\\ \vdots & \vdots & & \vdots\\ \rho_{n1} & \rho_{n2} & \cdots & \rho_{nn}\end{pmatrix},\tag{4-3-3}$$

称 $\boldsymbol{C}$ 为 $(X_1,X_2,\cdots,X_n)$ 的协方差矩阵, $\boldsymbol{R}$ 为 $(X_1,X_2,\cdots,X_n)$ 的相关系数矩阵.

定义 4.3.6　设 n 维随机变量 $\boldsymbol{X}=(X_1,X_2,\cdots,X_n)$ 的协方差矩阵为 $\boldsymbol{C}$, 数学期望向量 $E(\boldsymbol{X})=(E(X_1),E(X_2),\cdots,E(X_n))=\boldsymbol{u}$, 若其概率密度函数为

$$p(x_1,x_2,\cdots,x_n)=\frac{1}{(2\pi)^{\frac{n}{2}}(\det\boldsymbol{C})^{\frac{1}{2}}}\exp\left\{-\frac{1}{2}(\boldsymbol{x}-\boldsymbol{u})^{\mathrm{T}}\boldsymbol{C}^{-1}(\boldsymbol{x}-\boldsymbol{u})\right\},$$

则称 n 维随机变量 $\boldsymbol{X}=(X_1,X_2,\cdots,X_n)$ 服从 n 维正态分布, 称 n 维随机变量$(X_1,X_2,\cdots,X_n)$ 为 n 维正态随机变量, 记为 $N(\boldsymbol{u},\boldsymbol{C})$. 其中, $\det\boldsymbol{C}$ 与 $\boldsymbol{C}^{-1}$ 分别为矩阵 $\boldsymbol{C}$ 的行列式和逆矩阵, $\boldsymbol{x}=(x_1,x_2,\cdots,x_n)^{\mathrm{T}}$.

容易证明, 二维正态分布对应的协方差矩阵为 $\boldsymbol{C}=\begin{pmatrix}\sigma_1^2 & \rho\sigma_1\sigma_2\\ \rho\sigma_1\sigma_2 & \sigma_2^2\end{pmatrix}$.

性质 4.3.4　n 维正态随机变量 $\boldsymbol{X}\sim N(\boldsymbol{u},\boldsymbol{C})$, $\boldsymbol{Y}=\boldsymbol{A}\boldsymbol{X}$, $\det\boldsymbol{A}\neq 0$, 则 $\boldsymbol{Y}\sim N(\boldsymbol{A}\boldsymbol{u},\boldsymbol{A}\boldsymbol{C}\boldsymbol{A}^{\mathrm{T}})$.

证明 由 (3-4-4) 式推广情形, 有

$$
\begin{aligned}
& p_{Y_1,Y_2,\cdots,Y_n}(y_1,y_2,\cdots,y_n) \\
= & p_{X_1,X_2,\cdots,X_n}(x_1(y_1,y_2,\cdots,y_n),\cdots,x_n(y_1,y_2,\cdots,y_n))\,|\boldsymbol{J}| \\
= & \frac{1}{(2\pi)^{\frac{n}{2}}(\det \boldsymbol{C})^{\frac{1}{2}}}\exp\left\{-\frac{1}{2}\left(\boldsymbol{A}^{-1}\boldsymbol{y}-\boldsymbol{u}\right)^{\mathrm{T}}\boldsymbol{C}^{-1}\left(\boldsymbol{A}^{-1}\boldsymbol{y}-\boldsymbol{u}\right)\right\}(\det \boldsymbol{A})^{-1} \\
= & \frac{1}{(2\pi)^{\frac{n}{2}}(\det \boldsymbol{C})^{\frac{1}{2}}}\exp\left\{-\frac{1}{2}(\boldsymbol{y}-\boldsymbol{A}\boldsymbol{u})^{\mathrm{T}}\left(\boldsymbol{A}^{\mathrm{T}}\right)^{-1}\boldsymbol{C}^{-1}\boldsymbol{A}^{-1}(\boldsymbol{y}-\boldsymbol{A}\boldsymbol{u})\right\}(\det \boldsymbol{A})^{-1} \\
= & \frac{1}{(2\pi)^{\frac{n}{2}}\left(\det \boldsymbol{A}\boldsymbol{C}\boldsymbol{A}^{\mathrm{T}}\right)^{\frac{1}{2}}}\exp\left\{-\frac{1}{2}(\boldsymbol{y}-\boldsymbol{A}\boldsymbol{u})^{\mathrm{T}}\left(\boldsymbol{A}\boldsymbol{C}\boldsymbol{A}^{\mathrm{T}}\right)^{-1}(\boldsymbol{y}-\boldsymbol{A}\boldsymbol{u})\right\}.
\end{aligned}
$$

命题得证.

注意：上述命题的证明可以用 4.4 节特征函数的方法, 证明过程更方便简洁.

性质 4.3.5 n 维正态随机变量 $\boldsymbol{X}=(X_1,X_2,\cdots,X_n)$ 各分量两两不相关与相互独立等价.

证明 设 n 维正态随机变量 $\boldsymbol{X}=(X_1,X_2,\cdots,X_n)$ 各分量两两不相关, 则协方差矩阵

$$
\boldsymbol{C}=\begin{pmatrix} \sigma_1^2 & 0 & \cdots & 0 \\ 0 & \sigma_2^2 & \cdots & 0 \\ \vdots & \vdots & & \vdots \\ 0 & 0 & \cdots & \sigma_n^2 \end{pmatrix},
$$

其联合概率密度函数为

$$
\begin{aligned}
p(x_1,x_2,\cdots,x_n) = & \frac{1}{(2\pi)^{\frac{n}{2}}\left(\sigma_1^2\sigma_2^2\cdots\sigma_n^2\right)^{\frac{1}{2}}} \\
& \cdot\exp\left\{-\frac{1}{2}(\boldsymbol{x}-\boldsymbol{u})^{\mathrm{T}}\begin{pmatrix} \frac{1}{\sigma_1^2} & 0 & \cdots & 0 \\ 0 & \frac{1}{\sigma_2^2} & \cdots & 0 \\ \vdots & \vdots & & \vdots \\ 0 & 0 & \cdots & \frac{1}{\sigma_n^2} \end{pmatrix}(\boldsymbol{x}-\boldsymbol{u})\right\} \\
= & \frac{1}{(2\pi)^{\frac{n}{2}}\left(\sigma_1^2\cdots\sigma_n^2\right)^{\frac{1}{2}}}\exp\left\{-\frac{1}{2}\sum_{i=1}^{n}\frac{(x_i-\mu_i)^2}{\sigma_i^2}\right\},
\end{aligned}
$$

而且易得 $p_{X_i}(x_i)=\dfrac{1}{\left(2\pi\sigma_i^2\right)^{\frac{1}{2}}}\exp\left\{-\dfrac{(x_i-\mu_i)^2}{2\sigma_i^2}\right\}$, $i=1,2,\cdots,n$, 且

$$
p(x_1,x_2,\cdots,x_n)=p_{X_1}(x_1)\,p_{X_2}(x_2)\cdots p_{X_n}(x_n),
$$

即 $X_1, X_2, \cdots, X_n$ 相互独立. 由独立推不相关是显然的. 证毕.

注 事实上, 任何 n 维正态分布其一维边际分布为相应的一维正态分布, 上述条件更特殊, 所以更易得到结论; 上述两个性质在 6.3 节一个关键命题的证明中会用到.

习 题 4.3

1. 设 (X,Y) 的分布列如表 X4-3-1 所示.

表 X4-3-1 (X,Y) 的分布列

X \ Y	-1	0	1
-1	1/8	1/8	1/8
0	1/8	0	1/8
1	1/8	1/8	1/8

试计算 X 与 Y 的相关系数 ρ_{XY}, 并且判断 X 与 Y 是否相互独立.

2. 设随机变量 (X,Y) 的概率密度函数为 $p(x,y)=\begin{cases} x+y, & 0<x<1, 0<y<1, \\ 0, & \text{其他}, \end{cases}$ 试求:

(1) X 与 Y 的相关系数; (2) (X,Y) 的协方差矩阵.

3. 设二维随机变量 (X,Y) 的分布列如表 X4-3-2 所示.

表 X4-3-2 二维随机变量 (X,Y) 的分布列

X \ Y	1	-1
1	1/4	0
2	1/2	1/4

求 $\mathrm{Cov}(X,Y)$, ρ_{XY}.

4. 设 (X,Y) 的概率密度函数为 $p(x,y)=\begin{cases} \dfrac{1}{2\pi}, & x^2+y^2/4 \leqslant 1, \\ 0, & x^2+y^2/4>1, \end{cases}$ 证明: X 与 Y 不相关, 但是它们不独立.

5. 设二维随机变量 (X,Y) 的概率密度函数为

$$p(x,y)=\begin{cases} 2-x-y, & 0 \leqslant x \leqslant 1, 0 \leqslant y \leqslant 2, \\ 0, & \text{其他}, \end{cases}$$

此密度函数是否有问题? 如果有问题, 请修正成正确的密度函数并:

(1) 判断 X 与 Y 是否相互独立, 是否相关; (2) 求 $E(XY), D(X+Y)$.

6. 如果 (X,Y) 服从 $N(\mu_1,\mu_2,\sigma_1^2,\sigma_2^2,\rho)$, 而且 $U=aX+bY$, $V=cX+dY$, 试求: U 与 V 的数学期望、方差和相关系数.

7. 设随机变量 X 与 Y 的数学期望分别为 -2 和 2, 方差分别为 1 和 4, 而它们的相关系数为 -0.5, 试根据切比雪夫不等式估计 $P(|X+Y| \geqslant 6)$ 的上限.

8. 设随机变量 X_1 与 X_2 独立同分布, 其共同分布为 $\mathrm{Exp}(\lambda)$. 试求 $Y_1=4X_1-3X_2$ 与 $Y_2=3X_1+X_2$ 的相关系数.

9. 设随机变量 X_1 与 X_2 独立同分布, 其共同分布为 $N\left(\mu,\sigma^2\right)$. 试求 $Y_1=aX_1+bX_2$ 与 $Y_2=aX_1-bX_2$ 的相关系数, 其中 a 与 b 为非零常数.

10. 设随机变量 X 的密度函数为 $p(x)$, 且为偶函数, 假定 $E(|X|^3)<\infty$. 证明 X 与 $Y=X^2$ 不相关, 但不独立.

11. 设二维随机变量 (X,Y) 服从二维正态分布, 且 $E(X)=E(Y)=0,\quad E(XY)<0$ 证明：对任意的正常数 a 与 b, 有 $P\left(X\geqslant a,Y\geqslant b\right)\leqslant P(X\geqslant a)P\left(Y\geqslant b\right)$.

12. 设随机变量 $X_1,X_2,\cdots,X_n$ 中任意两个的相关系数都是 ρ, 试证：$\rho\geqslant-\dfrac{1}{n-1}$.

13. 设随机变量 $X\sim U(-0.5,0.5)$, $Y=\cos X$, 即 X 与 Y 有函数关系. 试证 X 与 Y 不相关, 即 X 与 Y 无线性关系.

14. 设随机变量 $X\sim N(0,1)$, Y 各以 0.5 的概率取值 ±1, 且假定 X 与 Y 相互独立. 令 $Z=XY$, 试证：(1) $Z\sim N(0,1)$;　(2) X 与 Y 不相关, 但不独立.

15. 设随机变量 $X\sim U(a,b)$, 对 $k=1,2,3,4$, 求 $\mu_k=E(X^k),\nu_k=E\left(X-EX\right)^k$. 进一步求此分布的偏度系数和峰度系数.

16. 设随机变量 $X\sim \mathrm{Exp}(\lambda)$, 对 $k=1,2,3$, 求 $\mu_k=E(X^k),\nu_k=E\left(X-EX\right)^k$. 进一步求此分布的变异系数、偏度系数和峰度系数.

17. 某种绝缘材料的使用寿命 T (单位: 小时) 服从对数正态分布 $LN\left(\mu,\sigma^2\right)$, 若已知分位数 $t_{0.2}=5000$ 小时, $t_{0.8}=65000$ 小时, 求 μ 和 σ.

4.4 特征函数

4.4.1 特征函数的概念

设 $p(x)$ 是随机变量 X 的密度函数, 则 $p(x)$ 的傅里叶变换是

$$\varphi(t)=\int_{-\infty}^{\infty}\mathrm{e}^{\mathrm{i}tx}p(x)\mathrm{d}x,$$

其中 $\mathrm{i}=\sqrt{-1}$ 是虚数单位. 由数学期望的概念知, $\varphi(t)$ 恰好是 $E\left(\mathrm{e}^{\mathrm{i}tx}\right)$. 这就是本节要讨论的特征函数, 它是处理许多概率论问题的有力工具. 它能把寻求独立随机变量和分布的卷积运算 (积分运算) 转换为乘法运算, 还能把求分布的各阶原点矩 (积分运算) 转换为求导运算. 特别是它能把寻求随机变量序列的极限分布转换成一般的函数极限问题. 下面从特征函数的定义开始介绍它们.

定义 4.4.1 设 X 是一个随机变量, 称

$$\varphi(t)=E\left(\mathrm{e}^{\mathrm{i}tX}\right)\quad(\infty<t<\infty)\tag{4-4-1}$$

为 X 的特征函数.

因为 $\left|\mathrm{e}^{\mathrm{i}tX}\right|=1$, 所以 $E\left(\mathrm{e}^{\mathrm{i}tX}\right)$ 总是存在的, 即任一随机变量的特征函数总是存在的.

当离散型随机变量 X 的分布列为 $p_k=P(X=x_k)$, $k=1,2,\cdots$, 则 X 的特征函数为

$$\varphi(t)=\sum_{k=1}^{\infty}\mathrm{e}^{\mathrm{i}tx_k}p_k,\quad -\infty<t<\infty.\tag{4-4-2}$$

当连续型随机变量 X 的密度函数为 $p(x)$, 则 X 的特征函数为

$$\varphi(t)=\int_{-\infty}^{\infty}\mathrm{e}^{\mathrm{i}tx}p(x)\mathrm{d}x,\quad -\infty<t<\infty. \tag{4-4-3}$$

与随机变量的数学期望、方差及各阶矩一样, 特征函数只依赖于随机变量的分布, 分布相同则特征函数也相同, 所以我们也常称其为某分布的特征函数.

例 4.4.1　常用分布的特征函数 (一).

(1) 单点分布：$P(X=a)=1$, 其特征函数为 $\varphi(t)=\mathrm{e}^{\mathrm{i}ta}$.

(2) 0-1 分布：$P(X=x)=p^x(1-p)^{1-x}$, $x=0,1$, 其特征函数为

$$\varphi(t)=p\mathrm{e}^{\mathrm{i}t}+q,\quad q=1-p.$$

(3) 泊松分布 $P(\lambda)$：$P(X=k)=\dfrac{\lambda^k}{k!}\mathrm{e}^{-\lambda}$, $k=1,2,\cdots$, 其特征函数为

$$\varphi(t)=\sum_{k=0}^{\infty}\mathrm{e}^{\mathrm{i}kt}\frac{\lambda^k}{k!}\mathrm{e}^{-\lambda}=\mathrm{e}^{-\lambda}\mathrm{e}^{\lambda\mathrm{e}^{\mathrm{i}t}}=\mathrm{e}^{\lambda\left(\mathrm{e}^{\mathrm{i}t}-1\right)}.$$

(4) 均匀分布 $U(a,b)$：因为密度函数为 $p(x)=\begin{cases}\dfrac{1}{b-a}, & a<x<b,\\ 0, & a>x \text{ 或 } x>b,\end{cases}$ 所以特征函数为

$$\varphi(t)=\int_a^b\frac{\mathrm{e}^{\mathrm{i}tx}}{b-a}\mathrm{d}x=\frac{\mathrm{e}^{\mathrm{i}bt}-\mathrm{e}^{\mathrm{i}at}}{\mathrm{i}t\,(b-a)}.$$

(5) 标准正态分布 $N(0,1)$：因为密度函数为 $p(x)=\dfrac{1}{\sqrt{2\pi}}\mathrm{e}^{-\frac{x^2}{2}}$, $-\infty<x<\infty$, 所以特征函数为

$$\varphi(t)=\frac{1}{\sqrt{2\pi}}\int_{-\infty}^{\infty}\mathrm{e}^{\mathrm{i}tx}\mathrm{e}^{-\frac{x^2}{2}}\mathrm{d}x=\frac{1}{\sqrt{2\pi}}\int_{-\infty}^{\infty}\sum_{n=0}^{\infty}\frac{(\mathrm{i}tx)^n}{n!}\mathrm{e}^{-\frac{x^2}{2}}\mathrm{d}x$$

$$=\sum_{n=0}^{\infty}\frac{(\mathrm{i}t)^n}{n!}\left(\frac{1}{\sqrt{2\pi}}\int_{-\infty}^{\infty}x^n\mathrm{e}^{-\frac{x^2}{2}}\mathrm{d}x\right),$$

上式中括号内正是标准正态分布的 n 阶矩 $E(X^n)$, 当 n 为奇数时 $E(X^n)=0$, 当 n 为偶数, 如 $n=2m$ 时, $E(X^n)=E(X^{2m})=(2m-1)!!=\dfrac{(2m)!}{2^m m!}$, 代回原式, 可得标准正态分布的特征函数$\varphi(t)=\displaystyle\sum_{m=0}^{\infty}\frac{(\mathrm{i}t)^{2m}}{(2m)!}\frac{(2m)!}{2^m m!}=\sum_{m=0}^{\infty}\left(-\frac{t^2}{2}\right)^m\frac{1}{m!}=\mathrm{e}^{-\frac{t^2}{2}}$.

有了标准正态分布的特征函数, 再利用 4.4.2 节给出的特征函数的性质, 就很容易得到一般正态分布 $N\left(\mu,\sigma^2\right)$ 的特征函数, 见例 4.4.2.

(6) 指数分布 Exp(λ)：因为密度函数为 $p(x)=\begin{cases}\lambda e^{-\lambda x}, & x>0,\\ 0, & x\leqslant 0,\end{cases}$ 所以特征函数为

$$\varphi(t)=\int_0^{\infty} e^{itx}\lambda e^{-\lambda x}dx=\lambda\left\{\int_0^{\infty}\cos(tx)\,e^{-\lambda}dx+i\int_0^{\infty}\sin(tx)e^{-\lambda x}dx\right\}$$
$$=\lambda\left\{\frac{\lambda}{\lambda^2+t^2}+i\frac{t}{\lambda^2+t^2}\right\}=\left(1-\frac{it}{\lambda}\right)^{-1},$$

以上积分中用到了复变函数中的欧拉公式：$e^{itx}=\cos(tx)+i\sin(tx)$.

4.4.2 特征函数的性质

现在我们来研究特征函数的一些性质, 其中 $\varphi_X(t)$ 表示 X 的特征函数, 其他类似.

性质 4.4.1 $|\varphi(t)|\leqslant\varphi(0)=1$. (4-4-4)

性质 4.4.2 $\varphi(-t)=\overline{\varphi(t)}$, 其中 $\overline{\varphi(t)}$ 表示 $\varphi(t)$ 的共轭. (4-4-5)

性质 4.4.3 若 $Y=aX+b$, 其中 a,b 是常数, 则

$$\varphi_Y(t)=e^{ibt}\varphi_X(at). \tag{4-4-6}$$

性质 4.4.4 独立随机变量和的特征函数为特征函数的积, 即设 X 与 Y 相互独立, 则

$$\varphi_{X+Y}(t)=\varphi_X(t)\cdot\varphi_Y(t). \tag{4-4-7}$$

性质 4.4.5 若 $E(X^l)$ 存在, 则 X 的特征函数 $\varphi(t)$ 可 l 次求导, 且对 $1\leqslant k\leqslant l$, 有

$$\varphi^{(k)}(0)=i^kE(X^k). \tag{4-4-8}$$

上式提供了一条求随机变量的各阶矩的途径, 特别可用下式去求数学期望和方差.

$$E(X)=\frac{\varphi'(0)}{i},\quad D(X)=-\varphi''(t)+(\varphi'(0))^2. \tag{4-4-9}$$

证明 在此我们仅对连续场合进行证明, 而在离散场合的证明是类似的.

(1) $|\varphi(t)|=\left|\int_{-\infty}^{\infty}e^{itx}p(x)dx\right|\leqslant\int_{-\infty}^{\infty}\left|e^{itx}\right|p(x)dx=\int_{-\infty}^{\infty}p(x)dx=\varphi(0)=1.$

(2) $\varphi(-t)=\int_{-\infty}^{\infty}e^{-itx}p(x)dx=\overline{\int_{-\infty}^{\infty}e^{itx}f(x)dx}=\overline{\varphi(t)}.$

(3) $\varphi_Y(t)=E\left[e^{it(aX+b)}\right]=e^{ibt}E\left(e^{iatX}\right)=e^{ibt}\varphi_X(at).$

(4) 因为 X 与 Y 相互独立, 所以 e^{itX} 与 e^{itY} 也是独立的, 从而有

$$E\left[e^{it(X+Y)}\right]=E\left(e^{itX}e^{itY}\right)=E\left(e^{itX}\right)E\left(e^{itY}\right)=\varphi_X(t)\cdot\varphi_Y(t).$$

(5) 因为 $E(X^l)$ 存在, 也就是 $\int_{-\infty}^{\infty}|x|^l p(x)\mathrm{d}x < \infty$, 于是含参变量 t 的广义积分 $\int_{-\infty}^{\infty}\mathrm{e}^{\mathrm{i}tx}p(x)\mathrm{d}x$ 可以对 t 求导 l 次, 于是对 $0 \leqslant k \leqslant l$, 有

$$\varphi^{(k)}(t) = \int_{-\infty}^{\infty}\mathrm{i}^k x^k \mathrm{e}^{\mathrm{i}tx}p(x)\mathrm{d}x = \mathrm{i}^k E\left(X^k \mathrm{e}^{\mathrm{i}tX}\right),$$

令 $t=0$ 即得 $\varphi^{(k)}(0) = \mathrm{i}^k E(X^k)$. 至此上述 5 条性质全部得证.

下例是利用性质 4.4.3 和性质 4.4.4 来求一些常用分布的特征函数.

例 4.4.2 常用分布的特征函数 (二).

(1) 二项分布 $B(n,p)$: 设 $Y \sim B(n,p)$, 则 $Y = X_1 + X_2 + \cdots + X_n$, 其中诸 X_i 是相互独立同分布的随机变量, 且 $X_i \sim B(1,p)$. 由例 4.4.1(2) 知 $\varphi_{X_i}(t) = p\mathrm{e}^{\mathrm{i}t} + q$, 所以由独立随机变量和的特征函数为特征函数的积, 得 $\varphi_Y(t) = \left(p\mathrm{e}^{\mathrm{i}t} + q\right)^n$.

(2) 正态分布 $N(\mu,\sigma^2)$: 设正态分布 $Y \sim N(\mu,\sigma^2)$, 则 $X = (Y-\mu)/\sigma \sim N(0,1)$. 由例 4.4.1 知 $\varphi_X(t) = \mathrm{e}^{-\frac{t^2}{2}}$, 所以由 $Y = \sigma X + \mu$ 得

$$\varphi_Y(t) = \varphi_{\sigma X+\mu}(t) = \mathrm{e}^{\mathrm{i}\mu t}\varphi_X(\sigma t) = \exp\left\{\mathrm{i}\mu t - \frac{\sigma^2 t^2}{2}\right\}.$$

(3) 伽马分布 $\mathrm{Ga}(n,\lambda)$: 设随机变量 $Y \sim \mathrm{Ga}(n,\lambda)$, 则 $Y = X_1 + X_2 + \cdots + X_n$, 其中 X_i 独立同分布, 且 $X_i \sim \mathrm{Exp}(\lambda)$. 由例 4.4.1 知 $\varphi_{X_i}(t) = \left(1 - \frac{\mathrm{i}t}{\lambda}\right)^{-1}$, 所以由独立随机变量和的特征函数为特征函数的积, 得 $\varphi_Y(t) = [\varphi_{X_i}(t)]^n = \left(1 - \frac{\mathrm{i}t}{\lambda}\right)^{-n}$. 进一步, 当 α 为任一正实数时, 我们得到 $\mathrm{Ga}(\alpha,\lambda)$ 分布的特征函数为 $\varphi_Y(t) = \left(1 - \frac{\mathrm{i}t}{\lambda}\right)^{-\alpha}$.

(4) 卡方分布 $\chi^2(n)$: 因为 $\chi^2(n) = \mathrm{Ga}(n/2, 1/2)$, 所以 $\chi^2(n)$ 分布的特征函数为

$$\varphi(t) = (1 - 2\mathrm{i}t)^{-n/2}.$$

上述常用分布的特征函数汇总在表 4-4-1 中.

下例是利用性质 4.4.5 来求分布的数学期望和方差.

例 4.4.3 利用特征函数的方法求伽马分布 $\mathrm{Ga}(\alpha,\lambda)$ 的数学期望和方差.

解 因为伽马分布 $\mathrm{Ga}(\alpha,\lambda)$ 的特征函数及其一、二阶导数为

$$\varphi(t) = \left(1 - \frac{\mathrm{i}t}{\lambda}\right)^{-\alpha}, \quad \varphi'(t) = \frac{\alpha\mathrm{i}}{\lambda}\left(1 - \frac{\mathrm{i}t}{\lambda}\right)^{-\alpha-1}, \quad \varphi'(0) = \frac{\alpha\mathrm{i}}{\lambda},$$

$$\varphi''(t) = \frac{\alpha(\alpha+1)\mathrm{i}^2}{\lambda^2}\left(1 - \frac{\mathrm{i}t}{\lambda}\right)^{-\alpha-2}, \quad \varphi''(0) = -\frac{\alpha(\alpha+1)}{\lambda^2},$$

所以由性质 4.4.5 得

$$E(X)=\frac{\varphi'(0)}{\mathrm{i}}=\frac{\alpha}{\lambda},$$

$$D(X)=E(X^2)-[E(X)]^2=-\varphi''(0)+(\varphi'(0))^2=\frac{\alpha(\alpha+1)}{\lambda^2}+\left(\frac{\alpha\mathrm{i}}{\lambda}\right)^2=\frac{\alpha}{\lambda^2}.$$

表 4-4-1 常用分布的特征函数

分布	分布列 p_k 或分布密度 $p(x)$	特征函数 $\varphi(t)$
单点分布	$P(X=a)=1$	$\mathrm{e}^{\mathrm{i}ta}$
0-1 分布	$p_k=p^kq^{1-k},q=1-p,k=0,1$	$p\mathrm{e}^{\mathrm{i}t}+q$
二项分布 $B(n,p)$	$p_k=\mathrm{C}_n^kp^kq^{n-k},q=1-p,k=0,1,\cdots,n$	$\left(p\mathrm{e}^{\mathrm{i}t}+q\right)^n$
泊松分布 $P(\lambda)$	$p_k=\dfrac{\lambda^k}{k!}\mathrm{e}^{-\lambda},k=0,1,\cdots$	$\mathrm{e}^{\lambda(\mathrm{e}^{\mathrm{i}t}-1)}$
几何分布 $G(p)$	$p_k=pq^{k-1},q=1-p,k=1,2,\cdots$	$\dfrac{p}{\mathrm{e}^{-\mathrm{i}t}-q}$
负二项分布 $NB(r,p)$	$p_k=\mathrm{C}_{k-1}^{r-1}p^rq^{k-r},k=r,r+1,\cdots$	$\left(\dfrac{p}{1-q\mathrm{e}^{\mathrm{i}t}}\right)^r$
均匀分布 $U(a,b)$	$p(x)=\dfrac{1}{b-a},a\leqslant x\leqslant b$	$\dfrac{\mathrm{e}^{\mathrm{i}bt}-\mathrm{e}^{\mathrm{i}at}}{\mathrm{i}t(b-a)}$
正态分布 $N(\mu,\sigma^2)$	$p(x)=\dfrac{1}{\sqrt{2\pi}\sigma}\exp\left\{-\dfrac{(x-\mu)^2}{2\sigma^2}\right\}$	$\exp\left(\mathrm{i}\mu t-\dfrac{\sigma^2t^2}{2}\right)$
指数分布 $\mathrm{Exp}(\lambda)$	$p(x)=\lambda\mathrm{e}^{-\lambda x},x>0$	$\left(1-\dfrac{\mathrm{i}t}{\lambda}\right)^{-1}$
伽马分布 $\mathrm{Ga}(\alpha,\lambda)$	$p(x)=\dfrac{\lambda^\alpha}{\Gamma(\alpha)}x^{\alpha-1}\mathrm{e}^{-x/2},x\geqslant 0$	$\left(1-\dfrac{\mathrm{i}t}{\lambda}\right)^{-\alpha}$
卡方分布 $\chi^2(n)$	$p(x)=\dfrac{x^{n/2-1}\mathrm{e}^{-x/2}}{\Gamma(n/2)2^{n/2}},x>0$	$(1-2\mathrm{i}t)^{-n/2}$
贝塔分布 $\mathrm{Be}(a,b)$	$p(x)=\dfrac{\Gamma(a+b)}{\Gamma(a)\Gamma(b)}x^{a-1}(1-x)^{b-1},0<x<1$	$\dfrac{\Gamma(a+b)}{\Gamma(a)}\sum\limits_{k=0}^{\infty}\dfrac{(\mathrm{i}t)^k\Gamma(a+k)}{k!\Gamma(a+b+k)\Gamma(k+1)}$
柯西分布	$p(x)=\dfrac{1}{\pi(1+x^2)},-\infty<x<\infty$	$\mathrm{e}^{-\lvert t\rvert}$

4.4.3 特征函数的一致连续性与非负定性

特征函数还有以下一些优良性质.

定理 4.4.1 (一致连续性) 随机变量 X 的特征函数 $\varphi(t)$ 在 $(-\infty,\infty)$ 上一致连续.

证明 设 X 是连续型随机变量 (离散型随机变量的证明是类似的), 其密度函数为 $p(x)$, 则对任意实数 t,h 和正数 $a>0$, 有

$$|\varphi(t+h)-\varphi(t)|=\left|\int_{-\infty}^{\infty}\left(\mathrm{e}^{\mathrm{i}hx}-1\right)\mathrm{e}^{\mathrm{i}tx}p(x)\mathrm{d}x\right|\leqslant\int_{-\infty}^{\infty}\left|\mathrm{e}^{\mathrm{i}hx}-1\right|p(x)\mathrm{d}x$$

$$\leqslant \int_{-a}^{a}\left|\mathrm{e}^{\mathrm{i}hx}-1\right|p(x)\mathrm{d}x+2\int_{|x|\geqslant a}p(x)\mathrm{d}x,$$

对任意的 $\varepsilon>0$, 先取定一个充分大的 a, 使得 $2\int_{|x|\geqslant a}p(x)\mathrm{d}x<\frac{\varepsilon}{2}$, 然后对任意的 $x\in[-a,a]$, 只要取 $\delta=\frac{\varepsilon}{2a}$, 则当 $|h|<\delta$ 时, 便有

$$\left|\mathrm{e}^{\mathrm{i}hx}-1\right|=\left|\mathrm{e}^{\mathrm{i}\frac{h}{2}x}\left(\mathrm{e}^{\mathrm{i}\frac{h}{2}x}-\mathrm{e}^{-\mathrm{i}\frac{h}{2}x}\right)\right|=2\left|\sin\frac{hx}{2}\right|\leqslant 2\left|\frac{hx}{2}\right|<ha<\frac{\varepsilon}{2},$$

从而对所有的 $t\in[-a,a]$, 有 $|\varphi(t+h)-\varphi(t)|<\int_{-a}^{a}\frac{\varepsilon}{2}p(x)\mathrm{d}x+\frac{\varepsilon}{2}\leqslant\varepsilon$, 即 $\varphi(t)$ 在 $(-\infty,\infty)$ 上一致连续.

定理 4.4.2 (非负定性)　随机变量 X 的特征函数 $\varphi(t)$ 是非负定的, 即对任意正整数 n, 及 n 个实数 $t_1,t_2,\cdots,t_n$ 和 n 个复数 $z_1,z_2,\cdots,z_n$, 有

$$\sum_{k=1}^{n}\sum_{j=1}^{n}\varphi(t_k-t_j)z_k\overline{z_j}\geqslant 0. \tag{4-4-10}$$

证明　仍设 X 是连续型随机变量 (离散型随机变量的证明是类似的), 其密度函数为 $p(x)$, 则有

$$\begin{aligned}\sum_{k=1}^{n}\sum_{j=1}^{n}\varphi(t_k-t_j)z_k\overline{z_j}&=\sum_{k=1}^{n}\sum_{j=1}^{n}z_k\overline{z_j}\int_{-\infty}^{\infty}\mathrm{e}^{\mathrm{i}(t_k-t_j)x}p(x)\mathrm{d}x\\&=\int_{-\infty}^{\infty}\sum_{k=1}^{n}\sum_{j=1}^{n}z_k\overline{z_j}\mathrm{e}^{\mathrm{i}(t_k-t_j)x}p(x)\mathrm{d}x\\&=\int_{-\infty}^{\infty}\left(\sum_{k=1}^{n}z_k\mathrm{e}^{\mathrm{i}t_kx}\right)\left(\sum_{j=1}^{n}\overline{z_j}\mathrm{e}^{-\mathrm{i}t_jx}\right)p(x)\mathrm{d}x\\&=\int_{-\infty}^{\infty}\left|\sum_{k=1}^{n}z_k\mathrm{e}^{\mathrm{i}t_kx}\right|^2p(x)\mathrm{d}x\geqslant 0.\end{aligned}$$

4.4.4　特征函数与分布函数之间的关系

由特征函数的定义可知, 随机变量的分布唯一地确定了它的特征函数. 前面的讨论实际上都是从随机变量的分布出发讨论特征函数及其性质的. 要注意的是：如果两个分布的数学期望、方差及各阶矩都相等, 也无法证明此两个分布相等. 但特征函数却不同, 它有着比数学期望、方差及各阶矩更优良的性质, 即特征函数也完全决定了分布, 也就是说, 两个分布函数相等当且仅当它们所对应的特征函数相等.

定理 4.4.3 给出了由特征函数求分布函数的公式, 定理 4.4.5 给出了连续型随机变量由特征函数求密度函数的公式, 而定理 4.4.4 说明了分布函数和特征函数是一一对应的.

定理 4.4.3 (逆转公式) 设 $F(x)$ 和 $\varphi(t)$ 分别为随机变量 X 的分布函数和特征函数, 则对 $F(x)$ 的任意两个连续点 $x_1 < x_2$, 有

$$F(x_2) - F(x_1) = \lim_{T\to\infty} \frac{1}{2\pi} \int_{-T}^{T} \frac{\mathrm{e}^{-\mathrm{i}tx_1} - \mathrm{e}^{-\mathrm{i}tx_2}}{\mathrm{i}t} \varphi(t)\mathrm{d}t. \tag{4-4-11}$$

证明 设 X 是连续型随机变量 (离散型随机变量的证明是类似的), 其密度函数为 $p(x)$. 记

$$\begin{aligned} J_T &= \frac{1}{2\pi} \int_{-T}^{T} \frac{\mathrm{e}^{-\mathrm{i}tx_1} - \mathrm{e}^{-\mathrm{i}tx_2}}{\mathrm{i}t} \varphi(t)\mathrm{d}t \\ &= \frac{1}{2\pi} \int_{-T}^{T} \left[\int_{-\infty}^{\infty} \frac{\mathrm{e}^{-\mathrm{i}tx_1} - \mathrm{e}^{-\mathrm{i}tx_2}}{\mathrm{i}t} \mathrm{e}^{\mathrm{i}tx} p(x)\mathrm{d}x \right] \mathrm{d}t, \end{aligned}$$

对任意的实数 a, 由 $\left|\mathrm{e}^{\mathrm{i}a} - 1\right| \leqslant |a|$, 事实上, 对 $a \geqslant 0$ 有

$$\left|\mathrm{e}^{\mathrm{i}a} - 1\right| = \left| \int_0^a \mathrm{e}^{\mathrm{i}x} \mathrm{d}x \right| \leqslant \int_0^a \left|\mathrm{e}^{\mathrm{i}x}\right| \mathrm{d}x = a,$$

对 $a<0$ 有 $\left|\mathrm{e}^{\mathrm{i}a} - 1\right| = \left|\mathrm{e}^{\mathrm{i}a}\left(\mathrm{e}^{\mathrm{i}|a|} - 1\right)\right| = \left|\mathrm{e}^{\mathrm{i}|a|} - 1\right| \leqslant |a|$, 因此$\left| \dfrac{\mathrm{e}^{-\mathrm{i}tx_1} - \mathrm{e}^{-\mathrm{i}tx_2}}{\mathrm{i}t} \mathrm{e}^{\mathrm{i}tx} \right| \leqslant x_2 - x_1$.

即 J_T 中被积函数有界, 所以可以交换积分次序, 从而得

$$\begin{aligned} J_T &= \frac{1}{2\pi} \int_{-\infty}^{\infty} \left[\int_{-T}^{T} \frac{\mathrm{e}^{-\mathrm{i}tx_1} - \mathrm{e}^{-\mathrm{i}tx_2}}{\mathrm{i}t} \mathrm{e}^{\mathrm{i}tx} \mathrm{d}t \right] p(x)\mathrm{d}x \\ &= \frac{1}{2\pi} \int_{-\infty}^{\infty} \left[\int_0^T \frac{\mathrm{e}^{\mathrm{i}t(x-x_1)} - \mathrm{e}^{-\mathrm{i}t(x-x_1)} - \mathrm{e}^{\mathrm{i}t(x-x_2)} + \mathrm{e}^{-\mathrm{i}t(x-x_2)}}{\mathrm{i}t} \mathrm{d}t \right] p(x)\mathrm{d}x \\ &= \frac{1}{\pi} \int_{-\infty}^{\infty} \left[\int_0^T \left(\frac{\sin t(x-x_1)}{t} - \frac{\sin t(x-x_2)}{t} \right) \mathrm{d}t \right] p(x)\mathrm{d}x. \end{aligned}$$

又记$g(T,x,x_1,x_2) = \dfrac{1}{\pi} \displaystyle\int_0^T \left(\frac{\sin t(x-x_1)}{t} - \frac{\sin t(x-x_2)}{t} \right) \mathrm{d}t$, 则由数学分析中的狄

利克雷积分 $D(a) = \dfrac{1}{\pi} \displaystyle\int_0^{\infty} \frac{\sin at}{t} \mathrm{d}t = \begin{cases} \dfrac{1}{2}, & a>0, \\ 0, & a=0, \\ -\dfrac{1}{2}, & a<0, \end{cases}$ 知

$$\lim_{T\to\infty} g(T,x,x_1,x_2) = D(x-x_1) - D(x-x_2).$$

分别考察 x 在区间 (x_1, x_2) 的端点及内外时相应狄利克雷的值即可得

$$\lim_{T\to\infty} g(T, x, x_1, x_2) = \begin{cases} 0, & x < x_1 \text{或}\ x > x_2, \\ \dfrac{1}{2}, & x = x_1 \text{或}\ x = x_2, \\ 1, & x_1 < x < x_2, \end{cases}$$

且 $|g(T, x, x_1, x_2)|$ 有界, 从而可以把积分号与极限号交换, 故有

$$\lim_{T\to\infty} J_T = \int_{-\infty}^{\infty} \lim_{T\to\infty} g(T, x, x_1, x_2)\, p(x)\mathrm{d}x = \int_{x_1}^{x_2} p(x)\mathrm{d}x = F(x_2) - F(x_1),$$

定理得证.

定理 4.4.4 (唯一性定理) 随机变量的分布函数由其特征函数唯一决定.

证明 对 $F(x)$ 的每一个连续点 x, 当 y 沿着 $F(x)$ 的连续点趋于 $-\infty$ 时, 由逆转公式得

$$F(x) = \lim_{y\to-\infty} \lim_{T\to\infty} \frac{1}{2\pi} \int_{-T}^{T} \frac{\mathrm{e}^{-\mathrm{i}ty} - \mathrm{e}^{-\mathrm{i}tx}}{\mathrm{i}t} \varphi(t)\mathrm{d}t,$$

而分布函数由其连续点上的值唯一决定, 故结论成立.

由于分布函数 $F(x)$ 是非降函数, 因此我们一定能做到让 y 沿着 $F(x)$ 的连续点趋于 $-\infty$, 并且 $F(x)$ 由其连续点上的值唯一确定, 而这些性质的证明在此从略了.

特别, 当 X 为连续型随机变量时, 有下述更强的结果.

定理 4.4.5 若 X 为连续型随机变量, 其密度函数为 $p(x)$, 特征函数为 $\varphi(t)$. 如果 $\int_{-\infty}^{\infty} |\varphi(t)|\mathrm{d}t < \infty$, 则

$$p(x) = \frac{1}{2\pi} \int_{-\infty}^{\infty} \mathrm{e}^{-\mathrm{i}tx} \varphi(t)\mathrm{d}t. \tag{4-4-12}$$

证明 记 X 的分布函数为 $F(x)$, 由逆转公式知

$$p(x) = \lim_{\Delta x\to0} \frac{F(x+\Delta x) - F(x)}{\Delta x} = \lim_{\Delta x\to0} \frac{1}{2\pi} \int_{-\infty}^{\infty} \frac{\mathrm{e}^{-\mathrm{i}tx} - \mathrm{e}^{-\mathrm{i}t(x+\Delta x)}}{\mathrm{i}t\cdot\Delta x} \varphi(t)\mathrm{d}t.$$

再次利用不等式 $\left|\mathrm{e}^{\mathrm{i}a} - 1\right| \leqslant |a|$, 就有 $\left|\dfrac{\mathrm{e}^{-\mathrm{i}tx} - \mathrm{e}^{-\mathrm{i}t(x+\Delta x)}}{\mathrm{i}t\cdot\Delta x}\right| \leqslant 1$. 又因为 $\int_{-\infty}^{\infty} |\varphi(t)|\mathrm{d}t < \infty$, 所以可以交换极限号和积分号, 即 $p(x) = \dfrac{1}{2\pi} \int_{-\infty}^{\infty} \lim_{\Delta x\to0} \dfrac{\mathrm{e}^{-\mathrm{i}tx} - \mathrm{e}^{-\mathrm{i}t(x+\Delta x)}}{\mathrm{i}t\cdot\Delta x} \varphi(t)\mathrm{d}t = \dfrac{1}{2\pi} \int_{-\infty}^{\infty} \mathrm{e}^{-\mathrm{i}tx} \varphi(t)\mathrm{d}t$, 定理得证.

(4-4-12) 式在数学分析中也称为傅里叶逆变换, 所以 (4-4-3) 式和 (4-4-12) 式实质上是一对互逆的变换:

$$\varphi(t)=\int_{-\infty}^{\infty}\mathrm{e}^{\mathrm{i}tx}p(x)\mathrm{d}x,\quad -\infty<t<\infty,$$

$$p(x)=\frac{1}{2\pi}\int_{-\infty}^{\infty}\mathrm{e}^{-\mathrm{i}tx}\varphi(t)\mathrm{d}t.$$

即特征函数是密度函数的傅里叶变换, 而密度函数是特征函数的傅里叶逆变换.

在此着重指出：在概率论中, 独立随机变量和的问题占有 “中心” 地位. 用卷积公式去处理独立随机变量和的问题是相当复杂的, 而引入特征函数可以很方便地用特征函数相乘求得独立随机变量和特征函数. 由此大大简化了处理独立随机变量和的难度. 读者可从下例中体会出这一点.

例 4.4.4 用特征函数方法证明正态分布的可加性.

证明 设 $X\sim N(\mu_1,\sigma_1^2)$, $Y\sim N(\mu_2,\sigma_2^2)$, 且 X 与 Y 独立. 因为

$$\varphi_X(t)=\mathrm{e}^{\mathrm{i}t\mu_1-\frac{\sigma_1^2t^2}{2}},\quad \varphi_Y(t)=\mathrm{e}^{\mathrm{i}t\mu_2-\frac{\sigma_2^2t^2}{2}}.$$

所以由性质 4.4.4 得 $\varphi_{X+Y}(t)=\varphi_X(t)\cdot\varphi_Y(t)=\mathrm{e}^{\mathrm{i}t(\mu_1+\mu_2)-\frac{\left(\sigma_1^2+\sigma_2^2\right)t^2}{2}}$, 这正是 $N(\mu_1+\mu_2,\sigma_1^2+\sigma_2^2)$ 的特征函数, 再由特征函数的唯一性定理, 即知

$$X+Y\sim N(\mu_1+\mu_2,\sigma_1^2+\sigma_2^2).$$

同理可证：若 X_j 相互独立, 且 $X_j\sim N(\mu_j,\sigma_j^2), j=1,2,\cdots,n$, 则

$$\sum_{j=1}^{n}X_j\sim N\left(\sum_{j=1}^{n}\mu_j,\sum_{j=1}^{n}\sigma_j^2\right).$$

习 题 4.4

1. 设离散型随机变量 X 的分布列如表 X4-4-1 所示, 试求 X 的特征函数.

表 X4-4-1 离散型随机变量 X 的分布列

X	0	1	2	3
P	0.4	0.3	0.2	0.1

2. 设离散型随机变量 X 服从几何分布 $P(X=k)=p(1-p)^{k-1}, k=1,2,\cdots$. 试求 X 的特征函数.

3. 设离散型随机变量 X 服从帕斯卡分布 (即负二项分布)

$$P(X=k)=\mathrm{C}_{k-1}^{r-1}p^r(1-p)^{k-r},\quad k=r,r+1,\cdots.$$

试求 X 的特征函数.

4. 求下列分布函数的特征函数, 并由特征函数求其数学期望和方差.

(1) $F_1(x)=\dfrac{a}{2}\displaystyle\int_{-\infty}^{x}\mathrm{e}^{-a|t|}\mathrm{d}t\,(a>0)$; (2) $F_2(x)=\dfrac{a}{\pi}\displaystyle\int_{-\infty}^{x}\frac{1}{t^2+a^2}\mathrm{d}t\,(a>0)$.

5. 设 $X\sim N(\mu,\sigma^2)$, 使用特征函数的方法求 X 的 3 阶及 4 阶中心矩.

6. 设随机变量 $X_1, X_2, \cdots, X_n$ 独立同分布, 都服从 $N(\mu, \sigma^2)$, 试求 $\overline{X} = \dfrac{1}{n}\sum\limits_{i=1}^{n} X_i$ 的分布.

7. 试用特征函数的方法证明泊松分布的可加性：若 $X \sim P(\lambda_1), Y \sim P(\lambda_2)$, 且 X 与 Y 相互独立, 则 $X + Y \sim P(\lambda_1 + \lambda_2)$.

8. 试用特征函数的方法证明二项分布的可加性：若随机变量 $X \sim B(n, p), Y \sim B(m, p)$, 且 X 与 Y 独立, 则 $X + Y \sim B(n + m, p)$.

9. 试用特征函数的方法证明伽马分布的可加性：若随机变量 $X \sim \mathrm{Ga}(\alpha_1, \lambda), Y \sim \mathrm{Ga}(\alpha_2, \lambda)$, 且 X 与 Y 独立, 则 $X + Y \sim \mathrm{Ga}(\alpha_1 + \alpha_2, \lambda)$.

10. 设随机变量 X_i 独立同分布, 且 $X_i \sim \mathrm{Exp}(\lambda), i = 1, 2, \cdots, n$. 试用特征函数的方法证明：

$$\sum_{i=1}^{n} X_i \sim \mathrm{Ga}(n, \lambda).$$

11. 设连续型随机变量 X 的概率密度函数为 $p(x)$, 试证 $p(x)$ 关于原点对称的充要条件是它的特征函数是实的偶函数.

12. 利用特征函数方法证明如下泊松定理：设 $X_n \sim B(n, p_n)$, 且 $\lim\limits_{n\to\infty} np_n = \lambda$, 则

$$\lim_{n\to\infty} P(X_n = k) = \frac{\lambda^k}{k!}\mathrm{e}^{-\lambda}, \quad k = 0, 1, 2, \cdots.$$

应用举例 4 风险决策问题

人们在处理一个问题时, 往往面临若干种自然状况, 存在几种方案可供选择, 这就构成了决策. 自然状态是客观存在的不可控因素, 供选择的行动方案叫作策略, 这是可控因素, 选择哪种方案由决策者确定. 依据概率的决策称为风险型决策.

问题提出 某捕鱼队面临下个星期是否出海捕鱼的选择, 如果出海遇到好天气, 则可以得到 5000 元的收益; 如果出海后天气变坏, 则将损失 2000 元; 如果不出海, 则无论天气如何, 都要承担 1000 元的损失费. 已知下个星期天气好的概率为 0.6, 天气坏的概率为 0.4, 应该如何选择最佳方案?

分析建模 称出海方案为 B 方案, 不出海方案为 C 方案, 记 X_B, X_C 分别为方案的效益值, 则均值 $E(X_B)$ 和 $E(X_C)$ 分别有 $E(X_B) = 5000 \times 0.6 + (-2000) \times 0.4 = 2200$(元), $E(X_C) = -1000$(元). 所以出海捕鱼是最佳方案, 其效益期望值为 2200 元.

由于两种天气状态出现的概率是预测值, 因此两种方案的平均效益是估计值, 选定方案 B 必定要承受一定风险. 我们还需要考虑数据的变动对方案选择的影响, 换言之, 需讨论最佳方案的稳定性.

模型求解与分析 首先变动天气状态出现的概率, 设出现好天气的概率为 0.8, 出现坏天气的概率为 0.2, 分别比较决策方案, $E(X_B) = 5000 \times 0.8 + (-2000) \times 0.2 = 3600$(元), $E(X_C) = -1000$(元). 出海为最佳方案.

我们关心在什么条件下, 两个决策方案有相同的平均效益值. 设出现好天气的概率为 a, 出现坏天气的概率为 $1-a$, 令 $5000\times a+(-2000)\times(1-a) = (-1000)\times a+(-1000)\times(1-a)$, 解得 $a = 1/7$, 即当出现好天气的概率大于 1/7 时, 出海是最佳方案, 否则不出海是最佳方案. 当 $a = 1/7$ 时, 两方案具有相同的平均效益值.

类似地, 还可以对出海效益的不同估计值, 分析最佳方案的稳定性.

第 5 章 大数定律与中心极限定理

前面各章严格地讲, 解决了如何用数学的语言描述随机现象的问题, 本章将要用数学语言描述在大次数试验条件下随机现象所呈现的规律性. 某一随机试验在大次数试验条件下所产生的大量随机数的平均值及其分布的规律就是大数定律与中心极限定理描述的内容, 本章将逐步介绍这些内容.

5.1 随机变量序列的两种收敛性

随机变量序列的收敛性有多种, 其中常用的是两种: 依概率收敛和依分布收敛. 前面将叙述的大数定律涉及的是一种依概率收敛, 后面叙述的中心极限定理将涉及依分布收敛. 这些极限定理不仅是概率论研究的中心议题, 而且在数理统计中有广泛的应用. 本节将给出这两种收敛性的定义及其有关性质.

5.1.1 依概率收敛

对于一个普通数列 $\{x_n\}$, 如果对于 $\forall\varepsilon>0, \exists N$, 当 $n>N$ 时, 有 $|x_n-a|<\varepsilon$, 则称数列 $\{x_n\}$ 收敛于 a. 而对于一个随机变量序列 $\{X_n\}$, $|X_n-X|<\varepsilon$ 是随机事件, 如果虽不能保证对于 $\forall\varepsilon>0, \exists N$, 当 $n>N$ 时, 有 $|X_n-X|<\varepsilon$, 但可以做到对于 $\forall\varepsilon>0$ 及 $\varepsilon'>0, \exists N$, 当 $n>N$ 时, 有 $1-\varepsilon'<P(|X_n-X|<\varepsilon)$, 或者说 $P(|X_n-X|<\varepsilon)\xrightarrow{n\to\infty}1$, 等价于 $P(|X_n-X|\geqslant\varepsilon)\xrightarrow{n\to\infty}0$. 在普通序列中, 如果令 $P(X_n=x_n)=1$, 极限过程也可表述为: 对于 $\forall\varepsilon>0, \exists N$, 当 $n>N$ 时, 有 $P(|X_n-a|<\varepsilon)=1$, 普通序列中 $\{X_n\}$ 只有一条轨迹, 随机序列中 $\{X_n\}$ 不止一条轨迹. 因此我们给出下列依概率收敛的定义.

定义 5.1.1 (依概率收敛) 设 $\{Y_n\}$ 为一随机变量序列, Y 为一随机变量. 如果对任意的 $\varepsilon>0$, 有

$$\lim_{n\to\infty}P(|Y_n-Y|<\varepsilon)=1, \tag{5-1-1}$$

则称 $\{Y_n\}$ 依概率收敛于 Y, 记作 $Y_n\xrightarrow{P}Y$.

定理 5.1.1 设 X_n, Y_n 是两个随机变量序列, a, b 是两个常数. 如果

$$X_n\xrightarrow{P}a, \quad Y_n\xrightarrow{P}b,$$

则有 (1) $X_n\pm Y_n\xrightarrow{P}a\pm b$; (2) $X_n\times Y_n\xrightarrow{P}a\times b$; (3) $X_n\div Y_n\xrightarrow{P}a\div b\,(b\neq 0)$.

证明 (1) 因为 $\{|(X_n+Y_n)-(a+b)|\geqslant\varepsilon\}\subset\left\{\left(|X_n-a|\geqslant\dfrac{\varepsilon}{2}\right)\cup\left(|Y_n-b|\geqslant\dfrac{\varepsilon}{2}\right)\right\}$, 所以

$$0\leqslant P(|(X_n+Y_n)-(a+b)|\geqslant\varepsilon)$$

$$\leqslant P\left(|X_n - a| \geqslant \frac{\varepsilon}{2}\right) + P\left(|Y_n - b| \geqslant \frac{\varepsilon}{2}\right) \to 0 \quad (n \to \infty),$$

即 $P\left(|(X_n + Y_n) - (a+b)| < \varepsilon\right) \to 1\,(n \to \infty)$, 由此得 $X_n + Y_n \xrightarrow{P} a + b$. 类似可证 $X_n - Y_n \xrightarrow{P} a - b$.

(2) 为了证明 $X_n \times Y_n \xrightarrow{P} a \times b$, 我们分几步进行.

(i) 若 $X_n \xrightarrow{P} 0$, 则有 $X_n^2 \xrightarrow{P} 0$. 这是因为对任意 $\varepsilon > 0$, 有

$$P\left(\left|X_n^2\right| \geqslant \varepsilon\right) = P\left(|X_n| \geqslant \sqrt{\varepsilon}\right) \to 0 \quad (n \to \infty).$$

(ii) 若 $X_n \xrightarrow{P} a$, 则有 $cX_n \xrightarrow{P} ca$. 这是因为在 $c \neq 0$ 时, 有

$$P\left(|cX_n - ca| \geqslant \varepsilon\right) = P\left(|X_n - a| \geqslant \frac{\varepsilon}{|c|}\right) \to 0 \quad (n \to \infty),$$

而当 $c = 0$ 时, 结论显然成立.

(iii) 若 $X_n \xrightarrow{P} a$, 则有 $X_n^2 \xrightarrow{P} a^2$. 这是因为有以下一系列结论:

$$X_n - a \xrightarrow{P} 0, \quad (X_n - a)^2 \xrightarrow{P} 0, \quad 2a\,(X_n - a) \xrightarrow{P} 0,$$

$$(X_n - a)^2 + 2a\,(X_n - a) = X_n^2 - a^2 \xrightarrow{P} 0, \quad \text{即} \qquad X_n^2 \xrightarrow{P} a^2.$$

(iv) 由 (iii) 及 (1) 知 $X_n^2 \xrightarrow{P} a^2$, $Y_n^2 \xrightarrow{P} b^2$, $(X_n + Y_n)^2 \xrightarrow{P} (a+b)^2$, 从而有

$$X_n \times Y_n = \frac{1}{2}\left[(X_n + Y_n)^2 - X_n^2 - Y_n^2\right] \xrightarrow{P} \frac{1}{2}\left[(a+b)^2 - a^2 - b^2\right] = ab.$$

(3) 为了证明 $X_n/Y_n \xrightarrow{P} a/b$, 我们先证: $1/Y_n \xrightarrow{P} 1/b$. 这是因为对任意 $\varepsilon > 0$, 有

$$\begin{aligned}
P\left(\left|\frac{1}{Y_n} - \frac{1}{b}\right| \geqslant \varepsilon\right) &= P\left(\left|\frac{Y_n - b}{Y_n b}\right| \geqslant \varepsilon\right) \\
&= P\left(\left|\frac{Y_n - b}{b^2 + b\,(Y_n - b)}\right| \geqslant \varepsilon, |Y_n - b| < \varepsilon\right) \\
&\quad + P\left(\left|\frac{Y_n - b}{b^2 + b\,(Y_n - b)}\right| \geqslant \varepsilon, |Y_n - b| \geqslant \varepsilon\right) \\
&\leqslant P\left(\frac{|Y_n - b|}{b^2 - \varepsilon\,|b|} \geqslant \varepsilon\right) + P\left(|Y_n - b| \geqslant \varepsilon\right) \\
&= P\left(|Y_n - b| \geqslant \left(b^2 - \varepsilon\,|b|\right)\varepsilon\right) + P\left(|Y_n - b| \geqslant \varepsilon\right) \to 0 \quad (n \to \infty).
\end{aligned}$$

这就证明了 $1/Y_n \xrightarrow{P} 1/b$, 再与 $X_n \xrightarrow{P} a$ 结合, 利用 (2) 即得 $X_n/Y_n \xrightarrow{P} a/b$. 这就完成了全部证明.

由此定理可以看出, 随机变量序列在概率意义下的极限 (即依概率收敛于常数 a) 在四则运算下依然成立. 这与数学分析中的数列极限十分类似.

5.1.2 依分布收敛——弱收敛

我们知道分布函数全面描述了随机变量的统计规律，因此讨论一个分布函数序列 $\{F_n(x)\}$ 收敛到一个极限分布函数是有实际意义的. 现在的问题是: 如何来定义 $\{F_n(x)\}$ 的收敛性呢? 很自然地, 由于 $\{F_n(x)\}$ 是实变量函数序列, 我们的一个猜想是: 对所有的 x, 要求 $F_n(x) \to F(x)\,(n\to\infty)$ 都成立, 也即数学分析中的处处收敛, 然而遗憾的是, 以下例子告诉我们这个要求过严了.

例 5.1.1 设 $\{X_n\}$ 服从如下的退化分布, $P\left(X_n = \dfrac{1}{n}\right) = 1, n = 1, 2, \cdots$, 若记它们的分布函数分别为 $\{F_n(x)\}$, 则 $F_n(x) = \begin{cases} 0, & x < \dfrac{1}{n}, \\ 1, & x \geqslant \dfrac{1}{n}. \end{cases}$

因为 $\{F_n(x)\}$ 是在点 $x = \dfrac{1}{n}$ 处跳跃, 所以当 $n\to\infty$ 时, 跳跃点位置趋于 0, 于是我们很自然地认为 $\{F_n(x)\}$ 应该收敛于点 $x = 0$ 处的退化分布, 即 $F(x) = \begin{cases} 0, & x < 0, \\ 1, & x \geqslant 0, \end{cases}$ 但是, 对任意的 n, 有 $F_n(0) = 0$, 而 $F(0) = 1$, 所以 $\lim\limits_{n\to\infty} F_n(0) = 0 \neq 1 = F(0)$.

从这个例子我们得到启示:

(1) 对分布函数序列 $\{F_n(x)\}$ 而言, 要求其处处收敛到一个极限分布函数 $\{F(x)\}$ 是太苛刻了, 以上这么简单的一个例子都无法达到要求. 甚至在处处收敛这个苛刻的要求下, $\{F_n(x)\}$ 的极限函数 $g(x) = \begin{cases} 0, & x \leqslant 0, \\ 1, & x > 0 \end{cases}$ 不满足右连续性, 即 $g(x)$ 不是一个分布函数.

(2) 如何把处处收敛这个要求减“弱”一些呢? 从这个例子又可以发现, 收敛关系不成立的点 $x = 0$, 恰好是 $F(x)$ 的间断点. 这就启示我们, 可以撇开这些间断点而只考虑 $F(x)$ 的连续点. 这就是以下给出的关于分布函数的弱收敛定义.

定义 5.1.2 设随机变量 $X, X_1, X_2, \cdots$ 的分布函数分别为 $F(x), F_1(x), F_2(x), \cdots$, 若对 $F(x)$ 的任一连续点 x, 都有

$$\lim_{n\to\infty} F_n(x) = F(x), \tag{5-1-2}$$

则称 $\{F_n(x)\}$ 弱收敛于 $F(x)$, 记作

$$F_n(x) \xrightarrow{W} F(x), \tag{5-1-3}$$

也称 $\{X_n\}$ 依分布收敛于 X, 记作

$$X_n \xrightarrow{L} X. \tag{5-1-4}$$

以上定义的“弱收敛”是自然的, 因为它比在每一点上都收敛的要求的确“弱”了些. 若 $F(x)$ 是直线上的连续函数, 则弱收敛就是处处收敛.

注意, 在上述定义中, 对分布函数序列 $\{F_n(x)\}$ 称为弱收敛, 而对其随机变量序列 $\{X_n\}$ 则称为依分布收敛, 这是在两种不同场合给出的两个不同名称, 但其本质含义是一样的, 都要求在 $F(x)$ 的连续点上有 (5-1-2) 式.

5.1.3 两种收敛性之间的关系

下面的定理说明依概率收敛是一种比依分布收敛更强的收敛性.

定理 5.1.2 $X_n \xrightarrow{P} X \Rightarrow X_n \xrightarrow{L} X$.

证明 设随机变量 $X, X_1, X_2, \cdots$ 的分布函数分别为 $F(x), F_1(x), F_2(x), \cdots$. 为证 $X_n \xrightarrow{L} X$, 相当于证 $F_n(x) \xrightarrow{W} F(x)$, 所以只需证: 对所有的 x, 有

$$F(x-0) \leqslant \varliminf_{n\to\infty} F_n(x) \leqslant \varlimsup_{n\to\infty} F_n(x) \leqslant F(x+0). \tag{5-1-5}$$

因为若上式成立, 则当 x 是 $F(x)$ 的连续点时, 有 $F(x-0)=F(x+0)$, 由此即可得 $F_n(x) \xrightarrow{W} F(x)$.

为证 (5-1-5) 式, 先令 $x'<x$, 则

$$\begin{aligned}\{X \leqslant x'\} &= \{X_n \leqslant x, X \leqslant x'\} \cup \{X_n > x, X \leqslant x'\} \\ &\subset \{X_n \leqslant x\} \cup \{|X_n - X| \geqslant x - x'\},\end{aligned}$$

从而有 $F(x') \leqslant F_n(x) + P(|X_n - X| \geqslant x - x')$.

由 $X_n \xrightarrow{P} X$, 得 $P(|X_n - X| \geqslant x - x') \to 0(n\to\infty)$. 所以有 $F(x') \leqslant \varliminf_{n\to\infty} F_n(x)$, 再令 $x' \to x$, 即得 $F(x-0) \leqslant \varliminf_{n\to\infty} F_n(x)$.

同理可证, 当 $x''>x$ 时, 有 $\varlimsup_{n\to\infty} F_n(x) \leqslant F(x'')$. 令 $x'' \to x$, 即可得 $\varlimsup_{n\to\infty} F_n(x) \leqslant F(x+0)$, 这就证明了定理.

注意, 以上定理的逆命题不成立, 即由依分布收敛无法推出依概率收敛, 见下例.

例 5.1.2 设 X 的分布列为 $P(X=-1)=\dfrac{1}{2}$, $P(X=1)=\dfrac{1}{2}$. 令 $X_n=-X$, 则 X_n 与 X 有相同的分布函数, 故 $X_n \xrightarrow{L} X$.

但对任意的 $0<\varepsilon<2$, 有 $P(|X_n - X| \geqslant \varepsilon) = P(2|X| \geqslant \varepsilon) = 1$, 即 X_n 不是依概率收敛于 X 的.

以上例子说明: 一般依分布收敛与依概率收敛是不等价的. 而下面的定理则说明: 当极限随机变量为常数 (服从退化分布) 时, 依分布收敛与依概率收敛是等价的.

定理 5.1.3 若 c 为常数, 则 $X_n \xrightarrow{P} c$ 的充要条件是: $X_n \xrightarrow{L} c$.

证明 必要性已由定理 5.1.2 给出, 下证充分性. 记 X_n 的分布函数为 $F_n(x)$, $n=1,2,\cdots$. 因为常数 c 的分布函数 (退化分布) 为 $F(x)=\begin{cases}0, & x<c,\\ 1, & x \geqslant c,\end{cases}$ 所以对任意的 $\varepsilon>0$, 有

$$\begin{aligned}P(|X_n - c| \geqslant \varepsilon) &= P(X_n \geqslant c+\varepsilon) + P(X_n \leqslant c-\varepsilon) \\ &\leqslant P(X_n > c+\varepsilon/2) + P(X_n \leqslant c-\varepsilon) \\ &= 1 - F_n(c+\varepsilon/2) + F_n(c-\varepsilon),\end{aligned}$$

由于 $x=c+\varepsilon/2$ 和 $x=c-\varepsilon$ 均为 $F(x)$ 的连续点, 且 $F_n(x)\xrightarrow{W}F(x)$, 所以当 $n\to\infty$ 时, 有 $F_n(c+\varepsilon/2)\to F(c+\varepsilon/2)=1$, $F_n(c-\varepsilon)\to F(c-\varepsilon)=0$. 由此得

$$P(|X_n-c|\geqslant\varepsilon)\to 0,$$

即 $X_n\xrightarrow{P}c$. 定理证毕.

5.1.4 判断分布函数序列弱收敛的方法

分布函数序列的弱收敛是一个很有用的概念, 它可帮助我们寻求极限分布. 但判别一个分布函数序列是否弱收敛于某个分布函数, 有时是很麻烦的, 这时就可利用特征函数这一工具, 为此要研究: 分布函数序列的弱收敛性与相应的特征函数序列的处处收敛性有什么关系? 下面的定理指出这是等价的.

定理 5.1.4 分布函数序列 $\{F_n(x)\}$ 弱收敛于分布函数 $F(x)$ 的充要条件是 $\{F_n(x)\}$ 的特征函数序列 $\{\varphi_n(t)\}$ 收敛于 $F(x)$ 的特征函数 $\varphi(t)$.

这个定理的证明只涉及数学分析的一些结果, 且证明比较冗长 (参考文献 [29]), 在此就不介绍了. 通常把以上定理称为特征函数的连续性定理, 因为它表明分布函数与特征函数的一一对应关系的连续性.

例 5.1.3 若 X_λ 服从参数为 λ 的泊松分布, 证明:

$$\lim_{\lambda\to\infty}P\left(\frac{X_\lambda-\lambda}{\sqrt{\lambda}}\leqslant x\right)=\frac{1}{\sqrt{2\pi}}\int_{-\infty}^{x}\mathrm{e}^{-\frac{t^2}{2}}\mathrm{d}t.$$

证明 已知 X_λ 的特征函数为 $\varphi_\lambda(t)=\exp\left\{\lambda\left(\mathrm{e}^{\mathrm{i}t}-1\right)\right\}$, 故 $Y_\lambda=(X_\lambda-\lambda)/\sqrt{\lambda}$ 的特征函数为 $g_\lambda(t)=\varphi_\lambda\left(\dfrac{t}{\sqrt{\lambda}}\right)\exp\left\{-\mathrm{i}\sqrt{\lambda}t\right\}=\exp\left\{\lambda\left(\mathrm{e}^{\mathrm{i}\frac{t}{\sqrt{\lambda}}}-1\right)-\mathrm{i}\sqrt{\lambda}t\right\}$.

对任意的 t, 有 $\exp\left\{\mathrm{i}\dfrac{t}{\sqrt{\lambda}}\right\}=1+\dfrac{\mathrm{i}t}{\sqrt{\lambda}}-\dfrac{t^2}{2!\lambda}+o\left(\dfrac{1}{\lambda}\right)$, 于是

$$\lambda\left(\mathrm{e}^{\mathrm{i}\frac{1}{\sqrt{\lambda}}}-1\right)-\mathrm{i}\sqrt{\lambda}t=-\frac{t^2}{2}+\lambda\cdot o\left(\frac{1}{\lambda}\right)\to-\frac{t^2}{2},\quad \lambda\to\infty,$$

从而有 $\lim\limits_{\lambda\to\infty}g_\lambda(t)=\mathrm{e}^{-t^2/2}$. 而 $\mathrm{e}^{-t^2/2}$ 正是标准正态分布 $N(0,1)$ 的特征函数, 由定理 4.3.4 即知结论成立.

习 题 5.1

1. 如果 $X_n\xrightarrow{P}X$ 且 $X_n\xrightarrow{P}Y$. 试证: $P(X=Y)=1$.
2. 如果 $X_n\xrightarrow{P}X, Y_n\xrightarrow{P}Y$. 试证: (1) $X_n+Y_n\xrightarrow{P}X+Y$; (2) $X_nY_n\xrightarrow{P}XY$.
3. 如果 $X_n\xrightarrow{P}X$, $g(x)$ 是直线上的连续函数, 试证: $g(X_n)\xrightarrow{P}g(X)$.
4. 如果 $X_n\xrightarrow{P}a$, 则对任意常数 c 有: $cX_n\xrightarrow{P}ca$.
5. 试证: $X_n\xrightarrow{P}X$ 的充要条件为当 $n\to\infty$ 时, 有 $E\left(\dfrac{|X_n-X|}{1+|X_n-X|}\right)\to 0$.

6. 设分布函数序列 $\{F_n(x)\}$ 弱收敛于连续型分布函数 $F(x)$, 试证: $\{F_n(x)\}$ 在 $(-\infty,+\infty)$ 上一致收敛于分布函数 $F(x)$.

7. 如果 $X_n \xrightarrow{L} X$, 且数列 $a_n \to a, b_n \to b$. 试证: $a_nX_n + b_n \xrightarrow{L} aX + b$.

8. 如果 $X_n \xrightarrow{L} X$, $Y_n \xrightarrow{P} a$. 试证: $X_n + Y_n \xrightarrow{L} X + a$.

9. 如果 $X_n \xrightarrow{L} X$, $Y_n \xrightarrow{P} 0$. 试证: $X_nY_n \xrightarrow{P} 0$.

10. 如果 $X_n \xrightarrow{L} X$, $Y_n \xrightarrow{P} a$, 且 $Y_n \neq 0$, 常数 $a \neq 0$. 试证: $X_n/Y_n \xrightarrow{L} X/a$.

11. 设随机变量 X_n 服从柯西分布, 其密度函数为 $p_n(x) = \dfrac{n}{\pi(1+n^2x^2)}$, $-\infty < x < +\infty$, 试证: $X_n \xrightarrow{P} 0$.

12. 设随机变量 X_n 独立同分布, $X_n \sim U(0,1)$. 令 $Y_n = \left(\prod\limits_{i=1}^{n} X_i\right)^{\frac{1}{n}}$, 试证明: $Y_n \xrightarrow{P} c$, 其中 c 为常数, 并求出 c.

13. 设分布函数序列独 $\{F_n(x)\}$ 弱收敛于 $F(x)$, 且 $F_n(x)$ 与 $F(x)$ 均是连续、严格单调函数, 又设 $X \sim U(0,1)$. 试证明: $F_n^{-1}(X) \xrightarrow{P} F^{-1}(X)$.

14. 设随机变量序列 $\{X_n\}$ 独立同分布, 数学期望、方差均存在, 且 $E(X_n) = 0, D(X_n) = \sigma^2$. 试证: $\dfrac{1}{n}\sum\limits_{k=1}^{n} X_k^2 \xrightarrow{P} \sigma^2$.

15. 设随机变量序列 $\{X_n\}$ 独立同分布, 且 $D(X_n) = \sigma^2$ 存在, 令

$$\overline{X} = \frac{1}{n}\sum_{i=1}^{n} X_i, \quad S_n^2 = \frac{1}{n}\sum_{i=1}^{n}\left(X_i - \overline{X}\right)^2,$$

试证: $S_n^2 \xrightarrow{P} \sigma^2$.

5.2 大数定律

5.2.1 大数定律概念的引出

“概率是频率的稳定值”, 其中 “稳定” 一词是什么含义, 在第 1 章中我们从直观上描述了稳定性: 频率在其概率值附近摆动. 如何摆动, 并没有说清楚, 现在可以用大数定律严密地解释这个问题了.

在伯努利试验中, 若事件 A 在一次试验中发生的概率为 p, 如果观测了 n 次这样的试验, 事件 A 共发生了 f_A 次, 则事件 A 在 n 次观测中的频率为 $\dfrac{f_A}{n}$, 当 n 增大时, 频率逐渐 “稳定” 到概率, 是否就是数学分析中的极限? 也就是是否有 $\lim\limits_{n\to\infty}\dfrac{f_A}{n} = p$ 成立呢? 如果是这样, 为什么不说 “频率以概率为极限”, 但我们应该觉察到, 上述这种极限关系是不成立的. 因为这个极限关系意味着, 对任给的 $\varepsilon > 0$, 都存在着整数 N, 使得对一切的 $n > N$ 都有 $\left|\dfrac{f_A}{n} - p\right| < \varepsilon$ 成立. 而我们知道频率 $\dfrac{f_A}{n}$ 是随着试验结果而变的, 在 n 次观测中, 下面的试验结果: $AA\cdots A(n$ 个) 还是有可能发生的, 当出现这样的结果时, $f_A = n$, 于是 $\dfrac{f_A}{n} = 1$. 从而当 ε 很小时, 不论 N 多大, 也不能得到当 $n > N$ 时, 都有 $\left|\dfrac{f_A}{n} - p\right| < \varepsilon$ 成立, 所以形

如 $\lim\limits_{n\to\infty}\dfrac{f_A}{n}=p$ 的极限关系并不成立. 但当 n 很大时, 事件 $\left\{\left|\dfrac{f_A}{n}-p\right|\geqslant\varepsilon\right\}$ 发生的可能性是很小的. 如上述事件 $\left\{\dfrac{f_A}{n}=1\right\}$ 发生的可能性为

$$P\left(\frac{f_A}{n}=1\right)=P\left(f_A=n\right)=p^n\to 0\quad(n\to\infty),$$

所以频率"稳定"到概率实际上意味着 $P\left(\left|\dfrac{f_A}{n}-p\right|\geqslant\varepsilon\right)\to 0\,(n\to\infty)$. 由此我们引出关于随机变量序列 $\{X_n\}$ 服从大数定律的概念.

定义 5.2.1 设有一随机变量序列 $\{X_n\}$, 若满足

$$\lim_{n\to\infty}P\left(\left|\frac{1}{n}\sum_{k=1}^{n}X_k-\frac{1}{n}\sum_{k=1}^{n}E\left(X_k\right)\right|<\varepsilon\right)=1,\tag{5-2-1}$$

则称该随机变量序列 $\{X_n\}$ 服从大数定律. 根据 5.1 节的定义, 即 $\dfrac{1}{n}\sum\limits_{k=1}^{n}X_k\xrightarrow{P}\dfrac{1}{n}\sum\limits_{k=1}^{n}E(X_k)$.

特别地, 如果随机变量序列 $\{X_n\}$ 同分布, 且 $E(X_n)=\mu$, 则该随机变量序列满足大数定律的式子简化为

$$\lim_{n\to\infty}P\left(\left|\frac{1}{n}\sum_{k=1}^{n}X_k-\mu\right|<\varepsilon\right)=1,\tag{5-2-2}$$

关于随机变量序列 $\{X_n\}$ 服从大数定律的条件, $E(X_n)$ 存在是必要的, 关于充分条件, 注意到:

$$\text{随机变量序列 }\{X_n\}\to\begin{cases}\text{独立}\\\text{不相关}\\\text{相关}\end{cases}\leftrightarrow\begin{cases}\text{同分布}\\\text{不同分布}\end{cases}\leftrightarrow\begin{cases}\text{方差存在}\\\text{方差不存在}\end{cases}\cdots\text{等}.$$

实际上有不同的条件组合. 下面我们给出历史上几个著名的大数定律.

5.2.2 几个常见的大数定律

定理 5.2.1 (伯努利大数定律) 设 f_A 是 n 次独立重复试验中事件 A 发生的次数, p 是事件 A 在每次试验中发生的概率, 则对于任意的正数 $\varepsilon>0$, 有

$$\lim_{n\to\infty}P\left(\left|\frac{f_A}{n}-p\right|<\varepsilon\right)=1,\tag{5-2-3}$$

或表达为 $\lim\limits_{n\to\infty}P\left(\left|\dfrac{f_A}{n}-p\right|\geqslant\varepsilon\right)=0$.

证明 由于 n 次独立重复试验中事件 A 发生的次数 f_A 服从参数为 n,p 的二项分布, 则有

$$f_A=X_1+X_2+\cdots+X_n,$$

其中 $X_1, X_2, \cdots, X_n$ 相互独立, 并且都服从以 p 为参数的 0-1 分布, 所以

$$E(X_i) = p, \quad D(X_i) = p\,(1-p), \quad i = 1, 2, \cdots, n,$$

$$E\left(\frac{1}{n}\sum_{i=1}^{n} X_i\right) = E\left(\frac{f_A}{n}\right) = p,$$

$$D\left(\frac{1}{n}\sum_{i=1}^{n} X_i\right) = D\left(\frac{f_A}{n}\right) = \frac{p\,(1-p)}{n},$$

从而利用切比雪夫不等式易得 $P\left(\left|\frac{1}{n}\sum_{k=1}^{n} X_k - p\right| < \varepsilon\right) \geqslant 1 - \frac{p\,(1-p)}{n\varepsilon^2}$, 即

$$\lim_{n\to\infty} P\left(\left|\frac{f_A}{n} - p\right| < \varepsilon\right) = 1, \quad 也即 \quad \lim_{n\to\infty} P\left(\left|\frac{f_A}{n} - p\right| \geqslant \varepsilon\right) = 0.$$

伯努利大数定律表明, 事件发生的频率 $\frac{f_A}{n}$ 依概率收敛于事件发生的概率 p. 即当 n 充分大时, 事件发生的频率与概率偏差很大的可能性很小. 在实际应用中, 当试验次数很多时, 便可用事件发生的频率来代替事件发生的概率.

定理 5.2.2 (切比雪夫大数定律)　设 $\{X_n\}$ 为一列两两不相关的随机变量序列, 若每个 X_i 的方差存在, 且有共同的上界, 即 $D\,(X_i) \leqslant c, i = 1, 2, \cdots$, 则 $\{X_n\}$ 服从大数定律, 即对任意 $\varepsilon > 0$, 有 $\lim\limits_{n\to\infty} P\left(\left|\frac{1}{n}\sum_{k=1}^{n} X_k - \frac{1}{n}\sum_{k=1}^{n} E\,(X_k)\right| < \varepsilon\right) = 1$.

注意到 $\{X_n\}$ 为一列两两不相关的随机变量序列, $D\left(\frac{1}{n}\sum_{i=1}^{n} X_i\right) = \frac{1}{n^2}\left(\sum_{i=1}^{n} D(X_i)\right) \leqslant \frac{c}{n}$, 利用切比雪夫不等式, 容易得出结论. 实际上伯努利大数定律是切比雪夫大数定律的特殊情形, 读者可以自己验证一下.

定理 5.2.3 (马尔可夫大数定律)　设 $\{X_n\}$ 为一随机变量序列, 若每个 X_i 的方差存在, 且 $\frac{1}{n^2}D\left(\sum_{i=1}^{n} X_i\right) \to 0\,(n \to \infty)$, 则 $\{X_n\}$ 服从大数定律, 即对任意 $\varepsilon > 0$, 有

$$\lim_{n\to\infty} P\left(\left|\frac{1}{n}\sum_{k=1}^{n} X_k - \frac{1}{n}\sum_{k=1}^{n} E\,(X_k)\right| < \varepsilon\right) = 1.$$

利用切比雪夫不等式, 容易得出结论, 证明略. 实际上切比雪夫大数定律是马尔可夫大数定律的特殊情形.

定理 5.2.4 (辛钦大数定律)　设随机变量序列 $X_1, X_2, \cdots, X_n$ 相互独立, 且服从同一分布, 具有相同的数学期望 $E(X_k) = \mu\ (k = 1, 2, \cdots)$. 前 n 个变量的算术平均值为 $\overline{X} = \frac{1}{n}\sum_{k=1}^{n} X_k$, 则对任意 $\varepsilon > 0$, 有

$$\lim_{n\to\infty} P\left(\left|\frac{1}{n}\sum_{k=1}^{n} X_k - \mu\right| < \varepsilon\right) = 1, \quad \text{或者} \quad \lim_{n\to\infty} P\left(\left|\frac{1}{n}\sum_{k=1}^{n} X_k - \mu\right| \geqslant \varepsilon\right) = 0.$$

证明 记 $Y_n = \dfrac{1}{n}\sum\limits_{k=1}^{n} X_k$, 由定理 5.1.3 知, 只需证 $Y_n \xrightarrow{L} \mu$, 又由定理 5.1.4 知, 只需证 $\varphi_{Y_n}(t) \to \mathrm{e}^{\mathrm{i}\mu t}$.

因为 $\{X_n\}$ 同分布, 所以它们有相同的特征函数, 记这个特征函数为 $\varphi(t)$. 又因为 $\varphi'(0)/\mathrm{i} = E(X_i) = \mu$, 从而 $\varphi(t)$ 在 0 点展开式为

$$\varphi(t) = \varphi(0) + \varphi'(0)t + o(t) = 1 + \mathrm{i}\mu t + o(t),$$

再由 $\{X_n\}$ 的独立性知 Y_n 的特征函数 $\varphi_{Y_n}(t) = \left[\varphi\left(\dfrac{t}{n}\right)\right]^n = \left[1 + \mathrm{i}\mu\dfrac{t}{n} + o\left(\dfrac{1}{n}\right)\right]^n$, 对任意的 t 有

$$\lim_{n\to\infty}\left[\varphi\left(\frac{t}{n}\right)\right]^n = \lim_{n\to\infty}\left[1 + \mathrm{i}\mu\frac{t}{n} + o\left(\frac{1}{n}\right)\right]^n = \mathrm{e}^{\mathrm{i}\mu t}.$$

而 $\mathrm{e}^{\mathrm{i}\mu t}$ 正是退化分布的特征函数, 由此证得了 $Y_n \xrightarrow{P} \mu$. 至此定理得证.

5.2.3 大数定律的一般问题

给定一个随机变量序列 $\{X_n\}$, 判断它是否满足大数定律是理论与实际工作者遇到的最一般的问题, 下面举几个例子.

例 5.2.1 设 $\{X_n\}$ 是独立同分布的随机变量序列, $E\left(X_n^4\right)$ 存在, 令 $E(X_n) = \mu$, $D(X_n) = \sigma^2$, $Y_n = (X_n - \mu)^2$. 证明 $\{Y_n\}$ 服从大数定律, 即

$$\lim_{n\to\infty} P\left(\left|\frac{1}{n}\sum_{k=1}^{n}(X_k - \mu)^2 - \sigma^2\right| < \varepsilon\right) = 1.$$

证明 显然 $\{Y_n\}$ 是独立同分布的随机变量序列, 其期望与方差

$$E(Y_n) = E(X_n - \mu)^2 = D(X_n) = \sigma^2, \quad D(Y_n) = D(X_n - \mu)^2 = E(X_n - \mu)^4 - \sigma^4,$$

由已知 $E\left(X_n^4\right)$ 存在, 所以 $D(Y_n)$ 也存在, 再由独立一定不相关, 所以, 满足切比雪夫大数定律条件, 即可得到要证明的式子.

例 5.2.2 设 $\{X_n\}$ 是一同分布、方差存在的随机变量序列, 且 X_n 仅与 X_{n-1} 和 X_{n+1} 相关, 而与其他的 X_i 不相关, 试问该随机变量序列是否服从大数定律.

解 $\{X_n\}$ 为相依的随机变量序列, 考虑其马尔可夫条件

$$\begin{aligned}\frac{1}{n^2}D\left(\sum_{i=1}^{n} X_i\right) &= \frac{1}{n^2}\left[\sum_{i=1}^{n} D(X_i) + 2\sum_{1\leqslant i<j\leqslant n}\mathrm{Cov}(X_i, X_j)\right] \\ &= \frac{1}{n^2}\left[\sum_{i=1}^{n} D(X_i) + 2\sum_{i=1}^{n-1}\mathrm{Cov}(X_i, X_{i+1})\right],\end{aligned}$$

记 $D(X_i)=\sigma^2$, 则 $|\mathrm{Cov}\,(X_i,X_{i+1})|\leqslant\sigma^2$, 于是有

$$\frac{1}{n^2}D\left(\sum_{i=1}^{n}X_i\right)\leqslant\frac{1}{n^2}\left[n\sigma^2+2\,(n-1)\,\sigma^2\right]\to 0\quad(n\to\infty),$$

即马尔可夫条件成立, 故 $\{X_n\}$ 服从大数定律.

例 5.2.3 设 $X_1,X_2,\cdots,X_n,\cdots$ 为独立同分布的随机变量, 其共同分布函数为

$$F(x)=a+\frac{1}{\pi}\arctan\frac{x}{b},\quad b\neq 0,$$

试问其是否适用于辛钦大数定律?

解 只需要判断 X 的数学期望是否存在即可, 也就是验证积分 $\int_{-\infty}^{+\infty}\left|x\frac{\mathrm{d}F(x)}{\mathrm{d}x}\right|\mathrm{d}x$ 是否收敛.

由于 $\frac{\mathrm{d}F(x)}{\mathrm{d}x}=\frac{b}{\pi(b^2+x^2)}$, 从而

$$\int_{-\infty}^{+\infty}\left|x\frac{\mathrm{d}F(x)}{\mathrm{d}x}\right|\mathrm{d}x=\int_{-\infty}^{+\infty}\frac{|x||b|}{\pi(b^2+x^2)}\mathrm{d}x=\frac{2|b|}{\pi}\int_{0}^{+\infty}\frac{|x|}{b^2+x^2}\mathrm{d}x$$

$$=\frac{|b|}{\pi}\lim_{A\to+\infty}\ln\left(1+\frac{A^2}{b^2}\right)=+\infty,$$

即该例题中的独立同分布随机变量序列不适用于辛钦大数定律.

5.2.4 大数定律的意义

大数定律的意义主要体现在以下几个方面.

(1) 大数定律给出了大量随机数的平均数的规律性的严密数学表达式, 使我们能够准确把握大数定律的数学含义. 即在一定条件下, 大量随机数 $X_1,X_2,\cdots,X_n$ 的平均值 $\frac{1}{n}\sum_{i=1}^{n}X_i$, 偏离其期望 $\frac{1}{n}\sum_{i=1}^{n}E(X_i)$ 较大的随机事件序列: $\left|\frac{1}{n}\sum_{i=1}^{n}X_i-\frac{1}{n}\sum_{i=1}^{n}E(X_i)\right|\geqslant\varepsilon$ 的概率 $P\left(\left|\frac{1}{n}\sum_{i=1}^{n}X_i-\frac{1}{n}\sum_{i=1}^{n}E(X_i)\right|\geqslant\varepsilon\right)\xrightarrow{n\to\infty}0.$

注 (课程思政) 通过随机变量及大数定律感受偶然与必然的辩证关系, 从而体会概率论课程的科学价值、社会价值及应用价值.

(2) 大数定律是数理统计中参数估计——矩估计法的理论基础, 也是评价估计量优劣标准——一致性或叫相合性的理论基础, 这些内容我们在数理统计部分还要进一步学习. 这里可以举一个应用的例子, 如我们要对某地区某种农作物的平均亩产量 μ 进行估计, 把每一亩地块的产量看成独立同分布的随机变量, 只要随机抽取 n (n 较大) 个地块并精确测算其亩产量 X_i, 则可以用 $\frac{1}{n}\sum_{i=1}^{n}X_i$ 来估计该地区该种农作物的平均亩产量 μ.

(3) 当 n 较大时用事件 A 的频率估计事件 A 的概率, 该内容在 1.2.4 节事件的频率中已提及. 特别由于现代计算机技术的进步, 我们可以利用蒙特卡罗模拟法在计算机上进行定积分的近似计算, 我们通过下面的例子说明其方法.

例 5.2.4 (用蒙特卡罗方法计算定积分) 计算定积分 $J=\int_0^1 f(x)\mathrm{d}x$.

解 设随机变量 $X\sim U(0,1)$, 则 $Y=f(X)$ 的数学期望 $E(f(X))=\int_0^1 f(x)\mathrm{d}x=J$. 所以估计 J 的值就是估计 $f(X)$ 的数学期望的值. 由辛钦大数定律, 可以用 $f(X)$ 观测值的平均去估计 $f(X)$ 的数学期望的值. 具体做法如下: 先用计算机产生 n 个 $(0,1)$ 上均匀分布的随机数 $x_i, i=1,2,\cdots,n$, 然后对每个 x_i 计算 $f(x_i)$, 最后得 J 的估计值为 $J=\dfrac{1}{n}\sum_{i=1}^{n} f(x_i)$. 譬如说计算 $\int_0^1 \mathrm{e}^{-x^2/2}\Big/\sqrt{2\pi}\mathrm{d}x$, 其精确值和在 $n=10^4, n=10^5$ 时的一次模拟值如表 5-2-1 所示. 可以通过线性变换将区间 $[a,b]$ 上的定积分化成区间 $[0,1]$ 上的定积分, 所以用以上方法计算定积分的方法具有普遍意义.

表 5-2-1 $\dfrac{1}{\sqrt{2\pi}}\int_0^1 \mathrm{e}^{-\frac{x^2}{2}}\mathrm{d}x$ 精确值和模拟值

精确值	$n=10^4$	$n=10^5$
0.341344	0.341329	0.341334

习 题 5.2

1. 设随机变量序列 $\{X_n\}$ 独立, 且

$$P(X_n=\pm 2^n)=\frac{1}{2^{2n+1}}, \quad P(X_n=0)=1-\frac{1}{2^{2n}}, \quad n=1,2,\cdots.$$

证明 $\{X_n\}$ 服从大数定律.

2. 设随机变量序列 $\{X_n\}$ 独立, 且

$$P(X_1=0)=1, \quad P\left(X_n=\pm\sqrt{n}\right)=\frac{1}{n}, \quad P(X_n=0)=1-\frac{2}{n}, \quad n=2,3,\cdots.$$

证明 $\{X_n\}$ 服从大数定律.

3. 在伯努利试验中, 事件 A 出现的概率为 p, 令

$$X_n=\begin{cases}1, & \text{在第 } n \text{ 次及第 } n+1 \text{ 次试验中 } A \text{ 出现},\\ 0, & \text{其他}.\end{cases}$$

证明 $\{X_n\}$ 服从大数定律.

4. 设随机变量序列 $\{X_n\}$ 独立, 且 $P(X_n=1)=p_n, P(X_n=0)=1-p_n, n=1,2,\cdots$. 证明 $\{X_n\}$ 服从大数定律.

5. 设随机变量序列 $\{X_k\}$ 独立同分布, 其共同的分布函数为 $P\left(X_n=\dfrac{2^k}{k^2}\right)=\dfrac{1}{2^k}, \quad k=1,2,\cdots$. 试问: $\{X_n\}$ 是否服从大数定律?

6. 设随机变量序列 $\{X_k\}$ 独立同分布, 其共同的分布函数为

$$F(x)=\frac{1}{2}+\frac{1}{\pi}\arctan\frac{x}{a}, \quad -\infty<x<\infty.$$

试问: 辛钦大数定律对此随机变量序列是否适宜?

7. 设随机变量序列 $\{X_k\}$ 独立同分布, 服从参数为 $\sqrt{n}$ 的泊松分布, 试问: $\{X_n\}$ 是否服从大数定律?

8. 设随机变量序列 $\{X_n\}$ 独立, 且 $P\Big(X_n=\pm\sqrt{\ln n}\Big)=\dfrac{1}{2}, n=1,2,\cdots$, 证明 $\{X_n\}$ 服从大数定律.

9. 设随机变量序列 $\{X_k\}$ 独立. 证明: 若诸 $\{X_k\}$ 的方差 σ_k^2 一致有界, 即存在常数 c, 使得

$$\sigma_k^2 \leqslant c, \quad k=1,2,\cdots,$$

则 $\{X_k\}$ 服从大数定律.

10. 证明切比雪夫大数定律的特殊情形: 设随机变量序列 $X_1,X_2,\cdots,X_n,\cdots$ 相互独立并且具有相同的数学期望和方差: $E(X_i)=\mu, D(X_i)=\sigma^2(i=1,2,\cdots)$, 那么对于任意给定的 $\varepsilon>0$, 总成立 $\lim\limits_{n\to\infty}P\left(\left|\dfrac{1}{n}\sum\limits_{k=1}^{n}X_k-\mu\right|<\varepsilon\right)=1$.

11. (泊松大数定律) 设 $\{S_n\}$ 为 n 次独立试验中事件 A 出现的次数, 而事件 A 在第 i 次试验时出现的概率为 $p_i, i=1,2,\cdots$, 则对任意的 $\varepsilon>0$, 有 $\lim\limits_{n\to\infty}P\left(\left|\dfrac{S_n}{n}-\dfrac{1}{n}\sum\limits_{i=1}^{n}p_i\right|<\varepsilon\right)=1$.

12. (伯恩斯坦大数定律) 设 $\{X_n\}$ 是方差一致有界的随机变量序列, 且当 $|k-l|\to\infty$ 时, 一致地有 $\mathrm{Cov}\,(X_k,X_l)\to 0$, 证明 $\{X_n\}$ 服从大数定律.

13. (格涅坚科大数定律) 设 $\{X_n\}$ 是随机变量序列, 若记 $Y_n=\dfrac{1}{n}\sum\limits_{i=1}^{n}X_i, a_n=\dfrac{1}{n}\sum\limits_{i=1}^{n}E(X_i)$. 则 $\{Y_n\}$ 服从大数定律的充要条件是 $\lim\limits_{n\to\infty}E\left(\dfrac{(Y_n-a_n)^2}{1+(Y_n-a_n)^2}\right)=0$. 证明 $\{X_n\}$ 服从大数定律.

14. 设随机变量序列 $\{X_n\}$ 独立同分布, 方差存在. 又设 $\sum\limits_{n=1}^{\infty}a_n$ 为绝对收敛级数, 令 $Y_n=\sum\limits_{i=1}^{n}X_i$, 证明 $\{a_nY_n\}$ 服从大数定律.

15. 设随机变量序列 $\{X_n\}$ 独立同分布, 方差存在. 令 $Y_n=\sum\limits_{i=1}^{n}X_i$. 又设 $\{a_n\}$ 为一常数列, 如果存在常数 $c>0$, 使得对一切的 n 有 $|na_n|\leqslant c$. 证明 $\{a_nY_n\}$ 服从大数定律.

16. 设随机变量序列 $\{X_n\}$ 独立同分布, 方差有限, 且 X_n 不恒为常数. 如果 $Y_n=\sum\limits_{i=1}^{n}X_i$, 试证随机变量序列 $\{Y_n\}$ 不服从大数定律.

17. 用蒙特卡罗方法计算下列定积分: $J_1=\displaystyle\int_0^1\frac{\mathrm{e}^x-1}{\mathrm{e}-1}\mathrm{d}x,\quad J_2=\int_{-1}^1\mathrm{e}^x\mathrm{d}x$.

5.3　中心极限定理

5.3.1　独立随机变量和问题的提出

在实际应用问题中有许多随机变量, 它们是由大量的相互独立的随机因素的综合影响所形成的, 且其中每一个别因素在总的影响中所起到的作用都是非常微小的. 大数定律说明:

$$\frac{1}{n}\sum_{k=1}^{n}X_k\xrightarrow{P}\frac{1}{n}\sum_{k=1}^{n}E(X_k),$$

或者近似地有 $\sum_{k=1}^{n} X_k \xrightarrow{P} \sum_{k=1}^{n} E(X_k)$. 即大量的相互独立的随机因素的和在其期望和的附近摆动, 或者说近似服从退化分布. 但是人们老早就从经验上感觉到它应该近似地服从正态分布. 这就是中心极限定理的客观背景, 从而也揭示正态分布的重要性. 现实世界中许多随机变量都具有上述性质, 例如人的身高、测量误差、射击弹着点的横坐标等都是由大量随机因素综合影响的结果, 所以服从正态分布.

例 5.3.1 大量研究表明, 误差的产生是由大量的相互独立的随机因素叠加而成的. 譬如一位机床操作工加工机械轴, 使其直径符合规定要求, 但加工的机械轴直径与规定要求总有一定误差, 这是因为在加工过程中受到一些随机因素的影响, 它们是: 机床振动与转速; 刀具装配与磨损; 材料的成分与产地; 操作工的注意力、情绪; 量具误差、测量技术; 车间的温度、湿度、照明、工作电压; 等等.

为研究得方便和有意义, 人们首先想到将其中心化, 即 $\sum_{k=1}^{n} X_k - \sum_{k=1}^{n} E(X_k)$, 在大数定律中, 分母选择了 n, 从 5.2 节证明过程看, 容易得到

$$D\left(\frac{\sum_{k=1}^{n} X_k - \sum_{k=1}^{n} E(X_k)}{n}\right) \to 0 \quad (n \to \infty),$$

即分母选择得比较大, 很容易得出大数定律的规律, 但更深刻的规律没有揭示出来. 如果分母不要选择得过大 (方差趋于零) 也不要过小 (方差趋于无穷), 我们选择标准化的随机变量序列 $\dfrac{\sum_{k=1}^{n} X_k - \sum_{k=1}^{n} E(X_k)}{\sqrt{\sum_{k=1}^{n} D(X_k)}}$ 来研究, 就能得出下列中心极限定理的结论.

5.3.2 独立同分布下的中心极限定理

定理 5.3.1 (林德伯格–莱维 (Lindeberg-Levy) 中心极限定理) 设 $X_1, X_2, \cdots, X_n, \cdots$ 相互独立, 服从同一分布, 且有数学期望和方差 $E(X_k) = \mu, D(X_k) = \sigma^2 > 0 (k = 1, 2, \cdots)$, 随机变量之和 $\sum_{k=1}^{n} X_k$ 的标准化变量

$$Y_n = \frac{\sum_{k=1}^{n} X_k - E\left(\sum_{k=1}^{n} X_k\right)}{\sqrt{D\left(\sum_{k=1}^{n} X_k\right)}} = \frac{\sum_{k=1}^{n} X_k - n\mu}{\sqrt{n}\sigma},$$

其分布函数为 $F_n(x)$, 对于任意实数 x 满足

$$\lim_{n\to\infty} F_n(x) = \lim_{n\to\infty} P\left(\frac{\sum_{k=1}^{n} X_k - n\mu}{\sqrt{n}\sigma} \leqslant x\right) = \int_{-\infty}^{x} \frac{1}{\sqrt{2\pi}} \mathrm{e}^{-\frac{t^2}{2}} \mathrm{d}t = \Phi(x). \tag{5-3-1}$$

证明　为证明结论, 只需证明 Y_n 的分布函数弱收敛于标准正态分布, 又由特征函数有关结论, 只需证明 Y_n 的特征函数收敛于标准正态分布的特征函数. 为此设 $X_n - \mu$ 的特征函数为 $\varphi(t)$, 则 Y_n 的特征函数为 $\varphi_{Y_n}(t) = \left[\varphi\left(\dfrac{t}{\sigma\sqrt{n}}\right)\right]^n$.

又因为 $E(X_n-\mu)=0, D(X_n-\mu)=\sigma^2$, 所以有 $\varphi'(0)=0$, $\varphi''(0)=-\sigma^2$, 于是特征函数 $\varphi(t)$ 有展开式

$$\varphi(t) = \varphi(0) + \varphi'(0)t + \varphi''(0)\frac{t^2}{2} + o\left(t^2\right) = 1 - \frac{1}{2}\sigma^2 t^2 + o\left(t^2\right),$$

从而有 $\lim\limits_{n\to\infty} \varphi_{Y_n}(t) = \lim\limits_{n\to\infty}\left[1 - \dfrac{t^2}{2n} + o\left(\dfrac{t^2}{n}\right)\right]^n = \mathrm{e}^{-\frac{t^2}{2}}$, 而 $\mathrm{e}^{-\frac{t^2}{2}}$ 正是 $N(0,1)$ 分布的特征函数, 定理得证.

从上述定理我们不难看出, 不论 $X_i(i=1,2,\cdots)$ 服从什么分布, 只要 n 充分大, 则随机变量 $\dfrac{\sum\limits_{k=1}^{n} X_k - n\mu}{\sqrt{n}\sigma}$ 近似地服从 $N(0,1)$, 而且随机变量 $\sum\limits_{i-1}^{n} X_i$ 近似地服从 $N(n\mu, n\sigma^2)$.

则此时称 $\dfrac{\sum\limits_{k=1}^{n} X_k - n\mu}{\sqrt{n}\sigma}$ 渐近地服从 $N(0,1)$.

例 5.3.2　计算机在进行加法运算时, 对每一个被加数取整 (取为最接近于它的整数), 设所有的取整误差是相互独立的, 并且它们均在 $(-0.5, 0.5)$ 上服从均匀分布. 如果将 1500 个数相加, 那么误差和的绝对值不超过 15 的概率为多少?

解　令 X_i 为第 i 个数的误差, $i=1,2,\cdots,1500$, 那么 $X_i \sim U(-0.5, 0.5)$ 且 $X_1, X_2, \cdots, X_{1500}$ 相互独立, 所以 $\mu = EX_i = 0, \sigma^2 = DX_i = \dfrac{1}{12}$.

设 $Z = X_1 + X_2 + \cdots + X_{1500}$, 那么由独立同分布的中心极限定理可得

$$\frac{Z - 1500 \times 0}{\sqrt{1500 \times 1/12}}$$

近似服从 $N(0,1)$. 从而, 所求概率为

$$P(|Z| \leqslant 15) = P(-15 \leqslant Z \leqslant 15)$$

$$
\begin{aligned}
&= P\left(-\frac{15}{\sqrt{1500\times 1/12}} \leqslant \frac{Z}{\sqrt{1500\times 1/12}} \leqslant \frac{15}{\sqrt{1500\times 1/12}}\right)\\
&\approx \varPhi\left(\frac{15}{\sqrt{1500\times 1/12}}\right) - \varPhi\left(-\frac{15}{\sqrt{1500\times 1/12}}\right)\\
&\approx 2\varPhi(1.34) - 1 = 0.8198.
\end{aligned}
$$

例 5.3.3 在一次战争中, 蓝方对红方的防御阵地进行了 100 次轰炸, 每次轰炸命中目标的炸弹数是一个随机变量, 其数学期望为 2, 方差为 1.69. 那么在 100 次轰炸中有 180 颗到 220 颗炸弹命中目标的概率.

解 令第 i 次轰炸命中目标的颗数为 $X_i(i=1,2,\cdots,100)$, 则有 100 次轰炸命中目标的颗数为 $X=\sum\limits_{i=1}^{100} X_i$. 根据题意可得 $E(X)=\sum\limits_{i=1}^{100} E(X_i)=200$, $D(X)=\sum\limits_{i=1}^{100} D(X_i)=169$.

由独立同分布的中心极限定理, 可得

$$
Z=\frac{\sum\limits_{i=1}^{100} X_i - E\left(\sum\limits_{i=1}^{100} X_i\right)}{\sqrt{D\left(\sum\limits_{i=1}^{100} X_i\right)}}=\frac{X-200}{13}
$$

近似地服从 $N(0,1)$, 则有

$$
\begin{aligned}
P(180\leqslant X\leqslant 220) &= P\left(\frac{180-200}{13}\leqslant \frac{X-200}{13}\leqslant \frac{220-200}{13}\right)\\
&= P\left(\frac{-20}{13}\leqslant Z\leqslant \frac{20}{13}\right)\approx \varPhi\left(\frac{20}{13}\right)-\varPhi\left(-\frac{20}{13}\right)\\
&\approx 2\varPhi(1.54)-1=0.8764.
\end{aligned}
$$

5.3.3 二项分布的正态近似

定理 5.3.2 (棣莫弗–拉普拉斯 (De Moivre-Laplace) 中心极限定理) 设 $X_1, X_2, \cdots$ 是一个独立同分布的随机变量序列, 并且每个 X_i 都服从 0-1 分布 $B(1,p)$, 那么对于任意一个 x, $-\infty<x<\infty$, 总有

$$
\lim_{n\to\infty} P\left(\frac{\sum\limits_{i=1}^{n} X_i - np}{\sqrt{np(1-p)}}\leqslant x\right)=\varPhi(x)=\int_{-\infty}^{x}\frac{1}{\sqrt{2\pi}}\mathrm{e}^{-\frac{t^2}{2}}\mathrm{d}t. \tag{5-3-2}
$$

此定理是定理 5.3.1 的特殊情形, 容易证明, 由二项分布的可加性可得 $\sum\limits_{i=1}^{n} X_i\sim B(n,p)$,

所以, 概率 $P\left(\dfrac{\sum\limits_{i=1}^{n} X_i - np}{\sqrt{np(1-p)}} \leqslant x\right) = P\left(\sum\limits_{i=1}^{n} X_i \leqslant np + x\sqrt{np(1-p)}\right)$ 的值在理论上是可以精算出的. 然而在实际问题中当 n 较大时, 其计算非常烦琐. 在前面我们讲过泊松定理, 当 $p \leqslant 0.1$ 时, 则可以利用泊松分布作近似计算. 棣莫弗–拉普拉斯中心极限定理说明二项分布也可以用正态分布作近似计算 (注意两者条件的不同: 一般在 p 较小时, 用泊松分布近似较好; 而在 $np > 5$ 和 $n \cdot (1-p) > 5$ 时, 用正态分布近似较好), 其优点是不受 $p \leqslant 0.1$ 的限制, 只需要 n 足够大. 由棣莫弗–拉普拉斯中心极限定理推出, 若随机变量 $Y_n \sim B(n,p)$, 则当 n 较大时有

$$P(a < Y_n \leqslant b) = \sum_{a<k\leqslant b} \mathrm{C}_n^k p^k (1-p)^{n-k} \approx \varPhi\left(\frac{b-np}{\sqrt{np(1-p)}}\right) - \varPhi\left(\frac{a-np}{\sqrt{np(1-p)}}\right).$$

记 $P\left(\dfrac{Y_n - np}{\sqrt{np\,(1-p)}} \leqslant x\right) \approx \varPhi(x) = \beta$, 可用来解决三类计算问题: ① 已知 n, x, 求 β; ② 已知 n, β, 求 x; ③ 已知 x, β, 求 n. 下面给出一些例子说明.

例 5.3.4 对于一个学生而言, 来参加家长会的家长人数是一个随机变量, 设一个学生无家长、1 名家长、2 名家长来参加会议的概率分别为 0.05, 0.8, 0.15. 如果学校共有 400 名学生, 设各学生参加会议的家长人数相互独立, 并且服从同一分布. 求:

(1) 参加会议的家长人数 X 超过 450 的概率;

(2) 有 1 名家长参加会议的学生人数不多于 340 的概率.

解 (1) 以 $X_k\ (k = 1, 2, \cdots, 400)$ 记作第 k 个学生来参加会议的家长人数, 则 X_k 的分布列, 如表 5-3-1 所示. 从而可知 $E(X_k) = 1.1, D(X_k) = 0.19, k = 1, 2, \cdots, 400$.

表 5-3-1 X_k 的分布列

X_k	0	1	2
P	0.05	0.8	0.15

对于 $X = \sum\limits_{k=1}^{400} X_k$, 由独立同分布的中心极限定理, 可知随机变量

$$\frac{\sum\limits_{k=1}^{400} X_k - 400 \times 1.1}{\sqrt{400}\sqrt{0.19}} = \frac{X - 400 \times 1.1}{\sqrt{400}\sqrt{0.19}}$$

近似地服从正态分布 $N(0,1)$, 从而有

$$\begin{aligned} P(X > 450) &= P\left(\frac{X - 400 \times 1.1}{\sqrt{400}\sqrt{0.19}} > \frac{450 - 400 \times 1.1}{\sqrt{400}\sqrt{0.19}}\right) \\ &\approx 1 - P\left(\frac{X - 400 \times 1.1}{\sqrt{400}\sqrt{0.19}} \leqslant 1.147\right) \end{aligned}$$

$$\approx 1-\Phi(1.147)=0.1251.$$

(2) 设 Y 表示为有 1 名家长参加会议的学生人数, 那么 $Y\sim B(400,0.8)$, 由棣莫弗–拉普拉斯中心极限定理, 可得

$$\begin{aligned}P(Y\leqslant 340)&=P\left(\frac{Y-400\times 0.8}{\sqrt{400\times 0.8\times 0.2}}\leqslant\frac{340-400\times 0.8}{\sqrt{400\times 0.8\times 0.2}}\right)\\&=P\left(\frac{Y-400\times 0.8}{\sqrt{400\times 0.8\times 0.2}}\leqslant 2.5\right)\\&\approx\Phi(2.5)=0.9938.\end{aligned}$$

例 5.3.5 某工厂知道自己产品的不合格率为 p 较高, 因此, 打算在每盒 (100 只) 中多装几只产品, 假定 $p=0.2$, 那么每盒至少应多装几只产品才能保证顾客不吃亏的概率至少有 99%.

解 令每盒中应多装 k 只产品. 因此, 每盒有 $100+k$ 只产品, 且其中不合格产品的个数为 $X\sim B(100+k,0.2)$. 由题意可得 $P(X\leqslant k)\geqslant 0.99$ 的最小的 k 值. 利用正态分布来近似, 从而可得

$$P(X\leqslant k)\approx\Phi\left(\frac{k-0.2(100+k)}{\sqrt{0.2\times 0.8(100+k)}}\right)=\Phi\left(\frac{2k-50}{\sqrt{100+k}}\right)\geqslant 0.99,$$

由题意可知, k 必须满足 $\dfrac{2k-50}{\sqrt{100+k}}\geqslant u_{0.99}=2.326$, 从而解得

$$k\geqslant 25+\frac{1}{8}u_{0.99}^2+\frac{1}{8}\sqrt{u_{0.99}^4+2000u_{0.99}^2}=38.7,$$

所以每盒应多装 39 只产品.

例 5.3.6 某保险公司设置一项单项保险时规定: 一辆自行车投保每年交保险金 2 元, 如果自行车丢失, 保险公司赔偿 200 元. 设在一年内一辆自行车丢失的概率为 0.001, 那么试问至少要有多少辆自行车投保才能保证以 0.9 的概率使该项保险不亏本?

解 令有 n 辆车投保, Y_n 表示在一年当中 n 辆自行车中丢失的辆数, 则有 $Y_n\sim B(n,0.001)$, 该问题即转化为求 n 至少为多少时, 才能使 $P(2n-200Y_n\geqslant 0)\geqslant 0.9$, 根据棣莫弗–拉普拉斯中心极限定理, 可得

$$P(Y_n\leqslant 0.01n)=P\left(\frac{Y_n-0.001n}{\sqrt{0.000999n}}\leqslant\frac{0.01n-0.001n}{\sqrt{0.000999n}}\right)\approx\Phi\left(\frac{0.009n}{\sqrt{0.000999n}}\right)\geqslant 0.9,$$

查表得 $\dfrac{0.009n}{\sqrt{0.000999n}}\geqslant 1.29$, 解上述不等式可得 $n\geqslant 21$, 所以至少要有 21 辆自行车投保, 从而才能以不小于 0.9 的概率保证这一单项保险不亏本.

例 5.3.7 某车间有同型号的机床 200 台, 在一小时内每台机床约有 70%的时间是工作的. 假定各机床工作是相互独立的, 工作时每台机床要消耗电能 15kW. 问至少要多少电能, 才可以有 95%的概率保证此车间正常生产?

解　记 $n=200$, Y_n 表示 200 台机床中同时工作的机床数, 则

$$Y_n \sim B(200, 0.7), \quad E(Y_n)=140, \quad D(Y_n)=42,$$

因为 Y_n 台机床同时工作需消耗 $15Y_n$(kW) 电能, 设供电量为 x (kW), 则保证正常生产可用事件 $\{15Y_n \leqslant x\}$ 表示, 由题设 $P(15Y_n \leqslant x) \approx \varPhi\left(\dfrac{x/15+0.5-140}{\sqrt{42}}\right) \geqslant 95\%$, 故有 $\dfrac{x/15+0.5-140}{\sqrt{42}} \geqslant 1.645$, 解上述不等式可得 $x \geqslant 225.2$kW, 所以至少每小时要有 225.2kW 电量, 才能以不小于 0.95 的概率保证此车间正常生产.

关于二项分布的正态近似, 本小节最后做一点说明.

因为二项分布是离散型分布, 正态分布是连续型分布, 在二项分布正态近似时, 作些修正似可提高精度. 一般先作如下修正后再用正态近似

$$P(k_1 \leqslant Y_n \leqslant k_2) = P(k_1 - 0.5 < Y_n \leqslant k_2 + 0.5).$$

上述例 5.3.7 就考虑了这一因素. 对于二项分布的计算, 用修正的正态近似还可得

$$\begin{aligned} P(Y_n = k) &= P(k-0.5 < Y_n \leqslant k_2 + 0.5) \\ &= P\left(\frac{k-0.5-np}{\sqrt{npq}} < Y_n \leqslant \frac{k+0.5-np}{\sqrt{npq}}\right) \\ &\approx \int_{\frac{k-0.5-np}{\sqrt{npq}}}^{\frac{k+0.5-np}{\sqrt{npq}}} \frac{1}{\sqrt{2\pi}} \mathrm{e}^{-\frac{x^2}{2}} \mathrm{d}x \approx \frac{1}{\sqrt{2\pi}} \mathrm{e}^{-\frac{1}{2}\left(\frac{k-np}{\sqrt{npq}}\right)^2} \frac{1}{\sqrt{npq}}. \end{aligned}$$

5.3.4　独立不同分布下的中心极限定理简介

前面的两个中心极限定理都是在独立同分布条件下得到的, 如果条件变为独立不同分布, 则就一定要强调每个加项都是微小的, 或者称 “均匀的小”, 下面首先给出 “均匀的小” 的严密数学表达式.

设随机变量序列 $\{X_n\}$ 独立, 且 $E(X_i)=\mu_i$, $D(X_i)=\sigma_i^2$, $i=1,2,\cdots$, 将 $\sum\limits_{i=1}^n X_i$ 标准化为 $\sum\limits_{i=1}^n \dfrac{X_i-\mu_i}{B_n}$, $i=1,2,\cdots$, 其中 $B_n^2=\sum\limits_{i=1}^n \sigma_i^2$, 各加项 $\dfrac{X_i-\mu_i}{B_n}$ 都 “均匀的小” 指的是: 对任给的 $\tau>0$, 有 $\lim\limits_{n\to\infty} P\left(\max\limits_{1\leqslant i\leqslant n}\left|\dfrac{X_i-\mu_i}{B_n}\right|>\tau\right)=0$, 又因为

$$P\left(\max_{1\leqslant i\leqslant n}\left|\frac{X_i-\mu_i}{B_n}\right|>\tau\right) = P\left(\bigcup_{i=1}^n \left|\frac{X_i-\mu_i}{B_n}\right|>\tau\right) \leqslant \sum_{i=1}^n P\left(\left|\frac{X_i-\mu_i}{B_n}\right|>\tau\right),$$

若 $\{X_n\}$ 是连续型随机变量序列, 其概率密度函数为 $p_i(x)$, 则上式继续等于

$$\sum_{i=1}^{n}\int_{\left|\frac{x-\mu_i}{B_n}\right|>\tau} p_i(x)\mathrm{d}x \leqslant \frac{1}{\tau^2 B_n^2}\sum_{i=1}^{n}\int_{\left|\frac{x-\mu_i}{B_n}\right|>\tau}(x-\mu_i)^2 p_i(x)\mathrm{d}x,$$

因此, 只要对任给的 $\tau>0$, 有 $\lim\limits_{n\to\infty}\dfrac{1}{\tau^2 B_n^2}\sum\limits_{i=1}^{n}\int_{\left|\frac{x-\mu_i}{B_n}\right|>\tau}(x-\mu_i)^2 p_i(x)\mathrm{d}x=0$, 就可保证各加项 $\dfrac{X_i-\mu_i}{B_n}$ 都 "均匀的小". 上述条件称为林德伯格条件. 我们验证一下前述独立同分布下是满足这个条件的, 实际上此时有 $\lim\limits_{n\to\infty}\dfrac{1}{\tau^2 n\sigma^2}n\int_{|x-\mu|>\tau\sqrt{n}\sigma}(x-\mu)^2 p(x)\mathrm{d}x=0$.

下面仅给出林德伯格中心极限定理的内容, 因为证明需要更多的数学知识, 略去.

定理 5.3.3 (林德伯格中心极限定理) 设随机变量 $X_1,X_2,\cdots,X_n,\cdots$ 相互独立, 其数学期望和方差为 $E(X_k)=\mu_k, D(X_k)=\sigma_k^2>0, k=1,2,\cdots$, 记 $B_n^2=\sum\limits_{k=1}^{n}\sigma_k^2$, 随机变量之和 $\sum\limits_{k=1}^{n}X_k$ 的标准化变量为

$$\frac{\sum\limits_{k=1}^{n}X_k-E\left(\sum\limits_{k=1}^{n}X_k\right)}{\sqrt{D\left(\sum\limits_{k=1}^{n}X_k\right)}}=\frac{\sum\limits_{k=1}^{n}X_k-\sum\limits_{k=1}^{n}\mu_k}{B_n},$$

其分布函数为 $F_n(x)$, 且满足林德伯格条件, 则对于任意实数 x 有

$$\lim_{n\to\infty}F_n(x)=\lim_{n\to\infty}P\left(\frac{\sum\limits_{k=1}^{n}X_k-\sum\limits_{k=1}^{n}\mu_k}{B_n}\leqslant x\right)=\int_{-\infty}^{x}\frac{1}{\sqrt{2}}\mathrm{e}^{-t^2/2}\mathrm{d}t=\varPhi(x).$$

林德伯格条件不太好验证, 下面的李雅普诺夫 (Lyapunov) 条件较易验证, 因为它只对矩提出要求, 便于应用.

定理 5.3.4 (李雅普诺夫中心极限定理) 设随机变量 $X_1,X_2,\cdots,X_n,\cdots$ 相互独立, 其数学期望和方差为 $E(X_k)=\mu_k, D(X_k)=\sigma_k^2>0, k=1,2,\cdots$, 记 $B_n^2=\sum\limits_{k=1}^{n}\sigma_k^2$. 如果存在正数 δ, 使得 $n\to\infty$ 时有

$$\frac{1}{B_n^{2+\delta}}\sum_{k=1}^{n}E(|X_k-\mu_k|^{2+\delta})\to 0,$$

随机变量之和 $\sum\limits_{k=1}^{n}X_k$ 的标准化变量为

$$\frac{\sum_{k=1}^{n} X_k - E\left(\sum_{k=1}^{n} X_k\right)}{\sqrt{D\left(\sum_{k=1}^{n} X_k\right)}} = \frac{\sum_{k=1}^{n} X_k - \sum_{k=1}^{n} \mu_k}{B_n},$$

其分布函数 $F_n(x)$, 对于任意实数 x, 有

$$\lim_{n\to\infty} F_n(x) = \lim_{n\to\infty} P\left(\frac{\sum_{k=1}^{n} X_k - \sum_{k=1}^{n} \mu_k}{B_n} \leqslant x\right) = \int_{-\infty}^{x} \frac{1}{\sqrt{2}} \mathrm{e}^{-t^2/2}\mathrm{d}t = \varPhi(x).$$

证明　验证此时林德伯格条件满足. 为确定起见, 设 X_n 为连续型随机变量, 概率密度函数为 $p_n(x), n=1,2,\cdots$, 则有

$$\begin{aligned}
\frac{1}{B_n^2}\sum_{i=1}^{n}\int_{\left|\frac{x-\mu_i}{B_n}\right|>\tau}(x-\mu_i)^2 p_i(x)\mathrm{d}x &\leqslant \frac{1}{B_n^2(\tau B_n)^\delta}\sum_{i=1}^{n}\int_{\left|\frac{x-\mu_i}{B_n}\right|>\tau}|x-\mu_i|^{2+\delta}p_i(x)\mathrm{d}x \\
&\leqslant \frac{1}{\tau^\delta B_n^{2+\delta}}\sum_{i=1}^{n}\int_{-\infty}^{\infty}|x-\mu_i|^{2+\delta}p_i(x)\mathrm{d}x \\
&= \frac{1}{\tau^\delta}\frac{1}{B_n^{2+\delta}}\sum_{i=1}^{n}E(|X-\mu_i|^{2+\delta}) \to 0 \quad (n\to\infty).
\end{aligned}$$

类似地可验证离散型的情形, 故定理成立.

例 5.3.8　某车间有不同型号的机床 100 台, 各型号机床的台数及在一小时内正常工作的概率如表 5-3-2 所示.

表 5-3-2　各型号机床的台数及在一小时内正常工作的概率

各型号机床的台数	20(型号 1)	30(型号 2)	40(型号 3)	10(型号 4)
正常工作的概率	0.6	0.7	0.8	0.9

假定各机床工作是相互独立的, 问一小时内正常工作的机器台数不小于 80 台的概率是多少?

解　设 $X_i = \begin{cases} 1, & 第\ i\ 台机器正常工作, \\ 0, & 第\ i\ 台机器不能正常工作, \end{cases}$ $i=1,2,\cdots,100$, 于是 X_i 相互独立, 且服从不同的 0-1 分布. 下面用 $\delta=1$ 来验证随机变量序列 $\{X_i\}$ 满足李雅普诺夫条件, 因为

$$B_n = \sqrt{\sum_{i=1}^{n} D(X_i)} = \sqrt{\sum_{i=1}^{n} p_i(1-p_i)} \to \infty \quad (n\to\infty),$$

$$E\left(|X_i - p_i|^3\right) = (1-p_i)^3 p_i + p_i^3 (1-p_i) \leqslant (1-p_i) p_i,$$

得 $\dfrac{1}{B_n^3} \sum_{i=1}^{n} E|X_i - p_i|^3 \leqslant \dfrac{1}{\left[\sum_{i=1}^{n} p_i(1-p_i)\right]^{1/2}} \to 0 \, (n \to \infty)$, 即 $\{X_i\}$ 满足李雅普诺夫条件, 而

$$E\left(\sum_{i=1}^{100} X_i\right) = \sum_{i=1}^{100} p_i = 20 \times 0.6 + 30 \times 0.7 + 40 \times 0.8 + 10 \times 0.9 = 74,$$

$$B_n^2 = \sum_{i=1}^{100} D(X_i) = \sum_{i=1}^{100} p_i(1-p_i) = 20 \times 0.24 + 30 \times 0.21 + 40 \times 0.16 + 10 \times 0.09 = 18.4,$$

应用中心极限定理, 一小时内正常工作的机器台数不小于 80 台的概率

$$\begin{aligned} P\left(\sum_{1=1}^{100} X_i \geqslant 80\right) &= P\left(\frac{\sum\limits_{1=1}^{100} X_i - 74}{\sqrt{18.4}} \geqslant \frac{80-74}{\sqrt{18.4}}\right) \\ &\approx P\left(\frac{\sum\limits_{1=1}^{100} X_i - 74}{\sqrt{18.4}} \geqslant 1.4\right) \\ &\approx 1 - \varPhi(1.4) = 1 - 0.9192 = 0.08. \end{aligned}$$

由此看出, 一小时内正常工作的机器台数不小于 80 台的概率很小, 大约只有百分之八.

中心极限定理不仅有理论上的重要意义, 而且从前面的例题可体会到它们在近似计算中的重要应用, 我们今后在数理统计部分也将进一步看到它们是非正态总体大样本统计推断的理论基础.

习 题 5.3

1. 某银行的统计资料表明, 每个定期存款储户的存款平均为 5000 元, 均方差为 500 元. 试问: (1) 任意抽取 100 个储户, 每户平均存款超过 5100 元的概率; (2) 至少要抽取多少储户, 才能以 90%以上的概率保证, 每户平均存款超过 4950 元.

2. 计算机作加法运算时对加数取整 (取最靠近次数的整数), 设各加数的舍入误差为相互独立的, 并且其都在 $(-0.5, 0.5)$ 上均匀分布. 试求: (1) 如果将 1500 个数相加, 则总误差的绝对值超过 15 的概率; (2) 最多多少个数相加可使得总误差的绝对值小于 10 的概率不小于 0.9.

3. 从装有 3 个白球、1 个黑球的口袋中有放回地取 n 次球. 设 N 为白球出现的次数, 试求 n 至少多大时, 才能使得 $P\left(\left|\dfrac{N}{n} - p\right| < 0.001\right) \geqslant 0.9964$, 其中 $p = \dfrac{3}{4}$.

4. 某保险公司多年统计资料表明, 其索赔户中被盗索赔户占 20%, 用 X 表示在随意抽查的 100 个索赔户中由于被盗而向保险公司索赔的户数. 试求:

(1) X 的概率分布;

(2) 利用棣莫弗–拉普拉斯中心极限定理, 求被盗索赔户不少于 14 户并且不多于 30 户概率的近似值.

5. 某药厂断言, 该厂生产的某种药品对于治疗一种疑难血液病的治愈率为 0.8, 医院任意抽取 100 个服用此药品的患者, 如果其中多于 75 人治愈, 则可接受此断言, 否则就拒绝此断言.

(1) 如果实际上此药品对该种疾病的治愈率为 0.8, 那么接受该断言的概率为多少?

(2) 如果实际上此药品对该种疾病的治愈率为 0.7, 那么接受该断言的概率为多少?

6. 某公寓有 200 住户, 一住户拥有汽车数量 X 的分布列如表 X5-3-1 所示.

表 X5-3-1 X 的分布列

X	0	1	2
P	0.1	0.6	0.3

试问需要多少车位, 才能使得每辆汽车都具有一个车位的概率至少为 0.95.

7. 重复投硬币 100 次, 设每次出现正面的概率均为 0.5, 那么试问 "正面出现次数小于 61 次, 大于 50 次" 的概率是多少?

8. 某地区小麦的平均亩产量为 620 千克, 方差为 6400 千克^2. 任取 400 亩麦地, 试求:

(1) 此 400 亩麦地的产量在 24 万 ~24.5 万千克内的概率;

(2) 此 400 亩麦地的平均产量在 600 ~ 612.5 千克内的概率.

9. 设随机变量 $X_1, X_2, \cdots, X_{1000}$ 独立同分布, 并且 $X_i\ (i = 1, 2, \cdots, 1000)$ 服从参数为 $\lambda = 0.1$ 的泊松分布. 试用中心极限定理计算

$$P\left(110 < \sum_{i=1}^{1000} X_i < 130\right).$$

10. 某学校有二年级学生 2000 人, 在某时间内, 每个学生想借某种教学参考书的概率均为 0.1. 估计图书馆至少要准备多少本这样的书, 才能以 97% 的概率保证满足学生的借书需求.

11. 从一大批废品概率为 0.01 的产品中, 任取 400 件, 试求: (1) 其中有 4 件废品的概率; (2) 至少有 2 件废品的概率.

12. 一复杂的系统由 100 个相互独立起作用的部件组成, 在整个运行期间每个部件损坏的概率为 0.1, 为了使整个系统起作用, 至少必须有 85 个部件正常工作, 求整个系统起作用的概率.

13. 设由机器包装的每包面粉的重量为一个随机变量, 期望为 10 千克, 方差为 0.1 千克^2. 试求 100 袋该种面粉的总重量在 990~1010 千克之间的概率.

14. 为确定某常数成年男性中吸烟者的比例 p, 任意调查 n 个成年男性, 记其中的吸烟人数为 m, 问 n 至少多大才能保证 m/n 与 p 的差异小于 0.01 的概率大于 95%.

15. 设 $X \sim \mathrm{Ga}(n, 1)$, 试问 n 应该多大才能满足 $P\left(\left|\dfrac{X}{n} - 1\right| > 0.1\right) < 0.01$.

16. 设 $\{X_n\}$ 为独立同分布的随机变量序列, 已知 $E(X_i^k) = \alpha_k, k = 1, 2, 3, 4$. 试证明: 当 n 充分大时, $Y_n = \dfrac{1}{n}\sum_{i=1}^{n} X_i^2$ 近似服从正态分布, 并指出此正态分布的参数.

17. 用概率的方法证明: $\lim\limits_{n\to\infty}\left(1 + n + \dfrac{n^2}{2!} + \cdots + \dfrac{n^n}{n!}\right)\mathrm{e}^{-n} = \dfrac{1}{2}$.

应用举例 5　蒙特卡罗模拟法求圆周率 π 的估计值

仿真模拟方法是新兴的科研方法, 随着计算机的日益普及, 计算机模拟技术日趋成熟, 应用愈加广泛. 蒙特卡罗模拟又称统计试验法, 是计算机模拟方法的重要组成部分. 下面介绍一个用蒙特卡罗模拟法求圆周率 π 的估计值的例子.

如图 Y5-1, 考虑边长为 1 的正方形, 以坐标原点为圆心, 半径为 1 作圆, 在正方形内划出一条 1/4 圆弧. 设二维随机变量 (X,Y) 在正方形内服从均匀分布, 则 (X,Y) 落在四分之一圆内的概率为 $P\left(X^2+Y^2\leqslant 1\right)=\dfrac{\pi}{4}$.

在计算机上产生 n 对二维随机数 (x_i,y_i), $i=1,2,\cdots,n$, x_i 和 y_i 是 (0,1) 上均匀分布随机数, 若其中有 k 对满足 $x_i^2+y_i^2\leqslant 1$.

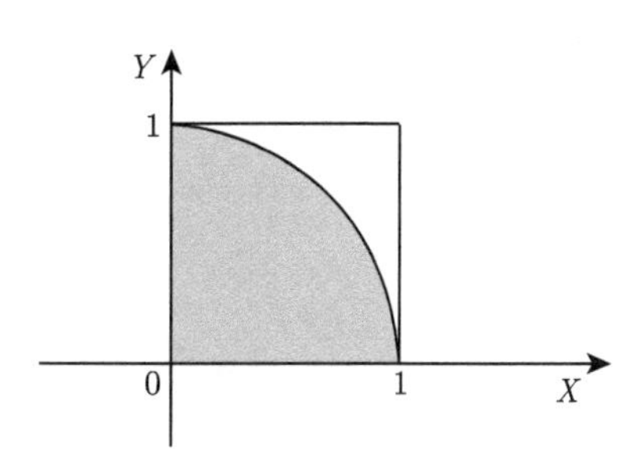

图 Y5-1　单位正方形与四分之一圆

这个工作相当于在计算机上进行模拟: 向正方形内进行 n 次投掷, 且恰有 k 个点落入四分之一圆内, 可视作 n 次独立投点试验, 随机点落入四分之一圆的频率为 $\dfrac{k}{n}$.

根据伯努利大数定律, 事件发生的频率依概率收敛于事件发生的概率 p, 即有

$$\lim_{n\to\infty}\left\{\left|\frac{k}{n}-p\right|<\varepsilon\right\}=1.$$

因此, 当 n 足够大时, 可用 $\dfrac{k}{n}$ 作为 $\dfrac{\pi}{4}$ 的估计, 从而得圆周率 π 的估计值为 $\hat{\pi}=\dfrac{4k}{n}$. 随着试验次数 n 增大, 所得的估计 $\hat{\pi}$ 的精度也随之提高.

蒙特卡罗模拟是一种试验近似方法, 上例中用的方法称为频率法, 即用 n 次独立试验中事件 A 出现的频率 $\dfrac{k}{n}$ 作为事件 A 的概率 p 的估计. 我们希望以较少的试验次数, 得到较高的估计精确度. 我们考虑试验次数 n 多大时, 对给定的置信度 $1-a\,(0<a<1)$, 估计精确度能达到 ε, 亦即 n 取多大时有 $P\left(|\hat{p}-p|<\varepsilon\right)=P\left(\left|\dfrac{k}{n}-p\right|<\varepsilon\right)>1-a$.

记 n 次独立试验中 A 出现的次数为 k_n, 则 $k_n\sim B(n,p)$, 由棣莫弗–拉普拉斯定理知

$$\begin{aligned}P(|\hat{p}-p|<\varepsilon)&=P(n\,(p-\varepsilon)<k_n<n\,(p+\varepsilon))\\&=P\left(-\frac{n\varepsilon}{\sqrt{np\,(1-p)}}<\frac{k_n-np}{\sqrt{np\,(1-p)}}<\frac{n\varepsilon}{\sqrt{np\,(1-p)}}\right)\\&\approx 2\Phi\left(\frac{n\varepsilon}{\sqrt{np\,(1-p)}}\right)-1,\end{aligned}$$

令 $2\Phi\left(\dfrac{n\varepsilon}{\sqrt{np(1-p)}}\right)-1>1-a$, 即 $\Phi\left(\dfrac{n\varepsilon}{\sqrt{np(1-p)}}\right)>1-\dfrac{a}{2}$, 查得满足上式的标准正态分布的上侧分位数 $u_{1-\frac{a}{2}}$, 令 $u_{1-\frac{a}{2}}=n\varepsilon/\sqrt{np(1-p)}$, 解得

$$n=\frac{p(1-p)}{\varepsilon^2}u_{1-\frac{a}{2}}.$$

上式表明, 频率法的估计精度 ε 与试验次数 n 的平方根成反比, 如若精度 ε 提高 10 倍, 则试验次数 n 要增大 100 倍.

第 6 章 样本及分布

在前几章, 我们已经看到, 在某一随机变量的分布已知时, 我们可以计算某一事件的概率, 也可以计算分布的一些特征数 (如期望、方差等), 但现实世界中大量的随机现象 (随机变量) 其分布特征是不知道的, 数理统计的任务就是通过对随机现象 (随机变量) 的试验、观测进而对其分布特征作出科学的判断. 所谓判断的科学性是指判断伴随有一定概率或在一定可靠程度下, 从本章开始我们将陆续介绍这些内容, 本章主要介绍数理统计的基本概念、样本和抽样分布等内容.

6.1 总体与样本

6.1.1 统计 描述统计 推断统计 数理统计

为了了解问题的来龙去脉, 在讲总体与样本之前, 先介绍一下有关统计及描述统计、推断统计、数理统计的含义. 早期的统计只限于对整体数据的收集、整理、分析并作出推断. 由于数据是靠统计得出, 用统计方法进行研究的, 所以很早就有了"统计"这一名称, 而近代统计则通过研究整体的一部分来推断整体的特征. 因此, 统计作为一门学科, 可归纳为两种: 描述统计、推断统计 (或分析统计).

所谓描述统计, 简单地说就是对整个总体的调查与描述, 在描述统计中, 人们对所得到的数据进行归类、整理, 再计算出反映这些数据特征的一些指标, 如平均值、方差等, 以便对这些数据进行描述, 但并不对更大范围的数据进行结论. 例如, 要了解某市高年级学生学业水平考试各科成绩情况, 就将其各科成绩登记造表归纳分类, 计算平均成绩、标准差等.

描述统计其分析的依据是所研究对象的全部资料, 然而实际中, 这样常常行不通, 其原因一是要得到全部资料, 需消耗大量人力、物力、财力和时间; 二是有些试验带有破坏性 (如研究一批炮弹的杀伤力). 因此, 许多问题只能通过研究所想了解的全体中相对较少的量的代表样本, 并从这些代表样本中得出关于全体的结论. 换句话说, 就是以掌握的局部资料对整体情况作出分析和推断, 这种方法就是推断统计. 例如, 某民意测验中, 我们可以从抽到的 1000 个选民组成的样本中得到的信息, 来推断出关于全体选民的意向结论.

推断统计既然是由部分去推断整体, 那么, 推断的准确性有多大? 换句话说, 我们希望以一定的可信程度通过部分对整体作出判断, 这种可信程度实际上就是概率, 因此概率是统计推断的基础. 在概率论形成以后, 统计学中采用了概率论工具. 因为概率论是一门数学分支, 所以人们把以概率论为工具的统计学叫作数理统计学. 实际上, 概率论本身又用到许多其他数学分支, 因而数理统计也就形成了用数学方法研究统计问题的一个数学分支. 数理统计内容十分丰富, 其重要分支有: 试验设计、统计推断、多元分析等. 现在国内理、工、医、农、师、经济及管理院校都开设了数理统计课程. 国内外一些文科院校也必须学习数理统计. 总之, 数理统计是一门数据的艺术和科学, 这说明随着社会的发展, 数理统计的应用越来越广泛, 已成为各学科从事科学研究及生产管理部门进行有效工作的必不可少的数学工具.

总之, 描述统计主要以全部个体的数据 (或部分个体的数据) 做一些初步的、简单的统计描述或判断, 推断统计以部分个体数据 (或叫样本数据), 除做一些初步的、简单的统计描述或判断外, 作出一些更深刻的统计判断结论, 而以概率论为基础的统计推断就是数理统计.

6.1.2　总体　样本及分布

在统计学中, 把研究对象的全体叫总体或母体, 把每个研究对象叫个体, 在实际应用中, 我们总是把对总体的研究归结为对表征它的随机变量的研究. 因此, 所研究问题通常都伴随着概率及随机变量的理论和方法. 于是, 我们给出如下定义.

定义 6.1.1　称随机变量 X 为总体或母体, 称对 X 的每一个观测量为个体.

所谓的一个观测量, 就是一个对象的观测量, 对此观测量, 在观测之前不能确定它取什么值, 但它可取总体的一切可能值, 故每个对象的观测量 (即个体) 也是随机变量.

理解总体与个体的概念要从形式上和实质上两个方面把握. 形式上总体由研究对象的全体组成, 实质上由表示它的特征的量组成, 看作随机变量, 从这个意义上讲总体也是一个分布, 因此, 我们有时以 $X \sim F(x)$ 表示总体; 形式上每个研究对象是一个个体, 实质上表示每个个体特征的数量为一个个体. 例如, 我们要了解某年普通高校招生统考数学科考生的成绩分布状况, 则研究的对象是某年参加数学科考试的所有考生的成绩, 形式上这所有考生构成一个总体, 实质上是所有考生的成绩, 是由一大堆数字构成的, 有些数字出现的多, 有些数字出现的少, 客观上有一个成绩的分布存在, 看作一个随机变量 X 及其他的分布 $F(x)$; 形式上每名考生是一个个体, 实质上每名考生的成绩为一个个体.

总体可分为有限总体与无限总体, 当总体的数量很大时, 也可认为是无限总体, 本书的研究对象设定为无限总体.

总体也可分为一维总体和多维总体, 本书主要讨论的是一维总体.

从总体中取出一个个体叫抽样, 反复抽样, 把抽到的一个部分个体叫样本, 样本中个体的个数叫样本容量. 这样, 把 X 的 n 次观测量 $X_1, \cdots, X_n$ 叫作来自 X 的容量为 n 的样本, 或叫子样, 如 $n \geqslant 50$, 称为大样本.

来自总体的样本, 要能反映总体的本质特征 (即信息), 故要求样本要具有代表性. 具体来说要求样本满足如下两条, 称简单随机样本:

(1) 样本具有**随机性**, 即要求总体中每一个个体都具有相同机会被选入样本, 即意味着每一样本 X_i 与总体 X 具有相同的分布;

(2) 样本要有**独立性**, 即要求样本中每一样本的取值不影响其他样本的取值, 这意味着 $X_1, \cdots, X_n$ 相互独立.

例如, 在全国范围内的民意测验中, 如果民意测验者走进大学校园去访问 1000 名大学生进行民意调查, 他们所组成的样本将不会公平地代表全国的民意, 这是因为大学生选民的比例很小, 而且是一个具有倾向性的团体, 不能代表全体选民. 要使样本具有代表性, 在数学上则反映出每一个个体 X_i 应和总体 X 具有同一分布, 且 $X_1, X_2, \cdots, X_n$ 是相互独立同分布 (与总体分布相同) 的随机变量. 为此, 给出以下定义.

定义 6.1.2 设 $X_1, X_2, \cdots, X_n$ 为相互独立且和总体 X 服从同一分布的 n 个随机变量, 则称 $X_1, X_2, \cdots, X_n$ 为来自 X 的容量为 n 的样本 (也称简单随机样本), 而把 $X_1, X_2, \cdots, X_n$ 的观测值 $x_1, x_2, \cdots, x_n$ 叫样本观测值. $(X_1, X_2, \cdots, X_n)$ 所可能取值的全体称为样本空间, 记为 Ω. 一个样本观测值 $(x_1, x_2, \cdots, x_n)$ 就是样本空间中的一个点.

样本的二重性: 抽样之前它是随机变量, 抽样后它是一组观测值.

例如, 我们研究一批电子元件的寿命 X, X 可以取 $(0, \infty)$ 中的一切实数, 今从中返回地随机检验 10 件, 在检验之前, 还不能确定抽出的每个电子元件的寿命 $X_i\,(i = 1, 2, \cdots, 10)$ 取什么值, 即得 $X_1, X_2, \cdots, X_{10}$, 它们是独立的且与 X 同分布的随机变量, 易见 X_1, X_2, $\cdots, X_{10}$ 是来自 X 的容量为 10 的简单随机样本. 对样本进行观测之后, 所得的观测结果 $x_1, x_2, \cdots, x_{10}$ 是 10 个观测值, 即样本观测值.

现在来考虑样本的分布, 对于简单随机样本 $X_1, X_2, \cdots, X_n$, 其分布可由总体 X 的分布函数 $F(u)$ 完全决定. $(X_1, X_2, \cdots, X_n)$ 的分布函数为

$$F(u_1, u_2, \cdots, u_n) = F(u_1) F(u_2) \cdots F(u_n). \tag{6-1-1}$$

当总体 X 是具有概率密度函数 $p(u)$ 的连续型随机变量时, 则 $(X_1, X_2, \cdots, X_n)$ 的概率密度函数为

$$p(u_1, u_2, \cdots, u_n) = p(u_1) p(u_2) \cdots p(u_n). \tag{6-1-2}$$

当总体 X 是离散型随机变量时, 且 $P(X = u_i) = p_i (i = 1, 2, \cdots, n)$ 时, 则 $(X_1, X_2, \cdots, X_n)$ 的分布列为

$$P(X_1 = u_1, X_2 = u_2, \cdots, X_n = u_n) = p_1 p_2 \cdots p_n. \tag{6-1-3}$$

当总体数量 N 很大, 而样本容量 n 又远远的小$\left(经验上如果满足 \dfrac{n}{N} \ll 0.1\right)$时, 无放回抽样与放回式抽样几乎没有区别. 这是超几何分布渐近于二项分布的缘故, 但要把这件事彻底说清楚几乎不是一件特别容易的事情, 下面试图用一最简单例子说明.

设总体 $X \sim B(1, p)$, $P(X = 0) = 1 - p$, $P(X = 1) = p$, $X_1, \cdots, X_n$ 为来自 X 的样本, 如果是放回式抽样, $X_1, \cdots, X_n$ 独立同分布, 与总体 X 的分布相同; 如果是无放回抽样, $P(X_2 = 1 | X_1 = 0) = \dfrac{Np}{N-1}$, $P(X_2 = 1 | X_1 = 1) = \dfrac{Np-1}{N-1}$, 它们都近似等于放回式抽样下 $P(X_2 = 1) = p$, 其他情况可类似说明.

放回式抽样是简单随机抽样, 我们今后的样本都是指的简单随机样本.

例 6.1.1 设总体 X 服从正态分布 $N(\mu, \sigma^2)$, 若 $X_1, X_2, \cdots, X_n$ 为来自 X 的样本, 试求 $(X_1, X_2, \cdots, X_n)$ 的概率密度函数.

解 由 $X \sim N(\mu, \sigma^2)$, X 的概率密度函数为 $p(u) = \dfrac{1}{\sqrt{2\pi}\sigma} e^{-\frac{(u-\mu)^2}{2\sigma^2}}$, 又由于 X_1, $X_2, \cdots, X_n$ 相互独立且与 X 服从同一分布, 故 $(X_1, X_2, \cdots, X_n)$ 的概率密度函数为

$$p(u_1, u_2, \cdots, u_n) = p(u_1) p(u_2) \cdots p(u_n) = \prod_{i=1}^{n} \frac{1}{\sqrt{2\pi}\sigma} e^{-\frac{(u_i-\mu)^2}{2\sigma^2}}$$

$$= \left(\frac{1}{\sqrt{2\pi}\sigma}\right)^n \mathrm{e}^{-\frac{1}{2\sigma^2}\sum\limits_{i=1}^{n}(u_i-\mu)^2}.$$

6.1.3 经验分布函数

设 $X_1, X_2, \cdots, X_n$ 是取自总体分布函数为 $F(x)$ 的样本, 若将样本观测值由小到大进行排列为 $x_{(1)}, x_{(2)}, \cdots, x_{(n)}$, 则称 $x_{(1)}, x_{(2)}, \cdots, x_{(n)}$ 为有序样本, 用有序样本定义如下函数:

$$F_n(x) = \begin{cases} 0, & x < x_{(1)}, \\ k/n, & x_{(k)} \leqslant x < x_{(k+1)}, \quad k = 1, 2, \cdots, n-1. \\ 1, & x_{(n)} \leqslant x, \end{cases} \tag{6-1-4}$$

则 $F_n(x)$ 是一非减右连续函数, 且满足 $F_n(-\infty) = 0$, $F_n(+\infty) = 1$. 由此可见, $F_n(x)$ 是一个分布函数, 并称 $F_n(x)$ 为经验分布函数.

例 6.1.2 某食品厂生产听装饮料, 现从生产线上随机抽取 5 听饮料, 称得其净重 (单位: 克): 351, 347, 355, 344, 354. 这是一个容量为 5 的样本, 经排序可得有序样本:

$$x_{(1)} = 344, \quad x_{(2)} = 347, \quad x_{(3)} = 351, \quad x_{(4)} = 354, \quad x_{(5)} = 355,$$

其经验分布函数为

$$F_n(x) = \begin{cases} 0, & x < 344, \\ \dfrac{1}{5}, & 344 \leqslant x < 347, \\ \dfrac{2}{5}, & 347 \leqslant x < 351, \\ \dfrac{3}{5}, & 351 \leqslant x < 354, \\ \dfrac{4}{5}, & 354 \leqslant x < 355, \\ 1, & x \geqslant 355. \end{cases}$$

由伯努利大数定律, 只要 n 相当大, $F_n(x)$ 依概率收敛于 $F(x)$. 更深刻的结果也是存在的, 这就是格利文科定理.

定理 6.1.1 (格利文科定理) 设 $X_1, X_2, \cdots, X_n$ 是取自总体分布函数为 $F(x)$ 的样本, $F_n(x)$ 是其经验分布函数, 当 $n \to \infty$ 时, 有 $P\left(\sup\limits_{-\infty<x<\infty} |F_n(x) - F(x)| \to 0\right) = 1$.

格利文科定理表明: 当 n 相当大时, 经验分布函数是总体分布函数 $F(x)$ 的一个良好的近似.

经典的统计学中一切统计推断都以样本为依据, 其理由就在于此.

像分布函数一样, 经验分布函数在理论方面具有重要意义, 但在观测总体大致分布特点时并不直观, 实际当中, 我们是通过样本的频数或频率分布观测的.

6.1.4 频数与频率分布

通过取样, 并将样本数据整理成频数、频率分布表或图, 是数理统计研究的基础工作, 通过分布表、图可以对总体的分布特征作出初步判断, 以利于进一步的统计推断. 其整理步骤一般如下:

(1) 对样本进行分组. 首先确定组数 k, 作为一般性原则, 组数通常在 5—20 组, 样本容量大时组数多一些, 目的是使用足够的组数来显示数据的变异.

(2) 确定每组组距. 组距的长度可以相等也可以不等, 实用中通常采用等距, 以便于进行比较, 其近似公式为

$$\text{组距 } d = (\text{最大观测值} - \text{最小观测值})/\text{组数}.$$

(3) 确定每组组限. 各组区间为: $[a_0, a_1), [a_1, a_2), \cdots, [a_{k-1}, a_k]$. 统计频数与频率, 如表 6-1-1、表 6-1-2 表示 (离散型数据可自然分组).

表 6-1-1 离散型数据频数与频率分布表

x_i	a_1	a_2	$\cdots$	a_k
频数	n_1	n_2	$\cdots$	n_k
频率	$f_1 = \dfrac{n_1}{n}$	$f_2 = \dfrac{n_2}{n}$	$\cdots$	$f_k = \dfrac{n_k}{n}$

表 6-1-2 连续型数据频数与频率分布表

x_i	$[a_0, a_1)$	$[a_1, a_2)$	$\cdots$	$[a_{k-1}, a_k]$
频数	n_1	n_2	$\cdots$	n_k
频率	$f_1 = \dfrac{n_1}{n}$	$f_2 = \dfrac{n_2}{n}$	$\cdots$	$f_k = \dfrac{n_k}{n}$

(4) 频数或频率分布直方图. 矩形条的宽度为组距, 高度为频数、频率或频率除以组距.

频数与频率分布图的几何意义: 根据频率与概率的关系, 如果纵坐标取为 $\dfrac{f_i}{\Delta x_i}$, 频率图相应部分的面积为相应事件概率的近似, 是总体分布的近似. 如图 6-1-1 所示.

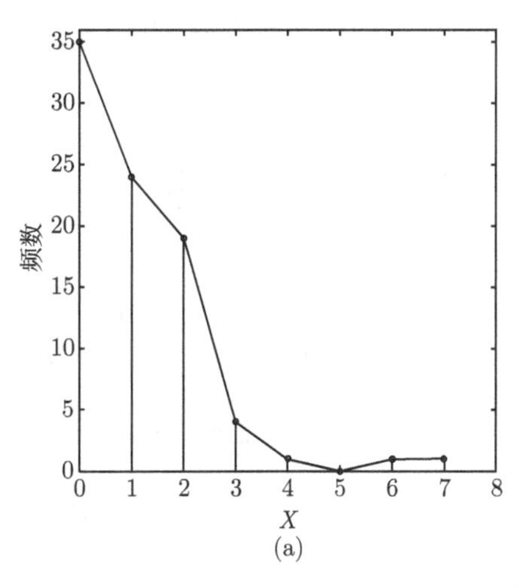

(a)

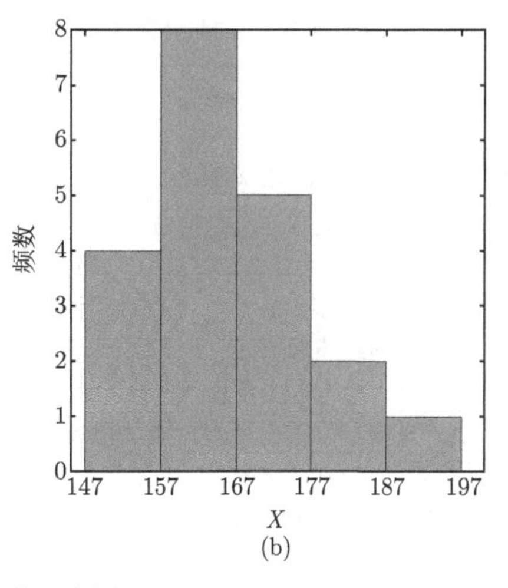

(b)

图 6-1-1 频数分布图

例 6.1.3　考察我国大地震每年发生的次数 X, 经统计, 从 1901 年到 1985 年期间, 得如下数据 (表 6-1-3). 其频数分布线图如图 6-1-1(a).

表 6-1-3　我国大地震每年发生次数的频数分布

X	0	1	2	3	4	5	6	7
频数	35	24	19	4	1	0	1	1

例 6.1.4　为研究某工厂工人生产某种产品的能力, 随机调查了 20 位工人某天生产的该种产品的数量, 数据如表 6-1-4 所示. 试分析其频率分布, 并画出其频率直方图.

表 6-1-4　20 位工人某天生产的该种产品数量

160	196	164	148	170
175	178	166	181	162
161	168	166	162	172
156	170	157	162	154

解　取 $k=5$, 组距 $d=\dfrac{196-148}{5}=9.6$, 为方便, 取组距为 10. 取 $a_0=147, a_5=197$, 于是分组区间为: $(147,157]$, $(157,167]$, $(167,177]$, $(177,187]$, $(187,\ 197]$, 其频数频率分布如表 6-1-5 所示.

表 6-1-5　频数频率分布

组序	分组区间	组中值	频数	频率
1	$(147,157]$	152	4	0.20
2	$(157,167]$	162	8	0.40
3	$(167,177]$	172	5	0.25
4	$(177,187]$	182	2	0.10
5	$(187,197]$	192	1	0.05
合计			20	1

以组距为底, 以组频数为高, 画出频数直方图. 其频数分布图如图 6-1-1(b).

习　题　6.1

1. 某地电视台想了解某电视栏目 (如: 每日九点至九点半的体育节目) 在该地区的收视率情况, 于是委托一家市场咨询公司进行一次电话访查.

(1) 该项研究的总体是什么?　(2) 该项研究的样本是什么?

2. 为估计鱼塘里有多少条鱼, 一位统计学家设计了一个方案如下: 从鱼塘中打捞出一网鱼, 计有 n 条, 涂上不被水冲刷掉的红漆后放回, 一天后再从鱼塘里打捞一网, 发现共有 m 条鱼, 而涂有红漆的鱼有 k 条, 你能估计出鱼塘里大概有多少条鱼吗? 该问题的总体和样本又分别是什么呢?

3. 某厂生产的电容器的使用寿命服从指数分布, 为了解平均寿命, 从中抽出 n 件产品测其实际使用寿命, 试指出什么是总体, 什么是样本, 并给出样本的分布.

4. 设某厂大量生产某种产品, 其不合格品率 p 未知, 每 m 件产品包装为一盒. 为了检查产品的质量, 任意抽取 n 盒, 查其中的不合格品数, 试说明什么是总体, 什么是样本, 并指出样本的分布.

5. 以下是某工厂通过抽样调查得到的 10 名工人一周内生产的产品数

$$149, 156, 160, 138, 149, 153, 153, 169, 156, 156.$$

试用这批数据构造经验分布函数并作图.

6. 表 X6-1-1 是经过整理后得到的分组样本, 试写出此分布样本的经验分布函数.

表 X6-1-1

组序	1	2	3	4	5
分组区间	(38, 48]	(48, 58]	(58, 68]	(68, 78]	(78, 88]
频数	3	4	8	3	2

7. 假如某地区 30 名 2000 年某专业毕业生实习期满后的月薪数据如表 X6-1-2 所示.

表 X6-1-2

909	1086	1120	999	1320	1091
1071	1081	1130	1336	967	1572
825	914	992	1232	950	775
1203	1025	1096	808	1224	1044
871	1164	971	950	866	738

(1) 建立该批数据的频率分布表 (分 6 组); (2) 画出直方图.

8. 40 种刊物的月发行量 (单位: 百册) 如表 X6-1-3 所示.

表 X6-1-3

5954	5022	14667	6582	6870	1840	2662	4508
1208	3852	618	3008	1268	1978	7963	2048
3077	993	353	14263	1714	11127	6926	2047
714	5923	6006	14267	1697	13876	4001	2280
1223	12579	13588	7315	4538	13304	1615	8612

(1) 建立该批数据的频数分布表, 取组距为 1700 (百册); (2) 画出直方图.

6.2 统 计 量

6.2.1 统计量 抽样分布 常见的统计量

样本是总体的代表和反映, 但在抽取样本之后, 并不是直接利用样本进行推断, 而需借助样本的函数.

定义 6.2.1 称样本的可测函数 (不包含总体未知参数) 叫统计量, 记为

$$T = T(X_1, \cdots, X_n) = T(X).$$

可见, 第一, 统计量是 n 个随机变量的函数; 第二, 这个函数 T 是 n 元可测函数. 其所以要求 T 为可测函数, 原因是保证统计量仍为随机变量. 这是由于在概率论中已经证明, 随机变量的可测函数是随机变量. 另外这种函数包括了连续函数且对各种算数运算、分析运算都封闭. 这样一来, 常见的 n 元函数都是可测函数, 从而用随机变量进行算数运算、分析运算、取初等函数后仍为随机变量.

定义 6.2.2 称统计量 $T=T(X_1,\cdots,X_n)=T(X)$ 的分布为抽样分布.

我们今后进行统计推断时是利用抽样分布作出的.

下面列出一些常用的统计量.

(1) 子样均值: $\overline{X}=\dfrac{1}{n}\sum\limits_{i=1}^{n}X_i$.

(2) 子样方差: $S_n^2=\dfrac{1}{n}\sum\limits_{i=1}^{n}\left(X_i-\overline{X}\right)^2$; $S_n=\sqrt{\dfrac{1}{n}\sum\limits_{i=1}^{n}\left(X_i-\overline{X}\right)^2}$ 为子样标准差.

(3) (无偏)子样方差: $S^2=\dfrac{1}{n-1}\sum\limits_{i=1}^{n}\left(X_i-\overline{X}\right)^2$; $S=\sqrt{\dfrac{1}{n-1}\sum\limits_{i=1}^{n}\left(X_i-\overline{X}\right)^2}$ 为子样标准差.

(4) 子样 k 阶原点矩: $A_k=\dfrac{1}{n}\sum\limits_{i=1}^{n}X_i^k$.

(5) 子样 k 阶绝对原点矩: $|A|_k=\dfrac{1}{n}\sum\limits_{i=1}^{n}|X_i|^k$.

(6) 子样 k 阶中心矩: $B_k=\dfrac{1}{n}\sum\limits_{i=1}^{n}\left(X_i-\overline{X}\right)^k$, 显然, $A_1=\overline{X},B_2=S_n^2$.

(7) 设 $X_1,X_2,\cdots,X_n$ 为总体 X 的子样, $Y_1,Y_2,\cdots,Y_n$ 为总体 Y 的子样, 称 $S_{12}=\dfrac{1}{n}\sum\limits_{i=1}^{n}\left(X_i-\overline{X}\right)\left(Y_i-\overline{Y}\right)$ 为两子样的协方差, 称 $r=\dfrac{S_{12}}{S_1S_2}$ 为两子样的相关系数. 其中 S_1 为子样 $X_1,X_2,\cdots,X_n$ 的标准差, S_2 为子样 $Y_1,Y_2,\cdots,Y_n$ 的标准差.

(8) 样本偏度: $\hat{\beta}_s=\dfrac{B_3}{B_2^{3/2}}=\dfrac{\dfrac{1}{n}\sum\limits_{i=1}^{n}\left(X_i-\overline{X}\right)^3}{\left[\dfrac{1}{n}\sum\limits_{i=1}^{n}\left(X_i-\overline{X}\right)^2\right]^{3/2}}$.

(9) 样本峰度: $\hat{\beta}_k=\dfrac{B_4}{B_2^2}-3=\dfrac{\dfrac{1}{n}\sum\limits_{i=1}^{n}\left(X_i-\overline{X}\right)^4}{\left[\dfrac{1}{n}\sum\limits_{i=1}^{n}\left(X_i-\overline{X}\right)^2\right]^2}-3$.

由于 $\overline{X},S_n^2,A_k,|A|_k,B_k,B_{12},r$ 都是样本的连续函数, 故均为统计量. 如样本观测值 $x_1,x_2,\cdots,x_n$ 给定, 则相应统计量的值也可求出. 统计量的观测值一般用相应的小写字母表示.

例 6.2.1 设 X_1,X_2,X_3 是从正态总体 $N\left(\mu,\sigma^2\right)$ 中抽取的一个容量为 3 的样本, 其中 μ 已知, 而 σ^2 未知, 问: $X_1X_2+1,\dfrac{1}{3}\left(X_1+X_2+X_3\right),\sum\limits_{i=1}^{3}\left(X_i-\mu\right)^2,\max\left\{X_1,X_2,X_3\right\}$,

$\sum_{i=1}^{3}\left(\frac{X_i-\overline{X}}{\sigma}\right)$ 中哪些是统计量? 哪些不是统计量? 为什么?

解 $X_1X_2+1, \frac{1}{3}(X_1+X_2+X_3), \max\{X_1,X_2,X_3\}$ 都是统计量, 因为它们都是样本的函数, 且不含总体未知参数. $\sum_{i=1}^{3}(X_i-\mu)^2$ 也是统计量, 因为 μ 是已知量, 而 $\sum_{i=1}^{3}\left(\frac{X_i-\overline{X}}{\sigma}\right)$ 不是统计量, 因为 σ^2 未知.

例 6.2.2 表 6-2-1 是两个班 (每班 50 名同学) 的英语课程的考试成绩情况.

表 6-2-1 两个班的英语课程成绩情况

成绩	组中值	甲班人数 $f_甲$	乙班人数 $f_乙$
$90\sim100$	95	5	4
$80\sim89$	85	10	14
$70\sim79$	75	22	16
$60\sim69$	65	11	14
$50\sim59$	55	1	2
$40\sim49$	45	1	0

下面分别计算两个班的平均成绩、标准差、样本偏度及样本峰度. 表 6-2-2 和表 6-2-3 分别给出了甲班和乙班成绩的计算过程.

表 6-2-2 甲班成绩的计算过程

x	$f_甲$	$xf_甲$	$(x-\overline{x}_甲)^2 f_甲$	$(x-\overline{x}_甲)^3 f_甲$	$(x-\overline{x}_甲)^4 f_甲$
95	5	475	1843.20	35389.440	679477.2480
85	10	850	846.40	7786.880	71639.2960
75	22	1650	14.08	−11.264	9.0112
65	11	715	1283.04	−13856.832	149653.7856
55	1	55	432.64	−8998.912	187177.3696
45	1	45	948.64	−29218.112	899917.8496
和	50	3790	5368	−8908.8	1987874.56

表 6-2-3 乙班成绩的计算过程

x	$f_乙$	$xf_乙$	$(x-\overline{x}_乙)^2 f_乙$	$(x-\overline{x}_乙)^3 f_乙$	$(x-\overline{x}_乙)^4 f_乙$
95	4	380	1474.56	28311.552	543581.7984
85	14	1190	1184.96	10901.632	100295.0144
75	16	1200	10.24	−8.192	6.5536
65	14	910	1632.96	−17635.968	190468.4544
55	2	110	865.28	−17997.824	374354.7392
和	50	3790	5168	3571.196	1208706.56

可计算得两个班的平均成绩、标准差、样本偏度及样本峰度分别为

$$\overline{x}_甲=\frac{3790}{50}=75.8,\quad \overline{x}_乙=\frac{3790}{50}=75.8,$$

$$s_甲=\sqrt{\frac{5368}{49}}=10.47,\quad s_乙=\sqrt{\frac{5168}{49}}=10.27,$$

$$\hat{\beta}_{s_{\text{甲}}}=\frac{-8908.8/50}{(5368/50)^{3/2}}=-0.16,\quad \hat{\beta}_{s_{\text{乙}}}=\frac{-3571.2/50}{(5168/50)^{3/2}}=0.068,$$

$$\hat{\beta}_{k_{\text{甲}}}=\frac{1987874.56/50}{(5368/50)^{2}}-3=0.45,\quad \hat{\beta}_{k_{\text{乙}}}=\frac{1208706.56/50}{(5168/50)^{2}}-3=-0.74.$$

由此可见, 两个班的平均成绩相同, 标准差也几乎相同, 样本偏度分别为 -0.16 和 0.068, 显示两个班级的成绩都是基本对称的. 但两个班的样本峰度明显不同, 乙班的成绩分布比较平坦, 而甲班则稍显尖顶.

6.2.2　样本均值与样本方差的数字特征

由于样本矩仍为随机变量, 下面研究样本矩的期望和方差.

定理 6.2.1　设总体 X 具有期望 $EX=\mu$, 方差 $DX=\sigma^2, X_1,X_2,\cdots,X_n$ 为来自 X 的样本, 若设总体的 k 阶原点矩 $\nu_k=EX^k$, k 阶中心矩 $\mu_k=E\left(X-\nu_1\right)^k$ $(k=1,2,3,4)$ 都存在, 则有

(1) $E\overline{X}=\mu=\nu_1$;

(2) $ES_n^2=\dfrac{n-1}{n}\sigma^2, ES^2=\sigma^2$;

(3) $D\overline{X}=\dfrac{1}{n}\sigma^2$;

(4) $DS_n^2=\dfrac{\mu_4-\sigma^4}{n}-\dfrac{2\left(\mu_4-2\sigma^4\right)}{n^2}+\dfrac{\mu_4-3\sigma^2}{n^3}$, 其中 μ_4 为总体 X 的 4 阶中心矩;

(5) $\mathrm{Cov}\left(\overline{X},S_n^2\right)=\dfrac{n-1}{n^2}\mu_3$, 其中 μ_3 为总体 X 的 3 阶中心矩.

证明　(1) $E\overline{X}=E\left(\dfrac{1}{n}\displaystyle\sum_{i=1}^{n}X_i\right)=\dfrac{1}{n}\displaystyle\sum_{i=1}^{n}EX_i=\dfrac{1}{n}n\mu=\mu$;

(2)
$$ES_n^2=E\left[\frac{1}{n}\sum_{i=1}^{n}\left(X_i-\overline{X}\right)^2\right]=E\left[\frac{1}{n}\sum_{i=1}^{n}\left((X_i-\mu)-\left(\overline{X}-\mu\right)\right)^2\right]$$

$$=\frac{1}{n}E\left[\sum_{i=1}^{n}\left(X_i-\mu\right)^2-2n\left(\overline{X}-\mu\right)^2+n\left(\overline{X}-\mu\right)^2\right]$$

$$=\frac{1}{n}E\left[\sum_{i=1}^{n}\left(X_i-\mu\right)^2-n\left(\overline{X}-\mu\right)^2\right]=\frac{1}{n}\left(n\sigma^2-n\frac{\sigma^2}{n}\right)=\frac{n-1}{n}\sigma^2;$$

进而得到后一结论:

(3)
$$D\overline{X}=D\left(\frac{1}{n}\sum_{i=1}^{n}X_i\right)=\frac{1}{n^2}\sum_{i=1}^{n}DX_i=\frac{1}{n^2}n\sigma^2=\frac{\sigma^2}{n};$$

(4) (5) 的证明比较烦琐 (有兴趣的读者可参阅文献 [24]), 后续内容也基本没有用到, 在此从略.

6.2.3 统计中常用的三大分布

学习时注意每一分布的构造、图形特点、性质及分布表.

1. χ^2 分布

设 n 个随机变量 $X_1, X_2, \cdots, X_n$ 相互独立, 且服从**标准正态分布**, 可以证明: 它们的平方和 $W=\sum\limits_{i=1}^{n} X_i^2$ 的分布密度为

$$p_{\chi^2}(x;n)=\begin{cases}\dfrac{1}{2^{\frac{n}{2}}\Gamma\left(\dfrac{n}{2}\right)}, x^{\frac{n}{2}-1}\mathrm{e}^{-\frac{x}{2}}, & x\geqslant 0,\\ 0, & x<0.\end{cases}$$

我们称随机变量 W 服从自由度为 n 的 χ^2 分布, 记为 $W\sim\chi^2(n)$, 其中

$$\Gamma\left(\frac{n}{2}\right)=\int_0^{+\infty} x^{\frac{n}{2}-1}\mathrm{e}^{-x}\mathrm{d}x.$$

其图形特点如图 6-2-1 所示.

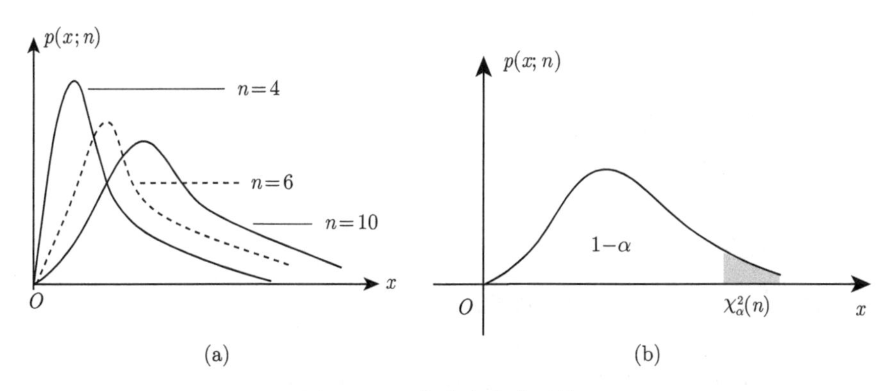

图 6-2-1 χ^2 分布密度函数

χ^2 分布具有以下重要性质.

(1) χ^2 分布的可加性: X 与 Y 独立, 且 $X\sim\chi^2(n), Y\sim\chi^2(m)$, 则

$$X+Y\sim\chi^2(n+m).$$

(2) χ^2 分布的期望与方差: $E\chi^2(n)=n, D\chi^2(n)=2n$.

本书附表中给出了 χ^2 分布的分位数表, 满足如下式子:

$$P\left(\chi^2>\chi^2_\alpha(n)\right)=\int_{\chi^2_\alpha}^{\infty} p_{\chi^2}(x)\,\mathrm{d}x=\alpha\quad(0<\alpha<1).$$

例如, 当 $n=10, \alpha=0.05$ 时, 可以查得 $\chi^2_{0.05}(10)=18.31$.

2. t 分布

设 X,Y 是两个相互独立的随机变量, 且 $X\sim N(0,1),Y\sim\chi^2(n)$, 可以证明: 函数 $t=\dfrac{X}{\sqrt{Y/n}}$ 的概率密度为

$$p_t(x;n)=\frac{\Gamma\left(\dfrac{n+1}{2}\right)}{\sqrt{n\pi}\,\Gamma\left(\dfrac{n}{2}\right)}\left(1+\frac{x^2}{n}\right)^{-\frac{n+1}{2}},$$

我们称随机变量 t 服从自由度为 n 的 t 分布, 记为 $t\sim t(n)$, 其图形特点如图 6-2-2 所示.

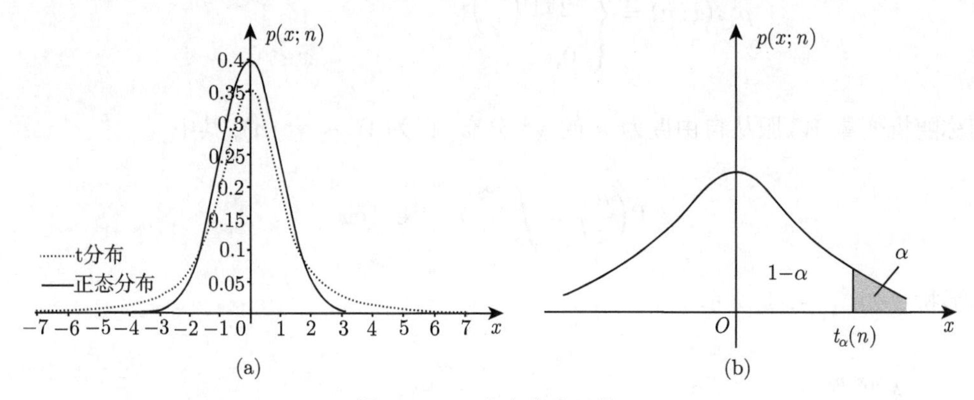

图 6-2-2　t 分布密度函数

t 分布具有以下重要性质.

(1) t 分布关于纵轴对称, 可以证明, 当自由度无限增大时, t 分布趋于标准正态分布 $N(0,1)$.

(2) t 分布的期望与方差: $Et(n)=0,Dt(n)=\dfrac{n}{n-2}\,(n>2)$.

本书附表中给出了 t 分布的分位数表, 满足如下式子:

$$p\left(t>t_\alpha\left(n\right)\right)=\int_{t_\alpha(n)}^{\infty}p_t\left(x\right)\mathrm{d}x=\alpha\quad\left(0<\alpha<0.5\right).$$

例如, 当 $n=10,\alpha=0.05$ 时, 可以查得 $t_{0.05}\left(10\right)=1.81$.

注意到由对称性知, $t_{1-\alpha}(n)=-t_\alpha(n)$.

3. F 分布

设 $X\sim\chi^2(n_1),Y\sim\chi^2(n_2)$, 且 X 与 Y 独立, 可以证明: $F=\dfrac{X/n_1}{Y/n_2}$ 的概率密度函数为

$$p_F(x;n_1,n_2)=\begin{cases}\dfrac{\Gamma\left(\dfrac{n_1+n_2}{2}\right)}{\Gamma\left(\dfrac{n_1}{2}\right)\Gamma\left(\dfrac{n_2}{2}\right)}\left(\dfrac{n_1}{n_2}\right)^{\frac{n_1}{2}}x^{\frac{n_1}{2}-1}\left(1+\dfrac{n_1}{n_2}x\right)^{-\frac{n_1+n_2}{2}}, & x\geqslant 0,\\ 0, & x<0.\end{cases}$$

我们称随机变量 F 服从第一个自由度为 n_1, 第二个自由度为 n_2 的 F 分布, 记为 $F \sim F(n_1,n_2)$. $E(F)=\dfrac{n_2}{n_2-2}, n_2>2; D(F)=\dfrac{2n_2^2(n_1+n_2-2)}{n_1(n_2-2)^2(n_2-4)}, n_2>4$. 其图形特点如图 6-2-3 所示.

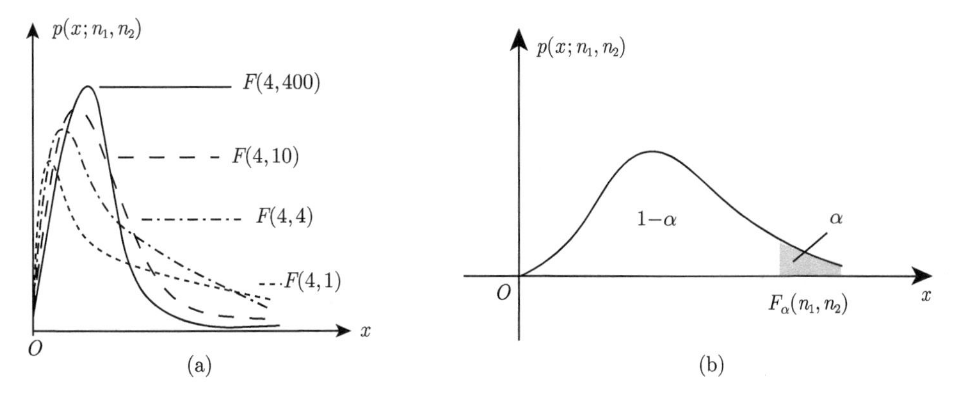

图 6-2-3 F 分布密度函数

F 分布的一个重要性质: $F_{1-\alpha}(n_1,n_2)=\dfrac{1}{F_\alpha(n_2,n_1)}$.

证明 由 $P(F \geqslant F_\alpha(n_1,n_2))=P\left(\dfrac{1}{F}\leqslant\dfrac{1}{F_\alpha(n_1,n_2)}\right)=\alpha$, 即 $P\left(\dfrac{1}{F}\geqslant\dfrac{1}{F_\alpha(n_1,n_2)}\right)=1-\alpha$, 而 $\dfrac{1}{F}\sim F(n_2,n_1)$, 所以有 $F_{1-\alpha}(n_1,n_2)=\dfrac{1}{F_\alpha(n_2,n_1)}$.

本书附表中给出了 F 分布的分位数表, 满足如下式子:

$$P(F>F_\alpha(n_1,n_2))=\int_{F_\alpha(n_1,n_2)}^{\infty} p_F(x)\,\mathrm{d}x=\alpha \quad (0<\alpha<0.5).$$

例如, 当 $n_1=10, n_2=15, \alpha=0.05$ 时, 可以查得 $F_{0.05}(10,15)=2.54$.

6.2.4 关于三大分布的证明

关于卡方分布的证明问题, 要用到连续场合的卷积公式, 数学归纳法及贝塔函数、伽马函数的性质, 也可通过证明伽马分布的可加性达到目的, 而卡方分布是伽马分布的特殊情形. t 分布、F 分布的证明类似, 都用到商的公式, 下面我们分别予以证明.

定理 6.2.2 伽马分布 $p_\Gamma(x)=\begin{cases}\dfrac{\lambda^\alpha}{\Gamma(\alpha)}x^{\alpha-1}\mathrm{e}^{-\lambda x}, & x\geqslant 0,\\ 0, & x<0\end{cases}$ 具有可加性. 即: $X\sim \mathrm{Ga}(\alpha_1,\lambda), Y\sim\mathrm{Ga}(\alpha_2,\lambda)$, 且 X 与 Y 相互独立, 则 $Z=X+Y\sim\mathrm{Ga}(\alpha_1+\alpha_2,\lambda)$.

证明 首先指出 $z=x+y$ 仍在 $(0,\infty)$ 上取值, 故应用卷积公式

$$p_Z(z)=\int_0^{\infty} p_X(z-y)p_Y(y)\,\mathrm{d}y$$

$$
\begin{aligned}
&= \frac{\lambda^{\alpha_1+\alpha_2}}{\Gamma(\alpha_1)+\Gamma(\alpha_2)}\int_0^{\infty}(z-y)^{\alpha_1-1}\mathrm{e}^{-\lambda(z-y)}y^{\alpha_2-1}\mathrm{e}^{-\lambda y}\mathrm{d}y\\
&= \frac{\lambda^{\alpha_1+\alpha_2}\mathrm{e}^{-\lambda z}}{\Gamma(\alpha_1)+\Gamma(\alpha_2)}\int_0^{z}(z-y)^{\alpha_1-1}y^{\alpha_2-1}\mathrm{d}y\\
&\xlongequal{令y=zt} \frac{\lambda^{\alpha_1+\alpha_2}\mathrm{e}^{-\lambda z}}{\Gamma(\alpha_1)+\Gamma(\alpha_2)}z^{\alpha_1+\alpha_2-1}\int_0^{1}(1-t)^{\alpha_1-1}t^{\alpha_2-1}\mathrm{d}t,
\end{aligned}
$$

最后的积分是贝塔函数, 它等于 $\Gamma(\alpha_1)\,\Gamma(\alpha_2)/\Gamma(\alpha_1+\alpha_2)$, 代入上式得

$$
p_Z(z)=\frac{\lambda^{\alpha_1+\alpha_2}}{\Gamma(\alpha_1+\alpha_2)}z^{\alpha_1+\alpha_2-1}\mathrm{e}^{-\lambda z},
$$

这正是形状参数为 $\alpha_1+\alpha_2$, 尺度参数为 λ 的伽马分布.

由定理 2.4.3, 若 $X\sim N(0,1)$, 则 $Y=X^2$ 的分布密度为

$$
p_Y(y)=\begin{cases}\dfrac{1}{\sqrt{2\pi y}}\mathrm{e}^{-\frac{y}{2}}, & y>0,\\ 0, & y\leqslant 0,\end{cases}
$$

它服从 $\mathrm{Ga}\left(\dfrac{1}{2},\dfrac{1}{2}\right)$, 再由伽马分布的可加性知卡方变量 $\chi^2(n)$ 服从 $\mathrm{Ga}\left(\dfrac{n}{2},\dfrac{1}{2}\right)$, 它的密度函数就是 $p_{\chi^2}(x;n)$.

定理 6.2.3　设 X,Y 是两个相互独立的随机变量, 且 $X\sim N(0,1), Y\sim\chi^2(n)$, 则函数 $t=\dfrac{X}{\sqrt{Y/n}}$ 的概率密度为 $p_t(x;n)=\dfrac{\Gamma\left(\dfrac{n+1}{2}\right)}{\sqrt{n\pi}\,\Gamma\left(\dfrac{n}{2}\right)}\left(1+\dfrac{x^2}{n}\right)^{-\frac{n+1}{2}}$.

证明　首先我们容易得到

$$
F_{\frac{Y}{n}}(u)=P(Y\leqslant nu)=\begin{cases}\displaystyle\int_0^{nu}\frac{1}{2^{\frac{n}{2}}\Gamma\left(\frac{n}{2}\right)}y^{\frac{n}{2}-1}\mathrm{e}^{-\frac{y}{2}}\mathrm{d}y, & u\geqslant 0,\\ 0, & u<0,\end{cases}
$$

则

$$
p_{\frac{Y}{n}}(u)=\begin{cases}\dfrac{n}{2^{\frac{n}{2}}\Gamma\left(\frac{n}{2}\right)}(nu)^{\frac{n}{2}-1}\mathrm{e}^{-\frac{nu}{2}}, & u\geqslant 0,\\ 0, & u<0.\end{cases}
$$

类似

$$
p_{\sqrt{\frac{Y}{n}}}(u)=\begin{cases}\dfrac{n2u}{2^{\frac{n}{2}}\Gamma\left(\frac{n}{2}\right)}\left(nu^2\right)^{\frac{n}{2}-1}\mathrm{e}^{-\frac{nu^2}{2}}, & u\geqslant 0,\\ 0, & u<0\end{cases}
$$

$$
= \begin{cases} \dfrac{2\left(\dfrac{n}{2}\right)^{\frac{n}{2}}}{\Gamma\left(\dfrac{n}{2}\right)} u^{n-1} \mathrm{e}^{-\frac{nu^2}{2}}, & u \geqslant 0, \\ 0, & u < 0. \end{cases}
$$

由商的公式

$$
\begin{aligned}
p_t(x) &= \int_{-\infty}^{\infty} p_X(xy) p_{\sqrt{Y/n}}(y)\,|y|\,\mathrm{d}y \\
&= \frac{2\left(\dfrac{n}{2}\right)^{\frac{n}{2}}}{\sqrt{2\pi}\,\Gamma\left(\dfrac{n}{2}\right)} \int_0^{\infty} y^n \mathrm{e}^{-\frac{(x^2+n)y^2}{2}} \mathrm{d}y \\
&\xlongequal{\text{令}u=\frac{(x^2+n)y^2}{2}} \frac{\Gamma\left(\dfrac{n+1}{2}\right)}{\sqrt{n\pi}\,\Gamma\left(\dfrac{n}{2}\right)} \left(\frac{x^2}{n}+1\right)^{-\frac{n+1}{2}} \quad (-\infty < x < \infty),
\end{aligned}
$$

因为 $\Gamma\left(\dfrac{1}{2}\right) = \sqrt{\pi}, \Gamma(1) = 1$, 故当 $n = 1$ 时上式变为 $p(x) = \dfrac{1}{\pi(x^2+1)}$, 称此密度函数为柯西分布密度函数.

定理 6.2.4 设 $X = \chi^2(n_1), Y = \chi^2(n_2)$, 且 X 与 Y 独立, 则函数 $F = \dfrac{X/n_1}{Y/n_2}$ 的概率密度函数为

$$
p_F(x; n_1, n_2) = \begin{cases} \dfrac{\Gamma\left(\dfrac{n_1+n_2}{2}\right)}{\Gamma\left(\dfrac{n_1}{2}\right)\Gamma\left(\dfrac{n_2}{2}\right)} \left(\dfrac{n_1}{n_2}\right)^{\frac{n_1}{2}} x^{\frac{n_1}{2}-1} \left(1 + \dfrac{n_1}{n_2}x\right)^{-\frac{n_1+n_2}{2}}, & x \geqslant 0, \\ 0, & x < 0. \end{cases}
$$

证明 首先求 $Z = \dfrac{X}{Y}$ 的密度函数, 由已知 $X \sim p_{\chi^2}(x; n_1), Y \sim p_{\chi^2}(x; n_2)$, 根据独立随机变量商的分布的密度函数公式, Z 的密度函数

$$
\begin{aligned}
p_Z(z) &= \int_0^{\infty} y p_{\chi^2}(zy; n_1) p_{\chi^2}(y; n_2)\,\mathrm{d}y \\
&= \frac{z^{\frac{n_1}{2}-1}}{\Gamma\left(\dfrac{n_1}{2}\right)\Gamma\left(\dfrac{n_2}{2}\right) 2^{\frac{n_1+n_2}{2}}} \int_0^{\infty} y^{\frac{n_1+n_2}{2}-1} \mathrm{e}^{-\frac{y}{2}(1+z)} \mathrm{d}y \\
&\xlongequal{\text{令}u=\frac{y}{2}(1+z)} \frac{z^{\frac{n_1}{2}-1}(1+z)^{-\frac{n_1+n_2}{2}}}{\Gamma\left(\dfrac{n_1}{2}\right)\Gamma\left(\dfrac{n_2}{2}\right) 2^{\frac{n_1+n_2}{2}}} \int_0^{\infty} u^{\frac{n_1+n_2}{2}-1} \mathrm{e}^{-u} \mathrm{d}u,
\end{aligned}
$$

最后的定积分是伽马函数 $\Gamma\left(\dfrac{n_1+n_2}{2}\right)$, 从而

$$p_Z(z)=\frac{\Gamma\left(\dfrac{n_1+n_2}{2}\right)}{\Gamma\left(\dfrac{n_1}{2}\right)\Gamma\left(\dfrac{n_2}{2}\right)2^{\frac{n_1+n_2}{2}}}z^{\frac{n_1}{2}-1}(1+z)^{-\frac{n_1+n_2}{2}},\quad z\geqslant 0.$$

下面导出 $F=\dfrac{n_2}{n_1}Z$ 的密度函数, 设 F 的取值为 x, 对 $x\geqslant 0$, 有

$$\begin{aligned}p_F(x;n_1,n_2)&=p_Z\left(\frac{n_1}{n_2}x\right)\frac{n_1}{n_2}\\&=\frac{\Gamma\left(\dfrac{n_1+n_2}{2}\right)}{\Gamma\left(\dfrac{n_1}{2}\right)\Gamma\left(\dfrac{n_2}{2}\right)}\cdot\left(\frac{n_1}{n_2}x\right)^{\frac{n_1}{2}-1}\left(1+\frac{n_1}{n_2}x\right)^{-\frac{n_1+n_2}{2}}\cdot\frac{n_1}{n_2}\\&=\frac{\Gamma\left(\dfrac{n_1+n_2}{2}\right)\left(\dfrac{n_1}{n_2}\right)^{\frac{n_1}{2}}}{\Gamma\left(\dfrac{n_1}{2}\right)\Gamma\left(\dfrac{n_2}{2}\right)}x^{\frac{n_1}{2}-1}\left(1+\frac{n_1}{n_2}x\right)^{-\frac{n_1+n_2}{2}}.\end{aligned}$$

习 题 6.2

1. 在一本书上我们随机地检查了 10 页, 发现每页上的错误数为

4, 5, 6, 0, 3, 1, 4, 2, 1, 4.

试计算其样本均值、样本方差和样本标准差.

2. 设 $x_1,\cdots,x_n$ 和 $y_1,\cdots,y_n$ 是两组样本观测值, 且有如下关系: $y_i=3x_i-4,i=1,\cdots,n$, 试求样本均值 $\overline{x}$ 和 $\overline{y}$ 间的关系以及样本方差 s_x^2 和 s_y^2 间的关系.

3. 从同一总体中抽取两个容量分别为 n,m 的样本, 样本均值分别为 $\overline{X}_1,\overline{X}_2$, 样本方差分别为 S_1^2,S_2^2, 将两组样本合并, 其均值、方差分别为 $\overline{X},S^2$, 证明:

$$\overline{X}=\frac{n\overline{X}_1+m\overline{X}_2}{n+m},\quad S^2=\frac{(n-1)S_1^2+(m-1)S_2^2}{n+m-1}+\frac{mn(\bar{X}_1-\bar{X}_2)^2}{(n+m)(n+m-1)}.$$

4. 有一个分组样本如表 X6-2-1 所示, 试求该分组样本的样本均值、样本标准差、样本偏度及样本峰度.

表 X6-2-1

区间	组中值	频数
(145, 155]	150	4
(155, 165]	160	8
(165, 175]	170	6
(175, 185]	180	2

5. 设总体 X 的方差为 σ^2, 从该总体中抽取简单随机样本 $X_1,X_2,\cdots,X_{2n}\,(n\geqslant 1)$, 其样本均值为 $\overline{X}=\dfrac{1}{2n}\sum\limits_{i=1}^{2n}X_i$, 求统计量 $Y=\sum\limits_{i=1}^{n}\left(X_i+X_{n+i}-2\overline{X}\right)^2$ 的数学期望.

6. 设 $X_1,\cdots,X_n$ 是来自 $U(-1,1)$ 的样本, 试求 $E(\overline{X})$ 及 $D(\overline{X})$.

7. 设总体二阶矩存在, $X_1,\cdots,X_n$ 是样本, 证明 $X_i-\overline{X}$ 与 $X_j-\overline{X}\,(i\neq j)$ 的相关系数为 $-(n-1)^{-1}$.

8. 设总体 X 的 3 阶矩存在, 若 $X_1,\cdots,X_n$ 是取自该总体的简单随机样本, $\overline{X}$ 为样本均值, S^2 为样本方差, 试证 $\mathrm{Cov}(\overline{X},S^2)=\dfrac{\mu_3}{n}$, 其中 $\mu_3=E(X-EX)^3$.

9. 设随机变量 $X\sim F(n,n)$, 证明: $P(X<1)=0.5$.

10. 设 X_1,X_2 是来自 $N(0,\sigma^2)$ 的样本, 试求 $Y=\left(\dfrac{X_1+X_2}{X_1-X_2}\right)^2$ 的分布.

11. 设总体为 $N(0,1)$, X_1,X_2 为样本, 试求常数 k, 使得

$$P\left(\frac{(X_1+X_2)^2}{(X_1-X_2)^2+(X_1+X_2)^2}>k\right)=0.05.$$

12. 设 $X_1,\,X_2,\cdots,X_n$ 是来自 $N(u_1,\sigma^2)$ 的样本, $Y_1,\,Y_2,\cdots,Y_m$ 是来自 $N(u_2,\sigma^2)$ 的样本, c,d 是任意两个不为 0 的常数, 证明:

$$t=\frac{c(\overline{X}-u_1)+d(\overline{Y}-u_2)}{S_w\sqrt{\dfrac{c^2}{n}+\dfrac{d^2}{m}}}\sim t(n+m-2),\quad S_w^2=\frac{(n-1)\,S_X^2+(m-1)S_Y^2}{n+m-2}.$$

13. 设 $X_1,\cdots,X_n$ 是来自某连续总体的一个样本, 该总体的分布函数 $F(x)$ 是连续严增函数, 证明: 统计量 $T=-2\sum\limits_{i=1}^{n}\ln F(X_i)\sim\chi^2(2n)$.

14. 设 $X_1,\,X_2,\cdots,X_n,\,X_{n+1}$ 是来自 $N(u,\sigma^2)$ 的样本,

$$\overline{X}=\frac{1}{n}\sum_{i=1}^{n}X_i,\quad S_n^2=\frac{1}{n-1}\sum_{i=1}^{n}(X_i-\overline{X}_n)^2,$$

试求常数 c, 使得 $t_c=c\dfrac{X_{n+1}-\overline{X}_n}{S_n}$ 服从 t 分布, 并指出分布的自由度.

15. 设 $X_1,\,X_2,\cdots,X_{15}$ 是总体 $N(0,\sigma^2)$ 的一个样本, 求 $Y=\dfrac{X_1^2+X_2^2+\cdots+X_{10}^2}{2(X_{11}^2+X_{12}^2+\cdots+X_{15}^2)}$ 的分布.

16. 设随机变量 X 服从自由度为 k 的 χ^2 分布, 求 X 的数学期望与方差.

17. 设随机变量 X 服从自由度为 k 的 t 分布, 证明: 随机变量 $Y=X^2$ 服从自由度为 $(1,k)$ 的 F 分布.

18. 设随机变量 $X\sim F(n,m)$, 证明: $T=\dfrac{n}{m}X\Big/\left(1+\dfrac{n}{m}X\right)$ 服从贝塔分布, 并指出参数.

6.3 抽样分布

6.3.1 期望向量、协方差矩阵的性质

为了后面证明命题的方便, 我们首先讨论关于期望向量、协方差矩阵的一个重要性质.

设随机向量 $\boldsymbol{X}=(X_1,X_2,\cdots,X_n)$ 的期望向量为: $E\boldsymbol{X}=(EX_1,EX_2,\cdots,EX_n)$, 协方差矩阵为

$$DX = \begin{pmatrix} C_{11} & C_{12} & \cdots & C_{1n} \\ C_{21} & C_{22} & \cdots & C_{2n} \\ \vdots & \vdots & & \vdots \\ C_{n1} & C_{n2} & \cdots & C_{nn} \end{pmatrix},$$

其中 $C_{ij} = \mathrm{Cov}(X_i, X_j), i, j = 1, 2, \cdots, n.$

性质 6.3.1 设 $\boldsymbol{X}^{\mathrm{T}} = (X_1, X_2, \cdots, X_n)$, $\boldsymbol{Y}^{\mathrm{T}} = (Y_1, Y_2, \cdots, Y_n)$ 为随机向量, $\boldsymbol{A} = (a_{ij})_{n\times n}$ 为一矩阵, 且 $\boldsymbol{Y} = \boldsymbol{AX}$, 则有

$$E\boldsymbol{Y} = \boldsymbol{A}(E\boldsymbol{X}), \quad D\boldsymbol{Y} = \boldsymbol{A}^{\mathrm{T}}D(\boldsymbol{X})\boldsymbol{A}. \tag{6-3-1}$$

证明 由于 $\boldsymbol{Y} = \boldsymbol{AX} = \begin{pmatrix} a_{11} & a_{12} & \cdots & a_{1n} \\ a_{21} & a_{22} & \cdots & a_{2n} \\ \vdots & \vdots & & \vdots \\ a_{n1} & a_{n2} & \cdots & a_{nn} \end{pmatrix} \begin{pmatrix} X_1 \\ X_2 \\ \vdots \\ X_n \end{pmatrix} = \begin{pmatrix} \sum\limits_{j=1}^{n} a_{1j}X_j \\ \sum\limits_{j=1}^{n} a_{2j}X_j \\ \vdots \\ \sum\limits_{j=1}^{n} a_{nj}X_j \end{pmatrix}$, 则

$$E\boldsymbol{Y} = \begin{pmatrix} EY_1 \\ EY_2 \\ \vdots \\ EY_n \end{pmatrix} = \begin{pmatrix} E\left(\sum\limits_{j=1}^{n} a_{1j}X_j\right) \\ E\left(\sum\limits_{j=1}^{n} a_{2j}X_j\right) \\ \vdots \\ E\left(\sum\limits_{j=1}^{n} a_{nj}X_j\right) \end{pmatrix} = \begin{pmatrix} \sum\limits_{j=1}^{n} a_{1j}EX_j \\ \sum\limits_{j=1}^{n} a_{2j}EX_j \\ \vdots \\ \sum\limits_{j=1}^{n} a_{nj}EX_j \end{pmatrix}$$

$$= \boldsymbol{A} \begin{pmatrix} EX_1 \\ EX_2 \\ \vdots \\ EX_n \end{pmatrix} = \boldsymbol{A}(E\boldsymbol{X}).$$

类似有, 如果 $\boldsymbol{Y}^{\mathrm{T}} = \boldsymbol{X}^{\mathrm{T}}\boldsymbol{A}^{\mathrm{T}}$, 则有 $(E\boldsymbol{Y}^{\mathrm{T}}) = (E\boldsymbol{X}^{\mathrm{T}})\boldsymbol{A}^{\mathrm{T}}$. 协方差矩阵

$$\begin{aligned} D\boldsymbol{Y} &= E\left[(\boldsymbol{Y} - E\boldsymbol{Y})(\boldsymbol{Y} - E\boldsymbol{Y})^{\mathrm{T}}\right] = E\left[(\boldsymbol{AX} - E(\boldsymbol{AX}))(\boldsymbol{AX} - E(\boldsymbol{AX}))^{\mathrm{T}}\right] \\ &= E\left[\boldsymbol{A}(\boldsymbol{X} - E\boldsymbol{X})(\boldsymbol{X} - E\boldsymbol{X})^{\mathrm{T}}\boldsymbol{A}^{\mathrm{T}}\right] = \boldsymbol{A}E[(\boldsymbol{X} - E\boldsymbol{X})(\boldsymbol{X} - E\boldsymbol{X})^{\mathrm{T}}]\boldsymbol{A}^{\mathrm{T}} \\ &= \boldsymbol{A}D(\boldsymbol{X})\boldsymbol{A}^{\mathrm{T}}. \end{aligned}$$

6.3.2 单个正态总体统计量的分布

定理 6.3.1 设总体 $X \sim N(\mu, \sigma^2)$, $X_1, X_2, \cdots, X_n$ 是 X 的一个样本, 其中样本均值为 $\overline{X} = \frac{1}{n}\sum_{i=1}^{n} X_i$, 则 $\overline{X} \sim N\left(\mu, \frac{\sigma^2}{n}\right)$. 进而

$$U = \frac{\overline{X} - \mu}{\sigma/\sqrt{n}} \sim N(0,1). \tag{6-3-2}$$

证明 因为 $X_1, X_2, \cdots, X_n$ 是 X 的一个样本, 所以 $X_1, X_2, \cdots, X_n$ 相互独立, 且

$$X_i \sim N\left(\mu, \sigma^2\right), \quad i = 1, 2, \cdots, n,$$

由独立正态变量的线性和仍为正态变量, 即 $\overline{X}$ 为正态分布, 而 $E\overline{X} = \mu, D\overline{X} = \frac{\sigma^2}{n}$, 因此 $\overline{X} \sim N\left(\mu, \frac{\sigma^2}{n}\right)$, 进而将其标准化有 $U = \frac{\overline{X} - \mu}{\sigma/\sqrt{n}} \sim N(0,1)$, 定理得证.

定理 6.3.2 设总体 $X \sim N\left(\mu, \sigma^2\right)$, $X_1, X_2, \cdots, X_n$ 是 X 的一个样本, 则统计量

$$\chi^2 = \frac{1}{\sigma^2}\sum_{i=1}^{n}(X_i - \mu)^2 \sim \chi^2(n). \tag{6-3-3}$$

证明 因为 $X_1, X_2, \cdots, X_n$ 是 X 的一个样本, 所以 $X_1, X_2, \cdots, X_n$ 相互独立, 且

$$X_i \sim N\left(\mu, \sigma^2\right), \quad i = 1, 2, \cdots, n,$$

则 $\frac{X_i - \mu}{\sigma} \sim N(0,1), i=1,2,\cdots,n$, 且相互独立, 由卡方分布构造, $\sum_{i=1}^{n}\left(\frac{X_i - \mu}{\sigma}\right)^2 \sim \chi^2(n)$, 化简即为定理结论.

定理 6.3.3 设总体 $X \sim N\left(\mu, \sigma^2\right)$, $X_1, X_2, \cdots, X_n$ 是 X 的一个样本, 其中样本均值与样本方差分别为 $\overline{X} = \frac{1}{n}\sum_{i=1}^{n} X_i, S_n^2 = \frac{1}{n}\sum_{i=1}^{n}\left(X_i - \overline{X}\right)^2$, 则

(1) $\overline{X}$ 与 S_n^2 独立;

(2) $nS_n^2/\sigma^2 \sim \chi^2(n-1)$. (6-3-4)

证明 设

$$\boldsymbol{X} = \begin{pmatrix} X_1 \\ X_2 \\ \vdots \\ X_n \end{pmatrix}, \quad \boldsymbol{Y} = \begin{pmatrix} Y_1 \\ Y_2 \\ \vdots \\ Y_n \end{pmatrix},$$

$$A=\begin{pmatrix} \frac{1}{\sqrt{n}} & \frac{1}{\sqrt{n}} & \frac{1}{\sqrt{n}} & \cdots & \frac{1}{\sqrt{n}} & \frac{1}{\sqrt{n}} \\ \frac{1}{\sqrt{2\cdot1}} & -\frac{1}{\sqrt{2\cdot1}} & 0 & \cdots & 0 & 0 \\ \frac{1}{\sqrt{3\cdot2}} & \frac{1}{\sqrt{3\cdot2}} & -\frac{2}{\sqrt{3\cdot2}} & \cdots & 0 & 0 \\ \vdots & \vdots & \vdots & & \vdots & \vdots \\ \frac{1}{\sqrt{n(n-1)}} & \frac{1}{\sqrt{n(n-1)}} & \frac{1}{\sqrt{n(n-1)}} & \cdots & \frac{1}{\sqrt{n(n-1)}} & -\frac{(n-1)}{\sqrt{n(n-1)}} \end{pmatrix},$$

作正交变换 $\boldsymbol{Y}=\begin{pmatrix} Y_1 \\ Y_2 \\ \vdots \\ Y_n \end{pmatrix}=\boldsymbol{AX}=\boldsymbol{A}\begin{pmatrix} X_1 \\ X_2 \\ \vdots \\ X_n \end{pmatrix}$, 经变换 $Y_1=\frac{1}{\sqrt{n}}\sum_{i=1}^{n}X_i=\sqrt{n}\,\overline{X}\Rightarrow$ $Y_1^2=n\overline{X}^2$, 由于 $\boldsymbol{A}$ 的正交性, $\sum_{i=1}^{n}Y_i^2=\boldsymbol{Y}^{\mathrm{T}}\boldsymbol{Y}=\boldsymbol{X}^{\mathrm{T}}\boldsymbol{A}^{\mathrm{T}}\boldsymbol{AX}=\boldsymbol{X}^{\mathrm{T}}\boldsymbol{X}=\sum_{i=1}^{n}X_i^2=\sum_{i=1}^{n}\left(X_i-\overline{X}\right)^2+n\overline{X}^2$, 由此得 $nS_n^2=\sum_{i=1}^{n}\left(X_i-\overline{X}\right)^2=\sum_{i=1}^{n}Y_i^2-Y_1^2=\sum_{i=2}^{n}Y_i^2$.

现在证明 $Y_1,Y_2,\cdots,Y_n$ 也是独立的正态随机变量.

首先易知 $(X_1,X_2,\cdots,X_n)$ 是 n 维正态变量. 由性质 4.3.4 知 $\boldsymbol{Y}$ 是 n 维正态变量, $\boldsymbol{Y}$ 的期望向量 $\begin{pmatrix} EY_1 \\ EY_2 \\ \vdots \\ EY_n \end{pmatrix}=E\boldsymbol{Y}=\boldsymbol{A}E\boldsymbol{X}=\begin{pmatrix} \sqrt{n}\mu \\ 0 \\ \vdots \\ 0 \end{pmatrix}$, Y 的协方差矩阵

$$D\boldsymbol{Y}=\boldsymbol{A}(D\boldsymbol{X})\boldsymbol{A}^{\mathrm{T}}=\boldsymbol{A}\left(\sigma^2\boldsymbol{I}\right)\boldsymbol{A}^{\mathrm{T}}=\sigma^2\boldsymbol{AA}^{\mathrm{T}}=\sigma^2\boldsymbol{I},$$

其中, $\boldsymbol{I}$ 为单位矩阵, 从而知道 $Y_1,Y_2,\cdots,Y_n$ 的方差都等于 σ^2, 协方差等于 0. 由性质 4.3.5, $Y_1,Y_2,\cdots,Y_n$ 相互独立, 都是正态随机变量, 从而 $Y_1^2=n\overline{X}^2$ 与 $\sum_{i=2}^{n}{Y_i}^2=nS_n^2$ 也相互独立, 这就证明了 $\overline{X}$ 与 S^2 独立.

由上述知 $Y_i\sim N(0,\sigma^2), i=2,\cdots,n$, 得 $\frac{nS_n^2}{\sigma^2}=\sum_{i=2}^{n}\left(\frac{Y_i}{\sigma}\right)^2\sim\chi^2(n-1)$.

定理 6.3.4　设总体 $X\sim N(\mu,\sigma^2)$, $X_1,X_2,\cdots,X_n$ 是 X 的一个样本, 子样均值与无偏样本方差分别为 $\overline{X}=\frac{1}{n}\sum_{i=1}^{n}X_i$, $S^2=\frac{1}{n-1}\sum_{i=1}^{n}\left(X_i-\overline{X}\right)^2$, 则统计量

$$t=\frac{\overline{X}-\mu}{S/\sqrt{n}}\sim t(n-1). \tag{6-3-5}$$

证明 由定理 6.3.1 及定理 6.3.3 知: $U=\dfrac{\overline{X}-\mu}{\sigma/\sqrt{n}}\sim N(0,1), \dfrac{(n-1)S^2}{\sigma^2}\sim\chi^2(n-1)$,

且它们相互独立, 由 t 分布构造, $t=\dfrac{\dfrac{\overline{X}-\mu}{\sigma/\sqrt{n}}}{\sqrt{\dfrac{(n-1)S^2}{\sigma^2}\Big/ n-1}}=\dfrac{\overline{X}-\mu}{S/\sqrt{n}}\sim t(n-1)$, 定理得证.

例 6.3.1 设总体 $X\sim N(\mu,\sigma^2)$, $X_1,X_2,\cdots,X_9$ 是 X 的一个样本, 求 $P(|\overline{X}-\mu|<2)$. 如果: (1) 已知总体方差 $\sigma^2=16$; (2) σ^2 未知, 但无偏样本方差的观测值 $s^2=18.45$.

解 (1) 已知总体方差 $\sigma^2=16$, 由定理 6.3.1 知样本函数 $U=\dfrac{\overline{X}-\mu}{4/\sqrt{9}}\sim N(0,1)$, 则

$$P\left(\left|\overline{X}-\mu\right|<2\right)=P\left(\left|\frac{\overline{X}-\mu}{4/3}\right|<\frac{2}{4/3}\right)=P\left(|U|<1.5\right)=2\varPhi(1.5)-1,$$

查正态分布表得 $\varPhi(1.5)=0.9332$, 由此所求概率 $P\left(\left|\overline{X}-\mu\right|<2\right)=0.8664$.

(2) 已知无偏样本方差的观测值 $s^2=18.45$, 由定理 6.3.4 知 $t=\dfrac{\overline{X}-\mu}{\sqrt{18.45/9}}\sim t(8)$. 则

$$\begin{aligned}P\left(\left|\overline{X}-\mu\right|<2\right)&=P\left(\left|\frac{\overline{X}-\mu}{\sqrt{18.45/9}}\right|<\frac{2}{\sqrt{18.45/9}}\right)\\&=P\left(|t|<1.4\right)=1-2P\left(t\geqslant 1.4\right).\end{aligned}$$

查 t 分布表得 $t_{0.1}(8)=1.4$, 由此所求概率 $P\left(\left|\overline{X}-\mu\right|<2\right)=0.8$.

6.3.3 两个正态总体下的统计量分布

现在讨论两个正态总体统计量的分布. 从总体 X 中抽样 $X_1,X_2,\cdots,X_n$, 从总体 Y 中抽样 $Y_1,Y_2,\cdots,Y_m$, 两总体相互独立, 它们的子样均值与无偏子样方差分别记为

$$\overline{X}=\frac{1}{n}\sum_{i=1}^{n}X_i,\quad \overline{Y}=\frac{1}{m}\sum_{i=1}^{m}Y_i,$$

$$S_1^2=\frac{1}{n-1}\sum_{i=1}^{n}\left(X_i-\overline{X}\right)^2,\quad S_2^2=\frac{1}{m-1}\sum_{i=1}^{m}\left(Y_i-\overline{Y}\right)^2.$$

定理 6.3.5 设总体 $X\sim N\left(\mu_1,\sigma_1^2\right)$, $Y\sim N\left(\mu_2,\sigma_2^2\right)$, 则统计量

$$U=\frac{\left(\overline{X}-\overline{Y}\right)-(\mu_1-\mu_2)}{\sqrt{\dfrac{\sigma_1^2}{n}+\dfrac{\sigma_2^2}{m}}}\sim N(0,1). \tag{6-3-6}$$

证明 由定理 6.3.1, $\overline{X} \sim N\left(\mu_1, \frac{\sigma_1^2}{n}\right)$, $\overline{Y} \sim N\left(\mu_2, \frac{\sigma_2^2}{m}\right)$, 而 X 与 Y 独立, 所以有 $\overline{X}$ 与 $\overline{Y}$ 也独立, 因此, $\overline{X}-\overline{Y} \sim N\left(\mu_1-\mu_2, \frac{\sigma_1^2}{n}+\frac{\sigma_2^2}{m}\right)$, 即 $\dfrac{\overline{X}-\overline{Y}-(\mu_1-\mu_2)}{\sqrt{\dfrac{\sigma_1^2}{n}+\dfrac{\sigma_2^2}{m}}} \sim N(0,1)$. 定理得证.

定理 6.3.6 设总体 $X \sim N(\mu_1, \sigma^2)$, $Y \sim N(\mu_2, \sigma^2)$, 则统计量

$$t=\frac{(\overline{X}-\overline{Y})-(\mu_1-\mu_2)}{S_w\sqrt{\dfrac{1}{n}+\dfrac{1}{m}}} \sim t(n+m-2), \tag{6-3-7}$$

其中

$$S_w^2=\frac{(n-1)S_1^2+(m-1)S_2^2}{n+m-2}. \tag{6-3-8}$$

证明 由定理 6.3.5 知, $\dfrac{\overline{X}-\overline{Y}-(\mu_1-\mu_2)}{\sigma\sqrt{\dfrac{1}{n}+\dfrac{1}{m}}} \sim N(0,1)$, 注意到 $(n-1)S_1^2/\sigma^2 \sim \chi^2(n-1)$, $(m-1)S_2^2/\sigma^2 \sim \chi^2(m-1)$ 且它们相互独立, 由卡方分布的可加性有 $\dfrac{(n-1)S_1^2+(m-1)S_2^2}{\sigma^2} \sim \chi^2(n+m-2)$, 再由已知 X 与 Y 独立及定理 6.3.3 以及 t 分布的构造, 有

$$t=\frac{(\overline{X}-\overline{Y})-(\mu_1-\mu_2)\Big/\sigma\sqrt{\dfrac{1}{n}+\dfrac{1}{m}}}{\sqrt{\dfrac{(n-1)S_1^2+(m-1)S_2^2}{\sigma^2}\Big/(n+m-2)}} \sim t(n+m-2),$$

将左式化简即是所要证明之式.

定理 6.3.7 设总体 $X \sim N(\mu_1, \sigma_1^2)$, $Y \sim N(\mu_2, \sigma_2^2)$, 则统计量

$$F=\frac{\sum\limits_{i=1}^{n}(X_i-\mu_1)^2\Big/n\sigma_1^2}{\sum\limits_{i=1}^{m}(Y_i-\mu_2)^2\Big/m\sigma_2^2} \sim F(n,m). \tag{6-3-9}$$

证明 由定理 6.3.2 知

$$\chi_1^2=\frac{1}{\sigma_1^2}\sum_{i=1}^{n}(X_i-\mu_1)^2 \sim \chi^2(n), \quad \chi_2^2=\frac{1}{\sigma_2^2}\sum_{i=1}^{m}(Y_i-\mu_2)^2 \sim \chi^2(m),$$

而 X 与 Y 独立, 所以子样之间也相互独立, 进而知 χ_1^2 与 χ_2^2 独立, 于是由 F 分布的构造,

我们得到统计量 $F=\dfrac{\chi_1^2/n}{\chi_2^2/m}=\dfrac{\sum\limits_{i=1}^{n}(X_i-\mu_1)^2\Big/n\sigma_1^2}{\sum\limits_{i=1}^{m}(Y_i-\mu_2)^2\Big/m\sigma_2^2}\sim F(n,m)$. 定理得证.

定理 6.3.8 设总体 $X\sim N(\mu_1,\sigma_1^2)$, $Y\sim N(\mu_2,\sigma_2^2)$, 则统计量

$$F=\frac{S_1^2\sigma_2^2}{S_2^2\sigma_1^2}\sim F(n-1,m-1)\,. \tag{6-3-10}$$

证明 由定理 6.3.3 知 $\dfrac{(n-1)\,S_1^2}{\sigma_1^2}\sim\chi^2(n-1)$, $\dfrac{(m-1)\,S_2^2}{\sigma_2^2}\sim\chi^2(m-1)$, 而注意到 S_1^2 与 S_2^2 独立, 及 F 分布的构造有 $F=\dfrac{(n-1)S_1^2}{(n-1)\sigma_1^2}\Big/\dfrac{(m-1)S_2^2}{(m-1)\sigma_2^2}=\dfrac{S_1^2\sigma_2^2}{S_2^2\sigma_1^2}\sim F(n-1,m-1)$. 定理得证.

例 6.3.2 设总体 $X\sim N(20,5^2)$, $Y\sim N(10,2^2)$, 分别从总体 X 与 Y 中抽取容量为 10, 8 的样本, 求: (1) $P(\overline{X}-\overline{Y}>6)$; (2) $P\left(\dfrac{S_1^2}{S_2^2}<23\right)$.

解 (1) 由定理 6.3.5 知样本函数

$$U=\frac{(\overline{X}-\overline{Y})-(20-10)}{\sqrt{\dfrac{5^2}{10}+\dfrac{2^2}{8}}}=\frac{(\overline{X}-\overline{Y})-10}{\sqrt{3}}\sim N(0,1),$$

所以有 $P(\overline{X}-\overline{Y}>6)=P\left(\dfrac{\overline{X}-\overline{Y}-10}{\sqrt{3}}>\dfrac{6-10}{\sqrt{3}}\right)=P(U>-2.31)=\varPhi(2.31)$, 查标准正态分布函数表得 $\varPhi(2.31)=0.9896$, 由此所求概率 $P(\overline{X}-\overline{Y}>6)=0.9896$.

(2) 由定理 6.3.8 知样本函数 $F=\dfrac{2^2S_1^2}{5^2S_2^2}\sim F(9,7)$. 所以有

$$P\left(\frac{S_1^2}{S_2^2}<23\right)=P\left(\frac{2^2S_1^2}{5^2S_2^2}<\frac{2^2}{5^2}23\right)=P(F<3.68)=1-P(F\geqslant 3.68)\,.$$

查 F 分布表得 $F_{0.05}(9,7)=3.68$, 由此所求概率 $P\left(\dfrac{S_1^2}{S_2^2}<23\right)=0.95$.

6.3.4 关于非正态总体统计量分布问题

抽样分布 (即统计量的分布) 是统计推断的理论依据, 前面给出的抽样分布是在正态总体下给出的. 然而在实际统计推断中, 非正态总体的情形大量遇到, 但对于非正态总体的抽样分布一般不易求出, 如子样均值的分布也只有总体具有可加性时才能够求出, 有时即使能够求出精确分布, 使用起来也较困难. 因此, 在实际应用中, 特别是大样本情形下, 往往使用其近似分布, 下面给出样本均值的近似分布.

设总体 X 的分布是任意的, $EX=\mu, DX=\sigma^2, X_1, X_2, \cdots, X_n$ 是 X 的一个样本, 子样均值 $\overline{X}=\dfrac{1}{n}\sum\limits_{i=1}^{n}X_i$, 由独立同分布下的中心极限定理 (Lindeberg-Levy 中心极限定理), 当样本容量充分大时, 统计量 $\dfrac{\overline{X}-\mu}{\sigma/\sqrt{n}}\xrightarrow{L}N(0,1)$.

习 题 6.3

1. 在总体 $N(7.6,4)$ 中抽取容量为 n 的样本, 如果要求样本均值落在 $(5.6,9.6)$ 内的概率不小于 0.95, 则 n 至少为多少?

2. 设 $X_1,\cdots,X_n$ 是来自 $N(\mu,16)$ 的样本, 问 n 多大时才能使得 $P\left(\left|\overline{X}-\mu\right|<1\right)\geqslant 0.95$ 成立?

3. 设 $X_1,\cdots,X_n$ 是来自 $N(\mu,\sigma^2)$ 的样本, $S^2=\dfrac{1}{n}\sum\limits_{i=1}^{n}\left(X_i-\overline{X}\right)^2$ 是样本方差, 试求满足 $P\left(\dfrac{S^2}{\sigma^2}<1.5\right)\geqslant 0.95$ 的最小 n 值.

4. 由正态总体 $N(\mu,\sigma^2)$ 抽取容量为 20 的样本, 求 $P\left(10\sigma^2<\sum\limits_{i=1}^{20}(X_i-\mu)^2<30\sigma^2\right)$.

5. 设 $X_1,\cdots,X_{16}$ 是来自 $N(\mu,\sigma^2)$ 的样本, 经计算 $\overline{x}=9$, $s^2=5.32$, 试求

$$P\left(\left|\overline{X}-\mu\right|<0.6\right).$$

6. 设 $X_1,\cdots,X_n$ 是来自 $N(\mu,1)$ 的样本, 试确定最小的常数 c, 使得对任意的 $\mu\geqslant 0$, 有

$$P\left(\left|\overline{X}\right|<c\right)\leqslant\alpha.$$

7. 设 $X_1, X_2,\cdots,X_{17}$ 是来自正态分布 $N(\mu,\sigma^2)$ 的一个样本, $\overline{X}$ 与 S^2 分别是样本均值与样本方差. 求 k, 使得 $P(\overline{X}>\mu+kS)=0.95$.

8. 设从两个方差相等的正态总体中分别抽取容量为 15, 20 的样本, 其样本方差分别为 S_1^2, S_2^2, 试求 $P(S_1^2/S_2^2>2)$.

9. 设总体 $X\sim N(\mu,\sigma^2)$, 从总体中抽取容量为 16 的样本, (1) 已知 $\sigma=2$, 求概率 $P(\left|\overline{X}-\mu\right|<0.5)$; (2) 未知 σ, 计算得到样本方差 $s^2=5.33$, 求概率 $P(\left|\overline{X}-\mu\right|<0.5)$.

10. 设总体 $X\sim N(\mu,2^2)$, 从中抽取容量为 20 的样本, (1) 已知 μ, 求概率 $P\left(43.6\leqslant\sum\limits_{i=1}^{20}(X_i-\mu)^2\leqslant 150.4\right)$; (2) 未知 μ, 求概率 $P\left(46.8\leqslant\sum\limits_{i=1}^{20}\left(X_i-\overline{X}\right)^2\leqslant 154.4\right)$.

11. 设总体 $X\sim N(20,3^2)$, 抽取容量 $n_1=40$ 及 $n_2=50$ 的两组独立样本, 求两个样本均值之差的绝对值小于 0.7 的概率.

12. 设总体 $X\sim N(50,6^2)$, 总体 $Y\sim N(46,4^2)$, 从总体 X 中抽取容量为 10 的样本, 从总体 Y 中抽取容量为 8 的样本, 求下列概率: (1) $P(0\leqslant\overline{X}-\overline{Y}\leqslant 8)$; (2) $P\left(\dfrac{S_1^2}{S_2^2}<8.28\right)$.

13. 从指数分布总体 $\mathrm{Exp}(1/\theta)$ 抽取了 40 个样本, 试求样本均值 $\overline{X}$ 的渐近分布.

14. 设 $X_1, X_2,\cdots,X_{25}$ 是从均匀分布总体 $U(0,5)$ 抽取的样本, 试求样本均值 $\overline{X}$ 的渐近分布.

15. 设 $X_1, X_2,\cdots,X_{20}$ 是从两点分布总体 $B(1,p)$ 抽取的样本, 试求样本均值 $\overline{X}$ 的渐近分布.

16. 设 $X_1,\cdots,X_n$ 独立同分布服从 $N(\mu,\sigma^2)$, $\overline{X}=\dfrac{1}{n}\sum_{i=1}^{n}X_i$, $S_n^2=\dfrac{1}{n}\sum_{i=1}^{n}(X_i-\overline{X})^2$, 记 $Z=(X_1-\overline{X})/S_n$, 试找出 Z 与 t 分布的联系, 因而定出 Z 的密度函数. 提示: 作正交变换 $Y_1=\sqrt{n}\overline{X}$, $Y_2=\sqrt{\dfrac{n}{n-1}}(X_1-\overline{X})$, $Y_i=\sum_{j=1}^{n}c_{ij}X_j$, $j=3,\cdots,n$.

6.4 次序统计量及其分布

6.4.1 次序统计量的定义

除了样本矩以外, 另一类常见的统计量是次序统计量, 它在实际和理论中都有广泛的应用.

定义 6.4.1 设 $X_1,X_2,\cdots,X_n$ 是取自总体 X 的样本, $x_{(i)}$ 称为该样本的第 i 个次序统计量, 它的取值是将样本观测值由小到大排列后得到的第 i 个观测值, 其中 $x_{(1)}=\min\{x_1,\cdots,x_n\}$ 称为该样本的最小次序统计量, $x_{(n)}=\max\{x_1,\cdots,x_n\}$ 称为该样本的最大次序统计量.

我们知道, 在一个 (简单随机) 样本中, $x_1,x_2,\cdots,x_n$ 是独立同分布的, 而次序统计量 $x_{(1)},x_{(2)},\cdots,x_{(n)}$ 既不独立, 分布也不相同, 看下例.

例 6.4.1 设总体 X 的分布为仅取 0, 1, 2 的离散均匀分布, 分布列如表 6-4-1 所示.

表 6-4-1

X	0	1	2
P	1/3	1/3	1/3

现从中抽取容量为 3 的样本, 其一切可能取值有 $3^3=27$ 种, 现将它们列在表 6-4-2 左栏, 其右栏是相应的次序统计量观测值.

表 6-4-2

x_1	x_2	x_3	$x_{(1)}$	$x_{(2)}$	$x_{(3)}$	x_1	x_2	x_3	$x_{(1)}$	$x_{(2)}$	$x_{(3)}$
0	0	0	0	0	0	1	2	0	0	1	2
0	0	1	0	0	1	2	1	0	0	1	2
0	1	0	0	0	1	0	2	2	0	2	2
1	0	0	0	0	1	2	0	2	0	2	2
0	0	2	0	0	2	2	2	0	0	2	2
0	2	0	0	0	2	1	1	2	1	1	2
2	0	0	0	0	2	1	2	1	1	1	2
0	1	1	0	1	1	2	1	1	1	1	2
1	0	1	0	1	1	1	2	2	1	2	2
1	1	0	0	1	1	2	1	2	1	2	2
0	1	2	0	1	2	2	2	1	1	2	2
0	2	1	0	1	2	1	1	1	1	1	1
1	0	2	0	1	2	2	2	2	2	2	2
2	0	1	0	1	2						

由于样本取上述每一组观测值的概率相同, 都为 1/27, 由此可给出 $x_{(1)}, x_{(2)}, x_{(3)}$ 的分布列如表 6-4-3 所示.

表 6-4-3 $x_{(1)}, x_{(2)}, x_{(3)}$ 的分布列

(a)

$x_{(1)}$	0	1	2
p	$\frac{19}{27}$	$\frac{7}{27}$	$\frac{1}{27}$

(b)

$x_{(2)}$	0	1	2
p	$\frac{7}{27}$	$\frac{13}{27}$	$\frac{7}{27}$

(c)

$x_{(3)}$	0	1	2
p	$\frac{1}{27}$	$\frac{7}{27}$	$\frac{19}{27}$

我们可以清楚地看到这三个次序统计量的分布是不相同的. 进一步, 可以给出两个次序统计量的分布, 如 $x_{(1)}$ 和 $x_{(2)}$ 的联合分布列如表 6-4-4 所示.

表 6-4-4 $x_{(1)}$ 和 $x_{(2)}$ 的联合分布列

$x_{(1)}$ \ $x_{(2)}$	0	1	2
0	7/27	9/27	3/27
1	0	4/27	3/27
2	0	0	1/27

因为 $P(x_{(1)}=0)P(x_{(2)}=0)=\dfrac{19}{27}\times\dfrac{7}{27}$, 而 $P(x_{(1)}=0, x_{(2)}=0)=\dfrac{7}{27}$, 二者不等, 由此可看出 $x_{(1)}$ 和 $x_{(2)}$ 是不独立的.

接下来讨论次序统计量的抽样分布, 它们常用在连续总体上, 故我们仅就总体 X 的分布为连续情况进行叙述.

6.4.2 单个次序统计量的分布

除了样本矩以外, 另一类常见的统计量是次序统计量, 它在实际和理论中都有广泛的应用. 为方便起见，也为了体现样本的二重性及样本表示的灵活性 (样本采用大写或小写没有实质的区别), 6.4.2 节至 6.4.4 节涉及样本及 (次序) 统计量用小写字母表示.

定理 6.4.1 设总体 X 的密度函数为 $p(x)$, 分布函数为 $F(x)$, $x_1, x_2, \cdots, x_n$ 为样本, 则第 k 个次序统计量 $x_{(k)}$ 的密度函数为

$$p_k(x)=\frac{n!}{(k-1)!(n-k)!}(F(x))^{k-1}(1-F(x))^{n-k}p(x). \tag{6-4-1}$$

证明 对任意的实数 x, 考虑次序统计量 $x_{(k)}$ 取值落在小区间 $(x, x+\Delta x]$ 内这一事件, 它等价于“样本容量为 n 的样本有 1 个观测值落在 $(x, x+\Delta x]$ 内, 而有 $k-1$ 个观测值小于等于 x, 有 $n-k$ 个观测值大于 $x+\Delta x$”, 其取值示意图见图 6-4-1.

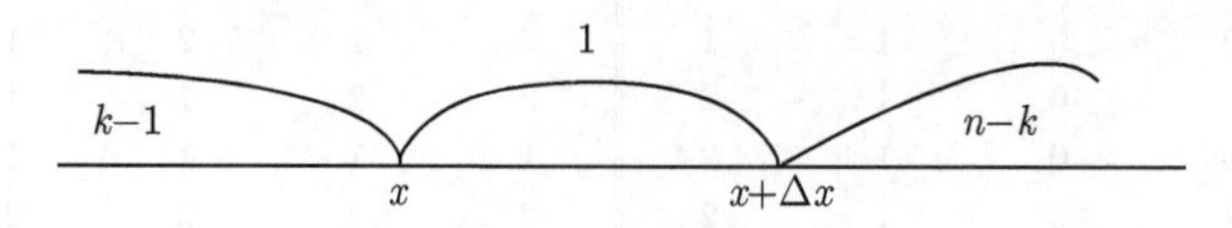

图 6-4-1 $x_{(k)}$ 的取值示意图

样本的每一个分量小于等于 x 的概率为 $F(x)$, 落入区间 $(x, x+\Delta x]$ 的概率为 $F(x+\Delta x)-F(x)$, 大于 $x+\Delta x$ 的概率为 $1-F(x+\Delta x)$, 而将 n 个分量分成这样的三组, 总的分法有 $\dfrac{n!}{(k-1)!1!(n-k)!}$ 种. 于是, 若以 $F_k(x)$ 记 $x_{(k)}$ 的分布函数, 则由多项分布可得

$$F_k(x+\Delta x)-F_k(x)=\frac{n!}{(k-1)!1!(n-k)!}(F(x))^{k-1}\cdot(F(x+\Delta x)-F(x))(1-F(x+\Delta x))^{n-k},$$

两边除以 Δx, 并令 $\Delta x \to 0$, 即有

$$p_k(x)=\lim_{\Delta x\to 0}\frac{F_k(x+\Delta x)-F_k(x)}{\Delta x}=\frac{n!}{(k-1)!(n-k)!}(F(x))^{k-1}p(x)(1-F(x))^{n-k},$$

其中 $p_k(x)$ 的非零区间与总体的非零区间相同. 特别, 令 $k=1$ 和 $k=n$ 即得到最小次序统计量 $x_{(1)}$ 和最大次序统计量 $x_{(n)}$ 的密度函数分别为

$$p_1(x)=n\cdot(1-F(x))^{n-1}p(x), \tag{6-4-2}$$

$$p_n(x)=n\cdot(F(x))^{n-1}p(x). \tag{6-4-3}$$

例 6.4.2 设总体密度函数为 $p(x)=3x^2$, $0<x<1$, 现从该总体抽得一个容量为 5 的样本, 试计算 $P(x_{(2)}<1/2)$.

解 我们首先应求出 $x_{(2)}$ 的分布. 由总体密度函数不难求出总体分布函数为

$$F(x)=\begin{cases}0, & x\leqslant 0,\\ x^3, & 0<x<1,\\ 1, & x\geqslant 1.\end{cases}$$

由公式 (6-4-1) 可以得到 $x_{(2)}$ 的密度函数为

$$\begin{aligned}p_2(x)&=\frac{5!}{(2-1)!(5-2)!}(F(x))^{2-1}(1-F(x))^{5-2}p(x)\\&=20\cdot x^3\cdot 3x^2(1-x^3)^3=60x^5(1-x^3)^3,\quad 0<x<1,\end{aligned}$$

于是 $P(x_{(2)}<1/2)=\displaystyle\int_0^{1/2}60x^5(1-x^3)^3\mathrm{d}x \xlongequal[令y=x^3]{} \int_0^{1/8}20y(1-y)^3\mathrm{d}y$

$$\begin{aligned}&\xlongequal[令z=1-y]{}\int_{7/8}^{1}20(z^3-z^4)\mathrm{d}z\\&=5(1-(7/8)^4)-4(1-(7/8)^5)=0.1207.\end{aligned}$$

例 6.4.3 设总体分布 $U(0,1)$, $x_1, x_2, \cdots, x_n$ 为样本, 则其第 k 个次序统计量的密度函数为

$$p_k(x)=\frac{n!}{(k-1)!(n-k)!}x^{k-1}(1-x)^{n-k},\quad 0<x<1,$$

这就是贝塔分布 Be$(k, n-k+1)$, 从而有 $E(x_{(k)}) = \dfrac{k}{n+1}$.

6.4.3　多个次序统计量的联合分布

下面讨论任意两个次序统计量的联合分布, 对三个或者三个以上的次序统计量的分布可参照进行.

定理 6.4.2　在定理 6.4.1 的记号下, 次序统计量 $(x_{(i)}, x_{(j)})(i<j)$ 的分布密度函数为

$$p_{ij}(y,z) = \frac{n!}{(i-1)!(j-i-1)!(n-j)!}(F(y))^{i-1}[F(z)-F(y)]^{j-i-1} \cdot (1-F(z))^{n-j}p(y)p(z), \quad y \leqslant z, \tag{6-4-4}$$

证明　对增量 $\Delta y, \Delta z$ 以及 $y<z$, 事件 "$x_{(i)} \in (y, y+\Delta y]$, $x_{(j)} \in (z, z+\Delta z]$" 可以表述为 "样本容量为 n 的样本 $x_1, x_2, \cdots, x_n$ 有 $i-1$ 个观测值小于等于 y, 一个落在区间 $(y, y+\Delta y]$, 有 $j-i-1$ 个观测值落入区间 $(y+\Delta y, z]$, 一个落在区间 $(z, z+\Delta z]$, 而余下 $n-j$ 个大于 $z+\Delta z$" (图 6-4-2).

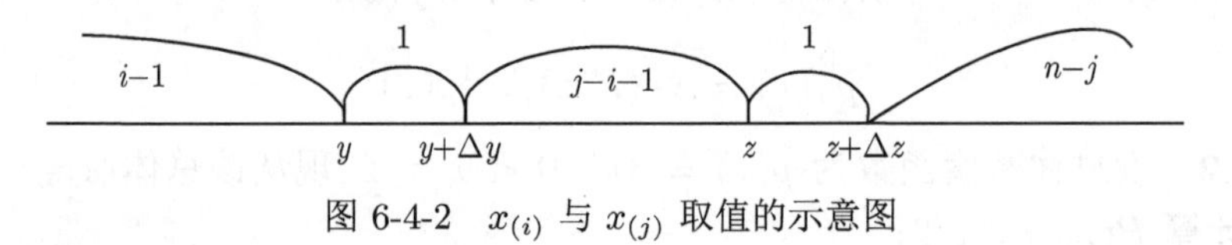

图 6-4-2　$x_{(i)}$ 与 $x_{(j)}$ 取值的示意图

于是由多项分布可得

$$\begin{aligned} &P(x_{(i)} \in (y, y+\Delta y], x_{(j)} \in (z, z+\Delta z]) \\ \approx &\frac{n!}{(i-1)!1!(j-i-1)!1!(n-j)!}(F(y))^{i-1}p(y)\Delta y[F(z) \\ &- F(y+\Delta y)]^{j-i-1}p(z)\Delta z(1-F(z+\Delta z))^{n-j}, \end{aligned}$$

考虑 $F(x)$ 的连续性, 当 $\Delta y \to 0, \Delta z \to 0$ 时有 $F(y+\Delta y) \to F(y), F(z+\Delta z) \to F(z)$, 于是

$$\begin{aligned} p_{ij}(y,z) &= \lim_{\Delta y \to 0, \Delta z \to 0} \frac{P(x_{(i)} \in (y, y+\Delta y], x_{(j)} \in (z, z+\Delta z])}{\Delta y \cdot \Delta z} \\ &= \frac{n!}{(i-1)!(j-i-1)!(n-j)!}(F(y))^{i-1}[F(z)-F(y)]^{j-i-1} \\ &\quad \cdot (1-F(z))^{n-j}p(y)p(z). \end{aligned}$$

定理得证.

6.4.4　常用的两个次序统计量函数

在实际问题中会用到一个次序统计量的函数: $R_n = x_{(n)} - x_{(1)}$ 称为**样本极差**, 它是一个很常见的统计量, 要推导这个统计量的分布原则上并不难, 我们只要使用定理 6.4.2 以及

第 3 章讲过的随机变量函数的分布求法即可解决, 但它的分布常用积分表述, 只在很少几种情况下可用初等函数表示, 下面是一个样本极差的分布可用初等函数表示的例子.

例 6.4.4 设总体分布为 $U(0,1)$, $x_1, x_2, \cdots, x_n$ 为样本, 则其第 $(x_{(1)}, x_{(n)})$ 个次序统计量的密度函数为

$$p_{1n}(y,z) = n(n-1)(z-y)^{n-2}, \quad 0<y<z<1,$$

令 $R_n = x_{(n)} - x_{(1)}$, 由已知, 有

$$\begin{aligned} p_{R_n}(r) &= \int_{-\infty}^{\infty} p_{1n}(y, y+r)\mathrm{d}y = \int_0^{1-r} n(n-1)[(y+r)-y]^{n-2}\mathrm{d}y \\ &= n(n-1)r^{n-2}(1-r) \quad (0<r<1), \end{aligned}$$

这正是参数为 $(n-1,2)$ 的贝塔分布.

样本中位数也是一个很常见的统计量, 它也是次序统计量的函数, 通常如下定义. 设 $x_{(1)}, x_{(2)}, \cdots, x_{(n)}$ 是有序样本, 则样本中位数 $m_{0.5}$ 定义为

$$m_{0.5} = \begin{cases} x_{(n+1/2)}, & n \text{ 为奇数}, \\ \dfrac{1}{2}\left(x_{(n/2)} + x_{(n/2+1)}\right), & n \text{ 为偶数}. \end{cases}$$

譬如, 若 $n=5$, 则 $m_{0.5} = x_{(3)}$; 若 $n=6$, 则 $m_{0.5} = \dfrac{1}{2}\left(x_{(3)} + x_{(4)}\right)$.

更一般地, 样本 p 分位数 m_p 可如下定义:

$$m_p = \begin{cases} x_{([np+1])}, & np \text{ 不是整数}, \\ \dfrac{1}{2}\left(x_{(np)} + x_{(np+1)}\right), & np \text{ 是整数}. \end{cases}$$

譬如, 若 $n=10, p=0.35$, 则 $m_{0.35} = x_{(4)}$; 若 $n=20$, $p=0.45$, 则 $m_{0.45} = \dfrac{1}{2}\left(x_{(9)} + x_{(10)}\right)$.

对多数总体而言, 要给出样本 p 分位数 m_p 的精确分布通常不是一件容易的事. 幸运的是当 $n \to \infty$ 时样本 p 分位数 m_p 的渐近分布有比较简单的表达式, 这里不加证明地给出如下结论.

定理 6.4.3 设总体的密度函数为 $p(x)$, x_p 为其 p 分位数, $p(x)$ 在 x_p 处连续且 $p(x_p) > 0$, 则当 $n \to \infty$ 时样本 p 分位数 m_p 的渐近分布为 $m_p \dot{\sim} N\left(x_p, \dfrac{p(1-p)}{n\left[p(x_p)\right]^2}\right)$.

特别, 对样本中位数, 当 $n \to \infty$ 时近似地有 $m_{0.5} \dot{\sim} N\left(x_{0.5}, \dfrac{1}{4n\left[p(x_{0.5})\right]^2}\right)$.

例 6.4.5 设总体为柯西分布, 密度函数为 $p(x;\theta) = \dfrac{1}{\pi[1+(x-\theta)^2]}, -\infty < x < \infty$, 其分布函数为 $F(x;\theta) = \dfrac{1}{2} + \dfrac{1}{\pi}\arctan(x-\theta)$. 不难看出 θ 是该总体的中位数, 即 $x_{0.5} = \theta$, 当样本量较大时, 样本中位数 $m_{0.5}$ 的渐近分布为 $m_{0.5} \dot{\sim} N\left(\theta, \dfrac{\pi^2}{4n}\right)$.

习 题 6.4

1. 设总体以等概率取 1, 2, 3, 4, 5, 现从中抽取一个容量为 4 的样本, 试分别求 $X_{(1)}$ 和 $X_{(4)}$ 的分布.

2. 设总体 X 服从几何分布, 即 $P(X=k)=pq^{k-1}, k=1,2,\cdots$, 其中 $0<p<1, q=1-p$, $X_1,\cdots,X_n$ 为该总体的样本. 试分别求 $X_{(1)}$ 和 $X_{(n)}$ 的分布.

3. 设 $X_1,\cdots,X_{16}$ 是来自 $N(8,4)$ 的样本, 试求下列概率: (1) $P(X_{(16)}>10)$; (2) $P(X_{(1)}>5)$.

4. 设总体 $X\sim p(x)=6x(1-x), 0<x<1$, $X_1,\cdots,X_9$ 为该总体的样本. 试求样本中位数的分布.

5. 在下列密度函数下分别寻求容量为 n 的样本中位数 $m_{0.5}$ 的渐近分布.

(1) $p(x)=6x(1-x), 0<x<1$; (2) $p(x)=\dfrac{1}{\sqrt{2\pi}\sigma}\exp\left\{-\dfrac{(x-\mu)^2}{2\sigma^2}\right\}$;

(3) $p(x)=\begin{cases}2x, & 0<x<1,\\ 0, & \text{其他};\end{cases}$ (4) $p(x)=\dfrac{\lambda}{2}\mathrm{e}^{-\lambda|x|}$.

6. 设总体为韦布尔分布, 其密度函数 $p(x)=\dfrac{mx^{m-1}}{\eta^m}\exp\left\{-\left(\dfrac{x}{\eta}\right)^m\right\}, x>0, m>0, \eta>0$. 现从中得到样本 $X_1,\cdots,X_n$, 证明 $x_{(1)}$ 仍服从韦布尔分布, 并指出其参数.

7. 设总体 X 的分布函数 $F(x)$ 是连续的, $X_{(1)},\cdots,X_{(n)}$ 为取自该总体的次序统计量, 设 $\eta_i=F(x_{(i)})$, 试证: (1) $\eta_1\leqslant\eta_2\leqslant\cdots\leqslant\eta_n$, 且 η_i 是来自均匀分布 $U(0,1)$ 总体的次序统计量; (2) $E\eta_i=\dfrac{i}{n+1}, D\eta_i=\dfrac{i(n+1-i)}{(n+1)^2(n+2)}, 1\leqslant i\leqslant n$.

8. 设总体 X 服从双参数指数分布, 其分布函数为

$$F(x)=\begin{cases}1-\exp\left\{-\dfrac{x-\mu}{\sigma}\right\}, & x>\mu,\\ 0, & x\leqslant\mu,\end{cases}$$

其中 $-\infty<\mu<\infty, \sigma>0$, $X_{(1)}\leqslant\cdots\leqslant X_{(n)}$ 为样本的次序统计量. 试证:

$$(n-i-1)\frac{2}{\sigma}\left(X_{(i)}-X_{(i-1)}\right)\sim\chi^2(2)\quad(i=2,\cdots,n).$$

9. 设总体 X 的密度函数为 $p(x)=\begin{cases}3x^2, & 0<x<1,\\ 0, & \text{其他},\end{cases}$ $X_{(2)}, X_{(4)}$ 是取自该总体的次序统计量. 试证: $\dfrac{X_{(2)}}{X_{(4)}}$ 与 $X_{(4)}$ 相互独立.

10. 证明极差统计量 $R_n=X_{(n)}-X_{(1)}$ 的分布函数为

$$F_{R_n}(x)=n\int_{-\infty}^{\infty}[F(y+x)-F(y)]^{n-1}p(y)\,\mathrm{d}y,$$

其中 $F(y)$ 与 $p(y)$ 分别为总体的分布函数与密度函数.

11. 利用上题的结论, 求总体为指数分布 $\mathrm{Exp}(\lambda)$, 样本极差 R_n 的分布.

12. 设 $X_1,\cdots,X_n$ 是来自 $U(0,\theta)$ 的样本, $X_{(1)},\cdots,X_{(n)}$ 为其次序统计量, 令

$$Y_i=\frac{X_{(i)}}{X_{(i+1)}},\quad i=1,\cdots,n-1,\quad Y_n=X_{(n)},$$

证明 $Y_1,\cdots,Y_n$ 相互独立.

应用举例 6　护理人员对所从事工作的满意程度调查

问题提出　为了掌握护理人员对所从事工作的满意程度，某健康照顾协会发起了一场全国性的有关医院护理人员的调查研究. 调查项目包括: 工作满意度、收入、晋升机会等, 填答方式采用打分制, 从 0—100 分, 分值高表示满意度高. 下面是其中的一部分调查结果 (表 Y6-1).

要求: 运用描述统计方法对资料进行处理, 根据给定的数据资料, 进行分析计算, 指出哪些方面护理人员感到最为满意, 哪些方面最不满意.

表 Y6-1

序号	工作评分	收入评分	晋升评分	序号	工作评分	收入评分	晋升评分
1	71	49	58	26	72	76	31
2	84	53	63	27	71	25	74
3	84	74	37	28	69	47	16
4	87	66	49	29	90	56	23
5	72	59	79	30	84	28	62
6	72	37	86	31	86	37	59
7	72	57	40	32	70	38	54
8	63	48	78	33	86	72	72
9	84	60	29	34	87	51	57
10	90	62	66	35	77	90	51
11	73	56	55	36	71	36	55
12	94	60	52	37	75	53	92
13	84	42	66	38	74	59	82
14	85	56	64	39	76	51	54
15	88	55	52	40	95	66	52
16	74	70	51	41	89	66	62
17	71	45	68	42	85	57	67
18	88	49	42	43	65	42	68
19	90	27	67	44	82	37	54
20	85	89	46	45	82	60	56
21	79	59	41	46	89	80	64
22	72	60	45	47	74	47	63
23	88	36	47	48	82	48	91
24	77	60	75	49	90	76	70
25	64	43	61	50	78	52	72

问题分析　由题目, 对数据进行分组, 作出如下统计分析表 (表 Y6-2).

表 Y6-2

表 Y6-1 列 1

工作评分	频数/人	频率/%	累计频数/人	累计频率/%
60 以下	0	0	0	0
60~70	4	0.08	4	0.08
70~80	20	0.4	24	0.48
80~90	20	0.4	44	0.88
90 以上	6	0.12	50	1
总计	50	1		

表 Y6-1 列 2

收入评分	频数/人	频率/%	累计频数/人	累计频率/%
60 以下	33	0.66	33	0.66
60~70	9	0.18	42	0.84
70~80	5	0.1	47	0.94
80~90	2	0.04	49	0.98
90 以上	1	0.02	50	1
总计	50	1		

表 Y6-1 列 3

晋升评分	频数/人	频率/%	累计频数/人	累计频率/%
60 以下	26	0.52	26	0.52
60~70	13	0.26	39	0.78
70~80	7	0.14	46	0.92
80~90	2	0.04	48	0.96
90 以上	2	0.04	50	1
总计	50	1		

根据统计分析, 作出三个列表的频数直方图 (图 Y6-1).

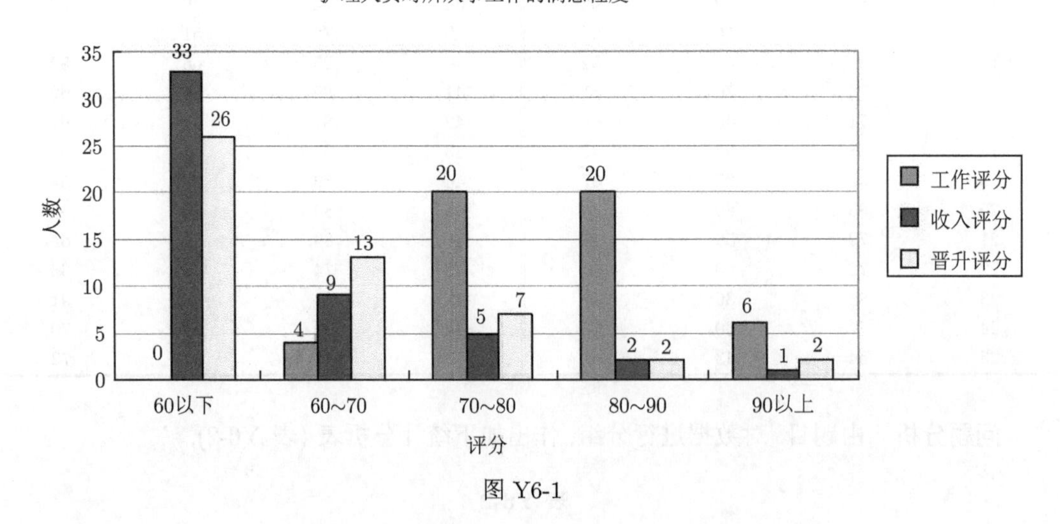

图 Y6-1

分析三个列表的部分数字特征, 结果如表 Y6-3.

由上述分析, 护理人员对于工作的评分, 相比于收入和晋升来说, 均值最大, 中位数、众数、最值、求和皆最大, 而方差最小, 可以看出护理人员对于工作的满意度最大, 相对而言, 收入的满意度最低. 从偏度和峰度来看, 工作评分的数据较正态分布图像, 呈现左偏, 且更平坦. 从三者的变异系数结果来看, 护理人员对工作的评分波动最小. 综上, 护理人员对工作的满意度为最高.

表 Y6-3

数字特征	工作评分	收入评分	晋升评分
均值	79.80	54.44	58.36
标准差	8.288	14.755	16.185
方差	68.694	217.721	261.949
中位数	82.0	55.5	58.5
众数	84	60	52
峰度	−1.046	0.078	0.360
偏度	−0.167	0.267	−0.285
变异系数	0.104	0.271	0.277
最小值	63	25	16
最大值	95	90	92
求和	3990	2722	2918

第 7 章 参数估计

数理统计中, 通过样本对总体作出判断的基本内容之一就是对总体分布的未知参数进行估计, 未知参数是指分布的各种特征数、已知分布中的未知参数以及他们的函数, 其重要内容包括参数估计的原理方法、评价估计量优劣的标准等.

7.1 参数的点估计

7.1.1 参数的点估计概念

这里所指的参数一般是指如下三类未知参数:

(1) 分布中所含的未知参数 θ. 如两点分布 $B(1,p)$ 中的概率 p; 正态分布 $N\left(\mu,\sigma^2\right)$ 中的 μ,σ^2.

(2) 分布中所含的未知参数 θ 的函数. 如服从正态分布 $N\left(\mu,\sigma^2\right)$ 的变量 X 不超过某给定值 α 的概率 $P(X \leqslant \alpha)=\Phi\left(\dfrac{\alpha-\mu}{\sigma}\right)$, 是未知参数 μ,σ 的函数.

(3) 总体分布的各种特征数, 包括总体的各阶原点矩、中心矩, 如 EX,DX 等.

一般场合常用 θ 表示未知参数, 参数 θ 所有可能的取值组成的集合称为参数空间, 常用 Θ 表示, 参数估计问题就是根据样本对上述各类未知参数作出估计.

参数估计的形式有两种: 点估计与区间估计. 我们从点估计开始讲起.

设总体 X 的分布函数 $F(x;\theta)$, θ 为待估计的未知参数, $X_1,X_2,\cdots,X_n$ 为取自总体 X 的样本. 使用样本的某一函数值作为总体中未知参数的估计值, 叫作点估计, 点估计问题就是构造一个合适的统计量 $\theta(X_1,X_2,\cdots,X_n)$ 来估计未知参数 θ, 称 $\theta(X_1,X_2,\cdots,X_n)$ 为 θ 的估计量, 记作 $\hat{\theta}$. 当样本观测值 $x_1,x_2,\cdots,x_n$ 取定时, $\hat{\theta}$ 的取值 $\theta(x_1,x_2,\cdots,x_n)$ 称为 θ 的估计值. 本书根据样本的二重性, 有时在不严格区分估计量与估计值时, 二者统称为估计, 用大小写字母表示均可. 如何构造统计量 $\hat{\theta}$ 并没有明确规定, 只要它满足一定合理性即可. 这就涉及两个问题:

(1) 如何给出估计, 即估计的原理方法问题;

(2) 如何对不同的估计进行评价, 即估计的优劣判断标准.

下面分别介绍两种常用的点估计方法: 矩估计法和极大似然估计法.

7.1.2 矩估计法

设 X 为连续型随机变量, 其概率密度为 $p(x;\theta_1,\theta_2,\cdots,\theta_k)$, 或者 X 为离散型随机变量, 其分布列为 $P(X=x)=p(x;\theta_1,\theta_2,\cdots,\theta_k)$, 其中 $\theta_1,\theta_2,\cdots,\theta_k$ 为待估计参数, $X_1,X_2,\cdots,X_n$ 为来自 X 的子样, 若 X 的前 k 阶矩 $\mu_l=E(X^l)=\int_{-\infty}^{\infty}x^l p(x;\theta_1,\theta_2,\cdots,$

$\theta_k)\mathrm{d}x$ (X 为连续型随机变量) 或者 $\mu_l = E(X^l) = \sum\limits_i x_i^l p(x_i;\ \theta_1, \theta_2, \cdots, \theta_k)$ (X 为离散型随机变量), $l = 1, 2, \cdots, k$ 存在. 通常情况下, 它们为 $\theta_1, \theta_2, \cdots, \theta_k$ 的函数. 基于样本矩 $A_l = \dfrac{1}{n}\sum\limits_{i=1}^{n} X_i^l$ 依概率收敛于相应的总体矩 $\mu_l (l = 1, 2, \cdots, k)$, 样本矩的连续函数依概率收敛于相应的总体矩的连续函数, 这里就用样本矩作为相应的总体矩的估计量, 而以样本矩的连续函数作为相应的总体矩的连续函数的估计量. 该种估计方法称为矩估计法. 矩估计法的具体做法如下.

设

$$\begin{cases} \mu_1 = \mu_1(\theta_1, \theta_2, \cdots, \theta_k), \\ \mu_2 = \mu_2(\theta_1, \theta_2, \cdots, \theta_k), \\ \quad\cdots\cdots \\ \mu_k = \mu_k(\theta_1, \theta_2, \cdots, \theta_k). \end{cases} \tag{7-1-1}$$

该式为一个包含 k 个未知参数 $\theta_1, \theta_2, \cdots, \theta_k$ 的联立方程组. 通常情况下, 可从中解出 θ_1, $\theta_2, \cdots, \theta_k$, 得到

$$\begin{cases} \theta_1 = \theta_1(\mu_1, \mu_2, \cdots, \mu_k), \\ \theta_2 = \theta_2(\mu_1, \mu_2, \cdots, \mu_k), \\ \quad\cdots\cdots \\ \theta_k = \theta_k(\mu_1, \mu_2, \cdots, \mu_k), \end{cases} \tag{7-1-2}$$

用 A_i 分别代替上式中的 $\mu_i, i = 1, 2, \cdots, k$, 则以

$$\hat{\theta}_i = \theta_i(A_1, A_2, \cdots, A_k), \quad i = 1, 2, \cdots, k \tag{7-1-3}$$

分别作为 $\theta_i\ (i = 1, 2, \cdots, k)$ 的估计量, 此种估计量称为矩估计量. 矩估计量的观测值称为矩估计值.

例 7.1.1 设总体 X 在 $[a, b]$ 上服从均匀分布, a, b 未知. $X_1, X_2, \cdots, X_n$ 是来自 X 的样本, 试求 a, b 的矩估计量.

解 $\mu_1 = E(X) = \dfrac{(a+b)}{2}$, $\mu_2 = E(X^2) = D(X) + [E(X)]^2 = \dfrac{(b-a)^2}{12} + \dfrac{(a+b)^2}{4}$, 即 $\begin{cases} a + b = 2\mu_1, \\ b - a = \sqrt{12(\mu_2 - \mu_1^2)}, \end{cases}$ 解得 $a = \mu_1 - \sqrt{3(\mu_2 - \mu_1^2)}$, $b = \mu_1 + \sqrt{3(\mu_2 - \mu_1^2)}$. 分别以 A_1, A_2 代替 μ_1, μ_2, 可得到 a, b 的矩估计量分别为

$$\hat{a} = A_1 - \sqrt{3(A_2 - A_1^2)} = \overline{X} - \sqrt{\frac{3}{n}\sum_{i=1}^{n}(X_i - \overline{X})^2},$$

$$\hat{b} = A_1 + \sqrt{3(A_2 - A_1^2)} = \overline{X} + \sqrt{\frac{3}{n}\sum_{i=1}^{n}(X_i - \overline{X})^2}.$$

例 7.1.2 设总体 X 服从两点分布, $P(X=k)=p^k(1-p)^{1-k}, k=0,1, X_1, X_2, \cdots, X_n$ 为总体的一个样本. 试求: (1) 参数 p 的矩估计; (2) 总体均值 μ 和总体方差 σ^2 的矩估计.

解 (1) 由 $E(X)=p$ 可得 $A_1=\dfrac{1}{n}\sum\limits_{i=1}^{n} X_i=\overline{X}=\hat{p}$, 即 $\hat{p}=\overline{X}=\dfrac{1}{n}\sum\limits_{i=1}^{n} X_i$.

(2) 由 $E(X)=p, D(X)=p(1-p)$, 结合 (1) 可得, $\hat{\mu}=\overline{X}, \hat{\sigma}^2=\overline{X}(1-\overline{X})$.

另解: 由矩法原理有 $\begin{cases}\mu_1=E(X)=p=\mu, \\ \mu_2=E\left(X^2\right)=D(X)+(EX)^2=\sigma^2+\mu^2.\end{cases}$ 解方程组, 可得

$$
\begin{cases}\hat{\mu}=\hat{p}=\overline{X}=\dfrac{1}{n} \sum\limits_{i=1}^{n} X_i, \\ \hat{\sigma}^2=\dfrac{1}{n} \sum\limits_{i=1}^{n} X_i^2-(\overline{X})^2=\dfrac{1}{n} \sum\limits_{i=1}^{n}\left(X_i-\overline{X}\right)^2=S_n^2 .\end{cases}
$$

从而也可看出矩估计不唯一.

7.1.3 极大似然估计法

对于离散型总体 X, 设其分布列为 $P(X=x_i)=p(x_i;\theta), i=1,2,\cdots$, 对于取定的一组样本观测值 $x_1, x_2, \cdots, x_n$, 称其联合分布列

$$
L(\theta)=p(x_1;\theta)p(x_2;\theta)\cdots p(x_n;\theta)=\prod_{i=1}^{n} p(x_i;\theta)
$$

为样本似然函数.

对于连续型总体 X, 设其密度函数为 $p(x;\theta)$, θ 为未知参数, $X_1, X_2, \cdots, X_n$ 为取自总体 X 的样本, 按照样本独立性可知, 样本 $X_1, X_2, \cdots, X_n$ 的联合密度函数为

$$
p(x_1;\theta)p(x_2;\theta)\cdots p(x_n;\theta)=\prod_{i=1}^{n} p(x_i;\theta),
$$

对于取定的一组样本观测值 $x_1, x_2, \cdots, x_n$, 称 $L(\theta)=\prod\limits_{i=1}^{n} p(x_i;\theta)$ 为样本的似然函数.

由于概率大的事件一般比概率小的事件易发生, 那么当从总体中取到一组样本观测值 $x_1, x_2, \cdots, x_n$ 时, 则可认为取到该组观测值的概率较大, 即似然函数的值 $L(\theta)$ 较大. 我们可做如下思考.

将观测值 $x_1, x_2, \cdots, x_n$ 看成结果, 而参数值 θ 看成导致此结果的原因, 正由于该 θ, 从而使得 $L(\theta)$ 的值较大, 则求出使得 $L(\theta)$ 取得极大值的极大点 $\theta=\hat{\theta}$, 采用 $\hat{\theta}$ 来估计未知参数 θ. 这就是极大似然估计法 (也称最大似然估计法), $\hat{\theta}$ 称为 θ 的极大似然估计 (又称最大似然估计).

因为 $\ln L(\theta)$ 与 $L(\theta)$ 同时达到极大值, 所以只需要求 $\ln L(\theta)$ 的极大值点即可. 根据微积分中求极值的方法, 要求参数 θ 的极大似然估计, 需要求解方程

$$
\frac{\mathrm{d} \ln L(\theta)}{\mathrm{d} \theta}=0, \tag{7-1-4}
$$

称该方程为似然方程.

若总体分布中含有 k 个未知参数, $\theta_1,\theta_2,\cdots,\theta_k$, 则似然函数 $L(\theta_1,\theta_2,\cdots,\theta_k)$ 为一个多元函数, 按照求多元函数极值的方法, 求解下列似然方程组:

$$\begin{cases}\dfrac{\partial \ln L(\theta_1,\theta_2,\cdots,\theta_k)}{\partial\theta_1}=0,\\ \dfrac{\partial \ln L(\theta_1,\theta_2,\cdots,\theta_k)}{\partial\theta_2}=0,\\ \qquad\cdots\cdots\\ \dfrac{\partial \ln L(\theta_1,\theta_2,\cdots,\theta_k)}{\partial\theta_k}=0,\end{cases}\tag{7-1-5}$$

从而可得到 $\theta_1,\theta_2,\cdots,\theta_k$ 的极大似然估计量 $\hat\theta_1,\hat\theta_2,\cdots,\hat\theta_k$.

例 7.1.3 离散型随机变量 X 服从 0-1 分布, 从 X 中抽得容量为 n 的一组观测值 $x_1,x_2,\cdots,x_n$, 求参数 p 的最大似然估计. 其中 $p=P(X=1),1-p=P(X=0)$.

解 X 的分布列可写成 $P(X=x)=p^x(1-p)^{1-x},x=0,1$, 其似然函数

$$L(x_1,\cdots,x_n;p)=\prod_{i=1}^n p^{x_i}(1-p)^{1-x_i}=p^{\sum\limits_{i=1}^n x_i}(1-p)^{n-\sum\limits_{i=1}^n x_i}=p^{n\bar x}(1-p)^{n-n\bar x},$$

等式两边取对数得 $\ln L(x_1,\cdots,x_n;p)=n\bar x\ln p+(n-n\bar x)\ln(1-p)$, 由对数似然方程得

$$\frac{\mathrm{d}\ln L}{\mathrm{d}p}=\frac{n\bar x}{p}-\frac{n-n\bar x}{1-p}=0,$$

解得 $p=\bar x$, 于是得最大似然估计为 $\hat p=\overline{X}$.

例 7.1.4 求正态总体 $X\sim N(\mu,\sigma^2)$ 的位置参数 μ 和形状参数 σ^2 的极大似然估计量.

解 X 的密度函数为 $p(x)=\dfrac{1}{\sqrt{2\pi}\sigma}\mathrm{e}^{-\frac{(x-\mu)^2}{2\sigma^2}}$. 设 $x_1,x_2,\cdots,x_n$ 为一组样本观测值, 它的似然函数为 $L(\mu,\sigma^2)=\prod\limits_{i=1}^n\dfrac{1}{\sqrt{2\pi}\sigma}\mathrm{e}^{-\frac{(x_i-\mu)^2}{2\sigma^2}}=\left(\dfrac{1}{\sqrt{2\pi}}\right)^n\left(\dfrac{1}{\sigma^2}\right)^{\frac{n}{2}}\mathrm{e}^{-\frac{\sum_{i=1}^n(x_i-\mu)^2}{2\sigma^2}}$, 等式两边取对数得

$$\ln L(\mu,\sigma^2)=-\frac{n}{2}\ln(2\pi)-\frac{n}{2}\ln\sigma^2-\frac{\sum\limits_{i=1}^n(x_i-\mu)^2}{2\sigma^2},$$

似然方程为 $\begin{cases}\dfrac{\partial\ln L(\mu,\sigma^2)}{\partial\mu}=\dfrac{\sum\limits_{i=1}^n(x_i-\mu)}{\sigma^2}=0,\\ \dfrac{\partial\ln L(\mu,\sigma^2)}{\partial\sigma^2}=-\dfrac{n}{2}\cdot\dfrac{1}{\sigma^2}+\dfrac{\sum\limits_{i=1}^n(x_i-\mu)^2}{2(\sigma^2)^2}=0,\end{cases}$ 由第一个方程可得

$$\sum_{i=1}^{n}(x_i-\mu)=\sum_{i=1}^{n}x_i-n\mu=0,$$

得 $\mu=\dfrac{\sum\limits_{i=1}^{n}x_i}{n}=\overline{x}$. 由第二个方程可得 $\sigma^2=\dfrac{1}{n}\sum\limits_{i=1}^{n}(x_i-\overline{x})^2$. 因此 μ 和 σ^2 的极大似然估计量为 $\hat{\mu}=\overline{X},\hat{\sigma}^2=\dfrac{1}{n}\sum\limits_{i=1}^{n}\left(X_i-\overline{X}\right)^2=S_n^2$.

例 7.1.5 设总体 $X\sim p(x)=\begin{cases}\dfrac{x}{\theta^2}\mathrm{e}^{-\frac{x^2}{2\theta^2}}, & x>0,\\ 0, & 其他,\end{cases}$ $X_1,X_2,\cdots,X_n$ 是来自总体 X 的一组样本, 试求未知参数 θ 的矩估计与极大似然估计.

解 (1) 因为

$$\begin{aligned}A_1=E(X)&=\int_0^{+\infty}x\frac{x}{\theta^2}\mathrm{e}^{-\frac{x^2}{2\theta^2}}\mathrm{d}x=-\int_0^{+\infty}x\mathrm{d}\mathrm{e}^{-\frac{x^2}{2\theta^2}}\\&=\int_0^{\infty}\theta\mathrm{e}^{-\frac{t^2}{2}}\mathrm{d}t=\frac{\theta}{2}\int_{-\infty}^{+\infty}\mathrm{e}^{-\frac{t^2}{2}}\mathrm{d}t=\frac{\sqrt{2\pi}\theta}{2},\end{aligned}$$

可得方程 $A_1=E(X)=\dfrac{\sqrt{2\pi}\theta}{2}$, 即 $\overline{x}=\dfrac{\sqrt{2\pi}\theta}{2}$, 可得参数的矩估计为 $\hat{\theta}=\sqrt{\dfrac{2}{\pi}}\overline{X}$.

(2) 当 $x_i>0(i=1,2,\cdots,n)$ 时, 似然函数为 $L(\theta)=\dfrac{1}{\theta^{2n}}\left(\prod\limits_{i=1}^{n}x_i\right)\mathrm{e}^{-\frac{1}{2\theta^2}\sum\limits_{i=1}^{n}x_i^2}$, 取对数可得

$$\ln L(\theta)=-2n\ln\theta+\sum_{i=1}^{n}\ln x_i-\frac{1}{2\theta^2}\sum_{i=1}^{n}x_i^2,$$

对上式求导并令其为零, 可得 $\dfrac{\mathrm{d}\ln L(\theta)}{\mathrm{d}\theta}=-\dfrac{2n}{\theta}+\dfrac{1}{\theta^3}\sum\limits_{i=1}^{n}x_i^2=0$. 从而解得参数的极大似然估计为 $\hat{\theta}=\sqrt{\dfrac{\sum\limits_{i=1}^{n}X_i^2}{2n}}$.

7.1.4 关于参数估计的几点说明

(1) 值得注意的是, 即使我们不知道总体分布形式, 我们也可以对总体未知参数——特征数、各种矩进行估计. 譬如:

(i) 用样本均值 $\overline{X}$ 估计总体均值 μ.

(ii) 用样本方差 S_n^2 估计总体方差 σ^2.

(iii) 用事件 A 出现的频率估计事件 A 发生的概率.

(iv) 用样本的 p 分位数估计总体的 p 分位数, 特别地, 用样本的中分位数估计总体的中分位数.

譬如根据矩法原理:

$$\begin{cases} \hat{\mu} = \overline{X} = \dfrac{1}{n}\sum_{i=1}^{n} X_i, \\ \hat{\sigma}^2 = \widehat{EX}^2 - \left(\widehat{EX}\right)^2 = \dfrac{1}{n}\sum_{i=1}^{n} X_i^2 - \left(\overline{X}\right)^2 = S_n^2. \end{cases}$$

而极大似然法下总体的分布形式必须是已知的.

(2) 在一些特殊情形下, 似然函数不可微, 这时要用其他一些初等方法求出似然函数的极值点, 下面举例说明这个问题.

例 7.1.6 设 $X_1, X_2, \cdots, X_n$ 是来自均匀分布总体 $U(0,\theta)$ 的样本, 试求 θ 的极大似然估计.

解 似然函数

$$L(\theta) = \frac{1}{\theta^n}\prod_{i=1}^{n} I_{\{0<X_i\leqslant\theta\}} = \frac{1}{\theta^n} I_{\{X_{(n)}\leqslant\theta\}},$$

要使 $L(\theta)$ 达到最大, 首先一点是示性函数取值应该为 1, 其次是 $\dfrac{1}{\theta^n}$ 尽可能大, 由于 $\dfrac{1}{\theta^n}$ 是 θ 的单调递减函数, 所以 θ 的取值应尽可能小, 但示性函数取值为 1 决定了 θ 不能小于 $x_{(n)}$, 由此给出 θ 的极大似然估计为 $\hat{\theta} = X_{(n)}$.

(3) 极大似然估计有一个简单而又有用的性质: 如果 $\hat{\theta}$ 是 θ 的极大似然估计, 则对任一函数 $g(\theta)$, 其极大似然估计为 $g(\hat{\theta})$, 该性质称为极大似然估计的不变性, 从而使一些复杂结构参数的极大似然估计的获得变得容易了.

例 7.1.7 设 $X_1, X_2, \cdots, X_n$ 是来自正态分布总体 $N\left(\mu, \sigma^2\right)$ 的样本, 而方差 σ^2 的极大似然估计为样本方差 S_n^2, 则标准差 σ 的极大似然估计 $\widehat{\sigma} = \sqrt{\widehat{\sigma^2}} = \sqrt{S_n^2} = S_n = \sqrt{\dfrac{1}{n}\sum_{i=1}^{n}\left(X_n - \overline{X}\right)^2}$.

习 题 7.1

1. 从一批电子元件中抽取 8 个进行寿命测试, 得到如下数据 (单位: h): 1050, 1100, 1130, 1040, 1250, 1300, 1200, 1080. 试对这批元件的平均寿命以及寿命分布的标准差给出矩估计.

2. 设总体 $X \sim U(0,\theta)$, 现从该总体中抽取容量为 10 的样本, 样本值为: 0.5, 1.3, 0.6, 1.7, 2.2, 1.2, 0.8, 1.5, 2.0, 1.6. 试对参数 θ 给出矩估计.

3. 设总体分布列如下, $X_1, X_2, \cdots, X_n$ 是样本, 试求未知参数的矩估计.

(1) $P(X=k) = \dfrac{1}{N}, k = 0, 1, 2, \cdots, N-1, N$ (正整数) 是未知参数;

(2) $P(X=k) = (k-1)\theta^2(1-\theta)^{k-2},\ k = 2, 3, \cdots, 0<\theta<1$.

4. 设总体密度函数如下, $X_1, X_2, \cdots, X_n$ 是样本, 试求未知参数的矩估计.

(1) $p(x;\theta) = \dfrac{2}{\theta^2}(\theta - x), 0<x<\theta, \theta>0$; (2) $p(x;\theta) = (\theta+1)x^{\theta}, 0<x<1, \theta>0$;

(3) $p(x;\theta) = \sqrt{\theta}x^{\sqrt{\theta}-1}, 0<x<1, \theta>0$; (4) $p(x;\theta,\mu) = \dfrac{1}{\theta}\mathrm{e}^{-\frac{x-\mu}{\theta}}, x>\mu, \theta>0$.

5. 甲、乙两个校对员彼此独立对同一本书的样稿进行校对, 校对完后, 甲发现 a 个错字, 乙发现 b 个错字, 其中共同发现的错字有 c 个, 试用矩法给出如下两个未知参数的估计:

(1) 该书样稿的错字总个数; (2) 未被发现的错字数.

6. 设总体 X 服从二项分布 $B(m,p)$, 其中 m,p 为未知参数, $X_1,X_2,\cdots,X_n$ 为 X 的一个样本, 求 m 的矩估计.

7. 设总体概率函数如下, $X_1,X_2,\cdots,X_n$ 是样本, 试求未知参数的最大似然估计.

(1) $p(x;\theta)=\sqrt{\theta}x^{\sqrt{\theta}-1},0<x<1,\theta>0$; (2) $p(x;\theta)=\theta c^{\theta}x^{-(\theta+1)},x>c,c>0,\theta>1$.

8. 设总体概率函数如下, $X_1,X_2,\cdots,X_n$ 是样本, 试求未知参数的最大似然估计.

(1) $p(x;\theta)=c\theta^{c}x^{-(c+1)},x>\theta,\theta>0,c>0$ 已知;

(2) $p(x;\theta,\mu)=\dfrac{1}{\theta}\mathrm{e}^{\frac{x-\mu}{\theta}},x>\mu,\theta>0$; (3) $p(x;\theta)=(k\theta)^{-1},\theta<x<(k+1)\theta,\theta>0$.

9. 设总体概率函数如下, $X_1,X_2,\cdots,X_n$ 是样本, 试求未知参数的最大似然估计.

(1) $p(x;\theta)=\dfrac{1}{2\theta}\mathrm{e}^{-|x|/\theta},\theta>0$; (2) $p(x;\theta)=1,\theta-\dfrac{1}{2}<x<\theta+\dfrac{1}{2}$;

(3) $p(x;\theta_1,\theta_2)=\dfrac{1}{\theta_2-\theta_1},\theta_1<x<\theta_2$.

10. 已知在某本英文书中, 一个句子的单词数 X 近似服从对数正态分布, 即 $Z=\ln X\sim N(\mu,\sigma^2)$, 今从该书中随机抽取 20 个句子, 这些句子中的单词数分别为

$$52,24,15,67,15,22,63,26,16,32,7,33,28,14,7,29,10,6,59,30.$$

求该书中一个句子单词数均值 $EX=\mathrm{e}^{\mu+\sigma^2/2}$ 的最大似然估计.

11. 一地质学家为研究密歇根湖的湖滩地区的岩石成分, 随机地自该地区取 100 个样品, 每个样品有 10 块石子, 记录了每个样品中属石灰石的石子数. 假设这 100 次观测相互独立, 求该地区石子中石灰石的比例 p 的最大似然估计. 该地质学家所得的数据如下 (表 X7-1-1):

表 X7-1-1

样本中石子数	0	1	2	3	4	5	6	7	8	9	10
样品个数	0	1	6	7	23	26	21	12	3	1	0

12. 在遗传学研究中经常要从截尾二项分布中抽样, 其总体概率密度函数为

$$P(X=k;p)=\frac{\mathrm{C}_m^k p^k(1-p)^{m-k}}{1-(1-p)^m},\quad k=1,2,\cdots,m.$$

若已知 $m=2$, $X_1,X_2,\cdots,X_n$ 是样本, 试求 p 的最大似然估计.

13. 为了估计湖中有多少条鱼, 从中捞出 1000 条, 标上记号后放回湖中, 然后再捞出 150 条鱼, 发现其中有 10 条有记号. 问湖中有多少条鱼, 才能使 150 条鱼中出现 10 条带记号的鱼的概率最大?

14. 设总体 X 服从伽马分布, 概率密度函数为 $p(x;\alpha,\beta)=\begin{cases}\dfrac{\beta^{\alpha}}{\Gamma(\alpha)}x^{\alpha-1}\mathrm{e}^{-\beta x}, & x>0,\\ 0, & x\leqslant 0,\end{cases}$ 其中参数 $\alpha>0,\beta>0$. 如果取得样本观测值为 $x_1,x_2,\cdots,x_n$,

(1) 求参数 α,β 的矩估计; (2) 已知 $\alpha=\alpha_0$, 求参数 β 的最大似然估计.

15. 证明: 对正态分布 X, 若只有一个观测值, 则 μ,σ^2 的最大似然估计不存在.

7.2 估计量优劣的评价标准

7.2.1 无偏性

定义 7.2.1 设 $X_1,X_2,\cdots,X_n$ 是总体 X 的一组样本, $\theta\in\Theta$ 包含在总体 X 的分布中的待估参数, 此处 Θ 为 θ 的取值范围. 如果估计量 $\hat{\theta}=\theta(X_1,X_2,\cdots,X_n)$ 的数学期望

$E(\hat{\theta})$ 存在, 且对于任意 $\theta \in \Theta$ 均有

$$E(\hat{\theta}) = \theta, \tag{7-2-1}$$

则称 $\hat{\theta}$ 是 θ 的无偏估计量. 如果 $E(\hat{\theta}) \neq \theta$, 则称 $\hat{\theta}$ 是 θ 的有偏估计量. 如果 $\lim\limits_{n\to\infty}(E(\hat{\theta}_n) - \theta) = 0$, 则称 $\hat{\theta}_n$ 是 θ 的渐近无偏估计量.

估计量的无偏性是说对于某些样本值, 由该估计量得到的估计值相对于真值来说偏大, 有些则偏小. 反复将该估计量使用多次, 就"平均"来说其偏差为零. 在科学技术中 $E(\hat{\theta}) - \theta$ 称为以 $\hat{\theta}$ 作为 θ 的估计的系统误差. 无系统误差为无偏估计的实际意义.

设总体 X 的数学期望 μ, 方差 σ^2 均未知, 取自总体 X 的样本为 $X_1, X_2, \cdots, X_n$, 由定理 6.2.1 知, 样本均值 $\overline{X}$ 为总体均值的无偏估计量, 样本方差 $S^2 = \dfrac{1}{n-1}\sum\limits_{i=1}^{n}(X_i - \overline{X})^2$ 为总体方差 σ^2 的无偏估计量, 而样本方差 $S_n^2 = \dfrac{1}{n}\sum\limits_{i=1}^{n}(X_i - \overline{X})^2$ 是 σ^2 的渐近无偏估计量.

例 7.2.1 设 $X_1, X_2, \cdots, X_n$ 为抽自均值为 μ 的总体的样本, 考虑 μ 的估计量

$$\hat{\mu}_1 = X_1, \quad \hat{\mu}_2 = \frac{X_1 + X_2}{2}, \quad \hat{\mu}_3 = \frac{X_1 + X_2 + X_{n-1} + X_n}{4} (\text{假设 } n \geqslant 4).$$

由于 $E(X_i) = \mu$, 易知, $E(\hat{\mu}_i) = \mu, i = 1, 2, 3$, 因此 $\hat{\mu}_1, \hat{\mu}_2$ 与 $\hat{\mu}_3$ 均为 μ 的无偏估计. 然而 $\hat{\mu}_4 = 2X_1, \hat{\mu}_5 = \dfrac{X_1 + X_2}{3}$ 都不是 μ 的无偏估计.

关于无偏性我们进一步说明的是: 无偏性不具有不变性. 即若 $\hat{\theta}$ 是 θ 的无偏估计, 一般而言, 其函数 $g(\hat{\theta})$ 不是 $g(\theta)$ 的无偏估计, 除非 $g(\theta)$ 是 θ 的线性函数. 譬如, S^2 是 σ^2 的无偏估计, 但 S 不是 σ 的无偏估计. 下面我们以正态分布加以说明.

例 7.2.2 设总体 $X \sim N(\mu, \sigma^2)$, $X_1, X_2, \cdots, X_n$ 是样本, 我们已经知道 S^2 是 σ^2 的无偏估计. 下面考察 S 是否为 σ 的无偏估计. 由定理 6.3.3 知, $Y = \dfrac{(n-1)S^2}{\sigma^2} \sim \chi^2(n-1)$, 其密度函数为 $p(y) = \dfrac{1}{2^{\frac{n-1}{2}}\Gamma\left(\frac{n-1}{2}\right)} y^{\frac{n-1}{2}-1}\mathrm{e}^{-\frac{y}{2}}, y > 0$, 从而

$$E\left(\sqrt{Y}\right) = \int_0^{\infty} \sqrt{y}p(y)\,\mathrm{d}y = \frac{1}{2^{\frac{n-1}{2}}\Gamma\left(\dfrac{n-1}{2}\right)}\int_0^{\infty} y^{\frac{n}{2}-1}\mathrm{e}^{-\frac{y}{2}}\mathrm{d}y$$

$$= \frac{2^{\frac{n}{2}}\Gamma\left(\dfrac{n}{2}\right)}{2^{\frac{n-1}{2}}\Gamma\left(\dfrac{n-1}{2}\right)} = \sqrt{2}\frac{\Gamma\left(\dfrac{n}{2}\right)}{\Gamma\left(\dfrac{n-1}{2}\right)}.$$

由此, $ES = \dfrac{\sigma}{\sqrt{n-1}}E\left(\sqrt{Y}\right) = \sqrt{\dfrac{2}{n-1}}\dfrac{\Gamma\left(\frac{n}{2}\right)}{\Gamma\left(\frac{n-1}{2}\right)}\sigma.$

这说明 S 不是 σ 的无偏估计, 通过修正可使 c_nS 成为 σ 的无偏估计, 其中

$$c_n=\sqrt{\frac{n-1}{2}}\frac{\Gamma\left(\frac{n-1}{2}\right)}{\Gamma\left(\frac{n}{2}\right)}$$

是修偏系数, 表 7-2-1 给出了 c_n 的部分取值. 可以证明, 当 $n\to\infty$ 时, $c_n\to 1$, 这说明 S 是 σ 的渐近无偏估计, 从而在样本容量较大时, 不经修正的 S 也是 σ 的一个很好的估计.

表 7-2-1 正态标准差的修偏系数表

n	c_n	n	c_n	n	c_n	n	c_n	n	c_n
		7	1.0424	13	1.0210	19	1.0140	25	1.0105
2	1.2533	8	1.0362	14	1.0194	20	1.0132	26	1.0100
3	1.1284	9	1.0317	15	1.0180	21	1.0126	27	1.0097
4	1.0854	10	1.0281	16	1.0168	22	1.0120	28	1.0093
5	1.0638	11	1.0253	17	1.0157	23	1.0114	29	1.0090
6	1.0509	12	1.0230	18	1.0148	24	1.0109	30	1.0087

7.2.2 有效性

现在来比较参数 θ 的两个无偏估计量 $\hat{\theta}_1$ 和 $\hat{\theta}_2$, 如果在样本容量 n 相同的情况下, $\hat{\theta}_1$ 的观测值较 $\hat{\theta}_2$ 更密集在真值 θ 的附近, 则认为 $\hat{\theta}_1$ 较 $\hat{\theta}_2$ 理想. 因为方差是随机变量取值与其数学期望的偏离程度的度量, 因而无偏估计以方差小者为好. 从而引出了估计量的有效性这一概念.

定义 7.2.2 设 $\hat{\theta}_1=\theta_1(X_1,X_2,\cdots,X_n)$ 与 $\hat{\theta}_2=\theta_2(X_1,X_2,\cdots,X_n)$ 均为 θ 的无偏估计量, 若对于任意 $\theta\in\Theta$, 有

$$D(\hat{\theta}_1)\leqslant D(\hat{\theta}_2), \tag{7-2-2}$$

且至少对于某一个 $\theta\in\Theta$, 上式中的不等号成立, 则称 $\hat{\theta}_1$ 较 $\hat{\theta}_2$ 有效.

例 7.2.3 设 (X_1,X_2) 为取自总体 X 的样本, 并且 $E(X)=\mu,D(X)=\sigma^2$. 试验证估计量

$$\hat{\theta}_1=\frac{2}{3}X_1+\frac{1}{3}X_2,\quad \hat{\theta}_2=\frac{1}{4}X_1+\frac{3}{4}X_2,\quad \hat{\theta}_3=\frac{1}{2}X_1+\frac{1}{2}X_2$$

均为 μ 的无偏估计量, 并且比较哪一个最为有效.

解 由于

$$E(\hat{\theta}_1)=E\left(\frac{2}{3}X_1+\frac{1}{3}X_2\right)=\frac{2}{3}E(X_1)+\frac{1}{3}E(X_2)=\mu,$$

$$E(\hat{\theta}_2)=E\left(\frac{1}{4}X_1+\frac{3}{4}X_2\right)=\frac{1}{4}E(X_1)+\frac{3}{4}E(X_2)=\mu,$$

$$E(\hat{\theta}_3)=E\left(\frac{1}{2}X_1+\frac{1}{2}X_2\right)=\frac{1}{2}E(X_1)+\frac{1}{2}E(X_2)=\mu,$$

因而 $\hat{\theta}_1,\hat{\theta}_2$ 与 $\hat{\theta}_3$ 均为 μ 的无偏估计量.

因为

$$D(\hat{\theta}_1)=D\left(\frac{2}{3}X_1+\frac{1}{3}X_2\right)=\frac{4}{9}D(X_1)+\frac{1}{9}D(X_2)=\frac{5}{9}\sigma^2,$$

$$D(\hat{\theta}_2)=D\left(\frac{1}{4}X_1+\frac{3}{4}X_2\right)=\frac{1}{16}D(X_1)+\frac{9}{16}D(X_2)=\frac{5}{8}\sigma^2,$$

$$D(\hat{\theta}_3)=D\left(\frac{1}{2}X_1+\frac{1}{2}X_2\right)=\frac{1}{4}D(X_1)+\frac{1}{4}D(X_2)=\frac{1}{2}\sigma^2,$$

所以 $D(\hat{\theta}_3)<D(\hat{\theta}_1)<D(\hat{\theta}_2)$, 因而, $\hat{\theta}_3$ 最有效.

例 7.2.4 设总体 $X\sim U(0,\theta), X_1,X_2,\cdots,X_n$ 是取自该总体的一个样本.

(1) 证明 $\hat{\theta}_1=2\overline{X},\hat{\theta}_2=\dfrac{n+1}{n}X_{(n)}$ 为 θ 的无偏估计, 其中 $X_{(n)}=\max\{X_1,X_2,\cdots,X_n\}$;

(2) $\hat{\theta}_1$ 与 $\hat{\theta}_2$ 哪个有效 $(n\geqslant 2)$?

证明 (1) 因为 $U(0,\theta)$ 的密度函数为

$$p_0(x)=\begin{cases}\dfrac{1}{\theta}, & 0<x<\theta,\\ 0, & \text{其他}\end{cases}\Rightarrow p_{X_{(n)}}(x)=\begin{cases}\dfrac{nx^{n-1}}{\theta^n}, & 0<x<\theta,\\ 0, & \text{其他},\end{cases}$$

所以

$$E(2\overline{X})=E\left(\frac{2}{n}\sum_{i=1}^{n}X_i\right)=\frac{2}{n}\sum_{i=1}^{n}E(X_i)=\frac{2}{n}\cdot n\cdot\frac{\theta}{2}=\theta,$$

$$E\left(\frac{n+1}{n}X_{(n)}\right)=\frac{n+1}{n}\int_0^\theta x\frac{nx^{n-1}}{\theta^n}\mathrm{d}x=\frac{n+1}{n}\cdot\frac{n}{n+1}\theta=\theta.$$

所以 $\hat{\theta}_1,\hat{\theta}_2$ 均为 θ 的无偏估计.

(2) 由于 $D(\hat{\theta}_1)=D(2\overline{X})=\dfrac{4}{n}\cdot\dfrac{\theta^2}{12}=\dfrac{\theta^2}{3n}$, 而 $E(X_{(n)}^2)=\displaystyle\int_0^\theta x^2\frac{nx^{n-1}}{\theta^n}\mathrm{d}x=\frac{n}{n+2}\theta^2$, 所以 $D(\hat{\theta}_2)=\dfrac{(n+1)^2}{n^2}[EX_{(n)}^2-(EX_{(n)})^2]=\dfrac{\theta^2}{n(n+2)}$, 因而, 当 $n\geqslant 2$ 时, $D(\hat{\theta}_2)<D(\hat{\theta}_1)$, 即 $\hat{\theta}_2$ 比 $\hat{\theta}_1$ 有效.

7.2.3 一致性

因为无偏性和有效性都是在样本容量固定的前提下提出的. 实际上, 我们不单单希望一个估计量是无偏的、有效的, 而且还希望当样本容量无限增大时, 此时估计量的值能稳定在待估参数的真值, 这就是一致性的要求.

定义 7.2.3 设 $\hat{\theta}(X_1,X_2,\cdots,X_n)$ 为参数 θ 的估计量, 如果对 $\forall\theta\in\Theta$, 当 $n\to\infty$ 时, $\hat{\theta}(X_1,X_2,\cdots,X_n)$ 依概率收敛于 θ, 即对 $\forall\varepsilon>0$, 有

$$\lim_{n\to\infty}P\left(\left|\hat{\theta}(X_1,X_2,\cdots,X_n)-\theta\right|<\varepsilon\right)=1,\tag{7-2-3}$$

则称 $\hat{\theta}$ 为 θ 的一致估计量或称相合估计量.

一致性被认为是对估计的一个最基本要求, 如果一个估计量, 在样本量不断增大时, 它都不能把被估计参数估计到任意指定的精度, 那么这个估计是很值得怀疑的. 通常, 不满足一致性要求的估计一般不予考虑.

在判断估计的一致性时下述两个定理是很有用的.

定理 7.2.1 设 $\hat{\theta}_n$ 是 θ 的一个估计量, 若 $\lim\limits_{n\to\infty} E\hat{\theta}_n=\theta$, $\lim\limits_{n\to\infty} D\hat{\theta}_n=0$, 则 $\hat{\theta}_n$ 是 θ 的一个一致估计.

证明 对任意给定的 $\varepsilon>0$, 由切比雪夫不等式有 $P\left(\left|\hat{\theta}_n-E\hat{\theta}_n\right|\geqslant\dfrac{\varepsilon}{2}\right)\leqslant\dfrac{4D\hat{\theta}_n}{\varepsilon^2}$. 另一方面, 由 $\lim\limits_{n\to\infty} E\hat{\theta}_n=\theta$ 可知, 当 n 充分大时有 $\left|E\hat{\theta}_n-\theta\right|<\dfrac{\varepsilon}{2}$. 注意到此时如果 $\left|\hat{\theta}_n-E\hat{\theta}_n\right|<\dfrac{\varepsilon}{2}$, 就有

$$\left|\hat{\theta}_n-\theta\right|\leqslant\left|\hat{\theta}_n-E\hat{\theta}_n\right|+\left|E\hat{\theta}_n-\theta\right|<\varepsilon,$$

故在 n 充分大时 $\left\{\left|\hat{\theta}_n-E\hat{\theta}_n\right|<\dfrac{\varepsilon}{2}\right\}\subset\left\{\left|\hat{\theta}_n-\theta\right|<\varepsilon\right\}$, 等价地

$$\left\{\left|\hat{\theta}_n-E\hat{\theta}_n\right|\geqslant\frac{\varepsilon}{2}\right\}\supset\left\{\left|\hat{\theta}_n-\theta\right|\geqslant\varepsilon\right\},$$

由此即有 $P\left(\left|\hat{\theta}_n-\theta\right|\geqslant\varepsilon\right)\leqslant P\left(\left|\hat{\theta}_n-E\hat{\theta}_n\right|\geqslant\dfrac{\varepsilon}{2}\right)\leqslant\dfrac{4D\hat{\theta}_n}{\varepsilon^2}\to 0(n\to\infty)$. 定理得证.

例 7.2.5 设 $X_1,X_2,\cdots,X_n$ 是来自均匀总体 $U(0,\theta)$ 的样本, 证明 $X_{(n)}$ 是 θ 的一致估计.

证明 由次序统计量的分布, 我们知道 $\hat{\theta}=X_{(n)}$ 的分布密度函数为

$$p(x)=nx^{n-1}/\theta^n,\quad x<\theta,$$

故有

$$E\hat{\theta}=\int_0^\theta nx^n/\theta^n\mathrm{d}x=\frac{n}{n+1}\theta\to\theta\quad(n\to\infty),$$

$$E\left(\hat{\theta}^2\right)=\int_0^\theta nx^{n+1}/\theta^n\mathrm{d}x=\frac{n}{n+2}\theta^2,$$

$$D\hat{\theta}=\frac{n}{n+2}\theta^2-\left(\frac{n}{n+1}\theta\right)^2=\frac{n}{(n+1)^2(n+2)}\theta^2\to 0\quad(n\to\infty),$$

由前述定理可知, $X_{(n)}$ 是 θ 的一致估计.

定理 7.2.2 若 $\hat{\theta}_{n1},\hat{\theta}_{n2},\cdots,\hat{\theta}_{nk}$ 分别是 $\theta_1,\theta_2,\cdots,\theta_k$ 的一致估计, $\eta=g(\theta_1,\theta_2,\cdots,\theta_k)$ 是 $\theta_1,\theta_2,\cdots,\theta_k$ 的连续函数, 则 $\hat{\eta}_n=g\left(\hat{\theta}_{n1},\hat{\theta}_{n2},\cdots,\hat{\theta}_{nk}\right)$ 是 $\eta=g(\theta_1,\theta_2,\cdots,\theta_k)$ 的一致估计.

证明 由函数 g 的连续性, 对任意给定的 $\varepsilon>0$, 存在一个 $\delta>0$, 当 $\left|\hat{\theta}_j-\theta_j\right|<\delta, j=1,2,\cdots,k$ 时, 有

$$\left|g(\hat{\theta}_1,\hat{\theta}_2,\cdots,\hat{\theta}_k)-g\left(\theta_1,\theta_2,\cdots,\theta_k\right)\right|<\varepsilon. \tag{7-2-4}$$

又由 $\hat{\theta}_{n1},\hat{\theta}_{n2},\cdots,\hat{\theta}_{nk}$ 的一致性, 对上述 $\delta>0$, 对任意给定的 $\varepsilon'>0$, 存在正整数 N, 使得 $n\geqslant N$ 时, $P\left(\left|\hat{\theta}_{nj}-\theta_j\right|\geqslant\delta\right)<\varepsilon'/k, j=1,2,\cdots,k$. 从而有

$$\begin{aligned}P\left(\bigcap_{j=1}^{k}\left\{\left|\hat{\theta}_{nj}-\theta_j\right|<\delta\right\}\right)&=1-P\left(\bigcup_{j=1}^{k}\left\{\left|\hat{\theta}_{nj}-\theta_j\right|\geqslant\delta\right\}\right)\\&\geqslant 1-\sum_{j=1}^{k}P\left(\left|\hat{\theta}_{nj}-\theta_j\right|\geqslant\delta\right)>1-k\frac{\varepsilon'}{k}=1-\varepsilon'.\end{aligned}$$

根据 (7-2-4) 式, $\bigcap\limits_{j=1}^{k}\left\{\left|\hat{\theta}_{nj}-\theta_j\right|<\delta\right\}\subset\left\{\left|\hat{\eta}_n-\eta\right|<\varepsilon\right\}$, 故有

$$P\left(\left|\hat{\eta}_n-\eta\right|<\varepsilon\right)>1-\varepsilon',$$

由 ε' 的任意性, 定理得证.

由大数定律及定理 7.2.2, 我们给出下述结论: 矩估计下的估计量一般都是一致估计, 特别地,

(1) 样本 k $(k\geqslant 1)$ 阶矩为总体 X 的 k 阶矩的一致估计量;

(2) 样本均值 $\overline{X}$ 是总体均值 μ 的一致估计;

(3) 样本方差及无偏样本方差 S_n^2, S^2 都是总体方差 σ^2 的一致估计, 样本标准差 S_n, S 都是总体标准差 σ 的一致估计;

(4) 样本变异系数 $S/\overline{X}$ 是总体变异系数的一致估计.

例 7.2.6 设一个试验有三种可能的结果, 其发生的概率分别为

$$p_1=\theta^2,\quad p_2=2\theta\left(1-\theta\right),\quad p_3=\left(1-\theta\right)^2.$$

现做了 n 次试验, 观测到三种结果发生的次数分别为 n_1,n_2,n_3, 可以采用频率替换方法估计 θ. 由于有三个不同的 θ 的表达式 $\theta=\sqrt{p_1},\theta=1-\sqrt{p_3},\theta=p_1+p_2/2$, 从而可以给出 θ 的三个不同的频率估计, 它们分别是 $\hat{\theta}=\sqrt{n_1/n},\hat{\theta}=1-\sqrt{n_3/n},\hat{\theta}=(n_1+n_2/2)n$. 由大数定律, $n_1/n,n_2/n,n_3/n$ 分别是 p_1,p_2,p_3 的一致估计, 由上述定理知, 这三个估计都是 θ 的一致估计.

7.2.4 均方误差

在有些场合, 有偏估计比无偏估计更优, 对有偏估计评价最一般的标准是均方误差

$$\mathrm{MSE}(\hat{\theta})=E(\hat{\theta}-\theta)^2. \tag{7-2-5}$$

我们希望估计的均方误差越小越好, 注意到

$$\mathrm{MSE}(\hat{\theta})=E(\hat{\theta}-\theta)^2=E(\hat{\theta}-E\hat{\theta}+E\hat{\theta}-\theta)^2=D\hat{\theta}+(E\hat{\theta}-\theta)^2,$$

所以, 当 $\hat{\theta}$ 是无偏估计时, 与前述评价标准是一致的; 当它为有偏估计时, 实际上要比较上述两项之和的大小, 即均方误差的大小. 下面的例子说明, 在均方误差的含义下, 有些有偏估计优于无偏估计.

例 7.2.7 在例 7.2.4 中, 我们指出对均匀总体 $U(0,\theta)$, 由 θ 的极大似然估计得到的无偏估计是 $\hat{\theta}=\dfrac{n+1}{n}X_{(n)}$, 它的均方误差 $\mathrm{MSE}(\hat{\theta})=D(\hat{\theta})=\dfrac{\theta^2}{n\,(n+2)}$.

现在我们考虑 θ 的形如 $\hat{\theta}_n=\alpha X_{(n)}$ 的估计, 其均方误差为

$$\begin{aligned}\mathrm{MSE}(\hat{\theta}_n)&=D\left(\alpha X_{(n)}\right)+\left(\alpha EX_{(n)}-\theta\right)^2\\&=\alpha^2\frac{n}{(n+1)^2\,(n+2)}\theta^2+\left(\alpha\frac{n}{n+1}\theta-\theta\right)^2\\&=\alpha^2\frac{n}{(n+1)^2\,(n+2)}\theta^2+\left(\alpha\frac{n}{n+1}-1\right)^2\theta^2.\end{aligned}$$

用求导的方法不难求出当 $\alpha_0=\dfrac{n+2}{n+1}$ 时上述均方误差达到最小, 且

$$\mathrm{MSE}\left(\frac{n+2}{n+1}X_{(n)}\right)=\frac{\theta^2}{(n+1)^2}.$$

这表明 $\hat{\theta}_0=\dfrac{n+2}{n+1}X_{(n)}$ 虽是 θ 的有偏估计, 但其均方误差

$$\mathrm{MSE}(\hat{\theta}_0)=\frac{\theta^2}{(n+1)^2}<\frac{\theta^2}{n\,(n+2)}=\mathrm{MSE}(\hat{\theta}).$$

所以在均方误差的标准下, 有偏估计 $\hat{\theta}_0$ 优于无偏估计 $\hat{\theta}$.

习 题 7.2

1. 设 X_1,X_2,X_3 是取自某总体容量为 3 的样本, 试证下列统计量都是该总体均值 μ 的无偏估计, 在方差存在时指出哪一个估计的有效性最差?

(1) $\hat{\mu}_1=\dfrac{1}{2}X_1+\dfrac{1}{3}X_2+\dfrac{1}{6}X_3$; (2) $\hat{\mu}_2=\dfrac{1}{3}X_1+\dfrac{1}{3}X_2+\dfrac{1}{3}X_3$;

(3) $\hat{\mu}_3=\dfrac{1}{6}X_1+\dfrac{1}{6}X_2+\dfrac{2}{3}X_3$.

2. 设总体 $X\sim N(\mu,\sigma^2)$, $X_1,\cdots,X_n$ 是来自该总体的一个样本. 试确定常数 c, 使 $c\sum\limits_{i=1}^{n-1}(X_{i+1}-X_i)^2$ 为 σ^2 的无偏估计.

3. 设总体 X 服从正态分布 $N(\mu,\sigma^2)$, $X_1,X_2,\cdots,X_n$ 为来自总体 X 的样本, 为了得到标准差 σ 的估计量, 考虑统计量:

$$Y_1=\frac{1}{n}\sum_{i=1}^{n}|X_i-\overline{X}|,\quad \overline{X}=\frac{1}{n}\sum_{i=1}^{n}X_i, n\geqslant 2,\quad Y_2=\frac{1}{n(n-1)}\sum_{i=1}^{n}\sum_{j=1}^{n}|X_i-X_j|, n\geqslant 2,$$

求常数 C_1 与 C_2, 使得 C_1Y_1 与 C_2Y_2 都是 σ 的无偏估计.

4. 设 $X_1,\cdots,X_n$ 是来自 $\mathrm{Exp}(\lambda)$ 的样本, 已知 $\overline{X}$ 是 $1/\lambda$ 的无偏估计, 试说明 $1/\overline{X}$ 是否为 λ 的无偏估计.

5. 设 $\hat{\theta}$ 是 θ 的无偏估计, 且 $D\hat{\theta}>0$, 试证 $(\hat{\theta})^2$ 不是 θ^2 的无偏估计.

6. 设从均值为 μ, 方差为 $\sigma^2>0$ 的总体中分别抽取容量为 n_1 和 n_2 的两组独立样本, $\overline{X}_1$ 和 $\overline{X}_2$ 分别为样本均值. 试证对于任意常数 $a,b\,(a+b=1)$, $Y=a\overline{X}_1+b\overline{X}_2$ 都是 μ 的无偏估计, 并确定常数 a,b 使 DY 达到最小.

7. 设总体 $X\sim U(\theta,2\theta)$, 其中 $\theta>0$ 是未知参数, $X_1,\cdots,X_n$ 是来自该总体的样本, $\overline{X}$ 为样本均值.

(1) 证明 $\hat{\theta}=\dfrac{2}{3}\overline{X}$ 是参数 θ 的无偏估计和一致估计.

(2) 求 θ 的最大似然估计, 它是无偏估计吗? 是一致估计吗?

8. 设 $X_1,\cdots,X_n$ 是来自密度函数为 $p(x;\theta)=\mathrm{e}^{-(x-\theta)}(x>\theta)$ 的总体的样本.

(1) 求 θ 的最大似然估计, 它是否为一致估计? 是否为无偏估计?

(2) 求 θ 的矩估计, 它是否为一致估计? 是否为无偏估计?

9. 设 $X_1,\cdots,X_n$ 是来自下列总体中的简单随机样本,

$$p(x;\theta)=\begin{cases}1, & \theta-\dfrac{1}{2}\leqslant x\leqslant\theta+\dfrac{1}{2},\\ 0, & \text{其他},\end{cases}\quad -\infty<\theta<\infty.$$

证明样本均值 $\overline{X}$ 及 $\dfrac{1}{2}\left(X_{(1)}+X_{(n)}\right)$ 都是 θ 的无偏估计, 问何者更有效?

10. 设总体 $X\sim U(0,\theta)$, 其中 $\theta>0$ 是未知参数, X_1,X_2,X_3 是来自该总体的样本, 证明 $\dfrac{4}{3}X_{(3)}$ 及 $2X_{(1)}$ 都是 θ 的无偏估计量, 何者更有效?

11. 设总体 X 的均值为 μ, 方差为 σ^2, $X_1,\cdots,X_n$ 是来自该总体的一组样本, $T(X_1,\cdots,X_n)$ 为 μ 的任一线性无偏估计量. 证明 $\overline{X}$ 与 $T(X_1,\cdots,X_n)$ 的相关系数为 $\sqrt{D\overline{X}/DT}$.

12. 设有 k 台仪器, 已知第 i 台仪器的标准差为 $\sigma_i\,(i=1,\cdots,k)$. 用这些仪器独立地对某一物理量 θ 各观测一次, 分别得到 $X_1,\cdots,X_n$, 设仪器都没有系统误差. 问 $a_1,\cdots,a_n$ 应取何值, 方能使 $\hat{\theta}=\sum\limits_{i=1}^{k}a_iX_i$ 成为 θ 的无偏估计, 且方差达到最小?

13. 设 $X_1,\cdots,X_n$ 是来自 $N(\theta,1)$ 的样本, 证明 $g(\theta)=|\theta|$ 没有无偏估计.(提示: 利用 $g(\theta)=|\theta|$ 在 $\theta=0$ 处不可导)

14. 设总体 $X\sim\mathrm{Exp}\left(\dfrac{1}{\theta}\right)$, $X_1,\cdots,X_n$ 是来自该总体的样本, θ 的矩估计和极大似然估计都是 $\overline{X}$, 也是 θ 的一致估计和无偏估计, 试证在均方误差准则下存在优于 $\overline{X}$ 的估计. (提示: 考虑 $\hat{\theta}_a=a\overline{X}$, 找均方误差最小者)

7.3 充分性原则与一致最小方差无偏估计

7.3.1 充分统计量与因子分解定理

构造统计量就是对样本进行加工, 去粗取精, 简化样本, 便于统计推断. 但在加工过程中是否会丢失样本中关于感兴趣问题的信息? 如果某个统计量包含了样本中关于感兴趣问题的所有信息, 则这个统计量对将来的统计推断会非常有用, 这就是充分统计量的直观含义. 我们先看一个例子.

例 7.3.1 设总体为两点分布 $B(1,\theta)$, $X_1,X_2,\cdots,X_n$ 为样本, 令 $T=X_1+X_2+\cdots+X_n$, 则在给定 T 的取值后, 对任意一组 $x_1,x_2,\cdots,x_n\left(\sum\limits_{i=1}^{n}x_i=t\right)$, 有

$$
\begin{aligned}
&P\left(X_1=x_1,X_2=x_2,\cdots,X_n=x_n\,|T=t\right)\\
=&\frac{P\left(X_1=x_1,X_2=x_2,\cdots,X_n=t-\sum\limits_{i=1}^{n-1}x_i\right)}{P\left(\sum\limits_{i=1}^{n}X_i=t\right)}\\
=&\frac{\prod\limits_{i=1}^{n-1}P\left(X_i=x_i\right)P\left(X_n=t-\sum\limits_{i=1}^{n-1}x_i\right)}{P\left(\sum\limits_{i=1}^{n}X_i=t\right)}\\
=&\frac{\prod\limits_{i=1}^{n-1}\theta^{x_i}\left(1-\theta\right)^{1-x_i}\theta^{t-\sum\limits_{i=1}^{n-1}x_i}\left(1-\theta\right)^{1-t+\sum\limits_{i=1}^{n-1}x_i}}{\mathrm{C}_n^t\theta^t\left(1-\theta\right)^{n-t}}\\
=&\frac{\theta^t\left(1-\theta\right)^{n-t}}{\mathrm{C}_n^t\theta^t\left(1-\theta\right)^{n-t}}=\frac{1}{\mathrm{C}_n^t},
\end{aligned}
$$

该条件分布与 θ 无关. 若令 $S=X_1+X_2$, 由于 S 只用了前面两个样本观测值, 显然没有包含样本中所有关于 θ 的信息, 在给定 S 的取值 $S=s$ 后, 对任意一组 $x_1,x_2,\cdots,x_n(x_1+x_2=s)$, 有

$$
\begin{aligned}
&P\left(X_1=x_1,X_2=x_2,\cdots,X_n=x_n\,|S=s\right)\\
=&\frac{P\left(X_1=x_1,X_2=s-x_1,X_3=x_3,\cdots,X_n=x_n\right)}{P\left(X_1+X_2=s\right)}\\
=&\frac{\theta^{s+\sum\limits_{i=3}^{n}x_i}\left(1-\theta\right)^{n-s-\sum\limits_{i=3}^{n}x_i}}{\mathrm{C}_n^2\theta^s\left(1-\theta\right)^{2-s}}=\frac{\theta^{\sum\limits_{i=3}^{n}x_i}\left(1-\theta\right)^{n-2-\sum\limits_{i=3}^{n}x_i}}{\mathrm{C}_n^2},
\end{aligned}
$$

这个分布依赖于未知参数 θ, 这说明样本中有关 θ 的信息没有完全包含在统计量 S 中.

从上面可以直观看出, 用条件分布与未知参数无关来表示统计量不损失样本中有价值的信息是妥当的, 由此可给出充分统计量的定义.

定义 7.3.1 设 $X_1, X_2, \cdots, X_n$ 是总体 X 的一个样本, 总体的分布函数为 $F(x;\theta)$, 统计量 $T = T(X_1, X_2, \cdots, X_n)$ 称为 θ 的充分统计量, 如果在给定 T 的取值后, $X_1, X_2, \cdots, X_n$ 的条件分布与 θ 无关.

应用中条件分布可用条件分布列或条件密度函数来表示.

例 7.3.2 设总体 $X \sim N(\mu, 1)$, $X_1, X_2, \cdots, X_n$ 是样本, $T = \overline{X}$, 则 $T \sim N(\mu, 1/n)$, 作变换 $X_1 = X_1, \cdots, X_{n-1} = X_{n-1}, T = \overline{X}$, 其雅可比行列式为 n, 故 $X_1, \cdots, X_{n-1}, T$ 的联合密度函数为

$$
\begin{aligned}
& p\left(x_1, \cdots, x_{n-1}, t, \mu\right) \\
= & n\left(2\pi\right)^{-n/2} \exp\left\{-\frac{1}{2}\left[\sum_{i=1}^{n-1}\left(x_i-\mu\right)^2+\left(nt-\sum_{i=1}^{n-1} x_i-\mu\right)^2\right]\right\} \\
= & n\left(2\pi\right)^{-n/2} \exp\left\{-\frac{1}{2}\left[\sum_{i=1}^{n-1} x_i^2+n\mu^2+(nt)^2+\left(\sum_{i=1}^{n-1} x_i\right)^2-2nt\mu-2nt\sum_{i=1}^{n-1} x_i\right]\right\} \\
= & n\left(2\pi\right)^{-n/2} \exp\left\{-\frac{1}{2}\left[\sum_{i=1}^{n-1} x_i^2+n\left(t-\mu\right)^2-nt^2+\left(\sum_{i=1}^{n-1} x_i-nt\right)^2\right]\right\},
\end{aligned}
$$

从而条件密度函数

$$
\begin{aligned}
p_\mu(x_1, \cdots, x_{n-1} | T=t) & =\frac{p_\mu\left(x_1, \cdots, x_{n-1}, t\right)}{p_\mu\left(t\right)} \\
& =\frac{n\left(2\pi\right)^{-n/2} \exp\left\{-\frac{1}{2}\left[\sum_{i=1}^{n-1} x_i^2+n\left(t-\mu\right)^2-nt^2+\left(\sum_{i=1}^{n-1} x_i-nt\right)^2\right]\right\}}{\left(2\pi/n\right)^{-1/2} \exp\left\{-\frac{n}{2}\left(t-\mu\right)^2\right\}} \\
& =\sqrt{n}\left(2\pi\right)^{-(n-1)/2} \exp\left\{-\frac{1}{2}\left[\sum_{i=1}^{n-1} x_i^2-nt^2+\left(\sum_{i=1}^{n-1} x_i-nt\right)^2\right]\right\},
\end{aligned}
$$

该分布与 μ 无关, 这说明 $\overline{X}$ 是 μ 的充分统计量.

在一般场合直接从定义 7.3.1 出发验证一个统计量是充分的比较困难, 因为条件分布的计算通常不那么容易. 幸运的是, 我们有一个简单的办法判断一个统计量是否充分, 这就是下面的因子分解定理. 为简便起见, 我们引入一个两种分布通用的概念——概率函数. $p(x)$ 称为随机变量 X 的概率函数: 在连续场合, $p(x)$ 表示 X 的概率密度函数; 在离散场合, $p(x)$ 表示 X 的概率分布列.

定理 7.3.1 设总体概率函数为 $p(x)$, $X_1, X_2, \cdots, X_n$ 为样本, 则 $T = T(X_1, X_2, \cdots, X_n)$ 为充分统计量的充要条件是: 存在两个函数 $g(t,\theta)$ 和 $h(x_1, \cdots, x_n)$ 使得对任意的 θ 和任一组观测值 $x_1, \cdots, x_n$, 有样本联合概率密度函数

$$p(x_1, \cdots, x_n; \theta) = g(T(x_1, \cdots, x_n), \theta)\, h(x_1, \cdots, x_n), \tag{7-3-1}$$

其中 $g(t,\theta)$ 是通过统计量 T 的取值而依赖于样本的.

证明 一般性结果的证明超出本课程范围, 此处我们将给出离散型随机变量的证明, 此时

$$p(x_1, \cdots, x_n; \theta) = P(X_1 = x_1, \cdots, X_n = x_n; \theta).$$

先证必要性. 设 T 是充分统计量, 则在 $T = t$ 下, $P(X_1 = x_1, \cdots, X_n = x_n \,|T = t)$ 与 θ 无关, 记为 $h(x_1, \cdots, x_n)$ 或 $h(X)$, 令 $A(t) = \{X \,|T(X) = t\}$, 当 $X \in A(t)$ 时有

$$\{T = t\} \supset \{X_1 = x_1, \cdots, X_n = x_n\},$$

故

$$\begin{aligned} & P(X_1 = x_1, \cdots, X_n = x_n; \theta) \\ = & P(X_1 = x_1, \cdots, X_n = x_n, T = t; \theta) \\ = & P(X_1 = x_1, \cdots, X_n = x_n \,|T = t)\, P(T = t; \theta) \\ = & h(x_1, \cdots, x_n)\, g(t, \theta), \end{aligned}$$

其中 $g(t,\theta) = P(T = t; \theta)$, 而 $h(X) = P(X_1 = x_1, \cdots, X_n = x_n \,|T = t)$ 与 θ 无关, 必要性得证.

对充分性, 由于

$$\begin{aligned} P(T = t; \theta) &= \sum_{\{(x_1, \cdots, x_n): T(x_1, \cdots, x_n) = t\}} P(X_1 = x_1, \cdots, X_n = x_n; \theta) \\ &= \sum_{\{(x_1, \cdots, x_n): T(x_1, \cdots, x_n) = t\}} g(t, \theta)\, h(x_1, \cdots, x_n), \end{aligned}$$

对任给 $X = (x_1, \cdots, x_n)$ 和 t, 满足 $X \in A(t)$, 有

$$\begin{aligned} & P(X_1 = x_1, \cdots, X_n = x_n \,|T = t) = \frac{P(X_1 = x_1, \cdots, X_n = x_n, T = t; \theta)}{P(T = t; \theta)} \\ = & \frac{P(X_1 = x_1, \cdots, X_n = x_n; \theta)}{P(T = t; \theta)} = \frac{h(x_1, \cdots, x_n)\, g(t, \theta)}{\displaystyle\sum_{\{(y_1, \cdots, y_n): T(y_1, \cdots, y_n) = t\}} g(t, \theta)\, h(y_1, \cdots, y_n)} \\ = & \frac{h(x_1, \cdots, x_n)}{\displaystyle\sum_{\{(y_1, \cdots, y_n): T(y_1, \cdots, y_n) = t\}} h(y_1, \cdots, y_n)}, \end{aligned}$$

该分布与 θ 无关, 这就证明了充分性.

例 7.3.3 设 $X_1, X_2, \cdots, X_n$ 为取自总体 $U(0,\theta)$ 的样本, 即总体的密度函数为

$$p(x;\theta)=\begin{cases}1/\theta, & 0<x<\theta,\\ 0, & \text{其他},\end{cases}$$

于是样本的联合密度函数为

$$p(x_1;\theta)\cdots p(x_n;\theta)=\begin{cases}(1/\theta)^n, & 0<\min\{x_i\}\leqslant\max\{x_i\}<\theta,\\ 0, & \text{其他},\end{cases}$$

由于诸 $x_i>0$, 所以我们可将上式改写为 $p(x_1;\theta)\cdots p(x_n;\theta)=(1/\theta)^n I_{\{x_{(n)}<\theta\}}$, 取 $T=X_{(n)}$, 并令 $g(t,\theta)=(1/\theta)^n I_{(t<\theta)}, h(X)=1$, 由因子分解定理知 $T=X_{(n)}$ 是 θ 的充分统计量.

例 7.3.4 设总体 $X\sim N(\mu,\sigma^2), X_1, X_2, \cdots, X_n$ 是取自该总体的样本, $\theta=(\mu,\sigma^2)$ 未知, 则联合密度函数为

$$\begin{aligned}p(x_1,\cdots,x_n;\theta)&=\left(2\pi\sigma^2\right)^{-n/2}\exp\left\{-\frac{1}{2\sigma^2}\sum_{i=1}^{n}(x_i-\mu)^2\right\}\\&=\left(2\pi\sigma^2\right)^{-n/2}\exp\left\{-\frac{n\mu^2}{2\sigma^2}\right\}\exp\left\{-\frac{1}{2\sigma^2}\left(\sum_{i=1}^{n}x_i^2-2\mu\sum_{i=1}^{n}x_i\right)\right\},\end{aligned}$$

取 $t_1=\sum\limits_{i=1}^{n}x_i, t_2=\sum\limits_{i=1}^{n}x_i^2$, 并令

$$g(t_1,t_2,\theta)=\left(2\pi\sigma^2\right)^{-n/2}\exp\left\{-\frac{n\mu^2}{2\sigma^2}\right\}\exp\left\{-\frac{1}{2\sigma^2}(t_2-2\mu t_1)\right\},\quad h(X)=1,$$

由因子分解定理知 $T=(t_1,t_2)=\left(\sum\limits_{i=1}^{n}X_i,\sum\limits_{i=1}^{n}X_i^2\right)$ 是充分统计量. 进一步, 我们指出这个统计量与 $\left(\overline{X},S^2\right)$ 是一一对应的, 所以正态总体下常用的 $\left(\overline{X},S^2\right)$ 是 $\theta=\left(\mu,\sigma^2\right)$ 的充分统计量. 事实上, 本例中不难看出有如下分解:

$$g(t_1,t_2,\theta)=\left(2\pi\sigma^2\right)^{-n/2}\exp\left\{-\frac{n(\overline{x}-\mu)^2 ns^2}{2\sigma^2}\right\}.$$

7.3.2 充分性原则

我们在例 7.2.4 中比较了均匀分布 $U(0,\theta)$ 的两个无偏估计 $\hat{\theta}_1=2\overline{X}$ 与 $\hat{\theta}_2=\dfrac{n+1}{n}X_{(n)}$ 的优劣, 注意到较好的那个无偏估计是充分统计量的函数, 这不是偶然的, 下面我们介绍这方面的有关结论.

定理 7.3.2 设 $X_1, X_2, \cdots, X_n$ 为取自具有概率密度函数 $p(x;\theta)$ 的总体的一个样本, $T=T(X_1, X_2, \cdots, X_n)$ 是 θ 的充分统计量, 则对 θ 的任一无偏估计 $\hat{\theta}=\hat{\theta}(X_1, X_2, \cdots, X_n)$, 令 $\widetilde{\theta}=E(\hat{\theta}|T)$, 则 $\widetilde{\theta}$ 也是 θ 的无偏估计, 且 $D\widetilde{\theta} \leqslant D\hat{\theta}$.

证明 由于 $T=T(X_1, X_2, \cdots, X_n)$ 是充分统计量, 故而 $\widetilde{\theta}=E(\hat{\theta}|T)$ 与 θ 无关, 因此它也是 θ 的一个估计 (统计量), 根据重期望公式, 有 $E\widetilde{\theta}=E[E(\hat{\theta}|T)]=E\hat{\theta}=\theta$, 故 $\widetilde{\theta}$ 是 θ 的无偏估计. 再考虑其方差

$$D\hat{\theta}=E[(\hat{\theta}-\widetilde{\theta})+(\widetilde{\theta}-\theta)]^2=E(\hat{\theta}-\widetilde{\theta})^2+E(\widetilde{\theta}-\theta)^2+2E[(\hat{\theta}-\widetilde{\theta})(\widetilde{\theta}-\theta)],$$

由于 $E\{(\widetilde{\theta}-\theta)E[(\hat{\theta}-\widetilde{\theta})|T]\}=0$, 由此即有 $D\hat{\theta}=E(\hat{\theta}-\widetilde{\theta})^2+D\widetilde{\theta}$, 由于上述右端第一项非负, 这就证明了后一结论.

定理 7.3.2 说明, 如果无偏估计不是充分统计量的函数, 则将之对充分统计量求条件期望可以得到一个新的无偏估计, 该估计的方差比原来估计的方差要小, 从而降低了无偏估计的方差. 换言之, 考虑 θ 的估计问题只需要在基于充分统计量的函数中进行即可, 该说法对所有的统计推断问题都是正确的, 这便是所谓的**充分性原则**.

例 7.3.5 设总体 $X \sim B(1,p), X_1, X_2, \cdots, X_n$ 是取自该总体的样本, 则 $\overline{X}$(或 $T=n\overline{X}$) 是 p 的充分统计量. 为估计 $\theta=p^2$, 可令 $\hat{\theta}_1=\begin{cases}1, & X_1=1, X_2=1,\\ 0, & \text{其他},\end{cases}$ 由于

$$E\hat{\theta}_1=P(X_1=1, X_2=1)=p^2=\theta,$$

所以 $\hat{\theta}_1$ 是 θ 的无偏估计. 这个估计并不好, 它只使用了两个观测值, 但便于我们用定理 7.3.2 对之加以改进, 求 $\hat{\theta}_1$ 关于充分统计量 $T=\sum\limits_{i=1}^{n} X_i$ 的条件期望, 过程如下:

$$\begin{aligned}
\hat{\theta}&=E(\hat{\theta}_1|T=t)=P(\hat{\theta}_1=1|T=t)=\frac{P(X_1=1, X_2=1, T=t)}{P(T=t)}\\
&=\frac{P\left(X_1=1, X_2=1, \sum\limits_{i=3}^{n} X_i=t-2\right)}{P(T=t)}\\
&=\frac{p^2 \mathrm{C}_{n-2}^{t-2} p^{t-2}(1-p)^{n-t}}{\mathrm{C}_n^t p^t(1-p)^{n-t}}=\frac{\mathrm{C}_{n-2}^{t-2}}{\mathrm{C}_n^t}=\frac{t(t-1)}{n(n-1)},
\end{aligned}$$

其中 $t=\sum\limits_{i=1}^{n} X_i$. 可以验证, $\hat{\theta}$ 是 θ 的无偏估计, $D\hat{\theta}<D\hat{\theta}_1$.

7.3.3 一致最小方差无偏估计

定义 7.3.2 若 θ 的所有二阶矩存在的无偏估计量中存在一个估计量 $\hat{\theta}_0$, 使得对任意无偏估计量 $\hat{\theta}$ 有

$$D(\hat{\theta}_0) \leqslant D(\hat{\theta}) \tag{7-3-2}$$

成立, 则称 $\hat{\theta}_0$ 是 θ 的一致最小方差无偏估计量.

关于一致最小方差无偏估计, 有如下一个判断准则.

定理 7.3.3 设 $X=(X_1,X_2,\cdots,X_n)$ 为取自总体的一个样本, 又 $\hat{\theta}=\hat{\theta}(X)$ 是可估计参数 θ 的一个无偏估计, $D\hat{\theta}<\infty$. 则 $\hat{\theta}$ 是 θ 的一致最小方差无偏估计的充要条件是: 对任意一个满足 $E(\varphi(X))=0$ 和 $D(\varphi(X))<\infty$ 和 $\varphi(X)$, 都有

$$\mathrm{Cov}_\theta(\hat{\theta},\varphi)=0, \quad \forall\theta\in\Theta. \tag{7-3-3}$$

这个定理表明: θ 的一致最小方差无偏估计必与任一零的无偏估计不相关, 反之亦然, 这是一致最小方差无偏估计的重要特征.

证明 先证充分性. 对 θ 的任意一个无偏估计 $\widetilde{\theta}$, 令 $\varphi=\widetilde{\theta}-\hat{\theta}$, 则

$$E\varphi=E\widetilde{\theta}-E\hat{\theta}=0.$$

于是 $D\varphi=E(\widetilde{\theta}-\hat{\theta})^2=E((\widetilde{\theta}-\theta)-(\hat{\theta}-\theta))^2=E\varphi^2+D\hat{\theta}+2\mathrm{Cov}(\varphi,\hat{\theta})\geqslant D\hat{\theta}$. 这表明 $\hat{\theta}$ 在 θ 的无偏估计类中方差一致最小.

用反证法证明必要性. 设 $\hat{\theta}$ 是 θ 的一致最小方差无偏估计, $\varphi(X)$ 满足 $E(\varphi(X))=0$, $D(\varphi(X))<\infty$, 倘若在参数空间中有一个 θ_0 使得 $\mathrm{Cov}_{\theta_0}(\hat{\theta},\varphi(X))=a\neq0$, 取 $b=\dfrac{a}{D_{\theta_0}(\varphi(X))}\neq0$, 则 $b^2D_{\theta_0}(\varphi(X))+2ab=b(-a+2a)=-\dfrac{a^2}{D_{\theta_0}(\varphi(X))}<0$, 令 $\widetilde{\theta}=\hat{\theta}+b\varphi(X)$, 则 $E_\theta(\widetilde{\theta})=E_\theta(\hat{\theta})+bE_\theta(\varphi(X))=\theta$, 这说明 $\widetilde{\theta}$ 也是 θ 的无偏估计, 但其方差

$$\begin{aligned}
D_{\theta_0}(\widetilde{\theta})&=E_{\theta_0}(\hat{\theta}+b\varphi(X)-\theta)^2\\
&=E_{\theta_0}(\hat{\theta}-\theta)^2+b^2E_{\theta_0}(\varphi^2(X))+2bE_{\theta_0}((\hat{\theta}-\theta)\varphi(X))\\
&=D_{\theta_0}(\hat{\theta})+b^2D_{\theta_0}(\varphi(X))+2ab<D_{\theta_0}(\hat{\theta}),
\end{aligned}$$

这与 $\hat{\theta}$ 是 θ 的一致最小方差无偏估计矛盾, 这就证明了对参数空间 Θ 中任意的 θ 都有 $\mathrm{Cov}_\theta(\hat{\theta},\varphi)=0$. 定理得证.

例 7.3.6 设总体 $X\sim\mathrm{Exp}(1/\theta), X_1,X_2,\cdots,X_n$ 是取自该总体的样本, 则根据因子分解定理可知, $T=X_1+\cdots+X_n$ 是 θ 的充分统计量, 由于 $ET=n\theta$ 所以 $\overline{X}=T/n$ 是 θ 的无偏估计. 设 $\varphi=\varphi(X_1,\cdots,X_n)$ 是 0 的任一无偏估计, 则

$$E\varphi(X_1,\cdots,X_n)=\int_0^\infty\cdots\int_0^\infty\varphi(x_1,\cdots,x_n)\prod_{i=1}^n\left\{\frac{1}{\theta}\mathrm{e}^{-x_i/\theta}\right\}\mathrm{d}x_1\cdots\mathrm{d}x_n=0,$$

即 $\int_0^{\infty}\cdots\int_0^{\infty}\varphi(x_1,\cdots,x_n)\mathrm{e}^{-(x_1+\cdots+x_n)/\theta}\mathrm{d}x_1\cdots\mathrm{d}x_n=0$, 两端关于 θ 求导, 得

$$\int_0^{\infty}\cdots\int_0^{\infty}\frac{n\overline{x}}{\theta^2}\varphi(x_1,\cdots,x_n)\mathrm{e}^{-(x_1+\cdots+x_n)/\theta}\mathrm{d}x_1\cdots\mathrm{d}x_n=0.$$

这说明 $E\left(\overline{X}\varphi\right)=0$, 从而 $\mathrm{Cov}\left(\overline{X},\varphi\right)=E\left(\overline{X}\varphi\right)-E\overline{X}E\varphi=0$. 由定理 7.3.3, $\overline{X}$ 是 θ 的一致最小方差无偏估计.

7.3.4 拉奥–克拉默不等式与有效估计

下面介绍一个无偏估计量方差下界的命题. 对连续总体我们有:

定理 7.3.4 (拉奥–克拉默 (Rao-Cramer) 不等式)　设 $X_1,X_2,\cdots,X_n$ 为取自具有概率密度函数 $p(x,\theta)$ ($\theta\in\Theta$, Θ 为实数轴上的一个开区间) 的总体 X 的一个样本, 又 $\hat{\theta}=\hat{\theta}\left(X_1,X_2,\cdots,X_n\right)$ 是可估计参数 θ 的函数 $g\left(\theta\right)$ 的一个无偏估计量. 若满足条件:

(1) 集合 $S_\theta=\{x:p\left(x;\theta\right)\neq 0\}$ 与 θ 无关;

(2) $\dfrac{\partial p\left(x;\theta\right)}{\partial\theta}$ 存在, 且 $E\left(\dfrac{\partial\ln p\left(X;\theta\right)}{\partial\theta}\right)^2=\displaystyle\int_{-\infty}^{\infty}\left(\frac{\partial\ln p\left(x;\theta\right)}{\partial\theta}\right)^2p\left(x;\theta\right)\mathrm{d}x=I\left(\theta\right)>0$;

(3) $g'(\theta)$ 存在, 且

$$\begin{aligned}g'(\theta)&=\frac{\partial}{\partial\theta}\int_{-\infty}^{\infty}\cdots\int_{-\infty}^{\infty}\hat{\theta}\left(x_1,x_2,\cdots,x_n\right)L\left(x_1,x_2,\cdots,x_n;\theta\right)\mathrm{d}x_1\cdots\mathrm{d}x_n\\&=\int_{-\infty}^{\infty}\cdots\int_{-\infty}^{\infty}\hat{\theta}\left(x_1,x_2,\cdots,x_n\right)\frac{\partial}{\partial\theta}L\left(x_1,x_2,\cdots,x_n;\theta\right)\mathrm{d}x_1\cdots\mathrm{d}x_n,\end{aligned}$$

其中 $L\left(x_1,x_2,\cdots,x_n;\theta\right)=\prod\limits_{i=1}^{n}p(x_i;\theta)$; 则

$$D(\hat{\theta})\geqslant\frac{\left[g'(\theta)\right]^2}{nI(\theta)},\quad\theta\in\Theta,\tag{7-3-4}$$

且等号成立的充要条件是几乎处处成立关系式

$$\frac{\partial}{\partial\theta}\left[\ln\prod_{i=1}^{n}p(x_i;\theta)\right]=C(\theta)\left[\hat{\theta}-g\left(\theta\right)\right],$$

其中 $C\left(\theta\right)\neq 0$ 是与样本无关的函数. 特别地, 当 $g'(\theta)=1$ 时有

$$D(\hat{\theta})\geqslant\frac{1}{nI(\theta)},\quad\theta\in\Theta.\tag{7-3-5}$$

对离散总体, 将上述积分改为求和符号后, 结论仍然成立.

证明　以连续总体加以证明. 由 $\displaystyle\int_{-\infty}^{\infty}p(x_i;\theta)\mathrm{d}x_i=1, i=1,2,\cdots,n$, 两边对 θ 进行求导, 由于积分与微分可交换次序, 于是有

$$0=\int_{-\infty}^{\infty}\frac{\partial p(x_i;\theta)}{\partial\theta}\mathrm{d}x_i=\int_{-\infty}^{\infty}\frac{\partial\ln p(x_i;\theta)}{\partial\theta}p(x_i;\theta)\,\mathrm{d}x_i=E\frac{\partial\ln p(X_i;\theta)}{\partial\theta},$$

记 $Z=\dfrac{\partial}{\partial\theta}\ln\prod_{i=1}^{n}p(X_i;\theta)=\sum_{i=1}^{n}\dfrac{\partial}{\partial\theta}\ln p(X_i;\theta)$, 则 $EZ=\sum_{i=1}^{n}E\dfrac{\partial}{\partial\theta}\ln p(X_i;\theta)=0$, 从而 $EZ^2=DZ=\sum_{i=1}^{n}D\dfrac{\partial}{\partial\theta}\ln p(X_i;\theta)=\sum_{i=1}^{n}E\left[\dfrac{\partial}{\partial\theta}\ln p(X_i;\theta)\right]^2=nI(\theta)$, 由条件 (3) 有

$$g'(\theta)=E(\hat{\theta}Z)=E[(\hat{\theta}-g(\theta))Z],$$

根据柯西–施瓦茨 (Cauchy-Schwarz) 不等式, 有 $[g'(\theta)]^2\leqslant E(\hat{\theta}-g(\theta))^2EZ^2=D(\hat{\theta})nI(\theta)$, 由此得 $D(\hat{\theta})\geqslant\dfrac{[g'(\theta)]^2}{nI(\theta)},\theta\in\Theta$. 等号成立的条件由柯西–施瓦茨不等式等号成立的条件可得, 命题得证.

此不等式称为拉奥–克拉默不等式, 右边称为拉奥–克拉默下界, 定理的条件称为正则条件, $I(\theta)$ 称为费希尔信息量. 若 $\hat{\theta}=\hat{\theta}(X_1,X_2,\cdots,X_n)$ 是参数 θ 的函数 $g(\theta)$ 的一个无偏估计量, 且 $D\hat{\theta}$ 达到了拉奥–克拉默下界, 则称 $\hat{\theta}=\hat{\theta}(X_1,X_2,\cdots,X_n)$ 是 $g(\theta)$ 的 **(无偏) 有效估计量**. 有效估计一定是一致最小方差无偏估计.

无偏估计 $\hat{\theta}$ 的有效率定义为: $v_n(\hat{\theta})=\dfrac{\frac{1}{nI(\theta)}}{D(\hat{\theta})}$, 如果当 $n\to\infty$ 时, $v_n(\hat{\theta})\to 1$, 则称 $\hat{\theta}=\hat{\theta}(X_1,X_2,\cdots,X_n)$ 是 $g(\theta)$ 的 (无偏) 渐近有效估计量.

例 7.3.7 设总体 X 服从泊松分布 $P(\lambda)$, 求未知参数 λ 的有效估计量.

解 $E\overline{X}=\lambda$, 又 $I(\lambda)=E\left(\dfrac{\partial\ln p(X;\lambda)}{\partial\lambda}\right)^2=E\left(\dfrac{\partial\ln\frac{\lambda^X}{X!}\mathrm{e}^{-\lambda}}{\partial\lambda}\right)^2=E\left(\dfrac{X}{\lambda}-1\right)^2=\dfrac{1}{\lambda}$, 而 $D\overline{X}=\dfrac{\lambda}{n}=\dfrac{1}{nI(\lambda)}$, 所以 $\hat{\lambda}=\overline{X}$ 为 λ 的有效估计量.

应该指出, 能达到拉奥–克拉默下界的无偏估计不多, 大多数场合无偏估计都达不到其拉奥–克拉默下界.

习 题 7.3

1. 设 $X_1,\cdots,X_n$ 为抽自几何分布 $P(X=x)=\theta(1-\theta)^x\,(x=0,1,2,\cdots)$ 的简单随机样本, 证明 $T=\sum_{i=1}^{n}X_i$ 是充分统计量.

2. 设 $X_1,\cdots,X_n$ 为抽自泊松分布 $P(\lambda)$ 的一个样本, 证明 $T=\sum_{i=1}^{n}X_i$ 是充分统计量.

3. 设 $X_1,\cdots,X_n$ 为抽自正态分布 $N(\mu,1)$ 的一个样本, 证明 $T=\sum_{i=1}^{n}X_i$ 是充分统计量.

4. 设 $X_1,\cdots,X_n$ 为来自 $p(x;\theta)=\theta x^{\theta-1}(0<x<1,\theta>0)$ 的样本, 试给出一个充分统计量.

5. 设 $X_1,\cdots,X_n$ 是来自正态分布 $N(\mu,\sigma^2)$ 的样本, (1) 在 μ 已知时给出 σ^2 的一个充分统计量; (2) 在 σ^2 已知时给出 μ 的一个充分统计量.

6. 设 $X_1,\cdots,X_n$ 为来自均匀分布 $U(\theta,2\theta)\,(\theta>0)$ 的样本, 试给出充分统计量.

7. 设 $X_1,\cdots,X_n$ 是来自正态分布 $N(\mu,\sigma_1^2)$ 的样本, 设 $Y_1,\cdots,Y_m$ 是来自正态分布 $N(\mu,\sigma_2^2)$ 的样本, 这两个样本相互独立, 试给出 $(\mu,\sigma_1^2,\sigma_2^2)$ 的充分统计量.

8. 设 T_1, T_2 分别是 θ_1, θ_2 的一致最小方差无偏估计, 证明: 对任意的 (非零) 常数 a,b, aT_1+bT_2 是 $a\theta_1+b\theta_2$ 的一致最小方差无偏估计.

9. 设 T 是 $g(\theta)$ 的一致最小方差无偏估计, $\hat{g}$ 是 $g(\theta)$ 的无偏估计, 试证明: 若 $D(\hat{g})<\infty$, 则 $\mathrm{Cov}(T,\hat{g})\geqslant 0$.

10. 设总体 $X\sim N(\mu,\sigma^2)$, $X_1,\cdots,X_n$ 为样本, 证明: $\overline{X}=\dfrac{1}{n}\sum\limits_{i=1}^{n}X_i$, $S^2=\dfrac{1}{n-1}\sum\limits_{i=1}^{n}(X_i-\overline{X})^2$ 分别为 μ, σ^2 的一致最小方差无偏估计.

11. 设总体的密度函数 $p(x;\theta)=\dfrac{2\theta}{x^3}\mathrm{e}^{-\frac{\theta}{x^2}}, x>0, \theta>0$, 求 θ 的费希尔信息量 $I(\theta)$.

12. 设总体的密度函数 $p(x;\theta)=\theta c^{\theta}x^{-(\theta+1)}, x>c, c>0$ 已知, $\theta>0$, 求 θ 的费希尔信息量 $I(\theta)$.

13. 设总体密度函数为 $p(x;\theta)=\theta x^{\theta-1}, 0<x<1, \theta>0, X_1,X_2,\cdots,X_n$ 是样本.

(1) 求 $g(\theta)=1/\theta$ 的最大似然估计;　(2) 求 $g(\theta)$ 的有效估计.

14. 设 $X_1,\cdots,X_n$ 是来自 $\mathrm{Ga}(\alpha,\lambda)$ 的样本, $\alpha>0$, 试证明 $\overline{X}/\alpha$ 是 $g(\lambda)=1/\lambda$ 的有效估计, 从而也是一致最小方差无偏估计.

15. 设 $X_1,\cdots,X_n$ 独立同分布, 服从 $N(\mu,1)$, 求 μ^2 的一致最小方差无偏估计, 证明此一致最小方差无偏估计达不到拉奥–克拉默不等式的下界, 即它不是有效估计.

16. 对泊松分布 $P(\lambda)$. (1) 求 $I\left(\dfrac{1}{\theta}\right)$;　(2) 找一个函数 $g(\cdot)$, 使 $g(\theta)$ 的费希尔信息与 θ 无关.

17. 设 $X_1,\cdots,X_n$ 是独立同分布变量, $0<\theta<1$, $P(X_i=-1)=\dfrac{1-\theta}{2}$, $P(X_i=0)=\dfrac{1}{2}$, $P(X_i=1)=\dfrac{\theta}{2}$. (1) 求 θ 的极大似然估计, 并判断其是否无偏; (2) 求 θ 的矩估计; (3) 计算 θ 的无偏估计的方差的拉奥–克拉默不等式的下界.

7.4 区间估计

在参数的点估计中, 尽管估计值能给我们一个明确的数量概念, 然而因为它只是参数 θ 一个近似值, 与真值总有一个偏差, 且点估计本身既没有反映近似值的精确度, 又不知道其偏差范围. 一般情况下, 我们用区间来估计出参数 θ 的范围, 同时给出此区间包含参数 θ 真值的可信程度. 该方式称为区间估计, 区间称为置信区间.

7.4.1 区间估计的概念　原理方法

定义 7.4.1　设 $X_1,X_2,\cdots,X_n$ 是取自总体 X 的样本, θ 为总体分布中的未知参数, $\hat{\theta}_1(X_1,X_2,\cdots,X_n)$ 和 $\hat{\theta}_2(X_1,X_2,\cdots,X_n)$ 为两个统计量. 对于给定的 $\alpha(0<\alpha<1)$, 如果

$$P(\hat{\theta}_1<\theta<\hat{\theta}_2)=1-\alpha, \tag{7-4-1}$$

则称区间 $(\hat{\theta}_1,\hat{\theta}_2)$ 为置信区间, 称 $\hat{\theta}_1$ 为置信区间的下限, $\hat{\theta}_2$ 为置信区间的上限, $1-\alpha$ 为置信度 (或称置信水平).

要注意, 置信区间 $(\hat{\theta}_1,\hat{\theta}_2)$ 是一个随机区间, 它可能包含未知参数 θ, 也可能不包含未知参数 θ. $P(\hat{\theta}_1<\theta<\hat{\theta}_2)=1-\alpha$ 表明, 置信区间 $(\hat{\theta}_1,\hat{\theta}_2)$ 以 $1-\alpha$ 的概率包含 θ. 置信度表示区间估计的可靠度, 置信度越接近 1 越好. 区间长度表示估计的范围, 也就是估计的精度,

区间长度越短越好. 十分明显, 置信区间的长度和置信度是相互制约的, 扩大置信区间可提高置信度, 反之则降低置信度.

构造未知参数 θ 的置信区间的常用的方法是枢轴量法, 其方法步骤可概括为如下:

(1) 设法构造一个样本与 θ 的函数 $G=G(X_1,X_2,\cdots,X_n;\theta)$, 使得 G 的分布不依赖于未知参数 θ, 一般称具有这种性质的 G 为枢轴量.

(2) 适当选择两个常数 c, d, 使对给定的 $\alpha\,(0<\alpha<1)$, 有 $P\,(c\leqslant G\leqslant d)=1-\alpha$.

(3) 将随机事件 $c\leqslant G\leqslant d$ 进行等价变换, 变为形如 $\hat{\theta}_1\leqslant\theta\leqslant\hat{\theta}_2$ 的随机事件, 则有

$$P(\hat{\theta}_1<\theta<\hat{\theta}_2)=1-\alpha,$$

这表明 $[\hat{\theta}_1,\hat{\theta}_2]$ 是 θ 的置信度为 $1-\alpha$ 的置信区间. 满足上式的常数 c, d 可以有很多, 我们希望 $E_\theta(\hat{\theta}_1-\hat{\theta}_2)$ 越小越好, 但在不少场合很难做到这一点, 故常选择等尾置信区间, 即 $P(G<c)=P(G>d)=\dfrac{\alpha}{2}$.

7.4.2 单个正态总体参数的区间估计

参数的区间估计, 在不同条件下有许多种类型. 对于来自一个正态总体的样本, 我们依据该样本, 对正态总体的期望 μ 和方差 σ^2 作如下的区间估计. 设总体 $X\sim N(\mu,\sigma^2)$, $X_1,X_2,\cdots,X_n$ 是取自总体 X 的样本.

1. 方差 σ^2 已知, μ 的置信区间

引入枢轴量 $U=\dfrac{\overline{X}-\mu}{\sigma/\sqrt{n}}\sim N(0,1)$.

对于给定的置信度 $1-\alpha$, 查标准正态分布函数表确定临界值 $u_{\alpha/2}$, 如图 7-4-1 所示, 使其满足

$$P\left(\left|\frac{\overline{X}-\mu}{\sigma/\sqrt{n}}\right|<u_{\alpha/2}\right)=1-\alpha,$$

即 $P\left(\overline{X}-u_{\alpha/2}\cdot\dfrac{\sigma}{\sqrt{n}}<\mu<\overline{X}+u_{\alpha/2}\cdot\dfrac{\sigma}{\sqrt{n}}\right)=1-\alpha$, 因而参数 μ 的置信度为 $1-\alpha$ 的置信区间为

$$\left(\overline{X}-u_{\alpha/2}\cdot\frac{\sigma}{\sqrt{n}},\ \overline{X}+u_{\alpha/2}\cdot\frac{\sigma}{\sqrt{n}}\right).\quad(7\text{-}4\text{-}2)$$

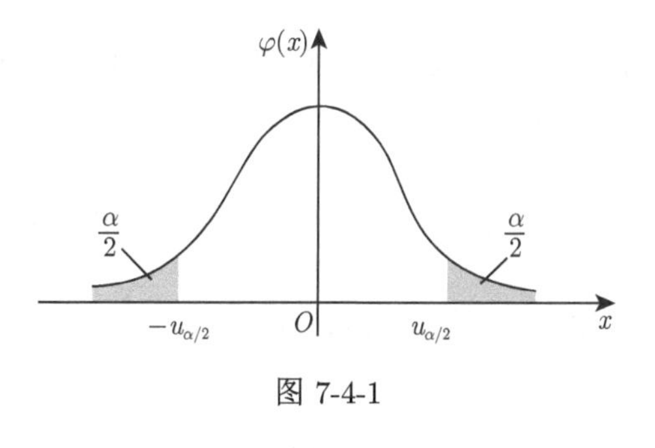

图 7-4-1

例 7.4.1 某工厂生产一批滚球, 其直径 X 服从 $N(\mu,0.05)$, 现在从中随机地抽取 6 个, 测得直径 (单位: 毫米): 15.1, 14.8, 15.2, 14.9, 14.6, 15.1, 试求参数 μ 的置信度为 0.95 的置信区间.

解 根据题意可知 $1-\alpha=0.95,\alpha=0.05,n=6,\sigma=\sqrt{0.05}$. 根据 $\Phi\left(u_{\alpha/2}\right)=1-\dfrac{\alpha}{2}=0.975$, 通过查表可得 $u_{\alpha/2}=u_{0.025}=1.96$.

根据样本观测值计算, 可得 $\overline{x}=\dfrac{1}{6}(15.1+14.8+15.2+14.9+14.6+15.1)=15$. 从而 $u_{\alpha/2}\cdot\dfrac{\sigma}{\sqrt{n}}=1.96\cdot\dfrac{\sqrt{0.05}}{\sqrt{6}}=0.2$.

因此, μ 的置信度为 0.95 的置信区间为 $(15-0.2,15+0.2)$, 即置信区间为 $(14.8,15.2)$.

2. *方差 σ^2 未知, μ 的置信区间*

由于 σ^2 未知, 因此用样本方差 S^2 来代替它. 引入枢轴量 $T=\dfrac{\overline{X}-\mu}{S/\sqrt{n}}\sim t(n-1)$.

对于给定的置信度 $1-\alpha$, 查 t 分布表确定临界值 $t_{\alpha/2}(n-1)$, 如图 7-4-2 所示, 使其满足

$$P\left(\left|\frac{\overline{X}-\mu}{S/\sqrt{n}}\right|<t_{\alpha/2}(n-1)\right)=1-\alpha,$$

即 $P\left(\overline{X}-t_{\alpha/2}(n-1)\cdot\dfrac{S}{\sqrt{n}}<\mu<\overline{X}+t_{\alpha/2}(n-1)\cdot\dfrac{S}{\sqrt{n}}\right)=1-\alpha$, 因而参数 μ 的置信度为 $1-\alpha$ 的置信区间为

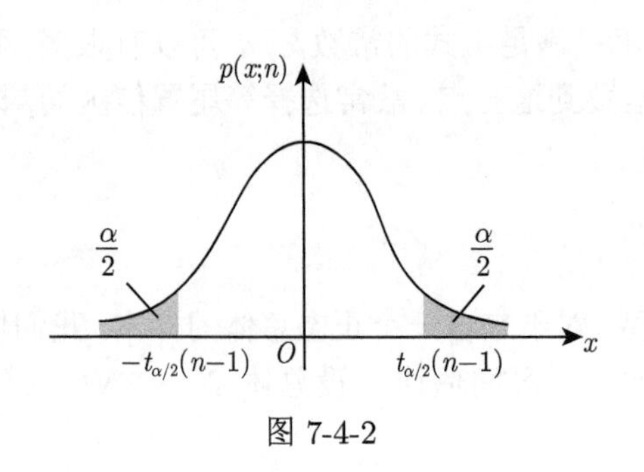

图 7-4-2

$$\left(\overline{X}-t_{\alpha/2}(n-1)\cdot\frac{S}{\sqrt{n}},\ \overline{X}+t_{\alpha/2}(n-1)\cdot\frac{S}{\sqrt{n}}\right).\tag{7-4-3}$$

例 7.4.2 随机地从一批钉子中抽取 16 枚, 测得其长度 (单位: 厘米) 为

$$2.14, 2.10, 2.13, 2.15, 2.13, 2.12, 2.13, 2.10,$$
$$2.15, 2.12, 2.14, 2.10, 2.13, 2.11, 2.14, 2.11.$$

假设钉长服从正态分布, 试求总体均值 μ 的置信度为 0.95 的置信区间.

解 根据题意, 可知 $1-\alpha=0.95,\alpha=0.05,n=16$, 查 t 分布表可得

$$t_{\alpha/2}(n-1)=t_{0.025}(15)=2.13.$$

根据样本观测值计算, 可得 $\overline{x}=\dfrac{1}{16}(2.14+2.10+\cdots+2.14+2.11)=2.125$,

$$s^2=\frac{1}{15}[(2.14-2.125)^2+\cdots+(2.11-2.125)^2]=0.00029,\quad s=0.017.$$

从而 $t_{\alpha/2}(n-1)\cdot\dfrac{s}{\sqrt{n}}=2.125\cdot\dfrac{0.017}{4}=0.009$. 因此, μ 的置信度为 0.95 的置信区间为 $(2.125-0.009,2.125+0.009)$, 即置信区间为 $(2.116,2.134)$.

3. μ 未知, σ^2 的区间估计

引入枢轴量 $\chi^2=\dfrac{(n-1)S^2}{\sigma^2}\sim\chi^2(n-1)$.

对于给定的置信度 $1-\alpha$, 查 χ^2 分布表确定临界值表, 确定临界值 $\chi^2_{\alpha/2}(n-1)$ 与 $\chi^2_{1-\alpha/2}(n-1)$, 如图 7-4-3, 使其满足: $P\left(\chi^2_{1-\alpha/2}(n-1)<\dfrac{(n-1)S^2}{\sigma^2}<\chi^2_{\alpha/2}(n-1)\right)=1-\alpha$, 即 $P\left(\dfrac{(n-1)S^2}{\chi^2_{\alpha/2}(n-1)}<\sigma^2<\dfrac{(n-1)S^2}{\chi^2_{1-\alpha/2}(n-1)}\right)=1-\alpha$, 从而参数 σ^2 的置信度为 $1-\alpha$ 的置信区间为

$$\left(\frac{(n-1)S^2}{\chi^2_{\alpha/2}(n-1)},\frac{(n-1)S^2}{\chi^2_{1-\alpha/2}(n-1)}\right). \qquad (7\text{-}4\text{-}4)$$

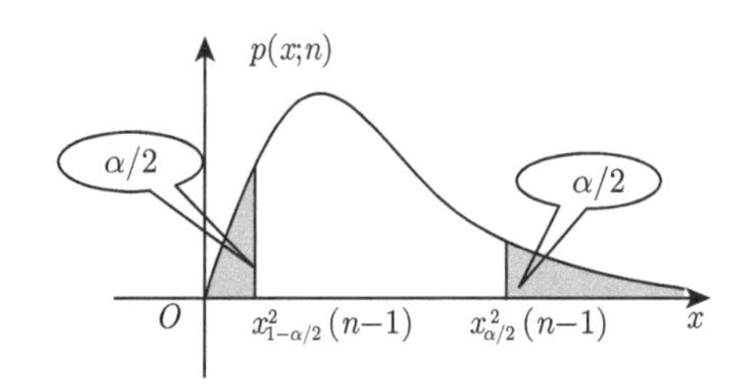

图 7-4-3

例 7.4.3 冷抽铜丝的折断力服从正态分布. 现从一批铜丝中任取 10 根, 测试折断力, 得数据为 578, 572, 570, 568, 572, 570, 570, 596, 584, 572. 求方差的置信度为 0.95 的置信区间.

解 根据题意 $1-\alpha=0.95, \alpha=0.05, n=10$. 查 χ^2 分布表可得

$$\chi^2_{\alpha/2}(n-1)=\chi^2_{0.025}(9)=19.02, \quad \chi^2_{1-\alpha/2}(n-1)=\chi^2_{0.975}(9)=2.7.$$

根据样本观测值计算得 $\overline{x}=\dfrac{1}{10}(578+572+\cdots+584+572)=575.2$,

$$(n-1)\,s^2=(578-575.2)^2+\cdots+(572-575.2)^2=681.6.$$

由式 (7-4-4) 可知, σ^2 的置信度为 0.95 的置信区间为 $\left(\dfrac{681.6}{19.02},\dfrac{681.6}{2.7}\right)$, 即置信区间为 $(35.84, 52.44)$.

4. μ 已知, σ^2 的区间估计

引入枢轴量 $\chi^2=\dfrac{1}{\sigma^2}\sum\limits_{i=1}^{n}(X_i-\mu)^2\sim\chi^2(n)$. 对给定的置信度 $1-\alpha$, 查 χ^2 分布表确定临界值 $\chi^2_{\alpha/2}(n)$ 与 $\chi^2_{1-\alpha/2}(n)$, 如图 7-4-4, 使其满足 $P\left(\chi^2_{1-\alpha/2}(n)<\dfrac{1}{\sigma^2}\sum\limits_{i=1}^{n}(X_i-\mu)^2<\chi^2_{\alpha/2}(n)\right)=1-\alpha$, 即

$$P\left(\frac{\sum\limits_{i=1}^{n}(X_i-\mu)^2}{\chi^2_{\alpha/2}(n)}<\sigma^2<\frac{\sum\limits_{i=1}^{n}(X_i-\mu)^2}{\chi^2_{1-\alpha/2}(n)}\right)=1-\alpha,$$

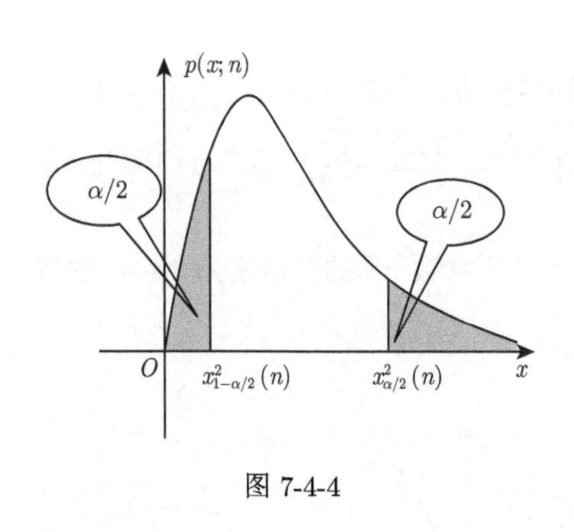

图 7-4-4

从而参数 σ^2 的置信度为 $1-\alpha$ 的置信区间为

$$\left(\frac{\sum_{i=1}^{n}(X_i-\mu)^2}{\chi^2_{\alpha/2}(n)}, \frac{\sum_{i=1}^{n}(X_i-\mu)^2}{\chi^2_{1-\alpha/2}(n)}\right). \tag{7-4-5}$$

从而也得到参数 σ 的置信度为 $1-\alpha$ 的置信区间为

$$\left(\sqrt{\frac{\sum_{i=1}^{n}(X_i-\mu)^2}{\chi^2_{\alpha/2}(n)}}, \sqrt{\frac{\sum_{i=1}^{n}(X_i-\mu)^2}{\chi^2_{1-\alpha/2}(n)}}\right). \tag{7-4-6}$$

例 7.4.4 设零件直径服从正态分布. 现从一批零件中任取 9 个零件, 测得其直径为

$$19.7, 20.1, 19.8, 19.9, 20.2, 20.0, 19.9, 20.2, 20.3.$$

已知零件的直径均值 $\mu=20$, 求方差的置信度为 0.95 的置信区间.

解 根据题意 $1-\alpha=0.95, \alpha=0.05, n=9$, 查 χ^2 分布表可得

$$\chi^2_{\alpha/2}(9)=\chi^2_{0.025}(9)=19.02, \quad \chi^2_{1-\alpha/2}(9)=\chi^2_{0.975}(9)=2.7,$$

根据样本观测值计算得 $\sum_{i=1}^{9}(x_i-20)^2=0.33$. 由式 (7-4-5) 可知, σ^2 的置信度为 0.95 的置信区间为 $\left(\frac{0.33}{19.02}, \frac{0.33}{2.7}\right)$, 即置信区间为 (0.0174, 0.1222).

7.4.3 两个正态总体参数的区间估计

我们也可以用类似的方法给出两个正态总体均值差 $\mu_1-\mu_2$ 在 σ_1^2, σ_2^2 已知时的区间估计, 在 σ_1^2, σ_2^2 未知时的区间估计; 给出两个正态总体方差之比 $\frac{\sigma_1^2}{\sigma_2^2}$ 的区间估计.

从总体 X 中抽样 $X_1, X_2, \cdots, X_n$, 从总体 Y 中抽样 $Y_1, Y_2, \cdots, Y_m$, 两总体相互独立, 它们的子样均值与无偏子样方差分别记为

$$\overline{X}=\frac{1}{n}\sum_{i=1}^{n}X_i, \quad \overline{Y}=\frac{1}{m}\sum_{i=1}^{m}Y_i,$$

$$S_1^2=\frac{1}{n-1}\sum_{i=1}^{n}\left(X_i-\overline{X}\right)^2, \quad S_2^2=\frac{1}{m-1}\sum_{i=1}^{m}\left(Y_i-\overline{Y}\right)^2.$$

1. σ_1^2, σ_2^2 已知, $\mu_1-\mu_2$ 的区间估计

使用枢轴量 $U=\dfrac{(\overline{X}-\overline{Y})-(\mu_1-\mu_2)}{\sqrt{\dfrac{\sigma_1^2}{n}+\dfrac{\sigma_2^2}{m}}}\sim N(0,1)$.

沿用前面用过的方法可以得到 $\mu_1-\mu_2$ 的 $1-\alpha$ 的置信区间为

$$\left(\overline{X}-\overline{Y}-u_{\alpha/2}\cdot\sqrt{\frac{\sigma_1^2}{n}+\frac{\sigma_2^2}{m}},\ \overline{X}-\overline{Y}+u_{\alpha/2}\cdot\sqrt{\frac{\sigma_1^2}{n}+\frac{\sigma_2^2}{m}}\right). \tag{7-4-7}$$

2. σ_1^2, σ_2^2 未知, 但 $\sigma_2^2/\sigma_1^2=c$ 已知时 $\mu_1-\mu_2$ 的区间估计

只需注意到 $\dfrac{\overline{X}-\overline{Y}-(\mu_1-\mu_2)}{\sigma_1\sqrt{\dfrac{1}{n}+\dfrac{c}{m}}}\sim N(0,1)$, $\dfrac{(n-1)S_1^2+(m-1)S_2^2/c}{\sigma_1^2}\sim\chi^2(n+m-2)$.

记 $S_w^2=\dfrac{(n-1)S_1^2+(m-1)S_2^2/c}{n+m-2}$, 可构造如下枢轴量:

$$t=\frac{(\overline{X}-\overline{Y})-(\mu_1-\mu_2)}{S_w\sqrt{\dfrac{1}{n}+\dfrac{c}{m}}}\sim t(n+m-2),$$

沿用前面用过的方法可以得到 $\mu_1-\mu_2$ 的 $1-\alpha$ 的置信区间为

$$\overline{X}-\overline{Y}\pm t_{\alpha/2}(n+m-2)\cdot S_w\sqrt{\frac{1}{n}+\frac{c}{m}}. \tag{7-4-8}$$

注意到 σ_1^2, σ_2^2 未知但相等时, 即 $c=1$, $\mu_1-\mu_2$ 的区间估计使用枢轴量

$$t=\frac{(\overline{X}-\overline{Y})-(\mu_1-\mu_2)}{S_w\sqrt{\dfrac{1}{n}+\dfrac{1}{m}}}\sim t(n+m-2),$$

$\mu_1-\mu_2$ 的 $1-\alpha$ 的置信区间为

$$\overline{X}-\overline{Y}\pm t_{\alpha/2}(n+m-2)\cdot S_w\sqrt{\frac{1}{n}+\frac{1}{m}}, \tag{7-4-9}$$

其中 $S_w^2=\dfrac{(n-1)S_1^2+(m-1)S_2^2}{n+m-2}$.

例 7.4.5 两台机床生产同一型号的滚珠, 从甲机床生产的滚珠中抽取 8 个, 从乙机床生产的滚珠中抽取 9 个, 测得其直径 (单位: mm) 为

甲机床: 15.0, 14.8, 15.2, 15.4, 14.9, 15.1, 15.2, 14.8.

乙机床: 15.2, 15.0, 14.8, 15.1, 15.0, 14.6, 14.8, 15.1, 14.5.

设两台机床生产的滚珠直径服从正态分布, 求两台机床生产的滚珠直径均值差 $\mu_1-\mu_2$ 的置信度为 0.90 的置信区间, 如果:

(1) 已知两台机床生产的滚珠直径的标准差分别是 $\sigma_1=0.18$ 及 $\sigma_2=0.24$;

(2) 未知 σ_1 及 σ_2, 但假定 $\sigma_1=\sigma_2$.

解 我们有 $n=8, \bar{x}=15.05, s_1^2=0.0457, m=9, \bar{y}=14.90, s_2^2=0.0575$.

(1) 已知置信水平 $1-\alpha=0.90$, 则 $\alpha=0.10$, 查附表 2 得 $u_{\alpha/2}=u_{0.05}=1.645$, 计算

$$u_{\alpha/2}\sqrt{\frac{\sigma_1^2}{n}+\frac{\sigma_2^2}{m}}=1.645\sqrt{\frac{0.18^2}{8}+\frac{0.24^2}{9}}=0.168.$$

所以置信区间为: $(15.05-14.90\pm0.168)=(-0.018, 0.318)$.

(2) 计算 $s_w=\sqrt{\dfrac{(n-1)\,s_1^2+(m-1)\,s_2^2}{n+m-2}}=\sqrt{\dfrac{7\times0.0457+8\times0.0575}{8+9-2}}=0.228$. 已知置信水平 $1-\alpha=0.90$, 则 $\alpha=0.10$, 自由度 $k=8+9-2=15$, 查附表 4 得

$$t_{\alpha/2}\,(k)=t_{0.05}\,(15)=1.75,$$

由此得 $s_w\sqrt{\dfrac{1}{n}+\dfrac{1}{m}}t_{\alpha/2}\,(k)=0.228\times\sqrt{\dfrac{1}{8}+\dfrac{1}{9}}\times1.75=0.194$. 所以所求得置信区间为

$$(15.05-14.90\pm0.194)=(-0.044, 0.344)\,.$$

此外还有两种情况在实际中非常有用, 我们罗列出来, 但由于篇幅所限, 不再举例. 一种情况是如果对 σ_1^2, σ_2^2 没有什么信息且 n, m 很大时, 注意到: 对 $\forall\varepsilon>0$,

$$\begin{aligned}
&P\left(\frac{\overline{X}-\overline{Y}-(\mu_1-\mu_2)}{\sqrt{\dfrac{S_1^2}{n}+\dfrac{S_2^2}{m}}}\leqslant x\right)\\
=&P\left(\frac{\overline{X}-\overline{Y}-(\mu_1-\mu_2)}{\sqrt{\dfrac{S_1^2}{n}+\dfrac{S_2^2}{m}}}\leqslant x,\left|\sqrt{\frac{S_1^2}{n}+\frac{S_2^2}{m}}-\sqrt{\frac{\sigma_1^2}{n}+\frac{\sigma_2^2}{m}}\right|\geqslant\varepsilon\right)\\
&+P\left(\frac{\overline{X}-\overline{Y}-(\mu_1-\mu_2)}{\sqrt{\dfrac{S_1^2}{n}+\dfrac{S_2^2}{m}}}\leqslant x,\left|\sqrt{\frac{S_1^2}{n}+\frac{S_2^2}{m}}-\sqrt{\frac{\sigma_1^2}{n}+\frac{\sigma_2^2}{m}}\right|<\varepsilon\right)\\
=&P\left(\frac{\overline{X}-\overline{Y}-(\mu_1-\mu_2)}{\sqrt{\dfrac{S_1^2}{n}+\dfrac{S_2^2}{m}}}\leqslant x\,\middle|\,\left|\sqrt{\frac{S_1^2}{n}+\frac{S_2^2}{m}}-\sqrt{\frac{\sigma_1^2}{n}+\frac{\sigma_2^2}{m}}\right|\geqslant\varepsilon\right)\\
&\cdot P\left(\left|\sqrt{\frac{S_1^2}{n}+\frac{S_2^2}{m}}-\sqrt{\frac{\sigma_1^2}{n}+\frac{\sigma_2^2}{m}}\right|\geqslant\varepsilon\right)
\end{aligned}$$

$$+P\left(\frac{\overline{X}-\overline{Y}-(\mu_1-\mu_2)}{\sqrt{\frac{S_1^2}{n}+\frac{S_2^2}{m}}}\leqslant x\left|\left|\sqrt{\frac{S_1^2}{n}+\frac{S_2^2}{m}}-\sqrt{\frac{\sigma_1^2}{n}+\frac{\sigma_2^2}{m}}\right|<\varepsilon\right.\right)$$

$$\cdot P\left(\left|\sqrt{\frac{S_1^2}{n}+\frac{S_2^2}{m}}-\sqrt{\frac{\sigma_1^2}{n}+\frac{\sigma_2^2}{m}}\right|<\varepsilon\right).$$

由 ε 的任意性及 S_1^2,S_2^2 为 σ_1^2,σ_2^2 的一致估计, 当 n,m 很大时由上式有

$$P\left(\frac{\overline{X}-\overline{Y}-(\mu_1-\mu_2)}{\sqrt{\frac{S_1^2}{n}+\frac{S_2^2}{m}}}\leqslant x\right)\to P\left(\frac{\overline{X}-\overline{Y}-(\mu_1-\mu_2)}{\sqrt{\frac{\sigma_1^2}{n}+\frac{\sigma_2^2}{m}}}\leqslant x\right)=\varPhi(x).$$

因此使用枢轴量 $\dfrac{\overline{X}-\overline{Y}-(\mu_1-\mu_2)}{\sqrt{\frac{S_1^2}{n}+\frac{S_2^2}{m}}}\backsimeq N(0,1)$, 由此可给出 $\mu_1-\mu_2$ 的区间估计的近似置信区间为

$$\overline{X}-\overline{Y}\pm u_{\alpha/2}\sqrt{\frac{S_1^2}{n}+\frac{S_2^2}{m}}. \tag{7-4-10}$$

另一种情况是对 σ_1^2,σ_2^2 没有什么信息且 n,m 也不很大时, 这种情况下, 我们给出一个经验公式, 取枢轴量 $\dfrac{\overline{X}-\overline{Y}-(\mu_1-\mu_2)}{\sqrt{\frac{S_1^2}{n}+\frac{S_2^2}{m}}}\backsim t(l)$, 其中 $l=\dfrac{\frac{S_1^2}{n}+\frac{S_2^2}{m}}{\frac{S_1^2}{n^2(n-1)}+\frac{S_2^2}{m^2(m-1)}}$, l 一般不为整数, 取最接近的整数代替之. 于是 $\mu_1-\mu_2$ 的 $1-\alpha$ 的经验置信区间为

$$\overline{X}-\overline{Y}\pm t_{\alpha/2}(l)\sqrt{\frac{S_1^2}{n}+\frac{S_2^2}{m}}. \tag{7-4-11}$$

3. μ_1,μ_2 已知时, 方差之比 $\dfrac{\sigma_1^2}{\sigma_2^2}$ 的区间估计

使用枢轴量 $F=\dfrac{\frac{1}{n\sigma_1^2}\sum\limits_{i=1}^{n}(X_i-\mu_1)^2}{\frac{1}{m\sigma_2^2}\sum\limits_{i=1}^{m}(Y_i-\mu_2)^2}\sim F(n,m)$.

沿用前面用过的方法可以得到 $\dfrac{\sigma_1^2}{\sigma_2^2}$ 的 $1-\alpha$ 的置信区间为

$$\left(\frac{\frac{1}{n}\sum\limits_{i=1}^{n}(X_i-\mu_1)^2}{\frac{1}{m}\sum\limits_{i=1}^{m}(Y_i-\mu_2)^2}\frac{1}{F_{\alpha/2}(n,m)},\frac{\frac{1}{n}\sum\limits_{i=1}^{n}(X_i-\mu_1)^2}{\frac{1}{m}\sum\limits_{i=1}^{m}(Y_i-\mu_2)^2}\frac{1}{F_{1-\alpha/2}(n,m)}\right). \tag{7-4-12}$$

4. μ_1,μ_2 未知时, 方差之比 $\dfrac{\sigma_1^2}{\sigma_2^2}$ 的区间估计

使用枢轴量 $F=\dfrac{S_1^2\sigma_2^2}{S_2^2\sigma_1^2}\sim F(n-1,m-1)$.

沿用前面用过的方法可以得到 $\dfrac{\sigma_1^2}{\sigma_2^2}$ 的 $1-\alpha$ 的置信区间为

$$\left(\frac{S_1^2}{S_2^2}\frac{1}{F_{\alpha/2}(n-1,m-1)},\frac{S_1^2}{S_2^2}\frac{1}{F_{1-\alpha/2}(n-1,m-1)}\right). \tag{7-4-13}$$

例 7.4.6 在例 7.4.5 中, 求两台机床生产的滚珠直径方差比 $\dfrac{\sigma_1^2}{\sigma_2^2}$ 的置信度为 0.90 的置信区间, 如果: (1) 已知两台机床生产的滚珠直径的均值分别是 $\mu_1=15.0$ 及 $\mu_2=14.90$; (2) 未知 μ_1 及 μ_2.

解 (1) 计算 $\sum\limits_{i=1}^{8}(x_i-\mu_1)^2=0.34,\sum\limits_{j=1}^{9}(y_j-\mu_2)^2=0.46$. 已知置信水平 $1-\alpha=0.90$, 则 $\alpha=0.10$, 第一自由度 $n=8$, 第二自由度 $m=9$, 查附表 6 得 $F_{\alpha/2}(n,m)=F_{0.05}(8,9)=3.23$, 而 $F_{1-\alpha/2}(n,m)=F_{0.95}(8,9)=\dfrac{1}{F_{0.05}(9,8)}=\dfrac{1}{3.39}=0.295$, 所以置信区间为: $\left(\dfrac{0.34/8}{3.23\times0.46/9},\dfrac{0.34/8}{0.295\times0.46/9}\right)=(0.257,2.819)$.

(2) 我们有 $s_1^2=0.0457,s_2^2=0.0575$, 已知置信水平 $1-\alpha=0.90$, 则 $\alpha=0.10$, 第一自由度 $n-1=7$, 第二自由度 $m-1=8$, 查附表 6 得 $F_{\alpha/2}(n-1,m-1)=F_{0.05}(7,8)=3.50$, 而 $F_{1-\alpha/2}(n-1,m-1)=F_{0.95}(7,8)=\dfrac{1}{F_{0.05}(8,7)}=\dfrac{1}{3.73}=0.268$, 所以置信区间为

$$\left(\frac{0.0457}{0.0575\times3.50},\frac{0.0457}{0.0575\times0.268}\right)=(0.227,2.966).$$

7.4.4 非正态总体均值的区间估计

1. 总体分布未知时均值的置信区间

如果总体方差 σ^2 已知, 那么可根据切比雪夫不等式进行估计.

设总体 X 的均值为 μ, 方差为 σ^2 且已知. 从中抽得样本 $X_1,X_2,\cdots,X_n$. 由于

$$E(\overline{X})=\mu,\quad D(\overline{X})=\frac{\sigma^2}{n},$$

所以可得 $P(|\overline{X}-E(\overline{X})|<\varepsilon)=P(|\overline{X}-\mu|<\varepsilon)\geqslant1-\dfrac{D(\overline{X})}{\varepsilon^2}=1-\dfrac{\sigma^2}{n\varepsilon^2}$. 取 $\varepsilon=\dfrac{\sigma}{\sqrt{\alpha n}}$, 则有

$$P\left(\overline{X}-\frac{\sigma}{\sqrt{\alpha n}}<\mu<\overline{X}+\frac{\sigma}{\sqrt{\alpha n}}\right)\geqslant1-\alpha.$$

所以, 均值 μ 的置信度为 $1-\alpha$ 的置信区间为

$$\left(\overline{X}-\frac{\sigma}{\sqrt{\alpha n}},\ \overline{X}+\frac{\sigma}{\sqrt{\alpha n}}\right). \tag{7-4-14}$$

例 7.4.7 某工厂生产一批产品, 从中抽取 10 个进行某项指标试验, 测得数据如下:

1050, 1100, 1080, 1120, 1200, 1250, 1040, 1130, 1300, 1200.

如果已知该项指标的方差为 8, 试找出这批产品该项指标均值的置信区间 ($\alpha=0.05$).

解 已知 $D(X)=8, n=10, \alpha=0.05$, 根据样本观测值计算, 可得

$$\begin{aligned}\overline{x}=\frac{1}{10}(&1050+1100+1080+1120+1200+1250\\&+1040+1130+1300+1200)=1147.\end{aligned}$$

从而有 $\dfrac{\sigma}{\sqrt{\alpha n}}=\sqrt{\dfrac{8}{0.05\times 10}}=4$. 可知 μ 的置信度为 0.95 的置信区间为 $(1147-4, 1147+4)$, 即 $(1143, 1151)$.

2. 大样本下一般总体均值的置信区间

当样本容量较大时, 根据中心极限定理, 可得随机变量的近似分布, 从而确定近似的置信区间, 该方法称为大样本方法.

设总体 X 的均值为 μ, 方差为 σ^2, 从中抽得样本 $X_1, X_2, \cdots, X_n$. 由于样本相互独立且服从相同分布, 根据中心极限定理, 当 n 充分大时, 统计量 $\dfrac{\overline{X}-\mu}{\sigma/\sqrt{n}}$ 近似服从标准正态分布. 因此对于给定的 α:

(1) 如果总体方差 σ^2 已知, 那么当 n 充分大时, 可近似地取

$$\left(\overline{X}-u_{\alpha/2}\cdot\frac{\sigma}{\sqrt{n}},\ \overline{X}+u_{\alpha/2}\cdot\frac{\sigma}{\sqrt{n}}\right) \tag{7-4-15}$$

为 μ 的置信度为 $1-\alpha$ 的置信区间.

(2) 如果总体方差 σ^2 未知, 用 S^2 代替 σ^2, 那么当 n 充分大时, 可近似地取

$$\left(\overline{X}-t_{\alpha/2}(n-1)\cdot\frac{S}{\sqrt{n}},\ \overline{X}+t_{\alpha/2}(n-1)\cdot\frac{S}{\sqrt{n}}\right) \tag{7-4-16}$$

为 μ 的置信度为 $1-\alpha$ 的置信区间.

式 (7-4-15) 和式 (7-4-16) 均要求 n 很大, 通过实践表明, 通常情况下, 当 $n\geqslant 30$ 时, 近似程度可被接受.

上面给出了大样本下区间估计的一般原理, 但如果总体均值、方差是同一参数的函数, 有些情况下也可给出更加精确的区间估计. 一个典型例子是关于比例 p 的置信区间.

设 $X_1, X_2, \cdots, X_n$ 是来自两点分布 $B(1,p)$ 的样本, 由中心极限定理知

$$\overline{X} \underset{\sim}{\to} N\left(p, \frac{p(1-p)}{n}\right),$$

可得 $P\left(\left|\dfrac{\overline{X}-p}{\sqrt{p(1-p)/n}}\right| \leqslant u_{\alpha/2}\right) \approx 1-\alpha$, 括号里的随机事件等价于

$$\left(\overline{X}-p\right)^2 \leqslant u_{\alpha/2}^2 p(1-p)/n.$$

记 $u_{\alpha/2}^2 = \lambda$, 上述不等式可化为 $\left(1+\dfrac{\lambda}{n}\right)p^2 - \left(2\overline{X}-\dfrac{\lambda}{n}\right)p + \overline{X}^2 \leqslant 0$, 左侧的二次多项式的判别式 $\left(2\overline{X}-\dfrac{\lambda}{n}\right)^2 - 4\left(1+\dfrac{\lambda}{n}\right)\overline{X}^2 = \dfrac{4\lambda}{n}\overline{X}\left(1-\overline{X}\right) + \dfrac{\lambda^2}{n^2} > 0$, 二次多项式的两个根为

$$p = \frac{1}{1+\dfrac{\lambda}{n}}\left(\overline{X} + \frac{\lambda}{2n} \pm \sqrt{\frac{\lambda}{n}\overline{X}\left(1-\overline{X}\right) + \frac{\lambda^2}{4n^2}}\right),$$

由于 n 比较大, 在实用中通常略去 $\dfrac{\lambda}{n}$, 于是置信限为

$$\left(\overline{X} \pm u_{\alpha/2}\sqrt{\frac{1}{n}\overline{X}\left(1-\overline{X}\right)}\right). \tag{7-4-17}$$

下面我们继续讨论大样本下样本容量的确定问题. 在统计中, 样本量越大, 估计的精度越高, 但大样本量需要的经费高, 实施的时间也长, 投入人力也多, 所以实用中人们往往关心如下问题: 在一定条件下, 至少需要多大的样本量? 下面通过一个例子继续讨论比例 p 区间估计中样本容量的确定.

例 7.4.8 某传媒公司欲调查电视台某综艺节目收视率 p, 为使得 p 的置信度为 $1-\alpha$ 的置信区间长度不超过 $2d$, 问至少要调查多少用户?

解 由于 $\overline{X}\left(1-\overline{X}\right) \leqslant 1/4, \overline{X} \in (0,1)$, 所以

$$\begin{aligned}1-\alpha &= P\left(\overline{X} - u_{\alpha/2}\sqrt{\frac{1}{n}\overline{X}\left(1-\overline{X}\right)} < p < \overline{X} + u_{\alpha/2}\sqrt{\frac{1}{n}\overline{X}\left(1-\overline{X}\right)}\right)\\ &\leqslant P\left(\overline{X} - u_{\alpha/2}\frac{1}{2\sqrt{n}} < p < \overline{X} + u_{\alpha/2}\frac{1}{2\sqrt{n}}\right),\end{aligned}$$

即要求 $u_{\alpha/2}\dfrac{1}{2\sqrt{n}} \leqslant d$, 从而只要 $n \geqslant \left(\dfrac{u_{\alpha/2}}{2d}\right)^2$ 即可.

比如, 若取 $d=0.02, \alpha=0.05$, 则 $n \geqslant \left(\dfrac{u_{0.025}}{2d}\right)^2 = \left(\dfrac{1.96}{0.04}\right)^2 = 2401$. 这表明, 要使综艺节目收视率 p 的 0.95 置信区间的半径不超过 0.02, 则至少需要调查 2401 个用户. 或者

说, 至少需要调查 2401 个用户, 才能以概率 0.95 保证调查所得比例估计 $\hat{p}$ 与真值 p 的差异不大于 0.02.

最后我们要指出的是上面所讨论的置信区间均为双边的, 而在很多实际问题中并不需要做双边估计, 只要估计单边的置信下限或置信上限, 称这种估计为单边区间估计. 单边区间估计的方法与双边区间估计相似.

设总体 $X \sim N(\mu, \sigma^2)$, σ^2 已知, 从中抽取样本 $X_1, X_2, \cdots, X_n$. 因为

$$U = \frac{\overline{X} - \mu}{\sigma/\sqrt{n}} \sim N(0,1),$$

所以, 对于给定的置信度 $1-\alpha$, 查标准正态分布函数表确定临界值 u_α, 使其满足

$$P\left(\frac{\overline{X} - \mu}{\sigma/\sqrt{n}} < u_\alpha\right) = 1 - \alpha,$$

即 $P\left(\mu > \overline{X} - u_\alpha \cdot \dfrac{\sigma}{\sqrt{n}}\right) = 1 - \alpha$, 从而参数 μ 的置信度为 $1-\alpha$ 的置信区间为

$$\left(\overline{X} - u_\alpha \cdot \frac{\sigma}{\sqrt{n}}, +\infty\right). \tag{7-4-18}$$

习 题 7.4

1. 某厂生产的化纤强度服从正态分布, 长期以来其标准差稳定在 $\sigma = 0.85$, 现抽取了一个容量为 $n = 25$ 的样本, 测定其强度, 算得平均值为 $\bar{x} = 2.25$, 试求这批化纤平均强度的置信水平为 0.95 的置信区间.

2. 0.50, 1.25, 0.80, 2.00 是取自总体 X 的样本, 已知 $Y = \ln X$ 服从正态分布 $N(\mu, 1)$.

(1) 求 μ 的置信水平为 95%的置信区间; (2) 求 X 的数学期望的置信水平为 95%的置信区间.

3. 用一个仪表测量某一物理量 9 次, 得样本均值 $\bar{x} = 56.32$, 样本标准差 $s = 0.22$.

(1) 测量标准差 σ 大小反映了测量仪表的精度, 试求 σ 的置信水平为 95%的置信区间;

(2) 求该物理量真值的置信水平为 95%的置信区间.

4. 已知某种材料的抗压强度 $X \sim N(\mu, \sigma^2)$, 现随机抽取 10 个试件进行抗压试验, 测得数据如下:

482, 493, 457, 471, 510, 446, 435, 418, 394, 469.

(1) 求平均抗压强度 μ 的置信水平为 95%的置信区间;

(2) 若已知 $\sigma = 30$, 求平均抗压强度 μ 的置信水平为 95%的置信区间;

(3) 求 σ 的置信水平为 95%的置信区间.

5. 设从总体 $X \sim N(\mu_1, \sigma_1^2)$ 和总体 $Y \sim N(\mu_2, \sigma_2^2)$ 中分别抽取容量为 $n_1 = 10, n_2 = 15$ 的独立样本, 可计算得 $\bar{x} = 82, s_x^2 = 56.5, \bar{y} = 76, s_y^2 = 52.4$.

(1) 若已知 $\sigma_1^2 = 64, \sigma_2^2 = 49$, 求 $\mu_1 - \mu_2$ 的置信水平为 95%的置信区间;

(2) 若已知 $\sigma_1^2 = \sigma_2^2$, 求 $\mu_1 - \mu_2$ 的置信水平为 95%的置信区间;

(3) 若对 σ_1^2, σ_2^2 一无所知, 求 $\mu_1 - \mu_2$ 的置信水平为 95%的近似置信区间;

(4) 求 σ_1^2/σ_2^2 置信水平为 95%的置信区间.

6. 假设人体身高服从正态分布, 今抽测甲、乙两地区 18~25 岁女青年身高得数据如下: 甲地区抽取 10 名, 样本均值 1.64m, 样本标准差 0.2m; 乙地区抽取 10 名, 样本均值 1.62m, 样本标准差 0.4m. 求: (1) 两正态总体方差比的置信水平为 95%的置信区间; (2) 两正态总体均值差的置信水平为 95%的置信区间.

7. 设总体 $X \sim N(\mu, \sigma^2)$, σ^2 已知, 为使得 μ 的置信水平为 95%的置信区间的长度不大于给定的 l, 问样本容量 n 至少要多少?

8. 设 $X_1, \cdots, X_n$ 为抽自正态总体 $N(\mu, 16)$ 的简单随机样本, 为使得 μ 的置信水平为 $1-\alpha$ 的置信区间的长度不大于给定的 L, 试问样本容量 n 至少要多少?

9. 在一批货物中随机抽取 80 件, 发现有 11 件不合格品, 试求这批货物的不合格率的置信水平为 0.90 的置信区间.

10. 设 $X_1, \cdots, X_n$ 是来自泊松分布 $P(\lambda)$ 的样本, 证明: λ 的近似置信度 $1-\alpha$ 的置信区间为

$$\frac{2\overline{X} + \frac{1}{n} u_{\alpha/2}^2 \mp \sqrt{\left(2\overline{X} + \frac{1}{n} u_{\alpha/2}^2\right)^2 - 4\overline{X}^2}}{2}.$$

11. 某商店某种商品的月销售量服从泊松分布, 为合理进货, 必须了解销售情况. 现记录了该商店过去的一些销售量, 数据如表 X7-4-1.

表 X7-4-1

月销售量	9	10	11	12	13	14	15	16
月份数	1	6	13	12	9	4	2	1

试求平均月销售量的置信水平为 0.95 的置信区间.

12. 设某电子产品的寿命服从指数分布, 总体 X 的密度函数为 $\lambda \mathrm{e}^{-\lambda x} I_{(x>0)}$, 其中 $\lambda > 0$ 为未知参数, 现从此批产品中抽取容量为 9 的样本, 测得寿命为 (单位: 千小时)

$$15,\quad 45,\quad 50,\quad 53,\quad 60,\quad 65,\quad 70,\quad 83,\quad 90.$$

求平均寿命 $1/\lambda$ 的置信水平为 0.9 的置信区间和置信上、下限.

13. 设总体 X 的密度函数为 $p(x;\theta) = \dfrac{1}{\pi\left[1+(x-\theta)^2\right]}$, $\quad -\infty < x < \infty,\ -\infty < \theta < \infty$, $X_1, \cdots, X_n$ 是来自此总体的简单随机样本, 求位置参数 θ 的置信度近似为 $1-\alpha$ 的置信区间.

14. 设 $X_1, \cdots, X_n$ 是来自总体 $X \sim N(\mu, \sigma^2)$ 的简单随机样本, 试证

$$\left[\overline{X} - (\mu + k\sigma)\right] \Big/ \left[\sum_{i=1}^{n} \left(X_i - \overline{X}\right)^2\right]^{1/2}$$

为枢轴量, 其中 k 为已知常数.

15. 设 $X_1, \cdots, X_n$ 为抽自均匀分布 $U(\theta_1, \theta_2)$ 的简单随机样本, 记 $X_{(1)} \leqslant X_{(2)} \leqslant \cdots \leqslant X_{(n)}$ 为其次序统计量. 求: (1) $\theta_2 - \theta_1$ 的置信水平为 $1-\alpha$ 的置信区间; (2) 求 $\dfrac{\theta_2+\theta_1}{2}$ 的置信水平为 $1-\alpha$ 的置信区间.

7.5　贝叶斯估计

7.5.1　统计推断的基础

在统计学中有两个大的学派: 频率学派 (也称经典学派) 和贝叶斯学派. 本书主要介绍频率学派的理论和方法, 此一节将对贝叶斯学派做些介绍.

我们在前面已经讲过, 统计推断是根据样本信息对总体分布或总体的特征数进行推断, 事实上, 这是经典学派对统计推断的规定, 这里的统计推断用到两种信息: **总体信息**和**样本信息**; 而贝叶斯学派认为, 除了上述两种信息以外, 统计推断还应该使用第三种信息: **先验信息**. 下面我们先把三种信息加以说明.

(1) 总体信息.

总体信息即总体分布或总体所属分布族提供的信息. 譬如, 若已知 "总体是正态分布", 则我们就知道很多信息. 譬如: 总体的一切阶矩都存在, 总体密度函数关于均值对称, 总体的所有性质由其一阶、二阶矩决定, 有许多成熟的统计推断方法可供我们选择等. 总体信息是很重要的信息, 为了获取此种信息往往耗资巨大. 比如, 我国为确认国产轴承寿命分布为韦布尔分布, 前后花了五年时间, 处理了几千个数据后才定下的.

(2) 样本信息.

样本信息即抽取样本所得观测值提供的信息. 譬如, 在有了样本观测值后, 我们可以根据它大概知道总体的一些特征数, 如总体均值、总体方差等等在什么范围内. 这是最 "新鲜" 的信息, 并且越多越好, 希望通过样本对总体分布或总体的某些特征作出较精确的统计推断. 没有样本就没有统计学可言.

(3) 先验信息.

如果我们把抽取样本看作做一次试验, 则样本信息就是试验中得到的信息. 实际中, 人们在试验之前对要做的问题在经验上和资料上总是有所了解的, 这些信息对统计推断是有益的. 先验信息来源于经验和历史资料. 先验信息在日常生活和工作中是很重要的. 先看一个例子.

例 7.5.1 在某工厂的产品中每天要抽检 n 件以确定该厂产品的质量是否满足要求. 产品质量可用不合格品率 θ 来度量, 也可以用 n 件抽查产品中的不合格品件数 x 表示. 由于生产过程有连续性, 可以认为每天的产品质量是有关联的, 即是说, 在估计现在的 θ 时, 以前所积累的资料应该是可供使用的, 这些积累的历史资料就是先验信息. 为了能使用这些先验信息, 需要对它进行加工. 譬如, 在经过一段时间后, 就可根据历史资料对过去 n 件产品中的不合格品件数 x 构造一个分布

$$P(x=i)=\pi_i=P\left(\theta=\frac{x}{n}=\frac{i}{n}\right), \quad i=0,1,2,\cdots,n. \tag{7-5-1}$$

这种对先验信息进行加工获得的分布今后称为先验分布. 这种先验分布是对该厂过去产品的不合格率的一个全面看法.

基于上述三种信息进行统计推断的统计学称为贝叶斯统计学. 它与经典统计学的差别就在于是否利用先验信息. 贝叶斯统计在重视使用总体信息和样本信息的同时, 还注意先验信息的收集、挖掘和加工, 使它数量化, 形成先验分布, 参加到统计推断中来, 以提高统计推断的质量. 忽视先验信息的利用, 有时是一种浪费, 有时还会导出不合理的结论.

贝叶斯学派的基本观点是: 任一未知量 θ 都可看作随机变量, 可用一个概率分布去描述, 这个分布称为先验分布; 在获得样本之后, 总体分布、样本与先验分布通过贝叶斯公式结合起来得到一个未知量 θ 新的分布——后验分布. 任何关于 θ 的统计推断都应该基于 θ 的后验分布进行.

关于未知量是否可看作随机变量在经典学派与贝叶斯学派间争论了很长时间. 因为任一未知量都有不确定性, 而在表述不确定性的程度时, 概率与概率分布是最好的语言, 因此把它看成随机变量是合理的. 如今经典学派已不反对这一观点. 著名的美国经典统计学家莱曼 (Lehmann E. L.) 在他的《点估计理论》一书中写道: “把统计问题中的参数看作随机变量的实现要比看作未知参数更合理一些”. 如今两派的争论焦点是: 如何利用各种先验信息合理地确定先验分布. 这在有些场合容易解决, 但在很多场合是相当困难的, 关于这方面的讨论可参阅文献 [11].

7.5.2 贝叶斯公式的密度函数形式

贝叶斯公式的事件形式已在 1.4 节中叙述. 这里用随机变量的概率函数再一次叙述贝叶斯公式, 并从中介绍贝叶斯学派的一些具体想法.

(1) 总体依赖于参数 θ 的概率函数在经典统计中记为 $p(X;\theta)$, 它表示参数空间 Θ 中不同的 θ 对应不同的分布. 在贝叶斯统计中应记为 $p(X|\theta)$, 它表示在随机变量 θ 取某个给定值时总体的条件概率函数.

(2) 根据参数 θ 的先验信息确定先验分布 $\pi(\theta)$.

(3) 从贝叶斯观点看, 样本 $X=(X_1,\cdots,X_n)$ 的产生要分两步进行. 首先设想从先验分布 $\pi(\theta)$ 产生一个样本 θ_0. 这一步是 “老天爷” 做的, 人们是看不到的, 故用 “设想” 二字. 第二步从 $p(X|\theta_0)$ 中产生一组样本. 这时样本 $X=(X_1,\cdots,X_n)$ 的联合条件概率函数为

$$p(X|\theta_0)=p(X_1,\cdots,X_n|\theta_0)=\prod_{i=1}^{n}p(X_i|\theta_0),$$

这个分布综合了总体信息和样本信息.

(4) 由于 θ_0 是设想出来的, 仍然是未知的, 它是按先验分布 $\pi(\theta)$ 产生的. 为把先验分布信息综合进去, 不能只考虑 θ_0, 对 θ 的其他值发生的可能性也要加以考虑, 故要用 $\pi(\theta)$ 进行综合. 这样一来, 样本 X 和参数 θ 的联合分布为 $h(X,\theta)=p(X|\theta)\pi(\theta)$. 这个联合分布把总体信息、样本信息和先验信息三种可用信息都综合进去了.

(5) 我们的目的是要对未知参数 θ 作统计推断. 在没有样本信息时, 我们只能依据先验分布对 θ 作出推断. 在有了样本观测值 $X=(x_1,\cdots,x_n)$ 之后, 我们应依据 $h(X,\theta)$ 对 θ 作出推断. 若把 $h(X,\theta)$ 作如下分解: $h(X,\theta)=\pi(\theta|X)m(X)$, 其中 $m(X)$ 是 X 的边际概率密度函数,

$$m(X)=\int_{\Theta}h(X,\theta)\mathrm{d}\theta=\int_{\Theta}p(X|\theta)\pi(\theta)\mathrm{d}\theta, \tag{7-5-2}$$

它与 θ 无关, 或者说 $m(X)$ 中不含 θ 的任何信息. 因此能用来对 θ 作出推断的仅有条件分布 $\pi(\theta|X)$, 它的计算公式是

$$\pi(\theta|X)=\frac{h(X,\theta)}{m(X)}=\frac{p(X|\theta)\pi(\theta)}{\displaystyle\int_{\Theta}p(X|\theta)\pi(\theta)\mathrm{d}\theta}, \tag{7-5-3}$$

这个条件分布称为 θ 的**后验分布**, 它集中了总体、样本和先验中有关 θ 的一切信息. (6-4-3) 就是用密度函数表示贝叶斯公式, 它也是用总体和样本对先验分布 $\pi(\theta)$ 作调整的结果, 要比 $\pi(\theta)$ 更接近 θ 的实际情况.

7.5.3 贝叶斯估计

由后验分布 $\pi(\theta|X)$ 估计 θ 有三种常用的方法:

(1) 使用后验分布的密度函数最大值点作为 θ 的点估计的最大后验估计;

(2) 使用后验分布的中位数作为 θ 的点估计的后验中位数估计;

(3) 使用后验分布的均值作为 θ 的点估计的后验期望估计.

用得最多的是后验期望估计, 它一般也简称为**贝叶斯估计**, 记为 $\hat{\theta}_{\mathrm{B}}$.

例 7.5.2 设某事件 A 在一次试验中发生的概率为 θ, 为估计 θ, 对试验进行了 n 次独立观测, 其中事件 A 发生了 X 次, 显然 $X|\theta \sim B(n,\theta)$, 即

$$P(X=x|\theta)=\mathrm{C}_n^x\theta^x(1-\theta)^{n-x}, \quad x=0,1,\cdots,n.$$

假若我们在试验前对事件 A 没有什么了解, 从而对其发生的概率 θ 也没有任何信息. 在这种场合, 贝叶斯本人建议采用“同等无知”的原则使用区间 $(0,1)$ 上的均匀分布 $U(0,1)$ 作为 θ 的先验分布, 因为它取 $(0,1)$ 上的每一点的机会均等. 贝叶斯的这个建议被后人称为贝叶斯假设. 由此即可利用贝叶斯公式求出 θ 的后验分布. 具体如下: 先写出 X 和 θ 的联合分布

$$h(x,\theta)=\mathrm{C}_n^x\theta^x(1-\theta)^{n-x}, \quad x=0,1,\cdots,n, \quad 0<\theta<1,$$

然后求 X 的边际分布 $m(x)=\mathrm{C}_n^x\displaystyle\int_0^1\theta^x(1-\theta)^{n-x}\mathrm{d}\theta=\mathrm{C}_n^x\frac{\Gamma(x+1)\Gamma(n-x+1)}{\Gamma(n+2)}$, 最后求出 θ 的后验分布

$$\pi(\theta|X)=\frac{h(x,\theta)}{m(x)}=\frac{\Gamma(n+2)}{\Gamma(x+1)\Gamma(n-x+1)}\theta^{(x+1)-1}(1-\theta)^{(n-x+1)-1}, \quad 0<\theta<1.$$

最后的结果说明 $\theta|x \sim \mathrm{Be}(x+1,n-x+1)$, 其后验期望估计为

$$\hat{\theta}_{\mathrm{B}}=E(\theta|x)=\frac{x+1}{n+2}. \tag{7-5-4}$$

假如不用先验信息, 只用总体信息与样本信息, 那么事件 A 发生的概率的最大似然估计为

$$\hat{\theta}_{\mathrm{M}}=\frac{x}{n},$$

它与贝叶斯估计是不同的两个估计. 某些场合, 贝叶斯估计要比最大似然估计更合理一点. 比如, 在产品抽样检验中只区分合格品和不合格品, 对质量好的产品批, 抽检的产品常为合格品, 但“抽检 3 个全是合格品”与“抽检 10 个全是合格品”这两个事件在人们心目中留下的印象是不同的, 后者的质量比前者更信得过. 这种差别在不合格品率 θ 最大似然估计 $\hat{\theta}_{\mathrm{M}}$ 中反映不出来 (两者都为 0), 而用贝叶斯估计 $\hat{\theta}_{\mathrm{B}}$ 则有所反映, 两者分别是 $1/(3+2)=0.20$

和 $1/(10+2)=0.083$. 类似地, 对质量差的产品批, 抽检的产品常为不合格品, 这时“抽检 3 个全是不合格品”与“抽检 10 个全是不合格品”也是有差别的两个事件, 前者质量很差, 后者则不可救药. 这种差别用 $\hat{\theta}_{\mathrm{M}}$ 也反映不出 (两者都是 1), 而用 $\hat{\theta}_{\mathrm{B}}$ 则有所反映, 两者分别是 $(3+1)/(3+2)=0.80$ 和 $(10+1)/(10+2)=0.917$. 由此可以看到, 在这些极端情况下, 贝叶斯估计比最大似然估计更符合人们的理想.

例 7.5.3 设 $x_1,\cdots,x_n$ 是来自正态分布 $N(\mu,\sigma_0^2)$ 的一个样本, 其中 σ_0^2 已知, μ 未知, 假设 μ 的先验分布亦为正态分布 $N(\theta,\tau^2)$, 其中先验均值 θ 和先验方差 τ^2 均已知, 试求 μ 的贝叶斯估计.

解 样本 X 的分布和 μ 的先验分布分别为

$$p(X|\mu)=(2\pi\sigma_0^2)^{-n/2}\exp\left\{-\frac{1}{2\sigma_0^2}\sum_{i=1}^n(x_i-\mu)^2\right\},$$

$$\pi(\mu)=(2\pi\tau^2)^{-1/2}\exp\left\{-\frac{1}{2\tau^2}(\mu-\theta)^2\right\},$$

由此可以写出 X 与 μ 的联合分布

$$h(X,\mu)=k_1\cdot\exp\left\{-\frac{1}{2}\left[\frac{n\mu^2-2n\mu\bar{x}+\sum\limits_{i=1}^n x_i^2}{\sigma_0^2}+\frac{\mu^2-2\theta\mu+\theta^2}{\tau^2}\right]\right\}.$$

其中 $\bar{x}=\dfrac{1}{n}\sum\limits_{i=1}^n x_i, k_1=(2\pi)^{-(n+1)/2}\tau^{-1}\sigma_0^{-n}$. 若记

$$A=\frac{n}{\sigma_0^2}+\frac{1}{\tau^2},\quad B=\frac{n\bar{x}}{\sigma_0^2}+\frac{\theta}{\tau^2},\quad C=\frac{\sum\limits_{i=1}^n x_i^2}{\sigma_0^2}+\frac{\theta^2}{\tau^2},$$

则有 $h(X,\mu)=k_1\cdot\exp\left\{-\dfrac{1}{2}\left[A\mu^2-2B\mu+C\right]\right\}=k_1\cdot\exp\left\{-\dfrac{(\mu-B/A)^2}{2/A}-\dfrac{1}{2}(C-B^2/A)\right\}$.
注意到 A,B,C 均与 μ 无关, 由此容易算得样本的边际密度函数

$$m(X)=\int_{-\infty}^{+\infty}h(X,\mu)\mathrm{d}\mu=k_1\exp\left\{-\frac{1}{2}(C-B^2/A)\right\}(2\pi/A)^{1/2},$$

应用贝叶斯公式即可得到后验分布

$$\pi(\mu|X)=\frac{h(X,\mu)}{m(X)}=(2\pi/A)^{-1/2}\exp\left\{-\frac{1}{2/A}(\mu-B/A)^2\right\}.$$

这说明在样本给定后, μ 的后验分布为 $N(B/A,1/A)$, 即

$$\mu|X\sim N\left(\frac{n\bar{x}\sigma_0^{-2}+\theta\tau^{-2}}{n\sigma_0^{-2}+\tau^{-2}},\frac{1}{n\sigma_0^{-2}+\tau^{-2}}\right),$$

后验均值即为贝叶斯估计: $\hat{\mu}=\dfrac{n/\sigma_0^2}{n/\sigma_0^2+1/\tau^2}\bar{x}+\dfrac{1/\tau^2}{n/\sigma_0^2+1/\tau^2}\theta$. 它是样本均值 $\bar{x}$ 与先验均值 θ 的加权平均. 当总体方差 σ_0^2 较小或样本量 n 较大时, 样本均值 $\bar{x}$ 的权重较大; 当先验方差 τ^2 较小时, 先验均值 θ 的权重较大, 这一综合很符合人们的经验, 也是可以接受的.

7.5.4 共轭先验分布

从贝叶斯公式可以看出, 整个贝叶斯统计推断只要先验分布确定后就没有理论上的困难. 关于先验分布的确定有多种途径, 此处我们介绍一类最常用的先验分布类——共轭先验分布.

定义 7.5.1 设 θ 是总体参数, $\pi(\theta)$ 是其先验分布, 若对任意的样本观测值得到的后验分布 $\pi(\theta|X)$ 与 $\pi(\theta)$ 属于同一个分布族, 则称该分布族是 θ 的共轭先验分布 (族).

例 7.5.4 在例 7.5.2 中, 我们知道, $(0,1)$ 上的均匀分布就是贝塔分布的一个特例 $\mathrm{Be}(1,\ 1)$, 其对应的后验分布是 $\mathrm{Be}(x+1,n-x+1)$. 更一般地, 设 θ 的先验分布是 $\mathrm{Be}(a,b), a>0, b>0, a, b$ 均已知, 则由贝叶斯公式可以求出后验分布为 $\mathrm{Be}(x+a,n-x+b)$, 这说明贝塔分布是伯努利试验中成功概率的共轭先验分布.

类似地, 由例 7.5.3 可以看出, 在方差已知时正态总体均值的共轭先验分布是正态分布.

习 题 7.5

1. 设一页书上的错别字个数服从泊松分布 $P(\lambda), \lambda$ 有两个可能取值: 1.5 和 1.8, 且先验分布为 $P(\lambda=1.5)=0.45, P(\lambda=1.8)=0.55$, 现检查了一页, 发现有 3 个错别字, 试求 λ 的后验分布.

2. 设 $X_1,\cdots,X_n$ 是来自几何分布的样本, 总体分布列 $P(X=k|\theta)=\theta(1-\theta)^k, k=0,1,2,\cdots, \theta$ 的先验分布是均匀分布 $U(0,1)$. (1) 求 θ 的后验分布; (2) 若 4 次观测值为 4, 3, 1, 6, 求 θ 的贝叶斯估计.

3. 设总体为均匀分布 $U(\theta,\theta+1)$, θ 的先验分布是均匀分布 $U(10,16)$. 现有三个观测值: 11.7, 12.1, 12.0. 求 θ 的后验分布.

4. 验证: 泊松分布的均值 λ 的共轭先验分布是伽马分布.

5. 设 $X_1,\cdots,X_n$ 是来自如下总体的一个样本, $p(x|\theta)=\dfrac{2x}{\theta^2}, 0<x<\theta$.

(1) 若 θ 的先验分布是均匀分布 $U(0,1)$, 求 θ 的后验分布;

(2) 若 θ 的先验分布是 $\pi(\theta)=3\theta^2, 0<\theta<1$, 求 θ 的后验分布.

6. 设 $X_1,\cdots,X_n$ 是来自如下总体的一个样本

$$p(x|\theta)=\theta x^{\theta-1},\quad 0<x<1.$$

若取 θ 的先验分布为伽马分布, 即 $\theta\sim \mathrm{Ga}(\alpha,\lambda)$, 求 θ 的后验期望估计.

7. 设 $X_1,\cdots,X_n$ 是来自均匀分布 $U(0,\theta)$ 的样本, 若 θ 的先验分布是帕累托 (Pareto) 分布, 其密度函数为 $\pi(\theta)=\dfrac{\beta\theta_0^\beta}{\theta^{\beta+1}}, \theta>\theta_0$, 其中 β, θ_0 是两个已知的常数.

(1) 验证: 帕累托分布是 θ 的共轭先验分布; (2) 求 θ 贝叶斯估计.

8. 设 $X_1,\cdots,X_n$ 是来自如下幂级数总体的一个样本

$$p(x;c;\theta)=cx^{c-1}\theta^{-c}I_{(0\leqslant x\leqslant\theta)}\quad(c>0,\theta>0),$$

试证明: (1) 若 c 已知, 则 θ 的共轭先验分布为帕累托分布; (2) 若 θ 已知, 则 c 的共轭先验分布为伽马分布.

9. 某人每天早上在汽车站等公共汽车的时间 (单位: 分钟) 服从均匀分布 $U(0,\theta)$, 其中 θ 未知, 假设 θ 的先验分布为 $\pi(\theta)=\begin{cases}192/\theta^4, & \theta\geqslant 4,\\ 0, & \theta<4.\end{cases}$ 假如此人在三个早上等车的时间分别为 5,3,8 分钟, 求 θ 的后验分布.

10. 从正态总体 $N(\theta,2^2)$ 中抽取容量为 100 的样本, 又设 θ 的先验分布为正态分布, 证明: 不管先验分布的标准差是多少, 后验分布的标准差一定小于 1/5.

11. 设随机变量 X 服从负二项分布, 其概率分布为

$$p(x|p)=\mathrm{C}_{x-1}^{k-1}p^k(1-p)^{x-k},\quad x=k,k+1,\cdots.$$

证明成功的概率 p 其共轭先验分布族为贝塔分布族.

12. 从一批产品中抽检 100 个, 发现 3 个不合格品, 假定该产品的不合格率 θ 的先验分布为贝塔分布 $\mathrm{Be}(2,200)$, 求 θ 的后验分布.

应用举例 7　正弦信号参数的估计

问题的提出　正弦信号是一种基本信号, 十分广泛地应用于工农业生产和日常生活中. 另外, 从信号分析的角度来看, 任何变化规律复杂的信号都可以分解为按正弦规律变化的分量. 因此, 研究一个复杂信号激励下的电路响应, 可以利用叠加定理分别研究每一个正弦分量激励下的电路响应, 再叠加得到总的响应. 故对正弦稳态电路的分析在电路分析中占有非常重要的地位. 本质上, 具有周期性的经济数据可能很自然地适合这样的模型; 而在声呐和雷达中, 物理机械所产生的观测信号也是正弦的.

建模要求　设接收到带有高斯噪声的正弦信号

$$X(n)=A\cos(2\pi f_0 n+\varphi)+w(n),\quad n=0,1,2,\cdots,N-1,$$

其中 $A>0, 0<f_0<\dfrac{1}{2}$, φ 都为未知参数. 利用最大似然估计方法估计这些参数.

建模分析与求解　噪声的一维概率密度函数为 $p(x)=\dfrac{1}{\sqrt{2\pi}\sigma}\exp\left(-\dfrac{x^2}{2\sigma^2}\right)$, 则信号的 n 维概率密度函数为

$$p(x;\theta)=\frac{1}{(2\pi\sigma^2)^{\frac{N}{2}}}\exp\left[-\frac{1}{2\sigma^2}\sum_{n=0}^{N-1}(x(n)-A\cos(2\pi f_0 n+\varphi))^2\right].$$

通过求下式的最小值可得参数的极大似然估计 (MLE):

$$L(A,f_0,\varphi)=\sum_{n=0}^{N-1}(x(n)-A\cos(2\pi f_0 n+\varphi))^2,$$

即 $L(A,f_0,\varphi)=\sum\limits_{n=0}^{N-1}(x(n)-A\cos\varphi\cos 2\pi f_0 n+A\sin\varphi\sin 2\pi f_0 n)^2$.

令 $\alpha_1 = A\cos\varphi, \alpha_2 = -A\sin\varphi$, 则 $A = \sqrt{\alpha_1^2 + \alpha_2^2}, \varphi = \arctan\left(-\dfrac{\alpha_2}{\alpha_1}\right)$. 再令

$$\boldsymbol{C} = (1, \cos 2\pi f_0, \cos 4\pi f_0, \cdots, \cos 2\pi f_0 (N-1))^{\mathrm{T}},$$
$$\boldsymbol{S} = (1, \sin 2\pi f_0, \sin 4\pi f_0, \cdots, \sin 2\pi f_0 (N-1))^{\mathrm{T}},$$

于是可得

$$\begin{aligned} L'(\alpha_1, \alpha_2, f_0) &= (\boldsymbol{x} - \alpha_1 \boldsymbol{C} - \alpha_2 \boldsymbol{S})^{\mathrm{T}} (\boldsymbol{x} - \alpha_1 \boldsymbol{C} - \alpha_2 \boldsymbol{S}) \\ &= (\boldsymbol{x} - \boldsymbol{H}\boldsymbol{\alpha})^{\mathrm{T}} (\boldsymbol{x} - \boldsymbol{H}\boldsymbol{\alpha}), \end{aligned}$$

其中 $\boldsymbol{\alpha} = (\alpha_1, \alpha_2)^{\mathrm{T}}, \boldsymbol{H} = (\boldsymbol{C}\boldsymbol{S})$. 因此, $\boldsymbol{\alpha}$ 的最小值解为 $\hat{\boldsymbol{\alpha}} = \left(\boldsymbol{H}^{\mathrm{T}}\boldsymbol{H}\right)^{-1} \boldsymbol{H}^{\mathrm{T}}\boldsymbol{x}$, 代入上式, 可得

$$L'(\hat{\alpha}_1, \hat{\alpha}_2, f_0) = (\boldsymbol{x} - \boldsymbol{H}\hat{\boldsymbol{\alpha}})^{\mathrm{T}} (\boldsymbol{x} - \boldsymbol{H}\hat{\boldsymbol{\alpha}}) = \boldsymbol{x}^{\mathrm{T}} \left(\boldsymbol{I} - \boldsymbol{H}\left(\boldsymbol{H}^{\mathrm{T}}\boldsymbol{H}\right) - \boldsymbol{1}\boldsymbol{H}^{\mathrm{T}}\right) \boldsymbol{x},$$

可解得 $\hat{A} = \dfrac{2}{N}\left|\sum\limits_{n=0}^{N-1} x(n) \exp\left(-\mathrm{j}2\pi \hat{f}_0 n\right)\right|, \hat{\varphi} = \arctan \dfrac{-\sum\limits_{n=0}^{N-1} x(n) \sin 2\pi \hat{f}_0 n}{\sum\limits_{n=0}^{N-1} x(n) \cos 2\pi \hat{f}_0 n}$.

结论　可以利用最大似然估计法对正弦信号的参数进行学习.

第 8 章　假 设 检 验

本章将要对数理统计中的另一基本问题——假设检验进行讨论, 就是对总体的参数或总体本身进行设定 (假定), 通过样本验证你的设定是否成立, 也就是要作出接受设定 (假定) 还是否定设定 (假定) 的统计判断. 其主要内容包括关于参数的假设检验、关于分布的假设检验等.

8.1　假设检验的基本概念

8.1.1　假设检验的基本原理与步骤

首先让我们来看一个例子.

例 8.1.1　设某车间所生产铆钉的直径规定尺寸 (单位：cm) 为 $\mu_0=2$, 为了提高产量, 采用了一种新工艺, 假定新工艺生产的铆钉的直径服从方差为 0.11^2 的正态分布. 现从新工艺生产的铆钉中, 随机地抽取 5 个测其直径并算得其平均值: $\overline{x}=1.89$, 试问新工艺生产铆钉的平均直径是否与规定的尺寸相同?

设新工艺生产的铆钉的直径为 X, 按题设 $X\sim N(\mu,\sigma^2)$, 其中 $\sigma^2=0.11^2$, 根据题意要推断的命题是：$\mu=\mu_0$ 是否成立？可取两个相互对立的假设表示上述命题,

$$H_0:\mu=\mu_0;\quad H_1:\mu\neq\mu_0.$$

任务是通过所获得的数据检验假设 H_0 成立与否.

检验上述假设的基本思想是依据实际推断原理, 即小概率事件在一次试验中是不应该发生的.

下面根据实际推断原理建立上述假设的检验方法.

首先考虑统计量

$$U=\frac{\overline{X}-\mu_0}{\sigma/\sqrt{n}}.$$

需要注意, 当 H_0 成立, 即 μ_0 为总体 X 的期望时, $|U|$ 偏大的可能性应当较小, 即 $|U|$ 越大, 其可能性就越小. 于是利用统计量 U 便可构建一个小概率事件.

那么显然, 当 H_0 成立时, $U\sim N(0,1)$, 于是对很小的正数 α, 查标准正态分布函数表可得上侧 $\alpha/2$ 分位点 $u_{\alpha/2}$, 使得 $P\left(|U|\geqslant u_{\alpha/2}\right)=\alpha$. 易知, $\left\{|U|\geqslant u_{\alpha/2}\right\}$ 为小概率事件. 若有一次观测所获得的数据 $x_1,x_2,\cdots,x_n$ 算得 u 的值使得 $|u|\geqslant u_{\alpha/2}$, 从而意味着上述小概率事件发生了, 则根据实际推断原理, 应拒绝 H_0. 否则不能拒绝 H_0.

对例 8.1.1 所给出的数据. $\mu_0=2,n=5,\sigma=0.11,\overline{x}=1.89$, 从而算得

$$|u|=\frac{|\overline{x}-\mu_0|}{\sigma/\sqrt{n}}=\frac{|1.89-2|}{0.11/\sqrt{5}}=\sqrt{5}.$$

如果取 $\alpha = 0.05$, 可查得 $u_{\alpha/2} = u_{0.025} = 1.96$, 可知 $|u| = \sqrt{5} > 1.96 = u_{\alpha/2}$. 因此, 拒绝 H_0, 即可认为新工艺下生产铆钉的平均直径不同于规定的标准尺寸. 但是, 如果取 $\alpha = 0.01$, 可查得 $u_{\alpha/2} = u_{0.005} = 2.58$, 可知 $|u| = \sqrt{5} < 2.58 = u_{\alpha/2}$. 因此, 将会得出接受 H_0 的结论, 即可认为新工艺下生产铆钉的平均直径符合规定的标准尺寸.

通过以上分析, 我们看出假设检验原理类似于“反证法”, 通常的反证法是建立在严密的逻辑推导之上, 而这里的“反证法”是建立在实际推断原理 (小概率事件原理) 基础上, 并且推断结论与小概率事件的概率 α 选取有密切关系, 因此在描述统计结论时一定要强调在什么样的 α 下得出的.

下面给出假设检验的一些基本概念及假设检验的一般步骤.

(1) 根据问题提出要检验的二者必居其一的假设 H_0 和 H_1(称 H_0 为原假设, H_1 为备择假设);

(2) 取一个适当的统计量 (称为检验统计量). 一般在 H_0 成立和不成立时, 此统计量的取值应当有不同的倾向, 且在 H_0 成立时, 其分布是已知的;

(3) 给定一个很小的正数 α (称为显著性水平). 为了便于查表, α 常取为 0.1, 0.05, 0.01 等;

(4) 根据检验统计量在 H_0 成立时的分布及显著性水平 α, 构建一个小概率事件使其概率不超过 α;

(5) 根据样本值考察小概率事件是否发生了, 如果发生了便依据实际推断原理拒绝 H_0, 否则不能拒绝 H_0 (称为接受 H_0).

拒绝还是接受 H_0, 完全取决于样本值. 我们将使得 H_0 被拒绝的那些样本值的集合为拒绝域, 常记为 W; 而使得接受 H_0 的那些样本值的集合为接受域, 记为 $\overline{W}$.

例 8.1.2 某工厂在正常情况下生产的电灯泡的使用寿命 (单位: h) X 服从正态分布 $N(1600, 80^2)$, 从该工厂生产的一批灯泡中随机抽取 10 个灯泡, 测得它们使用寿命的均值 $\bar{x} = 1548$, 如果电灯泡的使用寿命的方差不变, 能否认为该工厂生产的这批灯泡使用寿命的均值 $\mu = 1600$?

解 设该批电灯泡的寿命为 X, 按题设 $X \sim N(\mu, \sigma^2)$, 其中 $\sigma^2 = 80^2$, 提出原假设与备择假设: $H_0 : \mu = \mu_0 = 1600; H_1 : \mu \neq \mu_0 = 1600$. 任务是通过所获得的数据检验假设 H_0 成立与否.

考虑统计量

$$U = \frac{\overline{X} - \mu_0}{\sigma/\sqrt{n}},$$

当 H_0 成立时, $U \sim N(0,1)$, 取显著性水平 $\alpha = 0.05$, 可查得 $u_{\alpha/2} = u_{0.025} = 1.96$, $P(|U| \geqslant 1.96) = 0.05$, 而 $|u| = 2.06 > 1.96$. 因此, 拒绝 H_0, 即可认为该工厂生产的这批灯泡使用寿命的均值 $\mu \neq 1600$.

8.1.2 假设检验的两类错误

显著性检验会不会犯推断错误？当然会, 因为当 H_0 为真时, 小概率事件 $\{X_1, X_2, \cdots, X_n\} \in W$ 还是有可能发生的, 然而依据显著性检验, 若它发生了, 我们就把真命题 H_0 拒绝了, 这样就出现了推断错误. 总结起来, 显著性检验会犯如下两类错误.

第 I 类错误：当 H_0 为真时, 但 $\{X_1, X_2, \cdots, X_n\} \in W$, 导致 H_0 被拒绝, 这是一种“以真当假”弃真性质的错误;

第 Ⅱ 类错误：当 H_0 不真 (即 H_1 为真) 时, 但 $\{X_1, X_2, \cdots, X_n\} \notin W$, 导致 H_0 被接受了, 这是一种“以假当真”取伪性质的错误.

表 8-1-1 列出了显著性检验正确和错误的所有情形.

表 8-1-1 显著性检验正确和错误的所有情形表

实际情况 \ 推断情况	拒绝 H_0	接受 H_0
H_0 为真	犯第 I 类错误	正确
H_0 不真 (H_1 为真)	正确	犯第 Ⅱ 类错误

若检验法的拒绝域为 W, 则它犯第 I 类错误的概率为

$$P(\{X_1, X_2, \cdots, X_n\} \in W | H_0 \text{ 成立}) = \alpha,$$

从而说明犯第 I 类错误的概率即为显著性水平 α, α 给定的值越小, 犯第 I 类错误的概率也就越小, 则可见犯第 I 类错误的概率是可控制的.

犯第 Ⅱ 类错误的概率为

$$P(\{X_1, X_2, \cdots, X_n\} \in \overline{W} | H_0 \text{ 不成立}) = \beta.$$

以例 8.1.1 为例, 犯第 Ⅱ 类错误的概率为

$$\begin{aligned}
\beta &= P\left(|U| < u_{\alpha/2} | H_0 \text{ 不成立}\right) \\
&= P\left(-u_{\alpha/2} < \frac{\overline{X} - \mu_0}{\sigma/\sqrt{n}} < u_{\alpha/2} \middle| \mu \neq \mu_0\right) \\
&= P\left(-u_{\alpha/2} < \frac{\overline{X} - \mu + \mu - \mu_0}{\sigma/\sqrt{n}} < u_{\alpha/2} \middle| \mu \neq \mu_0\right) \\
&= P\left(-u_{\alpha/2} - \frac{\mu - \mu_0}{\sigma/\sqrt{n}} < \frac{\overline{X} - \mu}{\sigma/\sqrt{n}} < u_{\alpha/2} - \frac{\mu - \mu_0}{\sigma/\sqrt{n}} \middle| \mu \neq \mu_0\right) \\
&= \Phi\left(u_{\alpha/2} - \frac{\mu - \mu_0}{\sigma/\sqrt{n}}\right) - \Phi\left(-u_{\alpha/2} - \frac{\mu - \mu_0}{\sigma/\sqrt{n}}\right).
\end{aligned}$$

将本例中数据代入则可得到犯第 Ⅱ 类错误的概率

$$\beta = \Phi\left(1.96 - \frac{\mu - 2}{0.11/\sqrt{5}}\right) - \Phi\left(-1.96 - \frac{\mu - 2}{0.11/\sqrt{5}}\right).$$

可知, 第 Ⅱ 类错误的概率比较复杂, 与真值 μ 的大小有关. 容易看出, 当 μ 接近 2 时, β 则接近于 $\Phi(1.96) - \Phi(-1.96) = 2\Phi(1.96) - 1 = 2(1 - 0.025) - 1 = 0.95$, 而当 $n \to \infty$ 时, β 将趋于零.

此外, 当 $\alpha \to 0$ 时, $u_{\alpha/2} \to +\infty$, 此时 $\beta \to \Phi(+\infty) - \Phi(-\infty) = 1$.

当 $\alpha \to 1$ 时, $u_{\alpha/2} \to u_{0.5} = 0$, 此时 $\beta \to \Phi\left(\dfrac{2-\mu}{0.11/\sqrt{5}}\right) - \Phi\left(\dfrac{2-\mu}{0.11/\sqrt{5}}\right) = 0.$

从而可见, 犯第 I 类错误的概率越小, 犯第 II 类错误的概率就越大, 反之也成立. 该规律在极为广泛的情况中也成立. 要同时控制犯第 I、第 II 类错误的概率, 只有增加样本容量.

8.1.3 双侧假设检验与单侧假设检验

上述关于参数的假设检验中, 当统计量 U 的观测值的绝对值大于临界值 $u_{\alpha/2}$, 即 U 的观测值落在 $\left(-\infty, -u_{\alpha/2}\right) \cup \left(u_{\alpha/2}, +\infty\right)$ 内时, 则拒绝原假设 H_0, 通常把这样的区间称为关于原假设 H_0 的拒绝域. 因为上述拒绝域分别位于两侧, 所以把这类假设检验称为**双侧假设检验**.

除了双侧假设检验外, 有时还会用到单侧假设检验. 以例 8.1.2 为例, 实际上我们关心的主要是这批电灯泡的使用寿命均值 μ 是否下降到某个值 (1600h) 以下, 即原假设、备择假设分别为

$$H_0: \mu \geqslant \mu_0 = 1600; \quad H_1: \mu < \mu_0 = 1600.$$

检验统计量 $U = \dfrac{\overline{X} - \mu_0}{\sigma/\sqrt{n}}$, 由于原假设 H_0 比较复杂, 我们分别讨论如下:

(1) 设 $\mu = \mu_0$, 则对于给定的显著性水平 α, 有

$$P\left(U < -u_\alpha\right) = P\left(\frac{\overline{X} - \mu_0}{\sigma/\sqrt{n}} < -u_\alpha\right) = \alpha.$$

(2) 设 $\mu > \mu_0$, 则因 μ 是总体均值, 所以对于给定的显著性水平 α, 有

$$P\left(\frac{\overline{X} - \mu}{\sigma/\sqrt{n}} < -u_\alpha\right) = \alpha.$$

注意到当 $\mu > \mu_0$ 时, 有 $\dfrac{\overline{X} - \mu}{\sigma/\sqrt{n}} < \dfrac{\overline{X} - \mu_0}{\sigma/\sqrt{n}}$, 即 $\left(\dfrac{\overline{X} - \mu}{\sigma/\sqrt{n}} < -u_\alpha\right) \supset \left(\dfrac{\overline{X} - \mu_0}{\sigma/\sqrt{n}} < -u_\alpha\right)$, 进而 $P\left(\dfrac{\overline{X} - \mu_0}{\sigma/\sqrt{n}} < -u_\alpha\right) \leqslant P\left(\dfrac{\overline{X} - \mu}{\sigma/\sqrt{n}} < -u_\alpha\right) = \alpha.$

综合上面的讨论可知, 在原假设 $H_0: \mu \geqslant \mu_0 = 1600$ 成立的条件下, $P(U < -u_\alpha) \leqslant \alpha$, 事件 $\{U < -u_\alpha\}$ 是小概率事件. 如果抽样结果是 $u < -u_\alpha$, 则拒绝 H_0, 否则, 接受 H_0.

例 8.1.3 在例 8.1.2 中, 是否可认为该工厂生产的这批电灯泡的使用寿命的均值 μ 不小于 1600h?

解 设该批电灯泡的寿命为 X, 按题设 $X \sim N(\mu, \sigma^2)$, 其中 $\sigma^2 = 80^2$, 要检验的假设是

$$H_0: \mu \geqslant \mu_0 = 1600; \quad H_1: \mu < \mu_0 = 1600.$$

考虑统计量 $U = \dfrac{\overline{X} - \mu_0}{\sigma/\sqrt{n}}$.

取显著性水平 $\alpha = 0.05$, 可查得 $u_\alpha = u_{0.05} = 1.645$, 当 H_0 成立时, $P(U < -1.645) \leqslant 0.05$, 而 $u = -2.06 < -1.645$. 因此, 拒绝 H_0, 即可认为该工厂生产的这批灯泡使用寿命的均值 μ 显著地小于 1600h.

上述假设检验中, 当统计量 U 的观测值落在 $(-\infty, -u_\alpha)$ 内时, 则拒绝原假设 H_0, 因为上述拒绝域位于一侧, 所以把这类假设检验称为**单侧假设检验**. 按照拒绝域位于左侧或右侧, 单侧假设检验又可分为**左侧假设检验**或**右侧假设检验**. 类似地, 关于假设

$$H_0 : \mu = \mu_0; \quad H_1 : \mu > \mu_0$$

或

$$H_0 : \mu \leqslant \mu_0; \quad H_1 : \mu > \mu_0$$

的检验都是右侧假设检验.

8.1.4 检验的 p 值

假设检验的结论通常是简单的, 在给定的显著性水平下, 不是拒绝原假设就是保留原假设. 然而有时也会出现这样的情况：在一个较大的显著性水平下得到拒绝原假设的结论, 而在一个较小的显著性水平下却会得到相反的结论. 这种情况在理论上很容易解释, 但这种情况在应用中会带来一些麻烦. 假如这时一个人主张选择显著性水平 $\alpha = 0.05$, 而另一个人主张选择 $\alpha = 0.01$, 则第一个人的结论是拒绝 H_0, 而另一个人的结论是接受 H_0, 我们该如何处理这一问题呢？下面从一个例子谈起.

例 8.1.4 一支香烟中的尼古丁含量 X 服从正态分布 $N(\mu, 1)$, 质量标准规定 μ 不能超过 1.5mg. 现从某厂生产的香烟中随机抽取 20 支测得其平均每支香烟尼古丁含量为 $\bar{x} = 1.97$mg, 试问该厂生产的香烟尼古丁含量是否符合质量标准的规定.

这是一个单侧假设检验问题, 原假设与备择假设是 $H_0 : \mu \leqslant 1.5; H_1 : \mu > 1.5$. 由于总体的标准差已知, 故采用 U 检验, 由数据, $U = \dfrac{\overline{X} - \mu_0}{\sigma/\sqrt{n}} = \dfrac{1.97 - 1.5}{1/\sqrt{20}} = 2.10$, 对一些常用的显著性水平, 表 8-1-2 列出了相应的拒绝域和检验结论.

表 8-1-2 例 8.1.4 中的拒绝域和检验结论

显著性水平	拒绝域	$u = 2.10$ 对应的结论
$\alpha = 0.05$	$u \geqslant 1.645$	拒绝 H_0
$\alpha = 0.025$	$u \geqslant 1.96$	拒绝 H_0
$\alpha = 0.01$	$u \geqslant 2.33$	接受 H_0
$\alpha = 0.005$	$u \geqslant 2.58$	接受 H_0

我们看到, 不同的 α 有不同的结论. 现在我们换一个角度来看, 在 $\mu = 1.5$ 时, U 的分布服从标准正态分布 $N(0, 1)$, 此时可算得 $P(U \geqslant 2.10) = 0.0179$, 若以 0.0179 为基准来看上述检验问题, 当 $\alpha > 0.0179$ 时, 都会作出拒绝原假设的结论, 相反当 $\alpha < 0.0179$ 时, 都会作出接受原假设的结论, 即 $\alpha = 0.0179$ 是能用观测值 2.10 作出 “拒绝 H_0” 的最小的显著性水平, 这就是 p 值.

定义 8.1.1 在一个假设检验问题中, 利用观测值能够作出拒绝原假设的最小显著性水平称为检验的 p 值.

引进检验的 p 值的概念有很明显的好处. 首先, 它比较客观, 避免了事先确定显著性水平. 其次, 由检验的 p 值与人们心目中的显著性水平 α 进行比较可以很容易作出检验的结论: 如果 $\alpha \geqslant p$, 则在显著性水平 α 下拒绝 H_0; 如果 $\alpha < p$, 则在显著性水平 α 下接受 H_0.

习 题 8.1

1. 请举例说明假设检验的原理步骤.

2. 请举例说明在假设检验问题中, 若检验结果是接受原假设, 则检验可能犯哪一类错误? 若检验结果拒绝原假设, 则又有可能犯哪一类错误?

3. 请举例说明单侧检验与双侧检验的区别.

4. 请举例说明当样本容量 $n \to \infty$ 时, 犯第 I 类、第 II 类错误 $\alpha \to 0, \beta \to 0$.

5. 设 $X_1, \cdots, X_n$ 是来自 $N(\mu, 1)$ 的样本, 考虑如下假设检验问题 $H_0: \mu = 2; H_1: \mu = 3$. 若检验由拒绝域 $W = \left\{\overline{X} \geqslant 2.6\right\}$ 确定. (1) 当 $n = 20$ 时求检验犯两类错误的概率; (2) 如果要使得检验犯第 II 类错误的概率 $\beta < 0.01$, n 最小应取多少?

6. 设 $X_1, \cdots, X_{10}$ 是来自 0-1 总体 $B(1, p)$ 的样本, 考虑如下检验问题

$$H_0: p = 0.2; \quad H_1: p = 0.4.$$

取拒绝域 $W = \left\{\overline{X} \geqslant 0.5\right\}$, 求该检验犯两类错误的概率.

7. 设 $X_1, \cdots, X_{20}$ 是来自 0-1 总体 $B(1, p)$ 的样本, 考虑如下检验问题

$$H_0: p = 0.2; \quad H_1: p \neq 0.2.$$

取拒绝域 $W = \left\{\overline{X} \geqslant 0.35 \text{ 或 } \overline{X} \leqslant 0.2\right\}$, 求在 $p = 0.05$ 时犯第 II 类错误的概率.

8. 设 $X_1, \cdots, X_{16}$ 是来自正态总体 $N(\mu, 4)$ 的样本, 考虑检验问题

$$H_0: \mu = 6; \quad H_1: \mu \neq 6,$$

拒绝域取 $W = \{|\overline{X} - 6| \geqslant c\}$, 试求 c 使得检验的显著性水平为 0.05, 并求该检验在 $\mu = 6.5$ 处犯第 II 类错误的概率.

9. 设总体为均匀分布 $U(0, \theta)$, $X_1, \cdots, X_n$ 是样本, 考虑检验问题

$$H_0: \theta \geqslant 3; \quad H_1: \theta < 3,$$

拒绝域取 $W = \{X_{(n)} \leqslant 2.5\}$, 求检验犯第 I 类错误的最大值 α, 若要使得该最大值 α 不超过 0.05, n 至少应取多大?

10. 设一个单一观测的样本取自密度函数为 $p(x)$ 的总体, 对 $p(x)$ 考虑统计假设:

$$H_0: p_0(x) = I_{0<x<1}; \quad H_1: p_1(x) = 2xI_{0<x<1}.$$

若其拒绝域的形式为 $W = \{X : X \geqslant c\}$, 试确定一个 c, 使得犯第 I 类、第 II 类错误的概率满足 $\alpha + 2\beta$ 为最小, 并求其最小值.

11. 设 $X_1, \cdots, X_{30}$ 是来自泊松分布总体 $P(\lambda)$ 的样本, 考虑如下单侧检验问题

$$H_0: \lambda \leqslant 0.1; \quad H_1: \lambda > 0.1.$$

试给出显著性水平 $\alpha = 0.05$ 的检验.

12. 有一批枪弹, 出厂时, 其初速度 $v \sim N(950, 1000)$(单位: m/s). 已经过较长时间储存 (平均的初速度一定不会提高), 取 8 发进行测试, 得样本值 (单位: m/s) 如下:

914, 910, 934, 953, 945, 912, 924, 940.

据检验, 枪弹经储存后其初速度仍服从正态分布, 且标准差保持不变, 要检验的问题是这批枪弹的初速率是否有显著降低. 试问: (1) 这是单侧检验问题还是双侧检验问题? (2) 在显著性水平 $\alpha = 0.05$ 下作出统计判断.

8.2 正态总体参数的假设检验

8.2.1 单个正态总体数学期望的假设检验

1. 已知 $\sigma^2 = \sigma_0^2$ 时, μ 的假设检验

(1) μ 的双边检验.

$$H_0 : \mu = \mu_0; \quad H_1 : \mu \neq \mu_0.$$

取检验统计量

$$U = \frac{\overline{X} - \mu_0}{\sigma_0/\sqrt{n}}. \tag{8-2-1}$$

因为 $\overline{X}$ 为 μ 的无偏估计, 所以, 当 H_0 为真值时, $\left|\overline{X} - \mu_0\right|$ 不应该太大, 因此拒绝域 W 的形式应该体现出 $\left|\overline{X} - \mu_0\right|$ 偏大, 从而设 W 的形式为 $|U| \geqslant K$, 其中 K 称为临界值.

假定 H_0 为真值, 则 $U \sim N(0,1)$, 设显著性水平为 α, 令 $P(|U| \geqslant K) = \alpha$, 得到 $K = u_{\alpha/2}$, 此处 $K = u_{\alpha/2}$ 为标准正态分布的上 $\alpha/2$ 分位点. 所以拒绝域为 $W = \left\{|U| \geqslant u_{\alpha/2}\right\}$. 当 $\alpha = 0.05$ 时, $u_{\alpha/2} = u_{0.025} = 1.96$, 所以拒绝域为 $W = \{|U| \geqslant 1.96\}$. 根据抽样的结果算出 U 的观测值 u, 当 $u \in W$ 时, 则在水平 α 下, 拒绝 H_0 (接受 H_1), 否则接受 H_0 (拒绝 H_1).

(2) μ 的单边检验.

这里 $H_0 : \mu \leqslant \mu_0; H_1 : \mu > \mu_0$, 统计量为

$$U = \frac{\overline{X} - \mu_0}{\sigma_0/\sqrt{n}}.$$

需要注意, 即使 H_0 为真, 此处 U 不再服从 $N(0,1)$.

由于 $H_1 : \mu > \mu_0$, 又因为 $\overline{X}$ 为 μ 的无偏估计, 因此拒绝域 W 的形式应该体现出 $\overline{X} - \mu_0$ 偏大, 所以设 W 的形式为 $U \geqslant K$.

设显著性水平为 α, 由于 U 的精确分布算不出来, 因此我们不能像 (1) 中那样, 从令 $P(|U| \geqslant K) = \alpha$ 中确定临界值 K, 因此需要考虑另外一个随机变量

$$U' = \frac{\overline{X} - \mu}{\sigma_0/\sqrt{n}} \sim N(0,1).$$

假设 H_0 为真, 因为 $\mu \leqslant \mu_0$, 所以 $\overline{X} - \mu \geqslant \overline{X} - \mu_0$, 则

$$U = \frac{\overline{X} - \mu_0}{\sigma_0/\sqrt{n}} \leqslant \frac{\overline{X} - \mu}{\sigma_0/\sqrt{n}} = U'.$$

当 $U \geqslant K$ 时, 不等式 $U' \geqslant K$ 一定成立, 即事件 $\{U \geqslant K\} \subset \{U' \geqslant K\}$, 按照概率的性质, 可得 $P(U \geqslant K) \leqslant P(U' \geqslant K)$, 若设 $P(U' \geqslant K) = \alpha$, 可得 $K = u_\alpha$. 这里 u_α 为标准正态分布的上 α 分位点, 从而由 $P(U \geqslant u_\alpha) \leqslant P(U' \geqslant u_\alpha)$, 可得到 $P(U \geqslant u_\alpha) \leqslant \alpha$, 由此可确定拒绝域 $W = \{U \geqslant u_\alpha\}$. 按照抽样结果算出 U 的观测值 u, 当 $u \in W$ 时, 在显著性水平 α 下, 拒绝 H_0 (接受 H_1), 否则接受 H_0 (拒绝 H_1).

采用完全类似的方法得到在 $H_0: \mu \geqslant \mu_0$ 或者 $\mu > \mu_0$; $H_1: \mu < \mu_0$ 或者 $\mu \leqslant \mu_0$, 在显著性水平 α 下的拒绝域 $W = \{U \leqslant -u_\alpha\}$.

2. 当 σ^2 未知, 数学期望 μ 的假设检验

(1) μ 的双边检验.

此处 $H_0: \mu = \mu_0$; $H_1: \mu \neq \mu_0$, 可得到显著性水平 α 下, 拒绝域 $W = \left\{|T| \geqslant t_{\alpha/2}(n-1)\right\}$. 这里 $t_{\alpha/2}(n-1)$ 为自由度 $(n-1)$ 的 t 分布的上 $\alpha/2$ 分位点. 其中检验统计量

$$T = \frac{\overline{X} - \mu_0}{S/\sqrt{n}}, \tag{8-2-2}$$

S 为样本的标准差, n 为样本容量.

(2) μ 的单边检测.

这里 $H_0: \mu \leqslant \mu_0$ 或者 $\mu < \mu_0$; $H_1: \mu > \mu_0$ 或者 $\mu \geqslant \mu_0$, 同样设检验统计量为

$$T = \frac{\overline{X} - \mu_0}{S/\sqrt{n}},$$

因为 $H_1: \mu > \mu_0$, 又因为 $\overline{X}$ 为 μ 的无偏估计量, 因此拒绝 H_0, 接受 H_1 的拒绝域形式应该体现在 $\overline{X} - \mu_0$ 偏大, 因此设 W 的形式为 $T \geqslant K$, 其中, K 为临界值. 设显著性水平为 α, 因为 T 的分布为未知的, 引入随机变量

$$T' = \frac{\overline{X} - \mu}{S/\sqrt{n}} \sim t(n-1).$$

可知, 当 H_0 为真时 $T \leqslant T'$, 所以 $\{T \geqslant K\} \subset \{T' \geqslant K\}$.

设 $P(T' \geqslant K) = \alpha$, 从而可得到 $P(T \geqslant t_\alpha(n-1)) \leqslant P(T' \geqslant t_\alpha(n-1)) = \alpha$, 拒绝域 $W = \{T \geqslant t_\alpha(n-1)\}$. 此处 $t_\alpha(n-1)$ 为自由度 $(n-1)$ 的 t 分布的上 α 分位点.

按照抽样的结果算出 T 的观测值 t, 当 $t \in W$ 时, 那么在显著性水平 α 下, 拒绝 H_0(接受 H_1), 否则接受 H_0(拒绝 H_1).

采用类似的方法可得到显著性水平 α 下检验 $H_0: \mu \geqslant \mu_0$ 或者 $\mu > \mu_0$; $H_1: \mu < \mu_0$ 或者 $\mu \leqslant \mu_0$.

检验统计量为

$$T = \frac{\overline{X} - \mu_0}{S/\sqrt{n}}.$$

拒绝域 W 为

$$W = \{T < -t_\alpha(n-1)\}.$$

在上面的假设检验中, 采用了 t 分布来确定拒绝域 W, 统计上称为 t 检验法. 将上述结果归纳, 可得表 8-2-1.

表 8-2-1 单一正态总体期望 μ 的假设检验

类别	H_0	H_1	$\sigma^2=\sigma_0^2$ 已知		σ^2 未知	
			检验统计量	拒绝域 W	检验统计量	拒绝域 W
双边检验	$\mu=\mu_0$	$\mu\neq\mu_0$	$U=\dfrac{\overline{X}-\mu_0}{\sigma_0/\sqrt{n}}$	$\lvert U\rvert\geqslant u_{\alpha/2}$	$T=\dfrac{\overline{X}-\mu_0}{S/\sqrt{n}}$	$\lvert T\rvert\geqslant t_{\alpha/2}(n-1)$
单边检验	$\mu\leqslant\mu_0$	$\mu>\mu_0$		$U\geqslant u_\alpha$		$T\geqslant t_\alpha(n-1)$
	$\mu\geqslant\mu_0$	$\mu<\mu_0$		$U\leqslant -u_\alpha$		$T\leqslant -t_\alpha(n-1)$

例 8.2.1 使用某种仪器间接测量某金属的硬度 X 服从 $N(\mu,\sigma^2)$, 现在重复测量 5 次, 所得数据如下：175, 173, 178, 174, 176. 然而使用别的精确办法测得该金属硬度为 179 (可看作硬度的真值). 试问在 $\alpha=0.05$ 下仪器间接测量有无系统偏差?

解 该问题可以归结为未知 σ^2 时, μ 的双边检验.

此处 $H_0:\mu=\mu_0=179;H_1:\mu\neq179$, 因为 σ^2 未知, 因此使用 t 检验法, 统计量 $T=\dfrac{\overline{X}-\mu_0}{S/\sqrt{n}}$, 拒绝域 W 为

$$W=\left\{|T|\geqslant t_{\alpha/2}(n-1)\right\}=\{|T|\geqslant t_{0.025}(4)\}=\{|T|\geqslant 2.776\}.$$

根据样本算出 $\overline{x}=175.2, s^2=3.7, s=1.92$, 因此

$$t=\frac{\overline{x}-\mu_0}{s/\sqrt{n}}=\frac{175.2-179}{1.92/\sqrt{5}}=-4.426.$$

由于 $|t|=4.426>2.776$, 因而, 在 $\alpha=0.05$ 下, 拒绝 H_0, 即认为仪器间接测量硬度有系统偏差.

8.2.2 单个正态总体方差的假设检验

在各种情况下, 单一正态总体方差 σ^2 假设检验的统计量和拒绝域, 如表 8-2-2 所示, 表中 n 为样本容量, S^2 为样本方差.

表 8-2-2 单一正态总体方差 σ^2 的假设检验

类别	H_0	H_1	$\mu=\mu_0$ 已知		μ 未知	
			检验统计量	拒绝域 W	检验统计量	拒绝域 W
双边检验	$\sigma^2=\sigma_0^2$	$\sigma^2\neq\sigma_0^2$	$\chi^2=\dfrac{\sum\limits_{i=1}^{n}(X_i-\mu_0)^2}{\sigma_0^2}$	$\chi^2\geqslant\chi^2_{\alpha/2}(n)$ 或 $\chi^2\leqslant\chi^2_{1-\alpha/2}(n)$	$\chi^2=\dfrac{(n-1)S^2}{\sigma_0^2}$	$\chi^2\geqslant\chi^2_{\alpha/2}(n-1)$ 或 $\chi^2\leqslant\chi^2_{1-\alpha/2}(n-1)$
单边检验	$\sigma^2\leqslant\sigma_0^2$	$\sigma^2>\sigma_0^2$		$\chi^2\geqslant\chi^2_\alpha(n)$		$\chi^2\geqslant\chi^2_\alpha(n-1)$
	$\sigma^2\geqslant\sigma_0^2$	$\sigma^2<\sigma_0^2$		$\chi^2\leqslant\chi^2_{1-\alpha}(n)$		$\chi^2\leqslant\chi^2_{1-\alpha}(n-1)$

表 8-2-2 中各个拒绝域 W 的推导过程完全类似, 下面推导当已知 $\mu=\mu_0$ 时, σ^2 的双边检验的拒绝域 W. 此时, $H_0:\sigma^2=\sigma_0^2;H_1:\sigma^2\neq\sigma_0^2$. 假设 H_0 为真, 根据相应情况下求 σ^2 的置信区间时利用随机变量函数 $\dfrac{\sum\limits_{I=1}^{n}(X_i-\mu_0)^2}{\sigma^2}$ 的启发, 统计量

$$\chi^2 = \frac{\sum_{i=1}^{n}(X_i-\mu_0)^2}{\sigma_0^2} \sim \chi^2(n). \tag{8-2-3}$$

因为 $H_1:\sigma^2 \neq \sigma_0^2$, 又因为 $\frac{1}{n}\sum_{i=1}^{n}(X_i-\mu_0)^2$ 为 σ^2 的无偏估计, 因此拒绝域 W 的形式应该体现出 $\chi^2 = \frac{\sum_{i=1}^{n}(X_i-\mu_0)^2}{\sigma_0^2}$ 偏大或者偏小, 因此设 W 的形式为 $\chi^2 \leqslant K_1$ 或 $\chi^2 \geqslant K_2$.

设显著性水平为 α, 设 $P\left(\left(\chi^2 \leqslant K_1\right) \cup \left(\chi^2 \geqslant K_2\right)\right) = \alpha$, 为了确定临界值 K_1 与 K_2, 并使用等尾检验原理, 因此设 $K_2 = \chi^2_{\alpha/2}(n)$, 则有 $K_1 = \chi^2_{1-\alpha/2}(n)$, 因此拒绝域 W 为 $\left\{\chi^2 \leqslant \chi^2_{1-\alpha/2}(n)\right\} \cup \left\{\chi^2 \geqslant \chi^2_{\alpha/2}(n)\right\}$.

例 8.2.2 某车间生产金属丝的折断力服从 $N(\mu,\sigma^2)$, 质量一向稳定, 方差 $\sigma^2 = 64\text{kg}^2$. 现在一批金属丝中抽查 10 根, 测得折断力的样本方差为 75.73kg^2, 试问是否可以认为该批金属丝折断力的方差也是 64kg^2, $\alpha = 0.05$.

解 问题归结为未知 μ 时, σ^2 的双边检验, 此时

$$H_0:\sigma^2 = 64; \quad H_1:\sigma^2 \neq 64, \quad n = 10, \quad s^2 = 75.73,$$

统计量为 $\chi^2 = \frac{(n-1)S^2}{\sigma_0^2} = \frac{(n-1)s^2}{64}$, 拒绝域 W 为 $\chi^2 \leqslant \chi^2_{1-\alpha/2}(n-1) = \chi^2_{0.975}(9) = 2.700$ 或 $\chi^2 \geqslant \chi^2_{\alpha/2}(n-1) = \chi^2_{0.025}(9) = 19.023$. 因为 χ^2 的观测值 $\chi^2 = \frac{9\times 75.73}{64} = 10.65$, 而 $2.700 < 10.65 < 19.023$. 因此, 在 $\alpha = 0.05$ 下, 接受 H_0, 即认为该批金属丝折断力的方差与 64kg^2 无显著性差异.

8.2.3 两个正态总体数学期望的假设检验

1. 一般情况两正态总体均值差的假设检验

设两个总体 $X \sim N(\mu_1,\sigma_1^2), Y \sim N(\mu_2,\sigma_2^2)$, 并且 X,Y 相互独立, S_1^2, S_2^2 分别为它们的样本方差, n_1, n_2 分别为样本容量, 在各种情况下, 两正态总体数学期望的假设检验的统计量和拒绝域, 如表 8-2-3 所示.

表 8-2-3 两个正态总体数学期望的假设检验

类别	H_0	H_1	σ_1^2,σ_2^2 已知		$\sigma_1^2=\sigma_2^2$ 未知	
			检验统计量	拒绝域 W	检验统计量	拒绝域 W
双边检验	$\mu_1=\mu_2$	$\mu_1\neq\mu_2$	$U=\dfrac{\overline{X}-\overline{Y}}{\sqrt{\dfrac{\sigma_1^2}{n_1}+\dfrac{\sigma_2^2}{n_2}}}$	$\lvert U\rvert \geqslant u_{\alpha/2}$	$T=\dfrac{\overline{X}-\overline{Y}}{S_w\sqrt{\dfrac{1}{n_1}+\dfrac{1}{n_2}}}$	$\lvert T\rvert \geqslant t_{\alpha/2}(n_1+n_2-2)$
单边检验	$\mu_1\leqslant\mu_2$	$\mu_1>\mu_2$		$U\geqslant u_\alpha$		$T\geqslant t_\alpha(n_1+n_2-2)$
	$\mu_1\geqslant\mu_2$	$\mu_1<\mu_2$		$U\leqslant -u_\alpha$		$T\leqslant -t_\alpha(n_1+n_2-2)$

表 8-2-3 中各个拒绝域的推导过程都类似, 下面推导当 $\sigma_1^2 = \sigma_2^2$ 未知时, 两总体期望单边检验的拒绝域. 此处 $H_0:\mu_1 \leqslant \mu_2; H_1:\mu_1 > \mu_2$. 假设 H_0 为真, 按照相应情况下求

$\mu_1-\mu_2$ 置信区间时用随机变量的函数

$$T=\frac{\overline{X}-\overline{Y}-(\mu_1-\mu_2)}{S_w\sqrt{\dfrac{1}{n_1}+\dfrac{1}{n_2}}}\sim t(n_1+n_2-2) \tag{8-2-4}$$

的启发, 现设统计量 $T=\dfrac{\overline{X}-\overline{Y}}{S_w\sqrt{\dfrac{1}{n_1}+\dfrac{1}{n_2}}}$, 因为 $H_1:\mu_1>\mu_2$, 又因为 $\overline{X},\overline{Y}$ 分别为 μ_1,μ_2 的无偏估计量, 所以拒绝域 W 的形式应体现出 $\overline{X}-\overline{Y}$ 偏大, 因此设 W 形式为 $T>K$.

因为 T 的精确分布算不出来, 所以再设

$$T'=\frac{\overline{X}-\overline{Y}-(\mu_1-\mu_2)}{S_w\sqrt{\dfrac{1}{n_1}+\dfrac{1}{n_2}}}\sim t(n_1+n_2-2),$$

由于 $\mu_1\leqslant\mu_2$, 可得 $T<T'$. 因此, $\{T\geqslant K\}\subset\{T'\geqslant K\}$.

设显著性水平为 α, 令 $P(T'\geqslant K)=\alpha$, 可得到 $K=t_\alpha(n_1+n_2-2)$, 此时有 $P(T\geqslant K)\leqslant\alpha$, 从而确定拒绝域 $W=\{T\geqslant t_\alpha(n_1+n_2-2)\}$.

例 8.2.3 某厂铸造车间为提高铸件的耐磨性而试制了一种镍合金铸件以取代铜合金铸件, 为此, 从两种铸件中各抽取一个容量分别为 8 和 9 的样本, 测得其硬度 (一种耐磨性指标) 为

镍合金：76.43, 76.21, 73.58, 69.69, 65.29, 70.83, 82.75, 72.34.

铜合金：73.66, 64.27, 69.34, 71.37, 69.77, 68.12, 67.27, 68.07, 62.21.

根据专业经验, 硬度服从正态分布, 且方差保持不变, 试在显著性水平 $\alpha=0.05$ 下判断镍合金的硬度是否有明显提高.

解 用 X 表示镍合金的硬度, 用 Y 表示铜合金的硬度, 则由假定,

$$X\sim N(\mu_1,\sigma^2),\quad Y\sim N(\mu_2,\sigma^2),$$

要检验的假设是 $H_0:\mu_1=\mu_2;H_1:\mu_1>\mu_2$, 由于两者方差未知但相等, 故采用两样本 t 检验, 经计算

$$\overline{x}=73.39,\quad \overline{y}=68.2311,\quad \sum_{i=1}^{8}(x_i-\overline{x})^2=191.7958,\quad \sum_{i=1}^{9}(y_i-\overline{y})^2=95.8431,$$

从而

$$s_w=\sqrt{\frac{191.7958+95.8431}{8+9-2}}=4.3790,\quad t=\frac{73.39-68.2311}{4.3790\times\sqrt{\dfrac{1}{8}+\dfrac{1}{9}}}=2.4246,$$

查表知 $t_{0.05}(15)=1.75$, 由于 $t>t_{0.05}(15)$, 故拒绝原假设, 可判断镍合金硬度有显著提高.

2. 成对数据检验

下面继续讨论成对数据检验问题, 设两个总体 $X \sim N(\mu_1, \sigma_1^2), Y \sim N(\mu_2, \sigma_2^2)$, 并且 X, Y 相互独立, 观测得到 n 对数据 $(X_1, Y_1), \cdots, (X_n, Y_n)$, S_1^2, S_2^2 分别为它们的样本方差, 我们通过一个例子介绍其方法.

例 8.2.4 10 个失眠患者, 服用甲、乙两种安眠药, 延长睡眠时间, 如表 8-2-4 所示.

表 8-2-4 患者相关数据表

药物＼患者	1	2	3	4	5	6	7	8	9	10
甲安眠药 X	1.9	0.8	1.1	0.1	−0.1	4.4	5.5	1.6	4.6	3.4
乙安眠药 Y	0.7	−1.6	−0.2	−1.2	−0.1	3.4	3.7	0.8	0	2.0

试问这两种安眠药在疗效上是否有显著性差异? 其中 $\alpha = 0.05$, 可认为服用两种安眠药后增加的睡眠时间近似服从正态分布.

解 如果两种安眠药延长的睡眠时间只受随机误差的影响, 那么根据误差理论可知

$$d_i = X_i - Y_i \sim N(0, \sigma^2),$$

因此, 问题化为方差 σ^2 未知的双边检验问题 $H_0: \mu = 0; H_1: \mu \neq 0$, 此处 d_i 分别为: 1.2, 2.4, 1.3, 1.3, 0, 1, 1.8, 0.8, 4.6, 1.4. 拒绝域为 $W = \{|T| \geqslant t_{\alpha/2}(n-1)\}$, 计算可得 $\overline{d} = 1.58, s = 1.167, \sqrt{n} = \sqrt{10} = 3.162$, 而 $t_{\alpha/2}(n-1) = t_{0.025}(9) = 2.26$, 由于 T 的观测值

$$T = \frac{|\overline{d} - \mu_0|}{s/\sqrt{n}} = \frac{|1.58 - 0|}{1.167/\sqrt{10}} = 4.281 > 2.26,$$

因此, 拒绝 H_0, 也就是认为该两种安眠药的治疗有显著性差异.

此问题也可利用两样本均值是否相等的假设检验, 什么条件下使用其中的一个方法更合理呢? 如两样本取样的条件不相同时, 如该例中样本的性别、年龄段、健康程度等不相同时, 两样本的差剔除了这些不确定因素, 只剩下安眠药的疗效, 这时应采用成对数据检验, 其结论适用的人群范围更广; 如果样本特征一样, 如相同的性别、年龄段、健康程度等, 则应利用两样本均值是否相等的假设检验, 因为它可提供更多的自由度去估计误差.

应注意, 成对数据的获得事先要作周密的安排 (即试验设计), 在获得成对数据时不能发生 “错位”, 从而准确获得 “成对数据” 的信息.

8.2.4 两正态总体方差的假设检验

设两总体 $X \sim N(\mu_1, \sigma_1^2), Y \sim N(\mu_2, \sigma_2^2)$, 并且 X, Y 相互独立, S_1^2, S_2^2 分别为它们的样本方差, n_1, n_2 分别为它们的样本容量, 在各种情况下, 两个正态总体方差假设检验的统计量和拒绝域, 如表 8-2-5 所示.

表 8-2-5 中各个拒绝域的推导过程均完全类似, 下面推导当 μ_1, μ_2 未知时, 两个总体方差双边检验的拒绝域.

此处 $H_0: \sigma_1^2 = \sigma_2^2; H_1: \sigma_1^2 \neq \sigma_2^2$, 假设 H_0 为真, 在相应情况下求 $\dfrac{\sigma_1^2}{\sigma_2^2}$ 置信区间时, 采用随机变量的函数

表 8-2-5 两个正态总体方差假设检验的统计量和拒绝域

类别	H_0	H_1	μ_1, μ_2 已知：检验统计量	μ_1, μ_2 已知：拒绝域 W
双边检验	$\sigma_1^2 = \sigma_2^2$	$\sigma_1^2 \neq \sigma_2^2$	$F = \dfrac{\frac{1}{n_1}\sum\limits_{i=1}^{n_1}(X_i - \mu_1)^2}{\frac{1}{n_2}\sum\limits_{i=1}^{n_2}(Y_i - \mu_2)^2}$	$F \geqslant F_{\alpha/2}(n_1, n_2)$ 或 $F \leqslant \dfrac{1}{F_{\alpha/2}(n_2, n_1)}$
单边检验	$\sigma_1^2 \leqslant \sigma_2^2$	$\sigma_1^2 > \sigma_2^2$		$F \geqslant F_{\alpha}(n_1, n_2)$
	$\sigma_1^2 \geqslant \sigma_2^2$	$\sigma_1^2 < \sigma_2^2$		$F \leqslant \dfrac{1}{F_{\alpha}(n_2, n_1)}$

类别	H_0	H_1	μ_1, μ_2 未知：检验统计量	μ_1, μ_2 未知：拒绝域 W
双边检验	$\sigma_1^2 = \sigma_2^2$	$\sigma_1^2 \neq \sigma_2^2$	$F = \dfrac{S_1^2}{S_2^2}$	$F \geqslant F_{\alpha/2}(n_1 - 1, n_2 - 1)$ 或 $F \leqslant \dfrac{1}{F_{\alpha/2}(n_2 - 1, n_1 - 1)}$
单边检验	$\sigma_1^2 \leqslant \sigma_2^2$	$\sigma_1^2 > \sigma_2^2$		$F \geqslant F_{\alpha}(n_1 - 1, n_2 - 1)$
	$\sigma_1^2 \geqslant \sigma_2^2$	$\sigma_1^2 < \sigma_2^2$		$F \leqslant \dfrac{1}{F_{\alpha}(n_2 - 1, n_1 - 1)}$

$$\frac{S_1^2/S_2^2}{\sigma_1^2/\sigma_2^2} \sim F(n_1 - 1, n_2 - 1)$$

的启发, 现设统计量

$$F = \frac{S_1^2}{S_2^2} \sim F(n_1 - 1, n_2 - 1), \tag{8-2-5}$$

此时 $\sigma_1^2 = \sigma_2^2$ 为真.

因为 $H_1: \sigma_1^2 \neq \sigma_2^2$, 又因为 S_1^2, S_2^2 分别为 σ_1^2, σ_2^2 的无偏估计, 因此拒绝域 W 的形式应该体现出 F 偏大或者偏小, 因而设 W 的形式为 $F \leqslant K_1$ 或者 $F \geqslant K_2$.

设显著性水平为 α, $P((F \leqslant K_1) \cup (F \geqslant K_2)) = \alpha$, 为了确定 K_1 和 K_2 的值, 并且使用等尾检验法原理, 因此令 $K_2 = F_{\alpha/2}(n_1 - 1, n_2 - 1)$, 则有 $K_1 = F_{1-\alpha/2}(n_1 - 1, n_2 - 1)$, 因此拒绝域 W 为

$$\left\{\left(F \geqslant F_{\alpha/2}(n_1 - 1, n_2 - 1)\right) \cup \left(F \leqslant \frac{1}{F_{\alpha/2}(n_2 - 1, n_1 - 1)}\right)\right\}.$$

例 8.2.5 续例 8.2.3, 试在显著性水平 $\alpha = 0.05$ 下判断镍合金与铜合金硬度的方差是否有显著差异.

解 要检验的假设是 $H_0: \sigma_1 = \sigma_2; H_1: \sigma_1 \neq \sigma_2$, 经计算

$$s_1^2 = \frac{1}{7}\sum_{i=1}^{8}(x_i - \overline{x})^2 = 27.3994, \quad s_2^2 = \frac{1}{8}\sum_{i=1}^{9}(y_i - \overline{y})^2 = 11.9804,$$

从而 $F = \dfrac{27.3994}{11.9804} = 2.2870$, 查表知

$$F_{0.025}(7, 8) = 4.53, \quad F_{0.975}(7, 8) = \frac{1}{F_{0.025}(8, 7)} = \frac{1}{4.9} = 0.20,$$

由此可见, 样本落入接受域内, 即可认为在显著性水平 $\alpha = 0.05$ 下镍合金与铜合金硬度的方差无显著差异.

读者也可在假定 $\mu_1 = 73.4, \mu_2 = 68.3$ 下做相应的判断.

习　题　8.2

1. 由经验知某零件质量 $X \sim N(15, 0.05^2)$(单位: g). 技术革新后, 抽出 6 个零件, 测得质量为: 14.7, 15.1, 14.8, 15.0, 15.2, 14.6. 已知方差不变, 问平均质量是否仍为 15g ($\alpha = 0.05$)?

2. 设需要对某正态总体的均值进行假设检验

$$H_0 : \mu = 15; \quad H_1 : \mu < 15.$$

已知 $\sigma^2 = 2.5$, 取 $\alpha = 0.05$, 若要求当 H_1 中的 $\mu \leqslant 13$ 时犯第 Ⅱ 类错误的概率不超过 0.05, 求所需的样本容量.

3. 化肥厂用自动打包机包装化肥, 某日测得 9 包化肥的重量 (单位：千克) 如下:

$$49.7, \quad 49.8, \quad 50.3, \quad 50.5, \quad 49.7, \quad 50.1, \quad 49.9, \quad 50.5, \quad 50.4.$$

已知每包化肥的重量服从正态分布, 是否可认为每包化肥的平均重量为 50kg ($\alpha = 0.05$)?

4. 从一批钢管抽取 10 根, 测得其内径 (单位: mm) 为

$$100.36, \quad 100.31, \quad 99.99, \quad 100.11, \quad 100.64, \quad 100.85, \quad 99.42, \quad 99.91, \quad 99.35, \quad 100.10.$$

设这批钢管内直径服从正态分布 $N(\mu, \sigma^2)$, 试分别在下列条件下检验假设 (取 $\alpha = 0.05$).

$$H_0 : \mu = 100; \quad H_1 : \mu > 100.$$

(1) 已知 $\sigma = 0.5$;　(2) σ 未知.

5. 假定考生成绩服从正态分布, 在某地一次数学统考中, 随机抽取了 36 位考生的成绩, 算得平均成绩为 66.5 分, 标准差为 15 分, 问在显著性水平 0.05 下, 是否可以认为这次考试全体考生的平均成绩为 70 分?

6. 考察一鱼塘中鱼的含汞量, 随机地取 10 条鱼测得各条鱼的含汞量 (单位: mg) 为

$$0.8, \quad 1.6, \quad 0.9, \quad 0.8, \quad 1.2, \quad 0.4, \quad 0.7, \quad 1.0, \quad 1.2, \quad 1.1.$$

设鱼的含汞量服从正态分布 $N(\mu, \sigma^2)$, 试检验假设

$$H_0 : \mu = 1.2; \quad H_1 : \mu > 1.2 \quad (\text{取}\alpha = 0.10).$$

7. 从某锌矿的东、西两支矿脉中, 各抽取样本容量分别为 9 与 8 的样本进行测试, 得样本含锌平均数及样本方差如下:

$$\text{东支: } \bar{x}_1 = 0.230, s_1^2 = 0.1337; \quad \text{西支：} \bar{x}_2 = 0.269, s_2^2 = 0.1736.$$

若东、西两支矿脉的含锌量服从正态分布且方差相同, 问东、西两支矿脉含锌量的平均值是否可以看作一样 (取 $\alpha = 0.05$)?

8. 一药厂生产一种新的止痛片, 厂方希望验证服用新药片后至开始起作用的时间间隔较原有止痛片至少缩短一半, 因此厂方提出需检验假设

$$H_0 : \mu_1 = 2\mu_2; \quad H_1 : \mu_1 > 2\mu_2.$$

此处 μ_1, μ_2 分别是服用原有止痛片和服用新止痛片后至开始起作用的时间间隔的总体的均值. 设两总体均为正态分布且方差分别为已知值 σ_1^2, σ_2^2, 现分别在两总体中取样本 $X_1, \cdots, X_n$ 和 $Y_1, \cdots, Y_m$, 设两个样本独立. 试给出上述假设检验问题的检验统计量及拒绝域.

9. 对冷却到 -0.72℃ 的样品用 A, B 两种测量方法测量其融化到 0℃ 时的潜热, 数据如下:

方法 A: 79.98, 80.04, 80.02, 80.04, 80.03, 80.03, 80.04, 79.97, 80.05, 80.03, 80.02, 80.00, 80.02;

方法 B: 80.02, 79.94, 79.98, 79.97, 80.03, 79.95, 79.97, 79.97.

假设它们服从正态分布, 方差相等, 试检验: 两种测量方法的平均性能是否相等?($\alpha = 0.05$).

10. 为了比较测定活水中氯气含量的两种方法, 特在各种场合收集到 8 个污水水样, 每个水样均用这两种方法测定氯气含量 (单位：mg/L) 具体数据如表 X8-2-1 所示.

表 X8-2-1

水样号	方法一 (x)	方法二 (y)	差 ($d = x - y$)
1	0.36	0.39	−0.03
2	1.35	0.84	0.51
3	2.56	1.76	0.80
4	3.92	3.35	0.57
5	5.35	4.69	0.66
6	8.33	7.70	0.63
7	10.70	10.52	0.18
8	10.91	10.92	−0.01

设总体为正态分布, 试比较两种测定方法是否有显著差异. 请写出检验的 p 值和结论 ($\alpha = 0.01$).

11. 一工厂的两个化验室每天同时从工厂的冷却水取样, 测量水中的含气量 (10^{-6}) 一次, 下面是 7 天的纪录:

甲室: 1.15, 1.86, 0.75, 1.82, 1.14, 1.65, 1.90,

乙室: 1.00, 1.90, 0.90, 1.80, 1.20, 1.70, 1.95.

设每对数据的差 $d_i = x_i - y_i (i = 1, 2, \cdots, 7)$ 来自正态分布, 问两化验室测定结果之间有无显著差异? ($\alpha = 0.01$).

12. 已知维尼纶纤度在正常条件下服从正态分布, 且标准差为 0.048. 从某天产品中抽取 5 根纤维, 测得其纤度为

1.32, 1.55, 1.36, 1.40, 1.44.

问这天纤度的总体标准差是否正常 ($\alpha = 0.05$)?

13. 某种导线的质量标准要求其电阻的标准差不得超过 0.005Ω. 今在一批导线中随机抽取样本 9 根, 测得样本标准差 $s = 0.007\Omega$, 设总体为正态分布. 问在显著性水平 $\alpha = 0.05$ 下, 能否认为这批导线的标准差显著得偏大?

14. 有两台车床生产同一种滚珠, 滚珠直径服从正态分布, 从中分别抽取 8 个和 9 个产品, 测定其直径为

甲车床: 15.0, 14.5, 15.2, 15.5, 14.8, 15.1, 15.2, 14.8;

乙车床: 15.2, 15.0, 14.8, 15.2, 15.0, 15.0, 14.8, 15.1, 14.8.

比较两台车床生产的滚珠直径的方差是否有明显差异 (取 $\alpha = 0.05$).

15. 有两台机器生产金属部件, 分别在两台机器所生产的部件中各取一容量为 $m = 14$ 和 $n = 12$ 的样本, 测得部件质量的样本方差分别为 $s_1^2 = 15.46, s_2^2 = 9.66$, 设两样本相互独立, 试在显著性水平 $\alpha = 0.05$ 下检验假设 $H_0 : \sigma_1^2 = \sigma_2^2; H_1 : \sigma_1^2 > \sigma_2^2$.

16. 测得两批电子器件的样本的电阻 (单位:Ω) 为

A 批 (x): 0.140, 0.138, 0.143, 0.142, 0.144, 0.137;

B 批 (y): 0.135, 0.140, 0.142, 0.136, 0.138, 0.140.

设这两批器材的电阻值分别服从 $N(\mu_1,\sigma_1^2), N(\mu_2,\sigma_2^2)$, 且两样本独立.

(1) 试检验两个总体的方差是否相等 (取 $\alpha=0.05$)?

(2) 试检验两个总体的均值是否相等 (取 $\alpha=0.05$)?

8.3 非正态总体参数的假设检验

8.3.1 利用统计量精确分布的假设检验

在非正态总体情况下, 统计量的分布一般难以求出或即使求出也非常复杂, 指数分布是少数特别例子之一, 下面我们以指数分布为例分析参数的假设检验问题.

首先我们回忆一下相关内容, 称函数 $\Gamma(\alpha)=\int_0^{\infty}x^{\alpha-1}\mathrm{e}^{-x}\mathrm{d}x$ 为伽马函数, 其中参数 $\alpha>0$, 若随机变量 X 的概率密度函数为 $p_\Gamma(x)=\begin{cases}\dfrac{\lambda^\alpha}{\Gamma(\alpha)}x^{\alpha-1}\mathrm{e}^{-\lambda x}, & x\geqslant 0,\\ 0, & x<0,\end{cases}$ 则称 X 服从伽马分布, 记作 $X\sim \mathrm{Ga}(\alpha,\lambda)$, $E(X)=\dfrac{\alpha}{\lambda}$, $D(X)=\dfrac{\alpha}{\lambda^2}$. 大致有如图 8-3-1 图形特点. 且有如下结论:

(1) 设随机变量 $X\sim\mathrm{Ga}(\alpha,\lambda)$, 则当 $k>0$ 时, 有 $Y=kX\sim\mathrm{Ga}(\alpha,\lambda/k)$.

(2) 设随机变量 $X\sim\mathrm{Ga}(\alpha_1,\lambda)$, $Y\sim\mathrm{Ga}(\alpha_2,\lambda)$, X 与 Y 独立, 则

$$X+Y\sim\mathrm{Ga}(\alpha_1+\alpha_2,\lambda).$$

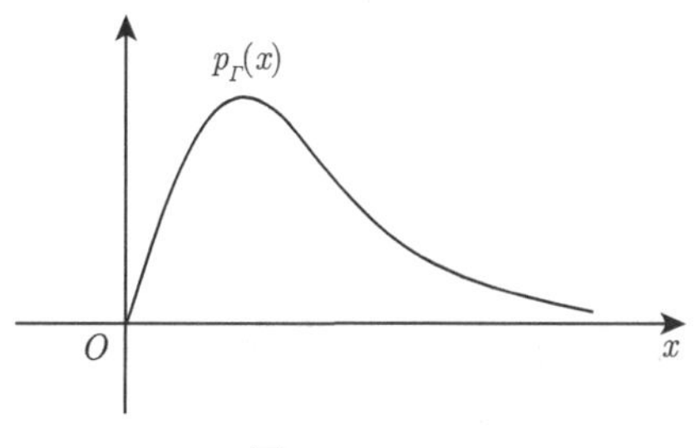

图 8-3-1

现在分析指数分布参数的假设检验问题.

设 $X_1,X_2,\cdots,X_n$ 是来自指数分布 $\mathrm{Exp}(1/\theta)$ 的样本, θ 为其均值, 现考虑关于 θ 的如下假设检验问题:

$$H_0:\theta\leqslant\theta_0;\quad H_1:\theta>\theta_0.$$

拒绝域的自然形式是 $W=\{\overline{X}\geqslant c\}$, 下面讨论 $\overline{X}$ 的分布.

我们知道 $n\overline{X}=\sum_{i=1}^{n}X_i\sim\mathrm{Ga}(n,1/\theta)$, 由伽马分布的性质可知

$$\frac{2n\overline{X}}{\theta}\sim\mathrm{Ga}\left(n,\frac{1}{2}\right)=\chi^2(2n),\tag{8-3-1}$$

在原假设成立的情况下, $\left\{\dfrac{2n\overline{X}}{\theta_0}\geqslant c\right\}\subset\left\{\dfrac{2n\overline{X}}{\theta}\geqslant c\right\}$, 则

$$P\left(\frac{2n\overline{X}}{\theta_0}\geqslant\chi_\alpha^2\right)\leqslant P\left(\frac{2n\overline{X}}{\theta}\geqslant\chi_\alpha^2\right)=\alpha,$$

于是用 $\chi^2=\dfrac{2n\overline{X}}{\theta_0}$ 作为检验统计量, 其拒绝域为 $W=\left\{\chi^2=\dfrac{2n\overline{X}}{\theta_0}\geqslant\chi_\alpha^2\right\}$. 关于 θ 的其他

种类的检验问题类似. 如对检验问题:

$$H_0:\theta=\theta_0;\quad H_1:\theta\neq\theta_0,$$

其拒绝域为 $W=\left\{\chi^2=\dfrac{2n\overline{X}}{\theta_0}\geqslant\chi^2_{\alpha/2}\right\}\cup\left\{\chi^2=\dfrac{2n\overline{X}}{\theta_0}\leqslant\chi^2_{1-\alpha/2}\right\}$.

例 8.3.1 设我们要检验某种电子元件的寿命不小于 6000h, 假定元件寿命服从指数分布, 现随机抽取 5 个元件测试, 观测到如下 5 个失效时间 (h):

$$395,\quad 4094,\quad 119,\quad 11572,\quad 6133.$$

解 检验的假设为 $H_0:\theta\geqslant 6000; H_1:\theta<6000$, 经计算 $\bar{x}=4462.6$, $\chi^2=\dfrac{2n\bar{x}}{\theta_0}=7.4377$, 若取 $\alpha=0.05$, 查表知 $\chi^2_{0.95}(10)=3.94$, 故接受原假设, 可以认为电子元件的寿命不低于 6000h.

8.3.2 非正态总体均值的大样本假设检验

一般情况下, 非正态总体参数的假设检验是通过大样本完成的, 下面简单描述一下它的原理.

设总体 X 的分布函数为 $F(x)$, $X_1,X_2,\cdots,X_n$ 为来自总体 X 的大样本 $(n\geqslant 50)$. 根据中心极限定理, 设 $E(X)=\mu, D(X)=\sigma^2, \overline{X}$ 为样本均值, 当 n 充分大时,

$$U=\frac{\overline{X}-\mu}{\sigma/\sqrt{n}}\sim N(0,1). \tag{8-3-2}$$

从而, 取 $U=\dfrac{\overline{X}-\mu}{\sigma/\sqrt{n}}$ 为检验统计量, 当总体的方差未知时, 可以用样本方差代替总体方差, 因为 n 充分大, 所以, $U=\dfrac{\overline{X}-\mu}{S/\sqrt{n}}$ 仍然近似服从标准正态分布.

例 8.3.2 某城市每天的交通事故发生次数服从泊松分布, 根据历史资料显示, 事故的平均发生次数为 3 次/天. 近几年来, 该城市采用交巡警方式进行管理, 随机抽取 300 天的数据, 平均发生交通事故次数为 2.7 次/天. 在显著性水平 $\alpha=0.05$ 的情况下, 能否认为每天发生交通事故的次数显著减少?

解 设每天交通事故发生次数为 X, 那么 X 服从泊松分布, 因此 $E(X)=D(X)=3$. 根据题意, 作假设 $H_0:\lambda=\lambda_0=3; H_1:\lambda<\lambda_0=3$.

检验统计量 $U=\dfrac{\bar{x}-\lambda_0}{\sqrt{\lambda_0}}\sqrt{n}=\dfrac{2.7-3}{\sqrt{3}}\sqrt{300}=-3$, 当 $\alpha=0.05$ 时, $u_{0.05}=1.645$, 由于 $U=-3<-u_{0.05}=-1.645$, 所以拒绝原假设 H_0, 即可认为通过交巡警管理后, 每天交通事故发生率已显著减少.

8.3.3 概率 (比率) p 的假设检验

概率 (比率) p 在实际当中大量见到, 可看作两点分布 $B(1,p)$ 总体中参数 p 的假设检验问题, 它也是少数几个非正态总体中可按精确分布进行假设检验的分布之一. 下面分别按精确分布及大样本方法进行讨论.

作 n 次独立试验, m 表示事件发生的频次, 则 $m \sim B(n,p)$, 可以根据 m 检验关于 p 的一些假设. 考虑如下单边检验问题:

$$H_0: p \leqslant p_0; \quad H_1: p > p_0,$$

取拒绝域 $W = \{m \geqslant c\}$, 即在 H_0 及显著性水平 α 下,

$$\alpha = P(W) = P(m \geqslant c) \geqslant P(m \geqslant c_0 + 1), \tag{8-3-3}$$

其中 c_0 (正整数) 满足

$$\sum_{i=c_0}^{n} \mathrm{C}_n^i p_0^i (1-p_0)^{n-i} > \alpha > \sum_{i=c_0+1}^{n} \mathrm{C}_n^i p_0^i (1-p_0)^{n-i}. \tag{8-3-4}$$

当 $m \geqslant c_0 + 1$ 时拒绝原假设, 当 $m \leqslant c_0$ 时接受原假设.

我们也可以计算检验的 p 值, $p = \sum\limits_{i=m}^{n} \mathrm{C}_n^i p_0^i (1-p_0)^{n-i}$, 当 $p \leqslant \alpha$ 时拒绝原假设, 当 $p > \alpha$ 时接受原假设. 譬如, $n = 40, p_0 = 0.1, m = 8$, 则

$$p = 1 - 0.9^{40} - \mathrm{C}_{40}^1 0.1 \times 0.9^{39} - \cdots - \mathrm{C}_{40}^7 0.1^7 \times 0.9^{33} = 0.0419.$$

于是, 若取 $\alpha = 0.05$, 由于 $p < \alpha$, 则应拒绝原假设.

对另两类假设检验问题的处理类似. 检验问题 $H_0: p \geqslant p_0; H_1: p < p_0$ 的 p 值,

$$p = \sum_{i=0}^{m} \mathrm{C}_n^i p_0^i (1-p_0)^{n-i};$$

检验问题 $H_0: p = p_0; H_1: p \neq p_0$ 的 p 值,

$$p = 2\min\left(\sum_{i=0}^{m} \mathrm{C}_n^i p_0^i (1-p_0)^{n-i}, \sum_{i=m}^{n} \mathrm{C}_n^i p_0^i (1-p_0)^{n-i}\right).$$

例 8.3.3 某厂生产的产品优质品率一直保持在 40%, 近期对该厂生产的产品抽检 20 件, 其中优质品 7 件, 在 $\alpha = 0.05$ 下能否认为优质品率仍然保持在 40%?

解 待检验的一对假设为

$$H_0: p = 0.4; \quad H_1: p \neq 0.4,$$

检验统计量 $m \sim B(40, p)$, 在 H_0 下, 可计算检验的 p 值为

$$\begin{aligned} p &= 2\min\left(\sum_{i=0}^{7} \mathrm{C}_{20}^i 0.4^i (1-0.4)^{20-i}, \sum_{i=7}^{20} \mathrm{C}_{20}^i 0.4^i (1-0.4)^{20-i}\right) \\ &= 2\min(0.4159, 0.8500) = 0.8318, \end{aligned}$$

由于 p 远大于 α, 故不能拒绝原假设, 可以认为优质品率仍然保持在 40%.

概率 (比率) p 的假设检验原理仍然可应用前述大样本假设检验原理, 设问题的数学模型为: 设总体 X 服从两点分布, 即 $P(X=k)=p^k(1-p)^{1-k}, k=0,1$. 作假设

$$H_0: p=p_0; \quad H_1: p\neq p_0,$$

从总体中抽取样本 $X_1, X_2, \cdots, X_n$, 其中 n 充分大. 对应的样本均值

$$\overline{X}=\frac{1}{n}\sum_{i=1}^{n}X_i=\frac{m}{n}$$

为事件发生的频率. 当原假设 H_0 成立时, 则有

$$E(\overline{X})=p_0, \quad D(\overline{X})=\frac{p_0(1-p_0)}{n}.$$

根据中心极限定理, 可知

$$U=\frac{\frac{m}{n}-p_0}{\sqrt{\frac{p_0(1-p_0)}{n}}}\overset{\sim}{\to}N(0,1). \tag{8-3-5}$$

而上述假设为双侧检验, 对于显著性水平 α, 拒绝域为

$$\left\{|U|=\left|\frac{\frac{m}{n}-p_0}{\sqrt{\frac{p_0(1-p_0)}{n}}}\right|>u_{\alpha/2}\right\}. \tag{8-3-6}$$

下面分析一下当假设为 $H_0: p\leqslant p_0; H_1: p>p_0$ 时, 其拒绝域的特点.

当 H_0 成立时, 注意到当 $p_0\,(<1/2)$ 很小时, 有

$$\left\{\frac{\frac{m}{n}-p_0}{\sqrt{\frac{p_0(1-p_0)}{n}}}>u_\alpha\right\}\subset\left\{\frac{\frac{m}{n}-p}{\sqrt{\frac{p(1-p)}{n}}}>u_\alpha\right\},$$

于是可得拒绝域

$$\left\{U=\frac{\frac{m}{n}-p_0}{\sqrt{\frac{p_0(1-p_0)}{n}}}>u_\alpha\right\}.$$

同样的分析方法, 当假设为 $H_0: p\geqslant p_0; H_1: p<p_0$ 时, 其拒绝域为

$$\left\{U=\frac{\frac{m}{n}-p_0}{\sqrt{\frac{p_0(1-p_0)}{n}}}<-u_\alpha\right\}.$$

例 8.3.4 根据以往长期统计, 某门课程期末考试成绩的补考率不小于 5%, 由于信息技术的引入, 很多教师改进了教学方法与手段后, 从本学期该门课程的期末考试中随机抽取 500 份考试成绩, 发现有 15 份不及格. 试问能否认为通过改进教学, 此门课程期末考试的补考率降低了 $(\alpha=0.05)$?

解 根据题意, 作假设 $H_0: p \geqslant p_0=0.05; H_1: p<0.05$.

抽样成绩的补考频率为 $\dfrac{15}{500}=0.03$, 从而

$$U=\frac{0.03-0.05}{\sqrt{\dfrac{0.05\times 0.95}{500}}}=-2.052.$$

当 $\alpha=0.05$ 时, $u_{0.05}=1.645$, 由于 $U=-2.052<-u_{0.05}=-1.645$. 因此拒绝原假设 H_0, 即认为通过改进教学后, 此门课程期末考试成绩的补考率下降至 5%以下.

8.3.4 似然比检验

本章前面的内容均是关于费希尔提出的显著性检验, 类似于在估计中存在着多种估计方法一样, 在假设检验中, 也有多种检验方法, 如奈曼 (Neyman) 和皮尔逊 (E. Pearson) 于 1928 年提出的似然比检验, 它有很好的统计思想, 是一种应用较广的检验方法, 在假设检验中的地位有如极大似然估计在点估计中的地位, 适用于正态及非正态所有总体. 我们简要做一下介绍.

定义 8.3.1 设 $X_1,\cdots,X_n$ 为来自密度函数为 $p(x;\theta), \theta\in\Theta$ 的总体的样本, 对检验问题

$$H_0: \theta\in\Theta_0; \quad H_1: \theta\in\Theta_1=\Theta-\Theta_0, \tag{8-3-7}$$

令

$$\Lambda(x_1,\cdots,x_n)=\frac{\sup\limits_{\theta\in\Theta} p(x_1,\cdots,x_n;\theta)}{\sup\limits_{\theta\in\Theta_0} p(x_1,\cdots,x_n;\theta)}, \tag{8-3-8}$$

则称统计量 $\Lambda(x_1,\cdots,x_n)$ 为假设 (8-3-7) 的似然比, 有时也称为广义似然比. (8-3-8) 式的 $\Lambda(x_1,\cdots,x_n)$ 也可以写成如下形式:

$$\Lambda(x_1,\cdots,x_n)=\frac{p\left(x_1,\cdots,x_n;\hat{\theta}\right)}{p\left(x_1,\cdots,x_n;\hat{\theta}_0\right)}, \tag{8-3-9}$$

其中 $\hat{\theta}$ 及 $\hat{\theta}_0$ 分别表示在 Θ 及 Θ_0 上的极大似然估计. 不难看出, 如果 $\Lambda(x_1,\cdots,x_n)$ 的值很大, 则说明 $\theta\in\Theta_0$ 的可能性要比 $\theta\in\Theta_1$ 的可能性小, 于是我们有理由认为 H_0 不成立. 这样有如下的似然比检验.

定义 8.3.2 当采用 (8-3-9) 式的似然比统计量 $\Lambda(x_1,\cdots,x_n)$ 作为检验问题 (8-3-7) 的检验统计量, 且取其拒绝域为 $W=\{\Lambda(x_1,\cdots,x_n)\geqslant c\}$, 其中临界值 c 满足

$$P_\theta(\Lambda(x_1,\cdots,x_n)\geqslant c)\leqslant\alpha, \quad \forall\theta\in\Theta_0, \tag{8-3-10}$$

则称此检验为显著性水平 α 的**似然比检验**.

我们前面讲过的许多检验也可以从似然比检验得到解释.

例 8.3.5 设 $X_1,\cdots,X_n$ 是来自正态总体 $X\sim N(\mu,\sigma^2)$ 的样本, μ 和 σ^2 均未知, 试求检验问题: $H_0:\mu=\mu_0;H_1:\mu\neq\mu_0$ 的显著性水平为 α 的似然比检验.

解 记 $\theta=\left(\mu,\sigma^2\right)$, 样本联合密度函数为

$$p(x_1,\cdots,x_n;\theta)=\prod_{i=1}^{n}\frac{1}{\sqrt{2\pi\sigma^2}}\mathrm{e}^{-\frac{(x_i-\mu)^2}{2\sigma^2}}=\left(2\pi\sigma^2\right)^{-\frac{n}{2}}\exp\left\{-\frac{\sum\limits_{i=1}^{n}(x_i-\mu)^2}{2\sigma^2}\right\},$$

两个参数空间分别为

$$\Theta_0=\left\{\left(\mu_0,\sigma^2\right)\middle|\sigma^2>0\right\},\quad \Theta=\left\{\left(\mu,\sigma^2\right)\middle|\mu\in\mathbf{R},\sigma^2>0\right\},$$

我们容易得到在 Θ 上, $\hat{\mu}=\overline{X},\hat{\sigma}^2=\dfrac{1}{n}\sum\limits_{i=1}^{n}\left(X_i-\overline{X}\right)^2$ 分别为 μ 与 σ^2 的极大似然估计, 在 Θ_0 上, $\hat{\sigma}^2=\dfrac{1}{n}\sum\limits_{i=1}^{n}\left(X_i-\mu_0\right)^2$ 是 σ^2 的极大似然估计, 代回各自似然函数后, 可得

$$\sup_{\theta\in\Theta_0}p(x_1,\cdots,x_n;\theta)=\left(2\pi\frac{1}{n}\sum_{i=1}^{n}(x_i-\mu_0)\right)^{-n/2}\mathrm{e}^{-n/2},$$

$$\sup_{\theta\in\Theta}p(x_1,\cdots,x_n;\theta)=\left(2\pi\frac{1}{n}\sum_{i=1}^{n}(x_i-\overline{x})\right)^{-n/2}\mathrm{e}^{-n/2},$$

于是, 其似然比统计量为

$$\begin{aligned}\Lambda\left(x_1,\cdots,x_n\right)&=\frac{p(x_1,\cdots,x_n;\hat{\theta})}{p(x_1,\cdots,x_n;\hat{\theta}_0)}=\frac{\left(2\pi\dfrac{1}{n}\sum\limits_{i=1}^{n}\left(x_i-\mu_0\right)^2\right)^{-\frac{n}{2}}}{\left(2\pi\dfrac{1}{n}\sum\limits_{i=1}^{n}\left(x_i-\overline{x}\right)^2\right)^{-\frac{n}{2}}}\\&=\left(\frac{\sum\limits_{i=1}^{n}\left(x_i-\overline{x}\right)^2+n\left(\overline{x}-\mu_0\right)^2}{\sum\limits_{i=1}^{n}\left(x_i-\overline{x}\right)^2}\right)^{n/2}=\left(1+\frac{t^2}{n-1}\right)^{n/2},\end{aligned}$$

其中 $t=\dfrac{\overline{x}-\mu_0}{s/\sqrt{n}}$ 是 t 检验统计量. 在 H_0 下 $t\sim t\left(n-1\right)$, 两个检验统计量的拒绝域有如下等价关系: $\left\{\Lambda\left(x_1,\cdots,x_n\right)\geqslant c\right\}\Leftrightarrow\left\{|t|\geqslant t_{\alpha/2}\left(n-1\right)\right\}$, 则取 $c=\left(1+\dfrac{\left(t_{\alpha/2}\left(n-1\right)\right)^2}{n-1}\right)^{n/2}$

就可控制用 $\Lambda(x_1,\cdots,x_n)$ 犯第 I 类错误的概率不超过 α. 此时也注意到似然比检验与我们前面讲过的双侧 t 检验完全等价.

习 题 8.3

1. 某厂的一批电子产品, 其寿命 T 服从指数分布, 其密度函数为

$$p(t;\theta)=\theta^{-1}\exp\{-t/\theta\}I_{(t>0)},$$

从以往生产情况知平均寿命 $\theta=2000\mathrm{h}$. 为检验当日生产是否稳定, 任取 10 件产品进行寿命试验, 到全部失效时试验停止. 试验的失效寿命之和为 30200h. 在显著性水平 $\alpha=0.05$ 下检验假设:

$$H_0:\theta=2000;\quad H_1:\theta\neq 2000.$$

2. 从一批服从指数分布的产品中抽取 10 件进行寿命试验, 观测值 (单位：h) 如下:

$$1643,\quad 1629,\quad 426,\quad 132,\quad 1522,\quad 432,\quad 1759,\quad 1074,\quad 528,\quad 283.$$

根据这批数据能否认为其平均寿命不低于 1100h (取 $\alpha=0.05$)?

3. 某厂一种元件平均使用寿命为 1200h (偏低), 现厂里进行技术革新, 革新后任选 8 个元件进行寿命试验, 测得寿命数据如下:

$$2686,\quad 2001,\quad 2082,\quad 792,\quad 1660,\quad 4105,\quad 1416,\quad 2089.$$

假定元件寿命服从指数分布 (取 $\alpha=0.05$), 问革新后元件的平均寿命是否有明显提升?

4. 有人称某地成年人中大学毕业生比例不低于 30%, 为检验之, 随机调查了当地 15 名成年人, 发现有 3 名大学毕业生, 取 $\alpha=0.05$, 问该人的看法是否成立? 并给出检验的 p 值.

5. 假定电话总机在单位时间内接到的呼叫次数服从泊松分布, 现观测了 40 个单位时间, 接到的呼叫次数如下:

$$\begin{array}{l}0,\ 2,\ 3,\ 2,\ 3,\ 2,\ 1,\ 0,\ 2,\ 2,\ 1,\ 2,\ 2,\ 1,\ 3,\ 1,\ 1,\ 4,\ 1,\ 1,\\ 5,\ 1,\ 2,\ 2,\ 3,\ 3,\ 1,\ 3,\ 1,\ 3,\ 4,\ 0,\ 6,\ 1,\ 1,\ 1,\ 4,\ 0,\ 1,\ 2.\end{array}$$

在显著性水平 $\alpha=0.05$ 下能否认为单位时间内平均呼叫次数不低于 2.5 次? 并给出检验的 p 值.

6. 通常每平方米某种布上的疵点数服从泊松分布, 现观测该种布 100 平方米, 发现有 126 个疵点, 在显著性水平 $\alpha=0.05$ 下能否认为每平方米该种布上的疵点数不超过 1 个? 并给出检验的 p 值.

7. 设在木材中抽出 100 根, 测其小头直径, 得到样本平均值 $\bar{x}=11.2\mathrm{cm}$, 样本标准差为 $s=2.6\mathrm{cm}$, 问该批木材小头的平均直径能否认为不低于 12cm ($\alpha=0.05$)?

8. 为比较正常成年男女所含红细胞的差异, 对该地区 156 名成年男性进行测量, 其红细胞的样本均值为 $465.13\times10^4/\mathrm{mm}^3$, 样本方差为 54.80^2; 对该地区 74 名成年女性进行测量, 其红细胞的样本均值为 $422.16/\mathrm{mm}^3$, 样本方差为 49.20^2. 试检验: 该地区正常男女所含红细胞的平均值是否有差异? (取 $\alpha=0.05$)

9. 某大学随机调查了 120 名男同学, 发现有 50 人非常喜欢看武侠小说, 而随机调查了 85 名女同学, 发现有 23 人非常喜欢, 用大样本检验方法在 $\alpha=0.05$ 下确认: 男女同学在喜欢武侠小说方面有无显著差异? 并给出检验的 p 值.

10. 若在猜硬币正反面游戏中, 某人在 100 次试猜中共猜中 60 次, 你认为他是否有诀窍? (取 $\alpha=0.05$).

11. 设有两个工厂生产的同一产品, 要检验假设 H_0: 它们的废品率 p_1,p_2 相同, 在第一、二工厂的产品中各抽取 $n_1=1500$ 个及 $n_2=1800$ 个, 分别有废品 300 个及 320 个, 问在 5%显著性水平上应接受还是拒绝 H_0.

12. 设 $X_1, \cdots, X_n$ 是来自 $B(1,p)$ 的样本, 试求假设 $H_0: p=p_0; H_1: p \neq p_0$ 的似然比检验.

13. 设 $X_1, \cdots, X_n$ 是来自 $N(\mu,1)$ 的样本, 试求假设 $H_0: \mu=2000; H_1: \mu \neq 2000$ 的似然比检验.

14. 设 $X_1, \cdots, X_n$ 是来自指数分布 $\operatorname{Exp}(\lambda_1)$ 的样本, $Y_1, \cdots, Y_m$ 是来自指数分布 $\operatorname{Exp}(\lambda_2)$ 的样本, 且两组样本独立, 其中 λ_1, λ_2 是未知的正参数. (1) 求假设 $H_0: \lambda_1=\lambda_2; H_1: \lambda_1 \neq \lambda_2$ 的似然比检验; (2) 证明上述检验法的拒绝域仅依赖于比值 $\sum\limits_{i=1}^{n} X_i \Big/ \sum\limits_{i=1}^{m} Y_i$; (3) 求统计量 $\sum\limits_{i=1}^{n} X_i \Big/ \sum\limits_{i=1}^{m} Y_i$ 在原假设成立下的分布.

8.4 总体分布的假设检验

8.4.1 χ^2 拟合检验

前面我们讨论了已知总体分布时关于参数的假设检验问题. 如果总体分布是未知的, 则需要对总体的分布进行推断, 这就是关于总体分布的假设检验问题.

已知总体 X 的统计分布, 如果选用某一理论分布去拟合, 则无论怎样选择, 理论分布与统计分布之间总或多或少地存在着差异. 自然就会提出这样的问题, 这些差异是否可以解释为仅仅是由于试验次数有限而导致的随机性误差呢？还是由于我们选择的理论分布与已给的统计分布之间具有实质性的差异而产生的呢？为了解决这一问题, 数理统计中有几种不同的拟合检验法, 首先介绍最常用的皮尔逊 (K. Pearson) χ^2 拟合检验法.

设进行 n 次独立试验 (观测), 得到总体 X 的统计分布如表 8-4-1.

表 8-4-1 总体 X 的统计分布

子区间	频数	频率	概率
$(a_0, a_1]$	n_1	f_1	p_1
$(a_1, a_2]$	n_2	f_2	p_2
$\vdots$	$\vdots$	$\vdots$	$\vdots$
$(a_{k-1}, a_k]$	n_k	f_k	p_k
总计	n	1	1

我们提出原假设 $H_0: X \sim F_0(x)$, $F_0(x)$ 为某一已知的理论分布.

在原假设 H_0 成立的条件下, 计算 X 落在各个子区间内的概率 $p_i\ (i=1,2,\cdots,k)$, 为了检验原假设 H_0, 我们把偏差 $f_i-p_i\ (i=1,2,\cdots,k)$ 的加权平方和作为理论分布与统计分布之间的差异度: $\sum\limits_{i=1}^{k} c_i (f_i-p_i)^2$, 其中 c_i 为权数. 引进 c_i 是必要的, 也是合理的, 因为一般情况下 X 落在各个子区间内的 $f_i-p_i\ (i=1,2,\cdots,k)$ 偏差就其显著性来说, 决不能等同看待. 事实上, 对于绝对值相同的偏差 f_i-p_i, 当概率 p_i 较大时不太显著, 而当 p_i 很小时就变得非常显著. 所以, 权数 c_i 显然应与概率 p_i 成反比.

K. 皮尔逊证明了：如果取 $c_i=n/p_i$, 则当 $n \to \infty$ 时, 统计量

$$\chi^2=\sum_{i=1}^{k} \frac{n}{p_i}(f_i-p_i)^2=\sum_{i=1}^{k} \frac{(n_i-np_i)^2}{np_i} \sim \chi^2(k-1). \tag{8-4-1}$$

我们指出, 如果原假设的理论分布中有未知参数 r 个, 即 $X \sim F_0(x;\theta_1,\theta_2,\cdots,\theta_r)$, 则应先给出极大似然估计 $\hat{\theta}_1,\hat{\theta}_2,\cdots,\hat{\theta}_r$, 然后通过 $X \sim F_0(x;\hat{\theta}_1,\hat{\theta}_2,\cdots,\hat{\theta}_r)$ 分布计算 X 落在各个子区间内的概率 $\hat{p}_i\,(i=1,2,\cdots,k)$, 这时

$$\chi^2=\sum_{i=1}^{k}\frac{(n_i-n\hat{p}_i)^2}{n\hat{p}_i}\sim\chi^2(k-r-1). \tag{8-4-2}$$

对于给定的显著性水平 α, 这类问题的检验是右侧 (上侧) 检验, 卡方值越小, 说明拟合得越好, 拒绝域为: $\chi^2>\chi^2_\alpha(k-r-1)$.

应当指出, 利用 χ^2 拟合检验法时, 一般要求 $n\geqslant 50, n_i\geqslant 5$, 这样得出的结论才较为合理.

现在给出此方法的具体做法.

第一步: 分组. 将试验数据分为若干组 (一般分为 7—14 组), 组距可以不等, 使每个 $n_i\geqslant 5$ (离散型数据可自然分组, 尾部等地方适当合并).

第二步: 统计频数 $n_i, i=1,2,\cdots,k$.

第三步: 按假设理论分布计算 $p_i\,(i=1,2,\cdots,k)$, 若有未知参数, 给出极大似然估计 $\hat{\theta}_1,\hat{\theta}_2,\cdots,\hat{\theta}_r$, 再计算 $\hat{p}_i\,(i=1,2,\cdots,k)$.

第四步: 计算 $\chi^2=\sum\limits_{i=1}^{k}\dfrac{(n_i-n\hat{p}_i)^2}{n\hat{p}_i}$, 给定显著性水平 α, 查临界值 $\chi^2_\alpha(k-r-1)$.

第五步: 作出统计结论. 当 $\chi^2>\chi^2_\alpha(k-r-1)$ 时, 拒绝原假设, 否则接受原假设.

例 8.4.1 考察我国大地震每年发生的次数 X, 经统计, 从 1901 年到 1985 年共 85 年间, 得如下数据 (表 8-4-2).

表 8-4-2 我国大地震次数频数分布

X	0	1	2	3	4	5	6	7
频数	35	24	19	4	1	0	1	1

分析我国大地震每年发生的次数 X 是否服从泊松分布.

解 因为参数 λ 的极大似然估计 $\hat{\lambda}=\overline{X}=1.07$, 故原假设 $H_0: X\sim P(1.07)$.

将数据分组: 基本按自然分组, 将尾巴 $X\geqslant 4$ 分为一组, 统计各组发生的频数 n_i, 计算 $\hat{p}_i$, 计算理论频数 $n\hat{p}_i$, 其结果列表 8-4-3, 则

表 8-4-3 例 8.4.1 分组情况表

X	0	1	2	3	$\geqslant 4$
n_i	35	24	19	4	3
$\hat{p}_i$	0.333	0.366	0.207	0.074	0.020
$n\hat{p}_i$	28.305	31.11	17.595	6.29	1.7

$$\chi^2=\sum_{i=1}^{k}\frac{(n_i-n\hat{p}_i)^2}{n\hat{p}_i}=5.15,$$

给定显著性水平 $\alpha=0.05$, 得临界值 $\chi_{\alpha}^{2}(k-r-1)=\chi_{0.05}^{2}(5-1-1)=\chi_{0.05}^{2}(3)=7.815$, 即 $\chi^{2}<\chi_{0.05}^{2}(3)$, 故接受原假设, 可以认为我国大地震次数服从泊松分布.

例 8.4.2 研究混凝土抗压强度的分布. 200 件混凝土制件的抗压强度以分组的形式列出, 如表 8-4-4. $n=\sum_{i=1}^{6} n_{i}=200$. 要求在给定显著性水平 $\alpha=0.05$ 下检验原假设 $H_{0}: X \sim N\left(\mu, \sigma^{2}\right)$.

表 8-4-4 混凝土抗压强度频数分布表

压强区间 (kg/cm^2)	频数 n_i
(190, 200]	10
(200, 210]	26
(210, 220]	56
(220, 230]	64
(230, 240]	30
(240, 250]	14

解 μ, σ^{2} 的极大似然估计分别为: $\hat{\mu}=\overline{X}, \hat{\sigma}^{2}=\frac{1}{n} \sum_{i=1}^{n}\left(X_{i}-\overline{X}\right)^{2}$, 设 $X_{i}^{\prime}$ 为第 i 组的组中值, 计算

$$\hat{\mu}=\overline{X}=\frac{1}{n}\left(\sum_{i=1}^{6} X_{i}^{\prime} n_{i}\right)=221, \quad \hat{\sigma}^{2}=\frac{1}{n} \sum_{i=1}^{6} n_{i}\left(X_{i}^{\prime}-\overline{X}\right)^{2}=152, \quad \hat{\sigma}=12.33.$$

在正态分布下, 计算每个区间的理论概率值:

$$\begin{aligned} \hat{p}_{i}=P\left(a_{i-1}<X \leqslant a_{i}\right) & =\Phi\left(\frac{a_{i}-\hat{\mu}}{\hat{\sigma}}\right)-\Phi\left(\frac{a_{i-1}-\hat{\mu}}{\hat{\sigma}}\right) \\ & =\Phi\left(u_{i}\right)-\Phi\left(u_{i-1}\right), \quad i=1, \cdots, 6. \end{aligned}$$

为了计算统计量 χ^{2} 值, 我们把计算过程列表 8-4-5 如下.

表 8-4-5 χ^2 拟合检验计算表

压强区间 $(a_{i-1}, a_i]$	频数 n_i	标准化区间 $(u_{i-1}, u_i]$	理论概率 $\hat{p}_i$	$n\hat{p}_i$	$(n_i-n\hat{p}_i)^2$	$\frac{(n_i-n\hat{p}_i)^2}{n\hat{p}_i}$
(190,200]	10	$(-\infty,-1.70]$	0.045	9.0	1.00	0.11
(200,210]	26	$(-1.70,-0.89]$	0.142	28.4	5.76	0.20
(210,220]	56	$(-0.89,-0.08]$	0.281	56.2	0.04	0.00
(220,230]	64	$(-0.08,0.73]$	0.299	59.8	17.64	0.29
(230,240]	30	$(0.73,1.54]$	0.171	34.2	17.64	0.52
(240,250]	14	$(1.54,+\infty)$	0.062	12.4	2.56	0.21
和	200		1.000	200		1.33

给定显著性水平 $\alpha=0.05$, 有 $\chi^{2}=1.33<\chi_{\alpha}^{2}(k-r-1)=\chi_{0.05}^{2}(6-2-1)=\chi_{0.05}^{2}(3)=7.815$, 因此, 不能拒绝原假设, 认为混凝土制件的受压强度的分布是正态分布.

8.4.2 χ^2 拟合检验命题的证明与说明

本小节专门对 K. 皮尔逊 χ^2 拟合检验命题给出证明和必要的说明.

定理 8.4.1 当 $H_0: X \sim F_0(x)$ 为真时, 即 $p_1, p_2, \cdots, p_k$ 为总体的真实概率, 则统计量

$$\chi^2 = \sum_{j=1}^{k} \frac{(n_j - np_j)^2}{np_j} \underset{n\to\infty}{\sim} \chi^2(k-1).$$

证明 因为在 n 个观测值中恰有 n_1 个观测值落入 A_1 内, n_2 个观测值落入 A_2 内, $\cdots$, n_k 个观测值落入 A_k 内的概率为

$$\frac{n!}{n_1!n_2!\cdots n_k!} p_1^{n_1} p_2^{n_2} \cdots p_k^{n_k},$$

这里 $n_1 + n_2 + \cdots + n_k = n$, 其特征函数 $\varphi_{n_1 n_2 \cdots n_k}(t_1, t_2, \cdots, t_k) = \left(\sum_{j=1}^{k} p_j \mathrm{e}^{\mathrm{i}t_j}\right)^n$. 令

$$Y_j = \frac{n_j - np_j}{\sqrt{np_j}}, \quad j = 1, 2, \cdots, k,$$

于是有

$$\chi^2 = \sum_{j=1}^{k} \frac{(n_j - np_j)^2}{np_j} = \sum_{j=1}^{k} Y_j^2, \quad 且 \quad \sum_{j=1}^{k} Y_j \sqrt{p_j} = 0,$$

由此也看出诸随机变量 Y_j 不是线性独立的. $(Y_1, Y_2, \cdots, Y_k)$ 的联合分布的特征函数具有如下形式:

$$\varphi_{Y_1 Y_2 \cdots Y_k}(t_1, t_2, \cdots, t_k) = \exp\left(-\sum_{j=1}^{k} \mathrm{i}t_j \sqrt{np_j}\right) \cdot \left(\sum_{j=1}^{k} p_j \exp\frac{\mathrm{i}t_j}{\sqrt{np_j}}\right)^n,$$

两边取对数得

$$\ln \varphi_{Y_1 Y_2 \cdots Y_k}(t_1, t_2, \cdots, t_k) = \left(-\sum_{j=1}^{k} \mathrm{i}t_j \sqrt{np_j}\right) + n \ln\left(\sum_{j=1}^{k} p_j \exp\frac{\mathrm{i}t_j}{\sqrt{np_j}}\right).$$

利用指数函数和对数函数在 $t_j = 0$ 处的泰勒展开

$$\exp\left(\frac{\mathrm{i}t_j}{\sqrt{np_j}}\right) - 1 = \frac{\mathrm{i}t_j}{\sqrt{np_j}} - \frac{t_j^2}{2np_j} + o\left(\frac{1}{n}\right)$$

和

$$\ln(1+x) = x - \frac{x^2}{2} + o(x^2).$$

于是

$$
\begin{aligned}
&\ln \varphi_{Y_1Y_2\cdots Y_k}(t_1,t_2,\cdots,t_k)\\
&= -\mathrm{i}\sum_{j=1}^{k} t_j\sqrt{np_j} + n\ln\left(1+\frac{\mathrm{i}}{\sqrt{n}}\sum_{j=1}^{k} t_j\sqrt{p_j} - \frac{1}{2n}\sum_{j=1}^{k} t_j^2 + o\left(\frac{1}{n}\right)\right)\\
&= -\mathrm{i}\sum_{j=1}^{k} t_j\sqrt{np_j} + n\left(\frac{\mathrm{i}}{\sqrt{n}}\sum_{j=1}^{k} t_j\sqrt{p_j} - \frac{1}{2n}\sum_{j=1}^{k} t_j^2 - \frac{1}{2}\left(\frac{i}{\sqrt{n}}\sum_{j=1}^{k} t_j\sqrt{p_j}\right)^2\right) + o(1).
\end{aligned}
$$

当 $n \to \infty$ 时 $\ln \varphi_{Y_1Y_2\cdots Y_k}(t_1,t_2,\cdots,t_k) \to -\dfrac{1}{2}\left(\sum_{j=1}^{k} t_j^2 - \left(\sum_{j=1}^{k} t_j\sqrt{p_j}\right)^2\right)$, 即

$$
\lim_{n\to\infty} \varphi_{Y_1Y_2\cdots Y_k}(t_1,t_2,\cdots,t_k) = \exp\left\{-\frac{1}{2}\left(\sum_{j=1}^{k} t_j^2 - \left(\sum_{j=1}^{k} t_j\sqrt{p_j}\right)^2\right)\right\}. \tag{8-4-3}
$$

作一正交变换:

$$
\begin{cases}
Z_l = \sum\limits_{j=1}^{k} a_{lj}Y_j, \quad l=1,2,\cdots,k-1,\\
Z_k = \sum\limits_{j=1}^{k} \sqrt{p_j}Y_j,
\end{cases}
$$

其中 a_{lj} 应满足

$$
\sum_{j=1}^{k} a_{lj}\cdot a_{rj} = \begin{cases} 1, & l=r,\\ 0, & l\neq r, \end{cases} \qquad l,r=1,2,\cdots,k-1
$$

和

$$
\sum_{j=1}^{k} a_{lj}\cdot\sqrt{p_j} = 0, \quad l=1,2,\cdots,k-1.
$$

由

$$
\begin{cases}
u_l = \sum\limits_{j=1}^{k} a_{lj}t_j, \quad l=1,2,\cdots,k-1,\\
u_k = \sum\limits_{j=1}^{k} \sqrt{p_j}t_j,
\end{cases}
$$

得到 $\sum_{j=1}^{k} t_j^2 - \left(\sum_{j=1}^{k} t_j\sqrt{p_j}\right)^2 = \sum_{j=1}^{k-1} u_j^2$. 由式 (8-4-3) 知, 当 $n\to\infty$ 时, $(Z_1,Z_2,\cdots,Z_k)$ 的特征函数

$$
\varphi_{Z_1Z_2\cdots Z_k}(u_1,u_2,\cdots,u_k) = \exp\left\{-\frac{1}{2}\sum_{j=1}^{k-1} u_j^2\right\},
$$

这意味着 $Z_1, Z_2, \cdots, Z_{k-1}$ 的分布弱收敛于相互独立的 $N(0,1)$, 而 Z_k 依概率收敛于 0, 因此 $\chi^2 = \sum_{j=1}^{k} Y_j^2 = \sum_{j=1}^{k} Z_j^2$ 的渐近分布是自由度为 $k-1$ 的 χ^2 分布.

还需要进一步说明的是：如果原假设中只确定了总体分布的类型, 而分布中还含有未知参数 $\theta_1, \theta_2, \cdots, \theta_r$, 则我们还不能用上述定理作为检验的理论依据. 费希尔 (Fisher) 证明了如下定理, 从而解决了含有未知参数情形的分布检验问题.

定理 8.4.2 设 $F(x;\theta_1,\theta_2,\cdots,\theta_r)$ 为总体的真实分布, 其中 $\theta_1,\theta_2,\cdots,\theta_r$ 为 r 个未知参数. 在 $F(x;\theta_1,\theta_2,\cdots,\theta_r)$ 中用 $\theta_1,\theta_2,\cdots,\theta_r$ 的极大似然估计 $\hat{\theta}_1$, $\hat{\theta}_2,\cdots,\hat{\theta}_r$ 代替 $\theta_1,\theta_2,\cdots,\theta_r$, 并以 $F_0(x;\hat{\theta}_1,\hat{\theta}_2,\cdots,\hat{\theta}_r)$ 取代 $F_0(x)$, 得到

$$\hat{p}_i = F_0(a_i;\hat{\theta}_1,\hat{\theta}_2,\cdots,\hat{\theta}_r) - F_0(a_{i-1};\hat{\theta}_1,\hat{\theta}_2,\cdots,\hat{\theta}_r),$$

则统计量

$$\chi^2 = \sum_{j=1}^{k} \frac{(n_j - n\hat{p}_j)^2}{n\hat{p}_j}.$$

当 $n \to \infty$ 时服从 $\chi^2(k-r-1)$. 这一命题的证明可参阅文献 [4]. χ^2 拟合检验法依赖于样本观测值的分组, 不同的分组可能得出不同的结论, 它具有一定的局限性, 下面给出的检验法在一定程度上更加精确.

8.4.3 D_n (科尔莫戈罗夫) 检验

χ^2-拟合检验依赖区间的划分, 在某种划分下可能有

$$F(a_i) - F(a_{i-1}) = F_0(a_i) - F_0(a_{i-1}), \quad i = 1, \cdots, k.$$

χ^2-拟合检验实际上只是检验了 $F_0(a_i) - F_0(a_{i-1}) = p_i\,(i = 1, \cdots, k)$ 是否为真, 并未真正检验 $F(x) = F_0(x)$.

设 $H_0: F(x) = F_0(x)$, 在 H_0 成立的条件下, 构造统计量

$$D_n = \max |F_n(x) - F_0(x)|. \tag{8-4-4}$$

D_n 为样本分布函数与总体分布函数的最大距离, 由于 D_n 受样本变动的影响, 故 D_n 为随机变量, 科尔莫戈罗夫给出了其精确分布和极限分布, 利用统计量 D_n 的精确分布进行的拟合检验叫作 D_n 检验. 精确分布临界值表 $P(D_n > D_{n\alpha}) = \alpha$ 见本书附表 7.

若 $D_n > D_{n\alpha}$, 则拒绝 H_0, 若 $D_n \leqslant D_{n\alpha}$, 则接受 H_0.

当 n 很大 (>100) 时, 科尔莫戈罗夫也给出了其极限分布及函数值表, 本书从略, 有兴趣的同学可翻阅相关参考书.

下面给出 D_n 检验的一般步骤:

第一步：由样本数据算出样本分布函数 $F_n(x)$;

第二步：计算 $F_0(x_i), i = 1, 2, \cdots, n$, 并计算 D_n 值;

第三步：给定 α, 由 α 和 n 查 D_n 检验临界值表得到 $D_{n\alpha}$;

第四步：得出统计结论.

例 8.4.3 某地区 6 岁男童身高 X 是一总体, 现从该区抽取 50 名 6 岁男童, 其身高 (厘米) 数据如表 8-4-6, 试作 X 服从正态分布的拟合检验.

表 8-4-6 某地区 6 岁男童身高样本数据表

组别	组区间	组频数
1	108.5 以下	1
2	108.5～110.5	3
3	110.5～112.5	1
4	112.5～114.5	2
5	114.5～116.5	6
6	116.5～118.5	7
7	118.5～120.5	11
8	120.5～122.5	9
9	122.5～124.5	5
10	124.5～126.5	3
11	126.5 以上	2
总计		50

解 设 $H_0: X \sim N(\mu, \sigma^2)$. 由于 $\bar{x} = 119.0, s = 4.5$, 查标准正态分布函数表, 得 $\Phi_0\left(\dfrac{x_i - 119.0}{4.5}\right)$. 再由样本数据算出 $F_{50}(x)$, 列表计算 D_n (表 8-4-7). 表中 $\Phi_0(-2.56) = P\left(\dfrac{x_i - 119.0}{4.5} < -2.56\right) = 1 - \Phi_0(2.56) = 1 - 0.9948 = 0.005$, 其余的 $\Phi_0\left(\dfrac{x_i - 119.0}{4.5}\right)$ 计算类似. 由表 8-4-7 可见, $D_n = \max|F_{50}(x) - \Phi_0| = 0.144$, 给定 $\alpha = 0.05$, $n = 50$, 查附表得到 $D_{n\alpha}$=0.1884. 由于 $D_n = 0.144 < D_{n\alpha} = 0.1884$, 故接受 H_0, 认为某地区 6 岁男童身高服从正态分布, 拟合是满意的.

表 8-4-7 D_n 值计算表

组中值	$\dfrac{x_i - 119.0}{4.5}$	$\Phi_0\left(\dfrac{x_i - 119.0}{4.5}\right)$	$F_{50}(x)$	$\lvert F_{50}(x) - \Phi_0\rvert$
107.5	−2.56	0.005	0	0.005
109.5	−2.11	0.017	0.02	0.003
111.5	−1.67	0.048	0.08	0.032
113.5	−1.22	0.111	0.10	0.011
115.5	−0.78	0.218	0.14	0.078
117.5	−0.33	0.371	0.26	0.111
119.5	0.11	0.544	0.40	0.144
121.5	0.56	0.712	0.62	0.092
123.5	1.00	0.841	0.80	0.041
125.5	1.44	0.925	0.90	0.025
127.5	1.89	0.971	0.96	0.011

8.4.4 χ^2 独立性检验

独立性检验是利用 χ^2 分布统计量研究总体的两种 (或更多) 分类指标是否独立的一种非参数检验方法. 我们以下面例题来说明检验的方法.

例 8.4.4 在对某地中学教师进行的教育调查中, 不同年龄的教师对某项改革方案存在不同看法, 其结果如表 8-4-8.

表 8-4-8 某地中学教师对某项改革方案看法的统计表 (单位: 人)

A \ B	赞成 (B_1)	反对 (B_2)	$\sum$
中学教师 n_1 (A_1)	64 n_{11}	36 n_{12}	100 $n_{1\cdot}$
中学教师 n_2 (A_2)	56 n_{21}	24 n_{22}	80 $n_{2\cdot}$
$\sum$	120 $n_{\cdot 1}$	60 $n_{\cdot 2}$	180 n

其中 $n_{11}, n_{12}, n_{21}, n_{22}$ 为实际频数. 这种表通常称为 2×2 列联表或 4 格表. 现在要问, A 类指标与 B 类指标是否独立? 也就是说, 按年龄分类与按看法分类有无联系? 如果有联系, 分类 (属性) 不是独立的, 即看法与年龄有关; 如果不同年龄阶层不影响各自看法, 则认为分类是独立的, 即看法与年龄无关.

一般地, 若总体中的个体可按两个属性 A 与 B 分类, A 有 r 个类: $A_1, A_2, \cdots, A_r$; B 有 c 个类: $B_1, B_2, \cdots, B_c$; 从总体中抽取大小为 n 的样本, 设其中有 n_{ij} 个个体既属于类 A_i 又属于类 B_j, n_{ij} 称为频数, 将 $r\times c$ 个 n_{ij} 排列成一个 r 行 c 列的二维列联表, 简称 $r\times c$ 表 (表 8-4-9).

表 8-4-9 $r\times c$ 列联表

A \ B	1	$\cdots$	j	$\cdots$	c	$\sum$
1	n_{11}	$\cdots$	n_{1j}	$\cdots$	n_{1c}	$n_{1\cdot}$
$\vdots$	$\vdots$		$\vdots$		$\vdots$	$\vdots$
i	n_{i1}	$\cdots$	n_{ij}	$\cdots$	n_{ic}	$n_{i\cdot}$
$\vdots$	$\vdots$		$\vdots$		$\vdots$	$\vdots$
r	n_{r1}	$\cdots$	n_{rj}	$\cdots$	n_{rc}	$n_{r\cdot}$
$\sum$	$n_{\cdot 1}$	$\cdots$	$n_{\cdot j}$	$\cdots$	$n_{\cdot c}$	n

若所考虑的属性多于两个, 也可用类似的方式作出列联表, 称为多维列联表. 本书只限于二维列联表, 列联表分析在应用统计, 特别是医学、生物学及社会科学中有着广泛的应用.

列联表分析的基本问题是, 考察各属性之间有无关联, 即判别二属性是否独立. 如在例 8.4.4 中, 问题是: 对改革方案的态度是否与年龄有关? 在 $r\times c$ 列联表中, 若以 $p_{i\cdot}$, $p_{\cdot j}$ 和 p_{ij} 分别表示总体中的个体仅属于 A_i、仅属于 B_j 和同时属于 A_i 与 B_j 的概率, 可得一个二维离散型分布表 (表 8-4-10), 则 "A 与 B 两属性独立" 的假设可以表述为

$$H_0: p_{ij} = p_{i\cdot}\cdot p_{\cdot j}, \quad i=1,2,\cdots,r, \quad j=1,2,\cdots,c.$$

这就变为关于离散型分布拟合检验, 这里诸 p_{ij} 共有 rc 个参数, 在原假设 H_0 成立时, 这 rc 个参数由 $r+c$ 个参数 $p_{i\cdot}\,(i=1,2,\cdots,r)$ 和 $p_{\cdot j}\,(j=1,2,\cdots,c)$ 决定. 考虑到两个约束条件: $\sum\limits_{i=1}^{r} p_{i\cdot}=1, \sum\limits_{j=1}^{c} p_{\cdot j}=1$, 实际上由 $r+c-2$ 个独立参数所决定. 据此, 检验统计量为

$$\chi^2=\sum_{i=1}^{r}\sum_{j=1}^{c}\frac{\left(n_{ij}-n\hat{p}_{ij}\right)^2}{n\hat{p}_{ij}}. \tag{8-4-5}$$

在原假设 H_0 成立时, 上式近似服从自由度为 $rc-(r+c-2)-1=(r-1)(c-1)$ 的 χ^2 分布. 在原假设 H_0 成立时, p_{ij} 的极大似然估计为

$$\hat{p}_{ij}=\hat{p}_{i\cdot}\cdot\hat{p}_{\cdot j}=\frac{n_{i\cdot}}{n}\cdot\frac{n_{\cdot j}}{n},$$

对给定的显著性水平 $\alpha\,(0<\alpha<1)$, 检验的拒绝域为 $W=\{\chi^2\geqslant\chi^2_{\alpha}((r-1)(c-1))\}$.

表 8-4-10 $r\times c$ 二维离散型分布表

A \ B	1	$\cdots$	j	$\cdots$	c	$\sum$
1	p_{11}	$\cdots$	p_{1j}	$\cdots$	p_{1c}	$p_{1\cdot}$
$\vdots$	$\vdots$		$\vdots$		$\vdots$	$\vdots$
i	p_{i1}	$\cdots$	p_{ij}	$\cdots$	p_{ic}	$p_{i\cdot}$
$\vdots$	$\vdots$		$\vdots$		$\vdots$	$\vdots$
r	p_{r1}	$\cdots$	p_{rj}	$\cdots$	p_{rc}	$p_{r\cdot}$
$\sum$	$p_{\cdot 1}$	$\cdots$	$p_{\cdot j}$	$\cdots$	$p_{\cdot c}$	1

解 设 H_0: A 类指标与 B 类指标独立, 在 H_0 成立下, 某个个体落入 B_j 类的概率不受 A_i 的影响, 即 $P(A_iB_j)=P(A_i)P(B_j)$. 事件 (A_iB_j) 发生的概率也可表示为

$P(A_iB_j)\doteq\dfrac{n_{i\cdot}}{n}\cdot\dfrac{n_{\cdot j}}{n}$(事件发生的概率用频率来近似, 即极大似然估计).

因此事件 (A_iB_j) 发生的理论频数为 $n\dfrac{n_{i\cdot}}{n}\cdot\dfrac{n_{\cdot j}}{n}=\dfrac{n_{i\cdot}\cdot n_{\cdot j}}{n}$. 在 H_0 成立下, 实际频数与理论频数差距不应太大, 故统计量

$$\chi^2=\sum_{i=1}^{2}\sum_{j=1}^{2}\frac{\left(n_{ij}-n_{i\cdot}\cdot n_{\cdot j}/n\right)^2}{n_{i\cdot}\cdot n_{\cdot j}/n}\sim\chi^2(4-2-1)=\chi^2(1).$$

本例中

$$\chi^2=\sum_{i=1}^{2}\sum_{j=1}^{2}\frac{\left(n_{ij}-n_{i\cdot}\cdot n_{\cdot j}/n\right)^2}{n_{i\cdot}\cdot n_{\cdot j}/n}=\sum_{i=1}^{2}\sum_{j=1}^{2}\frac{\left(n\cdot n_{ij}-n_{i\cdot}\cdot n_{\cdot j}\right)^2}{n\cdot n_{i\cdot}\cdot n_{\cdot j}}=0.72.$$

由 $\alpha=0.05$, 查表得 $\chi^2_{0.05}(1)=3.841$, 由 $\chi^2<\chi^2_{0.05}(1)$, 故接受原假设, 认为对某项改革方案的看法与年龄无关.

习 题 8.4

1. 掷一颗骰子 60 次, 结果如表 X8-4-1. 试在显著性水平为 0.05 下检验这颗骰子是否均匀.

表 X8-4-1

点数	1	2	3	4	5	6
次数	7	8	12	11	9	13

2. 检查了一本书的 100 页, 记录各页中的印刷错误的个数, 其结果如表 X8-4-2.

表 X8-4-2

错误个数	0	1	2	3	4	5	⩾ 6
页数	35	40	19	3	2	1	0

问能否认为一页的印刷错误个数服从泊松分布 (取 $\alpha = 0.05$)?

3. 某建筑工地每天发生事故数现场记录如表 X8-4-3.

表 X8-4-3

一天发生的事故数	0	1	2	3	4	5	⩾6	合计
天数	102	59	30	8	0	1	0	200

试在显著性水平为 $\alpha = 0.05$ 下检验这批数据是否服从泊松分布.

4. 在一批灯泡中抽取 300 只作寿命试验, 其结果如表 X8-4-4.

表 X8-4-4

寿命/h	< 100	$[100, 200)$	$[200, 300)$	$\geqslant 300$
灯泡数	121	78	43	58

在显著性水平为 0.05 下能否认为灯泡寿命服从指数分布 ($\alpha = 0.005$)?

5. 在检验了一个车间生产的 50 个轴承外座圈的内径 (单位：mm) 后得到数据表 X8-4-5.

表 X8-4-5

15.0	15.8	15.2	15.1	15.9	14.7	14.8	15.5	15.6	15.3
15.0	15.6	15.7	15.8	14.5	15.1	15.3	14.9	14.9	15.2
15.9	15.0	15.3	15.6	15.1	14.9	14.2	14.6	15.8	15.2
15.2	15.0	14.9	14.8	15.1	15.5	15.5	15.1	15.1	15.0
15.3	14.7	14.5	15.5	15.0	14.7	14.6	14.2	14.2	14.5

问轴承外座圈的内径是否服从正态分布 (取 $\alpha = 0.05$)?

6. 在 π 的前 800 位小数当中, $0, 1, \cdots, 9$ 相应地出现了 74, 92, 83, 79, 80, 73, 77, 75, 76, 91 次. 试用科尔莫戈罗夫检验这些数据与均匀分布相拟合的假设.

7. 试用科尔莫戈罗夫检验去检验 25 个数据 (已按大小次序排列, 如表 X8-4-6) 是否服从 $N(0, 1)$ 分布.

表 X8-4-6

−2.46	−2.11	−1.23	−0.99	−0.42	−0.39	−0.21	−0.15	−0.10
−0.07	−0.02	0.27	0.40	0.42	0.44	0.70	0.81	0.88
1.07	1.39	1.40	1.47	1.62	1.64	1.76		

8. 某种配偶的后代按体格的属性分为三类, 各类的数目分别是 10, 53, 46. 按照某种遗传模型其频率之比应为 $p^2 : 2p(1-p) : (1-p)^2$, 问数据与模型是否相符 (取 $\alpha = 0.05$)?

9. 在研究某种新措施对猪白病的防治效果问题时, 获得了如下数据 (表 X8-4-7).

表 X8-4-7

	存活数	死亡数	合计
对照	114	36	150
新措施	132	18	150
合计	246	54	300

试问新措施对防治该种疾病是否有显著疗效 (取 $\alpha = 0.05$)?

10. 一项是否应提高小学生的计算机课程的比例的调查结果如表 X8-4-8.

表 X8-4-8

年龄	同意	不同意	不知道
55 岁以上	32	28	14
36~55 岁	44	21	17
15~35 岁	47	12	13

问年龄因素是否影响了对问题的回答 (取 $\alpha = 0.05$)?

11. 某单位调查了 520 名中年以上的脑力劳动者, 其中 136 人有高血压史, 另外 384 人则无. 在有高血压史的 136 人中, 经诊断为冠心病及可疑者的有 48 人, 在无高血压史的 384 人中, 经诊断为冠心病及可疑者的有 36 人. 从这个资料, 对高血压与冠心病有无关联作检验 (取 $\alpha = 0.01$).

12. 设按有无特性 A 与 B 将 n 个样本分成四类, 组成 2×2 列联表 (表 X8-4-9).

表 X8-4-9

	B	$\overline{B}$	$\sum$
A	a	b	$a+b$
$\overline{A}$	c	d	$c+d$
$\sum$	$a+c$	$b+d$	n

其中 $n = a+b+c+d$, 试证明此时列联表独立性检验 χ^2 可以表示成

$$\chi^2 = \frac{n\,(ad-bc)^2}{(a+b)\,(c+d)\,(a+c)\,(b+d)}.$$

8.5 同时控制两类错误的假设检验

8.5.1 *OC* 函数与功效函数的概念

以上我们在进行假设检验时, 总是根据问题的要求, 预先给出显著性水平以控制犯第 I 类错误的概率, 而犯第 II 类错误的概率则依赖于样本的容量的选择. 在一些实际问题中, 我们除了希望控制犯第 I 类错误的概率外, 往往还希望控制犯第 II 类错误的概率. 在这一节, 我们将阐明如何选取样本的容量使得犯第 II 类错误的概率控制在预先给定的限度之内. 为此, 我们引入施行特征函数.

定义 8.5.1 若 C 是参数 θ 的某检验问题的一个检验法,

$$\beta(\theta) = P_\theta(\text{接受 } H_0) \tag{8-5-1}$$

称为检验法 C 的**施行特征函数**或 ***OC* 函数**, 其图像称为 ***OC* 曲线**.

由定义知, 若此检验法的显著性水平为 α, 那么当真值 $\theta \in H_0$ 时, $\beta(\theta)$ 就是作出正确判断 (即 H_0 为真时接受 H_0) 的概率, 故此时 $\beta(\theta) \geqslant 1-\alpha$; 当真值 $\theta \in H_1$ 时, $\beta(\theta)$ 就是

犯第 Ⅱ 类错误的概率, 而 $1-\beta(\theta)$ 是作出正确判断 (即 H_0 为不真时拒绝 H_0) 的概率. 函数 $1-\beta(\theta)$ 称为检验法 C 的**功效函数**. $\theta^* \in H_1$ 时, 值 $1-\beta(\theta^*)$ 称为检验法 C 在点 θ^* 的**功效**. 它表示当参数 θ 的真值为 θ^* 时, 检验法 C 作出正确判断的概率.

本书只介绍正态均值的检验法的 OC 函数及其图像.

8.5.2 U 检验法的 OC 函数

右边检验问题. $H_0: \mu \leqslant \mu_0; H_1: \mu > \mu_0$ 的 OC 函数是

$$\begin{aligned}\beta(\mu) &= P_\mu(\text{接受 } H_0) = P_\mu\left(\frac{\overline{X}-\mu_0}{\sigma/\sqrt{n}} < u_\alpha\right) \\ &= P_\mu\left(\frac{\overline{X}-\mu}{\sigma/\sqrt{n}} < u_\alpha - \frac{\mu-\mu_0}{\sigma/\sqrt{n}}\right) = \varPhi(u_\alpha - \lambda), \quad \lambda = \frac{\mu-\mu_0}{\sigma/\sqrt{n}},\end{aligned} \tag{8-5-2}$$

其图形如图 8-5-1 所示. 此 OC 函数 $\beta(\mu)$ 有如下性质:

(1) 它是 $\lambda = \dfrac{\mu-\mu_0}{\sigma/\sqrt{n}}$ 的单调递减连续函数;

(2) $\lim\limits_{\mu\to\mu_0^+} \beta(\mu) = 1-\alpha, \lim\limits_{\mu\to\infty} \beta(\mu) = 0.$

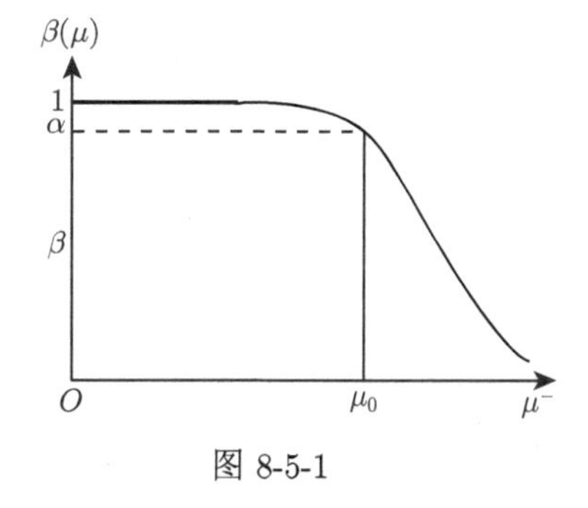

图 8-5-1

由 $\beta(\mu)$ 的连续性可知, 当参数的真值 $\mu\,(\mu > \mu_0)$ 在 μ_0 附近时, 检验法的功效很低, 即 $\beta(\mu)$ 的值很大, 亦即犯第 Ⅱ 类错误的概率很大. 因为 α 通常取得比较小, 而不管 σ 多么小, n 多么大, 只要 n 给定, 总存在 μ_0 附近的点 $\mu\,(\mu > \mu_0)$ 使 $\beta(\mu)$ 几乎等于 $1-\alpha$.

这表明, 无论样本容量 n 多么大, 要想对所有 $\mu \in H_1$, 即真值为 H_1 所规定的任一点时, 控制犯第 Ⅱ 类错误的概率都很小是不可能的. 但是我们可以使用 OC 函数 $\beta(\mu)$ 以确定样本容量 n, 使当真值 $\mu \geqslant \mu_0 + \delta\,(\delta > 0$ 为取定的值) 时, 犯第 Ⅱ 类错误的概率不超过给定的 β. 这是由于 $\beta(\mu)$ 是 μ 的递减函数, 故当 $\mu \geqslant \mu_0 + \delta$ 时有

$$\beta(\mu_0+\delta) \geqslant \beta(\mu).$$

于是只要 $\beta(\mu_0+\delta) = \varPhi(u_\alpha - \sqrt{n}\delta/\sigma) \leqslant \beta$, 亦即只要 n 满足

$$u_\alpha - \sqrt{n}\delta/\sigma \leqslant -u_\beta$$

即可. 这就是说, 只要

$$\sqrt{n} \geqslant \frac{(u_\alpha+u_\beta)\sigma}{\delta}, \tag{8-5-3}$$

就能使当 $\mu \in H_1$ 且 $\mu \geqslant \mu_0 + \delta(\delta > 0$ 为取定的值) 时, 犯第 Ⅱ 类错误的概率不超过 β.

类似地, 可得左边检验问题 $H_0: \mu \geqslant \mu_0; H_1: \mu < \mu_0$ 的 OC 函数为

$$\beta(\mu) = \varPhi(u_\alpha + \lambda), \quad \lambda = \frac{\mu-\mu_0}{\sigma/\sqrt{n}}. \tag{8-5-4}$$

当真值 $\mu \geqslant \mu_0$ 时, $\beta(\mu)$ 为作出正确判断的概率; 当真值 $\mu < \mu_0$ 时, $\beta(\mu)$ 给出犯第 Ⅱ 类错误的概率. 只要样本容量 n 满足

$$\sqrt{n} \geqslant \frac{(u_\alpha + u_\beta)\sigma}{\delta}, \tag{8-5-5}$$

就能使当 $\mu \in H_1$ 且 $\mu \leqslant \mu_0 - \delta$ 时 ($\delta > 0$, 为取定的值) 时, 犯第 Ⅱ 类错误的概率不超过给定的值 β.

双边检验问题 $H_0: \mu = \mu_0; H_1: \mu \neq \mu_0$ 的 OC 函数是

$$\begin{aligned}
\beta(\mu) &= P_\mu(\text{接受 } H_0) = P_\mu\left\{-u_{\alpha/2} < \frac{\overline{X} - \mu_0}{\sigma/\sqrt{n}} < u_{\alpha/2}\right\} \\
&= P_\mu\left\{-\lambda - u_{\alpha/2} < \frac{\overline{X} - \mu}{\sigma/\sqrt{n}} < -\lambda + u_{\alpha/2}\right\} \\
&= \Phi(u_{\alpha/2} - \lambda) - \Phi(-u_{\alpha/2} - \lambda) \\
&= \Phi(u_{\alpha/2} - \lambda) + \Phi(u_{\alpha/2} + \lambda) - 1, \quad \lambda = \frac{\mu - \mu_0}{\sigma/\sqrt{n}}.
\end{aligned} \tag{8-5-6}$$

OC 曲线如图 8-5-2 所示. 注意 $\beta(\mu)$ 是 $|\lambda|$ 的严格单调下降函数.

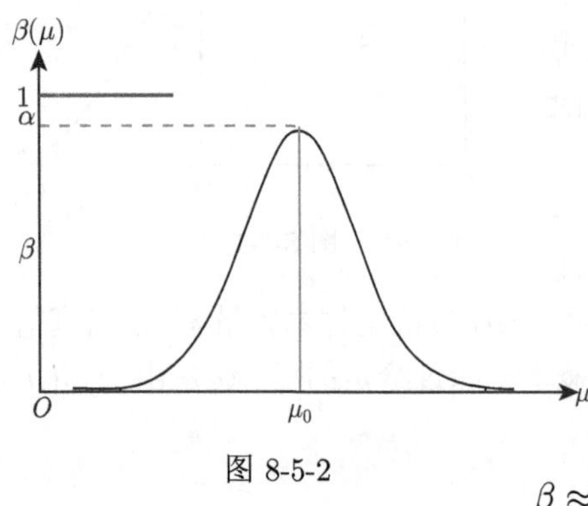

图 8-5-2

在双边检验问题中, 若要求对假设 H_1 中满足 $|\mu - \mu_0| \geqslant \delta > 0$ 的 μ 处函数值 $\beta(\mu) \leqslant \beta$, 则需解超越方程

$$\beta = \Phi(u_{\alpha/2} - \sqrt{n}\delta/\sigma) + \Phi(u_{\alpha/2} + \sqrt{n}\delta/\sigma) - 1$$

才能确定 n. 通常因为 n 较大, 所以总可以认为 $u_{\alpha/2} + \sqrt{n}\delta/\sigma \geqslant 4$, 于是 $\Phi(u_{\alpha/2} + \sqrt{n}\delta/\sigma) \approx 1$, 故近似地有

$$\beta \approx \Phi(u_{\alpha/2} - \sqrt{n}\delta/\sigma).$$

由此知只要样本容量 n 满足

$$u_{\alpha/2} - \sqrt{n}\delta/\sigma \leqslant -u_\beta,$$

即只要 n 满足

$$\sqrt{n} \geqslant (u_{\alpha/2} + u_\beta)\frac{\sigma}{\delta}, \tag{8-5-7}$$

就能使当 $\mu \in H_1$ 且 $|\mu - \mu_0| \geqslant \delta$ ($\delta > 0$ 为取定的值) 时, 犯第 Ⅱ 类错误的概率不超过给定的值 β.

例 8.5.1 (工业产品质量抽验方案) 设有一大批产品, 产品质量指标 $X \sim N(\mu, \sigma^2)$. 以 μ 小者为佳, 厂方要求所确定的验收方案对高质量的产品 ($\mu \leqslant \mu_0$) 能以高概率 $1 - \alpha$ 为买方所接受. 买方则要求低质产品 ($\mu \geqslant \mu_0 + \delta, \delta > 0$) 能以高概率 $1 - \beta$ 被拒绝. α, β 由厂方与买方协商给出. 并采取一次抽样以确定该批产品是否为买方所接受. 问应怎样安

排抽样方案. 已知 $\mu_0 = 120, \delta = 20$, 且由工厂长期经验知 $\sigma^2 = 900$. 又经商定 α, β 均取为 0.05.

解 检验问题可表达为

$$H_0 : \mu \leqslant \mu_0; \quad H_1 : \mu > \mu_0,$$

且要求当 $\mu \geqslant \mu_0 + \delta$ 时能以 $1 - \beta = 0.95$ 的概率拒绝 H_0. 由 U 检验, 拒绝域为

$$\frac{\overline{X} - \mu_0}{\sigma/\sqrt{n}} \geqslant u_\alpha,$$

故 OC 函数为

$$\begin{aligned}\beta(\mu) &= P_\mu\left(\frac{\overline{X} - \mu_0}{\sigma/\sqrt{n}} < u_\alpha\right) = P_\mu\left(\frac{\overline{X} - \mu}{\sigma/\sqrt{n}} < u_\alpha - \frac{\mu - \mu_0}{\sigma/\sqrt{n}}\right) \\ &= \Phi\left(u_\alpha - \frac{\mu - \mu_0}{\sigma/\sqrt{n}}\right).\end{aligned}$$

现要求当 $\mu \geqslant \mu_0 + \delta$ 时 $\beta(\mu) \leqslant \beta$. 因 $\beta(\mu)$ 是 μ 的递减函数, 故只需 $\beta(\mu_0 + \delta) = \beta$ 即可. 此时, 由 (8-5-7) 式可得

$$\sqrt{n} \geqslant \frac{(u_\alpha + u_\beta)\sigma}{\delta}.$$

按给定的数据算得 $n \geqslant 24.35$, 故取 $n = 25$. 且当 $\bar{x}$ 满足 $\dfrac{\bar{x} - \mu_0}{\sigma/\sqrt{n}} \geqslant u_\alpha = u_{0.05} = 1.645$ 时, 即当 $\bar{x} \geqslant 129.87$ 时, 买方就拒绝这批产品, 而当 $\bar{x} < 129.87$ 时, 买方接受这批产品.

8.5.3 t 检验法的 OC 函数

右边检验问题. $H_0 : \mu \leqslant \mu_0; H_1 : \mu > \mu_0$ 的 t 检验法得 OC 函数是

$$\beta(\mu) = P_\mu(\text{接受 } H_0) = P_\mu\left(\frac{\overline{X} - \mu_0}{S/\sqrt{n}} < t_\alpha(n-1)\right), \tag{8-5-8}$$

其中变量

$$\frac{\overline{X} - \mu_0}{S/\sqrt{n}} = \left(\frac{\overline{X} - \mu}{\sigma/\sqrt{n}} + \lambda\right) \Big/ \left(\frac{S}{\sigma}\right), \quad \lambda = \frac{\mu - \mu_0}{\sigma/\sqrt{n}}. \tag{8-5-9}$$

称变量 $\dfrac{\overline{X} - \mu_0}{S/\sqrt{n}}$ 服从非中心参数为 λ、自由度为 $n - 1$ 的非中心 t 分布. 在 $\lambda = 0$ 时, 它是通常的 $t(n-1)$ 变量. 我们仔细分析一下：若 $\lambda_1 = \dfrac{\mu_1 - \mu_0}{\sigma/\sqrt{n}} < \lambda_2 = \dfrac{\mu_2 - \mu_0}{\sigma/\sqrt{n}}$, 则有 $\left(\dfrac{\overline{X} - \mu}{\sigma/\sqrt{n}} + \lambda_1\right) \Big/ \left(\dfrac{S}{\sigma}\right) < \left(\dfrac{\overline{X} - \mu}{\sigma/\sqrt{n}} + \lambda_2\right) \Big/ \left(\dfrac{S}{\sigma}\right)$, 进一步有

$$P\left(\left(\frac{\overline{X} - \mu}{\sigma/\sqrt{n}} + \lambda_2\right) \Big/ \left(\frac{S}{\sigma}\right) < t_\alpha(n-1)\right)$$

$$\leqslant P\left(\left(\frac{\overline{X}-\mu}{\sigma/\sqrt{n}}+\lambda_1\right)\bigg/\left(\frac{S}{\sigma}\right)<t_\alpha(n-1)\right).$$

于是当 $\mu\in H_1$ 且 $\dfrac{\mu-\mu_0}{\sigma}\geqslant\delta$ 时有

$$\begin{aligned}\beta(\mu)&=P_\mu\left(\frac{\overline{X}-\mu_0}{S/\sqrt{n}}<t_\alpha(n-1)\right)\\&=P\left(\left(\frac{\overline{X}-\mu}{\sigma/\sqrt{n}}+\frac{\mu-\mu_0}{\sigma/\sqrt{n}}\right)\bigg/\left(\frac{S}{\sigma}\right)<t_\alpha(n-1)\right)\\&\leqslant P\left(\left(\frac{\overline{X}-\mu}{\sigma/\sqrt{n}}+\delta\sqrt{n}\right)\bigg/\left(\frac{S}{\sigma}\right)<t_\alpha(n-1)\right)=\beta.\end{aligned}$$

若给定 α,β 以及 $\delta>0$, 则可从本书附表 8 查得所需容量 n, 使得当 $\mu\in H_1$ 且 $\dfrac{\mu-\mu_0}{\sigma}\geqslant\delta$ 时犯第 Ⅱ 类错误的概率不超过 β.

若给定 α,β 以及 $\delta>0$, 对于左边检验问题 $H_0:\mu\geqslant\mu_0;H_1:\mu<\mu_0$ 的 t 检验法, 也可以从附表 8 查得所需容量 n, 使得当 $\mu\in H_1$ 且 $\dfrac{\mu-\mu_0}{\sigma}\leqslant-\delta$ 时犯第 Ⅱ 类错误的概率不超过 β. 对于双边检验问题 $H_0:\mu=\mu_0;H_1:\mu\neq\mu_0$ 的 t 检验法, 也可以从附表 8 查得所需容量 n, 使得当 $\mu\in H_1$ 且 $\dfrac{|\mu-\mu_0|}{\sigma}\geqslant\delta$ 时犯第 Ⅱ 类错误的概率不超过 β.

例 8.5.2 考虑在显著性水平 $\alpha=0.05$ 下进行 t 检验:

$$H_0:\mu\leqslant 68;\quad H_1:\mu>68.$$

(1) 要求在 H_1 中 $\mu\geqslant\mu_1=68+\sigma$ 时犯第 Ⅱ 类错误的概率不超过 $\beta=0.05$. 求所需的样本容量.

(2) 若样本容量为 $n=30$, 问在 H_1 中 $\mu=\mu_1=68+0.75\sigma$ 时犯第 Ⅱ 类错误的概率是多少?

解 (1) 此处 $\alpha=\beta=0.05,\mu_0=68,\delta=\dfrac{\mu_1-\mu_0}{\sigma}=\dfrac{(68+\sigma)-68}{\sigma}=1$, 查附表 8 得 $n=13$.

(2) 现在 $\alpha=0.05,n=30,\delta=\dfrac{\mu_1-\mu_0}{\sigma}=\dfrac{(68+0.75\sigma)-68}{\sigma}=0.75$, 查附表 8 得 $\beta=0.01$.

例 8.5.3 考虑在显著性水平 $\alpha=0.05$ 下进行 t 检验:

$$H_0:\mu=14;\quad H_1:\mu\neq 14.$$

要求在 H_1 中 $\dfrac{|\mu-14|}{\sigma}\geqslant 0.4$ 时犯第 Ⅱ 类错误的概率不超过 $\beta=0.1$, 求所需样本容量.

解 此处 $\alpha=0.05,\beta=0.1,\delta=0.4$, 查附表 8 得 $n=68$.

在实际问题中, 有时只给出 α,β 及 $|\mu_1-\mu_0|$ 的值, 而需要确定所需的样本容量 n. 这时由于 σ 未知, 不能确定 $\delta=|\mu_1-\mu_0|/\sigma$ 的值, 因而不能直接查表以确定样本容量. 此时可采用下述近似方法. 先适当取一值 n_1, 抽取容量为 n_1 的样本, 根据这一样本计算 s^2 的

值, 以 s^2 作为 σ^2 的估计, 算出 δ 的近似值. 由 α, β, δ 的值查附表 8 定出样本的容量, 记为 n_2. 若 $n_1 \geqslant n_2$, 则取 n_1 作为所求的容量, 即取 $n = n_1$. 否则, 再抽 $n_2 - n_1$ 个独立观测值与原来抽得的观测值合并, 重新计算 δ 的近似值. 然后用 δ 的新近似值和 α, β 查附表 8, 再次定出样本容量. 记为 n_3. 若 $n_2 \geqslant n_3$, 则取 $n = n_2$, 否则再按上面所说的方法重复进行. 一般, 只需试少数几次就可得到所求样本容量 n.

8.5.4 两个正态总体均值差的 t 检验

若两个正态总体 $N(\mu_1, \sigma_1^2), N(\mu_2, \sigma_2^2)$ 中 $\sigma_1^2 = \sigma_2^2 = \sigma^2$ 而 σ^2 未知. 在均值差 $\mu_1 - \mu_2$ 的检验问题 $H_0 : \mu_1 - \mu_2 = 0; H_1 : \mu_1 - \mu_2 \neq 0$ (或 $H_0 : \mu_1 - \mu_2 \leqslant 0; H_1 : \mu_1 - \mu_2 > 0$, 或 $H_0 : \mu_1 - \mu_2 \geqslant 0; H_1 : \mu_1 - \mu_2 < 0$) 的 t 检验中, 当分别自两个总体取得的相互独立的样本其容量 $n_1 = n_2 = n$ 时, 我们仔细分析一下右边检验问题:

$$\beta(\mu) = P_\mu(\text{接受 } H_0) = P_\mu\left(\frac{\overline{X} - \overline{Y}}{\sqrt{\dfrac{S_1^2 + S_2^2}{n}}} < t_\alpha(2n-2)\right)$$

$$= P_\mu\left(\left(\frac{\overline{X} - \overline{Y} - (\mu_1 - \mu_2)}{\sqrt{\dfrac{2\sigma^2}{n}}} + \frac{(\mu_1 - \mu_2)}{\sqrt{\dfrac{2\sigma^2}{n}}}\right)\frac{\sqrt{\dfrac{2\sigma^2}{n}}}{\sqrt{\dfrac{S_1^2 + S_2^2}{n}}} < t_\alpha(2n-2)\right)$$

$$= P_\mu\left(\left(\frac{\overline{X} - \overline{Y} - (\mu_1 - \mu_2)}{\sqrt{\dfrac{2\sigma^2}{n}}} + \lambda\right)\frac{\sqrt{\dfrac{2\sigma^2}{n}}}{\sqrt{\dfrac{S_1^2 + S_2^2}{n}}} < t_\alpha(2n-2)\right), \tag{8-5-10}$$

其中

$$\lambda = \frac{(\mu_1 - \mu_2)}{\sqrt{\dfrac{2\sigma^2}{n}}} = \frac{(\mu_1 - \mu_2)}{\sigma}\sqrt{\frac{n}{2}}. \tag{8-5-11}$$

给定 α, β 以及 $\delta = |\mu_1 - \mu_2|/\sigma$ 的值后可以查附表 9 得到所需样本容量, 使当 $|\mu_1 - \mu_2|/\sigma \geqslant \delta$ 时犯第 Ⅱ 类错误的概率小于或等于 β. 当仅给出 α, β 以及 $|\mu_1 - \mu_2|$ 的值时, 可按类似于上面所说的方法处理.

例 8.5.4 需要比较两种汽车用的燃料的辛烷值, 得数据

燃料 A: 81, 84, 79, 76, 82, 83, 84, 80, 79, 82, 81, 79;
燃料 B: 76, 74, 78, 79, 80, 79, 82, 76, 81, 79, 82, 78.

燃料的辛烷值越高, 燃料质量越好. 因燃料 B 较燃料 A 价格便宜, 因此, 如果两者辛烷值相同时, 则使用燃料 B. 但若含量的均值差 $\mu_A - \mu_B \geqslant 5$ 则使用燃料 A. 设两总体的分布均可认为是正态的, 而两个样本相互独立. 问应采用哪种燃料 (取 $\alpha = 0.01, \beta = 0.01$)?

解 按题意需要在显著性水平 $\alpha = 0.01$ 下检验假设

$$H_0 : \mu_A - \mu_B \leqslant 0; \quad H_1 : \mu_A - \mu_B > 0,$$

并要求在 $\mu_A-\mu_B\geqslant 5$ 时, 犯第 Ⅱ 类错误的概率不超过 $\beta=0.01$.

所取的样本容量为 $n_A=n_B=12$, 且有 $\bar{x}_A=80.83,\bar{x}_B=78.67,s_A^2=5.61,s_B^2=6.06$. 经显著性水平为 0.01 的 F 检验知, 可认为两总体的方差相等, 即有 $\sigma_A^2=\sigma_B^2$, 记为 σ^2. 因 $n_1=n_2$, 取 $\hat{\sigma}^2=(s_A^2+s_B^2)/2=5.835$ 作为 σ^2 的点估计, 取 $\hat{\sigma}=\sqrt{\hat{\sigma}^2}$, 于是 $\delta=5/\hat{\sigma}=2.07$, 查附表 9, 当 $\alpha=0.01,\beta=0.01,\delta=2.07$ 时 $n\geqslant 8$. 现 $n=12$, 故已近似地满足要求. 而右边检验的拒绝域为

$$t=\frac{\bar{x}_A-\bar{x}_B}{s_w\sqrt{1/n_A+1/n_B}}\geqslant t_{0.01}(n_1+n_2-2)=2.5083.$$

由样本观测值算得 $t=2.19<2.5083$, 故接受 H_0, 即采用 B 种燃料.

习 题 8.5

1. 设总体 $X\sim N\left(\mu,\sigma^2\right)$, 其中 σ 已知, 对于右边检验问题: $H_0:\mu\leqslant\mu_0;H_1:\mu>\mu_0$ 的 OC 函数是 $\beta(\alpha,\mu,n)=\Phi\left(u_\alpha-\dfrac{\mu-\mu_0}{\sigma/\sqrt{n}}\right)$. (1) 分析 α,μ,n 分别与 $\beta(\alpha,\mu,n)$ 的关系; (2) 当真值 $\mu\leqslant\mu_0,\mu>\mu_0$ 时, $\beta(\alpha,\mu,n)$ 的意义分别是什么?

2. 设总体 $X\sim N\left(\mu,\sigma^2\right)$, 其中 $\sigma=4,\alpha=0.05,n=16$, 对于右边检验问题:

$$H_0:\mu\leqslant 16;\quad H_1:\mu>16.$$

写出其 OC 函数并计算当 $\mu=15.0,15.8,16.2,17.0$ 时 $\beta(\mu)$ 的值.

3. 设总体 $X\sim N\left(\mu,\sigma^2\right)$, 其中 σ 已知, 对于右边检验问题: $H_0:\mu\leqslant\mu_0;H_1:\mu>\mu_0$, 举例说明犯第 Ⅱ 类错误的概率是如何控制的?

4. 设总体 $X\sim N\left(\mu,\sigma^2\right)$, 其中 σ 已知, 对于左边检验问题: $H_0:\mu\geqslant\mu_0,H_1:\mu<\mu_0$, 举例说明犯第 Ⅱ 类错误的概率是如何控制的?

5. 设需要对某一正态总体的均值进行假设检验

$$H_0:\mu\geqslant 15;\quad H_1:\mu<15.$$

已知 $\sigma^2=2.5$. 取 $\alpha=0.05$. 若要求当 H_1 中的 $\mu\leqslant 13$ 时犯第 Ⅱ 类错误的概率不超过 $\beta=0.05$, 求所需的样本容量.

6. 电池在货架上滞留的时间不能太长. 下面给出某商店随机选取的 8 只电池的货架滞留时间 (以天计):

$$108,\quad 124,\quad 124,\quad 106,\quad 138,\quad 163,\quad 159,\quad 134.$$

设数据来自正态总体 $N(\mu,\sigma^2)$, μ,σ^2 未知.

(1) 试检验假设 $H_0:\mu\leqslant 125;H_1:\mu>125$. 取 $\alpha=0.05$.

(2) 若要求在上述 H_1 中 $(\mu-125)/\sigma\geqslant 1.4$ 时, 犯第 Ⅱ 类错误的概率不超过 $\beta=0.1$. 求所需的样本容量.

7. (工业产品质量抽验方案) 设有一大批产品, 产品质量指标 $X\sim N(\mu,\sigma^2)$. 以 μ 大者为佳, 厂方要求所确定的验收方案对高质量的产品 $(\mu\geqslant\mu_0)$ 能以高概率 $1-\alpha$ 为买方所接受. 买方则要求低质产品 $(\mu\leqslant\mu_0-\delta,\delta>0)$ 能以高概率 $1-\beta$ 被拒绝. α,β 由厂方与买方协商给出, 并采取一次抽样以确定该批产品是否为买方所接受. 问应怎样安排抽样方案. 已知 $\mu_0=12,\delta=2$, 且由工厂长期经验知 $\sigma^2=9$. 又经商定 α,β 均取为 0.05.

8. 考虑在显著性水平 $\alpha=0.05$ 下进行 t 检验: $H_0:\mu\geqslant 10;H_1:\mu<10$.

(1) 要求在 H_1 中 $\mu<\mu_1=10-\sigma$ 时犯第 Ⅱ 类错误的概率不超过 $\beta=0.05$. 求所需的样本容量.

(2) 若样本容量为 $n=30$, 问在 H_1 中 $\mu=\mu_1=10-0.75\sigma$ 时犯第 Ⅱ 类错误的概率是多少?

9. 考虑在显著性水平 $\alpha=0.05$ 下进行 t 检验: $H_0:\mu=4;H_1:\mu\neq 4$. 要求在 H_1 中 $\dfrac{|\mu-4|}{\sigma}\geqslant 0.6$ 时犯第 Ⅱ 类错误的概率不超过 $\beta=0.1$, 求所需样本容量.

10. 针对 8.5.4 节两个正态总体均值差的 t 检验, 请你自己设计一个例子, 并完成之.

应用举例 8　假设检验在总体差异性及分布拟合中的应用

(一) 在比较两个总体的差异性中应用

问题　在某大单位中随机地抽取男女职工各 5 名, 统计他们的月收入 (元) 如下所示:

男: 2500, 2550, 2050, 2300, 1900;

女: 2300, 2300, 1900, 2000, 1800.

假定职工月收入服从正态分布, 试在 $\alpha=0.05$ 下, 从收入这个层面检验该单位有无不重视女职工现象 (假设其方差相等)?

问题分析求解　按题意, 若男职工的收入明显高于女职工的收入, 那么可以认为该单位有不重视女职工现象, 因此这是个右侧检验, 因方差未知但相等, 故采用 t 检验法.

(1) 假设 $H_0:\mu_{男}=\mu_{女};H_1:\mu_{男}>\mu_{女}$.

(2) 选择统计量

$$T=\frac{(\overline{X}-\overline{Y})}{S_w\sqrt{\dfrac{1}{n_1}+\dfrac{1}{n_2}}},$$

在假设 H_0 成立条件下有：$T\sim t(n_1+n_2-2)$.

(3) 确定拒绝域. 查表得 $t_\alpha(8)=1.86$, 得拒绝域为 $(1.86,+\infty)$.

(4) 计算统计量的值. 由题中数据算得

$$\bar{x}=2260,\quad s_1=281.51,\quad s_1^2=79250;$$

$$\bar{y}=2060,\quad s_2=230.22,\quad s_2^2=53000;$$

$$s_w^2=\frac{(n_1-1)\,s_1^2+(n_2-1)\,s_2^2}{n_1+n_2-2}=\frac{52900}{8}=66125,\quad s_w=257.15;$$

$$\sqrt{\frac{1}{5}+\frac{1}{5}}=\sqrt{0.4}=0.63,\quad s_w\sqrt{\frac{1}{5}+\frac{1}{5}}=162.63.$$

在假设 H_0 成立条件下算得

$$t=\frac{2260-2060}{162.63}=\frac{200}{162.63}=1.2298.$$

(5) 作判断：因为 $t=1.2298<t_\alpha(8)=1.86$, 落在接受域内, 所以接受 H_0, 即有 95% 的把握认为男女职工的收入无明显差异, 也就是说, 该单位无轻视女职工现象.

(二) 总体分布的假设检验

问题 从某工厂生产的一批节能灯管中抽取 100 个进行使用寿命 X (单位：h) 试验，得到如表 Y8-1 所示数据.

表 Y8-1

23	45	30	28	31	33	19	34	45	34	28	27	32	39	25	35	41	40	64	70
55	67	56	76	65	88	80	60	67	78	86	92	120	145	130	132	140	135	110	138
128	117	131	148	160	165	158	169	160	189	171	185	175	169	177	220	210	230	222	240
234	248	235	219	245	268	276	260	280	252	254	270	266	310	320	345	340	330	347	323
322	380	370	360	351	378	366	359	430	438	420	410	438	443	457	468	460	470	461	466

利用皮尔逊 χ^2 拟合检验准则检验这批节能灯管的使用寿命 X 是否服从指数分布. (取显著性水平 $\alpha = 0.05$)

问题分析求解 设总体 X 服从 $\text{Exp}(\lambda)$, 其中 $\lambda > 0$ 为未知参数, 已知未知参数 λ 的最大似然估计为 $\hat{\lambda} = \dfrac{1}{\overline{X}}$, 将数据进行分区间整理如表 Y8-2.

表 Y8-2

使用寿命子区间/h	频数 m_i	使用寿命子区间/h	频数 m_i
(0, 50]	18	(250, 300]	8
(50, 100]	14	(300, 350]	8
(100, 150]	12	(350, 400]	7
(150, 200]	11	(400, 450]	6
(200, 250]	10	(450, 500]	6

取各个子区间的中点值 $x_1 = 25, x_2 = 75, \cdots, x_{10} = 475$, 计算样本均值 $\overline{X}$ 的观测值, 得 $\overline{x} = \dfrac{1}{100}\sum\limits_{i=1}^{10} m_i x_i = 200$, 所以, λ 的最大似然估计值为 $\hat{\lambda} = \dfrac{1}{200}$, 现在检验关于总体 X 的分布的原假设 $H_0 : X \sim \text{Exp}\left(\dfrac{1}{200}\right)$. 易知 X 的概率密度

$$p(x) = \begin{cases} \dfrac{1}{200}\mathrm{e}^{-\frac{x}{200}}, & x > 0, \\ 0, & x \leqslant 0. \end{cases}$$

由此不难计算 X 落在各个子区间上的概率为 $p_i\,(i = 1, 2, \cdots, 10)$. 为了计算统计量 χ^2 的观测值, 列表计算如表 Y8-3. 由此得 $\chi^2 = 11.89$, 且自由度为 $k = 10 - 1 - 1 = 8$, 在显著性水平 $\alpha = 0.05$ 下, 查表得 $\chi^2_\alpha(k) = \chi^2_{0.05}(8) = 15.51$, 因为 $\chi^2 < \chi^2_{0.05}(8)$, 所以接受原假设 H_0, 即可以认为这批节能灯管的使用寿命 X 服从指数分布 $\text{Exp}\left(\dfrac{1}{200}\right)$.

针对此类对总体分布的假设检验, 也可以采用 SPSS 中的单样本 K-S 检验, 用于检验样本是否来自特定的理论分布.

部分操作过程如下：在 SPSS 中建立变量之后, 利用 “分析”—“非参数检验”—“1 样本 K-S” 命令即可进行, 输出描述性统计量如表 Y8-4 所示.

表 Y8-3

使用寿命子区间/h	m_i	p_i	np_i	$\frac{(m_i - np_i)^2}{np_i}$
(0, 50]	18	0.2212	22.12	0.767
(50, 100]	14	0.1723	17.23	0.606
(100, 150]	12	0.1342	13.42	0.150
(150, 200]	11	0.1045	10.45	0.029
(200, 250]	10	0.0814	8.14	0.425
(250, 300]	8	0.0634	6.34	0.435
(300, 350]	8	0.0494	4.94	1.895
(350, 400]	7	0.0384	3.84	2.600
(400, 450]	6	0.0299	2.99	3.030
(450, 500]	6	0.1054	10.54	1.956
总计	100	1.0001	100.01	11.893

表 Y8-4

	描述性统计量				
	N	均值	标准差	极小值	极大值
x	100	200.3600	139.12356	19.00	470.00

相关的检验统计量如表 Y8-5 所示.

表 Y8-5

单样本 Kolmogorov-Smirnov 检验		
N		100
指数参数 a, b	均值	200.3600
最极端差别	绝对值	0.122
	正	0.096
	负	−0.122
Kolmogorov-Smirnov Z		1.221
渐近显著性 (双侧)		0.101

从表 Y8-5 中可以看出, 渐近显著性 p 值为 0.101, 远大于显著性水平 0.05, 故接受原假设, 且指数分布的参数约为 200, 所以认为这批节能灯管的使用寿命 X 服从指数分布 $\mathrm{Exp}\left(\frac{1}{200}\right)$, 这与 K. 皮尔逊 χ^2 拟合检验所得结果完全一致.

第 9 章 方 差 分 析

方差分析也是数理统计的基本内容之一, 它是分析某些因素 (条件) 的发展变化对一个总量是否会产生影响, 或者说它们之间是否有关联, 归纳成数学模型就是多个总体是否为同一总体的统计判断问题. 其主要内容包括单因素试验方差分析、双因素试验方差分析、参数估计、效应差的置信区间、多重比较、方差齐性检验等.

9.1 单因素试验的方差分析

9.1.1 单因素试验方差分析模型

在生产实践和科学研究中, 遇到的问题常常受许多个因素的影响. 例如, 产品质量往往受原料、机器、人工等因素的影响; 农作物产量受种子、土壤、气候等多个因素的影响. 为了了解哪些因素对产品的质量、产量产生较显著的影响, 往往先做试验, 收集数据, 并对数据进行分析和检验. 在这些检验方法中, 方差分析就是一种有效的统计分析方法, 在实践中有广泛的应用. 先看下面一个实例.

设有三台机器用于生产规格相同的铝合金薄板, 通过抽样试验, 测得薄板的厚度 (单位: cm) 精确到 0.001, 试验结果如表 9-1-1 所示.

表 9-1-1

机器 A	机器 B	机器 C
0.236	0.257	0.258
0.238	0.253	0.264
0.248	0.253	0.264
0.245	0.254	0.267
0.243	0.261	0.262

影响铝合金薄板的厚度有多种因素, 如材料的规格、操作人员的水平、生产的机器设备等. 假设除机器这一因素会影响到铝合金薄板厚度外, 其他条件, 如材料规格、操作人员的技术水平等因素相同.

将铝合金的厚度视为来自三个总体 (三种不同机器 A, B, C) X_1, X_2, X_3 的观测值, 要检验三种机器生产的铝合金薄板的厚度是否有显著差异, 也就是考察机器这一因素对厚度有无显著影响.

在进行方差分析时, 常常会涉及一些基本概念, 将要研究的特征指标称为因变量, 它必须是定量变量. 例如, 上述实例中的铝合金薄板厚度就是工厂所关心的, 铝合金薄板的厚度是此研究问题的因变量, 将影响因变量的各种条件称为因素, 因素的不同状态称为水平. 例如, 铝合金厚度为因变量, 而影响该因变量的条件有材料规格、操作人员的技术水平、设备等因素. 设备有三种不同机器 A, B, C, 就有三个不同的水平. 假定除机器设备这个因素外,其他条件相同, 这样的方差分析称为单因素方差分析. 如果还要考虑不同厂家的材料对铝合金的厚度的影响或操作人员技术水平对铝合金的厚度的影响, 就有多个变量影响因变量, 称为多因素方差分析.

在单因素问题中, 以 $A_i\,(i=1,2,\cdots,m)$ 代表变动的因素 A 的 m 个不同水平, x_{ij} 代表在 A_i 水平下进行第 j 次试验所得数据 $(j=1,2,\cdots,n_i)$. 若 A_i 的重复数 n_i 全相等 $(i=1,2,\cdots,n)$, 则称为平衡单因素问题, 否则为不平衡单因素问题.

列试验结果如表 9-1-2 所示. 其中, $\overline{X}_i=\dfrac{1}{n_i}\sum\limits_{j=1}^{n_i}X_{ij}, T_i=n_i\overline{X}_i\,(i=1,2,\cdots,m)$.

表 9-1-2

因素水平 \ 试验批号	1	2	$\cdots$	j	$\cdots$		行和	行平均
A_1	X_{11}	X_{12}	$\cdots$	X_{1j}	$\cdots$	X_{1n_1}	T_1	$\overline{X}_1$
A_2	X_{21}	X_{22}	$\cdots$	X_{2j}	$\cdots$	X_{2n_2}	T_2	$\overline{X}_2$
$\vdots$	$\vdots$	$\vdots$		$\vdots$		$\vdots$	$\vdots$	$\vdots$
A_i	X_{i1}	X_{i2}	$\cdots$	X_{ij}	$\cdots$	X_{in_i}	T_i	$\overline{X}_i$
$\vdots$	$\vdots$	$\vdots$		$\vdots$		$\vdots$	$\vdots$	$\vdots$
A_m	X_{m1}	X_{m2}	$\cdots$	X_{mj}	$\cdots$	X_{mn_m}	T_m	$\overline{X}_m$

记数据总个数 $n=\sum\limits_{i=1}^{m}n_i$, 那么, 总体的平均数为 $\overline{X}=\dfrac{1}{n}\sum\limits_{i=1}^{m}\sum\limits_{j=1}^{n_i}X_{ij}$, 总和为

$$T=\sum_{i=1}^{m}\sum_{j=1}^{n_i}X_{ij}=n\overline{X}.$$

这里样本 X_{ij} 是相互独立的; A_i 水平下所得到的样本 $X_{i1},X_{i2},\cdots,X_{in_i}$ 看作从正态总体 $N(\mu_i,\sigma^2)$ 中取出, 容量为 n_i, 而且 μ_i,σ^2 未知 $(i=1,2,\cdots,m)$; 但 m 个水平的 m 个正态总体的方差认为是相等的.

具体解释为, 在 A_i 水平下进行 n_i 次独立试验, 得到 m 个样本, 即 $X_{i1}, X_{i2},\cdots,X_{in_i}$ $(i=1,2,\cdots,m)$. 每个样本的容量为 n_i, 这 m 个样本相互独立, 所以 $X_{ij}\sim N(\mu_i,\sigma^2)$ $(i=1,2,\cdots,m;j=1,2,\cdots,n_i)$ 且相互独立.

设 X_{ij} 的期望值 μ_i 是未知参数, 记 $\varepsilon_{ij}=X_{ij}-\mu_i\,(i=1,2,\cdots m;j=1,2,\cdots,n_i)$, 则 ε_{ij} 在不同水平下, 第 j 个试验的试验误差, 称为随机误差, 且有 $\varepsilon_{ij}\sim N(0,\sigma^2)$, 所有 ε_{ij} 相互独立. 于是有

$$\begin{cases} X_{ij}=\mu_i+\varepsilon_{ij}, \\ \varepsilon_{ij}\sim N(0,\sigma^2)\text{且 } \varepsilon_{ij} \text{ 相互独立} \end{cases} (i=1,2,\cdots m;j=1,2,\cdots,n_i)\,. \tag{9-1-1}$$

引入记号 $n=\sum\limits_{i=1}^{m}n_i, \mu=\dfrac{1}{n}\sum\limits_{i=1}^{m}n_i\mu_i, \delta_i=\mu_i-\mu\,(i=1,2,\cdots,m)$. δ_i 称为第 i 个水平的效应. 则有

$$\begin{cases} X_{ij}=\delta_i+\mu+\varepsilon_{ij}, \\ \varepsilon_{ij}\sim N(0,\sigma^2)\text{且 } \varepsilon_{ij} \text{ 相互独立} \end{cases} \quad (i=1,2,\cdots m; j=1,2,\cdots,n_i), \tag{9-1-2}$$

其中, $\sum_{i=1}^{m} n_i\delta_i=0$, $\mu_i,\mu,\delta_i,\sigma^2$ 均是未知的.

在此, 我们要检验的问题是因素 A 对总量有无影响, 如果有影响, 因素 A 不同水平下的总量是有差异的, 或者说它们的均值是不全相等的; 如果无影响, 因素 A 不同水平下的总量是无差异的, 或者说它们的均值全部相等. 所以, 要检验问题的原假设与备择假设可表示为

$$H_0:\mu_1=\mu_2=\cdots=\mu_m;\quad H_1:\mu_i\text{不全相等}, \tag{9-1-3}$$

或者

$$H_0:\delta_1=\delta_2=\cdots=\delta_m=0;\quad H_1:\delta_i\text{不全为零}. \tag{9-1-4}$$

我们首先要说明的是：不能沿用前面讲过的比较两个正态总体均值是否相等的统计判断方法, 分别做 C_m^2 次比较. 下面说明理由.

两两比较的原假设 $H_{ij}:\mu_i=\mu_j, 1\leqslant i<j\leqslant m$, 用 A_{ij} 表示 H_{ij} 为真时拒绝了 H_{ij}, 给定显著性水平 α, 则 $P(A_{ij})=\alpha$, 那么, 检验 $H_0:\delta_1=\delta_2=\cdots=\delta_m=0$ 时, 犯拒真的错误的概率就为

$$\begin{aligned} P\left(\bigcup_{1\leqslant i<j\leqslant m} A_{ij}\right) &= 1-P\left(\overline{\bigcup_{1\leqslant i<j\leqslant m} A_{ij}}\right)=1-P\left(\bigcap_{1\leqslant i<j\leqslant m}\overline{A}_{ij}\right) \\ &= 1-\prod_{1\leqslant i<j\leqslant m}\left(1-P\left(A_{ij}\right)\right)=1-(1-\alpha)^{\mathrm{C}_m^2}. \end{aligned}$$

当 m 较大时, 犯拒真的概率会较大.

分析上述问题的方法称为方差分析法, 方差分析是一种特殊的假设检验, 它通过对样本方差的处理和研究并作出统计推断, 下面接着介绍这种方法.

9.1.2 离差平方和的分解

令 $S_T=\sum_{i=1}^{m}\sum_{j=1}^{n_i}\left(X_{ij}-\overline{X}\right)^2, S_A=\sum_{i=1}^{m} n_i\left(\overline{X}_i-\overline{X}\right)^2, S_E=\sum_{i=1}^{m}\sum_{j=1}^{n_i}\left(X_{ij}-\overline{X}_i\right)^2.$

上式中, S_T 是各数据与其总平均的偏差平方和, 它反映了各数据间的总差异程度, 称 S_T 为总偏差平方和. S_A 为组平均与总平均的偏差平方和, 它的大小反映了因素 A 的不同水平而产生的差异, 称 S_A 为组间偏差平方和. S_E 表示 m 个总体中的每一个总体所取的样本内部的偏差平方和的总和, 而样本内部的偏差平方和是样本所进行的 n_i 次重复试验产生的误差, 是由随机波动引起的, 称 S_E 为组内偏差平方和或误差平方和.

对 S_T 进行分解, 则有

$$S_T=\sum_{i=1}^{m}\sum_{j=1}^{n_i}\left(X_{ij}-\overline{X}\right)^2=\sum_{i=1}^{m}\sum_{j=1}^{n_i}\left[\left(X_{ij}-\overline{X}_i\right)+\left(\overline{X}_i-\overline{X}\right)\right]^2$$

$$=\sum_{i=1}^{m}\sum_{j=1}^{n_i}\left(X_{ij}-\overline{X}_i\right)^2+\sum_{i=1}^{m}\sum_{j=1}^{n_i}\left(\overline{X}_i-\overline{X}\right)^2+2\sum_{i=1}^{m}\sum_{j=1}^{n_i}\left(X_{ij}-\overline{X}_i\right)\left(\overline{X}_i-\overline{X}\right),$$

由于

$$\begin{aligned}\sum_{i=1}^{m}\sum_{j=1}^{n_i}\left(X_{ij}-\overline{X}_i\right)\left(\overline{X}_i-\overline{X}\right)&=\sum_{i=1}^{m}\left(\overline{X}_i-\overline{X}\right)\sum_{j=1}^{n_i}\left(X_{ij}-\overline{X}_i\right)\\&=\sum_{i=1}^{m}\left(\overline{X}_i-\overline{X}\right)\left(\sum_{j=1}^{n_i}X_{ij}-n_i\overline{X}_i\right)=0,\end{aligned}$$

故而有

$$\begin{aligned}S_T&=\sum_{i=1}^{m}\sum_{j=1}^{n_i}\left(X_{ij}-\overline{X}_i\right)^2+\sum_{i=1}^{m}\sum_{j=1}^{n_i}\left(\overline{X}_i-\overline{X}\right)^2\\&=\sum_{i=1}^{m}\sum_{j=1}^{n_i}\left(X_{ij}-\overline{X}_i\right)^2+\sum_{i=1}^{m}n_i\left(\overline{X}_i-\overline{X}\right)^2\\&=S_E+S_A.\end{aligned}\tag{9-1-5}$$

9.1.3 离差平方和的分析

为了看清 S_T, S_A, S_E 的意义, 我们利用式 (9-1-2) 得到

$$\overline{X}_i=\frac{1}{n_i}\sum_{j=1}^{n_i}X_{ij}=\delta_i+\mu+\frac{1}{n_i}\sum_{j=1}^{n_i}\varepsilon_{ij}=\delta_i+\mu+\overline{\varepsilon}_i,$$

$$\overline{X}=\frac{1}{n}\sum_{i=1}^{m}n_i\delta_i+\mu+\frac{1}{n}\sum_{i=1}^{m}n_i\overline{\varepsilon}_i=\mu+\overline{\varepsilon},$$

其中 $\overline{\varepsilon}_i$, $\overline{\varepsilon}$ 与 $\overline{X_i}$, $\overline{X}$ 意义相应, 从而

$$S_E=\sum_{i=1}^{m}\sum_{j=1}^{n_i}\left(\varepsilon_{ij}-\overline{\varepsilon}_i\right)^2\tag{9-1-6}$$

反映了误差的波动, 称它为误差的偏差平方和, 而

$$S_A=\sum_{i=1}^{m}n_i\left(\delta_i+\overline{\varepsilon}_i-\overline{\varepsilon}\right)^2.\tag{9-1-7}$$

在原假设为真时, 它反映了误差的波动; 在原假设不真时, 它不仅反映误差的波动, 还反映因素 A 不同水平效应引起的差异. 下面继续分析他们的期望.

利用式 (9-1-6), (9-1-7) 有

$$E(S_E)=E\sum_{i=1}^{m}\sum_{j=1}^{n_i}\left(\varepsilon_{ij}-\overline{\varepsilon}_i\right)^2=\sum_{i=1}^{m}E\left(\sum_{j=1}^{n_i}\varepsilon_{ij}^2-n_i\overline{\varepsilon}_i^2\right)$$

$$=\sum_{i=1}^{m}\left(n_i\sigma^2-n_i\frac{\sigma^2}{n_i}\right)=(n-m)\,\sigma^2, \tag{9-1-8}$$

$$\begin{aligned}
E(S_A)&=\sum_{i=1}^{m}n_iE\left(\delta_i+\overline{\varepsilon}_i-\overline{\varepsilon}\right)^2 \quad =\sum_{i=1}^{m}n_iE\left(\delta_i^2+2\delta_i\left(\overline{\varepsilon}_i-\overline{\varepsilon}\right)+\left(\overline{\varepsilon}_i-\overline{\varepsilon}\right)^2\right)\\
&=\sum_{i=1}^{m}n_i\left(\delta_i^2+E\left(\overline{\varepsilon}_i-\overline{\varepsilon}\right)^2\right)=\sum_{i=1}^{m}n_i\delta_i^2+\sum_{i=1}^{m}n_iE\left(\overline{\varepsilon}_i^2-2\overline{\varepsilon}_i\overline{\varepsilon}+\overline{\varepsilon}^2\right)\\
&=\sum_{i=1}^{m}n_i\delta_i^2+\sum_{i=1}^{m}n_iE(\overline{\varepsilon}_i^2)-nE(\overline{\varepsilon}^2)\\
&=\sum_{i=1}^{m}n_i\delta_i^2+\sum_{i=1}^{m}n_i\frac{\sigma^2}{n_i}-n\frac{\sigma^2}{n}\\
&=\sum_{i=1}^{m}n_i\delta_i^2+(m-1)\sigma^2.
\end{aligned} \tag{9-1-9}$$

9.1.4 检验统计量

关于检验统计量及其分布我们分以下两种情况说明.

第一种情况, 当各种水平下样本重复数相等时, 即 $n_1=n_2=\cdots=n_m=r$ 时, 有如下结论.

定理 9.1.1 在单因素方差分析模型 (9-1-2) 中, 当 $n_1=n_2=\cdots=n_m=r$ 时, 有

(1) $S_E/\sigma^2\sim\chi^2\left(n-m\right)$;

(2) 在 H_0 成立下, $S_A/\sigma^2\sim\chi^2\left(m-1\right)$;

(3) S_E 与 S_A 独立.

证明 由 (9-1-6) 式知: $S_E=\sum\limits_{i=1}^{m}\sum\limits_{j=1}^{n_i}\left(\varepsilon_{ij}-\overline{\varepsilon}_i\right)^2=\sum\limits_{i=1}^{m}\sum\limits_{j=1}^{r}\left(\varepsilon_{ij}-\overline{\varepsilon}_i\right)^2$, 由模型假定诸 $\varepsilon_{ij},j=1,2,\cdots,r;i=1,2,\cdots,m$ 独立同分布于 $N(0,\sigma^2)$ 及定理 6.3.3, 则有

$$\frac{1}{\sigma^2}\sum_{j=1}^{r}\left(\varepsilon_{ij}-\overline{\varepsilon}_i\right)^2\sim\chi^2\left(r-1\right),$$

再由卡方分布的可加性, 有 $S_E/\sigma^2=\sum\limits_{i=1}^{m}\left(\frac{1}{\sigma^2}\sum\limits_{j=1}^{r}\left(\varepsilon_{ij}-\overline{\varepsilon}_i\right)^2\right)\sim\chi^2\left(n-m\right)$. 这就证明了 (1).

下面证明 (3). 由 (9-1-7) 式, $S_A=\sum\limits_{i=1}^{m}n_i\left(\delta_i+\overline{\varepsilon}_i-\overline{\varepsilon}\right)^2=\sum\limits_{i=1}^{m}r\left(\delta_i+\overline{\varepsilon}_i-\overline{\varepsilon}\right)^2$, 仍然由定理 6.3.3 知: $\overline{\varepsilon}_i$ 与 $\sum\limits_{j=1}^{r}\left(\varepsilon_{ij}-\overline{\varepsilon}_i\right)^2$ 相互独立, $i=1,2,\cdots,m$. 进一步由 $\overline{\varepsilon}$ 是 $\overline{\varepsilon}_i$ 的函数

知: $\overline{\varepsilon}$ 与 $\sum\limits_{j=1}^{r}(\varepsilon_{ij}-\overline{\varepsilon}_i)^2$ 相互独立, $i=1,2,\cdots,m$. 所以有 $S_A=\sum\limits_{i=1}^{m}r\left(\delta_i+\overline{\varepsilon}_i-\overline{\varepsilon}\right)^2$ 与 $S_E=\sum\limits_{i=1}^{m}\sum\limits_{j=1}^{r}(\varepsilon_{ij}-\overline{\varepsilon}_i)^2$ 相互独立. (3) 得证.

最后证明 (2).

在 H_0 成立下, $S_A=\sum\limits_{i=1}^{m}\left(\sqrt{r}\overline{\varepsilon}_i-\sqrt{r}\overline{\varepsilon}\right)^2$, 而诸 $\overline{\varepsilon}_i\sim N\left(0,\sigma^2/r\right)$, 即 $\sqrt{r}\overline{\varepsilon}_i\sim N(0,\sigma^2)$. 再注意到: $\sqrt{r}\overline{\varepsilon}=\dfrac{1}{mr}\sum\limits_{i=1}^{m}\sum\limits_{j=1}^{r}\sqrt{r}\varepsilon_{ij}=\dfrac{1}{m}\sum\limits_{i=1}^{m}\left(\dfrac{1}{r}\sum\limits_{j=1}^{r}\sqrt{r}\varepsilon_{ij}\right)=\dfrac{1}{m}\sum\limits_{i=1}^{m}\sqrt{r}\overline{\varepsilon}_i$, 则由定理 6.3.3 知 $S_A/\sigma^2\sim\chi^2\left(m-1\right)$. 命题得证.

第二种情况, 在重复数不等时, 注意到上述 (2) 的证明过程难以继续下去, 这时我们需要一个更为深刻的结论, 这就是下面的命题.

定理 9.1.2 (柯赫伦定理)　设 $X_1,X_2,\cdots,X_n$ 为 n 个相互独立的 $N(0,1)$ 变量, $Q=\sum\limits_{i=1}^{n}X_i^2$ 为 $\chi^2(n)$ 变量. 若 $Q=Q_1+Q_2+\cdots+Q_k$, 其中 Q_i 为某些正态变量的平方和, 这些正态变量分别是 $X_1,X_2,\cdots,X_n$ 的线性组合, 其自由度为 f_i, 则诸 Q_i 相互独立, 且为 $\chi^2(f_i)$ 变量的充要条件是 $\sum\limits_{i=1}^{k}f_i=n$.

由于篇幅所限, 本命题就不证明了, 有兴趣的学习者可参阅文献 [25]. 现在我们验证一下单因素方差分析模型 (9-1-2), 注意到

$$\begin{aligned}\sum_{i=1}^{m}\sum_{j=1}^{n_i}\varepsilon_{ij}^2&=\sum_{i=1}^{m}\sum_{j=1}^{n_i}(\varepsilon_{ij}-\overline{\varepsilon}_i)^2+\sum_{i=1}^{m}n_i\overline{\varepsilon}_i^2-2\sum_{i=1}^{m}\sum_{j=1}^{n_i}(\varepsilon_{ij}-\overline{\varepsilon}_i)\overline{\varepsilon}_i\\&=\sum_{i=1}^{m}\sum_{j=1}^{n_i}(\varepsilon_{ij}-\overline{\varepsilon}_i)^2+\sum_{i=1}^{m}n_i\overline{\varepsilon}_i^2,\end{aligned}\tag{9-1-10}$$

$$\begin{aligned}\sum_{i=1}^{m}n_i\overline{\varepsilon}_i^2&=\sum_{i=1}^{m}n_i\left(\overline{\varepsilon}_i-\overline{\varepsilon}\right)^2-2\sum_{i=1}^{m}n_i\left(\overline{\varepsilon}_i-\overline{\varepsilon}\right)\overline{\varepsilon}+n\overline{\varepsilon}^2\\&=\sum_{i=1}^{m}n_i\left(\overline{\varepsilon}_i-\overline{\varepsilon}\right)^2+n\overline{\varepsilon}^2.\end{aligned}\tag{9-1-11}$$

综合上述两式有

$$\sum_{i=1}^{m}\sum_{j=1}^{n_i}\varepsilon_{ij}^2=\sum_{i=1}^{m}\sum_{j=1}^{n_i}(\varepsilon_{ij}-\overline{\varepsilon}_i)^2+\sum_{i=1}^{m}n_i\left(\overline{\varepsilon}_i-\overline{\varepsilon}\right)^2+n\overline{\varepsilon}^2.\tag{9-1-12}$$

在上式两边同除以 σ^2, 在 H_0 下, 满足柯赫伦定理条件, 对应的自由度有关系式

$$
\begin{aligned}
n &= n_1 + n_2 + \cdots + n_m \\
&= (n_1 - 1 + n_2 - 1 + \cdots + n_m - 1) + (m-1) + 1.
\end{aligned} \tag{9-1-13}
$$

结合 (9-1-6), (9-1-7), 由定理 9.1.2 知, $\frac{1}{\sigma^2}S_A \sim \chi^2(m-1)$, 且与 S_E 相互独立.

下面给出检验统计量. 若 H_0 为真, 则 m 个总体之间无显著差异. 所有观察结果被认为取自同一正态总体 $N(\mu, \sigma^2)$ 的容量为 n 的样本, 且 X_{ij} 相互独立. 则根据

$$
\frac{1}{\sigma^2}S_T \sim \chi^2(n-1), \quad \frac{1}{\sigma^2}S_A \sim \chi^2(m-1), \quad \frac{1}{\sigma^2}S_E \sim \chi^2(n-m),
$$

进而选取统计量

$$
F = \frac{S_A/(m-1)}{S_E/(n-m)}. \tag{9-1-14}
$$

由 F 分布的定义可知, 若 H_0 成立, 该统计量服从具有第一个自由度为 $m-1$, 第二个自由度为 $n-m$ 的 F 分布, 对于给定的置信水平 α, 可以查表确定临界值 F_α 有

$$
P\left(\frac{S_A/(m-1)}{S_E/(n-m)} < F_\alpha\right) = 1-\alpha, \quad P(F > F_\alpha) = \alpha. \tag{9-1-15}
$$

计算 F 的实际观测值, 若 $F < F_\alpha$, 则接受原假设 H_0, 认为因素水平的变化对结果无显著影响; 若 $F > F_\alpha$, 则拒绝 H_0, 即认为因素水平的不同对结果影响显著.

它的意义是, 如果组间方差 $\frac{S_A}{m-1}$ 比组内方差 $\frac{S_E}{n-m}$ 大很多, 说明不同水平的数据间有明显差异, X_{ij} 不能认为来自同一正态总体, 应拒绝 H_0; 反之说明水平的变化对结果影响不明显, 可以接受 H_0. 上述检验是显著性检验, 接受 H_0 并不等于水平对结果无影响或影响甚微, 只能认为影响不显著.

检验过程可通过单因素方差分析表完成. 将上述原理和对于样本观测值的计算结果列表如表 9-1-3 所示, 就可以简单明了地得出结论, 这样的表称为方差分析表.

表 9-1-3

差异源	偏差平方和 S	自由度	均方差	F 值	F 的临界值 F_α
组间	$S_A = \sum_{i=1}^{m} n_i\left(\overline{X}_i - \overline{X}\right)^2$	$m-1$	$\frac{S_A}{m-1}$	$F = \frac{\frac{S_A}{m-1}}{\frac{S_E}{n-m}}$	$F_\alpha = (m-1, n-m)$
组内	$S_E = \sum_{i=1}^{m}\sum_{j=1}^{n_i}\left(X_{ij} - \overline{X}_i\right)^2$	$n-m$	$\frac{S_E}{n-m}$		
总计	$S_T = \sum_{i=1}^{m}\sum_{j=1}^{n_i}\left(X_{ij} - \overline{X}\right)^2$	$n-1$			

方差分析需要大量的计算, 若用手算, 可使用下列简化公式计算 S_T, S_A, S_E.

$$
S_T = \sum_{i=1}^{m}\sum_{j=1}^{n_i} X_{ij}^2 - \frac{T^2}{n}, \quad S_A = \sum_{i=1}^{m}\frac{T_i^2}{n_i} - \frac{T^2}{n}, \quad S_E = S_T - S_A.
$$

我们常常使用计算机进行辅助计算, Microsoft Office 软件中的 Excel (电子表格) 提供了很方便的数理统计软件. 只要输入原始数据, 简单操作后就可得到方差分析表.

例 9.1.1 对 6 种农药在相同条件下分别作杀虫实验, 实验结果为杀虫率 (%), 得如表 9-1-4 所示的数据. 问这 6 种农药的杀虫率有无显著差异 ($\alpha = 0.01$)?

表 9-1-4

农药类别	实验 1	实验 2	实验 3	实验 4
A_1	87	85	80	
A_2	90	88	87	94
A_3	56	62		
A_4	55	48		
A_5	92	99	95	91
A_6	75	72	81	

解 本问题为单因素 6 水平实验, 要做以下假设检验:

$$H_0: \mu_1 = \mu_2 = \mu_3 = \mu_4 = \mu_5 = \mu_6;$$
$$H_A: \mu_1, \mu_2, \mu_3, \mu_4, \mu_5, \mu_6 \text{不全相等}.$$

已知 $m=6, n_1=3, n_2=4, n_3=2, n_4=2, n_5=4, n_6=3$, 则 $n=\sum_{i=1}^{6} n_i=18$.

为了减少误差和方便计算, 取 $y_{ij} = x_{ij} - 80$, 得出如表 9-1-5 所示的数据表.

表 9-1-5

农药类别	实验 1	实验 2	实验 3	实验 4
A_1	7	5	0	
A_2	10	8	7	14
A_3	−24	−18		
A_4	−25	−32		
A_5	12	19	15	11
A_6	−5	−8	1	

易见, 作这一线性变换后 S_A 和 S_E 的值并不改变.

$$T_1 = \sum_{j=1}^{n_1} x_{ij} = 7+5+0 = 12, \quad T_2 = \sum_{j=1}^{n_2} x_{ij} = 10+8+7+14 = 39,$$

$$T_3 = \sum_{j=1}^{n_3} x_{ij} = -24-18 = -42, \quad T_4 = \sum_{j=1}^{n_4} x_{ij} = -25-32 = -57,$$

$$T_5 = \sum_{j=1}^{n_5} x_{ij} = 12+19+15+11 = 57, \quad T_6 = \sum_{j=1}^{n_6} x_{ij} = -5-8+1 = -12,$$

$$T = \sum_{i=1}^{m}\sum_{j=1}^{n_i} x_{ij} = -3,$$

$$S_T = \sum_{i=1}^{m}\sum_{j=1}^{n_i} x_{ij}^2 - \frac{1}{n}T^2 = 3973 - \frac{9}{18} = 3972.5,$$

$$S_A=\sum_{i=1}^{m}\frac{1}{n_i}T_i^2-\frac{1}{n}T^2=3795-\frac{1}{2}=3794.5,$$

$$S_E=S_T-S_A=3972.5-3794.5=178,$$

$$\frac{S_A}{m-1}=\frac{3794.5}{5}=758.9,\quad \frac{S_E}{n-m}=\frac{178}{12}=14.83,$$

$$F=\frac{\dfrac{S_A}{m-1}}{\dfrac{S_E}{n-m}}=\frac{758.9}{14.83}=51.17.$$

得到的方差分析表如表 9-1-6 所示.

表 9-1-6

方差来源	平方和	自由度	均方	F 值
因素 A	S_A	5	758.9	51.17
误差	S_E	12	14.83	
总和	S_T	17		

当 $\alpha=0.01$ 时查表 $F_{0.01}(5,12)=5.06$,, 由于 $F=51.17>5.06$, 因此拒绝 H_0, 认为不同农药杀虫率有显著区别. 可以看出, 第 5 种农药杀虫率最高, 是最优水平.

习　题　9.1

1. 在一个单因子试验中, 因子 A 有三个水平, 每个水平下各重复 4 次, 具体数据如表 X9-1-1.

表 X9-1-1

水平	数据			
水平一	8	5	7	4
水平二	6	10	12	9
水平三	0	1	5	2

试计算误差平方和 S_E、因子 A 的平方和 S_A、总平方和 S_T, 并指出它们各自的自由度.

2. 在一个单因子试验中, 因子 A 有四个水平, 每个水平下重复次数分别为 5, 7, 6, 8. 那么误差平方和、因子 A 的平方和及总平方和的自由度各是多少?

3. 在单因子方差分析中, 因子 A 有三个水平, 每个水平各做 4 次重复试验, 请完成下列方差分析表 (表 X9-1-2), 并在显著性水平 $\alpha=0.05$ 下对因子 A 是否显著作出检验.

表 X9-1-2

来源	平方和	自由度	均方	F 值	p 值
因子 A	4.2				
误差 E	2.5				
总和 T	6.7				

4. 用四种安眠药在兔子身上试验, 特选 24 只健康的兔子, 随机把它们均分为 4 组, 每组各服一种安眠药, 安眠时间 (单位：h) 如表 X9-1-3 所示. 在显著性水平 $\alpha=0.05$ 下对其进行方差分析, 可得到什么结果?

表 X9-1-3

安眠药	安眠时间					
A_1	6.2	6.1	6.0	6.3	6.1	5.9
A_2	6.3	6.5	6.7	6.6	7.1	6.4
A_3	6.8	7.1	6.6	6.8	6.9	6.6
A_4	5.4	6.4	6.2	6.3	6.0	5.9

5. 考察温度对某一化工产品得率的影响, 选了五种不同的温度 (℃), 在同一温度下做了三次实验, 测得其得率如表 X9-1-4, 试分析温度对得率有无显著影响. ($\alpha = 0.01$)

表 X9-1-4

温度 A	温度 B	温度 C	温度 D	温度 E
90	97	96	84	84
92	93	96	83	89
88	92	93	83	82

6. 某钢厂检查一月上旬内的五天中生产的钢锭重量 (单位：kg), 结果如表 X9-1-5. 试检验不同日期生产的钢锭的平均重量有无显著差异？($\alpha = 0.05$)

表 X9-1-5

日期	重量			
1	5500	5800	5740	5710
2	5440	5680	5240	5600
4	5400	5410	5430	5400
9	5640	5700	5660	5700
10	5610	5700	5610	5400

7. 考察四种不同催化剂对某一化工产品的得率的影响, 在四种不同催化剂下分别做实验获得如下数据 (表 X9-1-6). 试检验在四种不同催化剂下平均得率有无显著差异？($\alpha = 0.05$)

表 X9-1-6

催化剂	得率					
1	0.88	0.85	0.79	0.86	0.85	0.83
2	0.87	0.92	0.85	0.83	0.90	
3	0.84	0.78	0.81			
4	0.81	0.86	0.90	0.87		

8. 三台机器制造同一种产品, 记录 5 天的产量如表 X9-1-7. 检验三台机器的日产量是否有显著差异. ($\alpha = 0.05, 0.01$)

表 X9-1-7

机器 Ⅰ	机器 Ⅱ	机器 Ⅲ
138	163	155
144	148	144
135	152	159
149	146	147
143	157	153

9. 用五种不同的施肥方案分别得到某种农作物的收获量 (单位：kg) 如表 X9-1-8. 检验这五种施肥方案对农作物的收获量是否有显著差异. ($\alpha = 0.01$)

表 X9-1-8

施肥方案 I	施肥方案 Ⅱ	施肥方案 Ⅲ	施肥方案 Ⅳ	施肥方案 V
67	98	60	79	90
67	96	69	64	70
55	91	50	81	79
42	66	35	70	88

10. 粮食加工厂用四种不同的方法储藏粮食, 储藏一段时间后, 分别抽样化验, 得到粮食含水率 (%) 如表 X9-1-9. 检验这四种不同的储藏方法对粮食的含水率是否有显著影响. ($\alpha = 0.05$)

表 X9-1-9

储藏方法 I	储藏方法 Ⅱ	储藏方法 Ⅲ	储藏方法 Ⅳ
7.3	5.8	8.1	7.9
8.3	7.4	6.4	9.0
7.6	7.1	7.0	
8.4			
8.3			

11. 灯泡厂用三种不同材料的灯丝制成三批灯泡, 从这三批灯泡中分别抽样测得灯泡的使用寿命 (单位：h) 如表 X9-1-10. 检验这三种不同的灯丝制成的灯泡的使用寿命是否有显著差异. ($\alpha = 0.05$)

表 X9-1-10

批号 I	批号 Ⅱ	批号 Ⅲ
1600	1580	1540
1600	1640	1550
1650	1640	1570
1680	1700	1600
1700	1750	1660
1720		1680
1800		

9.2 双因素试验的方差分析

9.2.1 双因素等重复试验方差分析模型

设有两个因素 A, B 作用于试验的指标. 因素 A 有 m 个水平 $A_1, A_2, \cdots, A_m$, 因素 B 有 s 个水平 $B_1, B_2, \cdots, B_s$. 现对因素 A, B 的水平的每对组合 $(A_i, B_j)\,(i = 1, 2, \cdots, m; j = 1, 2, \cdots, s)$ 都作 $t\,(t \geqslant 2)$ 次试验 (称为等重复试验), 得到如表 9-2-1 所示的结果. 并设 $X_{ijk} \sim N(\mu_{ij}, \sigma^2)\,(i = 1, 2, \cdots, m; j = 1, 2, \cdots, s; k = 1, 2, \cdots, t)$, 各 X_{ijk} 独立, 这里 μ_{ij}, σ^2 均为未知参数, 或写成

$$\begin{cases} X_{ijk} = \mu_{ij} + \varepsilon_{ijk}, \\ \varepsilon_{ijk} \sim N(0, \sigma^2) \text{各 } \varepsilon_{ijk} \text{ 独立}, \\ i = 1, 2, \cdots, m, \\ j = 1, 2, \cdots, s, \\ k = 1, 2, \cdots, t. \end{cases} \tag{9-2-1}$$

引入记号

表 9-2-1

因素 B / 因素 A	B_1	B_2	$\cdots$	B_s
A_1	$X_{111},X_{112},\cdots,X_{11t}$	$X_{121},X_{122},\cdots,X_{12t}$	$\cdots$	$X_{1s1},X_{1s2},\cdots,X_{1st}$
A_2	$X_{211},X_{212},\cdots,X_{21t}$	$X_{221},X_{222},\cdots,X_{22t}$	$\cdots$	$X_{2s1},X_{2s2},\cdots,X_{2st}$
$\vdots$	$\vdots$	$\vdots$		$\vdots$
A_m	$X_{m11},X_{m12},\cdots,X_{m1t}$	$X_{m21},X_{m22},\cdots,X_{m2t}$	$\cdots$	$X_{ms1},X_{ms2},\cdots,X_{mst}$

$$\mu=\frac{1}{ms}\sum_{i=1}^{m}\sum_{j=1}^{s}\mu_{ij},\quad \mu_{i\cdot}=\frac{1}{s}\sum_{j=1}^{s}\mu_{ij},\quad i=1,2,\cdots,m,$$

$$\mu_{\cdot j}=\frac{1}{m}\sum_{i=1}^{m}\mu_{ij},\quad j=1,2,\cdots,s,$$

$$\alpha_i=\mu_{i\cdot}-\mu,\ i=1,2,\cdots,m,\quad \beta_j=\mu_{\cdot j}-\mu,\ j=1,2,\cdots,s.$$

易见 $\sum\limits_{i=1}^{m}\alpha_i=0,\sum\limits_{i=1}^{s}\beta_i=0.$

称 μ 为总体平均, α_i 为水平 A_i 的效应, β_j 为水平 B_j 的效应, 这样可将 μ_{ij} 表示为

$$\mu_{ij}=\mu+\alpha_i+\beta_j+(\mu_{ij}-\mu_{i\cdot}-\mu_{\cdot j}+\mu),\quad i=1,2,\cdots,m;\ j=1,2,\cdots,s.$$

记 $\gamma_{ij}=\mu_{ij}-\mu_{i\cdot}-\mu_{\cdot j}+\mu,i=1,2,\cdots,m;\ j=1,2,\cdots,s$, 此时 $\mu_{ij}=\mu+\alpha_i+\beta_j+\gamma_{ij}$.

称 γ_{ij} 为水平 A_i 和水平 B_j 的交互效应, 这是由 A_i, B_j 搭配起来联合起作用而引起的, 易见

$$\sum_{i=1}^{m}\gamma_{ij}=0,\ j=1,2,\cdots,s;\quad \sum_{j=1}^{s}\gamma_{ij}=0,\ i=1,2,\cdots,m.$$

这样, 可以进一步得出

$$\begin{cases}X_{ijk}=\mu+\alpha_i+\beta_j+\gamma_{ij}+\varepsilon_{ijk},\\ \varepsilon_{ijk}\sim N(0,\sigma^2)\text{各 }\varepsilon_{ijk}\text{ 独立},\\ \sum\limits_{i=1}^{m}\alpha_i=0,\sum\limits_{j=1}^{s}\beta_j=0,\sum\limits_{i=1}^{m}\gamma_{ij}=0,\sum\limits_{j=1}^{s}\gamma_{ij}=0,\\ i=1,2,\cdots,m;j=1,2,\cdots,s;k=1,2,\cdots,t,\end{cases}\tag{9-2-2}$$

其中, $\mu,\alpha_i,\beta_j,\gamma_{ij},\sigma^2$ 都是未知参数.

该式就是我们所研究的双因素试验方差分析的数学模型, 对于这一模型我们要检验以下三个假设:

$$\begin{aligned}&H_{01}:\alpha_1=\alpha_2=\cdots=\alpha_m=0;\quad H_{11}:\alpha_1,\alpha_2,\cdots,\alpha_m\text{不全为零},\\&H_{02}:\beta_1=\beta_2=\cdots=\beta_s=0;\quad H_{12}:\beta_1,\beta_2,\cdots,\beta_s\text{不全为零},\\&H_{03}:\gamma_{11}=\gamma_{12}=\cdots=\gamma_{ms}=0;\quad H_{13}:\gamma_{11},\gamma_{12},\cdots,\gamma_{ms}\text{不全为零},\end{aligned}\tag{9-2-3}$$

9.2.2 离差平方和的分解及分析

与单因素情况类似, 对这些问题的检验方法也是建立在平方和的基础上的, 先引入以下记号:

$$\overline{X}=\frac{1}{mst}\sum_{i=1}^{m}\sum_{j=1}^{s}\sum_{k=1}^{t}X_{ijk},\quad \overline{X}_{ij\cdot}=\frac{1}{t}\sum_{k=1}^{t}X_{ijk},\quad i=1,2,\cdots,m;\ j=1,2,\cdots,s,$$

$$\overline{X}_{i\cdot\cdot}=\frac{1}{st}\sum_{j=1}^{s}\sum_{k=1}^{t}X_{ijk},\ i=1,2,\cdots,m,\quad \overline{X}_{\cdot j\cdot}=\frac{1}{mt}\sum_{i=1}^{m}\sum_{k=1}^{t}X_{ijk},\ j=1,2,\cdots,s.$$

再引入总偏差平方和 $S_T=\sum_{i=1}^{m}\sum_{j=1}^{s}\sum_{k=1}^{t}\left(X_{ijk}-\overline{X}\right)^2$. 我们可以将 S_T 写成

$$\begin{aligned}S_T&=\sum_{i=1}^{m}\sum_{j=1}^{s}\sum_{k=1}^{t}\left(X_{ijk}-\overline{X}\right)^2\\&=\sum_{i=1}^{m}\sum_{j=1}^{s}\sum_{k=1}^{t}\left[\left(X_{ijk}-\overline{X}_{ij\cdot}\right)+\left(\overline{X}_{i\cdot\cdot}-\overline{X}\right)\right.\\&\quad\left.+\left(\overline{X}_{\cdot j\cdot}-\overline{X}\right)+\left(\overline{X}_{ij\cdot}-\overline{X}_{i\cdot\cdot}-\overline{X}_{\cdot j\cdot}-\overline{X}\right)\right]^2\\&=\sum_{i=1}^{m}\sum_{j=1}^{s}\sum_{k=1}^{t}\left(X_{ijk}-\overline{X}_{ij\cdot}\right)^2+st\sum_{i=1}^{m}\left(\overline{X}_{i\cdot\cdot}-\overline{X}\right)^2+mt\sum_{j=1}^{s}\left(\overline{X}_{\cdot j\cdot}-\overline{X}\right)^2\\&\quad+t\sum_{i=1}^{m}\sum_{j=1}^{s}\left(\overline{X}_{ij\cdot}-\overline{X}_{i\cdot\cdot}-\overline{X}_{\cdot j\cdot}-\overline{X}\right)^2.\end{aligned}$$

即得平方和的分解

$$S_T=S_E+S_A+S_B+S_{A\times B},\tag{9-2-4}$$

其中

$$\begin{aligned}S_E&=\sum_{i=1}^{m}\sum_{j=1}^{s}\sum_{k=1}^{t}(X_{ijk}-X_{ij\cdot})^2,\\S_A&=st\sum_{i=1}^{m}\left(\overline{X}_{i\cdot\cdot}-\overline{X}\right)^2,\\S_B&=mt\sum_{j=1}^{s}\left(\overline{X}_{\cdot j\cdot}-\overline{X}\right)^2,\\S_{A\times B}&=t\sum_{i=1}^{m}\sum_{j=1}^{s}\left(\overline{X}_{ij\cdot}-\overline{X}_{i\cdot\cdot}-\overline{X}_{\cdot j\cdot}-\overline{X}\right)^2.\end{aligned}\tag{9-2-5}$$

在这里, S_E 称为误差平方和, S_A,S_B 分别称为因素 A、因素 B 的效应平方和, $S_{A\times B}$ 称为因素 A、因素 B 的交互效应平方和.

与单因素方差分析类似可知: $S_T, S_E, S_A, S_B, S_{A\times B}$ 的自由度依次为 $mst-1$, $ms(t-1), m-1, s-1$, $(m-1)(s-1)$, 且

$$E\left(\frac{S_E}{ms(t-1)}\right)=\sigma^2,$$

$$E\left(\frac{S_A}{m-1}\right)=\sigma^2+\frac{st\sum_{i=1}^{m}\alpha_i^2}{m-1},$$

$$E\left(\frac{S_B}{s-1}\right)=\sigma^2+\frac{mt\sum_{j=1}^{s}\beta_j^2}{s-1},$$

$$E\left(\frac{S_{A\times B}}{(m-1)(s-1)}\right)=\sigma^2+\frac{t\sum_{i=1}^{m}\sum_{j=1}^{s}\gamma_{ij}^2}{(m-1)(s-1)}. \tag{9-2-6}$$

9.2.3 检验统计量

类似地, 根据柯赫伦定理, 当 $H_{01}:\alpha_1=\alpha_2=\cdots=\alpha_m=0$ 为真时,

$$F_A=\frac{\dfrac{S_A}{m-1}}{\dfrac{S_E}{ms(t-1)}}\sim F(m-1,ms(t-1)).$$

取显著性水平为 α, 得假设 H_{01} 的拒绝域为

$$F_A=\frac{\dfrac{S_A}{m-1}}{\dfrac{S_E}{ms(t-1)}}\geqslant F_\alpha(m-1,ms(t-1)). \tag{9-2-7}$$

类似地, 在显著性水平为 α 下, 假设 H_{02} 的拒绝域为

$$F_B=\frac{\dfrac{S_B}{s-1}}{\dfrac{S_E}{ms(t-1)}}\geqslant F_\alpha(s-1,ms(t-1)). \tag{9-2-8}$$

在显著性水平为 α 下, 假设 H_{03} 的拒绝域为

$$F_{A\times B}=\frac{\dfrac{S_{A\times B}}{(m-1)(s-1)}}{\dfrac{S_E}{ms(t-1)}}\geqslant F_\alpha((m-1)(s-1),ms(t-1)). \tag{9-2-9}$$

通过以上讨论, 我们得出方差分析表, 如表 9-2-2 所示.

表 9-2-2

方差来源	平方和	自由度	均方	F 值
因素 A	S_A	$m-1$	$\overline{S}_A=\dfrac{S_A}{m-1}$	$F_A=\dfrac{\overline{S}_A}{\overline{S}_E}$
因素 B	S_B	$s-1$	$\overline{S}_B=\dfrac{S_B}{s-1}$	$F_B=\dfrac{\overline{S}_B}{\overline{S}_E}$
交互作用	$S_{A\times B}$	$(m-1)(s-1)$	$\overline{S}_{A\times B}=\dfrac{S_{A\times B}}{(m-1)(s-1)}$	$F_{A\times B}=\dfrac{\overline{S}_{A\times B}}{\overline{S}_E}$
误差	S_E	$ms(t-1)$	$\overline{S}_E=\dfrac{S_E}{ms(t-1)}$	
总和	S_T	$mst-1$		

$$记\ T_{\cdots}=\sum_{i=1}^{m}\sum_{j=1}^{s}\sum_{k=1}^{t}X_{ijk},\quad T_{ij\cdot}=\sum_{k=1}^{t}X_{ijk},\quad i=1,2,\cdots,m,\ j=1,2,\cdots,s,$$

$$T_{i\cdot\cdot}=\sum_{j=1}^{s}\sum_{k=1}^{t}X_{ijk},\ i=1,2,\cdots,m,\quad T_{\cdot j\cdot}=\sum_{i=1}^{m}\sum_{k=1}^{t}X_{ijk},\ j=1,2,\cdots,s.$$

同时, 我们还可以利用下列公式来计算各个平方和

$$S_T=\sum_{i=1}^{m}\sum_{j=1}^{s}\sum_{k=1}^{t}X_{ijk}^2-\frac{T_{\cdots}^2}{mst},\quad S_A=\frac{1}{st}\sum_{i=1}^{m}T_{i\cdot\cdot}^2-\frac{T_{\cdots}^2}{mst},\quad S_B=\frac{1}{mt}\sum_{j=1}^{s}T_{\cdot j\cdot}^2-\frac{T_{\cdots}^2}{mst},$$

$$S_{A\times B}=\frac{1}{t}\sum_{i=1}^{m}\sum_{j=1}^{s}T_{ij\cdot}^2-\frac{T_{\cdots}^2}{mst}-S_A-S_B,\quad S_E=S_T-S_A-S_B-S_{A\times B}.$$

例 9.2.1　四个工人分别操作三台机器各两天, 得到日产量如表 9-2-3. 表中括号内的数字是两天日产量的平均值. 检验工人、机器、工人与机器的交互作用对日产量是否具有显著影响.

表 9-2-3

工人＼机器	B_1	B_2	B_3
A_1	42 45 (43.5)	43 49 (46.0)	43 48 (45.5)
A_2	46 51 (48.5)	46 52 (49.0)	52 56 (54.0)
A_3	48 53 (50.5)	44 49 (46.5)	41 44 (42.5)
A_4	42 45 (43.5)	53 56 (54.5)	45 47 (46.0)

解　表 9-2-3 中已给出各种水平配合下的样本均值 $\overline{x}_{ij\cdot}\ (i=1,2,3,4;j=1,2,3)$, 现在分别计算各行、各列的样本均值, 按公式得

$$\overline{x}_{1\cdot\cdot}=45.0,\ \overline{x}_{2\cdot\cdot}=50.5,\ \overline{x}_{3\cdot\cdot}=46.5,\ \overline{x}_{4\cdot\cdot}=48.0;\quad \overline{x}_{\cdot1\cdot}=46.5,\ \overline{x}_{\cdot2\cdot}=49.0,\ \overline{x}_{\cdot3\cdot}=47.0.$$

进而分别计算得

$$S_T=454,\quad S_A=99,\quad S_B=28,\quad S_{A\times B}=213,\quad S_E=114.$$

最后, 计算统计量

$$F_A=3.47,\quad F_B=1.47,\quad F_{A\times B}=3.74.$$

取显著性水平 $\alpha=0.05$, 查表得临界值分别为

$$F_{0.05}(3,12)=3.49,\quad F_{0.05}(2,12)=3.89,\quad F_{0.05}(6,12)=3.00.$$

也可通过方差分析表表达 (表 9-2-4).

表 9-2-4

方差来源	平方和	自由度	F 值	显著性
因素 A	99	3	3.47	
因素 B	28	2	1.47	
交互作用	213	6	3.74	显著
误差	114	12		
总和	454	23		

由方差分析原理可知, 工人、机器因素各自对日产量都没有显著影响, 但交互作用对日产量有显著影响.

9.2.4 双因素无重复试验方差分析

在以上的讨论中, 我们考虑了双因素试验中两个因素的交互作用. 为要检验交互作用的效应是否显著, 对于两个因素的每一组合 (A_i,B_j) 至少要做 2 次试验. 这是因为在模型

$$\begin{cases} X_{ijk}=\mu+\alpha_i+\beta_j+\gamma_{ij}+\varepsilon_{ijk}, \\ \varepsilon_{ijk}\sim N(0,\sigma^2)\text{各 }\varepsilon_{ijk}\text{ 独立}, \\ \sum\limits_{i=1}^{m}\alpha_i=0,\sum\limits_{j=1}^{s}\beta_j=0,\sum\limits_{i=1}^{m}\gamma_{ij}=0,\sum\limits_{j=1}^{s}\gamma_{ij}=0, \\ i=1,2,\cdots,m;j=1,2,\cdots,s;k=1,2,\cdots,t \end{cases}$$

中, 若 $t=1,\gamma_{ij}+\varepsilon_{ijk}$ 总以结合在一起的形式出现, 这样就不能将交互作用与误差分离开来. 如果在处理实际问题时, 我们已经知道不存在交互作用, 或已知交互作用对试验的指标影响很小, 则可以不考虑交互作用. 此时, 即使 $t=1$, 也能对因素 A、因素 B 的效应进行分析. 现设对于两个因素的每一组合 (A_i,B_j) 只做一次试验, 所得结果如表 9-2-5 所示.

表 9-2-5

因素 B / 因素 A	B_1	B_2	$\cdots$	B_s
A_1	X_{11}	X_{12}	$\cdots$	X_{1s}
A_2	X_{21}	X_{22}	$\cdots$	X_{2s}
$\vdots$	$\vdots$	$\vdots$		$\vdots$
A_m	X_{m1}	X_{m2}	$\cdots$	X_{ms}

并设 $X_{ij} \sim N\left(\mu_{ij}, \sigma^2\right)$, 各 X_{ij} 相互独立, $i=1,2,\cdots,m; j=1,2,\cdots,s$. 其中 μ_{ij}, σ^2 均为未知参数, 或写成

$$\begin{cases} X_{ij} \sim N\left(\mu_{ij}, \sigma^2\right), i=1,2,\cdots,m, j=1,2,\cdots,s, \\ \varepsilon_{ij}\text{相互独立}. \end{cases}$$

沿用等重复试验分析过程中的记号, 注意到现在假设不存在相互作用, 此时 $\gamma_{ij}=0$, $i=1,2,\cdots,m$; $j=1,2,\cdots,s$, 故而 $\mu_{ij}=\mu+\alpha_i+\beta_j$, 于是有

$$\begin{cases} X_{ijk}=\mu+\alpha_i+\beta_j+\varepsilon_{ij}, \\ \varepsilon_{ij} \sim N(0,\sigma^2)\text{各 } \varepsilon_{ij} \text{ 独立}, \\ \sum_{i=1}^{m}\alpha_i=0, \sum_{j=1}^{s}\beta_j=0, \\ i=1,2,\cdots,m; j=1,2,\cdots,s. \end{cases} \tag{9-2-10}$$

这就是现在要研究的方差分析模型, 对于这样的模型, 我们所要检验的假设有以下两个, 即

$$\begin{aligned} &H_{01}: \alpha_1=\alpha_2=\cdots=\alpha_m=0, \quad H_{11}: \alpha_1,\alpha_2,\cdots,\alpha_m\text{不全为零}, \\ &H_{02}: \beta_1=\beta_2=\cdots=\beta_s=0, \quad H_{12}: \beta_1,\beta_2,\cdots,\beta_s\text{不全为零}. \end{aligned} \tag{9-2-11}$$

同样可以得出方差分析表, 如表 9-2-6 所示.

表 9-2-6

方差来源	平方和	自由度	均方	F 值
因素 A	S_A	$m-1$	$\overline{S}_A=\dfrac{S_A}{m-1}$	$F_A=\dfrac{\overline{S}_A}{\overline{S}_E}$
因素 B	S_B	$s-1$	$\overline{S}_B=\dfrac{S_B}{s-1}$	$F_B=\dfrac{\overline{S}_B}{\overline{S}_E}$
误差	S_E	$(m-1)(s-1)$	$\overline{S}_E=\dfrac{S_E}{(m-1)(s-1)}$	
总和	S_T	$ms-1$		

取显著性水平为 α, 得假设 $H_{01}: \alpha_1=\alpha_2=\cdots=\alpha_m=0$ 的拒绝域为

$$F_A=\frac{\overline{S}_A}{\overline{S}_E} \geqslant F_\alpha((m-1),(m-1)(s-1)). \tag{9-2-12}$$

假设 $H_{02}: \beta_1=\beta_2=\cdots=\beta_m=0$ 的拒绝域为

$$F_B=\frac{\overline{S}_B}{\overline{S}_E} \geqslant F_\alpha((s-1),(m-1)(s-1)). \tag{9-2-13}$$

平方和可用下列公式来计算

$$\begin{cases} S_T = \sum_{i=1}^{m}\sum_{j=1}^{s} X_{ij}^2 - \frac{T_{\cdot\cdot}^2}{ms}, \\ S_A = \frac{1}{s}\sum_{i=1}^{m} T_{i\cdot}^2 - \frac{T_{\cdot\cdot}^2}{ms}, \\ S_B = \frac{1}{m}\sum_{j=1}^{s} T_{\cdot j}^2 - \frac{T_{\cdot\cdot}^2}{ms}, \\ S_E = S_T - S_A - S_B, \end{cases}$$

其中 $T_{\cdot\cdot} = \sum_{i=1}^{m}\sum_{j=1}^{s} X_{ij}, T_{i\cdot} = \sum_{j=1}^{s} X_{ij}, i = 1, 2, \cdots, m, T_{\cdot j} = \sum_{i=1}^{m} X_{ij}, j = 1, 2, \cdots, s.$

习 题 9.2

1. 下面记录了三位操作工分别在四台不同机器上操作三天的日产量 (表 X9-2-1).

表 X9-2-1

机器	操作工								
	甲			乙			丙		
A_1	15	15	17	17	19	16	16	18	21
A_2	17	17	17	15	15	15	19	22	22
A_3	15	17	16	18	16	16	18	18	18
A_4	18	20	22	15	16	17	17	17	17

试在显著性水平 $\alpha = 0.05$ 下检验: (1) 操作工之间有无显著性差异? (2) 机器之间的差异是否显著? (3) 操作工与机器的交互作用是否显著?

2. 考察合成纤维中对纤维弹性有影响的两个因素: 收缩率及总拉伸倍数, 各取四个水平, 重复试验两次, 得到试验结果如表 X9-2-2.

表 X9-2-2

收缩率 \ 拉伸倍数	B_1	B_2	B_3	B_4
A_1	71 73	72 73	73 75	75 77
A_2	73 75	74 76	77 78	74 74
A_3	73 76	77 79	74 75	73 74
A_4	73 75	72 73	70 71	69 69

检验收缩率、总拉伸倍数以及它们的交互作用对纤维弹性是否有显著影响 ($\alpha = 0.05$).

3. 试验某种钢的冲击值 ($\mathrm{kg \cdot m/cm^2}$), 影响该指标的因素有两个, 一个是含铜量 A, 另一个是温度 B, 不同状态下的实测数据如表 X9-2-3.

表 X9-2-3

含铜量 A \ 试验温度 B	20℃	0℃	−20℃	−40℃
0.2%	10.6	7.0	4.2	4.2
0.4%	11.6	11.0	6.8	6.3
0.8%	14.5	13.3	11.5	8.7

试检验含铜量和试验温度是否会对钢的冲击值产生显著差异? ($\alpha = 0.05$)

4. 对木材进行抗压强度的试验, 选择三种不同密度 (单位: $\mathrm{g/cm^3}$) 的木材

$$A_1: 0.34 \sim 0.47, \quad A_2: 0.48 \sim 0.52, \quad A_3: 0.53 \sim 0.56$$

及三种不同的加荷速度 (单位: $\mathrm{N/(cm^2 \cdot s)}$)

$$B_1: 100, \quad B_2: 400, \quad B_3: 700.$$

测得木材的抗压强度 (单位: $\mathrm{N/cm^2}$) 数据如表 X9-2-4.

表 X9-2-4

密度 \ 加荷速度	B_1	B_2	B_3
A_1	37.2	39.0	40.2
A_2	52.2	52.4	50.8
A_3	52.8	57.4	55.4

试检验木材密度及加荷速度对木材的抗压强度是否有显著影响.

5. 对生产的高速铣刀进行淬火工艺试验, 选择三种不同的等温温度 (单位: ℃)

$$A_1 = 280, \quad A_2 = 300, \quad A_3 = 320$$

及三种不同的淬火温度 (单位: ℃)

$$B_1 = 1210, \quad B_2 = 1235, \quad B_3 = 1250.$$

测得铣刀平均硬度数据如表 X9-2-5.

表 X9-2-5

等温温度 \ 淬火温度	B_1	B_2	B_3
A_1	64	66	68
A_2	66	68	67
A_3	65	67	68

试检验等温温度及淬火温度对硬度是否有显著影响.

6. 进行农业试验, 选择四个不同品种的小麦及三块试验田, 每块试验田分成四块面积相同的小块, 各种植一个品种的小麦, 收获量 (单位: kg) 如表 X9-2-6.

表 X9-2-6

小麦品种 \ 试验田	B_1	B_2	B_3
A_1	26	25	24
A_2	30	23	25
A_3	22	21	20
A_4	20	21	19

检验小麦品种及试验田对收获量是否有显著影响.

7. 在橡胶生产过程中, 选择四种不同的配料方案及五种不同的硫化时间, 测得产品的抗断强度 (单位: $\mathrm{N/cm^2}$) 如表 X9-2-7.

表 X9-2-7

配料方案 \ 硫化时间	B_1	B_2	B_3	B_4	B_5
A_1	1510	1570	1440	1340	1360
A_2	1440	1620	1280	1380	1320
A_3	1340	1330	1300	1220	1250
A_4	1310	1260	1240	1260	1210

检验配料方案及硫化时间对产品的抗断强度是否有显著影响.

8. 试证明书中的式子 (9-2-6).

9.3 方差分析中的其他问题

9.3.1 参数估计

以单因素试验方差分析为例, 在检验结果为显著时, 可进一步求出总均值 μ、各个效应 δ_i 和误差方差 σ^2 的估计.

由模型假设知诸 X_{ij} 相互独立, 且 $x_{ij} \sim N(\mu+\delta_i, \sigma^2)$, 因此, 可使用极大似然方法求出总均值 μ、各个效应 δ_i 和误差方差 σ^2 的估计.

首先, 写出似然函数

$$L(\mu, \delta_1, \cdots, \delta_m, \sigma^2) = \prod_{i=1}^{m}\prod_{j=1}^{n_i}\left\{\frac{1}{\sqrt{2\pi\sigma^2}}\exp\left[-\frac{(x_{ij}-\mu-\delta_i)^2}{2\sigma^2}\right]\right\},$$

其对数似然函数为

$$\ln L(\mu, \delta_1, \cdots, \delta_m, \sigma^2) = -\frac{n}{2}\ln\left(2\pi\sigma^2\right) - \frac{1}{2\sigma^2}\sum_{i=1}^{m}\sum_{j=1}^{n_i}(x_{ij}-\mu-\delta_i)^2,$$

求偏导, 得似然方程为

$$\begin{cases} \dfrac{\partial \ln L}{\partial \mu} = \dfrac{1}{\sigma^2}\displaystyle\sum_{i=1}^{m}\sum_{j=1}^{n_i}(x_{ij}-\mu-\delta_i) = 0, \\ \dfrac{\partial \ln L}{\partial \delta_i} = \dfrac{1}{\sigma^2}\displaystyle\sum_{j=1}^{n_i}(x_{ij}-\mu-\delta_i) = 0, \quad i = 1, 2, \cdots, m, \\ \dfrac{\partial \ln L}{\partial \sigma^2} = -\dfrac{n}{2\sigma^2} + \dfrac{1}{2\sigma^4}\displaystyle\sum_{i=1}^{m}\sum_{j=1}^{n_i}(x_{ij}-\mu-\delta_i)^2 = 0, \end{cases}$$

则可求出各参数的似然估计为

$$\hat{\mu} = \overline{X}, \quad \hat{\delta}_i = \overline{X}_i - \overline{X},\ i = 1, 2, \cdots, m, \quad \hat{\sigma}^2 = \frac{1}{n}\sum_{i=1}^{m}\sum_{j=1}^{n_i}\left(X_{ij} - \overline{X}_i\right)^2. \tag{9-3-1}$$

因此

$$\hat{\mu}_i = \overline{X}_i. \tag{9-3-2}$$

在 (9-3-1) 式中, 前两个都为无偏估计, 后一个不是无偏估计, 实用中通常采用误差方差的无偏估计

$$\hat{\sigma}^2 = \frac{S_E}{n-m} = \mathrm{MS}_E. \tag{9-3-3}$$

由于

$$\frac{\dfrac{\overline{X}_i - \mu_i}{\sigma/\sqrt{n_i}}}{\sqrt{\dfrac{S_E}{\sigma^2(n-m)}}} \sim t(n-m).$$

可以得出, 当给定置信水平 $1-\alpha$ 时, μ_i 的置信区间为

$$\left(\overline{X}_i \pm \sqrt{\frac{S_E}{n_i(n-m)}} t_{\alpha/2}(n-m)\right) = \left(\overline{X}_i \pm \frac{\hat{\sigma}}{\sqrt{n_i}} t_{\alpha/2}(n-m)\right). \tag{9-3-4}$$

例 9.3.1 在饲料养鸡增肥的研究中, 某研究所提出三种养料配方：A_1 是以鱼粉为主的饲料, A_2 是以槐树粉为主的饲料, A_3 是以苜蓿为主的饲料. 为比较三种饲料的效果, 特选 24 只相似的雏鸡随机均分为三组, 每组各喂一种饲料, 60 天后观察它们的重量. 试验结果如表 9-3-1 所示.

表 9-3-1 鸡增重试验数据

饲料 A	鸡重/克							
A_1	1073	1009	1060	1001	1002	1012	1009	1028
A_2	1107	1092	990	1109	1090	1074	1122	1001
A_3	1093	1029	1080	1021	1022	1032	1029	1048

首先判断因素 A 是否显著. 由偏差平方和的公式可以看出, 对数据作一线性变换是不影响方差分析的结果的, 本例中, 将原始数据减去 1000, 并用列表的办法给出计算过程, 如表 9-3-2 所示.

表 9-3-2 例 9.3.1 的计算表

水平	数据 (原始数据−1000)								T_i	T_i^2	$\sum_{j=1}^{8} x_{ij}^2$
A_1	1073	1009	1060	1001	1002	1012	1009	1028	194	37636	10024
A_2	1107	1092	990	1109	1090	1074	1122	1001	585	342225	60355
A_3	1093	1029	1080	1021	1022	1032	1029	1048	354	125316	20984
和									1133	505177	91363

可算得各偏差平方和为

$$S_T = 91363 - \frac{1133^2}{24} = 37875.96, \quad f_T = 24-1 = 23,$$

$$S_A = \frac{505177}{8} - \frac{1133^2}{24} = 9660.08, \quad f_A = 3-1 = 2,$$

$$S_E = 37875.96 - 9660.08 = 28215.88, \quad f_E = 3(8-1) = 21.$$

根据上述数据, 列方差分析表如表 9-3-3 所示.

表 9-3-3 例 9.3.1 的方差分析表

来源	平方和	自由度	均方和	F 值
因素 A	9660.08	2	4830.04	3.59
误差 E	28215.88	21	1343.61	
总和 T	37875.96	23		

若取 $\alpha = 0.05$, 则 $F_{0.05}(2,21) = 3.47$, 由于 $F = 3.59 > 3.47$, 故认为因素 A (饲料) 是显著的, 即三种饲料对鸡的增肥作用有显著差别.

下面继续给出有关估计. 因素 A 三个水平均值的估计分别为

$$\hat{\mu}_1 = 1000 + \frac{194}{8} = 1024.25, \quad \hat{\mu}_2 = 1000 + \frac{585}{8} = 1073.13,$$

$$\hat{\mu}_3 = 1000 + \frac{354}{8} = 1044.25,$$

从点估计来看, 水平 A_2 是最优的. 误差方差的无偏估计为 $\hat{\sigma}^2 = \mathrm{MS}_E = 1343.62$.

进一步, 给出诸水平均值的置信区间. 此处 $\hat{\sigma} = \sqrt{1343.62} = 36.66$, 若取 α=0.05, 则

$$t_{0.025}(21) = 2.0796, \quad \hat{\sigma} t_{0.025}(21)/\sqrt{8} = 26.95,$$

于是三个水平均值的 0.95 的置信区间分别为

$$\mu_1 : 1024.25 \mp 26.95, \quad \mu_2 : 1073.13 \mp 26.95, \quad \mu_3 : 1044.25 \mp 26.95.$$

9.3.2 水平均值差的置信区间

如果方差分析中的结果是因素 A 显著, 则等于说有充分理由认为因素 A 各水平的效应不全相等, 但这并不是说它们中一定没有相等的. 就指定的一对水平 A_i 与 A_j, 我们可通过求 $\mu_i - \mu_j$ 的区间估计来进行比较, 其方法如下：利用样本性质知

$$\overline{X}_i - \overline{X}_j \sim N\left(\mu_i - \mu_j, \left(\frac{1}{n_i} + \frac{1}{n_j}\right)\sigma^2\right), \quad S_E/\sigma^2 \sim \chi^2(f_E),$$

且两者相互独立, 故

$$\frac{(\overline{X}_i - \overline{X}_j) - (\mu_i - \mu_j)}{\sqrt{\left(\dfrac{1}{n_i} + \dfrac{1}{n_j}\right)\dfrac{S_E}{f_E}}} \sim t(f_E).$$

由此给出 $\mu_i - \mu_j$ 的置信水平为 $1-\alpha$ 的置信区间为

$$\overline{X}_i - \overline{X}_j \pm t_{\alpha/2}(f_E)\sqrt{\left(\frac{1}{n_i} + \frac{1}{n_j}\right)\frac{S_E}{f_E}}. \tag{9-3-5}$$

例 9.3.2 在例 9.3.1 中, 我们已经知道饲料因子是显著的, 此处

$$n_1 = n_2 = n_3 = 8, \quad f_E = 21, \quad \hat{\sigma} = \sqrt{1343.61} = 36.66,$$

若取 α=0.05, 则 $t_{0.025}(21) = 2.0796, \sqrt{\frac{1}{8}+\frac{1}{8}}\hat{\sigma}t_{0.025}(21) = 38.11$, 于是算出三对均值差的置信区间分别为

$$\begin{aligned} &\mu_1-\mu_2: -48.88 \pm 38.11 = [-86.99, -10.77], \\ &\mu_1-\mu_3: -20 \pm 38.11 = [-58.11, 18.11], \\ &\mu_2-\mu_3: 28.88 \pm 38.11 = [-9.23, 66.99]. \end{aligned}$$

可以看出, μ_1 与 μ_2 区别显著, 其他两组间区别不显著.

9.3.3　多重比较

在方差分析中, 如果经过 F 检验拒绝原假设, 表明因素 A 是显著的, 有时不仅要孤立地考虑某个水平均值差的置信区间 (就是 9.3.1 节、9.3.2 节的问题), 有时还要考虑联合置信区间的问题. 这里遇到一个问题, 对每一组 (i,j), (9-3-4), (9-3-5) 给出的区间的置信水平都是 $1-\alpha$, 但对多个这样的区间, 若要求其同时成立, 其联合置信水平就不再是 $1-\alpha$ 了. 例如, 设 $E_1, E_2, \cdots, E_k$ 是 k 个相互独立的随机事件, 且有 $P(E_i) = 1-\alpha, i=1,2,\cdots,k$, 则其同时发生的概率 $P\left(\bigcap_{i=1}^{k} E_i\right) = \prod_{i=1}^{k} P(E_i) = (1-\alpha)^k$.

在 m 个水平均值中同时比较任意两个水平均值间有无明显差异的问题称为**多重比较**, 多重比较即要以显著性水平 α 同时检验如下 $m(m-1)/2$ 个假设,

$$H_0^{ij}: \mu_i = \mu_j, \quad 1 \leqslant i < j \leqslant m. \tag{9-3-6}$$

直观地看, 当 H_0^{ij} 成立时, $\left|\overline{X}_i - \overline{X}_j\right|$ 不应过大, 因此关于假设 (9-3-6) 的拒绝域应有如下形式 $W = \bigcup_{1\leqslant i<j\leqslant m} \left\{\left|\overline{X}_i - \overline{X}_j\right| \geqslant c_{ij}\right\}$, 诸临界值应在 (9-3-6) 成立时由 $P(W) \leqslant \alpha$ 确定. 下面介绍检验方法.

沿用前面的记号, 记 $\hat{\sigma}^2 = S_E/f_E$, 则由给定条件不难有

$$t_{ij} = \frac{(\overline{X}_i - \mu_i) - (\overline{X}_j - \mu_j)}{\sqrt{\frac{1}{n_i}+\frac{1}{n_j}}\hat{\sigma}} \sim t(f_E),$$

于是当 (9-3-6) 成立时, 有

$$t_{ij} = \frac{(\overline{X}_i - \overline{X}_j)}{\sqrt{\frac{1}{n_i}+\frac{1}{n_j}}\hat{\sigma}} \sim t(f_E) \quad \text{或} \quad F_{ij} = \frac{(\overline{X}_i - \overline{X}_j)^2}{\left(\frac{1}{n_i}+\frac{1}{n_j}\right)\hat{\sigma}^2} \sim F(1, f_E),$$

从而可以要求 $c_{ij} = c\sqrt{\frac{1}{n_i}+\frac{1}{n_j}}$, 则有

$$P(W) = P\left(\bigcup_{1\leqslant i<j\leqslant m} \left\{\left|\overline{X}_i - \overline{X}_j\right| \geqslant c\sqrt{\frac{1}{n_i}+\frac{1}{n_j}}\right\}\right)$$

$$
= P\left(\max_{1\leqslant i<j\leqslant m}\left\{\frac{\left|\overline{X}_i-\overline{X}_j\right|}{\sqrt{\dfrac{1}{n_i}+\dfrac{1}{n_j}}\hat{\sigma}}\right\}\geqslant\frac{c}{\hat{\sigma}}\right)
$$

$$
= P\left(\max_{1\leqslant i<j\leqslant m}\left\{\frac{\left(\overline{X}_i-\overline{X}_j\right)^2}{\left(\dfrac{1}{n_i}+\dfrac{1}{n_j}\right)\hat{\sigma}^2}\geqslant\frac{c^2}{\hat{\sigma}^2}\right\}\right) = P\left(\max_{1\leqslant i<j\leqslant m}\left\{F_{ij}\geqslant\frac{c^2}{\hat{\sigma}^2}\right\}\right).
$$

可以证明, $\dfrac{\max\limits_{1\leqslant i<j\leqslant m}\{F_{ij}\}}{m-1}\sim F(m-1,f_E)$, 从而由 $P(W)=\alpha$ 可推出

$$
\frac{c^2}{\hat{\sigma}^2}=(m-1)F_\alpha(m-1,f_E), \tag{9-3-7}
$$

亦即

$$
c_{ij}=\sqrt{(m-1)F_\alpha(m-1,f_E)\left(\frac{1}{n_i}+\frac{1}{n_j}\right)\hat{\sigma}^2}. \tag{9-3-8}
$$

例 9.3.3 某食品公司对一种食品设计了四种新包装. 为考察哪种包装最受顾客欢迎, 选了 10 个地段繁华程度相似、规模相近的商店做试验, 其中两种包装各指定两个商店销售, 另两种包装各指定三个商店销售. 在试验期内各店货架摆放的位置、空间都相同, 营业员促销方法也基本相同, 经过一段时间, 记录其销售量数据, 列于表 9-3-4 左半边, 其相应的计算结果列于右侧.

表 9-3-4 销售量数据及计算表

包装类型	销售量数据			n_i	T_i	T_i^2/n_i	$\sum\limits_{j=1}^{n_i}x_{ij}^2$
A_1	12	18		2	30	450	468
A_2	14	12	13	3	39	507	509
A_3	19	17	21	3	57	1083	1091
A_4	24	30		2	54	1458	1476
和				$n=10$	$T=180$	$\sum\limits_{i=1}^{n_i}T_i^2/n_i=3498$	$\sum\limits_{i=1}^{m}\sum\limits_{j=1}^{n_i}x_{ij}^2=3544$

由此可求得各类偏差平方和如下:

$$
\frac{T^2}{n}=\frac{180^2}{10}=3240,
$$

$$
\begin{aligned}
&S_T=3544-3240=304, \quad f_T=10-1=9,\\
&S_A=3498-3240=258, \quad f_A=4-1=3,\\
&S_E=304-258=46, \qquad f_E=10-4=6.
\end{aligned}
$$

根据上述数据, 列方差分析表如表 9-3-5 所示.

表 9-3-5　例 9.3.3 的方差分析表

来源	平方和	自由度	均方和	F 值
因素 A	258	3	86	11.22
误差 E	46	6	7.67	
总和 T	304	9		

若取 $\alpha = 0.01$, 则 $F_{0.01}(3,6) = 9.78$, 由于 $F = 11.22 > 9.78$, 故认为因素 A 是显著的.

下面继续给出有关估计. 因素 A 四个水平均值的估计为

$$\hat{\mu}_1 = 30/2 = 15, \quad \hat{\mu}_2 = 39/3 = 13, \quad \hat{\mu}_3 = 57/3 = 19, \quad \hat{\mu}_4 = 54/2 = 27.$$

从点估计来看, 水平 A_4 效果是最优的. 误差方差的无偏估计为 $\hat{\sigma}^2 = \mathrm{MS}_E = 7.67$. 进一步, 给出诸水平均值的置信区间. 此处 $\hat{\sigma} = \sqrt{7.67} = 2.769$, 若取 $\alpha = 0.05$, 则 $t_{0.025}(6) = 2.4469$, $\hat{\sigma}t_{0.025}(6) = 6.7767$, 于是效果较好的第三和第四个水平均值的 0.95 的置信区间分别为

$$\mu_3: 19 \mp 6.7767\big/\sqrt{3} = [15.09, 22.91], \quad \mu_4: 27 \mp 6.7767\big/\sqrt{2} = [22.21, 31.79].$$

下面继续给出多重比较, 此处 $m = 4, f_E = 6, \hat{\sigma}^2 = 7.67$, 若取 $\alpha = 0.05$, 则 $F_{0.05}(3,6) = 4.76$. 注意到 $n_1 = n_4 = 2, n_2 = n_3 = 3$, 故

$$\begin{gathered} c_{12} = c_{13} = c_{24} = c_{34} = \sqrt{3 \times 4.76\,(1/2 + 1/3) \times 7.67} = 9.6, \\ c_{14} = \sqrt{3 \times 4.76\,(1/2 + 1/2) \times 7.67} = 10.5, \\ c_{23} = \sqrt{3 \times 4.76\,(1/3 + 1/3) \times 7.67} = 8.5. \end{gathered}$$

由于

$$|\overline{x}_1 - \overline{x}_2| = 2 < c_{12}, \quad |\overline{x}_1 - \overline{x}_3| = 4 < c_{13}, \quad |\overline{x}_1 - \overline{x}_4| = 12 > c_{14},$$

$$|\overline{x}_2 - \overline{x}_3| = 6 < c_{23}, \quad |\overline{x}_2 - \overline{x}_4| = 14 > c_{24}, \quad |\overline{x}_3 - \overline{x}_4| = 8 < c_{34},$$

这说明 A_1, A_2, A_3 间无显著差异, A_1, A_2 与 A_4 有显著差异, 但 A_4 与 A_3 的差异却尚未达到显著性水平. 综合上述, 包装 A_4 销售量最佳.

9.3.4　方差齐性检验

在单因素方差分析中 m 个水平的指标可以用 m 个正态分布 $N(\mu_i, \sigma_i^2), i = 1, 2, \cdots, m$ 表示, 在进行方差分析时要求 m 个方差相等, 这称为**方差齐性**. 而方差齐性不一定自然就有. 理论研究表明, 当正态性假设不满足时对 F 检验的影响较小, 即 F 检验对正态性的偏离具有一定的稳定性, 而 F 检验对方差齐性的偏离较为敏感. 所以 m 个方差相等的齐性检验就显得十分必要.

所谓方差齐性检验是对如下一对假设作出检验:

$$H_0: \sigma_1 = \sigma_2 = \cdots = \sigma_m; \quad H_1: \text{诸 } \sigma_i^2 \text{ 不全相等}. \tag{9-3-9}$$

这里介绍一种常用的检验方法 Bartlett 检验. 在单因素方差分析模型中有 m 组样本, 设第 i 个样本方差为: $s_i^2=\dfrac{1}{n_i-1}\sum\limits_{j=1}^{n_i}(x_{ij}-\overline{x}_i)^2=\dfrac{Q_i}{f_i}, i=1,2,\cdots,m$, 其中 $Q_i=\sum\limits_{j=1}^{n_i}(x_{ij}-\overline{x}_i)^2$, $f_i=n_i-1$, 由于误差均方和 $\mathrm{MS}_E=\dfrac{1}{f_E}\sum\limits_{i=1}^{m}Q_i=\sum\limits_{i=1}^{m}\dfrac{f_i}{f_E}s_i^2$, 它是 m 个样本方差 $s_1^2,s_2^2,\cdots,s_m^2$ 的 (加权) 算术平均值. 而相应的 m 个样本方差的几何平均值记为 GMS_E, 它是

$$\mathrm{GMS}_E=\left[\left(s_1^2\right)^{f_1}\left(s_2^2\right)^{f_2}\cdots\left(s_m^2\right)^{f_m}\right]^{1/f_E},$$

其中 $f_E=f_1+f_2+\cdots+f_m=n-m$.

由于几何平均数总不会超过算术平均数, 故有 $\mathrm{GMS}_E\leqslant\mathrm{MS}_E$, 其中等号成立当且仅当 s_i^2 彼此相等, 若诸 s_i^2 彼此相等, 则比值 $\mathrm{MS}_E/\mathrm{GMS}_E$ 接近于 1, 反之, 比值 $\mathrm{MS}_E/\mathrm{GMS}_E$ 较大时, 就意味着诸样本方差差异也较大. 这个结论对此比值的对数也成立. 从而检验 (9-3-7) 式的拒绝域是

$$W=\left\{\ln\left(\mathrm{MS}_E/\mathrm{GMS}_E\right)>d\right\}. \tag{9-3-10}$$

Bartlett 证明了：在大样本场合, $\ln\left(\mathrm{MS}_E/\mathrm{GMS}_E\right)$ 的某个函数近似服从自由度为 $m-1$ 的 χ^2 分布. 具体是

$$T_B=\frac{f_E}{c}\left\{\ln\left(\mathrm{MS}_E/\mathrm{GMS}_E\right)\right\}\underset{\rightarrow}{\sim}\chi^2(m-1), \tag{9-3-11}$$

其中

$$c=1+\frac{1}{3(m-1)}\left(\sum_{i=1}^{m}\frac{1}{f_i}-\frac{1}{f_E}\right), \tag{9-3-12}$$

根据上述结论, 可取

$$T_B=\frac{1}{c}\left\{f_E\ln\mathrm{MS}_E-\sum_{i=1}^{m}f_i\ln s_i^2\right\}, \tag{9-3-13}$$

作为检验统计量, 对给定的显著性水平 α, 检验的拒绝域为

$$W=\left\{T_B>\chi_\alpha^2(m-1)\right\}. \tag{9-3-14}$$

考虑到这里卡方分布是近似的, 在诸样本容量 n_i 均不小于 5 时使用上述检验是适当的.

例 9.3.4 绿茶是世界上最为广泛的一种饮料, 但很少人知其营养价值. 任一种绿茶都含有叶酸, 它是一种维生素 B. 如今已有测定绿茶中叶酸含量的方法. 为研究各产地的绿茶的叶酸含量是否有显著差异, 特选四个产地绿茶, 其中 A_1 制作了 7 个样品, A_2 制作了 5 个样品, A_3 与 A_4 各制作了 6 个样品, 共有 24 个样品, 按随机次序测试叶酸含量 (单位：mg), 测试结果如表 9-3-6 所示.

平方和计算如下:

$$S_A=\frac{57.9^2}{7}+\frac{37.5^2}{5}+\frac{34.9^2}{6}+\frac{38.1^2}{6}-\frac{168.4^2}{24}=23.50,\quad f_A=3,$$

$$S_T=\left(7.9^2+6.2^2+\cdots+6.1^2+7.4^2\right)-\frac{168.4^2}{24}=65.27,\quad f_T=23,$$

$$S_E = 65.27 - 23.50 = 41.77, \quad f_E = 20.$$

表 9-3-6 绿茶中叶酸含量的数据

水平	数据							重复数	和	均值	组内平方和
A_1	7.9	6.2	6.6	8.6	8.9	10.1	9.6	7	$T_1 = 57.9$	8.27	$Q_1 = 12.83$
A_2	5.7	7.5	9.8	6.1	8.4			5	$T_2 = 37.5$	7.50	$Q_2 = 11.30$
A_3	6.4	7.1	7.9	4.5	5.0	4.0		6	$T_3 = 34.9$	5.82	$Q_3 = 12.03$
A_4	6.8	7.5	5.0	5.3	6.1	7.4		6	$T_4 = 38.1$	6.35	$Q_4 = 5.61$
和								$n = 24$	$T = 168.4$		$S_E = 41.77$

方差分析表见表 9-3-7.

表 9-3-7 绿茶中叶酸含量的方差分析表

来源	平方和	自由度	均方和	F 值
因素 A	23.50	3	7.83	3.75
误差 E	41.77	20	2.09	
和 T	65.27	23		

若取 $\alpha = 0.05$, 则 $F_{0.95}(3, 20) = 3.10$, 由于 $F = 3.75 > 3.10$, 故应拒绝原假设, 即认为四种绿茶的叶酸含量有显著差异.

为了说明上述方差分析合理, 需要对其作方差齐性检验. 从上述两表的数据可求得

$$s_1^2 = 2.14, \quad s_2^2 = 2.83, \quad s_3^2 = 2.41, \quad s_4^2 = 1.12,$$

$$c = 1 + \frac{1}{3(4-1)}\left[\left(\frac{1}{6} + \frac{1}{4} + \frac{1}{5} + \frac{1}{5}\right) - \frac{1}{20}\right] = 1.0852,$$

$$T_B = \frac{1}{1.0852}[20 \times \ln 2.09 - (6 \times \ln 2.14 + 4 \times \ln 2.83 + 5 \times \ln 2.41 + 5 \times \ln 1.12)] = 0.970.$$

对给定的显著性水平 $\alpha = 0.05$, 查表知 $\chi^2_{0.05}(4-1) = 7.815$, 由于 $T_B < 7.815$, 故应接受原假设, 即认为诸水平下的方差间无显著差异.

习 题 9.3

1. 在一个单因子试验中, 因子 A 有四个水平, 每个水平下各重复试验 3 次, 现已求得每个水平下试验结果的样本标准差分别为 1.5, 2.0, 1.6, 1.2, 则其误差平方和为多少? 误差的方差 σ^2 的估计值是多少?

2. 某粮食加工厂试验三种储藏方法对粮食含水率有无显著影响, 现取一批粮食分成若干份, 分别用三种不同的方法储藏, 过一段时间后测得的含水率如表 X9-3-1.

表 X9-3-1

储藏方法	含水率数据				
A_1	7.3	8.3	7.6	8.4	8.3
A_2	5.4	7.4	7.1	6.8	5.3
A_3	7.9	9.5	10.0	9.8	8.4

(1) 假定各种方法储藏的粮食含水率服从正态分布, 且方差相等, 试检验这三种方法对含水率有无显著影响 ($\alpha = 0.05$);

(2) 对每种方法的含水率给出置信水平为 0.95 的置信区间.

3. 在入户推销上有五种方法, 某大公司想比较这五种方法有无显著的效果差异, 设计了一项实验：从应聘的且无推销经验的人员中随机挑选了一部分人, 将他们随机地分为五组, 每一组用一种推销方法进行培训, 培训相同时间后观察他们在一个月内的推销额 (单位：千元), 数据如表 X9-3-2.

表 X9-3-2

组别	推销员						
第一组	20.0	16.8	17.9	21.2	23.9	26.8	22.4
第二组	24.9	21.3	22.6	30.2	29.9	22.5	20.7
第三组	16.0	20.1	17.3	20.9	22.0	26.8	20.8
第四组	17.5	18.2	20.2	17.7	19.1	18.4	16.5
第五组	25.2	26.2	26.9	29.3	30.4	29.7	28.2

(1) 假定数据满足方差分析的假定, 在 $\alpha = 0.05$ 下, 这五种方法在平均月推销额上有无显著差异？

(2) 哪种推销方法的效果最好？试对该种方法一个月的平均推销额求置信水平为 0.95 的置信区间.

4. 采用习题 9.1 第 10 题的数据, 对四种储藏方法的平均含水率在 $\alpha = 0.05$ 下作多重比较.

5. 一位经济学家对生产电子计算机设备的企业收集了在一年内生产力提高指数 (用 0 到 100 内的数表示), 并按过去三年间在科研和开发上的平均花费分为三类,

$$A_1\text{：花费少},\quad A_2\text{：花费中等},\quad A_3\text{：花费多}.$$

生产力提高指数如表 X9-3-3 所示. 请列出方差分析表, 并进行多重比较.

表 X9-3-3

水平	生产力提高指数											
A_1	7.6	8.2	6.8	5.8	6.9	6.6	6.3	7.7	6.0			
A_2	6.7	8.1	9.4	8.6	7.8	7.7	8.9	7.9	8.3	8.7	7.1	8.4
A_3	8.5	9.7	10.1	7.8	9.6	9.5						

6. 在入户推销效果研究中, 见本节习题第 3 题, 在显著性水平 $\alpha = 0.05$ 下对五种总体作方差齐性检验.

7. 在安眠药试验中, 见习题 9.1 第 4 题, 在显著性水平 $\alpha = 0.05$ 下检验四个总体方差是否彼此相等.

8. 在生产力提高指数的研究中 (见本节习题第 5 题), 求得三个样本方差, 它们是 $s_1^2 = 0.663$, $s_2^2 = 0.574$, $s_3^2 = 0.752$, 请检验三个总体方差是否彼此相等 ($\alpha = 0.05$).

应用举例 9　随机区组试验设计

(一) 选种随机区组试验设计

问题　某农场从外地引进 5 个优良稻种, 在大面积种植之前, 先进行试验, 以便选出适合本地生长的稻种, 为消除一块土地各个方位在土质、灌水等方面的不一致性可能会对试验结果带来的影响, 先把土地分成 4 块, 使每一块各方面条件基本取得一致. 在试验设计中称这种块为区组, 即 4 个区组. 然后再把每一块分成若干个更小的块, 称为试验单元. 现在有 5 个稻种 (其中一个为原本地优良稻种), 那么就把每个区组分成 5 个试验单元. 随机区

组设计要求在每个区组中, 每个稻种 (称为处理) 种在其中一个单元, 而且只种一个单元, 至于种在哪个单元, 则采用随机化方法确定.

问题分析求解　用 X_{ij} 表示第 j 个区组第 i 种水稻的那个单元的产量, 则 X_{ij} 可表示为

$$X_{ij}=\mu+\alpha_i+\beta_j+\varepsilon_{ij},\quad i=1,2,3,4,5;\ j=1,2,3,4,$$

其中 α_i 表示第 i 种水稻的效应, β_j 为第 j 个区组的效应, ε_{ij} 为随机误差, 服从 $N(0,\sigma^2)$, 且相互独立.

将水稻品种试验结果列于表 Y9-1, 随机区组试验结果的统计分析如下.

表 Y9-1　水稻品种 (A) 比较试验 (随机区组) 的产量结果 (斤)

品种	区组				$T_{i\cdot}$	$\overline{X}_{i\cdot}$
	Ⅰ	Ⅱ	Ⅲ	Ⅳ		
A_1	20	24	26	25	95	23.75
A_2	25	23	25	24	97	24.25
A_3	23	26	30	30	109	27.25
A_4	20	19	24	24	86	21.50
A_5	25	30	34	32	121	30.25
$T_{\cdot j}$	113	122	139	134	$T=508$	

(1) 平方和分解.

$$T=\sum_{i=1}^{5}\sum_{j=1}^{4}X_{ij}=508,\quad S_T=\sum_{i=1}^{5}\sum_{j=1}^{4}X_{ij}^2-\frac{508^2}{5\times 4}=304.8,$$

$$S_{区组}=\frac{1}{5}\sum_{j=1}^{4}T_{\cdot j}^2-\frac{508^2}{5\times 4}=82.8,\quad S_A=\frac{1}{4}\sum_{i=1}^{5}T_{i\cdot}^2-\frac{508^2}{5\times 4}=184.8,$$

$$S_E=S_T-S_A-S_{区组}=304.8-184.8-82.8=37.2.$$

(2) 列方差分析表于表 Y9-2.

表 Y9-2　水稻品种 (A) 比较试验 (随机区组) 结果的方差分析表

方差来源	离差平方和	自由度	F 值	临界值
区组	82.8	3	14.90	$F_{0.01}(4,12)=5.41$
品种 (A)	184.8	4		
误差	37.2	12		
总和	304.8	19		

由表 Y9-2 可见, 品种 F 值使得 $F_A>F_{0.01}(4,12)=5.41$, F 检验达到极显著, 表明 5 个水稻品种各平均产量间存在极显著的差异.

分析随机区组设计的模型时, 我们对区组和处理这两个因素并不是同等看待的. 这里我们主要的兴趣是比较处理 (品种) 的效应, 而区组这个因素的引入, 往往是为了尽可能地缩小试验误差.

(二) 火箭射程随机区组试验设计

问题　某火箭使用四种不同的燃料、三种不同的推进器进行射程试验, 每种燃料与每种推进器的不同配合各进行一次试验, 得到火箭的射程 (单位：n mile) 如表 Y9-3 所示.

表 Y9-3

燃料＼推进器	B_1	B_2	B_3
A_1	58.2	56.2	65.3
A_2	49.1	54.1	51.6
A_3	60.1	71.1	39.2
A_4	75.8	58.2	48.7

检验燃料及推进器对火箭的射程是否有显著影响.

问题分析求解　这是双因素无重复试验, 其中因素 A (燃料) 取四个水平, 因素 B (推进器) 取三个水平, 计算各行各列的样本均值得

$$\overline{x}_{1\cdot}=59.9,\quad \overline{x}_{2\cdot}=51.6,\quad \overline{x}_{3\cdot}=56.8,\quad \overline{x}_{4\cdot}=60.9;$$
$$\overline{x}_{\cdot 1}=60.8,\quad \overline{x}_{\cdot 2}=59.9,\quad \overline{x}_{\cdot 3}=51.2.$$

分别计算总偏差平方和、因素 A 及 B 的偏差平方和、误差平方和的观测值, 得

$$S_T=1118.90,\quad S_A=157.38,\quad S_B=224.88,\quad S_E=736.64.$$

计算统计量

$$F_A=\frac{157.38/3}{736.64/6}=0.43,\quad F_B=\frac{224.88/2}{736.64/6}=0.92.$$

根据计算结果, 写出双因素无重复试验的方差分析表如表 Y9-4 所示.

表 Y9-4

方差来源	平方和	自由度	F 值	临界值
因素 A	157.38	3	0.43	$F_{0.05}(3,6)=4.76$
因素 B	224.88	2	0.92	$F_{0.05}(2,6)=5.14$
误差	736.64	6		
总和	1118.90	11		

由上表可知, 因素 A (燃料) 和因素 B (推进器) 对火箭的射程都没有显著影响, 但是, 从试验数据中容易看出, 水平 A_4 与 B_1 配合或者水平 A_3 与 B_2 配合时的火箭射程明显大于其他配合时的火箭射程. 这可能是由于两种因素的交互作用的缘故, 因而有必要在两个因素的各种不同水平的配合下再次进行试验, 以便检验交互作用对火箭的射程是否有显著影响.

对每种燃料与每种推进器的不同配合分别再进行一次试验, 两次试验得到火箭的射程 (单位：n mile) 如表 Y9-5 所示.

表 Y9-5

燃料 \ 推进器	B_1	B_2	B_3
A_1	58.2 52.6 (55.40)	56.2 41.4 (48.80)	65.3 60.8 (63.05)
A_2	49.1 42.8 (45.95)	54.1 50.4 (52.25)	51.6 48.4 (50.00)
A_3	60.1 58.3 (59.20)	71.1 73.2 (72.15)	39.2 40.7 (39.95)
A_4	75.8 71.5 (73.65)	58.2 51.0 (54.60)	48.7 41.3 (45.00)

上表中, 括弧内的数字是两次试验所得数据的平均值. 检验燃料、推进器以及它们的交互作用对火箭的射程是否有显著影响呢？

这是双因素等重复试验, 其中因素 A (燃料) 取四个水平, 因素 B (推进器) 取三个水平. 因为在每种水平的配合下试验重复进行两次, 所以除了检验因素 A 及 B 对火箭射程的影响是否显著外, 还可以检验它们的交互作用对火箭射程的影响是否显著.

表 Y9-5 中已给出每种水平配合下的样本均值 $\overline{x}_{ij\cdot}\,(i=1,2,3,4;j=1,2,3)$, 现在分别计算各行、各列的样本均值, 按公式得

$$\overline{x}_{1\cdot\cdot}=55.75,\quad \overline{x}_{2\cdot\cdot}=49.40,\quad \overline{x}_{3\cdot\cdot}=57.10,\quad \overline{x}_{4\cdot\cdot}=57.75;$$
$$\overline{x}_{\cdot1\cdot}=58.55,\quad \overline{x}_{\cdot2\cdot}=56.95,\quad \overline{x}_{\cdot3\cdot}=49.50.$$

分别计算总偏差平方和、因素 A 和 B 及交互作用的偏差平方和、误差平方和的观测值, 得

$$S_T=2642.86,\quad S_A=263.37,\quad S_B=373.24,\quad S_{A\times B}=1771.62,\quad S_E=234.63.$$

最后, 计算统计量

$$F_A=\frac{263.37/3}{234.63/12}=4.49,\quad F_B=\frac{373.24/2}{234.63/12}=9.54,\quad F_{A\times B}=\frac{1771.62/6}{234.63/12}=15.1.$$

根据计算结果, 写出双因素等重复试验的方差分析表如表 Y9-6 所示.

表 Y9-6

方差来源	平方和	自由度	F 值	临界值	显著程度
因素 A	263.37	3	4.49	$F_{0.05}(3,12)=3.49, F_{0.01}(3,12)=5.95$	显著
因素 B	373.24	2	9.54	$F_{0.01}(2,12)=6.93$	特别显著
交互作用	1771.62	6	15.1	$F_{0.01}(6,12)=4.82$	特别显著
误差	234.63	12			
总和	2642.86	23			

由方差分析表可知, 燃料对火箭射程有显著影响, 推进器对火箭有特别显著的影响, 燃料与推进器的交互作用更是有特别显著的影响, 因为 $\overline{x}_{41\cdot}=73.65, \overline{x}_{32\cdot}=72.15$ 显著大于其他的 $\overline{x}_{ij\cdot}$, 所以认为推进器 B_1 使用燃料 A_4 或者推进器 B_2 使用燃料 A_3 可以显著增大火箭的射程. 对比两种问题下的计算结果可见, 在双因素试验中应当尽可能进行等重复试验, 这样可以得到比较合理的结论.

第 10 章　回归分析

回归分析是数理统计中一个非常重要的内容, 当要分析具有相关关系的若干变量之间的统计特性时, 一个非常有效的分析方法就是回归分析方法. 其主要内容包括一元线性回归分析模型、回归系数的最小二乘估计、回归方程的显著性检验、多元线性回归分析等相关内容.

10.1　一元线性回归分析

10.1.1　一元线性回归分析模型

回归分析现代的含义是指研究具有相关关系的变量的一整套统计方法. 在客观世界中, 变量之间的关系大致可以分成两种类型:

(1) 确定性关系. 确定性关系即函数关系, 它反映的是由一个 (或一组) 变量的值依照一定的对应法则能确定地得到另一个变量的值. 例如, 自由落体运动中的物体下落的高度 h 与下落时间 t 之间的关系式为

$$h = \frac{1}{2}gt^2,$$

其中, g 为重力加速度. 只要给定某一时刻 t, 相应的下落高度就唯一确定.

(2) 相关关系. 在变量 x 与 y 之间存在着关系, 但不是确定的函数关系. 我们通过如下实例来说明.

例如, 身材矮小的父亲希望自己的儿子长得高一点, 而身材过于高大的父亲却希望自己的儿子不要比自己更高, 他们能如愿以偿吗? 历史上, K. 皮尔逊在 19 世纪末给出了儿子身高 y(in) 与父亲身高 x(in) 之间的一个有趣的公式

$$y = 0.516x + 33.73(\text{in}), \qquad 1\text{in} = 2.54\text{cm}.$$

按这个公式计算 180cm 的父亲, 儿子身高为 70.2965in, 约合 178cm, 而 160cm 的父亲, 儿子身高为 66.2335in, 约合 168cm. K. 皮尔逊是在调查了英国上千个家庭成员的身高数据后利用所谓"回归分析"的方法得出这个公式的, 它大致与实际情况相吻合.

"回归"一词是英国人类学家高尔顿引入的. 在 1885 年的一篇论文《身高遗传中的平庸回归》中高尔顿指出: 高个子的父亲一般会有高个子的儿子, 但不会比父亲更高, 同样矮个子的父亲一般儿子较矮, 但不会比父亲更矮, 而是趋于子代的平均值. 这就是后来所谓的回归定律.

确定性关系与相关关系之间往往无法截然区分. 一方面, 由于测量误差等随机因素的影响, 确定性关系在实际中往往通过相关关系表现出来; 另一方面, 当人们对客观事物的内部规律了解得更加深刻的时候, 相关关系又可能转化为确定性关系.

对于相关关系, 虽然不能找出变量之间精确的函数表达式, 但是通过大量的观测数据, 我们可以发现它们之间存在一定的统计规律性, 这种联系称为统计相关. 数理统计中研究相关关系及进行统计分析的一种有效方法就是回归分析.

设有两个变量 X 和 Y, 其中 X 是可以精确测量或控制的变量, 而 Y 是随机变量, X 的变化会引起 Y 的相应变化, 但它们之间的变化关系是不确定的. 如果当 X 取得任一可能值 x 时, Y 相应地服从一定的概率分布, 则称随机变量 Y 与变量 X 之间存在着相关关系.

下面分析 Y 的构成, 记

$$E(Y|X=x)=f(x),$$

考虑随机波动和试验误差的影响, 把随机项 ε 引入, 记

$$Y-E(Y|X=x)=\varepsilon,$$

则一元回归的理论模型为

$$Y=f(x)+\varepsilon. \tag{10-1-1}$$

称 $f(x)$ 为 Y 对 X 的回归函数, 称 $\hat{y}=f(x)$ 为 Y 对 X 的回归方程. 一般地, 找出回归函数 $f(x)$ 是困难的, 因此通常限制 $f(x)$ 为某一类型的函数. 而函数 $f(x)$ 的类型通常由被研究问题的假设来确定. 如果没有任何理由可以确定 $f(x)$ 的类型, 则可根据在试验结果中得到的散点图来确定.

如果进行 n 次独立试验测得试验数据如表 10-1-1 所示. 其中 x_i 表示变量 X 在第 i 次试验中的观测值, y_i 表示随机变量 Y 相应的观测值. 通常把点 $(x_i,y_i)\,(i=1,2,\cdots,n)$ 画在直角坐标平面上, 得到散点图, 如图 10-1-1 所示.

表 10-1-1 n 次独立试验测得试验数据

X	x_1	x_2	$\cdots$	x_n
Y	y_1	y_2	$\cdots$	y_n

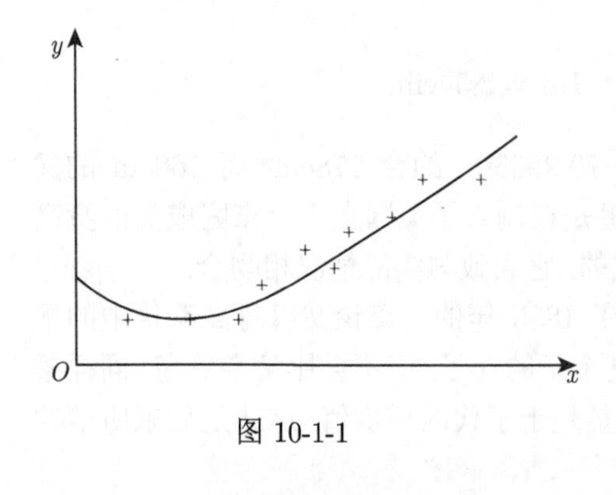

图 10-1-1

y_i 表示对应于变量 X 取定的值 x_i 的试验结果, ε_i 为对应的随机误差, 则一元回归样本数据模型为

$$\begin{cases} y_i=f(x_i)+\varepsilon_i, \quad i=1,2,\cdots,n. \\ \text{假定:}(1)\,\varepsilon_i\sim N\left(0,\sigma^2\right),\ i=1,2,\cdots,n; \\ \qquad (2)\,\varepsilon_1,\varepsilon_2,\cdots,\varepsilon_n\text{相互独立.} \end{cases} \tag{10-1-2}$$

若 (x_i,y_i) 呈线性关系, 此类型的回归问题称为线性回归问题. 线性回归是在实际问题中应用最广、研究最成熟的回归问题. 一元线性回归的模型为

$$y=\beta_0+\beta_1x+\varepsilon,$$

对于一个容量为 n 的样本 $(x_i, y_i)\,(i=1,2,\cdots,n)$, 有

$$y_i = \beta_0 + \beta_1 x_i + \varepsilon_i, \quad i = 1,2,\cdots,n,$$

则一元线性回归样本数据模型为

$$\left\{\begin{array}{l} y_i = \beta_0 + \beta_1 x_i + \varepsilon_i, \quad i = 1,2,\cdots,n. \\ \text{假定:}\,(1)\,\varepsilon_i \sim N\left(0,\sigma^2\right), i=1,2,\cdots,n; \quad (2)\,\varepsilon_1,\varepsilon_2,\cdots,\varepsilon_n\text{相互独立}. \end{array}\right. \tag{10-1-3}$$

例 10.1.1 由专业知识知道, 合金钢的强度 $y(\times 10^7\mathrm{Pa})$ 与合金钢中碳的含量 $x\,(\%)$ 有关, 为了生产强度满足用户需要的合金钢, 在冶炼时如何控制碳的含量? 如果在冶炼过程中通过化验得知了碳的含量, 能否预测这炉合金钢的强度?

为了研究这类问题就需要研究两个变量间的关系. 首先是收集数据, 把收集到的数据记为 $(x_i, y_i), i=1,2,\cdots,n$. 本例中, 收集到 12 组数据, 列于表 10-1-2 中.

表 10-1-2 合金钢的强度 y 与碳的含量 x 的数据

序号	$x/\%$	$y/(\times 10^7\mathrm{Pa})$	序号	$x/\%$	$y/(\times 10^7\mathrm{Pa})$
1	0.10	42.0	7	0.16	49.0
2	0.11	43.0	8	0.17	53.0
3	0.12	45.0	9	0.18	50.0
4	0.13	45.0	10	0.20	55.0
5	0.14	45.0	11	0.21	55.0
6	0.15	47.5	12	0.23	60.0

为找出两个变量间存在的回归函数形式, 画散点图如图 10-1-2 所示.

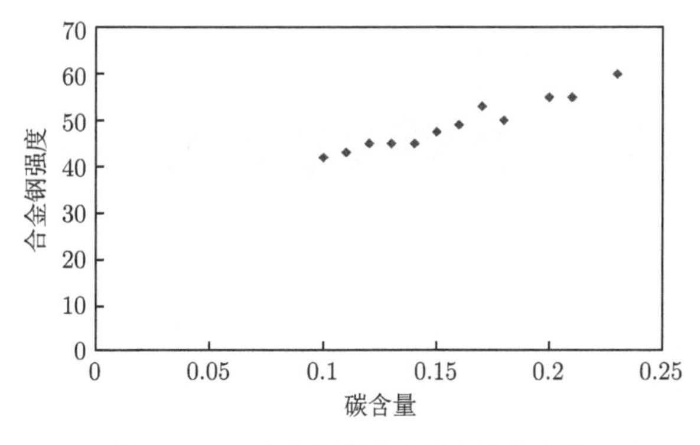

图 10-1-2 合金钢强度与碳含量散点图

从散点图我们发现 12 个点基本在一条直线附近, 这说明两个变量之间有一个线性相关关系. 下面继续讨论回归分析原理.

10.1.2 回归系数的最小二乘估计及性质

含有待定参数的回归直线 l 的方程为 $\hat{y} = \beta_0 + \beta_1 x$. 显然, 由式子 $y_i = \beta_0 + \beta_1 x_i + \varepsilon_i$ 可以得到 $\varepsilon_i = y_i - \beta_0 - \beta_1 x_i$, $i=1,2,\cdots,n$. $|\varepsilon_i|$ 的几何意义为 (x_i, y_i) 位于回归直线 l 沿平行于纵轴方向距离的位置, $\varepsilon_i > 0$ 为直线 l 的上方, $\varepsilon_i < 0$ 为下方.

令 $\boldsymbol{\varepsilon}=(\varepsilon_1,\varepsilon_2,\cdots,\varepsilon_n)^{\mathrm{T}}$, 它是一个 n 维列向量. $\boldsymbol{\varepsilon}$ 模的平方 $|\boldsymbol{\varepsilon}|^2=\boldsymbol{\varepsilon}^{\mathrm{T}}\boldsymbol{\varepsilon}$ 定量地描述了实际观测值与理论值的接近程度. 记

$$Q(\beta_0,\beta_1)=|\boldsymbol{\varepsilon}|^2=\boldsymbol{\varepsilon}^{\mathrm{T}}\boldsymbol{\varepsilon}=\sum_{i=1}^{n}\varepsilon_i^2=\sum_{i=1}^{n}[y_i-(\beta_0+\beta_1x_i)]^2,$$

回归直线成为实际观测值的最佳拟合的标准就是使 $Q(\beta_0,\beta_1)$ 达到最小. $Q(\beta_0,\beta_1)$ 的大小依赖于 β_0,β_1 的值, 是 β_0,β_1 的二元函数, 使 $Q(\beta_0,\beta_1)$ 达到最小的待定参数 β_0,β_1 记为 $\hat{\beta}_0,\hat{\beta}_1$.

我们可以利用二元函数的极限理论求得 $\hat{\beta}_0,\hat{\beta}_1$ 的具体值, 方法是, 求偏导数得到

$$\begin{cases}\dfrac{\partial Q(\beta_0,\beta_1)}{\partial\beta_0}=-2\displaystyle\sum_{i=1}^{n}[y_i-(\beta_0+\beta_1x_i)]=0,\\ \dfrac{\partial Q(\beta_0,\beta_1)}{\partial\beta_1}=-2\displaystyle\sum_{i=1}^{n}[y_i-(\beta_0+\beta_1x_i)]x_i=0.\end{cases}\tag{10-1-4}$$

整理可得

$$\begin{cases}n\beta_0+\left(\displaystyle\sum_{i=1}^{n}x_i\right)\beta_1=\displaystyle\sum_{i=1}^{n}y_i,\\ \left(\displaystyle\sum_{i=1}^{n}x_i\right)\beta_0+\left(\displaystyle\sum_{i=1}^{n}x_i^2\right)\beta_1=\displaystyle\sum_{i=1}^{n}x_iy_i.\end{cases}\tag{10-1-5}$$

解这个方程组, 并记

$$l_{xx}=\sum_{i=1}^{n}(x_i-\overline{x})^2,\quad l_{yy}=\sum_{i=1}^{n}(y_i-\overline{y})^2,\quad l_{xy}=\sum_{i=1}^{n}(x_i-\overline{x})(y_i-\overline{y}),\tag{10-1-6}$$

得回归参数

$$\hat{\beta}_1=\frac{l_{xy}}{l_{xx}}=\frac{\displaystyle\sum_{i=1}^{n}(x_i-\overline{x})(y_i-\overline{y_i})}{\displaystyle\sum_{i=1}^{n}(x_i-\overline{x})^2}=\frac{\displaystyle\sum_{i=1}^{n}x_iy_i-n\overline{x}\,\overline{y}}{\displaystyle\sum_{i=1}^{n}x_i^2-n(\overline{x})^2},\quad \hat{\beta}_0=\overline{y}-\hat{\beta}_1\overline{x},\tag{10-1-7}$$

从而, 所求回归直线方程为

$$\hat{y}=\hat{\beta}_0+\hat{\beta}_1x.$$

我们称它为经验回归方程, 记 $\hat{y}_i=\hat{\beta}_0+\hat{\beta}_1x_i$, 称 $\hat{y}_i$ 是 y_i 的拟合值. 这种确定待定系数的方法叫作最小二乘法, 所求得的 $\hat{\beta}_0,\hat{\beta}_1$ 的值也称为最小二乘估计.

例 10.1.2 使用例 10.1.1 合金钢强度与碳含量数据, 我们可求得回归方程, 见表 10-1-3.

表 10-1-3 例 10.1.2 计算表

$\sum x_i = 1.90$	$n = 12$	$\sum y_i = 589.5$
$\overline{x} = 0.1583$		$\overline{y} = 49.125$
$\sum x_i^2 = 0.3194$	$\sum x_i y_i = 95.8050$	$\sum y_i^2 = 29304.25$
$n\overline{x}^2 = 0.3007$	$n\overline{x}\ \overline{y} = 93.3179$	$n\overline{y}^2 = 28959.19$
$l_{xx} = 0.0186$	$l_{xy} = 2.4675$	$l_{yy} = 345.0625$
	$\hat{\beta}_1 = l_{xy}/l_{xx} = 132.66$	
	$\hat{\beta}_0 = \overline{y} - \overline{x}\hat{\beta}_1 = 28.12$	

由此给出回归方程为

$$\hat{y} = 28.12 + 132.66x.$$

在实际问题中, 变量之间的相关关系不一定都是线性的, 因而不能用线性回归方程来描述它们之间的相关关系. 这时, 可根据专业知识或散点图, 选择适当的且更符合实际情况的回归方程. 为了确定其中的未知参数, 可以通过变量置换, 把非线性回归化为线性回归, 然后用线性回归的方法来确定这些参数的值. 若两变量 (x, y) 的实测点大致在一条曲线周围散布, 而该曲线又可化为 $g(y) = \beta_0 + \beta_1 \cdot h(x)$, 可通过变量替换, 把原问题化为线性回归问题, 确定待定参数. 即令

$$\begin{aligned} u &= g(y), \quad u_i = g(y_i), \ i = 1, 2, \cdots, n, \\ v &= h(x), \quad v_i = h(x_i), \ i = 1, 2, \cdots, n. \end{aligned}$$

则新数据组 $(v_i, u_i)\,(i = 1, 2, \cdots, n)$ 呈现出线性关系 $u = \beta_0 + \beta_1 \cdot v$, 利用线性回归方法确定出 $(\hat{\beta}_0, \hat{\beta}_1)$, 通过 $(\hat{\beta}_0, \hat{\beta}_1)$ 求出原问题中对应参数, 解出原问题.

在此列举一些常用的曲线方程, 并给出相应的化为线性回归的变量置换公式.

(1) 曲线 $\dfrac{1}{y} = a + \dfrac{b}{x}$ 的图形如图 10-1-3 所示, 其化为线性回归的变量置换公式为

$$u = \frac{1}{y}, \quad v = \frac{1}{x},$$

置换后的线性方程为

$$u = a + bv.$$

(2) 曲线 $y = cx^b\,(c > 0)$ 的图形如图 10-1-4 所示, 当 $c > 0$ 时, 其化为线性回归的变量置换公式为

$$u = \ln y, \quad v = \ln x, \quad a = \ln c,$$

置换后的线性方程为

$$u = a + bv;$$

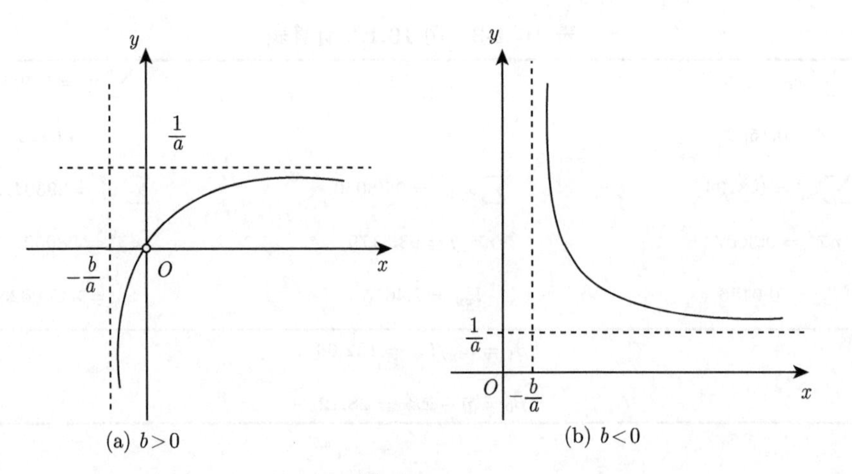

图 10-1-3

当 $c<0$ 时, 其化为线性回归的变量置换公式为

$$u=\ln(-y),\quad v=\ln x,\quad a=\ln(-c),$$

置换后的线性方程为

$$u=a+bv.$$

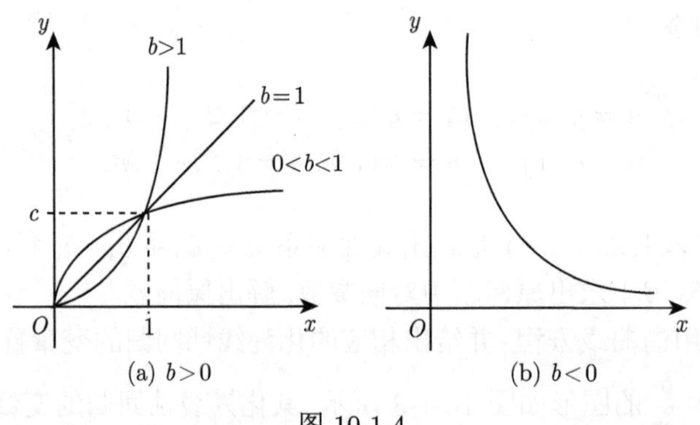

图 10-1-4

(3) 曲线 $y=ce^{bx}(c>0)$ 的图形如图 10-1-5 所示, $c>0$ 时, 其化为线性回归的变量置换公式为

$$u=\ln y,\quad v=x,\quad a=\ln c,$$

置换后的线性方程为

$$u=a+bv;$$

当 $c<0$ 时, 其化为线性回归的变量置换公式为

$$u=\ln(-y),\quad v=x,\quad a=\ln(-c),$$

置换后的线性方程为

$$u=a+bv.$$

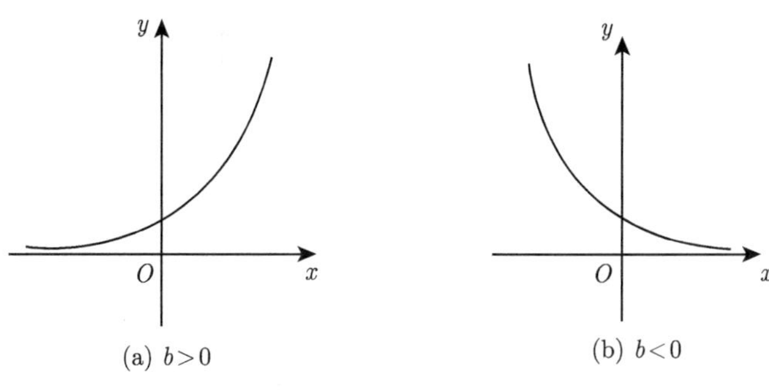

(a) $b>0$ (b) $b<0$

图 10-1-5

(4) 曲线 $y=c\mathrm{e}^{b/x}(c>0)$ 的图形如图 10-1-6 所示, $c>0$ 时, 其化为线性回归的变量置换公式为

$$u=\ln y,\quad v=\frac{1}{x},\quad a=\ln c,$$

置换后的线性方程为

$$u=a+bv;$$

当 $c<0$ 时, 其化为线性回归的变量置换公式为

$$u=\ln(-y),\quad v=\frac{1}{x},\quad a=\ln(-c),$$

置换后的线性方程为

$$u=a+bv.$$

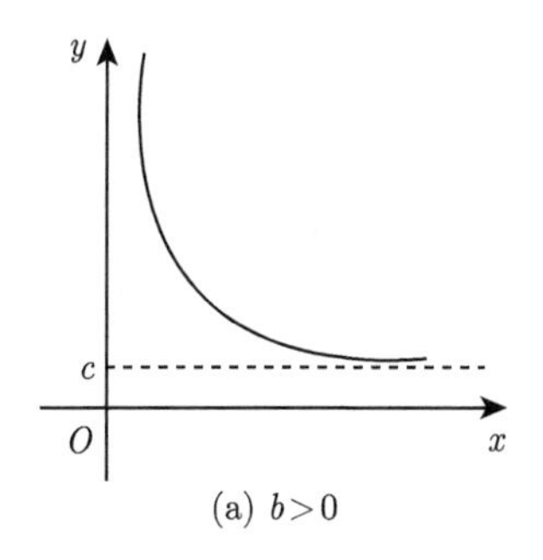

(a) $b>0$

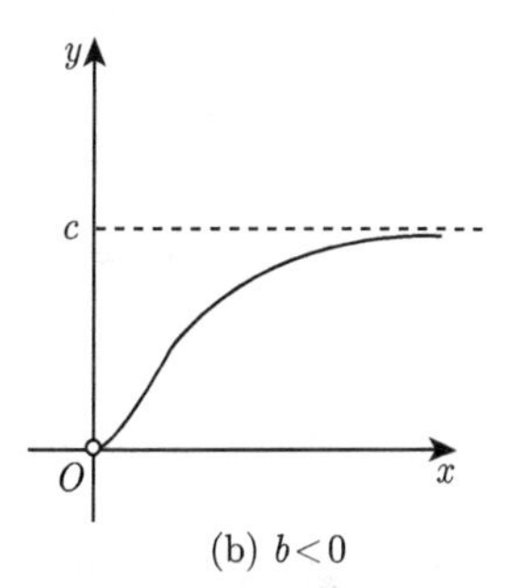

(b) $b<0$

图 10-1-6

(5) 曲线 $y=a+b\ln x$ 的图形如图 10-1-7 所示, 其化为线性回归的变量置换公式为

$$u=y,\quad v=\ln x,$$

置换后的线性方程为

$$u=a+bv.$$

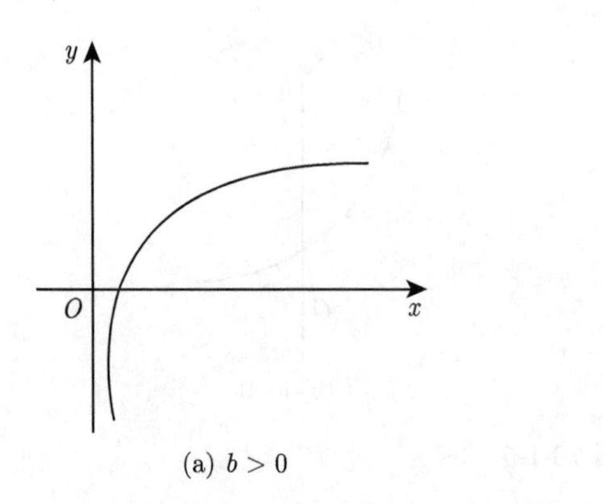

(a) $b > 0$

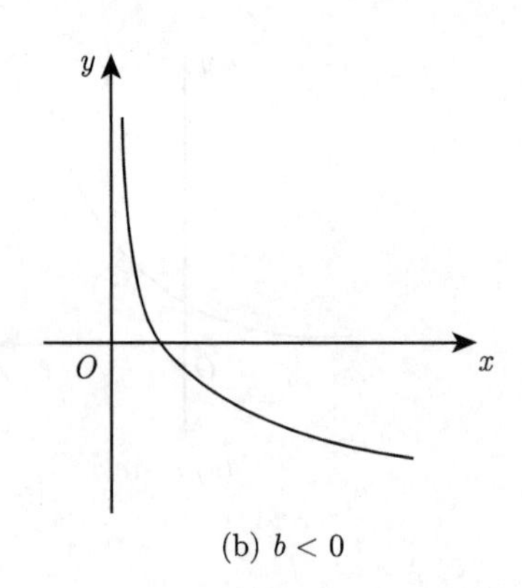

(b) $b < 0$

图 10-1-7

(6) 曲线 $y = \dfrac{1}{a + b\mathrm{e}^{-x}}\,(a, b > 0)$ 的图形如图 10-1-8 所示, 其化为线性回归的变量置换公式为

$$u = \frac{1}{y}, \quad v = \mathrm{e}^{-x},$$

置换后的线性方程为

$$u = a + bv.$$

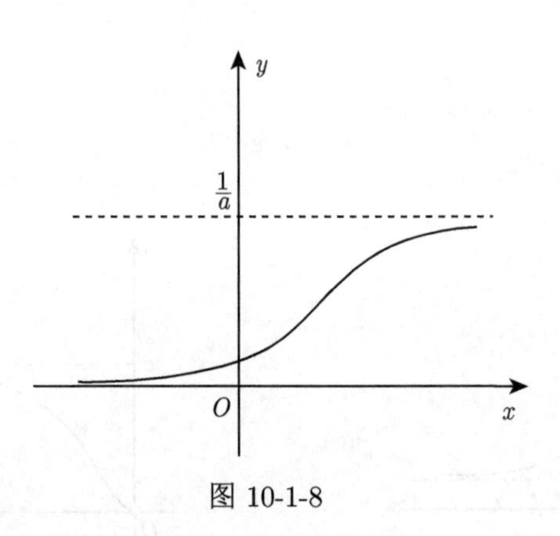

图 10-1-8

下面继续讨论回归系数的一些性质.

定理 10.1.1 在模型 (10-1-3) 下, 有

(1) $\hat{\beta}_0 \sim N\left(\beta_0, \left(\dfrac{1}{n} + \dfrac{\overline{x}^2}{l_{xx}}\right)\sigma^2\right)$, $\hat{\beta}_1 \sim N\left(\beta_1, \dfrac{\sigma^2}{l_{xx}}\right)$;

(2) $\mathrm{Cov}\left(\hat{\beta}_0, \hat{\beta}_1\right) = -\dfrac{\overline{x}}{l_{xx}}\sigma^2$;

(3) 对给定的 x_0, $\hat{y}_0 = \hat{\beta}_0 + \hat{\beta}_1 x_0 \sim N\left(\beta_0 + \beta_1 x_0, \left(\dfrac{1}{n} + \dfrac{(x_0 - \overline{x})^2}{l_{xx}}\right)\sigma^2\right)$.

证明 利用 $\sum(x_i-\overline{x})=0$, 可把 $\hat{\beta}_0,\hat{\beta}_1$ 改写为

$$\hat{\beta}_1=\frac{l_{xy}}{l_{xx}}=\sum\frac{x_i-\overline{x}}{l_{xx}}y_i,\quad \hat{\beta}_0=\overline{y}-\hat{\beta}_1\overline{x}=\sum\left[\frac{1}{n}-\frac{(x_i-\overline{x})\,\overline{x}}{l_{xx}}\right]y_i,$$

它们是独立正态变量 $y_1,y_2,\cdots,y_n$ 的线性组合, 故都服从正态分布, 下面分别求其期望与方差.

$$E\hat{\beta}_1=\sum\frac{x_i-\overline{x}}{l_{xx}}Ey_i=\sum\frac{x_i-\overline{x}}{l_{xx}}(\beta_0+\beta_1x_0)=\beta_1,$$

$$D\hat{\beta}_1=\sum\left(\frac{x_i-\overline{x}}{l_{xx}}\right)^2Dy_i=\sum\frac{(x_i-\overline{x})^2}{l_{xx}^2}\sigma^2=\frac{\sigma^2}{l_{xx}},$$

$$E\hat{\beta}_0=E\overline{y}-E\hat{\beta}_1\overline{x}=\beta_0+\beta_1\overline{x}-\beta_1\overline{x}=\beta_0,$$

$$D\hat{\beta}_0=\sum\left[\frac{1}{n}-\frac{(x_i-\overline{x})\,\overline{x}}{l_{xx}}\right]^2Dy_i=\left(\frac{1}{n}+\frac{\overline{x}^2}{l_{xx}}\right)\sigma^2.$$

这就证明了 (1), 进一步, 考虑到诸 y_i 之间的独立性, 可得

$$\begin{aligned}\operatorname{Cov}(\hat{\beta}_0,\hat{\beta}_1)&=\operatorname{Cov}\left(\sum\left[\frac{1}{n}-\frac{(x_i-\overline{x})\,\overline{x}}{l_{xx}}\right]y_i,\sum\frac{x_i-\overline{x}}{l_{xx}}y_i\right)\\&=\sum\left[\frac{1}{n}-\frac{(x_i-\overline{x})\,\overline{x}}{l_{xx}}\right]\frac{x_i-\overline{x}}{l_{xx}}\sigma^2=-\frac{\overline{x}}{l_{xx}}\sigma^2.\end{aligned}$$

这就证明了 (2). 为证明 (3), 注意到 $\hat{y}_0=\hat{\beta}_0+\hat{\beta}_1x_0$ 也是 $y_1,y_2,\cdots,y_n$ 的线性组合, 也服从正态分布, 只需求出其期望与方差即可.

$$\begin{aligned}E\hat{y}_0&=E\hat{\beta}_0+E\hat{\beta}_1x_0=\beta_0+\beta_1x_0,\\D\hat{y}_0&=D\hat{\beta}_0+D\hat{\beta}_1x_0^2+2\operatorname{Cov}(\hat{\beta}_0,\hat{\beta}_1)x_0\\&=\left[\left(\frac{1}{n}+\frac{\overline{x}^2}{l_{xx}}\right)+\frac{x_0^2}{l_{xx}}-2\frac{x_0\overline{x}}{l_{xx}}\right]\sigma^2=\left(\frac{1}{n}+\frac{(x_0-\overline{x})^2}{l_{xx}}\right)\sigma^2.\end{aligned}$$

证明完成.

定理 10.1.1 表明: ①$\hat{\beta}_0,\hat{\beta}_1$ 分别是 β_0,β_1 的无偏估计; ②$\hat{y}_0$ 是 $Ey_0=\beta_0+\beta_1x_0$ 的无偏估计; ③除 $\overline{x}=0$ 外, β_0 与 β_1 是相关的; ④要提高 $\hat{\beta}_0,\hat{\beta}_1$ 的估计精度 (即降低它们的方差), 就要求 n 大, l_{xx} 大 (即要求 $x_1,x_2,\cdots,x_n$ 较分散).

10.1.3 回归方程的显著性检验原理

1. 离差平方和的分解及分析

虽然我们解决了如何根据试验数据来确定线性回归方程的问题. 但是, 实际上, 对于任何两个变量 X 和 Y 的一组试验数据 $(x_i,y_i)\,(i=1,2,\cdots,n)$, 无论 Y 与 X 之间是否存在

线性相关关系, 我们都可以用上面的计算方法求出一元线性回归方程. 显然, 这样求出的线性回归方程当且仅当变量 Y 与 X 之间确实存在线性相关关系时, 才是有意义的.

为了判断求出的线性回归方程是否真正有意义, 我们必须判断 Y 与 X 之间是否存在线性相关关系. 这种判别的过程, 称为相关性检验.

对回归方程是否有意义作判断就是要作如下的显著性检验:

$$H_0: \beta_1 = 0; \quad H_1: \beta_1 \neq 0. \tag{10-1-8}$$

为了探讨随机变量 y 数据间的差异是由何种因素产生的, 对 $y_i\,(i=1,2,\cdots,n)$ 的离差平方和 l_{yy} 进行分解, 则有

$$\begin{aligned} l_{yy} &= \sum_{i=1}^{n}(y_i-\overline{y})^2 = \sum_{i=1}^{n}\left[(y_i-\hat{y}_i)+(\hat{y}_i-\overline{y})\right]^2 \\ &= \sum_{i=1}^{n}(y_i-\hat{y}_i)^2 + \sum_{i=1}^{n}(\hat{y}_i-\overline{y})^2 + 2\sum_{i=1}^{n}(y_i-\hat{y}_i)(\hat{y}_i-\overline{y}). \end{aligned}$$

由式 $\hat{\beta}_0 = \overline{y} - \hat{\beta}_1\overline{x}$, 知

$$\begin{aligned} \sum_{i=1}^{n}(y_i-\hat{y}_i)(\hat{y}_i-\overline{y}) &= \sum_{i=1}^{n}(y_i-\hat{\beta}_0-\hat{\beta}_1x_i)(\hat{\beta}_0+\hat{\beta}_1x_i-\hat{\beta}_0-\hat{\beta}_1\overline{x}) \\ &= \sum_{i=1}^{n}\left[y_i-\overline{y}-\hat{\beta}_1(x_i-\overline{x})\right]\hat{\beta}_1(x_i-\overline{x}) \\ &= \hat{\beta}_1\left[\sum_{i=1}^{n}(y_i-\overline{y})(x_i-\overline{x}) - \hat{\beta}_1\sum_{i=1}^{n}(x_i-\overline{x})^2\right] \\ &= \hat{\beta}_1\left[l_{xy}-\hat{\beta}_1 l_{xx}\right] = 0. \end{aligned}$$

记

$$S_E = \sum_{i=1}^{n}(y_i-\hat{y}_i)^2, \quad S_R = \sum_{i=1}^{n}(\hat{y}_i-\overline{y})^2, \quad S_T = l_{yy},$$

有

$$S_T = S_R + S_E, \tag{10-1-9}$$

其中: S_R 称为回归平方和, 代表了内在规律 (这里为直线) 所产生的离差平方和; S_E 称为残差平方和或剩余平方和, 由其他非线性因素及随机误差引起. 如果 x,y 有明显的线性关系, 则 S_E 完全由随机项 ε 引起. 关于 S_R 和 S_E 所含有的成分可由如下定理说明.

定理 10.1.2 设 $y_i = \beta_0 + \beta_1 x_i + \varepsilon_i$, 其中 $\varepsilon_1,\cdots,\varepsilon_n$ 相互独立, 且

$$E\varepsilon_i = 0, \quad D\varepsilon_i = \sigma^2,\ i=1,\cdots,n,$$

沿用上面的记号, 有

$$ES_R = \sigma^2 + \beta_1^2 l_{xx}, \tag{10-1-10}$$

$$ES_E = (n-2)\,\sigma^2. \tag{10-1-11}$$

这说明 $\hat{\sigma}^2 = S_E/(n-2)$ 是 σ^2 的无偏估计.

证明 首先可以写出 S_R 的简化公式:

$$S_R = \sum (\hat{y}_i - \overline{y})^2 = \sum \left(\overline{y} + \hat{\beta}_1 (x_i - \overline{x}) - \overline{y}\right)^2 = \hat{\beta}_1^2 l_{xx},$$

从而

$$ES_R = E\hat{\beta}_1^2 l_{xx} = (D\hat{\beta}_1 + (E\hat{\beta}_1)^2) l_{xx} = \left(\frac{\sigma^2}{l_{xx}} + \beta_1^2\right) l_{xx} = \sigma^2 + \beta_1^2 l_{xx},$$

又

$$\begin{aligned}S_E &= \sum (y_i - \hat{y}_i)^2 = \sum \left(\beta_0 + \beta_1 x_i + \varepsilon_i - \hat{\beta}_0 - \hat{\beta}_1 x_i\right)^2 \\ &= \sum [(\beta_0 - \hat{\beta}_0)^2 + (\beta_1 - \hat{\beta}_1)^2 x_i^2 + \varepsilon_i^2 + 2(\beta_0 - \hat{\beta}_0)(\beta_1 - \hat{\beta}_1) x_i \\ &\quad + 2(\beta_0 - \hat{\beta}_0)\varepsilon_i + 2(\beta_1 - \hat{\beta}_1) x_i \varepsilon_i],\end{aligned}$$

故

$$\begin{aligned}ES_E &= nE(\beta_0 - \hat{\beta}_0)^2 + E(\beta_1 - \hat{\beta}_1)^2 \sum x_i^2 + \sum E\varepsilon_i^2 \\ &\quad + 2n\overline{x}E(\beta_0 - \hat{\beta}_0)(\beta_1 - \hat{\beta}_1) + 2\sum E[(\beta_0 - \hat{\beta}_0)\varepsilon_i] \\ &\quad + 2\sum x_i E[(\beta_1 - \hat{\beta}_1)\varepsilon_i] \\ &= nD\hat{\beta}_0 + D\hat{\beta}_1 \sum x_i^2 + nD\varepsilon + 2n\overline{x}\mathrm{Cov}(\hat{\beta}_0, \hat{\beta}_1) \\ &\quad - 2\sum E(\hat{\beta}_0 \varepsilon_i) - 2\sum x_i E(\hat{\beta}_1 \varepsilon_i),\end{aligned}$$

将 $\hat{\beta}_0, \hat{\beta}_1$ 写成 $y_1, \cdots, y_n$ 的线性组合, 利用 y_j 与 $\varepsilon_i\,(i \neq j)$ 的独立性, 有

$$E(\hat{\beta}_0 \varepsilon_i) = E\left[\varepsilon_i \sum_j \left(\frac{1}{n} - \frac{(x_j - \overline{x})\,\overline{x}}{l_{xx}}\right) y_j\right] = \left(\frac{1}{n} - \frac{(x_i - \overline{x})\,\overline{x}}{l_{xx}}\right)\sigma^2,$$

$$E(\hat{\beta}_1 \varepsilon_i) = E\left(\varepsilon_i \sum_j \frac{x_j - \overline{x}}{l_{xx}} y_j\right) = \frac{x_i - \overline{x}}{l_{xx}}\sigma^2,$$

由此即有 $\sum E(\hat{\beta}_0 \varepsilon_i) = \sigma^2, \sum x_i E(\hat{\beta}_1 \varepsilon_i) = \sigma^2$. 从而

$$\begin{aligned}ES_E &= n\left(\frac{1}{n} + \frac{\overline{x}^2}{l_{xx}}\right)\sigma^2 + \sum \frac{x_i^2}{l_{xx}}\sigma^2 + n\sigma^2 - \frac{2n\overline{x}^2}{l_{xx}}\sigma^2 - 2\sigma^2 - 2\sigma^2 \\ &= (1 + n - 4)\,\sigma^2 + \frac{\sum (x_i - \overline{x})^2}{l_{xx}}\sigma^2 = (n-2)\,\sigma^2,\end{aligned}$$

证完.

2. 回归平方和与剩余平方的分布

定理 10.1.3　设 $y_1, \cdots, y_n$, 相互独立, 且 $y_i \sim N\left(\beta_0+\beta_1 x_i, \sigma^2\right), i=1, \cdots, n$, 则在前述记号下, 有

(1) $S_E/\sigma^2 \sim \chi^2(n-2)$; (10-1-12)

(2) 若 H_0 成立, 则有 $S_R/\sigma^2 \sim \chi^2(1)$; (10-1-13)

(3) S_R 与 $S_E, \overline{y}$ 独立 (或 $\hat{\beta}_1$ 与 $S_E, \overline{y}$ 独立). (10-1-14)

证明　取 $n \times n$ 的正交矩阵 $\boldsymbol{A}$, 具有如下形式:

$$
\boldsymbol{A}=\left[\begin{array}{cccc}
a_{11} & a_{12} & \cdots & a_{1n} \\
\vdots & \vdots & & \vdots \\
a_{n-2,1} & a_{n-2,2} & \cdots & a_{n-2,n} \\
(x_1-\overline{x})/\sqrt{l_{xx}} & (x_2-\overline{x})/\sqrt{l_{xx}} & \cdots & (x_n-\overline{x})/\sqrt{l_{xx}} \\
1/\sqrt{n} & 1/\sqrt{n} & \cdots & 1/\sqrt{n}
\end{array}\right],
$$

由正交性, 可得如下一些约束条件

$$
\sum_j a_{ij}=0, \quad \sum_j a_{ij} x_j=0, \quad \sum_j a_{ij}^2=1, \quad i=1,2, \cdots, n-2,
$$

$$
\sum_k a_{ik} a_{jk}=0, \quad 1 \leqslant i<j \leqslant n-2,
$$

这里共有 $n(n-2)$ 个未知参数, 约束条件有 $3(n-2)+\mathrm{C}_{n-2}^2=(n-2)(n+3)/2$ 个, 只要 $n \geqslant 3$, 未知参数个数就不少于约束条件数, 因此必定有解. 令

$$
\boldsymbol{Z}=\left[\begin{array}{c}
z_1 \\
z_2 \\
\vdots \\
z_n
\end{array}\right]=\boldsymbol{A}\boldsymbol{Y}=\boldsymbol{A}\left[\begin{array}{c}
y_1 \\
y_2 \\
\vdots \\
y_n
\end{array}\right]=\left[\begin{array}{c}
\sum\limits_j a_{1j} y_j \\
\vdots \\
\sum\limits_j a_{n-2,j} y_j \\
\sum\limits_j \dfrac{x_j-\overline{x}}{\sqrt{l_{xx}}} y_j \\
\sum\limits_j \dfrac{1}{\sqrt{n}} y_j
\end{array}\right],
$$

其中 $z_{n-1}=\dfrac{\sum\left(x_i-\overline{x}\right) y_i}{\sqrt{l_{xx}}}=\dfrac{\sum\left(x_i-\overline{x}\right)\left(y_i-\overline{y}\right)}{\sqrt{l_{xx}}}=\dfrac{l_{xy}}{\sqrt{l_{xx}}}=\sqrt{l_{xx}} \hat{\beta}_1$, $z_n=\dfrac{\sum y_i}{\sqrt{n}}=\sqrt{n} \overline{y}$, 则

$\boldsymbol{Z}$ 仍服从正态分布, 且其期望向量与协方差矩阵分别为

$$E\boldsymbol{Z}=\begin{bmatrix}0\\ \vdots\\ 0\\ \beta_1\sqrt{l_{xx}}\\ \sqrt{n}\left(\beta_0+\beta_1\overline{x}\right)\end{bmatrix},\quad D\boldsymbol{Z}=\boldsymbol{A}D\boldsymbol{Y}\boldsymbol{A}^{\mathrm{T}}=\sigma^2\boldsymbol{I}_n,$$

这表明 $z_1,\cdots,z_n$ 相互独立, $z_1,\cdots,z_{n-2}$ 的共同分布为 $N\left(0,\sigma^2\right)$, 并且

$$z_{n-1}\sim N\left(\beta_1\sqrt{l_{xx}},\sigma^2\right),\quad z_n\sim N\left(\sqrt{n}\left(\beta_0+\beta_1\overline{x}\right),\sigma^2\right).$$

由于 $\sum z_i^2=\sum y_i^2=S_T+n\overline{y}^2$, 而

$$z_{n-1}=\sqrt{l_{xx}}\hat{\beta}_1=\sqrt{S_R},\quad z_n=\sqrt{n}\overline{y},$$

于是有

$$z_1^2+\cdots+z_{n-2}^2=S_E.$$

所以 $S_E,S_R,\overline{y}$ 三者之间相互独立, 并且 $S_E/\sigma^2=\sum\limits_{i=1}^{n-2}\left(z_i/\sigma\right)^2\sim\chi^2\left(n-2\right)$, 在 $\beta_1=0$ 时, $S_R/\sigma^2=\left(z_{n-1}/\sigma\right)^2\sim\chi^2\left(1\right)$, 证完.

3. 回归方程的显著性检验

1) F 检验

在式 $y_i=\beta_0+\beta_1x_i+\varepsilon_i$ 的假设前提下, 再作待检验假设 $H_0:\beta_1=0$. 若 H_0 成立, 说明随机变量 y 不受 x 的一次方项的变化的影响和控制, 即 y 与 x 无明显的线性关系. 此时, 我们根据前述分析, $\dfrac{S_E}{\sigma^2}$ 与 $\dfrac{S_R}{\sigma^2}$ 相互独立, 皆服从 χ^2 分布. 统计量 F 为

$$F=\frac{S_R/1}{S_E/\left(n-2\right)}\sim F\left(1,n-2\right).\tag{10-1-15}$$

依实际观测值计算出 S_R 和 S_E, 代入上式可得 F 的实际值, 与临界值 $F_\alpha\left(1,n-2\right)$ 比较, 如果 $F>F_\alpha$, 则否定 H_0, 即 x,y 之间存在线性关系. 此时回归方程才有意义.

例 10.1.3 在合金钢强度的例 10.1.2 中, 我们已求出了回归方程, 这里考虑关于回归方程的显著性检验, 经计算把各平方和移入方差分析表, 如表 10-1-4 所示 (计算结果为 SPSS 软件计算所得).

表 10-1-4 合金钢强度与碳含量回归方程的方差分析表

来源	平方和	自由度	均方和	F 值
回归	$S_R=327.93$	$f_R=1$	$\mathrm{MS}_R=327.93$	191.40
残差	$S_E=17.13$	$f_E=10$	$\mathrm{MS}_E=1.713$	
总计	$S_T=345.06$	$f_T=11$		

若取 $\alpha=0.01$, 则 $F_{0.01}(1,10)=10.04$. 由于 $F=191.40>F_{0.01}(1,10)=10.04$, 因此, 在显著性水平 $\alpha=0.01$ 下, 回归方程是显著的.

2) t 检验

对于待检验假设 $H_0:\beta_1=0$, 其检验也可基于 t 分布进行. 由于

$$\hat{\beta}_1\sim N\left(\beta_1,\frac{\sigma^2}{l_{xx}}\right),\quad \frac{S_E}{\sigma^2}\sim\chi^2(n-2),$$

且与 $\hat{\beta}_1$ 相互独立, 因此在 H_0 为真时, 有

$$t=\frac{\hat{\beta}_1}{\sqrt{S_E/((n-2)\,l_{xx})}}\sim t\,(n-2), \tag{10-1-16}$$

对给定的显著性水平 α, 拒绝域为 $W=\left\{|t|>t_{\alpha/2}\,(n-2)\right\}$. 注意到 $t^2=F$, 因此 t 检验与 F 检验是等同的. 接前例, 可以计算得到

$$t=\frac{132.899}{\sqrt{17.13/(12-2)\,0.0186}}=13.84.$$

若取 $\alpha=0.01$, 则 $t_{0.005}\,(10)=3.17$. 由于 $t=13.84>t_{0.005}\,(10)=3.17$, 因此, 在显著性水平 $\alpha=0.01$ 下, 回归方程是显著的.

3) R 检验

变量 x,y 之间的线性相关性检验, 也可选取样本相关系数 $R=\dfrac{l_{xy}}{\sqrt{l_{xx}l_{yy}}}$ 作为统计量, 与 R 的临界值 $R_\alpha(n-2)$ 比较, 若 $|R|>R_\alpha(n-2)$, 则认为 x,y 之间存在线性关系. 因为

$$R^2=\frac{l_{xy}^2}{l_{xx}l_{yy}}=\frac{S_R}{S_T}=\frac{S_R}{S_R+S_E}=\frac{S_R/S_E}{S_R/S_E+1},$$

而

$$F=\frac{\mathrm{MS}_R}{\mathrm{MS}_E}=\frac{(n-2)\,S_R}{S_E},$$

两者综合, 可得

$$R^2=\frac{F}{F+(n-2)}\quad 或\quad F=\frac{(n-2)\,R^2}{1-R^2}, \tag{10-1-17}$$

即上述两检验方法也是一致的, 通过 F 临界值可得 R 临界值. 接前例, 可以计算得到

$$R=\frac{2.4675}{\sqrt{0.0186\times 345.06}}=0.975.$$

若取 $\alpha=0.01$, 则 $R_{0.01}\,(10)=0.7079$. 由于 $R=0.975>0.7079$, 因此, 在显著性水平 $\alpha=0.01$ 下, 回归方程是显著的.

10.1.4 估计与预测

当回归方程经过检验是显著的后, 可用来做估计与预测. 这是两个不同的问题.

(1) 当 $x=x_0$ 时, 均值 $Ey_0=\beta_0+\beta_1x_0$ 的点估计与区间估计. 一个直观的估计应为

$$\widehat{Ey_0} \triangleq \hat{y}_0 = \hat{\beta}_0 + \hat{\beta}_1 x_0. \tag{10-1-18}$$

由定理 10.1.1 知

$$\hat{y}_0 = \hat{\beta}_0 + \hat{\beta}_1 x_0 \sim N\left(\beta_0 + \beta_1 x_0, \left[\frac{1}{n} + \frac{(x_0 - \overline{x})^2}{l_{xx}}\right]\sigma^2\right),$$

又由定理 10.1.3 知 $S_E/\sigma^2 \sim \chi^2(n-2)$, $\hat{\beta}_1$ 与 $S_E, \overline{y}$ 独立, 则

$$\frac{(\hat{y}_0 - Ey_0)\Big/\sqrt{\dfrac{1}{n} + \dfrac{(x_0 - \overline{x})^2}{l_{xx}}}\sigma}{\sqrt{\dfrac{S_E}{\sigma^2}\Big/(n-2)}} = \frac{\hat{y}_0 - Ey_0}{\sqrt{\mathrm{MS}_E}\sqrt{\dfrac{1}{n} + \dfrac{(x_0 - \overline{x})^2}{l_{xx}}}} \sim t(n-2),$$

于是 Ey_0 的 $1-\alpha$ 的置信区间是

$$\hat{y}_0 \mp \delta_0, \quad \delta_0 = t_{\alpha/2}(n-2)\sqrt{\mathrm{MS}_E}\sqrt{\frac{1}{n} + \frac{(x_0 - \overline{x})^2}{l_{xx}}}. \tag{10-1-19}$$

(2) 当 $x = x_0$ 时, $y_0 = \beta_0 + \beta_1 x_0 + \varepsilon$ 是随机变量, 满足 $P(|y_0 - \hat{y}_0| < \delta) = 1 - \alpha$ 的区间

$$[\hat{y}_0 - \delta, \hat{y}_0 + \delta], \tag{10-1-20}$$

称为 y_0 的概率为 $1-\alpha$ 的预测区间. 由于 y_0 与 $\hat{y}_0$ 独立 ($\hat{y}_0$ 由前 n 个样本与 x_0 决定),

$$y_0 - \hat{y}_0 \sim N\left(0, \left(1 + \frac{1}{n} + \frac{(x_0 - \overline{x})^2}{l_{xx}}\right)\sigma^2\right),$$

因此有

$$\frac{y_0 - \hat{y}_0}{\sqrt{\mathrm{MS}_E}\sqrt{1 + \dfrac{1}{n} + \dfrac{(x_0 - \overline{x})^2}{l_{xx}}}} \sim t(n-2).$$

从而式 (10-1-19) 中 δ 的表达式为

$$\delta = \delta(x_0) = t_{\alpha/2}(n-2)\sqrt{\mathrm{MS}_E}\sqrt{1 + \frac{1}{n} + \frac{(x_0 - \overline{x})^2}{l_{xx}}}. \tag{10-1-21}$$

上述预测区间与 Ey_0 的置信区间 (10-1-19) 的差别就在于根号里多个 1, 这个差别导致预测区间要比置信区间宽一些. 值得注意的是, 如果 x_0 在样本最小与最大值之外, 称为外推, 需要特别注意, 可能预测精度会变得很差.

例 10.1.4 在例 10.1.2 中, 如果 $x_0 = 0.16$, 则得估计值为

$$\hat{y}_0 = 28.12 + 132.66 \times 0.16 = 49.35.$$

若取 $\alpha = 0.05$, 则 $t_{0.025}(10) = 2.2281$, 应用式 (10-1-19), 得

$$\delta_0 = 2.2281 \times \sqrt{17.13/(12-2)} \times \sqrt{\frac{1}{12} + \frac{(0.16-0.1583)^2}{0.0186}} = 0.84,$$

Ey_0 的 0.95 的置信区间是 $49.35 \mp 0.84 = (48.51, 50.19)$. 应用式 (10-1-21), 得

$$\delta = 2.2281 \times \sqrt{17.13/(12-2)} \times \sqrt{1 + \frac{1}{12} + \frac{(0.16-0.1583)^2}{0.0186}} = 3.04,$$

y_0 的概率为 0.95 的预测区间为 $49.35 \mp 3.04 = (46.31, 52.39)$.

预测值的结果如图 10-1-9、图 10-1-10 所示.

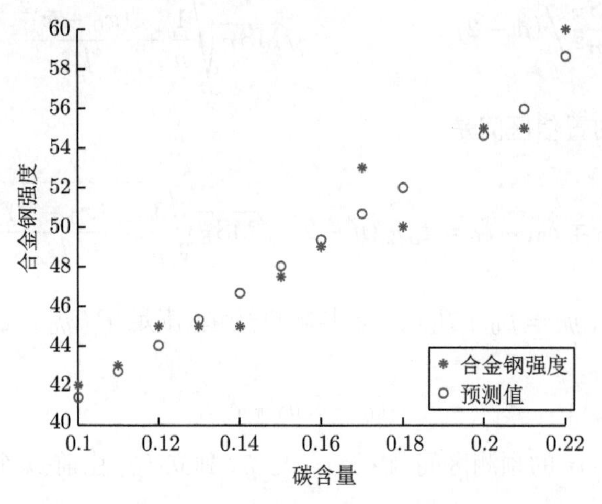

图 10-1-9 真实值与预测值散点图

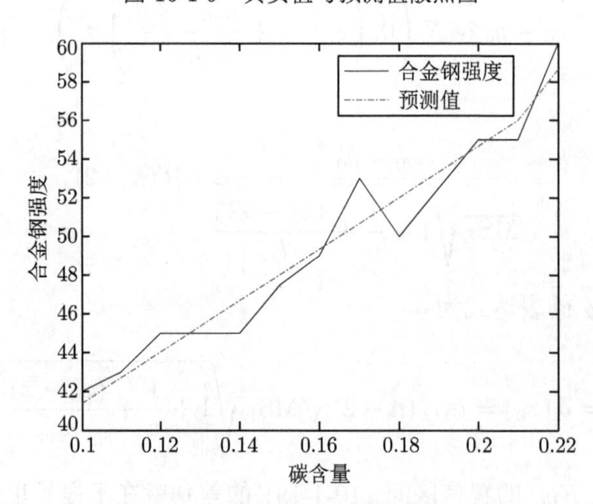

图 10-1-10 真实值与拟合预测值对比图

习 题 10.1

1. 通过原点的一元线性回归模型是怎样的？写出结构矩阵 $\boldsymbol{X}$、正规方程组的系数矩阵 $\boldsymbol{X}^{\mathrm{T}}\boldsymbol{X}$、常数项矩阵 $\boldsymbol{X}^{\mathrm{T}}\boldsymbol{Y}$, 并写出回归系数的最小二乘法估计公式.

2. 对不同的麦堆测得如下数据 (表 X10-1-1).

表 X10-1-1

堆号	1	2	3	4	5	6
重量 p	2813	2705	11103	2590	2131	5181
跨度 l	3.25	3.20	5.07	3.14	2.90	4.02

试求重量对跨度的回归方程, 并求出根方差 σ 的估计值.

3. 某医院用光电比色计检验尿汞时, 得尿汞含量与消光系数读数的结果如表 X10-1-2.

表 X10-1-2

尿汞含量 x	2	4	6	8	10
消光系数 y	64	138	205	285	360

已知它们之间有下述关系式: $y_i=\beta_0+\beta_1x_i+\varepsilon_i, i=1,2,3,4,5$. 各 ε_i 相互独立, 均服从 $N(0,\sigma^2)$ 分布, 试求 β_0,β_1 的最小二乘估计, 并给出检验假设 $H_0:\beta_1=0$ 的拒绝域.

4. 表 X10-1-3 数据是退火温度 x 对黄铜延性 y 效应的试验结果, y 是以延伸率计算的, 且设为正态变量, 求 y 对 x 的样本线性回归方程.

表 X10-1-3

$x/^\circ\mathrm{C}$	300	400	500	600	700	800
$y/\%$	40	50	55	60	67	70

5. 某河流溶解氧浓度 (以百万分之一计, 1ppm) 随着水向下游流动的时间加长而下降. 现测得 8 组数据如表 X10-1-4 所示. 求溶解氧浓度对流动时间的样本线性回归方程, 并以 $\alpha=0.05$ 对回归显著性作检验.

表 X10-1-4

流动时间 t/天	0.5	1.0	1.6	1.8	2.6	3.2	3.8	4.7
溶解氧浓度 /ppm	0.28	0.29	0.29	0.18	0.17	0.18	0.10	0.12

6. 假设 X 是一可控制变量, Y 是一随机变量, 服从正态分布. 现在不同的 X 值下分别对 Y 进行观测, 得如下数据 (表 X10-1-5).

表 X10-1-5

x_i	0.25	0.37	0.44	0.55	0.60	0.62	0.68	0.70	0.73
y_i	2.57	2.31	2.12	1.92	1.75	1.71	1.60	1.51	1.50
x_i	0.75	0.82	0.84	0.87	0.88	0.90	0.95	1.00	
y_i	1.41	1.33	1.31	1.25	1.20	1.19	1.15	1.00	

(1) 假设 X 与 Y 有线性相关关系, 求 Y 对 X 样本回归直线方程, 并求 $DY=\sigma^2$ 的无偏估计;

(2) 求回归系数 β_0,β_1,σ^2 的置信度为 95%的置信区间;

(3) 检验 Y 和 X 之间的线性关系是否显著 ($\alpha=0.05$);

(4) 求 Y 置信度为 95%的预测区间;

(5) 为了把 Y 的观测值限制在 (1.08,1.68) 内, 需把 X 的值限制在什么范围? ($\alpha = 0.05$)

7. 设 n 组观测值 $(x_i, y_i)(i=1,2,\cdots,n)$ 之间有关系式:

$$y_i = \beta_0 + \beta_1(x_i - \bar{x}) + \varepsilon_i, \quad \varepsilon_i \sim N(0,\sigma^2) \quad (i=1,2,\cdots,n), \quad 其中 \quad \bar{x} = \frac{1}{n}\sum_{i=1}^{n} x_i,$$

且 $\varepsilon_1, \varepsilon_2, \cdots, \varepsilon_n$ 相互独立.

(1) 求系数 β_0, β_1 的最小二乘估计量 $\hat{\beta}_0, \hat{\beta}_1$; (2) 求 $\hat{\beta}_0, \hat{\beta}_1$ 的分布.

8. 某矿脉中 13 个相邻样本点处某种金属的含量 Y 与样本点对原点的距离 X 有如下观测值 (表 X10-1-6).

表 X10-1-6

x_i	2	3	4	5	7	8	10
y_i	106.42	108.20	109.58	109.50	110.00	109.93	110.49
x_i	11	14	15	16	18	19	
y_i	110.59	110.60	110.90	110.76	111.00	111.20	

分别按 (1) $y = a + b\sqrt{x}$; (2) $y = a + b\ln x$; (3) $y = a + \dfrac{b}{x}$ 建立 Y 对 X 的回归方程, 并用相关系数 $R = \sqrt{1 - \dfrac{S_E^2}{S_T^2}}$ 指出其中哪一种相关最大.

10.2 多元线性回归分析

10.2.1 多元线性回归分析模型

在对涉及相关关系的问题的研究中, 很多情况下, 影响随机变量 y 的因素不止一个. 设有 k 个因素 $x_1, x_2, \cdots, x_k$. 假定它们与 y 之间有线性关系

$$\begin{cases} y = \beta_0 + \beta_1 x_1 + \beta_2 x_2 + \cdots + \beta_k x_k + \varepsilon, \\ \varepsilon \sim N\left(0, \sigma^2\right), \end{cases} \tag{10-2-1}$$

其中 y 是可观测的随机变量, $\beta_0, \beta_1, \beta_2, \cdots, \beta_k$ 是未知参数, ε 是不可观测的随机误差. 我们将该线性关系称作**多元线性回归分析模型**.

设有 n 组独立观测得到的观测值 $(x_{i1}, x_{i2}, \cdots, x_{ik})\,(i=1,2,\cdots,n)$, 于是

$$\begin{cases} y_i = \beta_0 + \beta_1 x_{i1} + \beta_2 x_{i2} + \cdots + \beta_k x_{ik} + \varepsilon_i, \\ \varepsilon_i \sim N\left(0, \sigma^2\right), \quad \varepsilon_i 相互独立 \end{cases} \quad (i=1,2,\cdots,n). \tag{10-2-2}$$

记 $\boldsymbol{y} = (y_1, y_2, \cdots, y_n)^{\mathrm{T}}, \boldsymbol{\beta} = (\beta_0, \beta_1, \cdots, \beta_k)^{\mathrm{T}}, \boldsymbol{\varepsilon} = (\varepsilon_1, \varepsilon_2, \cdots, \varepsilon_n)^{\mathrm{T}}$,

$$\boldsymbol{X} = \begin{pmatrix} 1 & x_{11} & x_{12} & \cdots & x_{1k} \\ 1 & x_{21} & x_{22} & \cdots & x_{2k} \\ \vdots & \vdots & \vdots & & \vdots \\ 1 & x_{n1} & x_{n2} & \cdots & x_{nk} \end{pmatrix},$$

则上式可以写成矩阵形式

$$\begin{cases} \boldsymbol{Y} = \boldsymbol{X}\boldsymbol{\beta} + \boldsymbol{\varepsilon}, \\ \boldsymbol{\varepsilon} \sim N\left(0, \sigma^2 \boldsymbol{I}_n\right). \end{cases} \tag{10-2-3}$$

与一元线性回归类似, 其对应的多元线性回归方程记为

$$\hat{y} = \hat{\beta}_0 + \hat{\beta}_1 x_1 + \hat{\beta}_2 x_2 + \cdots + \hat{\beta}_k x_k. \tag{10-2-4}$$

多元线性回归模型也只是一种假定, 回归效果是否显著, 即 $\boldsymbol{y}$ 与 $x_1, x_2, \cdots, x_k$ 之间是否有显著的线性关系, 还需作假设检验

$$H_0: \beta_1 = \beta_2 = \cdots = \beta_k = 0,$$
$$H_1: \ (\beta_1, \beta_2, \cdots, \beta_k) \neq (0, 0, \cdots, 0).$$

10.2.2 回归系数的最小二乘估计

和一元线性回归考虑的方法相同, 用最小二乘原理来估计参数向量 $\boldsymbol{\beta}$, 即取 $\hat{\boldsymbol{\beta}} = (\hat{\beta}_0, \hat{\beta}_1, \cdots, \hat{\beta}_k)^{\mathrm{T}}$, 使得

$$Q = \sum_{i=1}^{n} \left[y_i - (\beta_0 + \beta_1 x_{i1} + \beta_2 x_{i2} + \cdots + \beta_k x_{ik})\right]^2$$

达到最小. 令 Q 对每个 β_i 求偏导数, 并让它们都等于零, 得出

$$\begin{cases} \dfrac{\partial Q}{\partial \beta_0} = 2\displaystyle\sum_{i=1}^{n} (y_i - \beta_0 - \beta_1 x_{i1} - \beta_2 x_{i2} - \cdots - \beta_k x_{ik})(-1) = 0, \\ \dfrac{\partial Q}{\partial \beta_j} = 2\displaystyle\sum_{i=1}^{n} (y_i - \beta_0 - \beta_1 x_{i1} - \beta_2 x_{i2} - \cdots - \beta_k x_{ik})(-x_{ij}) = 0 \end{cases} \quad (j = 1, 2, \cdots, k),$$

化简得

$$\begin{cases} \beta_0 n + \beta_1 \displaystyle\sum_{i=1}^{n} x_{i1} + \beta_2 \sum_{i=1}^{n} x_{i2} + \cdots + \beta_k \sum_{i=1}^{n} x_{ik} = \sum_{i=1}^{n} y_i, \\ \beta_0 \displaystyle\sum_{i=1}^{n} x_{i1} + \beta_1 \sum_{i=1}^{n} x_{i1}^2 + \beta_2 \sum_{i=1}^{n} x_{i1} x_{i2} + \cdots + \beta_k \sum_{i=1}^{n} x_{i1} x_{ik} = \sum_{i=1}^{n} x_{i1} y_i, \\ \qquad \cdots\cdots \\ \beta_0 \displaystyle\sum_{i=1}^{n} x_{ik} + \beta_1 \sum_{i=1}^{n} x_{ik} x_{i1} + \beta_2 \sum_{i=1}^{n} x_{ik} x_{i2} + \cdots + \beta_k \sum_{i=1}^{n} x_{ik}^2 = \sum_{i=1}^{n} x_{ik} y_i. \end{cases} \tag{10-2-5}$$

这个方程组称为**正规方程组**, 正规方程组的解是参数 $(\beta_0, \beta_1, \cdots, \beta_k)^{\mathrm{T}}$ 的最小二乘估计. 方程组 (10-2-5) 可简洁地表示为

$$\boldsymbol{X}^{\mathrm{T}} \boldsymbol{X} \boldsymbol{\beta} = \boldsymbol{X}^{\mathrm{T}} \boldsymbol{Y}, \tag{10-2-6}$$

在回归分析中, $\left(\boldsymbol{X}^{\mathrm{T}}\boldsymbol{X}\right)^{-1}$ 通常存在, 这时最小二乘估计可表示为

$$\hat{\boldsymbol{\beta}}=\left(\boldsymbol{X}^{\mathrm{T}}\boldsymbol{X}\right)^{-1}\boldsymbol{X}^{\mathrm{T}}\boldsymbol{Y}. \tag{10-2-7}$$

正规方程组的一般解法是: 通过消元法, 先解一个 k 元方程, 总结如下. 引入记号

$$\begin{aligned}
&\overline{x}_j=\frac{1}{n}\sum_{t=1}^{n}x_{tj},\quad \overline{y}=\frac{1}{n}\sum_{t=1}^{n}y_t,\\
&L_{ij}=\sum_{t=1}^{n}\left(x_{ti}-\overline{x}_i\right)\left(x_{tj}-\overline{x}_j\right)=\sum_{t=1}^{n}x_{ti}x_{tj}-n\overline{x}_i\overline{x}_j,\\
&L_{iy}=\sum_{t=1}^{n}\left(x_{ti}-\overline{x}_i\right)\left(y_t-\overline{y}\right)=\sum_{t=1}^{n}x_{ti}y_t-n\overline{x}_i\overline{y}\quad (i,j=1,2,\cdots,k).
\end{aligned}$$

则方程组 (10-2-5) 可以化为

$$\begin{cases}
L_{11}\beta_1+L_{12}\beta_2+\cdots+L_{1k}\beta_k=L_{1y},\\
L_{21}\beta_1+L_{22}\beta_2+\cdots+L_{2k}\beta_k=L_{2y},\\
\qquad\cdots\cdots\\
L_{k1}\beta_1+L_{k2}\beta_2+\cdots+L_{kk}\beta_k=L_{ky},\\
\beta_0=\overline{y}-\beta_1\overline{x}_1-\beta_2\overline{x}_2-\cdots-\beta_k\overline{x}_k.
\end{cases}$$

先解前 k 个方程组成的方程组, 记

$$\boldsymbol{L}=\begin{pmatrix}
L_{11} & L_{12} & \cdots & L_{1k}\\
L_{21} & L_{22} & \cdots & L_{2k}\\
\vdots & \vdots & & \vdots\\
L_{k1} & L_{k2} & \cdots & L_{kk}
\end{pmatrix},$$

则有

$$\begin{pmatrix}\hat{\beta}_1\\ \hat{\beta}_2\\ \vdots\\ \hat{\beta}_k\end{pmatrix}=\boldsymbol{L}^{-1}\begin{pmatrix}L_{1y}\\ L_{2y}\\ \vdots\\ L_{ky}\end{pmatrix}.$$

代入 $\beta_0=\overline{y}-\beta_1\overline{x}_1-\beta_2\overline{x}_2-\cdots-\beta_k\overline{x}_k$ 可得

$$\hat{\beta}_0=\overline{y}-\hat{\beta}_1\overline{x}_1-\hat{\beta}_2\overline{x}_2-\cdots-\hat{\beta}_k\overline{x}_k.$$

借助多元线性回归方法还可以解决形如

$$\boldsymbol{y}=\beta_0+\sum_{s=1}^{k}\beta_s\boldsymbol{X}_s\left(x\right)$$

的一元回归问题, 其中 $X_s(x)\,(s=1,2,\cdots,k)$ 为已知函数, $\beta_0,\beta_1,\beta_2,\cdots,\beta_k$ 为待定参数. 只要令 $Z_s=X_s(x)\,(s=1,2,\cdots,k)$, 则数据组 $(x_i,y_i)\,(i=1,2,\cdots,n)$ 的回归问题就可以转化为数据组 $(Z_{1i},Z_{2i},\cdots,Z_{ki};y_i)\,(i=1,2,\cdots,n)$, 对应于多元线性模型

$$y=\beta_0+\beta_1Z_1+\beta_2Z_2+\cdots+\beta_kZ_k$$

的回归问题. 特别地, 如果回归方程是一个 k 次多项式

$$y=\beta_0+\beta_1x+\beta_2x^2+\cdots+\beta_kx^k,$$

则令 $Z_1=x,Z_2=x^2,\cdots,Z_k=x^k$ 就化为 k 元的线性回归问题.

例 10.2.1 某种产品每件的均价 y(元) 和批量 x(件) 之间的关系如表 10-2-1 所示.

(1) 试画出其散点图;

(2) 假如选取模型 $y=b_0+b_1x+b_2x^2+\varepsilon,\varepsilon\sim N\left(0,\sigma^2\right)$ 来拟合, 试求出回归方程.

表 10-2-1

x	20	25	30	35	40	50	60	65	70	75	80	90
y	1.81	1.70	1.65	1.55	1.48	1.40	1.30	1.26	1.24	1.21	1.20	1.18

解 (1) 作出散点图, 如图 10-2-1 所示.

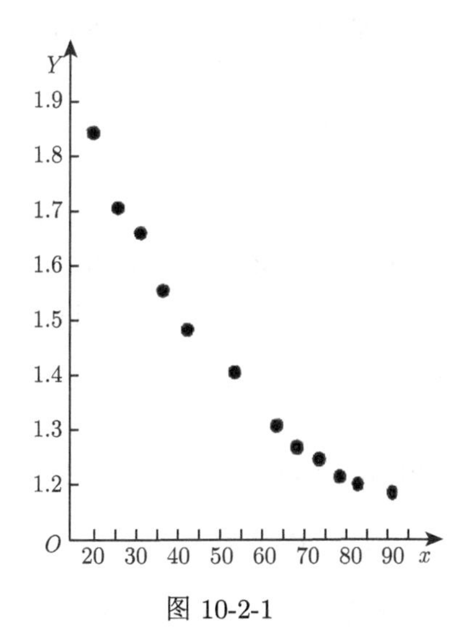

图 10-2-1

(2) 令 $x_1=x,x_2=x^2$, 则有

$$y=b_0+b_1x_1+b_2x_2+\varepsilon,\quad \varepsilon\sim N\left(0,\sigma^2\right).$$

这是一个二元线性回归模型, 令

$$
\boldsymbol{X}=\begin{pmatrix}
1 & 20 & 400\\
1 & 25 & 625\\
1 & 30 & 900\\
1 & 35 & 1225\\
1 & 40 & 1600\\
1 & 50 & 2500\\
1 & 60 & 3600\\
1 & 65 & 4225\\
1 & 70 & 4900\\
1 & 75 & 5625\\
1 & 80 & 6400\\
1 & 90 & 8100
\end{pmatrix},\quad
\boldsymbol{y}=\begin{pmatrix}
1.81\\ 1.70\\ 1.65\\ 1.55\\ 1.48\\ 1.40\\ 1.30\\ 1.26\\ 1.24\\ 1.21\\ 1.20\\ 1.18
\end{pmatrix},\quad
\boldsymbol{B}=\begin{pmatrix} b_0\\ b_1\\ b_2\end{pmatrix}.
$$

经计算则有

$$
\boldsymbol{X}^{\mathrm{T}}\boldsymbol{X}=\begin{pmatrix}
12 & 640 & 40100\\
640 & 40100 & 277900\\
40100 & 277900 & 204702500
\end{pmatrix},
$$

$$
\left(\boldsymbol{X}^{\mathrm{T}}\boldsymbol{X}\right)^{-1}=\frac{1}{\varDelta}\begin{pmatrix}
4.8572925\times 10^{11} & -1.95717\times 10^{10} & 170550000\\
-1.95717\times 10^{10} & 848420000 & -7684000\\
170550000 & -7684000 & 71600
\end{pmatrix},
$$

其中, $\dfrac{1}{\varDelta}=1.41918\times 10^{11}$, 即得正规方程组的解为

$$
\hat{\boldsymbol{B}}=\begin{pmatrix}\hat{b}_0\\ \hat{b}_1\\ \hat{b}_2\end{pmatrix}=\left(\boldsymbol{X}^{\mathrm{T}}\boldsymbol{X}\right)^{-1}\boldsymbol{X}^{\mathrm{T}}\boldsymbol{Y}=\left(\boldsymbol{X}^{\mathrm{T}}\boldsymbol{X}\right)^{-1}\begin{pmatrix}16.98\\ 851.3\\ 51162\end{pmatrix}=\begin{pmatrix}2.19826629\\ -0.02252236\\ 0.00012507\end{pmatrix}.
$$

于是得出回归方程为

$$
\hat{y}=2.19826629-0.02252236x+0.00012507x^2.
$$

称实测值与回归值之差 $y_i-\hat{y}_i$ 为残差, 称

$$
\widetilde{\boldsymbol{Y}}=\boldsymbol{Y}-\boldsymbol{X}\hat{\boldsymbol{\beta}}=\left[\boldsymbol{I}_n-\boldsymbol{X}\left(\boldsymbol{X}^{\mathrm{T}}\boldsymbol{X}\right)^{-1}\boldsymbol{X}^{\mathrm{T}}\right]\boldsymbol{Y} \tag{10-2-8}
$$

为残差向量, 则残差平方和

$$
\begin{aligned}
S_E&=\widetilde{\boldsymbol{Y}}^{\mathrm{T}}\widetilde{\boldsymbol{Y}}=(\boldsymbol{Y}-\boldsymbol{X}\hat{\boldsymbol{\beta}})^{\mathrm{T}}(\boldsymbol{Y}-\boldsymbol{X}\hat{\boldsymbol{\beta}})\\
&=\boldsymbol{Y}^{\mathrm{T}}\boldsymbol{Y}-\hat{\boldsymbol{\beta}}^{\mathrm{T}}\boldsymbol{X}^{\mathrm{T}}\boldsymbol{Y}=\boldsymbol{Y}^{\mathrm{T}}\left[\boldsymbol{I}_n-\boldsymbol{X}\left(\boldsymbol{X}^{\mathrm{T}}\boldsymbol{X}\right)^{-1}\boldsymbol{X}^{\mathrm{T}}\right]\boldsymbol{Y}.
\end{aligned} \tag{10-2-9}
$$

通过下面的命题, 可以给出 σ^2 的估计.

定理 10.2.1 在前述记号下, 有

$$ES_E=(n-k-1)\,\sigma^2. \tag{10-2-10}$$

证明 由 (10-2-9) 式知 $ES_E=E(\widetilde{\boldsymbol{Y}}^{\mathrm{T}}\widetilde{\boldsymbol{Y}})=E(\mathrm{tr}\widetilde{\boldsymbol{Y}}^{\mathrm{T}}\widetilde{\boldsymbol{Y}})=E(\mathrm{tr}\widetilde{\boldsymbol{Y}}\widetilde{\boldsymbol{Y}}^{\mathrm{T}})=\mathrm{tr}E(\widetilde{\boldsymbol{Y}}\widetilde{\boldsymbol{Y}}^{\mathrm{T}})$, 由 (10-2-8) 式知

$$\begin{aligned}E\widetilde{\boldsymbol{Y}}&=E(\boldsymbol{Y}-\boldsymbol{X}\hat{\boldsymbol{\beta}})=E[\boldsymbol{Y}-\boldsymbol{X}\left(\boldsymbol{X}^{\mathrm{T}}\boldsymbol{X}\right)^{-1}\boldsymbol{X}^{\mathrm{T}}\boldsymbol{Y}]\\&=\boldsymbol{X}\boldsymbol{\beta}-\boldsymbol{X}\left(\boldsymbol{X}^{\mathrm{T}}\boldsymbol{X}\right)^{-1}\boldsymbol{X}^{\mathrm{T}}\cdot\boldsymbol{X}\boldsymbol{\beta}=\mathbf{0},\end{aligned}$$

故

$$\begin{aligned}E(\widetilde{\boldsymbol{Y}}\widetilde{\boldsymbol{Y}}^{\mathrm{T}})=D\widetilde{\boldsymbol{Y}}&=D([\boldsymbol{I}_n-\boldsymbol{X}\left(\boldsymbol{X}^{\mathrm{T}}\boldsymbol{X}\right)^{-1}\boldsymbol{X}^{\mathrm{T}}]\boldsymbol{Y})\\&=[\boldsymbol{I}_n-\boldsymbol{X}\left(\boldsymbol{X}^{\mathrm{T}}\boldsymbol{X}\right)^{-1}\boldsymbol{X}^{\mathrm{T}}]^{\mathrm{T}}D\boldsymbol{Y}[\boldsymbol{I}_n-\boldsymbol{X}\left(\boldsymbol{X}^{\mathrm{T}}\boldsymbol{X}\right)^{-1}\boldsymbol{X}^{\mathrm{T}}]\\&=[\boldsymbol{I}_n-\boldsymbol{X}\left(\boldsymbol{X}^{\mathrm{T}}\boldsymbol{X}\right)^{-1}\boldsymbol{X}^{\mathrm{T}}][\boldsymbol{I}_n-\boldsymbol{X}\left(\boldsymbol{X}^{\mathrm{T}}\boldsymbol{X}\right)^{-1}\boldsymbol{X}^{\mathrm{T}}]\sigma^2\\&=[\boldsymbol{I}_n-\boldsymbol{X}\left(\boldsymbol{X}^{\mathrm{T}}\boldsymbol{X}\right)^{-1}\boldsymbol{X}^{\mathrm{T}}]\sigma^2,\end{aligned}$$

将它代入 ES_E 的表达式得

$$\begin{aligned}ES_E&=\mathrm{tr}\sigma^2[\boldsymbol{I}_n-\boldsymbol{X}\left(\boldsymbol{X}^{\mathrm{T}}\boldsymbol{X}\right)^{-1}\boldsymbol{X}^{\mathrm{T}}]\\&=\sigma^2[\mathrm{tr}\boldsymbol{I}_n-\mathrm{tr}\left(\boldsymbol{X}^{\mathrm{T}}\boldsymbol{X}\right)^{-1}\boldsymbol{X}^{\mathrm{T}}\boldsymbol{X}]\\&=\sigma^2[n-\mathrm{tr}\boldsymbol{I}_{k+1}]=\sigma^2\,(n-k-1)\,.\end{aligned}$$

定理证毕, 因此

$$\hat{\sigma}^2=\frac{S_E}{n-k-1} \tag{10-2-11}$$

为 σ^2 的无偏估计.

10.2.3 最小二乘估计的性质

下面我们进一步讨论最小二乘估计的性质.

定理 10.2.2 $\hat{\boldsymbol{\beta}}$ 是 $\boldsymbol{\beta}$ 的线性无偏估计, 其协方差矩阵为

$$D\hat{\boldsymbol{\beta}}=\left(\boldsymbol{X}^{\mathrm{T}}\boldsymbol{X}\right)^{-1}\sigma^2. \tag{10-2-12}$$

证明 从 (10-2-8) 式知 $\hat{\beta}$ 是 $y_1,y_2,\cdots,y_n$ 的线性组合, 所以 $\hat{\boldsymbol{\beta}}$ 是一个线性估计, 且

$$E\hat{\boldsymbol{\beta}}=E[\left(\boldsymbol{X}^{\mathrm{T}}\boldsymbol{X}\right)^{-1}\boldsymbol{X}^{\mathrm{T}}\boldsymbol{Y}]=\left(\boldsymbol{X}^{\mathrm{T}}\boldsymbol{X}\right)^{-1}\boldsymbol{X}^{\mathrm{T}}E\boldsymbol{Y}=\left(\boldsymbol{X}^{\mathrm{T}}\boldsymbol{X}\right)^{-1}\boldsymbol{X}^{\mathrm{T}}\boldsymbol{X}\boldsymbol{\beta}=\boldsymbol{\beta},$$

所以 $\hat{\boldsymbol{\beta}}$ 是 $\boldsymbol{\beta}$ 的无偏估计. 而

$$D\hat{\boldsymbol{\beta}} = D[\left(\boldsymbol{X}^{\mathrm{T}}\boldsymbol{X}\right)^{-1}\boldsymbol{X}^{\mathrm{T}}\boldsymbol{Y}] = \left(\boldsymbol{X}^{\mathrm{T}}\boldsymbol{X}\right)^{-1}\boldsymbol{X}^{\mathrm{T}}D\boldsymbol{Y}[\left(\boldsymbol{X}^{\mathrm{T}}\boldsymbol{X}\right)^{-1}\boldsymbol{X}^{\mathrm{T}}]^{\mathrm{T}}$$
$$= \left(\boldsymbol{X}^{\mathrm{T}}\boldsymbol{X}\right)^{-1}\boldsymbol{X}^{\mathrm{T}}\boldsymbol{X}\left(\boldsymbol{X}^{\mathrm{T}}\boldsymbol{X}\right)^{-1}\sigma^2 = \left(\boldsymbol{X}^{\mathrm{T}}\boldsymbol{X}\right)^{-1}\sigma^2.$$

定理得证.

定理 10.2.3 $\mathrm{Cov}(\widetilde{\boldsymbol{Y}}, \hat{\boldsymbol{\beta}}) = 0.$ (10-2-13)

证明 利用 (10-2-8) 式与 (10-2-13) 式知

$$\begin{aligned}\mathrm{Cov}(\widetilde{\boldsymbol{Y}}, \hat{\boldsymbol{\beta}}) &= \mathrm{Cov}(\boldsymbol{Y} - \boldsymbol{X}\hat{\boldsymbol{\beta}}, \hat{\boldsymbol{\beta}}) = \mathrm{Cov}(\boldsymbol{Y}, \hat{\boldsymbol{\beta}}) - \mathrm{Cov}(\boldsymbol{X}\hat{\boldsymbol{\beta}}, \hat{\boldsymbol{\beta}})\\ &= \mathrm{Cov}(\boldsymbol{Y}, \left(\boldsymbol{X}^{\mathrm{T}}\boldsymbol{X}\right)^{-1}\boldsymbol{X}^{\mathrm{T}}\boldsymbol{Y}) - \boldsymbol{X}D\hat{\boldsymbol{\beta}}\\ &= D\boldsymbol{Y}[\left(\boldsymbol{X}^{\mathrm{T}}\boldsymbol{X}\right)^{-1}\boldsymbol{X}^{\mathrm{T}}]^{\mathrm{T}} - \boldsymbol{X}D\hat{\boldsymbol{\beta}}\\ &= \boldsymbol{X}\left(\boldsymbol{X}^{\mathrm{T}}\boldsymbol{X}\right)^{-1}\sigma^2 - \boldsymbol{X}\left(\boldsymbol{X}^{\mathrm{T}}\boldsymbol{X}\right)^{-1}\sigma^2 = 0.\end{aligned}$$

命题得证.

直到现在, 我们只是用到假设 $E\varepsilon = 0, D\varepsilon = \sigma^2$, 各次观测值相互独立即可. 下面将进一步假设在 $\varepsilon \sim N(0, \sigma^2)$ 情况下, 导出有关估计的分布.

定理 10.2.4 当 $Y \sim N\left(\boldsymbol{X}\boldsymbol{\beta}, \sigma^2\boldsymbol{I}_n\right)$ 时, $\hat{\boldsymbol{\beta}}$ 与 S_E 相互独立, 且 $\hat{\boldsymbol{\beta}} \sim N(\boldsymbol{\beta}, \sigma^2\left(\boldsymbol{X}^{\mathrm{T}}\boldsymbol{X}\right)^{-1})$, $\dfrac{S_E}{\sigma^2} \sim \chi^2(n-q)$, 其中 q 为矩阵 $\boldsymbol{X}$ 的秩.

证明 (1) 由定理 10.2.2 知, $\hat{\boldsymbol{\beta}}$ 是独立正态变量 $y_1, y_2, \cdots, y_n$ 的线性组合, 故 $\hat{\boldsymbol{\beta}}$ 服从正态分布, 且在定理 10.2.2 中已证明了 $E\hat{\boldsymbol{\beta}} = \boldsymbol{\beta}, D\hat{\boldsymbol{\beta}} = \left(\boldsymbol{X}^{\mathrm{T}}\boldsymbol{X}\right)^{-1}\sigma^2$, 所以 $\hat{\boldsymbol{\beta}} \sim N(\boldsymbol{\beta}, \sigma^2\left(\boldsymbol{X}^{\mathrm{T}}\boldsymbol{X}\right)^{-1})$.

(2) 由定理 10.2.3 知 $\hat{\boldsymbol{\beta}}$ 与 $\widetilde{\boldsymbol{Y}}$ 不相关, 由式 (10-2-8) 知 $\widetilde{\boldsymbol{Y}}$ 是正态变量, 在正态分布场合, 不相关与独立等价, 故 $\hat{\boldsymbol{\beta}}$ 与 $\widetilde{\boldsymbol{Y}}$ 相互独立, 又 $S_E = \widetilde{\boldsymbol{Y}}^{\mathrm{T}}\widetilde{\boldsymbol{Y}}$ 仅为 $\widetilde{\boldsymbol{Y}}$ 的函数, 所以 $\hat{\boldsymbol{\beta}}$ 与 S_E 相互独立.

(3) 由式 (10-2-9) 知

$$S_E = \boldsymbol{Y}^{\mathrm{T}}[\boldsymbol{I}_n - \boldsymbol{X}\left(\boldsymbol{X}^{\mathrm{T}}\boldsymbol{X}\right)^{-1}\boldsymbol{X}^{\mathrm{T}}]\boldsymbol{Y},$$

为证明 $\dfrac{S_E}{\sigma^2}$ 服从 χ^2 分布, 只要设法将 S_E 变换成 $n-q$ 个独立 $N(0, \sigma^2)$ 变量平方和即可. 为此令: $\boldsymbol{G} = \boldsymbol{X}\left(\boldsymbol{X}^{\mathrm{T}}\boldsymbol{X}\right)^{-1}\boldsymbol{X}^{\mathrm{T}}$, 这是一个实对称矩阵, 其秩与 $\boldsymbol{X}$ 的秩相同, 故必存在正交矩阵 $\boldsymbol{C}$, 使

$$
\boldsymbol{CGC}^{\mathrm{T}}=\begin{pmatrix}
\lambda_1 & & & & & & \mathbf{0}\\
& \lambda_2 & & & & & \\
& & \ddots & & & & \\
& & & \lambda_q & & & \\
& & & & 0 & & \\
& & & & & \ddots & \\
\mathbf{0} & & & & & & 0
\end{pmatrix},
$$

其中 $\lambda_i\neq 0, i=1,\cdots,q$. 又

$$
\boldsymbol{G}^2=\boldsymbol{G}\cdot\boldsymbol{G}=\boldsymbol{X}\left(\boldsymbol{X}^{\mathrm{T}}\boldsymbol{X}\right)^{-1}\boldsymbol{X}^{\mathrm{T}}\cdot\boldsymbol{X}\left(\boldsymbol{X}^{\mathrm{T}}\boldsymbol{X}\right)^{-1}\boldsymbol{X}^{\mathrm{T}}=\boldsymbol{X}\left(\boldsymbol{X}^{\mathrm{T}}\boldsymbol{X}\right)^{-1}\boldsymbol{X}^{\mathrm{T}}=\boldsymbol{G},
$$

故

$$
\boldsymbol{CGC}^{\mathrm{T}}=\boldsymbol{CG}^2\boldsymbol{C}^{\mathrm{T}}=\boldsymbol{CGC}^{\mathrm{T}}\cdot\boldsymbol{CGC}^{\mathrm{T}}=\begin{pmatrix}
\lambda_1^2 & & & & & & \mathbf{0}\\
& \lambda_2^2 & & & & & \\
& & \ddots & & & & \\
& & & \lambda_q^2 & & & \\
& & & & 0 & & \\
& & & & & \ddots & \\
\mathbf{0} & & & & & & 0
\end{pmatrix},
$$

所以 $\lambda_i^2=\lambda_i,\ i=1,\cdots,q;\lambda_i=1,\ i=1,\cdots,q$, 从而

$$
\boldsymbol{CGC}^{\mathrm{T}}=\begin{pmatrix}\boldsymbol{I}_q & \mathbf{0}\\ \mathbf{0} & \mathbf{0}\end{pmatrix},
$$

作变换 $\boldsymbol{Z}=\boldsymbol{C}(\boldsymbol{Y}-\boldsymbol{X\beta})$, 则 $\boldsymbol{Z}$ 仍服从正态分布, 且

$$
E\boldsymbol{Z}=\boldsymbol{C}(E\boldsymbol{Y}-\boldsymbol{X\beta})=\mathbf{0};\quad D\boldsymbol{Z}=\boldsymbol{C}D\boldsymbol{Y}\boldsymbol{C}^{\mathrm{T}}=\sigma^2\boldsymbol{CC}^{\mathrm{T}}=\sigma^2\boldsymbol{I}_n.
$$

这说明 $\boldsymbol{Z}$ 的分量 $Z_1,\cdots,Z_n$ 相互独立, 且均服从 $N(0,\sigma^2)$.

$$
\begin{aligned}
S_E&=\boldsymbol{Y}^{\mathrm{T}}[\boldsymbol{I}_n-\boldsymbol{X}\left(\boldsymbol{X}^{\mathrm{T}}\boldsymbol{X}\right)^{-1}\boldsymbol{X}^{\mathrm{T}}]\boldsymbol{Y}\\
&=\left(\boldsymbol{C}^{\mathrm{T}}\boldsymbol{Z}+\boldsymbol{X\beta}\right)^{\mathrm{T}}[\boldsymbol{I}_n-\boldsymbol{X}\left(\boldsymbol{X}^{\mathrm{T}}\boldsymbol{X}\right)^{-1}\boldsymbol{X}^{\mathrm{T}}]\left(\boldsymbol{C}^{\mathrm{T}}\boldsymbol{Z}+\boldsymbol{X\beta}\right)\\
&=\boldsymbol{Z}^{\mathrm{T}}\boldsymbol{C}(\boldsymbol{I}_n-\boldsymbol{G})\boldsymbol{C}^{\mathrm{T}}\boldsymbol{Z}=\boldsymbol{Z}^{\mathrm{T}}\boldsymbol{Z}-\boldsymbol{Z}^{\mathrm{T}}\begin{pmatrix}\boldsymbol{I}_q & \mathbf{0}\\ \mathbf{0} & \mathbf{0}\end{pmatrix}\boldsymbol{Z}\\
&=\left(z_1^2+z_2^2+\cdots+z_n^2\right)-\left(z_1^2+z_2^2+\cdots+z_q^2\right)\\
&=z_{q+1}^2+z_{q+2}^2+\cdots+z_n^2.
\end{aligned}
$$

所以 S_E 是 $n-q$ 个独立 $N(0,\sigma^2)$ 变量平方和, 从而 $\dfrac{S_E}{\sigma^2}\sim\chi^2(n-q)$. 命题证毕.

10.2.4 回归方程的显著性检验

与一元线性回归分析时类似, 我们将总离差平方和分解为两部分:

$$\begin{aligned} S_T &= \sum_{i=1}^{n}(y_i-\overline{y})^2=\sum_{i=1}^{n}[(y_i-\hat{y}_i)+(\hat{y}_i-\overline{y})]^2 \\ &= \sum_{i=1}^{n}(y_i-\hat{y}_i)^2+\sum_{i=1}^{n}(\hat{y}_i-\overline{y})^2+2\sum_{i=1}^{n}(y_i-\hat{y}_i)(\hat{y}_i-\overline{y}) \\ &= S_E+S_R, \end{aligned} \tag{10-2-14}$$

其中交叉乘积项利用正规方程组可知等于 0, 回归平方和、剩余 (残差) 平方和的意义也与一元线性回归类似, 回归平方和

$$\begin{aligned} S_R &= \sum_{i=1}^{n}(\hat{y}_i-\overline{y})^2=\sum_{i=1}^{n}\left[\sum_{u=1}^{k}\hat{\beta}_u(x_{iu}-\overline{x}_u)\right]^2 \\ &= \sum_i\sum_u\sum_v\hat{\beta}_u\hat{\beta}_v(x_{iu}-\overline{x}_u)(x_{iv}-\overline{x}_v) \\ &= \sum_u\sum_v\hat{\beta}_u\hat{\beta}_v\sum_i(x_{iu}-\overline{x}_u)(x_{iv}-\overline{x}_v) \\ &= \sum_u\sum_v\hat{\beta}_u\hat{\beta}_v l_{uv}=\hat{\beta}_1 l_{1y}+\hat{\beta}_2 l_{2y}+\cdots+\hat{\beta}_k l_{ky}. \end{aligned}$$

表明这部分离差平方和是由线性回归关系引起的.

在 H_0 为真时, 利用柯赫伦定理类似地可以证明 S_E 与 S_R (可以证明自由度为 k) 独立, 且

$$\frac{S_R}{\sigma^2}\sim\chi^2(k).$$

因此, 选择统计量

$$F=\frac{S_R/k}{S_E/(n-k-1)},$$

当假设 H_0 成立时, 有

$$F\sim F(k,n-k-1). \tag{10-2-15}$$

检验规则为: 给定显著性水平 α, 当 $F>F_\alpha(k,n-k-1)$ 时, 拒绝 H_0, 即认为 y 与 $x_1,x_2,\cdots,x_k$ 之间线性关系显著, 否则接受 H_0.

例 10.2.2 某种钢材的硬度 y (HB) 与所含成分 A 的含有率 x_1 (%) 及生产过程中的热处理温度 x_2 (℃) 有关, 测得试验数据如表 10-2-2 所示.

表 10-2-2 钢材硬度试验数据

$x_1/\%$	$x_2/^\circ\mathrm{C}$	y/HB	$x_1/\%$	$x_2/^\circ\mathrm{C}$	y/HB
4.4	472	105	8.5	508	130
5.0	480	106	9.0	502	125
5.6	489	112	9.5	522	143
6.2	484	125	9.7	517	142
7.1	498	127	10.0	534	148
7.5	510	123	10.5	522	138
7.7	507	128	11.0	535	148
8.3	510	135			

检验钢材的硬度 y 与所含成分 A 的含有率 x_1 及热处理温度 x_2 之间线性关系是否显著, 如果显著求 y 关于 x_1 及 x_2 的二元线性回归方程.

解 计算相关量

$$\begin{aligned}
&\overline{x}_1 = 8, \quad \overline{x}_2 = 506, \quad \overline{y} = 129,\\
&l_{11} = 57.84, \quad l_{22} = 4980, \quad l_{yy} = 2672,\\
&l_{12} = l_{21} = 61229.6 - 15 \times 8 \times 506 = 509.6,\\
&l_{1y} = 15847.4 - 15 \times 8 \times 129 = 367.4,\\
&l_{2y} = 982528 - 15 \times 506 \times 129 = 3148.
\end{aligned}$$

写出方程组 $\begin{cases} 57.84\beta_1 + 509.6\beta_2 = 367.4, \\ 509.6\beta_1 + 4980\beta_2 = 3418, \end{cases}$ 由此解得 $\hat{\beta}_1 = 3.098, \quad \hat{\beta}_2 = 0.369.$

接着计算 $S_T = 2672.0, S_R = 2399.4, S_E = 272.6$, 于是, 统计量 $F = \dfrac{2399.4/2}{272.6/(15-2-1)} = 52.8$. 其方差分析表如表 10-2-3 所示.

表 10-2-3 例 10.2.2 方差分析表

方差来源	平方和	自由度	F 值	临界值	显著性
回归	2399.4	2	52.8	$F_{0.01}(2, 12) = 6.93$	特别显著
剩余	272.6	12			
总计	2672.0	14			

所以, 钢材的硬度 y 与所含成分 A 的含有率 x_1 及热处理温度 x_2 之间线性关系特别显著. 进而计算 $\hat{\beta}_0 = 129 - 3.098 \times 8 - 0.369 \times 506 = -82.498$. 因此, 得到二元线性回归方程为

$$\hat{y} = -82.498 + 3.098x_1 + 0.369x_2.$$

若线性回归显著, 回归系数 $\beta_1, \beta_2, \cdots, \beta_k$ 不全为零. 但并不能说每一个自变量对 y 都是重要的, 因此另一种提法是 y 对每一个回归变量 x_i 的显著性检验. 如果 x_i 对 y 的影响不显著, 则效应因子 β_i 应等于零. 因此再对假设

$$H_{0i} : \beta_i = 0 \quad (i = 1, 2, \cdots, k) \tag{10-2-16}$$

分别作检验.

由定理 10.2.4 知: $\hat{\beta}_i \sim N\left(\beta_i, c_{ii}\sigma^2\right)$, 且与 S_E 相互独立, 当 H_{0i} 成立时, 统计量

$$F_i = \frac{\hat{\beta}_i^2 / c_{ii}}{S_E/(n-k-1)} \sim F\left(1, n-k-1\right) \tag{10-2-17}$$

或

$$t_i = \frac{\hat{\beta}_i / \sqrt{c_{ii}}}{\sqrt{\mathrm{MS}_E}} = \frac{\hat{\beta}_i}{\sqrt{c_{ii}}\sqrt{\mathrm{MS}_E}} \sim t\left(n-k-1\right), \tag{10-2-18}$$

其中, c_{ii} 是矩阵 $\boldsymbol{C} = \boldsymbol{L}^{-1}$ 的第 i 个对角元. 检验规则是: 当 $F_i > F_\alpha\left(1, n-k-1\right)$ 或 $|t_i| > t_{\alpha/2}\left(k, n-k-1\right)$ 时, 拒绝 H_{0i}, 否则接受 H_{0i}.

如果检验出某个变量 x_k 对 y 效果不显著, 应当将 x_k 剔除, 重新建立回归方程, 直至只保留线性关系显著的重要自变量, 以简化对问题的分析判断, 这个过程也叫逐步回归分析. 另外, 多元回归分析也有估计及预测问题, 由于篇幅所限, 这里不再赘述.

习 题 10.2

1. 通过原点的二元线性回归模型是怎样的？分别写出结构矩阵 $\boldsymbol{X}$、正规方程组的系数矩阵 $\boldsymbol{X}^{\mathrm{T}}\boldsymbol{X}$、常数项矩阵 $\boldsymbol{X}^{\mathrm{T}}\boldsymbol{Y}$, 并写出回归系数的最小二乘法估计公式.

2. 设

$$y_i = \beta_0 + \beta_1 x_i + \beta_2(3x_i^2 - 2) + \varepsilon_i, \quad i = 1, 2, 3,$$
$$x_1 = -1, \quad x_2 = 0, \quad x_3 = 1,$$

$\varepsilon_1, \varepsilon_2, \varepsilon_3$ 相互独立同服从于 $N(0, \sigma^2)$. (1) 写出矩阵 $\boldsymbol{X}$; (2) 求 $\beta_0, \beta_1, \beta_2$ 的最小二乘估计.

3. 研究同一地区土壤中所含植物可给态磷的情况, 得到 18 组数据如表 X10-2-1 所示, 其中, x_1: 土壤内所含无机磷浓度; x_2: 土壤内溶于 K_2CO_3 溶液并受溴化物水解的有机磷浓度; x_3: 土壤内溶于 K_2CO_3 溶液但不溶于溴化物的有机磷浓度; y: 栽在 20°C 土壤内的玉米中可给态磷的浓度.

已知 y 与 x_1, x_2, x_3 之间有下述关系:

$$y_i = \beta_0 + \beta_1 x_{i1} + \beta_2 x_{i2} + \beta_3 x_{i3} + \varepsilon_i, \quad i = 1, 2, \cdots,$$

各 ε_i 相互独立, 均服从 $N(0, \sigma^2)$, 试求出回归方程, 并对方程及各因子的显著性进行检验 ($\alpha = 0.05$).

表 X10-2-1

土壤样本	x_1	x_2	x_3	y
1	0.4	53	158	64
2	0.4	23	163	60
3	3.1	19	37	71
4	0.6	34	157	61
5	4.7	24	59	54
6	1.7	65	123	77
7	9.4	44	46	81
8	10.1	31	117	93
9	11.6	29	173	93
10	12.6	58	112	51
11	10.9	37	111	76
12	23.1	46	114	96
13	23.1	50	134	77
14	21.6	44	73	93
15	23.1	56	168	95
16	1.9	36	143	54
17	26.8	28	202	168
18	29.9	51	124	99

4. 设线性模型

$$\begin{cases} y_1 = \beta_1 + \varepsilon_1, \\ y_2 = 2\beta_1 - \beta_2 + \varepsilon_2, \quad 其中\varepsilon_i \sim N(0,\sigma^2)(i=1,2,3)且相互独立, \\ y_3 = \beta_1 + 2\beta_2 + \varepsilon_3, \end{cases}$$

试求 β_1, β_2 的最小二乘估计.

5. 某种膨胀合金含有两种主要成分, 做了一批试验如表 X10-2-2 所示, 从中发现这两种成分含量和 x 与合金的膨胀系数 y 之间有一定关系. (1) 试确定 x 与 y 之间的关系表达式; (2) 求出其中系数的最小二乘估计; (3) 对回归方程作显著性检验.

表 X10-2-2

试验号	成分含量和 x	膨胀系数 y
1	37.0	3.40
2	37.5	3.00
3	38.0	3.00
4	38.5	3.27
5	39.0	2.10
6	39.5	1.83
7	40.0	1.53
8	40.5	1.70
9	41.0	1.80
10	41.5	1.90
11	42.0	2.35
12	42.5	2.54
13	43.0	3.90

6. 养猪场为估算猪的毛重, 随机抽测了 14 头猪的身长 x_1(cm), 肚围 x_2(cm) 与体重 y(kg), 得数据如表 X10-2-3 所示, 试求一个 $y = b_0 + b_1x_1 + b_2x_2$ 型的经验公式并检验 ($\alpha = 0.05$).

表 X10-2-3

身长 x_1/cm	41	45	51	52	59	62	69	72	78	80	90	92	98	103
肚围 x_2/cm	49	58	62	71	62	74	71	74	79	84	85	94	91	95
体重 y/kg	28	39	41	44	43	50	51	57	63	66	70	76	80	84

7. 某种商品的需求量 y、消费者的平均收入 x_1 和商品价格 x_2 的统计数据如表 X10-2-4 所示. 试求 y 对 x_1, x_2 的线性回归方程并检验 ($\alpha = 0.05$).

表 X10-2-4

x_{i1}	1000	600	1200	500	300	400	1300	1100	1300	300
x_{i2}	5	7	6	6	8	7	5	4	3	9
y_i	100	75	80	70	50	65	90	100	110	60

8. 设 n 组观测值 $(x_i, y_i)(i = 1, 2, \cdots, n)$ 之间有如下关系:

$$y_i = \beta_0 + \beta_1 x_i + \beta_2 x_i^2 + \varepsilon_i, \quad \varepsilon_i \sim N(0, \sigma^2)\ (i = 1, 2, \cdots, n), \quad 且 \quad \varepsilon_1, \varepsilon_2, \cdots, \varepsilon_n 相互独立.$$

(1) 求系数 $\beta_0, \beta_1, \beta_2$ 的最小二乘估计量 $\hat{\beta}_0, \hat{\beta}_1, \hat{\beta}_2$;

(2) 设 $\hat{y}_i = \hat{\beta}_0 + \hat{\beta}_1 x_i + \hat{\beta}_2 x_i^2, i = 1, 2, \cdots, n, \bar{y} = \dfrac{1}{n}\sum\limits_{i=1}^{n} y_i$, 请对总离差平方和进行分解.

9. 已有观察数据如表 X10-2-5 所示.

表 X10-2-5

x_i	0	1	2	3	4	5	6	7
y_i	4.6	4.2	6.5	8.7	9.0	7.3	5.5	3.2

(1) 求形如 $y = b_0 + b_1x + b_2x^2$ 的回归方程; (2) 对上述回归方程的显著性作检验 ($\alpha = 0.05$);
(3) 求当 $x = 5.5$ 时 y 的估计值.

应用举例 10 商品需求预测

问题提出 根据历史资料, 某商品的需求量与消费者的平均收入、商品价格的统计数据见表 Y10-1, 请根据该数据建立回归模型, 预测当消费者平均收入为 1000 单位、商品价格为 6 单位时的商品需求量.

表 Y10-1

需求量	100	75	80	70	50	65	90	100	110	60
平均收入	1000	600	1200	500	300	400	1300	1100	1300	300
商品价格	5	7	6	6	8	7	5	4	3	9

分析与建模 假设商品需求量、消费者平均收入与商品价格分别为 y, x_1, x_2. 根据表 Y10-1 的数据, 作散点图, 可以发现, 该数据之间有可能存在二次相关关系. 于是考虑用纯二次、交叉二次或完全二次对其进行建模比较, 选择最优结果.

(1) 选择纯二次模型进行建模求解, 即

$$y = \beta_0 + \beta_1x_1 + \beta_2x_2 + \beta_{11}x_1^2 + \beta_{22}x_2^2;$$

(2) 选择交叉二次模型进行建模求解, 即

$$y = \beta_0 + \beta_1x_1 + \beta_2x_2 + \beta_{12}x_1x_2;$$

(3) 选择完全二次模型进行建模求解, 即

$$y = \beta_0 + \beta_1x_1 + \beta_2x_2 + \beta_{11}x_1^2 + \beta_{22}x_2^2 + \beta_{12}x_1x_2.$$

模型求解及比较 (1) 数据输入:

```
x1=[1000 600 1200 500 300 400 1300 1100 1300 300];
x2= [5 7 6 6 8 7 5 4 3 9];
y=[100 75 80 70 50 65 90 100 110 60]'; x=[x1' x2'];
```

(2) 分别针对上述三种模型进行回归分析、检验及预测,

```
rstool(x, y, 'purequadratic').
```

①纯二次模型的结果. 得到一个交互画面 (图 Y10-1), 给出两幅图形, 左边是商品价格固定时, 需求量关于消费者平均收入曲线及其置信区间, 右边是消费者平均收入固定时, 需求量关于商品价格曲线及其置信区间.

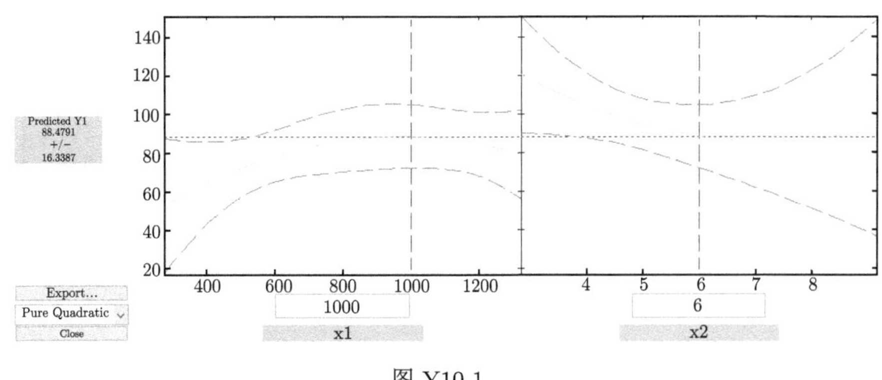

图 Y10-1

将左边图形下方方框中的 “800” 改成 1000, 右边图形下方的方框中仍输入 6, 则画面左边的 “Predicted Y1” 下方的数据由原来的 “86.3971” 变为 88.4791, 即预测出平均收入为 1000, 价格为 6 时的商品需求量为 88.4791.

②交叉二次模型的结果 (图 Y10-2).

```
x1=[1000 600 1200 500 300 400 1300 1100 1300 300];
x2= [5 7 6 6 8 7 5 4 3 9];
y=[100 75 80 70 50 65 90 100 110 60]'; x= [xl' x2'];
rstool(x, y, 'interaction')
```

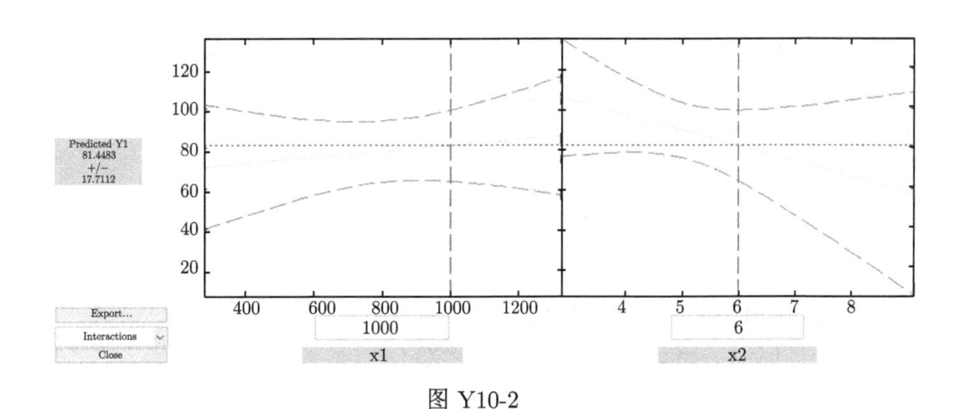

图 Y10-2

将图 Y10-2 左边图形下方方框中的 “800” 改成 1000, 右边图形下方的方框中仍输入 6, 则画面左边的 “Predicted Y1” 下方的数据由原来的 “78.4752” 变为 81.4483, 即预测出平均收入为 1000, 价格为 6 时的商品需求量为 81.4483.

③完全二次模型的结果 (图 Y10-3).

```
x1=[1000 600 1200 500 300 400 1300 1100 1300 300];
x2=[5 7 6 6 8 7 5 4 3 9];
y=[100 75 80 70 50 65 90 100 110 60]'; x=[xl' x2'];
rstool(x, y, 'quadratic')
```

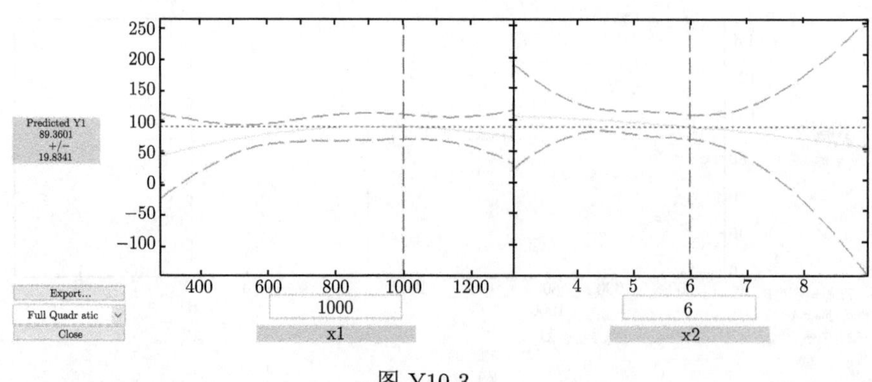

图 Y10-3

将图 Y10-3 左边图形下方方框中的 “800” 改成 1000, 右边图形下方的方框中仍输入 6, 则画面左边的 “Predicted Y1” 下方的数据由原来的 “87.9093” 变为 89.3601, 即预测出平均收入为 1000, 价格为 6 时的商品需求量为 89.3601.

在画面左下方的下拉式菜单中选择 “all”, 则 beta, rmse 和 residuals 都传送到 MATLAB 工作区, 于是在 MATLAB 工作区中输入命令:

```
beta, rmse
```

得结果:

```
beta=
          110.5313  0.1464  -26.5709  -0.0001  1.8475
     rmse=
          4.5362
```

故回归模型为 $y = 110.5313 + 0.1464x_1 - 26.5709x_2 - 0.0001x_1^2 + 1.8475x_2^2$, 剩余标准差为 4.5362, 说明此纯二次回归模型的显著性较好.

模型检验运用多元线性回归进行检验, 即假设该模型为

$$y = \beta_0 + \beta_1 x_1 + \beta_2 x_2 + \beta_{11} x_1^2 + \beta_{22} x_2^2.$$

仿真验证其参数程序:

```
X=[ones(10, 1)x1'x2' (x1.^2)'(x2.^2)'];
[b, bint, r, rint, stats]=regress(y, X);
b, stats
```

结果为:

```
b=
          110.5313  0.1464  -26.5709  -0.0001  1.8475
     stats=
          0.9702  40.6656  0.0005
```

结论及分析 可以看出, 两种方法的结果是一样的. stats 中第一个数据与 1 非常接近, 第三个数据与 0 非常接近, 表明所得的模型显著性很好.

参考文献

[1] 温永仙. 概率论与数理统计 [M]. 北京: 高等教育出版社, 2010.
[2] 彭美云. 应用概率统计 [M]. 北京: 机械工业出版社, 2009.
[3] 王佐仁, 孙学英. 应用概率统计 [M]. 北京: 科学出版社, 2015.
[4] 张海燕. 应用概率论与数理统计 [M]. 北京: 清华大学出版社, 2013.
[5] 李其琛, 曹伟平, 董晓波. 概率论与数理统计 [M]. 北京: 机械工业出版社, 2011.
[6] 鲜思东. 概率论与数理统计 [M]. 北京: 科学出版社, 2010.
[7] 陈希孺. 概率论与数理统计 [M]. 合肥: 中国科学技术大学出版社, 2009.
[8] 何书元. 概率论 [M]. 北京: 北京大学出版社, 2006.
[9] 李少辅, 阎国军, 戴宁, 等. 概率论 [M] 北京: 科学出版社, 2011.
[10] 宗序平. 概率论与数理统计 [M]. 3 版. 北京: 机械工业出版社, 2011.
[11] 同济大学数学系. 概率论与数理统计 [M]. 上海: 同济大学出版社, 2011.
[12] 张颖, 许伯生. 概率论与数理统计 [M]. 上海: 华东理工大学出版社, 2007.
[13] 车荣强. 概率论与数理统计 [M]. 2 版. 上海: 复旦大学出版社, 2012.
[14] 王松桂, 张忠占, 程维虎, 等. 概率论与数理统计 [M]. 2 版. 北京: 科学出版社, 2006.
[15] 李萍, 叶鹰. 应用概率统计 [M]. 北京: 科学出版社, 2013.
[16] 邓华玲. 概率统计方法与应用 [M]. 3 版. 北京: 中国农业出版社, 2014.
[17] 马阳明, 朱方霞, 陈佩树. 应用概率与数理统计 [M]. 合肥: 中国科学技术大学出版社, 2013.
[18] 张俊丽. 概率统计及其应用 [M]. 北京: 北京理工大学出版社, 2014.
[19] 栾长福, 梁满发. 概率论与数理统计 [M]. 广州: 华南理工大学出版社, 2004.
[20] 孟艳双, 林少华. 概率论与数理统计 [M]. 北京: 中国水利水电出版社, 2014.
[21] 王梓坤. 概率论基础及其应用 [M]. 3 版. 北京: 北京师范大学出版社, 2007.
[22] 陈木法, 毛永华. 随机过程导论 [M]. 北京: 高等教育出版社, 2007.
[23] 奚宏生. 随机过程引论 [M]. 合肥: 中国科学技术大学出版社, 2009.
[24] 魏宗舒, 等. 概率论与数理统计教程 [M]. 北京: 高等教育出版社, 1983.
[25] 魏宗舒, 等. 概率论与数理统计教程 [M]. 2 版. 北京: 高等教育出版社, 2008.
[26] 茆诗松, 程依明, 濮晓龙. 概率论与数理统计教程 [M]. 北京: 高等教育出版社, 2004.
[27] 刘新平. 概率论与数理统计 [M]. 西安: 陕西师范大学出版社, 2010.
[28] 沈恒范. 概率论与数理统计教程 [M]. 4 版. 北京: 高等教育出版社, 2003.
[29] 复旦大学. 概率论 [M]. 北京: 人民教育出版社, 1979.

附录 1 概率统计实验

MATLAB 是以矩阵计算为基础的、交互式的科学和工程数据计算软件. MATLAB 的特点: 编程效率高, 计算功能强, 使用简便, 易于扩充, 深受用户欢迎, 应用范围十分广泛. 下面以实验的形式, 主要介绍 MATLAB 在数理统计中的部分应用.

F1.1 MATLAB 统计工具箱中常见的统计命令

F1.1.1 基本统计量 常见概率分布 直方图描绘

1. 对随机变量 x, 利用 MATLAB 计算其基本统计量的命令如下.

均值: mean(x); 中位数: median(x); 标准差: std(x);
方差: var(x); 偏度: skewness(x); 峰度: kurtosis(x).

2. MATLAB 统计工具箱中有多种概率分布, 常见的几种分布的命令字符如下.

正态分布: norm; 指数分布: exp; 泊松分布: poiss; β 分布: beta;
韦布尔分布: weib; χ^2 分布: chi2; t 分布: t; F 分布: F.
工具箱对每一种分布都提供如下常见的五类函数, 其命令字符为
概率密度: pdf; 概率分布: cdf; 逆概率分布: inv;
均值与方差: stat; 随机数生成: rnd.

当需要一种分布的某一类函数时, 将以上所列的分布命令字符与函数命令字符连接起来, 并输入自变量 (可以是标量、数组或矩阵) 和参数即可. 如对均值为 mu、标准差为 sigma 的正态分布, 举例如下.

(1) 密度函数: p=normpdf(x, mu; sigma)(当 mu = 0,sigma = 1 时可缺省).

例 F1.1.1 画出正态分布 $N(0,1)$ 和 $N(0,2^2)$ 的概率密度函数图形.

在 MATLAB 中输入以下命令:

```
x=-6: 0.0 1: 6; y=normpdf(x); z=normpdf(x, 0, 2);
plot(x, y, x, z)
```

图像如图 F1-1-1 所示.

(2) 概率分布: x=normcdf(x, mu, sigma).

例 F1.1.2 计算标准正态分布的概率 $P(-1<X<1)$.

命令为: P=normcdf(1)−normcdf(−1)

结果为: P=0.6827.

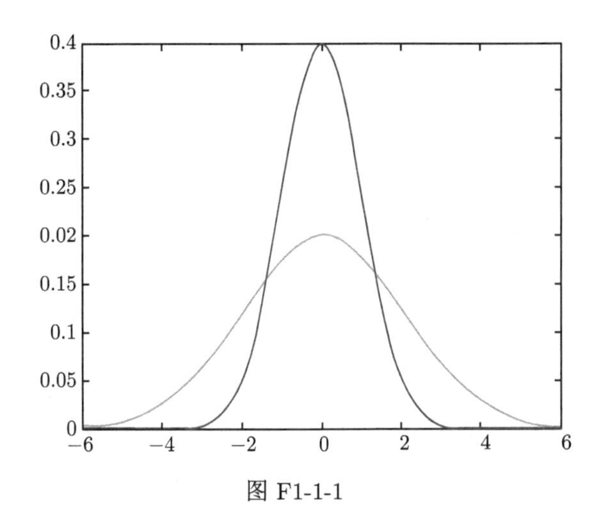

图 F1-1-1

(3) 逆概率分布: x = norminv(p, mu, sigma).

即求出 x, 使得 $P(X < x) = p$. 此命令可用来求分位数.

例 F1.1.3 计算期望 594、标准差 204 的正态分布随机变量的概率 0.01 分位数.

命令为: norminv(0.01,594,204)

结果为: 119.4250.

(4) 均值与方差: [m, v] = normstat(mu, sigma).

例 F1.1.4 求正态分布 $N(3, 5^2)$ 的均值与方差.

命令为: [m,v] = normstat(3, 5)

结果为: m = 3,v = 25.

(5) 随机数生成.

应当注意, 不同的分布的参数是不同的. 正态分布的参数是均值 mu 和标准差 sigma, 而 χ^2 分布和 t 分布的参数都是自由度 n, 另外 F 分布的参数是自由度 n_1, n_2. 例如, exprnd(lambda, 2, 2) 表示产生参数为 λ 的指数分布的 2×2 随机数矩阵.

3. 频数直方图的描绘

(1) 给出数组 data 的频数表的命令为: [N, X] = hist(data, k).

此命令将区间 [min(data), max(data)] 分为 k 个小区间 (缺省为 10), 返回数组 data 落在每一个小区间的频数 N 和每一个小区间的中点 X.

(2) 描绘数组 data 的频数直方图的命令为: hist(data, k).

F1.1.2 参数估计

1. 正态总体的参数估计

设总体服从正态分布, 则其点估计和区间估计可同时由以下命令获得

[muhat, sigmahat, muci, sigmaci] = normfit(X, alpha)

此命令在显著性水平 alpha 下估计数据 X 的参数 (alpha 缺省时, 设定为 0.05), 返回值 muhat 是 X 的均值的点估计值, sigmahat 是标准差的点估计值, muci 是均值的区间估计, sigmaci 是标准差的区间估计.

2. 其他分布的参数估计

若无法保证总体服从正态分布, 有两种处理办法.

(1) 取容量充分大的样本 ($n > 50$), 按中心极限定理, 它近似地服从正态分布, 仍可用上面的估计公式计算.

(2) 使用 MATLAB 工具箱中具有特定分布总体的估计命令.

常见的命令有:

① [muhat, muci] = expfit(X, alpha). 在显著性水平 alpha 下, 求指数分布的数据 X 的均值的点估计及其区间估计;

② [lambdahat, lambdaci] = poissfit(X, alpha). 在显著性水平 alpha 下, 求泊松分布的数据 X 的参数的点估计及其区间估计;

③ [phat, pci] = weibfit(X, alpha). 在显著性水平 alpha 下, 求韦布尔分布的数据 X 的参数的点估计及其区间估计.

F1.2 产生随机数的计算命令

F1.2.1 直接通过命令产生各种分布的随机数

在 MATLAB 软件中, 可以直接产生满足各种分布的随机数, 命令如下.

(1) 产生 $m \times n$ 阶 $[0,1]$ 均匀分布的随机数矩阵: rand(m, n).

(2) 产生 $m \times n$ 阶 $[a,b]$ 均匀分布的随机数矩阵: unifrnd(a, b, m, n).

(3) 产生 $m \times n$ 阶参数为 λ 的指数分布的随机数矩阵: exprnd(λ, m, n).

(4) 产生 $m \times n$ 阶参数为 λ 的泊松分布的随机数矩阵: poissrnd(λ, m, n).

(5) 产生 $m \times n$ 阶的二项分布 $B(n,p)$ 的随机数矩阵: binornd(n, p, m, n).

(6) 产生 $m \times n$ 阶标准正态分布 $N(0,1)$ 的随机数矩阵: randn(m,n).

(7) 产生 $m \times n$ 阶均值为 μ, 标准差为 σ 的正态分布的随机数矩阵: normrnd (μ, σ, m, n).

例 F1.2.1 某银行的储户到达规律符合泊松流, 平均达到 3 位/min. 试模拟储户在 4min 内到达银行的数量及到达时间, 以及在 4min 里每分钟到达几位储户.

解 每位储户到达的时间间隔服从参数为 $\dfrac{1}{3}$ 的指数分布, 故有程序:

```
clear
t=0;
j=0;
while t<4
j=j+1
t=t+exprnd(1/3)
end
```

某次模拟的结果: 当 $j = 15$ 时, $t = 3.9147$min(由于产生随机数, 每次模拟结果略有不同).

每分钟到达的储户数服从参数为 3 的泊松分布, 故有程序:

```
n1=poissrnd(3)
```

```
n2=poissrnd(3)
n3=poissrnd(3)
n4=poissrnd(3)
n=n1+n2+n3+n4
```

某次模拟的结果: 储户在 4 min 到达的数量为 15 位.

F1.2.2 对离散型分布律, 可通过经验分布函数法产生随机数

(1) 设一组实际数据, 将它们分组整理形成频率图或表格, 如表 F1-2-1 所示.

表 F1-2-1 X 离散型分布律

X	2	4	5
P	0.2	0.5	0.3

(2) 构造经验分布函数.

(3) 由均匀随机数 $R \in [0,1]$, 决定 X 的抽样值. 当 $0 < R < 0.2$, 抽样值 $x_i \in (0,2)$ 时, $x_i = 2$; 当 $0.2 \leqslant R < 0.7$, 抽样值 $x_i \in (2,4)$ 时, $x_i = 4$; 当 $R \geqslant 0.7$, 抽样值 $x_i \in (4,5)$ 时, $x_i = 5$.

例 F1.2.2 某报童以每份 0.03 元的价格买进报纸, 以 0.05 元的价格出售. 根据长期统计, 报纸每天的销售量及概率如表 F1-2-2 所示.

表 F1-2-2 报纸每天的销售量及概率

销售量	200	210	220	230	240	250
概率	0.10	0.20	0.40	0.15	0.10	0.05

已知当天销售不出去的报纸, 将以每份 0.02 元的价格退还报社. 试用模拟方法确定报童每天买进报纸数量, 使报童的平均总收入为最大?

解 程序如下:

```
jia=[0.03,0.05,0.02];       %定价
N=150:2:300;                %订购报纸数量
lir=zeros(76,1);            %总收入
for i=1:76
    r=rand;                 %产生销售量
   if 0<r&r<0.1
      y=200;
   elseif 0.1<=r&r<0.3
      y=210;
   elseif  0.3<=r&r<0.7
      y=220;
   elseif  0.7<=r&r<0.85
     y=230;
```

```
    elseif  0.85<=r&r<0.95
      y=240;
    else
      y=250;
    end
     if N(i)>y
         lir(i)=jia(2)*y+(N(i)-y)*jia(3)-N(i)*jia(1);
     else
         lir(i)=jia(2)*N(i)-N(i)*jia(1);
     end
end
lir'
lirum=max(lir)          %最大利润
for i=1:76
    if lir(i)==lirum
        m=i;            %总记录最大值
    end
end
m
dinggou=150+2*m
```

某次的模拟结果:

```
lirun=4.7400
m=49
dinggou=248
```

F1.3 概率的稳定性

F1.3.1 投掷硬币试验

大量的重复独立试验随机事件具有一定的规律性, 比如掷匀质硬币, 反面与正面出现的频率均为 0.5 左右, 这称为频率的稳定性 (大数定律). 为了验证该结果, 在此设计一个随机模拟掷硬币试验.

具体程序:

```
p=0.5;
x=rand(1,500)
sum=0;
```

```
k1=0;
a=zeros(1,500);
b=zeros(1,500);
for(i=1:5:500)
    sum=sum+1;
    if x(i)>0.5
        k1=k1+1;
    end
    a(i)=k1
    b(i)=sum;
end
f1=a./b
figure(1)
plot(b,p,'b*',b,f1,'ro'),
xlabel('试验次数'),ylabel('频率'),title('频率变化曲线')
```

其结果如图 F1-3-1 所示. 从图 F1-3-1 中可知, 当样本容量越来越大时, 频率越来越接近概率 0.5, 从而也就验证了频率的稳定性.

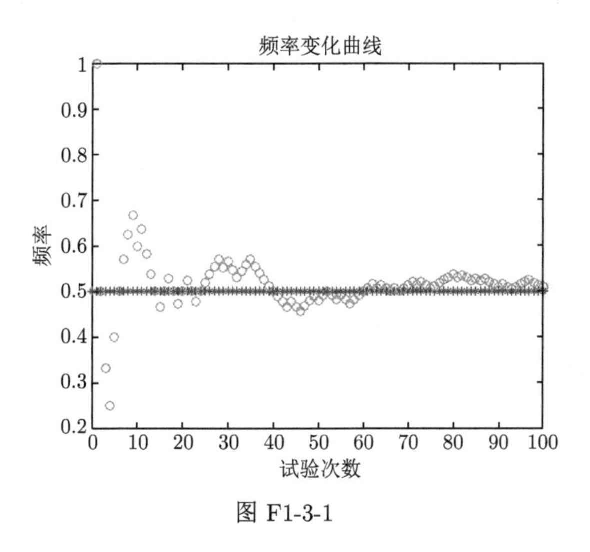

图 F1-3-1

思考: 非匀质硬币, 情况如何? 用模拟试验验证.

F1.3.2 高尔顿钉板试验

在高尔顿试验中, 每次小球都会以较大可能性落在中间位置. 于是, 经过大量独立试验, 中间的小球就会越来越多, 以至于无数小球就会堆积成比较优美的曲线, 曲线的特点都是“中间高, 两边底”.

算法如下:

(1) 产生 (0, 1) 随机数;

(2) 与 0.5 比较, 小于 0.5, 认为小球落在左边, 否则, 落在右边;

(3) 重复 (1), (2) m 次, 得到小球的最终位置;

(4) 重复 (1), (2), (3) n 次, 得到 n 个小球的位置;

(5) 将结果可视化.

具体程序:

```
n=100;                   %试验次数
m=100;                   % m层
y=zeros(n,1 );           % 每次试验后小球的位置
for j=1:n
    z=rand(m,1);
    for i=1:m
        if z(i)<=0.5
           y(i)=y(i)-1;     %每次小球向左, 位置减少1
        else
           y(i)=y(i)+1;     %每次小球向右, 位置增加1
        end
    end
    m1=min(y);              %位置的最小值
    m2=max(y);              %位置的最大值
    k=m2-m1+1;              %本次试验的位置数
    shu=zeros(k,1);         %记录n次试验中落在每个位置的数目
    for a=1:k
          for i=1:n
            if y(i)==m1+a-1
                shu(a)=shu(a)+1;
            end
          end
    end
end
x=m1:m2;
plot(x,shu,'ro') %每个位置与落在该位置的试验次数的散点图
figure
title('100次试验, 小球经过100层高尔顿钉板后的位置分布');
xlabel(x);
ylabel(y);
hist(y)
```

得到的结果如图 F1-3-2 所示.

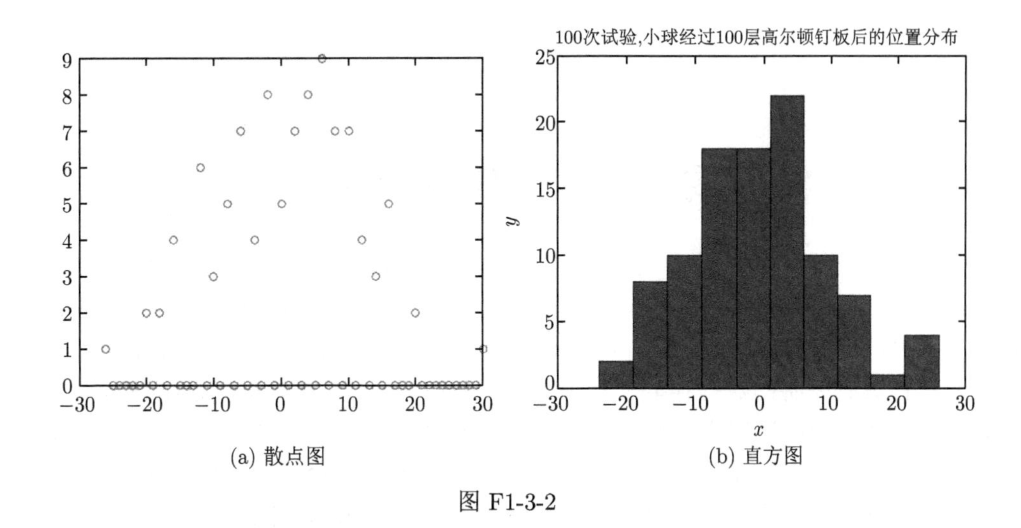

(a) 散点图 (b) 直方图

图 F1-3-2

从结果得出: 小球的位置形成了正态分布, 从而说明了频率的稳定性, 也验证了伯努利中心极限定理.

思考: (1) 如果取定 $p \in (0, 1)$, 情况会如何?

(2) 可否在给定 n, m 的情况下, 利用模拟方法估计小球落在某区间的概率?

附录 2 SPSS 统计软件

本附录介绍一种统计分析软件. 目前常用的统计软件有很多, 例如 STATISTICS 生物学用统计软件、SPSS 统计软件、SAS 统计软件、医学专用统计软件包等. 我们在统计软件的选择上, 考虑到先进性、实用性, 介绍目前较为流行和常用的 SPSS 统计软件, 并且 SPSS 统计分析软件具有完备的数据存取、管理、分析和显示功能, 在数据处理和统计分析领域有着独特的便捷性和广泛的应用性. SPSS 统计软件中包括很多种统计分析命令, 这里只对常用的几个统计方法进行介绍, 如: 描述性统计分析、假设检验、方差分析和回归分析, 以 SPSS 17.0 作为范例进行讲解, 其他版本的操作和功能与该版本类似.

F2.1 描述性统计分析

描述性统计是基础的统计分析过程. 对于整理好的数据, 描述性统计分析通常是对常见的统计量的计算和图形的展示, 挖掘出统计量较多的特征. 描述性统计分析过程通常分为五类: 频数分析表分析、描述性统计量分析、探索性分析、列联表分析和相对比描述. 这里我们主要介绍较为常见的两种分析过程.

F2.1.1 频数分析表分析

频数分析表分析简称频数法, 在 SPSS 中可以通过菜单分析 → 描述统计 → 频率来实现. 频数法通过计算频率等统计量来描述变量的分布特征.

频数法所产生的图形有柱状图、饼图和直方图. 定序变量可以使用频率和柱状图、饼图来描述; 其他统计量用于定比变量的描述, 也可以将频率和柱状图、饼图离散化后进行分析.

例 F2.1.1 某班级有 50 人, 其中男生有 30 人, 女生有 20 人, 试对其某一门考试成绩 (表 F2-1-1) 作频数分析.

表 F2-1-1

性别	成绩
男 (1)	82, 72, 74, 86, 93, 74, 79, 83, 78, 81, 84, 75, 87, 78, 85, 74, 84, 78, 79, 83, 81, 77, 74, 80, 70, 74, 72, 90, 84, 87
女 (2)	75, 73, 89, 72, 70, 74, 77, 70, 61, 91, 85, 82, 94, 85, 82, 86, 91, 83, 87, 77

解 首先录入数据或打开数据文件, 单击分析 → 描述统计 → 频率, 将变量“成绩”移至变量框. 选中“显示频率表格”项, 单击确定, 输出频数分布表. 如图 F2-1-1 所示.

单击“统计量”按钮, 选中百分位数, 输入 25, 单击“添加”按钮, 计算 25%的百分位数. 选中离散栏、集中趋势栏与分布栏中所有项, 单击计算, 计算偏度和峰度. 如图 F2-1-2 所示.

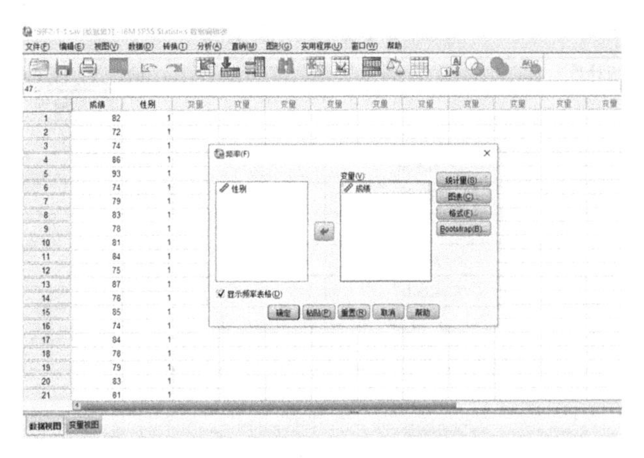

图 F2-1-1

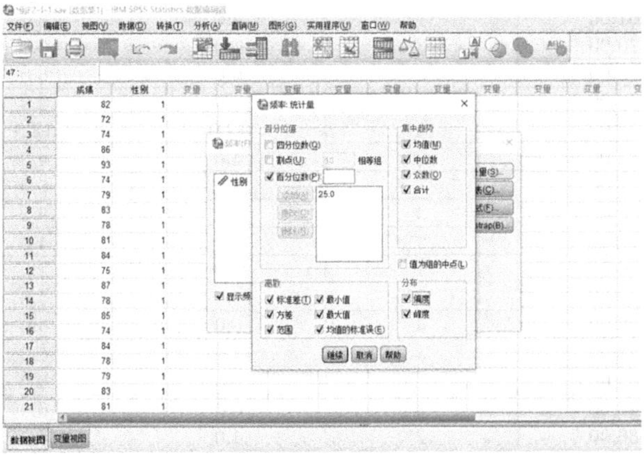

图 F2-1-2

单击“图表”按钮, 选中直方图与在直方图上显示正态曲线, 单击继续, 输出直方图与正态分布曲线. 如图 F2-1-3 所示.

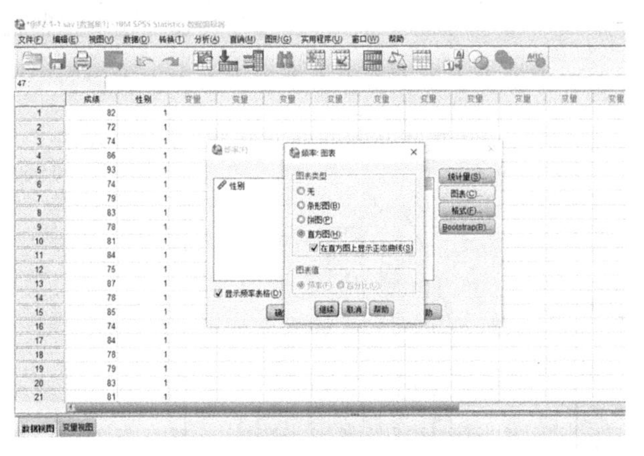

图 F2-1-3

单击确定, 产生下面输出结果 (表 F2-1-2、表 F2-1-3、图 F2-1-4).

表 **F2-1-2**　常用统计量

统计量			N	有效	50
成绩				缺失	0
均值		80.04	偏度的标准误		0.337
均值的标准误		0.986	峰度		−.159
中值		80.50	峰度的标准误		.662
众数		74.00	全距		33.00
标准差		6.969	极小值		61.00
方差		48.57	极大值		94.00
偏度		−.139	和		4002.00
百分位数	25	74.00			

表 **F2-1-3**　频数分布表

	成绩	频率	百分比	有效百分比	累计百分比
有效	61.00	1	2.0	2.0	2.0
	70.00	3	6.0	6.0	8.0
	72.00	3	6.0	6.0	14.0
	73.00	1	2.0	2.0	16.0
	74.00	6	12.0	12.0	28.0
	75.00	2	4.0	4.0	32.0
	77.00	3	6.0	6.0	38.0
	78.00	3	6.0	6.0	44.0
	79.00	2	4.0	4.0	48.0
	80.00	1	2.0	2.0	50.0
	81.00	2	4.0	4.0	54.0
	82.00	3	6.0	6.0	60.0
	83.00	3	6.0	6.0	66.0
	84.00	3	6.0	6.0	72.0
	85.00	3	6.0	6.0	78.0
	86.00	2	4.0	4.0	82.0
	87.00	3	6.0	6.0	88.0
	89.00	1	2.0	2.0	90.0
	90.00	1	2.0	2.0	92.0
	91.00	2	4.0	4.0	96.0
	93.00	1	2.0	2.0	98.0
	94.00	1	2.0	2.0	100.0
	合计	50	100.0	100.0	

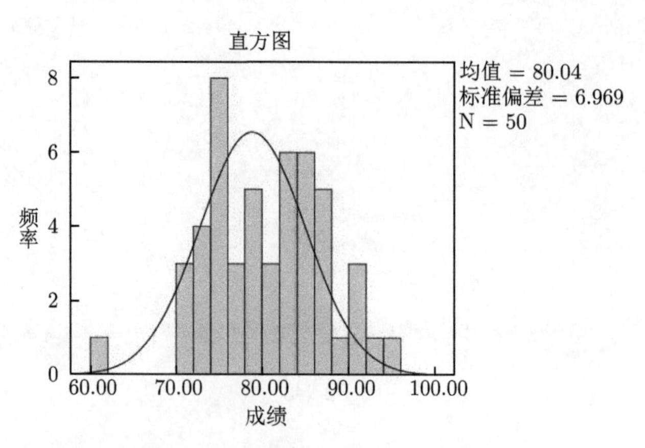

图 F2-1-4　频数直方图与正态曲线

F2.1.2 描述性统计量分析

在 SPSS 中称描述性统计量分析为描述性统计过程. 这个过程主要用于输出变量的各种描述性统计量的值, 通过 F2.1.1 节可以得知, 频率过程同样可以做到这一点, 在 SPSS 中仍将描述过程单独列出是为了方便只求描述性统计量而无须进行其他分析的问题.

例 F2.1.2 以例 F2.1.1 的数据为例, 进行描述性统计分析.

解 首先录入数据或打开数据文件, 单击 "分析"→"描述统计"→"描述", 将变量 "成绩" 移至变量框. 单击 "选项" 按钮选择需要计算的描述性统计量, 选择完毕, 单击继续. 如图 F2-1-5.

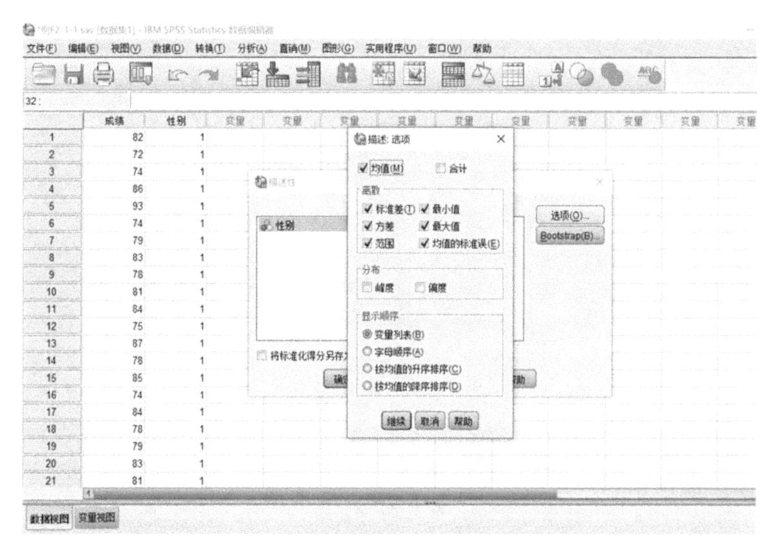

图 F2-1-5

单击确定, 输出如表 F2-1-4.

表 F2-1-4 描述性统计量表

描述统计量								
	N	全距	极小值	极大值	均值		标准差	方差
	统计量	统计量	统计量	统计量	统计量	标准误	统计量	统计量
成绩	50	33.00	61.00	94.00	80.0400	.98559	6.96920	48.570
有效的 N(列表状态)	50							

F2.2 假 设 检 验

假设检验是在实际工作中经常用到的统计方法, 其中最常用的假设检验方法是 T 检验. SPSS 菜单栏中的分析 → 比较均值子菜单中包括了各类 T 检验方法.

F2.2.1 单样本 T 检验

单样本 T 检验是指已知一个总体均值的检验. 在 SPSS 中通过菜单分析 → 比较均值 → 单样本 T 检验来实现.

例 F2.2.1 某年级学生第一学期数学期末平均成绩为 72 分. 第二学期采用新的教学方法后, 抽测 10 名学生的成绩分别为

88, 82, 79, 90, 77, 87, 85, 93, 81, 84.

问采用新教学方法后平均成绩与原来有无显著差异.

解 单击分析 → 比较均值 → 单样本 T 检验, 将变量 "成绩" 移至检验变量框, 将总体均值 72 填入检验值 (图 F2-2-1).

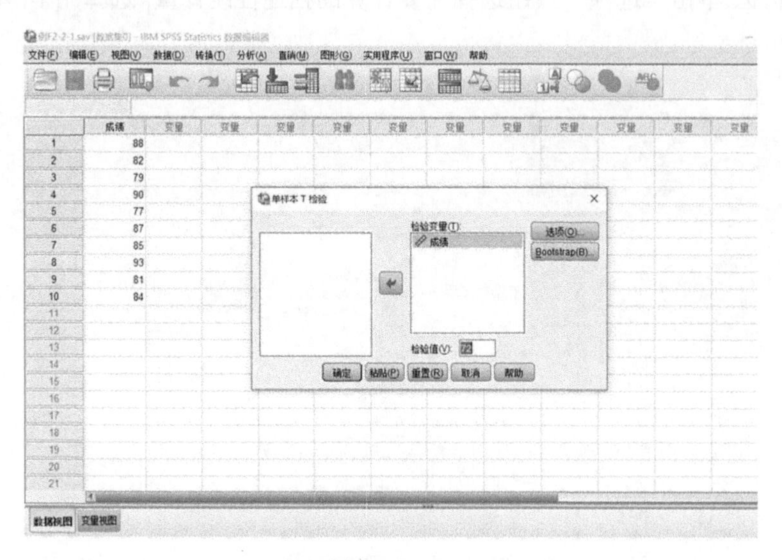

图 F2-2-1

单击确定, 计算结果如表 F2-2-1 和表 F2-2-2 所示.

表 F2-2-1 描述性统计表

	N	均值	标准差	均值的标准误
成绩	10	84.6000	5.01553	1.58605

表 F2-2-2 T 检验结果

	Test Value = 72					
	t	自由度	Sig.	平均差	平均差的 95% 置信区间	
					Lower	Upper
成绩	7.944	9	0.000	12.60000	9.0121	16.1879

由表知, $p < 0.05$, 因此, 在 0.05 显著性水平下两均值差异显著, 即可以认为采用新的教学方法后平均成绩与原来有显著差异.

F2.2.2 独立样本 T 检验

单样本 T 检验是在总体均值已知的情况下检验样本均值和总体均值是否相等, 而独立样本 T 检验是指两个总体独立, 并且均值未知的检验. 在 SPSS 中通过菜单分析 → 比较均值 → 独立样本 T 检验来实现.

例 F2.2.2 从甲、乙两校毕业生中各抽出 12 份作文试卷进行分析, 已知卷面得分为

甲: 38, 24, 31, 15, 17, 36, 29, 30, 28, 21, 19, 37;

乙: 17, 25, 39, 10, 26, 28, 33, 35, 29, 20, 23, 24.

问两校毕业生作文成绩有无明显差异.

解 首先录入数据或打开数据文件, “成绩” 作为待分析的变量, “学校” 作为分组变量. 单击分析 → 比较均值 → 独立样本 T 检验, 将变量 “成绩” 移入检验变量框, 将分组变量 “学校” 移入分组变量框 (图 F2-2-2).

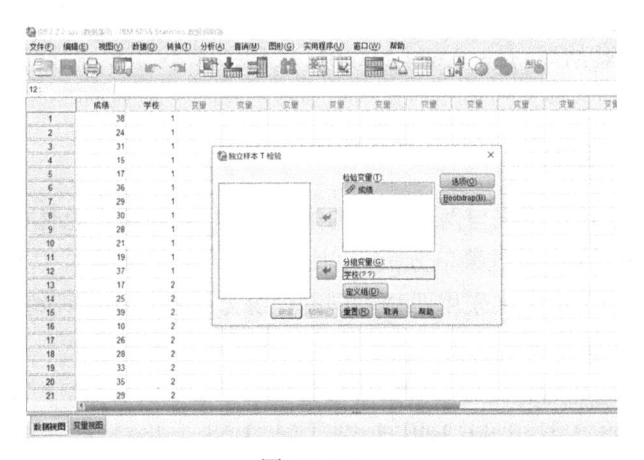

图 F2-2-2

单击 “定义组” 按钮, 在组 1 文本框中输入 1, 用 1 表示甲校; 在组 2 文本框中输入 2, 用 2 表示乙校, 单击 “继续” 按钮 (图 F2-2-3).

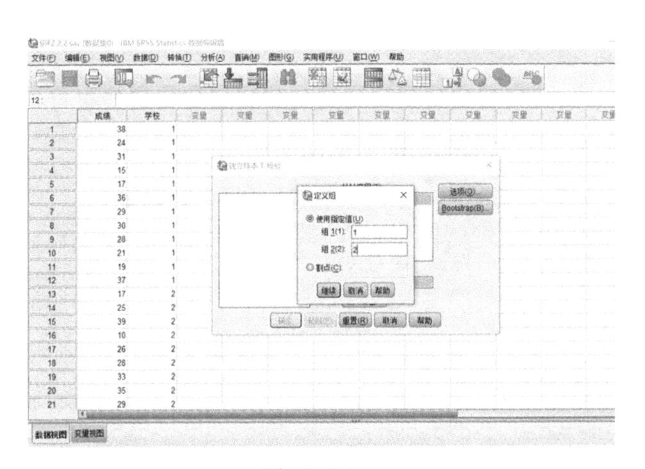

图 F2-2-3

单击确定, 输出以下结果 (表 F2-2-3、表 F2-2-4).

表 F2-2-3 描述性统计表

学校		N	均值	标准差	均值的标准误
成绩	甲校	12	27.0833	7.89083	2.27789
	乙校	12	25.7500	7.96726	2.29995

表 F2-2-4　独立样本 T 检验结果

	方差相等的 Levene 检验		均数相等的检验						
	F	Sig.	t	df	双侧检验概率	平均差	平均差的标准误	平均差的 95% 置信区间	
								Lower	Upper
成绩　(假定方差相等)	0.126	0.726	0.412	22	0.684	1.3333	3.23706	−5.37991	8.04658
(假定方差不等)			0.412	21.998	0.684	1.3333	3.23706	−5.37995	8.04661

由表 F2-2-4 知, 方差齐性检验结果, $p = 0.726 > 0.05$, 可以认为方差相等, 故取方差相等的检验结果. T 检验结果, $p = 0.684 > 0.05$, 表现差异不显著, 即两校毕业生作文成绩无明显差异.

F2.2.3　配对样本 T 检验

配对样本 T 检验是利用来自两个总体的配对样本, 推断两个总体的均值是否存在显著性差异的检验. 在 SPSS 中通过菜单分析 → 比较均值 → 配对样本 T 检验来实现.

例 F2.2.3　对同一批学生采用两种不同的训练方法进行跳高训练, 测得分别使用两种训练方法的跳高成绩为

第一种方法: 1.51, 1.48, 1.64, 1.39, 1.47, 1.55, 1.61, 1.41, 1.57, 1.54;

第二种方法: 1.49, 1.41, 1.60, 1.40, 1.42, 1.51, 1.58, 1.43, 1.53, 1.48.

问两种训练方法的效果是否相同?

解　首先录入数据或打开数据文件, 单击分析 → 比较均值 → 配对样本 T 检验, 将配对变量 “方法一”“方法二” 移至成对变量框 (图 F2-2-4).

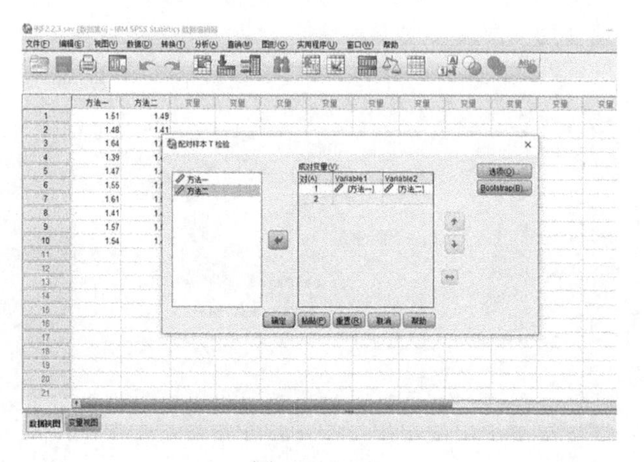

图　F2-2-4

单击 “确定” 按钮, 输出以下主要结果 (表 F2-2-5、表 F2-2-6).

表 F2-2-5　变量间的相关系数

	N	相关系数	相关系数检验概率
Pair1　方法一 & 方法二	10	0.938	0.000

表 F2-2-6 配对样本 T 检验结果

	配对差					t	自由度	双侧概率检验
	均值	标准差	均值的标准误	平均差的 95% 置信区间				
				Lower	Upper			
Pair1 方法一 方法二	0.03200	0.02860	0.00904	0.01154	0.05246	3.539	9	0.006

由表 F2-2-6 知, $p = 0.006 < 0.05$, 表明存在显著性差异, 即两种训练方法的效果是不同的.

F2.3 方 差 分 析

科学实验和生产过程中, 影响一个事件的因素是多方面的, 但各个因素对事件的影响是不一样的, 而且同一因素的不同水平对事件发生的影响也是不同的. 方差分析就是采取一定的数理统计方法, 以鉴别各种因素以及因素不同水平对研究对象的影响程度, 包括单因素方差分析和双因素方差分析. 本节只介绍单因素方差分析. 单因素方差分析是指只考虑一个因素对指标的影响, 因此其他影响因素都不变或控制在一定的范围之内. 在 SPSS 中, 单因素方差分析通过菜单分析 → 比较均值 → 单因素方差分析来实现.

例 F2.3.1 鉴别三种自学教材对培养学生自学能力有无显著影响, 假定在同一批对象的 3 个组中试验, 每组 5 人, 测验得分分别为

甲组用 1 号教材: 8, 8, 6, 6, 4;

乙组用 2 号教材: 5, 2, 4, 6, 3;

丙组用 3 号教材: 9, 5, 8, 6, 8.

解 首先录入数据或打开数据文件, “成绩” 作为分析变量, “组别” 作为分组变量.

单击分析 → 比较均值 → 单因素方差分析, 将所要分析的变量 “成绩” 移至因变量列表框, 分组变量 “组别” 移至因子框 (图 F2-3-1).

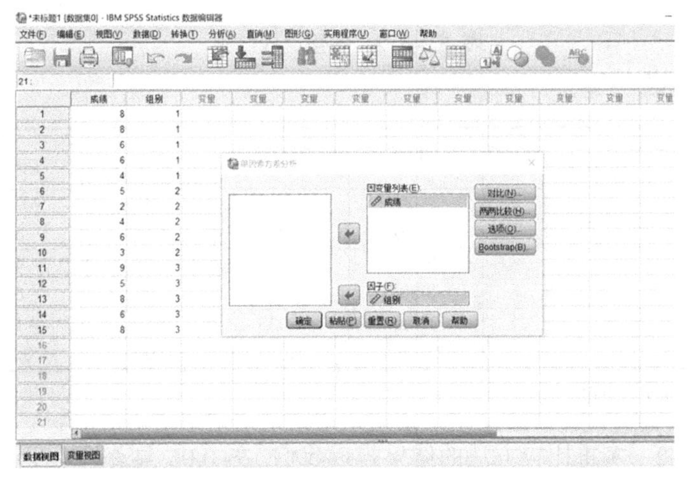

图 F2-3-1

单击两两比较按钮, 在假定方差齐性框中选择 LSD 方法, 取显著性水平的默认值为 0.05(图 F2-3-2), 选择完毕, 单击“继续”按钮.

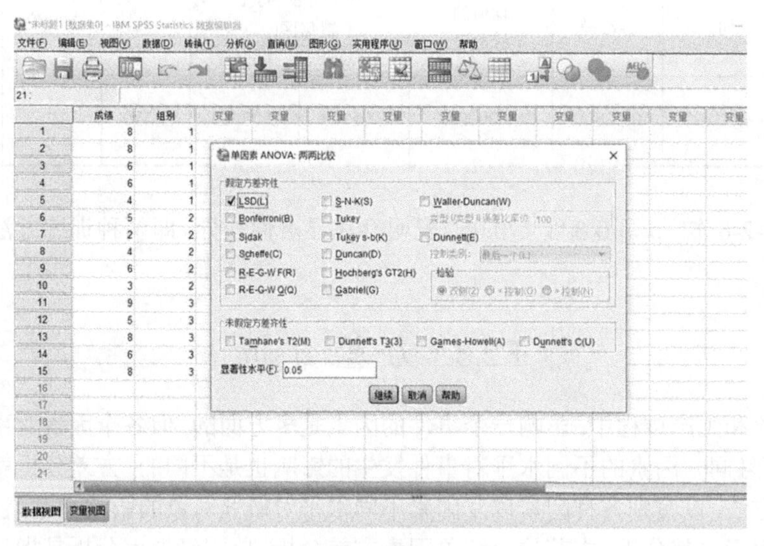

图 F2-3-2

单击确定, 输出以下主要结果 (表 F2-3-1、表 F2-3-2).

表 F2-3-1　方差分析表

成绩

	离差平方和	自由度	平均离差平方和	F	Sig.
组间	27.733	2	13.867	5.200	0.024
组内	32.000	12	2.667		
总数	59.733	14			

由表 F2-3-1 知, $p = 0.024 < 0.05$, 说明存在显著性差异, 即不同的自学教材对学生自学能力的培养有显著性影响.

表 F2-3-2　多重比较结果

Dependent Variable: 成绩

LSD

(I) 组别	(J) 组别	平均差	标准误	Sig.	95%置信区间	
					下限	上限
1	2	2.400*	1.033	0.039	0.15	4.65
	3	−0.800	1.033	0.454	−3.05	1.45
2	1	−2.400*	1.033	0.039	−4.65	−0.15
	3	−3.200*	1.033	0.009	−5.45	−0.95
3	1	0.800	1.033	0.454	−1.45	3.05
	2	3.200*	1.033	0.009	0.95	5.45

*. 均值差的显著性水平为 0.05.

通过表 F2-3-2 , 多重比较方法的结果告诉我们, 在 0.05 显著性水平下, 甲组所用的 1 号教材与乙组所用的 2 号教材、乙组所用的 2 号教材与丙组所用的 3 号教材之间在培养学生自学能力方面存在显著差异; 而甲组所用的 1 号教材与丙组所用的 3 号教材在培养学生自学能力方面没有显著差异.

F2.4 回 归 分 析

回归分析是研究变量之间相关关系的一种统计方法, 是实际工作中应用最广泛的统计方法之一. 利用回归分析可以给出回归预测方程, 以预测因变量的值, 同时还可以确定出预测的精度. 回归分析的内容有很多, 包括线性回归、非线性回归、Logistic 回归等. SPSS 菜单栏中的回归子菜单几乎包括了所有的回归分析方法. 本节以一元线性回归为例, 简要介绍如何使用 SPSS 进行回归分析.

一元线性回归考察自变量与因变量之间的线性依存关系.

例 F2.4.1 有 20 名学生的数学、物理成绩, 如表 F2-4-1 所示. 试建立用数学成绩预测物理成绩的回归方程.

表 F2-4-1

数学 X	78	67	89	76	83	91	74	69	94	66
物理 Y	74	63	70	75	81	86	67	63	89	62
数学 X	77	86	67	93	85	65	90	83	75	81
物理 Y	79	88	65	90	78	67	80	91	73	82

解 选择分析 → 回归 → 线性回归, 将因变量 “物理” 移至因变量框, 自变量 “数学” 移入自变量框. 在 “方法” 下拉列表选项中选择适当的变量选择方法, 备选的方法有进入、逐步、删除、向后和向前. 其中最常用的方法是进入 (把所有自变量选入回归模型) 和逐步 (从常数开始, 先选择方程中的变量进入回归方程, 再考察方程中的自变量是否可以剔除, 这样反复下去, 直到方程中的变量不能被剔除、其余变量不能被选入为止) 方法. 这里我们选择默认的进入方法, 即在回归方程中保留所有的自变量 (图 F2-4-1).

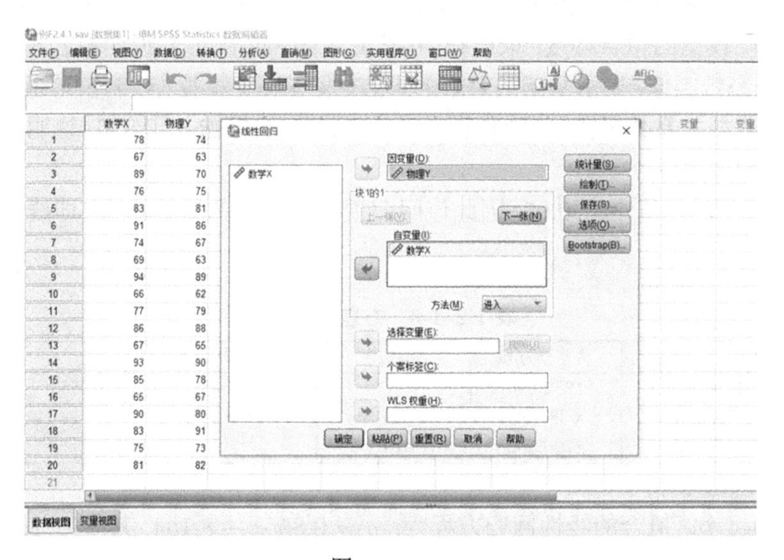

图 F2-4-1

单击“统计量”按钮, 选择需要输出的统计量. 这里除了两个默认的估计和模型拟合度选项外, 我们另外选择 R 方变化和描述性选项, 选择完毕, 单击“继续”按钮 (图 F2-4-2).

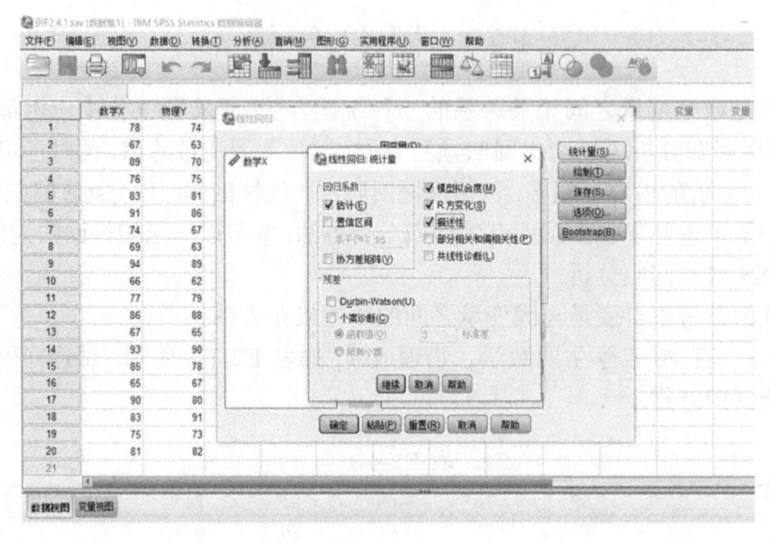

图 F2-4-2

单击确定, 输出以下主要结果 (表 F2-4-2), 下面分别解释并说明几种表的大致内容及含义.

表 F2-4-2　回归模型的拟合度

模型	R 复相关系数	R Sguare 复相关系数	调整的复相关系数	估计值的标准误
1	0.836[a]	0.699	0.683	5.46939

a. 预测变量: (常量), 数学 X.

表 F2-4-2 中, R 表示复相关系数, 反映的是自变量与因变量之间的密切程度, 通常衡量一元线性回归模型的拟合程度, 取值在 0 到 1 之间, 越靠近 1 说明拟合程度越高; 与 R Square 复相关系数类似, 表示复相关系数的平方, 又称决定系数. 对于多元线性回归模型通常使用调整的复相关系数来衡量回归模型的拟合程度. 这里 R = 0.836, 说明该一元线性回归模型的拟合程度很好.

通过表 F2-4-3, p 值小于 0.05, 因此该回归模型有显著的统计意义, 即线性回归方程高度显著.

表 F2-4-3　方差分析表

(模型)		离差平方和	自由度	平均离差平方和	F	Sig.
1	Regression	1252.095	1	1252.095	41.856	0.000
	Residual	538.455	18	29.914		
	Total	1790.550	19			

由表 F2-4-4 知, 拟合的线性回归方程为: $y = 0.855x + 8.184$, 其中 y 表示因变量“物理成绩”, x 表示自变量“数学成绩”.

表 F2-4-4 回归分析结果

模型		非标准化系数		标准化系数	t	Sig.
		B	Std.Error	Beta		
1	(Constant)	8.184	10.576		0.774	0.449
	数学	0.855	0.132	0.836	6.470	0.000

大部分的统计方法都有着比较复杂的数学模型和计算, 本章只是简单介绍了 SPSS 统计软件中几种常见的统计方法的命令及其操作. 而 SPSS 作为常用的统计分析软件之一, 其功能是强大的, 这里由于篇幅的限制不能一一介绍. 对更多的应用有兴趣的读者可参阅相关文献. 通过对 SPSS 软件的学习, 我们会发现, 应用概率统计理论能够解决很多应用问题, 而且通过借助统计软件的计算, 解决过程会很轻松.

附　　表

附表 1　泊松分布表

$$P(X=m)=\frac{\lambda^m}{m!}\mathrm{e}^{-\lambda}$$

m \ λ	0.1	0.2	0.3	0.4	0.5	0.6	0.7	0.8
0	0.904837	0.818731	0.740818	0.676320	0.606531	0.548812	0.496585	0.449329
1	0.090484	0.163746	0.222245	0.268128	0.303265	0.329287	0.347610	0.359463
2	0.004524	0.016375	0.033337	0.053626	0.075816	0.098786	0.121663	0.143785
3	0.000151	0.001092	0.003334	0.007150	0.012636	0.019757	0.028388	0.038343
4	0.000004	0.000055	0.000250	0.000715	0.001580	0.002964	0.004968	0.007669
5		0.000002	0.000015	0.000057	0.000158	0.000356	0.000696	0.001227
6			0.000001	0.000004	0.000013	0.000036	0.000081	0.000164
7					0.000001	0.000003	0.000008	0.000019
8							0.000001	0.000002

m \ λ	0.9	1.0	1.5	2.0	2.5	3.0	3.5	4.0
0	0.406570	0.367879	0.223130	0.135335	0.082085	0.049787	0.030197	0.018316
1	0.365913	0.367879	0.334695	0.270671	0.205212	0.149361	0.105691	0.073263
2	0.164661	0.183940	0.251021	0.270671	0.256516	0.224042	0.184959	0.146525
3	0.049398	0.061313	0.125510	0.180447	0.213763	0.224042	0.215785	0.195367
4	0.011115	0.015328	0.047067	0.090224	0.133602	0.168031	0.188812	0.195367
5	0.002001	0.003066	0.014120	0.036089	0.066801	0.100819	0.132169	0.156293
6	0.000300	0.000511	0.003530	0.012030	0.027834	0.050409	0.077098	0.104196
7	0.000039	0.000073	0.000756	0.003437	0.009941	0.021604	0.038549	0.059540
8	0.000004	0.000009	0.000142	0.000859	0.003106	0.008102	0.016865	0.029770
9		0.000001	0.000024	0.000191	0.000863	0.002701	0.006559	0.013231
10			0.000004	0.000038	0.000216	0.000810	0.002296	0.005292
11				0.000007	0.000049	0.000221	0.000730	0.001925
12				0.000001	0.000010	0.000055	0.000213	0.000642
13					0.000002	0.000013	0.000057	0.000197
14						0.000002	0.000014	0.000056
15						0.000001	0.000003	0.000015
16							0.000001	0.000004
17								0.000001

m \ λ	4.5	5.0	5.5	6.0	6.5	7.0	7.5	8.0
0	0.011109	0.006738	0.004087	0.002479	0.001503	0.000912	0.000553	0.000335
1	0.049990	0.033690	0.022477	0.014873	0.009773	0.006383	0.004148	0.002684
2	0.112479	0.084224	0.061812	0.044618	0.031760	0.022341	0.015556	0.010735
3	0.168718	0.140374	0.113323	0.089235	0.068814	0.052129	0.038888	0.028626
4	0.189808	0.175467	0.155819	0.133853	0.111822	0.091226	0.072917	0.057252
5	0.170827	0.175467	0.171001	0.160623	0.145369	0.127717	0.109374	0.091604
6	0.128120	0.146223	0.157117	0.160623	0.157483	0.149003	0.136719	0.122138
7	0.082363	0.104445	0.123449	0.137677	0.146234	0.149003	0.146484	0.139587

续表

m \ λ	4.5	5.0	5.5	6.0	6.5	7.0	7.5	8.0
8	0.046329	0.065278	0.084872	0.103258	0.118815	0.130377	0.137328	0.139587
9	0.023165	0.036266	0.051866	0.068838	0.085811	0.101405	0.114441	0.124077
10	0.010424	0.018133	0.028526	0.041303	0.055777	0.070983	0.085830	0.099262
11	0.004264	0.008242	0.014263	0.022529	0.032959	0.045171	0.058521	0.072190
12	0.001599	0.003434	0.006537	0.011264	0.017853	0.026350	0.036575	0.048127
13	0.000554	0.001321	0.002766	0.005199	0.008927	0.014188	0.021101	0.029616
14	0.000178	0.000427	0.001086	0.002228	0.004144	0.007094	0.011305	0.016924
15	0.000053	0.000157	0.000399	0.000891	0.001796	0.003311	0.005652	0.009026
16	0.000015	0.000049	0.000137	0.000334	0.000730	0.001448	0.002649	0.004513
17	0.000004	0.000014	0.000044	0.000118	0.000279	0.000596	0.001169	0.002124
18	0.000001	0.000004	0.000014	0.000039	0.000100	0.000232	0.000487	0.000944
19		0.000001	0.000004	0.000012	0.000035	0.000085	0.000192	0.000397
20			0.000001	0.000004	0.000011	0.000030	0.000072	0.000159
21				0.000001	0.000004	0.000010	0.000026	0.000061
22					0.000001	0.000003	0.000009	0.000022
23						0.000001	0.000003	0.000008
24							0.000001	0.000003
25								0.000001

m \ λ	8.5	9.0	9.5	10.0
0	0.000203	0.000123	0.000075	0.000045
1	0.001730	0.001111	0.000711	0.000454
2	0.007350	0.004998	0.003378	0.002270
3	0.020826	0.014994	0.010696	0.007567
4	0.044255	0.033737	0.025403	0.018917
5	0.075233	0.060727	0.048265	0.037833
6	0.106581	0.091090	0.076421	0.063055
7	0.129419	0.117116	0.103714	0.090079
8	0.137508	0.131756	0.123160	0.112599
9	0.129869	0.131756	0.130003	0.125110
10	0.110303	0.118580	0.122502	0.125110
11	0.085300	0.097020	0.106662	0.113736
12	0.060421	0.072765	0.084440	0.094780
13	0.039506	0.050376	0.061706	0.072908
14	0.023986	0.032384	0.041872	0.052077
15	0.013592	0.019431	0.026519	0.034718
16	0.007220	0.010930	0.015746	0.021699
17	0.003611	0.005786	0.008799	0.012764
18	0.001705	0.002893	0.004644	0.007091
19	0.000762	0.001370	0.002322	0.003732
20	0.000324	0.000617	0.001103	0.001866
21	0.000132	0.000264	0.000433	0.008989
22	0.000050	0.000108	0.000216	0.000404
23	0.000019	0.000042	0.000089	0.000176
24	0.000007	0.000016	0.000025	0.000073
25	0.000002	0.000006	0.000014	0.000021
26	0.000001	0.000002	0.000004	0.000011
27		0.000001	0.000002	0.000004
28			0.000001	0.000001
29				0.000001

m \ λ	20
5	0.0001
6	0.0002
7	0.0005
8	0.0013
9	0.0029
10	0.0058
11	0.0106
12	0.0176
13	0.0271
14	0.0382
15	0.0517
16	0.0646
17	0.0760
18	0.0814
19	0.0888
20	0.0888
21	0.0846
22	0.0767
23	0.0669
24	0.0557
25	0.0446
26	0.0343
27	0.0254
28	0.0182
29	0.0125
30	0.0083
31	0.0054
32	0.0034
33	0.0020
34	0.0012
35	0.0007
36	0.0004
37	0.0002
38	0.0001
39	0.0001

m \ λ	30
12	0.0001
13	0.0002
14	0.0005
15	0.0010
16	0.0019
17	0.0034
18	0.0057
19	0.0089
20	0.0134
21	0.0192
22	0.0261
23	0.0341
24	0.0426
25	0.0571
26	0.0590
27	0.0655
28	0.0702
29	0.0726
30	0.0726
31	0.0703
32	0.0659
33	0.0599
34	0.0529
35	0.0453
36	0.0378
37	0.0306
38	0.0242
39	0.0186
40	0.0139
41	0.0102
42	0.0073
43	0.0501
44	0.0035
45	0.0023
46	0.0015
47	0.0010
48	0.0006

附表 2 标准正态分布函数表

$$\Phi(x)=\int_{-\infty}^{x}\frac{1}{\sqrt{2\pi}}\mathrm{e}^{-\frac{t^2}{2}}\mathrm{d}t$$

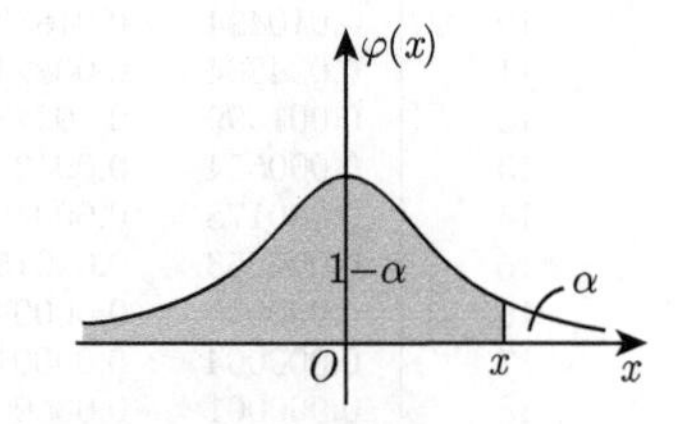

x	0.00	0.01	0.02	0.03	0.04	0.05	0.06	0.07	0.08	0.09
0.0	.5000	.5040	.5080	.5120	.5160	.5199	.5239	.5279	.5319	.5359
0.1	.5398	.5438	.5478	.5517	.5557	.5596	.5636	.5675	.5714	.5735
0.2	.5739	.5832	.5871	.5910	.5948	.5987	.6026	.6064	.6103	.6141
0.3	.6179	.6217	.6255	.6293	.6331	.6368	.6406	.6443	.6480	.6517
0.4	.6554	.6591	.6628	.6664	.6700	.6736	.6772	.6808	.6844	.6879
0.5	.6915	.6950	.6985	.7019	.7054	.7088	.7123	.7157	.7190	.7224
0.6	.7257	.7291	.7324	.7357	.7389	.7422	.7454	.7486	.7517	.7549
0.7	.7580	.7611	.7642	.7673	.7704	.7734	.7764	.7794	.7823	.7852
0.8	.7881	.7910	.7939	.7967	.7995	.8023	.8051	.8078	.8106	.8133
0.9	.8159	.8186	.8212	.8238	.8264	.8289	.8315	.8340	.8365	.8389
1.0	.8413	.8438	.8461	.8485	.8508	.8531	.8554	.8577	.8599	.8621
1.1	.8643	.8665	.8686	.8708	.8729	.8749	.8770	.8790	.8810	.8830
1.2	.8849	.8869	.8888	.8907	.8925	.8944	.8962	.8980	.8997	.9015
1.3	.9032	.9049	.9066	.9082	.9099	.9115	.9131	.9147	.9162	.9177
1.4	.9192	.9207	.9222	.9236	.9251	.9265	.9279	.9292	.9306	.9319
1.5	.9332	.9345	.9357	.9370	.9382	.9394	.9406	.9418	.9429	.9441
1.6	.9452	.9463	.9474	.9484	.9495	.9505	.9515	.9525	.9535	.9545
1.7	.9554	.9564	.9573	.9582	.9591	.9599	.9608	.9616	.9625	.9633
1.8	.9641	.9649	.9656	.9664	.9671	.9678	.9686	.9693	.9699	.9706
1.9	.9713	.9719	.9726	.9732	.9738	.9744	.9750	.9756	.9761	.9767
2.0	.9772	.9778	.9783	.9788	.9793	.9798	.9803	.9808	.9812	.9817
2.1	.9821	.9826	.9830	.9834	.9838	.9842	.9846	.9850	.9854	.9857
2.2	.9861	.9864	.9868	.9871	.9875	.9878	.9881	.9884	.9887	.9890
2.3	.9893	.9896	.9898	.9901	.9904	.9906	.9909	.9911	.9913	.9916
2.4	.9918	.9920	.9922	.9925	.9927	.9929	.9931	.9932	.9934	.9936
2.5	.9938	.9940	.9941	.9943	.9945	.9946	.9948	.9949	.9951	.9952
2.6	.9953	.9955	.9956	.9957	.9959	.9960	.9961	.9962	.9963	.9964
2.7	.9965	.9966	.9967	.9968	.9969	.9970	.9971	.9972	.9973	.9974
2.8	.9974	.9975	.9976	.9977	.9977	.9978	.9979	.9979	.9980	.9981
2.9	.9981	.9982	.9982	.9983	.9984	.9984	.9985	.9985	.9986	.9986
3.0	.9987	.9987	.9987	.9988	.9988	.9989	.9989	.9989	.9990	.9990
3.1	.9990	.9991	.9991	.9991	.9992	.9992	.9992	.9992	.9993	.9993
3.2	.9993	.9993	.9994	.9994	.9994	.9994	.9994	.9995	.9995	.9995

附表 3　χ^2 分布表

$$P(\chi^2(n) \geqslant \chi^2_\alpha(n)) = \alpha$$

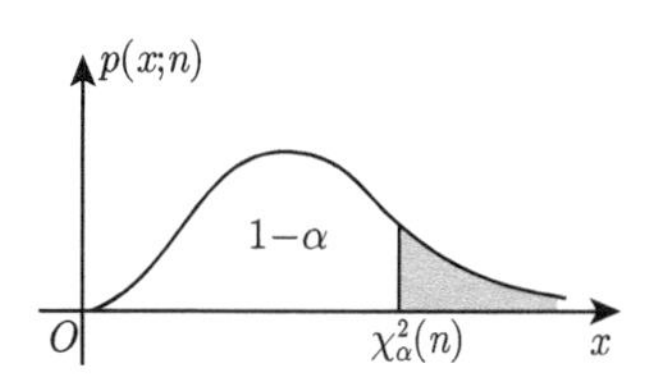

n \ α	0.990	0.975	0.950	0.900	0.1	0.05	0.025	0.01
1	—	0.001	0.004	0.016	2.706	3.841	5.024	6.635
2	0.020	0.051	0.103	0.211	4.605	5.991	7.378	9.210
3	0.115	0.216	0.352	0.584	6.251	7.815	9.348	11.35
4	0.297	0.484	0.711	1.064	7.779	9.488	11.14	13.28
5	0.554	0.831	1.145	1.160	9.236	11.07	12.83	15.09
6	0.872	1.237	1.635	2.204	10.65	12.59	14.45	16.81
7	1.239	1.690	2.167	2.833	12.02	14.67	16.01	18.48
8	1.646	2.180	2.733	3.490	13.36	15.51	17.54	20.09
9	2.088	2.700	3.325	4.168	14.68	16.92	19.02	21.67
10	2.558	3.247	3.940	4.865	15.99	18.31	20.48	23.21
11	3.053	3.816	4.575	5.578	17.28	19.68	21.92	24.73
12	3.571	4.404	5.226	6.304	18.55	21.03	23.34	26.22
13	4.107	5.009	5.892	7.042	19.81	22.36	24.74	27.69
14	4.660	5.629	6.571	7.790	21.06	23.69	26.12	29.14
15	5.229	6.262	7.261	8.547	22.31	25.00	27.49	30.58
16	5.812	6.908	7.962	9.312	23.54	26.30	28.85	32.00
17	6.408	7.564	8.672	10.09	24.77	27.59	30.19	33.41
18	7.015	8.231	9.390	10.87	25.59	28.87	31.53	34.81
19	7.633	8.906	10.12	11.65	27.20	30.14	32.85	36.19
20	8.260	9.591	10.85	12.44	28.41	31.41	34.17	37.57
21	8.897	10.28	11.59	13.24	29.62	32.67	36.48	38.93
22	9.542	10.98	12.34	14.04	30.81	33.92	36.78	40.29
23	10.20	11.69	13.09	14.85	32.01	35.17	38.08	41.64
24	10.86	12.40	13.85	15.66	33.20	36.42	39.36	42.98
25	11.52	13.12	14.61	16.47	34.38	37.65	40.65	44.31
26	12.20	13.84	15.38	17.29	35.56	38.89	41.92	45.64
27	12.88	14.57	16.15	18.11	36.74	40.11	43.19	46.96
28	13.57	15.31	16.93	18.94	37.92	41.34	44.46	48.28
29	14.26	16.05	17.71	19.77	39.09	42.56	45.72	49.59
30	14.95	16.79	18.49	20.60	40.26	43.77	46.98	50.89
35	18.51	20.57	22.47	24.80	46.06	49.80	53.20	57.34
40	22.16	24.43	26.51	29.05	51.81	55.76	59.34	63.69
45	25.90	28.37	30.61	33.35	57.51	61.66	65.41	69.96

附表 4　t 分布表

$$P(t(n) > t_\alpha(n)) = \alpha$$

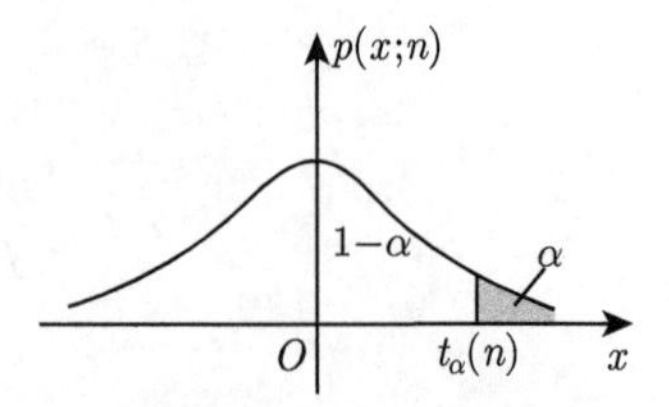

n \ α	0.1	0.05	0.025	0.01	0.005	0.0005
1	3.08	6.31	12.71	31.82	63.66	636.62
2	1.89	2.92	4.30	6.97	9.93	31.60
3	1.64	2.35	3.18	4.54	5.84	12.94
4	1.53	2.13	2.78	3.75	4.60	8.61
5	1.48	2.02	2.57	3.37	4.03	6.86
6	1.44	1.94	2.45	3.14	3.71	5.96
7	1.42	1.90	2.37	3.00	3.50	5.41
8	1.40	1.86	2.31	2.90	3.36	5.04
9	1.38	1.83	2.26	2.82	3.25	4.78
10	1.37	1.81	2.23	2.76	3.17	4.59
11	1.36	1.80	2.20	2.72	3.11	4.44
12	1.36	1.78	2.18	2.68	3.06	4.32
13	1.35	1.77	2.16	2.65	3.01	4.22
14	1.35	1.76	2.15	2.62	2.98	4.14
15	1.34	1.75	2.13	2.60	2.95	4.07
16	1.34	1.75	2.12	2.58	2.92	4.02
17	1.33	1.74	2.11	2.57	2.90	3.97
18	1.33	1.73	2.10	2.55	2.88	3.92
19	1.33	1.73	2.09	2.54	2.86	3.88
20	1.33	1.73	2.09	2.53	2.85	3.85
21	1.32	1.72	2.08	2.52	2.83	3.82
22	1.32	1.72	2.07	2.51	2.82	3.79
23	1.32	1.71	2.07	2.50	2.81	3.77
24	1.32	1.71	2.06	2.49	2.80	3.75
25	1.32	1.71	2.06	2.48	2.79	3.73
26	1.32	1.71	2.06	2.48	2.78	3.71
27	1.31	1.70	2.05	2.47	2.77	3.69
28	1.31	1.70	2.05	2.47	2.76	3.67
29	1.31	1.70	2.04	2.46	2.76	3.66
30	1.31	1.70	2.04	2.46	2.75	3.65
40	1.30	1.68	2.02	2.42	2.70	3.55
60	1.30	1.67	2.00	2.39	2.66	3.46
120	1.30	1.66	1.98	2.36	2.62	3.37
∞	1.28	1.65	1.96	2.33	2.58	3.29

附表 5　相关系数检验的临界值表

$P(|R| > R_{\alpha}) = \alpha$ (表中 $n-2$ 是自由度)

$n-2$ \ α	0.10	0.05	0.02	0.01	0.001
1	0.987688	0.996917	0.999507	0.999877	0.999999
2	0.9000	0.9500	0.9800	0.9900	0.9990
3	0.8054	0.8783	0.9343	0.9587	0.9911
4	0.7293	0.8114	0.8822	0.9172	0.9741
5	0.6694	0.7545	0.8329	0.8745	0.9509
6	0.6215	0.7067	0.7887	0.8343	0.9249
7	0.5822	0.6664	0.7498	0.7977	0.8983
8	0.5494	0.6319	0.7155	0.7646	0.8721
9	0.5214	0.6021	0.6851	0.7348	0.8471
10	0.4973	0.5760	0.6581	0.7079	0.8233
11	0.4762	0.5529	0.6339	0.6835	0.8010
12	0.4575	0.5324	0.6120	0.6614	0.7800
13	0.4409	0.5139	0.5923	0.6411	0.7603
14	0.4259	0.4973	0.5742	0.6226	0.7420
15	0.4124	0.4821	0.5577	0.6055	0.7246
16	0.4000	0.4683	0.5425	0.5897	0.7084
17	0.3887	0.4555	0.5285	0.5751	0.6932
18	0.3783	0.4438	0.5155	0.5614	0.6787
19	0.3687	0.4329	0.5034	0.5487	0.6652
20	0.3598	0.4227	0.4921	0.5368	0.6524
25	0.3233	0.3809	0.4451	0.4869	0.5974
30	0.2960	0.3494	0.4093	0.4487	0.5541
35	0.2746	0.3246	0.3810	0.4182	0.5189
40	0.2573	0.3044	0.3578	0.3932	0.4896
45	0.2428	0.2875	0.3384	0.3721	0.4648
50	0.2306	0.2732	0.3218	0.3541	0.4433
60	0.2108	0.2500	0.2948	0.3248	0.4078
70	0.1954	0.2319	0.2737	0.3017	0.3799
80	0.1829	0.2172	0.2565	0.2830	0.3568
90	0.1726	0.2050	0.2422	0.2673	0.3375
100	0.1638	0.1946	0.2301	0.2540	0.3211

附表 6 F 分布表

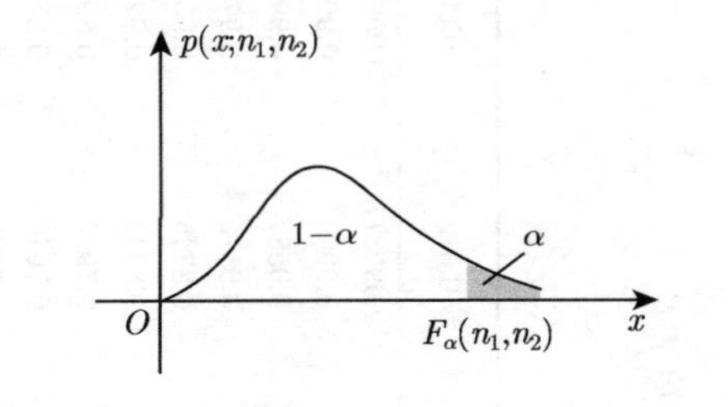

$$P(F(n_1,n_2) \geqslant F_\alpha(n_1,n_2)) = \alpha$$

n_2 \ n_1	1	2	3	4	5	6	7	8	9	10	12	15	20	24	30	40	60	120	∞
									$\alpha = 0.10$										
1	39.86	49.50	53.59	55.83	57.24	58.20	58.91	59.44	59.86	60.19	60.71	61.22	61.74	62.00	62.26	62.53	62.79	63.06	63.33
2	8.53	9.00	9.16	9.24	9.29	9.33	9.35	9.37	9.38	9.39	9.41	9.42	9.44	9.45	9.46	9.47	9.47	9.48	9.49
3	5.54	5.46	5.39	5.34	5.31	5.28	5.27	5.25	5.24	5.23	5.22	5.20	5.18	5.18	5.17	5.16	5.15	5.14	5.13
4	4.54	4.32	4.19	4.11	4.05	4.01	3.98	3.95	3.94	3.92	3.90	3.87	3.84	3.83	3.82	3.80	3.79	3.78	3.76
5	4.06	3.78	3.62	3.52	3.45	3.40	3.37	3.34	3.32	3.30	3.27	3.24	3.21	3.19	3.17	3.16	3.14	3.12	3.10
6	3.78	3.46	3.29	3.18	3.11	3.05	3.01	2.98	2.96	2.94	2.90	2.87	2.84	2.82	2.80	2.78	2.76	2.74	2.72
7	3.59	3.26	3.07	2.96	2.88	2.83	2.78	2.75	2.72	2.70	2.67	2.63	2.59	2.58	2.56	2.54	2.51	2.49	2.47
8	3.46	3.11	2.92	2.81	2.73	2.67	2.62	2.59	2.56	2.54	2.50	2.46	2.42	2.40	2.38	2.36	2.34	2.32	2.29
9	3.36	3.01	2.81	2.69	2.61	2.55	2.51	2.47	2.44	2.42	2.38	2.34	2.30	2.28	2.25	2.23	2.21	2.18	2.16
10	3.29	2.92	2.73	2.61	2.52	2.46	2.41	2.38	2.35	2.32	2.28	2.24	2.20	2.18	2.16	2.13	2.11	2.08	2.06
11	3.23	2.86	2.66	2.54	2.45	2.39	2.34	2.30	2.27	2.25	2.21	2.17	2.12	2.10	2.08	2.05	2.03	2.00	1.97
12	3.18	2.81	2.61	2.48	2.39	2.33	2.28	2.24	2.21	2.19	2.15	2.10	2.06	2.04	2.01	1.99	1.96	1.93	1.90
13	3.14	2.76	2.56	2.43	2.35	2.28	2.23	2.20	2.16	2.14	2.10	2.05	2.01	1.98	1.96	1.93	1.90	1.88	1.85
14	3.10	2.73	2.52	2.39	2.31	2.24	2.19	2.15	2.12	2.10	2.05	2.01	1.96	1.94	1.91	1.89	1.86	1.83	1.80
15	3.07	2.70	2.49	2.36	2.27	2.21	2.16	2.12	2.09	2.06	2.02	1.97	1.92	1.90	1.87	1.85	1.82	1.79	1.76
16	3.05	2.67	2.46	2.33	2.24	2.18	2.13	2.09	2.06	2.03	1.99	1.94	1.89	1.87	1.84	1.81	1.78	1.75	1.72
17	3.03	2.64	2.44	2.31	2.22	2.15	2.10	2.06	2.03	2.00	1.96	1.91	1.86	1.84	1.81	1.78	1.75	1.72	1.69
18	3.01	2.62	2.42	2.29	2.20	2.13	2.08	2.04	2.00	1.98	1.93	1.89	1.84	1.81	1.78	1.75	1.72	1.69	1.66

续表

n_2 \ n_1	1	2	3	4	5	6	7	8	9	10	12	15	20	24	30	40	60	120	∞
19	2.99	2.61	2.40	2.27	2.18	2.11	2.06	2.02	1.98	1.96	1.91	1.86	1.81	1.79	1.76	1.73	1.70	1.67	1.63
20	2.97	2.59	2.38	2.25	2.16	2.09	2.04	2.00	1.96	1.94	1.89	1.84	1.79	1.77	1.74	1.71	1.68	1.64	1.61
21	2.96	2.57	2.36	2.23	2.14	2.08	2.02	1.98	1.95	1.92	1.87	1.83	1.78	1.75	1.72	1.69	1.66	1.62	1.59
22	2.95	2.56	2.35	2.22	2.13	2.06	2.01	1.97	1.93	1.90	1.86	1.81	1.76	1.73	1.70	1.67	1.64	1.60	1.57
23	2.94	2.55	2.34	2.21	2.11	1.05	1.99	1.95	1.92	1.89	1.84	1.80	1.74	1.72	1.69	1.66	1.62	1.59	1.55
24	2.93	2.54	2.33	2.19	2.10	2.04	1.98	1.94	1.91	1.88	1.83	1.78	1.73	1.70	1.67	1.64	1.61	1.57	1.53
25	2.92	2.53	2.32	2.18	2.09	2.02	1.97	1.93	1.89	1.87	1.82	1.77	1.72	1.69	1.66	1.63	1.59	1.56	1.52
26	2.91	2.52	2.31	2.17	2.08	2.01	1.96	1.92	1.88	1.86	1.81	1.76	1.71	1.68	1.65	1.61	1.58	1.54	1.50
27	2.90	2.51	2.30	2.17	2.07	2.00	1.95	1.91	1.87	1.85	1.80	1.75	1.70	1.67	1.64	1.60	1.57	1.53	1.49
28	2.89	2.50	2.29	2.16	2.06	2.00	1.94	1.90	1.87	1.84	1.79	1.74	1.69	1.66	1.63	1.59	1.56	1.52	1.48
29	2.89	2.50	2.28	2.15	2.06	1.99	1.93	1.89	1.86	1.83	1.78	1.73	1.68	1.65	1.62	1.58	1.55	1.51	1.47
30	2.88	2.49	2.28	2.14	2.05	1.98	1.93	1.88	1.85	1.82	1.77	1.72	1.67	1.64	1.61	1.57	1.54	1.50	1.46
40	2.84	2.44	2.23	2.09	2.00	1.93	1.87	1.83	1.79	1.76	1.71	1.66	1.61	1.57	1.54	1.51	1.47	1.42	1.38
60	2.79	2.39	2.18	2.04	1.95	1.87	1.82	1.77	1.74	1.71	1.66	1.60	1.54	1.51	1.48	1.44	1.40	1.35	1.29
120	2.75	2.35	2.13	1.99	1.90	1.82	1.77	1.72	1.68	1.65	1.60	1.55	1.48	1.45	1.41	1.37	1.32	1.26	1.19
∞	2.71	2.30	2.08	1.94	1.85	1.77	1.72	1.67	1.63	1.60	1.55	1.49	1.42	1.38	1.34	1.30	1.24	1.17	1.00
									$\alpha = 0.05$										
1	161.4	199.5	215.7	224.6	230.2	234.0	236.8	238.9	240.5	241.9	243.9	245.9	248.0	249.1	250.1	251.1	252.2	253.3	254.3
2	18.51	19.00	19.16	19.25	19.30	19.33	19.35	19.37	19.38	19.40	19.41	19.43	19.45	19.45	19.46	19.47	19.48	19.49	19.50
3	10.13	9.55	9.28	9.12	9.01	8.94	8.89	8.85	8.81	8.79	8.74	8.70	8.66	8.64	8.62	8.59	8.57	8.55	8.53
4	7.71	6.94	6.59	6.39	6.26	6.16	6.09	6.04	6.00	5.96	5.91	5.86	5.80	5.77	5.75	5.72	5.69	5.66	5.63
5	6.61	5.79	5.41	5.19	5.05	4.95	4.88	4.82	4.77	4.74	4.68	4.62	4.56	4.53	4.50	4.46	4.43	4.40	4.36
6	5.99	5.14	4.76	4.53	4.39	4.28	4.21	4.15	4.10	4.06	4.00	3.94	3.87	3.84	3.81	3.77	3.74	3.70	3.67
7	5.59	4.74	4.35	4.12	3.97	3.87	3.79	3.73	3.68	3.64	3.57	3.51	3.44	3.41	3.38	3.34	3.30	3.27	3.23
8	5.32	4.46	4.07	3.84	3.69	3.58	3.50	3.44	3.39	3.35	3.28	3.22	3.15	3.12	3.08	3.04	3.01	2.97	2.93
9	5.12	4.26	3.86	3.63	3.48	3.37	3.29	3.23	3.18	3.14	3.07	3.01	2.94	2.90	2.86	2.83	2.79	2.75	2.71
10	4.96	4.10	3.71	3.48	3.33	3.22	3.14	3.07	3.02	2.98	2.91	2.85	2.77	2.74	2.70	2.66	2.62	2.58	2.54
11	4.84	3.98	3.59	3.36	3.20	3.09	3.01	2.95	2.90	2.85	2.79	2.72	2.65	2.61	2.57	2.53	2.49	2.45	2.40
12	4.75	3.89	3.49	3.26	3.11	3.00	2.91	2.85	2.80	2.75	2.69	2.62	2.54	2.51	2.47	2.43	2.38	2.34	2.30

续表

n_2 \ n_1	1	2	3	4	5	6	7	8	9	10	12	15	20	24	30	40	60	120	∞
13	4.67	3.81	3.41	3.18	3.03	2.92	2.83	2.77	2.71	2.67	2.60	2.53	2.46	2.42	2.38	2.34	2.30	2.25	2.21
14	4.60	3.74	3.34	3.11	2.96	2.85	2.76	2.70	2.65	2.60	2.53	2.46	2.39	2.35	2.31	2.27	2.22	2.18	2.13
15	4.54	3.68	3.29	3.06	2.90	2.79	2.71	2.64	2.59	2.54	2.48	2.40	2.33	2.29	2.25	2.20	2.16	2.11	2.07
16	4.49	3.63	3.24	3.01	2.85	2.74	2.66	2.59	2.54	2.49	2.42	2.35	2.28	2.24	2.19	2.15	2.11	2.06	2.01
17	4.45	3.59	3.20	2.96	2.81	2.70	2.61	2.55	2.49	2.45	2.38	2.31	2.23	2.19	2.15	2.10	2.06	2.01	1.96
18	4.41	3.55	3.16	2.93	2.77	2.66	2.58	2.51	2.46	2.41	2.34	2.27	2.19	2.15	2.11	2.06	2.02	1.97	1.92
19	4.38	3.52	3.13	2.90	2.74	2.63	2.54	2.48	2.42	2.38	2.31	2.23	2.16	2.11	2.07	2.03	1.98	1.93	1.88
20	4.35	3.49	3.10	2.87	2.71	2.60	2.51	2.45	2.39	2.35	2.28	2.20	2.12	2.08	2.04	1.99	1.95	1.90	1.84
21	4.32	3.47	3.07	2.84	2.68	2.57	2.49	2.42	2.37	2.32	2.25	2.18	2.10	2.05	2.01	1.96	1.92	1.87	1.81
22	4.30	3.44	3.05	2.82	2.66	2.55	2.46	2.40	2.34	2.30	2.23	2.15	2.07	2.03	1.98	1.94	1.89	1.84	1.78
23	4.28	3.42	3.03	2.80	2.64	2.53	2.44	2.37	2.32	2.27	2.20	2.13	2.05	2.01	1.96	1.91	1.86	1.81	1.76
24	4.26	3.40	3.01	2.78	2.62	2.51	2.42	2.36	2.30	2.25	2.18	2.11	2.03	1.98	1.94	1.89	1.84	1.79	1.73
25	4.24	3.39	2.99	2.76	2.60	2.49	2.40	2.34	2.28	2.24	2.16	2.09	2.01	1.96	1.92	1.87	1.82	1.77	1.71
26	4.23	3.37	2.98	2.74	2.59	2.47	2.39	2.32	2.27	2.22	2.15	2.07	1.99	1.95	1.90	1.85	1.80	1.75	1.69
27	4.21	3.35	2.96	2.73	2.57	2.46	2.37	2.31	2.25	2.20	2.13	2.06	1.97	1.93	1.88	1.84	1.79	1.73	1.67
28	4.20	3.34	2.95	2.71	2.56	2.45	2.36	2.29	2.24	2.19	2.12	2.04	1.96	1.91	1.87	1.82	1.77	1.71	1.65
29	4.18	3.33	2.93	2.70	2.55	2.43	2.35	2.28	2.22	2.18	2.10	2.03	1.94	1.90	1.85	1.81	1.75	1.70	1.64
30	4.17	3.32	2.92	2.69	2.53	2.42	2.33	2.27	2.21	2.16	2.09	2.01	1.93	1.89	1.84	1.79	1.74	1.68	1.62
40	4.08	3.23	2.84	2.61	2.45	2.34	2.25	2.18	2.12	2.08	2.00	1.92	1.84	1.79	1.74	1.69	1.64	1.58	1.51
60	4.00	3.15	2.76	2.53	2.37	2.25	2.17	2.10	2.04	1.99	1.92	1.84	1.75	1.70	1.65	1.59	1.53	1.47	1.39
120	3.92	3.07	2.68	2.45	2.29	2.17	2.09	2.02	1.96	1.91	1.83	1.75	1.66	1.61	1.55	1.50	1.43	1.35	1.25
∞	3.84	3.00	2.60	2.37	2.21	2.10	2.01	1.94	1.88	1.83	1.75	1.67	1.57	1.52	1.46	1.39	1.32	1.22	1.00
									$\alpha = 0.025$										
1	647.8	799.5	864.2	899.6	921.8	937.1	948.2	956.7	963.3	968.6	976.7	984.9	993.1	997.2	1001	1006	1010	1014	1018
2	38.51	39.00	39.17	39.25	39.30	39.33	39.36	39.37	39.39	39.40	39.41	39.43	39.45	39.46	39.46	39.47	39.48	39.40	39.50
3	17.44	16.04	15.44	15.10	14.88	14.73	14.62	14.54	14.47	14.42	14.34	14.25	14.17	14.12	14.08	14.04	13.99	13.95	13.90
4	12.22	10.65	9.98	9.60	9.36	9.20	9.07	8.98	8.90	8.84	8.75	8.66	8.56	8.51	8.46	8.41	8.36	8.31	8.26
5	10.01	8.43	7.76	7.39	7.15	6.98	6.85	6.76	6.68	6.62	6.52	6.43	6.33	6.28	6.23	6.18	6.12	6.07	6.02
6	8.81	7.26	6.60	6.23	5.99	5.82	5.70	5.60	5.52	5.46	5.37	5.27	5.17	5.12	5.07	5.01	4.96	4.90	4.85

续表

n_2 \ n_1	1	2	3	4	5	6	7	8	9	10	12	15	20	24	30	40	60	120	∞
7	8.07	6.54	5.89	5.52	5.29	5.12	4.99	4.90	4.82	4.76	4.67	4.57	4.47	4.42	4.36	4.31	4.25	4.20	4.14
8	7.57	6.06	5.42	5.05	4.82	4.65	4.53	4.43	4.36	4.30	4.20	4.10	4.00	3.95	3.89	3.84	3.78	3.73	3.67
9	7.21	5.71	5.08	4.72	4.48	4.23	4.20	4.10	4.03	3.96	3.87	3.77	3.67	3.61	3.56	3.51	3.45	3.39	3.33
10	6.94	5.46	4.83	4.47	4.24	4.07	3.95	3.85	3.78	3.72	3.62	3.52	3.42	3.37	3.31	3.26	3.20	3.14	3.08
11	6.72	5.26	4.63	4.28	4.04	3.88	3.76	3.66	3.59	3.53	3.43	3.33	3.23	3.17	3.12	3.06	3.00	2.94	2.88
12	6.55	5.10	4.47	4.12	3.89	3.73	3.61	3.51	3.44	3.37	3.28	3.18	3.07	3.02	2.96	2.91	2.85	2.79	2.72
13	6.41	4.97	4.35	4.00	3.77	3.60	3.48	3.39	3.31	3.25	3.15	3.05	2.95	2.89	2.84	2.78	2.72	2.66	2.60
14	6.30	4.86	4.24	3.89	3.66	3.50	3.38	3.29	3.21	3.15	3.05	2.95	2.84	2.79	2.73	2.67	2.61	2.55	2.49
15	6.20	4.77	4.15	3.80	3.58	3.41	3.29	3.20	3.12	3.06	2.96	2.86	2.76	2.70	2.64	2.59	2.52	2.46	2.40
16	6.12	4.69	4.08	3.73	3.50	3.34	3.22	3.12	3.05	2.99	2.89	2.79	2.68	2.63	2.57	2.51	2.45	2.38	2.32
17	6.04	4.62	4.01	3.66	3.44	3.28	3.26	3.06	2.98	2.92	2.82	2.72	2.62	2.56	2.50	2.44	2.38	2.32	2.25
18	5.98	4.56	3.95	3.61	3.38	3.22	3.10	3.01	2.93	2.87	2.77	2.67	2.56	2.50	2.44	2.38	2.32	2.26	2.19
19	5.92	4.51	3.90	3.56	3.33	3.17	3.05	2.96	2.88	2.82	2.72	2.62	2.51	2.45	2.39	2.33	2.27	2.20	2.13
20	5.87	4.46	3.86	3.51	3.29	3.13	3.01	2.91	2.84	2.77	2.68	2.57	2.46	2.41	2.35	2.29	2.22	2.16	2.09
21	5.83	4.42	3.82	3.48	3.25	3.09	2.97	2.87	2.80	2.73	2.64	2.53	2.42	2.37	2.31	2.25	2.18	2.11	2.04
22	5.79	4.38	3.78	3.44	3.22	3.05	2.73	2.84	2.76	2.70	2.60	2.50	2.39	2.33	2.27	2.21	2.14	2.08	2.00
23	5.75	4.35	3.75	3.41	3.18	3.02	2.90	2.81	2.73	2.67	2.57	2.47	2.36	2.30	2.24	2.18	2.11	2.04	1.97
24	5.72	4.32	3.72	3.38	3.15	2.99	2.87	2.78	2.70	2.64	2.54	2.44	2.33	2.27	2.21	2.15	2.08	2.01	1.94
25	5.69	4.29	3.69	3.35	3.13	2.97	2.85	2.75	2.68	2.61	2.51	2.41	2.30	2.24	2.18	2.12	2.05	1.98	1.91
26	5.66	4.27	3.67	3.33	3.10	2.94	2.82	2.73	2.65	2.59	2.49	2.39	2.28	2.22	2.16	2.09	2.03	1.95	1.88
27	5.63	4.24	3.65	3.31	3.08	2.92	2.80	2.71	2.63	2.57	2.47	2.36	2.25	2.19	2.13	2.07	2.00	1.93	1.85
28	5.61	4.22	3.63	3.29	3.06	2.90	2.78	2.69	2.61	2.55	2.45	2.34	2.23	2.17	2.11	2.05	1.98	1.91	1.83
29	5.59	4.20	3.61	3.27	3.04	2.88	2.76	2.67	2.59	2.53	2.43	2.32	2.21	2.15	2.09	2.03	1.96	1.89	1.81
30	5.57	4.18	3.59	3.25	3.03	2.87	2.75	2.65	2.57	2.51	2.41	2.31	2.20	2.14	2.07	2.01	1.94	1.87	1.79
40	5.42	4.05	3.46	3.13	3.90	2.74	2.62	2.53	2.45	2.39	2.29	2.18	2.07	2.01	1.94	1.88	1.80	1.72	1.64
60	5.29	3.93	3.34	3.01	2.79	2.63	2.51	2.41	2.33	2.27	3.17	2.06	1.94	1.88	1.82	1.74	1.67	1.58	1.48
120	5.15	3.80	3.23	2.89	2.67	2.52	2.39	2.30	2.22	2.16	2.05	1.94	1.82	1.76	1.69	1.61	1.53	1.43	1.31
∞	5.02	3.69	3.12	2.79	2.57	2.41	2.29	2.19	2.11	2.05	1.94	1.83	1.71	1.64	1.57	1.48	1.39	1.27	1.00
$\alpha = 0.01$																			
1	4052	4999.5	5403	5625	5764	5859	5928	5982	6022	6056	6106	6157	6209	6235	6261	6287	6313	6339	6366

续表

n_2 \ n_1	1	2	3	4	5	6	7	8	9	10	12	15	20	24	30	40	60	120	∞
2	98.50	99.00	99.17	99.25	99.30	99.33	99.36	99.37	99.39	99.40	99.42	99.43	99.45	99.46	99.47	99.47	99.48	99.49	99.50
3	34.12	30.82	29.46	28.71	28.24	27.91	27.67	27.49	27.35	27.23	27.05	26.87	26.69	26.60	26.50	26.41	26.32	26.22	26.13
4	21.20	18.00	16.69	15.98	15.52	15.21	14.98	14.80	14.66	14.55	14.37	24.20	14.02	13.93	13.84	13.75	13.65	13.56	13.46
5	16.26	13.27	12.06	11.39	10.97	10.67	10.46	10.29	10.16	10.05	9.89	9.72	9.55	9.47	9.38	9.29	9.20	9.11	9.02
6	13.75	10.93	9.78	9.15	8.75	8.47	8.26	8.10	7.98	7.87	7.72	7.56	7.40	7.31	7.23	7.14	7.06	6.97	6.88
7	12.25	9.55	8.45	7.85	7.46	7.19	6.99	6.84	6.72	6.62	6.47	6.31	6.16	6.07	5.99	5.91	5.82	5.74	5.65
8	11.26	8.65	7.59	7.01	6.63	6.37	6.18	6.03	5.91	5.81	5.67	5.52	5.36	5.28	5.20	5.12	5.03	4.95	4.86
9	10.56	8.02	6.99	6.42	6.06	5.80	5.61	5.47	5.35	5.26	5.11	4.96	4.81	4.73	4.65	4.57	4.48	4.40	4.31
10	10.04	7.56	6.55	5.99	5.64	5.39	5.20	5.06	4.94	4.85	4.71	4.56	4.41	4.33	4.25	4.17	4.08	4.00	3.91
11	9.65	7.21	6.22	5.67	5.32	5.07	4.89	4.74	4.63	4.54	4.40	4.25	4.10	4.02	3.94	3.86	3.78	3.69	3.60
12	9.33	6.93	5.95	5.41	5.06	4.82	4.64	4.50	4.39	4.30	4.16	4.01	3.86	3.78	3.70	3.62	3.54	3.45	3.36
13	9.07	6.70	5.74	5.21	4.86	4.62	4.44	4.30	4.19	4.10	3.96	3.82	3.66	3.59	3.51	3.43	3.34	3.25	3.17
14	8.86	6.51	5.56	5.04	4.69	4.46	4.28	4.14	4.03	3.94	3.80	3.66	3.51	3.43	3.35	3.27	3.18	3.09	3.00
15	8.68	6.36	5.42	4.89	4.56	4.32	4.14	4.00	3.89	3.80	3.67	3.52	3.37	3.29	3.21	3.13	3.05	2.96	2.87
16	8.53	6.23	5.29	4.77	4.44	4.20	4.03	3.89	3.78	3.69	3.55	3.41	3.26	3.18	3.10	3.02	2.93	2.84	2.75
17	8.40	6.11	5.18	4.67	4.34	4.10	3.93	3.79	3.68	3.59	3.46	3.31	3.16	3.08	3.00	2.92	2.83	2.75	2.65
18	8.29	6.01	5.09	4.58	4.25	4.01	3.94	3.71	3.60	3.51	3.37	3.23	3.08	3.00	2.92	2.84	2.75	2.66	2.57
19	8.18	5.93	5.01	4.50	4.17	3.94	3.77	3.63	3.52	3.43	3.30	3.15	3.00	2.92	2.84	2.76	2.67	2.58	2.49
20	8.10	5.85	4.94	4.43	4.10	3.87	3.70	3.56	3.46	3.37	3.23	3.09	2.94	2.86	2.78	2.69	2.61	2.52	2.42
21	8.02	5.78	4.87	4.37	4.04	3.81	3.64	3.51	3.40	3.31	3.17	3.03	2.88	2.80	2.72	2.64	2.55	2.46	2.36
22	7.95	5.72	4.82	4.31	3.99	3.76	3.59	3.45	3.35	3.26	3.12	2.98	2.83	2.75	2.67	2.58	2.50	2.40	2.31
23	7.88	5.66	4.76	4.26	3.94	3.71	3.54	3.41	3.30	3.21	3.07	2.93	2.78	2.70	2.62	2.54	2.45	2.35	2.26
24	7.82	5.61	4.72	4.22	3.90	3.67	3.50	3.36	3.26	3.17	3.03	2.89	2.74	2.66	2.58	2.49	2.40	2.31	2.21
25	7.77	5.57	4.68	4.18	3.85	3.63	3.46	3.32	3.22	3.13	2.99	2.85	2.70	2.62	2.54	2.45	2.36	2.27	2.17
26	7.72	5.53	4.64	4.14	3.82	3.59	3.42	3.29	3.18	3.09	2.96	2.81	2.66	2.58	2.50	2.42	2.33	2.23	2.13
27	7.68	5.49	4.60	4.11	3.78	3.56	3.39	3.26	3.15	3.06	2.93	2.78	2.63	2.55	2.47	2.38	2.29	2.20	2.10
28	7.64	5.45	4.57	4.07	3.75	3.53	3.36	3.23	3.12	3.03	2.90	2.75	2.60	2.52	2.44	2.35	2.26	2.17	2.06
29	7.60	5.42	4.54	4.04	3.73	3.50	3.33	3.20	3.09	3.00	2.87	2.73	2.57	2.49	2.41	2.33	2.23	2.14	2.03

续表

n_2 \ n_1	1	2	3	4	5	6	7	8	9	10	12	15	20	24	30	40	60	120	∞
30	7.56	5.39	4.51	4.02	3.70	3.47	3.30	3.17	3.07	2.98	2.84	2.70	2.55	2.47	2.39	2.30	2.21	2.11	2.01
40	7.31	5.18	4.31	3.83	3.51	3.29	3.12	2.99	2.89	2.80	2.66	2.52	2.37	2.29	2.20	2.11	2.02	1.92	1.80
60	7.08	4.98	4.13	3.65	3.34	3.12	2.95	2.82	2.72	2.63	2.50	2.35	2.20	2.12	2.03	1.94	1.84	1.73	1.60
120	6.85	4.79	3.95	3.48	3.17	2.96	2.79	2.66	2.56	2.47	2.34	2.19	2.03	1.95	1.86	1.76	1.66	1.53	1.38
∞	6.63	4.61	3.78	3.32	3.02	2.80	2.64	2.51	2.41	2.32	2.18	2.04	1.88	1.79	1.70	1.59	1.47	1.32	1.00
$\alpha = 0.005$																			
1	16211	20000	21615	22500	23056	23437	23715	23925	24091	24224	24426	24630	24836	24940	25044	25148	35253	25359	25465
2	198.5	199.0	199.2	199.2	199.3	199.3	199.4	199.4	199.4	199.4	199.4	199.4	199.4	199.5	199.5	199.5	199.5	199.5	199.5
3	55.55	49.80	47.47	46.19	45.39	44.84	44.43	44.13	43.88	43.69	43.39	43.08	42.78	42.62	42.47	42.31	42.15	41.99	41.83
4	31.33	26.28	24.26	23.15	22.46	21.97	21.62	21.35	21.14	20.97	20.70	20.44	20.17	20.03	19.89	19.75	19.61	19.47	19.32
5	22.78	18.31	16.53	15.56	14.94	14.51	14.20	13.96	13.77	13.62	13.38	13.15	12.90	12.78	12.66	12.53	12.40	12.27	12.14
6	18.63	14.54	12.92	12.03	11.46	11.07	10.79	10.57	10.39	10.25	10.03	9.81	9.59	9.47	9.36	9.24	9.12	9.00	8.88
7	16.24	12.40	10.88	10.05	9.52	9.16	8.89	8.68	8.51	8.38	8.18	7.97	7.75	7.65	7.53	7.42	7.31	7.19	7.08
8	14.69	11.04	9.60	8.81	8.30	7.95	7.69	7.50	7.34	7.21	7.01	6.81	6.61	6.50	6.40	6.29	6.18	6.06	5.95
9	13.61	10.11	8.72	7.96	7.47	7.13	6.88	6.69	6.54	6.42	6.23	6.03	5.83	5.73	5.62	5.52	5.41	5.30	5.19
10	12.83	9.43	8.08	7.34	6.87	6.54	6.30	6.12	5.97	5.85	5.66	5.47	5.27	5.17	5.07	4.97	4.86	4.75	4.64
11	12.23	8.91	7.60	6.88	6.42	6.10	5.86	5.68	5.54	5.42	5.24	5.05	4.86	4.76	4.65	4.55	4.44	4.34	4.23
12	11.75	8.51	7.23	6.52	6.07	5.76	5.52	5.35	5.20	5.09	4.91	4.72	4.53	4.43	4.33	4.23	4.12	4.01	3.90
13	11.37	8.19	6.93	6.23	5.79	5.48	5.25	5.08	4.94	4.82	4.64	4.46	4.27	4.17	4.07	3.97	3.87	3.76	3.65
14	11.06	7.92	6.68	6.00	5.56	5.26	5.03	4.86	4.72	4.60	4.43	4.25	4.06	3.96	3.86	3.76	3.66	3.55	3.44
15	10.80	7.70	6.48	5.80	5.37	5.07	4.85	4.67	4.54	4.42	4.25	4.07	3.88	3.79	3.69	3.58	3.48	3.37	3.26
16	10.58	7.51	6.30	5.64	5.21	4.91	4.69	4.52	4.38	4.27	4.10	3.92	3.73	3.64	3.54	3.44	3.33	3.22	3.11
17	10.38	7.35	6.16	5.50	5.07	4.78	4.56	4.39	4.25	4.14	3.97	3.79	3.61	3.51	3.41	3.31	3.21	3.10	2.98
18	10.22	7.21	6.03	5.37	4.96	4.66	4.44	4.28	4.14	4.03	3.86	3.68	3.50	3.40	3.30	3.20	3.10	2.99	2.87
19	10.07	7.09	5.92	5.27	7.85	4.56	4.34	4.18	4.04	3.93	3.76	3.59	3.40	3.31	3.21	3.11	3.00	2.89	2.78
20	9.94	6.99	5.82	5.17	4.76	4.47	4.26	4.09	3.96	3.85	3.68	3.50	3.32	3.22	3.12	3.02	2.92	2.81	2.69
21	9.83	6.89	5.73	5.09	4.68	4.39	4.18	4.01	3.88	3.77	3.60	3.43	3.24	3.15	3.05	2.95	2.84	2.73	2.61
22	9.73	6.81	5.65	5.02	4.61	4.32	4.11	3.94	3.81	3.70	3.54	3.36	3.18	3.08	2.98	2.88	2.77	2.66	2.55
23	9.63	6.73	5.58	4.95	4.54	4.26	4.05	3.88	3.75	3.64	3.47	3.30	3.12	3.02	2.92	2.82	2.71	2.60	2.48
24	9.55	6.66	5.52	4.89	4.49	4.20	3.99	3.83	3.69	3.59	3.42	3.25	3.06	2.97	2.87	2.77	2.66	2.55	2.43

续表

n_2 \ n_1	1	2	3	4	5	6	7	8	9	10	12	15	20	24	30	40	60	120	∞
25	9.48	6.60	5.46	4.84	4.43	4.15	3.94	3.78	3.64	3.54	3.37	3.20	3.01	2.92	2.82	2.72	2.61	2.50	2.38
26	9.41	6.54	5.41	4.79	4.38	4.10	3.89	3.73	3.60	3.49	3.33	3.15	2.97	2.87	2.77	2.67	2.56	2.45	2.33
27	9.34	6.49	5.36	4.74	4.34	4.06	3.85	3.69	3.56	3.45	3.28	3.11	2.93	2.83	2.73	2.63	2.52	2.41	2.29
28	9.28	6.44	5.32	4.70	4.30	4.02	3.81	3.65	3.52	3.41	3.25	3.07	2.89	2.79	2.69	2.59	2.48	2.37	2.25
29	9.23	6.40	5.28	4.66	4.26	3.98	3.77	3.61	3.48	3.38	3.21	3.04	2.86	2.76	2.66	2.56	2.45	2.33	2.21
30	9.18	6.35	5.24	4.62	4.23	3.95	3.74	3.58	3.45	3.34	3.18	3.01	2.82	2.73	2.63	2.52	2.42	2.30	2.18
40	8.83	6.07	4.98	4.37	3.99	3.71	3.51	3.35	3.22	3.12	2.95	2.78	2.60	2.50	2.40	2.30	2.18	2.06	1.93
60	8.49	5.79	4.73	4.14	3.76	3.49	3.29	3.13	3.01	2.90	2.74	2.57	2.39	2.29	2.19	2.08	1.96	1.83	1.69
120	8.18	5.54	4.50	3.92	3.55	3.28	3.09	2.93	2.81	2.71	2.54	2.37	2.19	2.09	1.98	1.87	1.75	1.61	1.43
∞	7.88	5.30	4.28	3.72	3.35	3.09	2.90	2.74	2.62	2.52	2.36	2.19	2.00	1.90	1.79	1.67	1.53	1.36	1.00
									$\alpha = 0.001$										
1	4053+	5000+	5404+	5625+	5764+	5859+	5929+	5981+	6023+	6056+	6107+	6158+	6209+	6235+	6261+	6287+	6313+	6340+	6366+
2	998.5	999.0	999.2	999.2	999.3	999.3	999.4	999.4	999.4	999.4	999.4	999.4	999.4	999.5	999.5	999.5	999.5	999.5	999.5
3	167.0	148.5	141.1	137.1	134.6	132.8	131.6	130.6	129.9	129.2	128.3	127.4	126.4	125.9	125.4	125.0	124.5	124.0	123.5
4	74.14	61.25	56.18	53.44	51.71	50.53	49.66	49.00	48.47	48.05	47.41	46.76	46.10	45.77	45.43	45.09	44.75	44.40	44.05
5	47.18	37.12	33.20	31.09	27.75	28.84	28.16	27.64	27.24	26.92	26.42	25.91	25.39	25.14	24.87	24.60	24.33	24.06	23.79
6	35.51	27.00	23.70	21.92	20.81	20.03	19.46	19.03	18.69	18.41	17.99	17.56	17.12	16.89	16.67	16.44	16.21	15.99	15.75
7	29.25	21.69	18.77	17.19	16.21	15.52	15.02	14.63	14.33	14.08	13.71	13.32	12.93	12.73	12.53	12.33	12.12	11.91	11.70
8	25.42	18.49	15.83	14.39	13.49	12.86	12.40	12.04	11.77	11.54	11.19	10.84	10.48	10.30	10.11	9.92	9.73	9.53	9.33
9	22.86	16.39	13.90	12.56	11.71	11.13	10.70	10.37	10.11	9.89	9.57	9.24	8.90	8.72	8.55	8.37	8.19	8.00	7.80
10	21.04	14.91	12.55	11.28	10.48	9.92	9.52	9.20	8.96	8.75	8.45	8.13	7.80	7.64	7.47	7.30	7.12	6.94	6.76
11	19.69	13.81	11.56	10.35	9.58	9.05	8.66	8.35	8.12	7.92	7.63	7.32	7.01	6.85	6.68	6.52	6.35	6.17	6.00
12	18.64	12.97	10.80	9.63	8.89	8.38	8.00	7.71	7.48	7.29	7.00	6.71	6.40	6.25	6.09	5.93	5.76	5.59	5.42
13	17.81	12.31	10.21	9.07	8.35	7.86	7.49	7.21	6.98	6.80	6.52	6.23	5.93	6.78	5.63	5.47	5.30	5.14	4.97
14	17.14	11.78	9.73	8.62	7.92	7.43	7.08	6.80	6.58	6.40	6.13	5.85	5.56	5.41	5.25	5.10	4.94	4.77	4.60
15	16.59	11.34	9.34	8.25	7.57	7.09	6.74	6.47	6.26	6.08	5.81	5.54	5.25	5.10	4.95	4.80	4.64	4.47	4.31
16	16.12	10.97	9.00	7.94	7.27	6.81	6.46	6.19	5.98	5.81	5.55	5.27	4.99	4.85	4.70	4.54	4.39	4.23	4.06
17	15.72	10.36	8.73	7.68	7.02	6.56	6.22	5.96	5.75	5.58	5.32	5.05	4.78	4.63	4.48	4.33	4.18	4.02	3.85
18	15.38	10.39	8.49	7.46	6.81	6.35	6.02	5.76	5.56	5.39	5.13	4.87	4.59	4.45	4.30	4.15	4.00	3.84	3.67
19	15.08	10.16	8.28	7.26	6.62	6.18	5.85	5.59	5.39	5.22	4.97	4.70	4.43	4.29	4.14	3.99	3.84	3.68	3.51

续表

n_2 \ n_1	1	2	3	4	5	6	7	8	9	10	12	15	20	24	30	40	60	120	∞
20	14.82	9.95	8.10	7.10	6.46	6.02	5.69	5.44	5.24	5.08	4.82	4.56	4.29	4.15	4.00	3.86	3.70	3.54	3.38
21	14.59	9.77	7.94	6.95	6.32	5.88	5.56	5.31	5.11	4.95	4.70	4.44	4.17	4.03	3.88	3.74	3.58	3.42	3.26
22	14.38	9.61	7.80	6.81	6.19	5.76	5.44	5.19	4.98	4.83	4.58	4.33	4.06	3.92	3.78	3.63	3.48	3.32	3.15
23	14.19	9.47	7.67	6.69	6.08	5.65	5.33	5.09	4.89	4.73	4.48	4.23	3.96	3.82	3.68	3.53	3.38	3.22	3.05
24	14.03	9.34	7.55	6.59	5.98	5.55	5.23	4.99	4.80	4.64	4.39	4.14	3.87	3.74	3.59	3.45	3.29	3.14	2.97
25	13.88	9.22	7.45	6.49	5.88	5.46	5.15	4.91	4.71	4.56	4.31	4.06	3.79	3.66	3.52	3.37	3.22	3.06	2.89
26	13.74	9.12	7.36	6.41	5.80	5.38	5.07	4.83	4.64	4.48	4.24	3.99	3.72	3.59	3.44	3.30	3.15	2.99	2.82
27	13.61	9.02	7.27	6.33	5.73	5.31	5.00	4.76	4.57	4.41	4.17	3.92	3.66	3.52	3.38	3.23	3.08	2.92	2.75
28	13.50	8.93	7.19	6.25	5.66	5.24	4.93	4.69	4.50	4.35	4.11	3.86	3.60	3.46	3.32	3.18	3.02	2.86	2.69
29	13.39	8.85	7.12	6.19	5.59	5.18	4.87	4.64	4.45	4.29	4.05	3.80	3.54	3.41	3.27	3.12	2.97	2.81	2.64
30	13.29	8.77	7.05	6.12	5.53	5.12	4.82	4.58	4.39	14.24	4.00	3.75	3.49	3.36	3.22	3.07	2.92	2.76	2.59
40	12.61	8.25	6.60	5.70	5.13	4.73	4.44	4.21	4.02	3.87	3.64	3.40	3.15	3.01	2.87	2.73	2.57	2.41	2.23
60	11.97	7.76	6.17	5.31	4.76	4.37	4.09	3.87	3.69	3.54	3.31	3.08	2.83	2.69	2.55	2.41	2.25	2.08	1.89
120	11.38	7.32	5.79	4.95	4.42	4.04	3.77	3.55	3.38	3.24	3.02	2.78	2.53	2.40	2.26	2.11	1.95	1.76	1.54
∞	10.83	6.91	5.42	4.62	4.10	3.74	3.47	3.27	3.10	2.96	2.74	2.51	2.27	2.13	1.99	1.84	1.66	1.45	1.00

+: 表示要将所列数乘以 100.

附表 7　科尔莫戈罗夫检验的临界值 ($D_{n\alpha}$) 表

$$P(D_n > D_{n\alpha}) = \alpha$$

n \ α	0.20	0.10	0.05	0.02	0.01
1	0.90000	0.95000	0.97500	0.99000	0.99500
2	0.68377	0.77639	0.84189	0.90000	0.92929
3	0.56481	0.63604	0.70760	0.78456	0.82900
4	0.49265	0.56522	0.62394	0.63887	0.73424
5	0.44698	0.50945	0.56328	0.62718	0.66853
6	0.41037	0.46799	0.51926	0.57741	0.61661
7	0.38148	0.43607	0.48342	0.53844	0.57581
8	0.35831	0.40962	0.45427	0.50654	0.54179
9	0.33910	0.38746	0.43001	0.47960	0.51332
10	0.32260	0.36866	0.40925	0.45662	0.48893
11	0.30829	0.35242	0.39122	0.43670	0.46770
12	0.29577	0.33815	0.37543	0.41918	0.44905
13	0.28470	0.32549	0.36143	0.40362	0.43247
14	0.27481	0.31417	0.34800	0.3870	0.41762
15	0.26588	0.30397	0.33760	0.37713	0.40420
16	0.25778	0.29472	0.32733	0.36571	0.39201
17	0.25039	0.28627	0.31796	0.35528	0.38036
18	0.24360	0.27851	0.30936	0.34569	0.37062
19	0.23735	0.27136	0.30143	0.33685	0.36117
20	0.23156	0.26473	0.29408	0.32866	0.35241
21	0.22617	0.25858	0.28724	0.32104	0.334427
22	0.22115	0.25283	0.28087	0.31394	0.33666
23	0.21645	0.24746	0.27490	0.30728	0.32954
24	0.21205	0.24242	0.26031	0.30104	0.32286
25	0.20790	0.23768	0.26404	0.29516	0.31657
26	0.20309	0.23320	0.25907	0.28962	0.31064
27	0.20030	0.22893	0.25438	0.28438	0.30502
28	0.19680	0.22497	0.24993	0.27942	0.29971
29	0.19348	0.22117	0.24571	0.27471	0.29466
30	0.19032	0.21756	0.24170	0.27023	0.28937
31	0.18732	0.21412	0.23788	0.26596	0.25830
32	0.18445	0.21085	0.23424	0.26189	0.28094
33	0.18171	0.20771	0.23076	0.25801	0.27677
34	0.17909	0.20472	0.22743	0.25429	0.27279

续表

n \ α	0.20	0.10	0.05	0.02	0.01
35	0.17659	0.20185	0.22425	0.25073	0.26897
36	0.17418	0.19910	0.22119	0.24732	0.26532
37	0.17188	0.19646	0.21826	0.24404	0.26180
38	0.16966	0.19392	0.21544	0.24089	0.25843
39	0.16753	0.19148	0.21273	0.23786	0.25518
40	0.16547	0.18913	0.21012	0.23494	0.25205
41	0.16349	0.18687	0.20760	0.23213	0.24904
42	0.16158	0.18468	0.20517	0.22941	0.24613
43	0.15974	0.18257	0.20283	0.22679	0.24332
44	0.15796	0.18053	0.20056	0.22426	0.24060
45	0.15623	0.17856	0.19837	0.22181	0.23793
46	0.15457	0.17665	0.19625	0.21944	0.23544
47	0.15295	0.17481	0.19420	0.21715	0.23298
48	0.15139	0.17302	0.19221	0.21493	0.23059
49	0.14937	0.17128	0.19028	0.21277	0.22828
50	0.14840	0.16959	0.18841	0.21068	0.22604
55	0.14164	0.16186	0.17981	0.20107	0.21574
60	0.13573	0.15511	0.17231	0.19267	0.20673
65	0.13052	0.14913	0.16567	0.18525	0.19377
70	0.12586	0.14381	0.15975	0.17863	0.19167
75	0.12167	0.13901	0.15442	0.17268	0.18528
80	0.11787	0.13467	0.14960	0.16728	0.17949
85	0.11442	0.13072	0.14520	0.16236	0.17421
90	0.11125	0.12709	0.14117	0.15786	0.16938
95	0.10833	0.12375	0.13746	0.15371	0.16493
100	0.10563	0.12067	0.13403	0.14987	0.16081

附表 8　均值的 t 检验的样本容量

	显著性水平																			
单边检验	α=0.005					α=0.01					α=0.025					α=0.05				
双边检验	α=0.01					α=0.02					α=0.05					α=0.1				
Δ \ β	0.01	0.05	0.1	0.2	0.5	0.01	0.05	0.1	0.2	0.5	0.01	0.05	0.1	0.2	0.5	0.01	0.05	0.1	0.2	0.5
0.05																				
0.10																				
0.15																				122
0.20										139					99					70
0.25					110					90				128	64			139	101	45
0.30				134	78				115	63			119	90	45		122	97	71	32
0.35			125	99	58			109	85	47		109	88	67	34		90	72	52	24
0.40		115	97	77	45		101	85	66	37	117	84	68	51	26	101	70	55	40	19
0.45		92	77	62	37	110	81	68	53	30	93	67	54	41	21	80	55	44	33	15
0.50	100	75	63	51	30	90	66	55	43	25	76	54	44	34	18	65	45	36	27	13
0.55	83	63	53	42	26	75	55	46	36	21	63	45	37	28	15	54	38	30	22	11
0.60	71	53	45	36	22	63	47	39	31	18	53	38	32	24	13	46	32	26	19	9
0.65	61	46	39	31	20	55	41	34	27	16	46	33	27	21	12	39	28	22	17	8
0.70	53	40	34	28	17	47	35	30	24	14	40	29	24	19	10	34	24	19	15	8
0.75	47	36	30	25	16	42	31	27	21	13	35	26	21	16	9	30	21	17	13	7
0.80	41	32	27	22	14	37	28	24	19	12	31	22	19	15	9	27	19	15	12	6
0.85	37	29	24	20	13	33	25	21	17	11	28	21	17	13	8	24	17	14	11	6
0.90	34	26	22	18	12	29	23	19	16	10	25	19	16	12	7	21	15	13	10	5
0.95	31	24	20	17	11	27	21	18	14	9	23	17	14	11	7	19	14	11	9	5
1.00	28	22	19	16	10	25	19	16	13	9	21	16	13	10	6	18	13	11	8	5
1.1	24	19	16	14	9	21	16	14	12	8	18	13	11	9	6	15	11	9	7	
1.2	21	16	14	12	8	18	14	12	10	7	15	12	10	8	5	13	10	8	6	
1.3	18	15	13	11	8	16	13	11	9	6	14	10	9	7		11	8	7	6	
1.4	16	13	12	10	7	14	11	10	9	6	12	9	8	7		10	8	7	5	
1.5	15	12	11	9	7	13	10	9	8	6	11	8	7	6		9	7	6		
1.6	13	11	10	8	6	12	10	9	7	5	10	8	7	6		8	6	6		
1.7	12	10	9	8	6	11	9	8	7		9	7	6	5		8	6	5		
1.8	12	10	9	8	6	10	8	7	7		8	7	6			7	6			

续表

	显著性水平																			
单边检验	α=0.005					α=0.01					α=0.025					α=0.05				
双边检验	α=0.01					α=0.02					α=0.05					α=0.1				
Δ \ β	0.01	0.05	0.1	0.2	0.5	0.01	0.05	0.1	0.2	0.5	0.01	0.05	0.1	0.2	0.5	0.01	0.05	0.1	0.2	0.5
1.9	11	9	8	7	6	10	8	7	6		8	6	6			7	5			
2.0	10	8	8	7	5	9	7	7	6		7	6	5			6				
2.1	10	8	7	7		8	7	6	6		7	6				6				
2.2	9	8	7	6		8	7	6	5		7	6				6				
2.3	9	7	7	6		8	6	6			6	5				5				
2.4	8	7	7	6		7	6	6			6									
2.5	8	7	6	6		7	6	6			6									
3.0	7	6	6	5		6	5	5			5									
3.5	6	5	5			5														
4.0	6																			

注：$\Delta = \dfrac{|\mu_1 - \mu_0|}{\sigma}$

附表 9　均值差的 t 检验的样本容量

	显著性水平																			
单边检验	α=0.005					α=0.01					α=0.025					α=0.05				
双边检验	α=0.01					α=0.02					α=0.05					α=0.1				
Δ \ β	0.01	0.05	0.1	0.2	0.5	0.01	0.05	0.1	0.2	0.5	0.01	0.05	0.1	0.2	0.5	0.01	0.05	0.1	0.2	0.5
0.05																				
0.10																				
0.15																				
0.20																				137
0.25															124					88
0.30										123					87					61
0.35					110					90					64				102	45
0.40					85					70				100	50			108	78	35
0.45				118	68				101	55			105	79	39		108	86	62	28
0.50				96	55			106	82	45		106	86	64	32		88	70	51	23
0.55			101	79	46		106	88	68	38		87	71	53	27	112	73	58	42	19
0.60		101	85	67	39		90	74	58	32	104	74	60	45	23	89	61	49	36	16
0.65		87	73	57	34	104	77	64	49	27	88	63	51	39	20	76	52	42	30	14
0.70	100	75	63	50	29	90	66	55	43	24	76	55	44	34	17	66	45	36	26	12
0.75	88	66	55	44	26	79	58	48	38	21	67	48	39	29	15	57	40	32	23	11
0.80	77	58	49	39	23	70	51	43	33	19	59	42	34	26	14	50	35	28	21	10
0.85	69	51	43	35	21	62	46	38	30	17	52	37	31	23	12	45	31	25	18	9
0.90	62	46	35	31	19	55	41	34	27	15	47	34	27	21	11	40	28	22	16	8
0.95	55	42	32	28	17	50	37	31	24	14	42	30	25	19	10	36	25	20	15	7
1.00	50	38	27	26	15	45	33	28	22	13	38	27	23	17	9	33	23	18	14	7
1.1	42	32	23	22	13	38	28	23	19	11	32	23	19	14	8	27	19	15	12	6
1.2	36	27	23	18	11	32	24	20	16	9	27	20	16	12	7	23	16	13	10	5
1.3	31	23	20	16	10	28	21	17	14	8	23	17	14	11	6	20	14	11	9	5
1.4	27	20	17	14	9	24	18	15	12	8	20	15	12	10	6	17	12	10	8	4
1.5	24	18	15	13	8	21	16	14	11	7	18	13	11	9	5	15	11	9	7	4
1.6	21	16	14	11	7	19	14	12	10	6	16	12	10	8	5	14	10	8	6	4
1.7	19	15	13	10	7	17	13	11	9	6	14	11	9	7	4	12	9	7	6	3
1.8	17	13	11	10	6	15	12	10	8	5	13	10	8	6	4	11	8	7	5	

续表

	显著性水平																			
单边检验	α=0.005					α=0.01					α=0.025					α=0.05				
双边检验	α=0.01					α=0.02					α=0.05					α=0.1				
Δ \ β	0.01	0.05	0.1	0.2	0.5	0.01	0.05	0.1	0.2	0.5	0.01	0.05	0.1	0.2	0.5	0.01	0.05	0.1	0.2	0.5
1.9	16	12	11	9	6	14	11	9	8	5	12	9	7	6	4	10	7	6	5	
2.0	14	11	10	8	6	13	10	9	7	5	11	8	7	6	4	9	7	6	4	
2.1	13	10	9	8	5	12	9	8	7	5	10	8	6	5	3	8	6	5	4	
2.2	12	10	8	7	5	11	9	7	6	4	9	7	6	5		8	6	5	4	
2.3	11	9	8	7	5	10	8	7	6	4	9	7	6	5		7	5	5	4	
2.4	11	9	8	6	5	10	8	7	6	4	8	6	5	4		7	5	4	4	
2.5	10	8	7	6	4	9	7	6	5	4	8	6	5	4		6	5	4	3	
3.0	8	6	6	5	4	7	6	5	4	3	6	5	4	4		5	4	3		
3.5	6	5	5	4	3	6	5	4	4		5	4	4	3		4	3			
4.0	6	5	4	4		5	4	4	3		4	4	3			4				

注：$\Delta=\dfrac{|\mu_1-\mu_2|}{\sigma}$

附表 10　几种常用的概率分布

分布	参数	分布律或者概率密度	数学期望	方差
(0-1) 分布	$0 < p < 1$	$P(X=k)=p^k(1-p)^{1-k},\ k=0,1$	p	$p(1-p)$
二项分布	$n \geqslant 1, 0 < p < 1$	$P(X=k)=\mathrm{C}_n^k p^k(1-p)^{n-k},\ k=0,1,2,\cdots,n$	np	$np(1-p)$
负二项分布	$r \geqslant 1, 0 < p < 1$	$P(X=k)=\mathrm{C}_{k-1}^{r-1} p^r(1-p)^{k-r}\ k=r,r+1,\cdots$	$\dfrac{r}{p}$	$\dfrac{r(1-p)}{p^2}$
几何分布	$0 < p < 1$	$P(X=k)=p(1-p)^{k-1}\ k=1,2,\cdots$	$\dfrac{1}{p}$	$\dfrac{1-p}{p^2}$
超几何分布	$N, M, n\ (n \leqslant M)$	$P(X=k)=\dfrac{\mathrm{C}_M^k \mathrm{C}_{N-M}^{n-k}}{\mathrm{C}_N^n},\ k=0,1,\cdots,n$	$\dfrac{nM}{N}$	$\dfrac{nM}{N}\left(1-\dfrac{M}{N}\right)\left(\dfrac{N-n}{N-1}\right)$
泊松分布	$\lambda > 0$	$P(X=k)=\dfrac{\lambda^k \mathrm{e}^{-\lambda}}{k!},\ k=0,1,\cdots$	λ	λ
均匀分布	$a < b$	$f(x)=\begin{cases}\dfrac{1}{b-a}, & a<x<b,\\ 0, & 其他\end{cases}$	$\dfrac{a+b}{2}$	$\dfrac{(b-a)^2}{12}$
正态分布	$\mu, \sigma > 0$	$f(x)=\dfrac{1}{\sqrt{2\pi}\sigma}\mathrm{e}^{-\frac{(x-\mu)^2}{2\sigma^2}}$	μ	σ^2
Ga 分布	$\alpha > 0, \beta > 0$	$f(x)=\begin{cases}\dfrac{1}{\beta^\alpha \Gamma(\alpha)} x^{\alpha-1}\mathrm{e}^{-x/\beta}, & x>0,\\ 0, & 其他\end{cases}$	$\alpha\beta$	$\alpha\beta^2$
指数分布	$\lambda > 0$	$f(x)=\begin{cases}\lambda \mathrm{e}^{-\lambda x}, & x>0,\\ 0, & 其他\end{cases}$	$\dfrac{1}{\lambda}$	$\dfrac{1}{\lambda^2}$
χ^2 分布	$n \geqslant 1$	$f(x)=\begin{cases}\dfrac{1}{2^{n/2}\Gamma(n/2)} x^{(\frac{n}{2}-1)}\mathrm{e}^{-\frac{x}{2}}, & x>0,\\ 0, & 其他\end{cases}$	n	$2n$
韦布尔分布	$\eta > 0, \beta > 0$	$f(x)=\begin{cases}\dfrac{\beta}{\eta}\left(\dfrac{x}{\eta}\right)^{\beta-1}\mathrm{e}^{-(x/\eta)^\beta}, & x>0,\\ 0, & 其他\end{cases}$	$\eta\Gamma\left(\dfrac{1}{\beta}+1\right)$	$\eta^2\left\{\Gamma\left(\dfrac{2}{\beta}+1\right)-\left[\Gamma\left(\dfrac{2}{\beta}+1\right)\right]^2\right\}$
瑞利分布	$\sigma > 0$	$f(x)=\begin{cases}\dfrac{x}{\sigma^2}\mathrm{e}^{-x^2/(2\sigma^2)}, & x>0,\\ 0, & 其他\end{cases}$	$\sqrt{\dfrac{\pi}{2}}\sigma$	$\dfrac{4-\pi}{2}\sigma^2$

续表

分布	参数	分布律或者概率密度	数学期望	方差
贝塔分布	$\alpha>0,\beta>0$	$f(x)=\begin{cases}\dfrac{\Gamma(\alpha+\beta)}{\Gamma(\alpha)\Gamma(\beta)}x^{\alpha-1}(1-x)^{\beta-1}, & 0<x<1,\\ 0, & \text{其他}\end{cases}$	$\dfrac{\alpha}{\alpha+\beta}$	$\dfrac{\alpha\beta}{(\alpha+\beta)^2(\alpha+\beta+1)}$
对数正态分布	$\mu,\sigma>0$	$f(x)=\begin{cases}\dfrac{1}{\sqrt{2\pi}\sigma x}e^{-\frac{(\ln x-\mu)^2}{2\sigma^2}}, & x>0,\\ 0, & \text{其他}\end{cases}$	$e^{\mu+\frac{\sigma^2}{2}}$	$e^{2\mu+\sigma^2}(e^{\sigma^2}-1)$
柯西分布	$\alpha,\lambda>0$	$f(x)=\dfrac{1}{\pi}\cdot\dfrac{\lambda}{\lambda^2+(x-a)^2}$	不存在	不存在
t 分布	$n\geqslant 1$	$f(x)=\dfrac{\Gamma[(n+1)/2]}{\sqrt{n\pi}\Gamma(n/2)}\left(1+\dfrac{x^2}{n}\right)^{-(n+1)/2}$	0	$\dfrac{n}{n-2},n>2$
F 分布	n_1,n_2	$f(x)=\begin{cases}\dfrac{\Gamma[(n_1+n_2)/2]}{\Gamma(n_1/2)\Gamma(n_2/2)}\left(\dfrac{n_1}{n_2}\right)^{\frac{n_1}{2}}\cdot x^{\frac{n_1}{2}-1}\\ \cdot\left(1+\dfrac{n_1}{n_2}x\right)^{-(n_1+n_2)/2}, & x>0\\ 0, & \text{其他}\end{cases}$	$\dfrac{n_2}{n_2-2},n_2>2$	$\dfrac{2n_2^2(n_1+n_2-2)}{n_1(n_2-2)^2(n_2-4)},n_2>4$

习题答案与提示